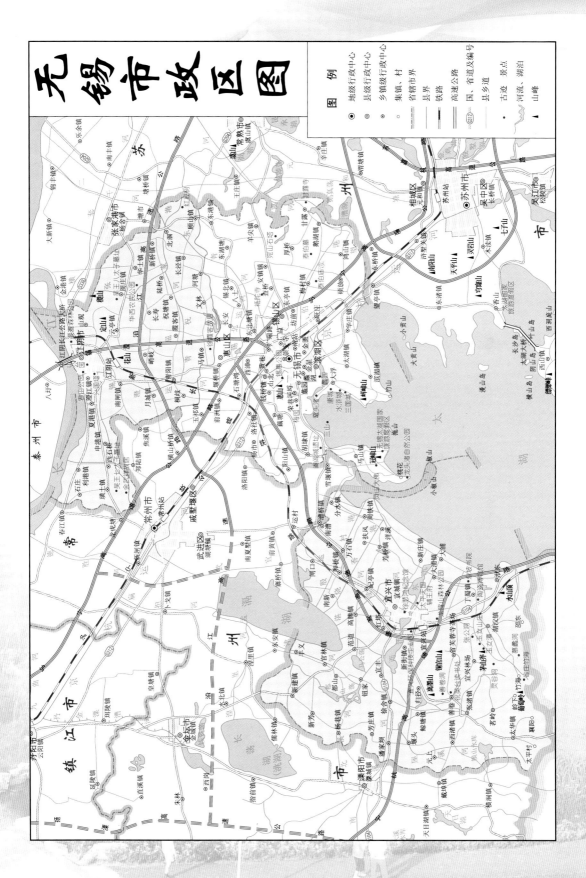

无锡市政区图

图　例

- 地级行政中心
- 县级行政中心
- 乡镇级行政中心
- 集镇、村
- 省界
- 县界
- 铁路
- 高速公路
- 国、省道及编号
- 县乡道
- 古迹 景点
- 河流、湖泊
- 山峰

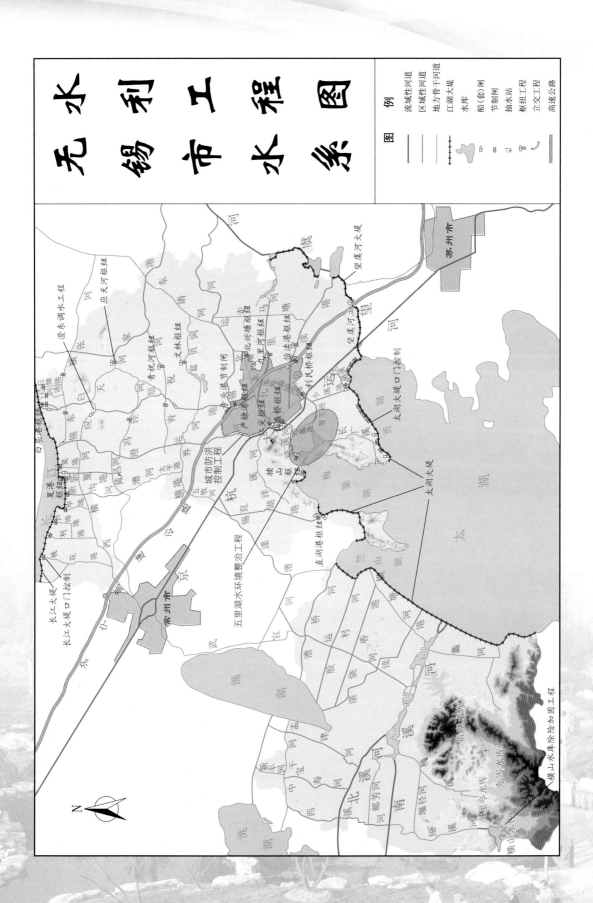

无锡市水系水利工程图

图 例

流域性河道
区域性河道
地方骨干河道
江湖大堤
水库
船（套）闸
节制闸
抽水站
枢纽工程
立交工程
高速公路

苏州市

望虞河大堤

澄东调水工程

应天河枢纽

文林枢纽

北兴塘枢纽

九里河枢纽

马里塘

伯渎港枢纽

小溪港枢纽

锡东节制闸

张闸头港枢纽

梁溪河枢纽

盛桥枢纽

利民桥枢纽

大溪港

望虞河大堤口门控制

太湖大堤口门控制

贾巷港

长广溪

梅梁湖

太湖大堤

白屈港枢纽

东青应天港口控制

夏港枢纽

长江大堤

长江大堤口门控制

利港港

桃花港港

城市防洪控制工程

横山枢纽

蠡湖

漕桥港

直湖港枢纽

常州市

五里湖水环境整治工程

太湖

武进

漕桥河

宜溧河

殷村港

烧香港

漕桥河

运村港

漕桥河

滆湖

中桥河

新孟河

太滆运河

殷村港

烧香港

溪北溪河

桃花河

郎溪河

堰泾河

溪桥河

东氿水库

庙山水库

横山水库除险加固工程

N

（01）2005年2月，水利部部长陈雷（时任水利部副部长）（前）视察无锡五里湖水污染综合治理工作

（02）2007年6月8日，国家发展与改革委员会副主任杜鹰（左2）在无锡调研太湖水污染治理工作

（03）2008年6月29日，江苏省委书记梁保华（坐）视察无锡防汛工作

（04）2008年5月，江苏省委副书记、省长罗志军（前右3）视察太湖水环境工程

（05）2008年6月，江苏省委常委、常务副省长赵克志（前中）检查太湖蓝藻打捞工作

（06） 2008年6月19日，江苏省委常委、无锡市委书记杨卫泽（前中）检查防汛工作

（07）2008年6月，江苏省委常委、副省长黄莉新（前左2）视察无锡太湖水源地

（08）2008年5月2日，江苏省水利厅厅长吕振霖（右5）检查无锡太湖水环境治理工作

（09）2006年6月6日，无锡市委副书记、市长毛小平（右4）视察锡山区防汛工地施工现场

（10）2008年4月7日，无锡市委常委、纪委书记黄继鹏（时任副市长）（前右2）检查城区河道生态调水工作

（11）2008年8月4日，无锡市副市长陈金虎（中）视察治理太湖重点工程走马塘拓浚施工现场

（12）2006年6月23日，水利部在无锡召开《无锡市水生态系统保护和修复规划》评审会，水利部副部长胡四一出席会议

无锡蠡湖风光

太湖无锡地区
水资源保护和水污染防治

主　编　王鸿涌

副主编　张海泉　朱　喜　张　春

中国水利水电出版社

www.waterpub.com.cn

内 容 提 要

　　本书简要介绍太湖无锡地区自然地理、水文气象、河湖水系基本情况。概述区域社会经济发展,水资源开发利用现状,水功能区划;河湖水污染生态环境退化及原因,污染总量及内外源控制;建闸控污,河湖清淤,恢复水生态系统和湿地保护;治理"湖泛"及蓝藻爆发,调水增容,加强水源地保护;列举了河湖水生态修复,水环境改善典型工程实例。本书总结了太湖无锡地区实践经验,对全国保护河湖水资源、治理水环境有重要现实指导意义。

　　本书内容丰富,供全国水利和环保的规划、设计、科研、管理工程技术人员阅读,亦可供政府管理部门及有关院校师生参考。

图书在版编目(CIP)数据

太湖无锡地区水资源保护和水污染防治/王鸿涌主编 . —北京:中国水利水电出版社,2009.10
ISBN 978 - 7 - 5084 - 6899 - 0

Ⅰ.太…　Ⅱ.①王…　Ⅲ.①太湖 – 水资源 – 资源保护 – 研究 – 无锡市②太湖 – 水污染 – 污染防治 – 研究 – 无锡市　Ⅳ.①TV213.4②X524

中国版本图书馆 CIP 数据核字(2009)第 186857 号

书　　　名	**太湖无锡地区水资源保护和水污染防治**	
作　　　者	主　编　王鸿涌 副主编　张海泉　朱　喜　张　春	
出版发行	中国水利水电出版社(北京市海淀区玉渊潭南路 1 号 D 座　100038) 网址:www. waterpub. com. cn E – mail:sales @ waterpub. com. cn 电话:(010)68367658(营销中心)	
经　　　售	北京科水图书销售中心(零售) 电话:(010)88383994、63202643 全国各地新华书店和相关出版物销售网点	
排　　　版	北京今奥都科技发展中心	
印　　　刷	北京市北中印刷厂	
规　　　格	184mm×260mm　16 开本　31.5 印张　747 千字　12 彩插	
版　　　次	2009 年 10 月第 1 版　2009 年 10 月第 1 次印刷	
印　　　数	0001—2300 册	
定　　　价	**148.00 元**	

编 辑 委 员 会

主持单位　无锡市水利局

主　　编　王鸿涌

副 主 编　张海泉　朱　喜　张　春

主　　审　陈荷生

编委及主要编写人员

<table>
<tr><td>朱　喜</td><td>张耀华</td><td>陈　军</td><td>张扬文</td><td>王　惠</td><td>吴付生</td></tr>
<tr><td>朱金华</td><td>史龙新</td><td>邹　晶</td><td>唐永良</td><td>毕克杰</td><td>尤德康</td></tr>
<tr><td>杨培香</td><td>张文斌</td><td>袁存官</td><td>邹永明</td><td>张慕良</td><td>张炳武</td></tr>
<tr><td>蒋跃平</td><td>王敦朝</td><td>张　蠡</td><td>吴朝明</td><td>郑建中</td><td>戈礼宾</td></tr>
<tr><td>盛龙寿</td><td>王　震</td><td>张铮惠</td><td></td><td></td><td></td></tr>
</table>

序　一 *

　　人们不会忘记,2007 年的那个夏天,太湖爆发大面积生态危害并直接导致无锡市部分地区的供水危机,惊动了省委、省政府和沿湖地区的各级党委和政府,更惊动了党中央、国务院。胡锦涛总书记发出"重现太湖碧波美景"的伟大号召,温家宝总理亲临太湖视察指导……。自那以后,以重现碧波美景为目标的太湖水环境综合治理的伟大社会系统工程在太湖地区展开了。按照"铁腕治污、科学治太"的治理思路,经过三年的艰苦努力,太湖水质持续好转、水生态环境明显改善,水环境综合治理取得了阶段性重要进展。我们在欣喜太湖生态环境向好转变的时候,特别不能忘记无锡市水利同行们在太湖水环境治理中所做出的特殊贡献!现在将与我们见面的《太湖无锡地区水资源保护和水污染防治》一书,就是他们三年来为了维护太湖健康生命而不懈奋斗的真实写照。

　　无锡,是一个因太湖而生、因太湖而兴、因太湖而美的滨湖城市,太湖是这个城市最为亮丽的城市名片。"太湖美,美就美在太湖水……",唱出了无锡人对太湖的无限情思。当太湖的健康生命面临严峻挑战之时,也是无锡人首先站到了太湖水环境治理的最前沿,特别是无锡市水利人承担了水环境治理最艰巨、最复杂、最繁重的任务,他们一手组织调水引流、打捞蓝藻、生态清淤以及治理"湖泛"等应急措施,一手推进控源截污、节水减排、河网整治、沿湖生态湿地建设以及扩大引江济太等太湖生态重建工程建设。三年来,他们在省水利厅和流域机构等有关部门的支持帮助下,坚持尊重水的自然规律,坚持先进科技的引领,在实践——认识——再实践——再认识的不断探索中,突破了蓝藻打捞、处理和资源化利用的关键技术,解决了生态清淤污泥的固化处理、二次污染等重大课题,开展了"湖泛"的生成原理和治理措施的研究和实践,积累了大规模

---

　　* 本序作者系江苏省水利厅厅长。

湖泊治理与保护的许多宝贵技术资料和实践经验,得到许多党政领导、专家学者的高度评价。《太湖无锡地区水资源保护和水污染防治》一书,既是他们在太湖水环境治理中的艰苦探索和不懈追求的结晶,也是他们勇于担当、无私奉献精神的真实写照。

实施太湖水环境综合治理,再现太湖碧波美景,既是党中央、国务院交给江苏的重大政治任务,也是太湖地区人民群众的殷切期盼。无锡市水利局的同行们用他们的实际行动和实践成果,向人们展示了太湖治理的希望之路,更增强了人们对太湖治理的信心。我希望无锡市水利部门的同志们再接再厉、更加努力,在水环境治理中创造更加辉煌的成果,为重现太湖碧波美景做出更大的贡献!也希望全省特别是太湖地区水利系统的同志们都要向无锡市同行们学习,认真借鉴他们在太湖治理中的实践经验,不断提升河湖管理保护水平,为实现江河湖泊的健康生命而不懈努力!

让我们共同努力,让太湖重现碧波美景!让江苏的江河湖泊更加美丽!

吕振霖

二〇〇九年十月

序 二*

上善若水,水善利万物而不争。水是人类须臾不可缺的重要资源。它既是生命之源,又是发展之本。没有了水,或者说没有了清洁的水,人类和一切生命都将无法生存,到那时再奢谈经济可持续发展,都将毫无意义。我国水资源存在洪涝灾害、干旱缺水、水环境恶化三大问题中,水污染问题不仅严重,而且治理难度也最大。

太湖流域是长江三角洲的核心区域,在全国发展大局中占有举足轻重的地位。无锡紧邻太湖,可以说是一个因水而生、因水而兴、因水而荣的城市,人们了解无锡、记忆无锡、钟情无锡,从某种程度上讲就是由水而起、由太湖而始的。太湖沿岸的城市在经济迅猛发展、人口快速增长的同时,也付出了沉重的资源和环境代价,2007 年供水危机为我们敲响了警钟,给我们留下了深刻启迪,不尊重自然规律,不加强环境保护,不实行科学发展,必将付出沉重代价和遭到大自然严厉报复。

实施水资源保护和水污染防治必须加强对经济发展规划和建设项目的环境影响评价,包括对重要建设政策的评价,防患于未然,坚决不采取危害环境与资源的建设政策,不搞危害环境与资源的建设项目。

实施水资源保护和水污染防治必须大力推行清洁生产,调整产业结构,实施污染物总量控制,强调对资源的有效利用,让清洁生产和保护环境成为政府、企业家、科技人员和全民的共同认识。

实施水资源保护和水污染防治必须加快水循环经济政策及分析研究,加快建设城镇污水处理厂,提高城市污水处理率,封闭排污口。在无锡这样一个水质型缺水地区更应大力实行节水减排和再生水回用,缓解水资源的矛盾和减少

---

* 本序作者系无锡市水利局局长。

污染物排放量。

实施水资源保护和水污染防治必须加快农业面污染源和其他面污染源防治，以及对废弃物的无害化处理和资源化利用的研究和实践，有效控制水污染，特别是湖泊、水库的富营养污染，提倡生态农业，建设生态城市。

实施水资源保护和水污染防治还要建立一整套保障措施，完善政策法规、创新体制和机制、提高认识和公众参与，加大投资力度，开辟更多的投融资渠道，吸引各类投资。

如今，无锡的水资源保护和水污染治理工作已取得了初步成效，水环境质量逐步好转，但必须清醒地看到，无锡地区水资源保护和水污染治理工作依然十分严峻，恢复太湖的自然生态、建设无锡的生态文明任重道远。

我们相信，在科学发展观的指引下，我们将继续努力，积极践行可持续发展治水思路，以河湖管理为重点，加强水资源管理，加强水生态系统保护与修复，不断创新和总结，以水资源的可持续利用支撑经济社会的可持续发展，开启无锡生态文明建设新境界。

二〇〇九年十月

前　言

　　无锡北临长江,南濒太湖,京杭大运河贯穿其中,是水网密集、地势低洼的江南水乡。"无锡充满温情和水"是无锡市有名的旅游口号。全市总面积 4788 km²,江河湖荡水域占 27%。无锡因水而美,因水而富庶,水是无锡的灵魂、无锡的特色。无锡同时也面临着水安全、水污染、水生态恶化的问题,太湖的富营养化和河网水体质量的恶化,水质型缺水成了无锡突出的、群众反映强烈的问题,制约了无锡经济社会可持续发展。为此,无锡市投入巨资,采取各类保护水资源和防治水污染措施,使局部水域的水环境得到改善。

　　2007 年 5~6 月的太湖蓝藻大爆发和引发的大规模"湖泛",造成无锡供水危机,影响无锡市区 70%、200 多万市民的饮用水。事件发生后,国务院、江苏省高度重视,无锡市领导和全市人民同心协力,立即采取应急措施,顺利解决了供水危机。这次供水危机充分表明太湖水污染的严重性和生态环境的脆弱性,正如温家宝总理 2007 年 6 月 1 日批示:"太湖水污染治理工作开展多年,但未能从根本上解决问题。这起事件给我们敲响了警钟,必须引起高度重视"。为此,无锡市委市政府在中央和省委省政府的正确领导下,立即行动,痛下决心,举全市之力全面治理水污染,决心到 2020 年从根本上解决太湖污染问题。本书对全市水污染及水环境状况进行了全面调查和详细分析,对历年来无锡市进行的水资源保护、水污染防治、水生态修复和水源地建设等工作进行了全面总结,也分析了不足之处;本书以科学发展观为指导,总结了规范、协调人类经济活动,遵循循环经济的理论,转变经济增长方式、发展方式,统筹经济发展,合理开发利用和节约保护水资源的成功经验,并进一步提出了通过工程和技术的、行政和法律的以及经济等措施,保护水资源和治理水污染,提高水资源和水环境承载能力,以达到改善水环境、水功能区达标、确保安全供水和水生态系统进入良性循环的目标,恢复山青、水秀、天蓝的城市生态环境。

　　本书内容,包括无锡市水资源开发利用和生态环境现状、污染源和污染负荷演变、水功能区划和污染总量控制、外源治理和内源控制、节水减污、废弃物综合利用、清淤和生态修复、建设生态护岸、湿地保护、调水与水工程控污、河道整治、水源地保护、地下水保护和保障措施等,也包括无锡市周边有关地区的部分内容。

　　本书编制工作始于 2006 年,历时 3 年多。编制过程中,得到无锡市有关部门、单位的大力支持、配合和协作;本书编制得到江苏省水利厅吕振霖厅长的高度关注,他在百忙之中亲自作序,给予我们莫大鼓舞;无锡市水利局王鸿涌局长三审其稿,一直关心本书的编写工作。在此表示衷心感谢。本书得到水资源、水环境和水生态等部门的众多专家的大力支持,运用和查询了他们的成果和结论,在此一并表示衷心感谢。特别感谢陈荷生、王万治、范成新、吴时强、芮孝芳、阮文权、濮培民、秦伯强、杨林章、年跃刚、廖文根、翟淑华、江耀慈、李康民、徐道清等专家的大力支持。

　　本书由朱喜负责全书统稿,由于时间仓促,资料所限,书中难免有错误和不当之处,敬请各位专家和读者批评指正。

作　者

2009 年 10 月

目　录

第一章　概　况

第一节　流域政区和自然地理

一、流域概况

(一)政区简况

太湖流域面积 $36895km^2$,占全国土地面积 960 万 km^2 的 0.38%,是我国经济最发达地区之一。流域包括江苏省、浙江省和上海市,主要分布有上海、苏州、无锡、常州、镇江、杭州、嘉兴、湖州等大城市。2005 年人口 4533 万人,城镇化率 73%;全流域国内生产总值 21221 亿元,占全国的 11.6%;人均生产总值 4.7 万元,为全国平均值的 3.4 倍;流域总耕地面积 14873 km^2,人均耕地 $330m^2$,为全国的 35.7%。流域河网如织、湖泊星罗棋布,总水面积 $5551km^2$,湖泊水面积在 $0.5km^2$ 以上有 189 个,水面积在 $50km^2$ 以上有 6 个,太湖是其中最大湖泊,为我国第三大淡水湖。

(二)水污染概况

2005 年,流域综合治理区污水排放量 33.14 亿 m^3,流域 COD、NH_3-N、TP、TN 排放量分别为 85 万 t、9.18 万 t、1.04 万 t、14.16 万 t;太湖水质平均为劣于 V 类,主要超标项目为 TN,其次为 TP,总体是太湖东部好于西部。其中 TP 为 III ~ V 类,TN 为 V ~ 劣于 V 类。2005 年流域 26 个主要地表水集中饮用水水源地有 14 个监测点达不到水质要求。从 1998 ~ 2006 年的水质分析,太湖湖体 TP 一直稳定在 IV ~ V 类,而 TN 一直在稍小于或大于 2.0mg/L,且呈缓慢上升趋势。

流域近 10 年实施循环经济、产业结构调整、依靠科技进步推进综合治理,使流域治理水污染取得一定成效,污染源得到一定程度控制,工业点源治理取得明显进展,城镇污水处理取得一定成效。2006 年综合治理区共建设污水处理厂 186 座,处理能力 559 万 m^3/d。农村农业面源治理开始启动,内源治理示范效果良好,生态修复取得一定进展。但由于法制法规不完善、执法不严、点面源治理力度不够、缺乏相应的管理机制和投入不足等因素,使太湖流域水污染形势依然严峻,不容乐观。

二、区域政区

无锡市,位于北纬 $31°07' ~ 32°02'$,东经 $119°33' ~ 120°38'$,太湖之滨,长江三角洲的中部。2002 年全市总面积 $4787.61km^2$(其中市区 $1622.65km^2$),水面积 $1277.1km^2$。东邻苏州,距上海市 128km;南濒太湖,与浙江省交界;西接常州,距南京 183km;北临长江,与泰州市所辖的靖江市隔江相望。无锡市是经济社会发达的大城市,2006年总人口688万,其中户籍人口458万、流动人口230万;设55个镇、34个街道办事处、499个社居委、924个村民委员会。

无锡历史悠久,为吴文化主要发祥地之一。早在六七千多年前这里就有原始氏族聚居。商末(约公元前12世纪),泰伯为让王位于季历及昌(周文王)偕弟仲雍南奔荆蛮,定居梅里(今梅村一带),自号"勾吴"。后经周、楚、秦、西汉、东汉、三国、晋、隋、唐、宋、元、明、清诸朝,政区屡有变迁,行政隶属亦随之更迭。1949年4月23日无锡解放,置无锡市,并市县分治,直至2002年行政区划调整至现状,即下辖崇安区、北塘区、南长区、滨湖区、惠山区、锡山区、新区七个行政区和江阴、宜兴两个县级市。

三、自然地理

(一)地形地貌

无锡地区地形是西南部及市郊沿湖为低山丘陵,其余为坦荡平原,平原上偶有低丘兀立。太湖周围的低山丘陵高度大都在100~200m之间,平原地区高程低于8m。地形地貌大体可分为三个类型:

1. 西南部及沿湖低山丘陵区

本区为砂岩及石灰岩为主的丘陵山地。第三纪后期以来一直处于微弱的上升剥蚀阶段,经过长期的历史年代形成了现在的地形地貌。本区主要山脉有宜兴的龙池山,海拔高程488.3m,太华山538m,铜管山528m,最高峰黄塔顶611.5m,均系东西走向,属天目山余脉。在石英砂岩围绕的盆地内,分布着古生代、中生代的石灰岩,组成高度百米左右的丘陵,发育良好的喀斯特地貌景观,著名的宜兴游览胜地善卷洞、灵谷洞、张公洞、慕蠡洞等即分布在此地。太湖沿岸低山丘陵区主要包括市郊滨湖区沿湖一带,地貌大致呈西南高,北东低的趋势,由于新构造上升,风化剥蚀强烈,多孤山残丘,主要有鸡笼山、阳山、长腰山、吼山、白丹山、龙山、舜柯山、雪浪山、顾山、惠山、晖嶂山等,海拔高程一般低于200m,最高的惠山三茅峰为328.98m。

2. 中部太湖平原

无锡市的大部属这一地区。远在1.4亿年前的燕山运动发生的地层褶皱形成太湖原始盆地。第二纪以来的断块差异运动形成凹陷,海水侵入成为嵌入陆地的浅海湾。距今7000年前后这一个地区还是烟波浩渺的海洋,后脱离海湾环境形成泻湖,嗣后逐渐脱盐淤积形成浅洼平原,一般地面高程2~5m,河、湖、荡、湾众多,地势平坦,具有典型的湖荡水网平原特色。根据平原生成机理和沉积物特征,又可分为三个亚区:水网平原、高亢平原和湖荡平原。

3. 北部沿江平原区

这一地区主要在江阴市北部,高程2~4m。距今7000年前后长江入海口在镇江、江阴之间,后沙嘴逐渐发育,长江携带的大量泥沙在水流、海浪的作用下,逐渐堆积,北岸为高沙地带,南岸为沙壤地带。

（二）气象概况

无锡属北亚热带季风气候区,气候温和湿润,四季分明,雨量充沛,雨热同季,光照充足,无霜期长。据近50年气象资料,年平均气温15.6℃。1月份最冷,月平均气温2~3℃(表1-1)。7月份最热,月平均气温28~29℃。1980~2000年系列平均年降水量1204mm。降水在年际、年内变化较大,其中,最大年降雨量2068.7mm(宜兴大涧,1999年),最小年降雨量483.7mm(宜兴官林,1978年),年内降水多集中在6~9月,约占全年雨量的55%。区内多年平均蒸发量为1000~1300mm,年平均日照数1984h,全年无霜期平均230d,常年主导风为东南风。

表1-1 无锡市气候主要特征

指标		数据	出现年份
温度	年平均气温	15.6℃	
	极端最高气温	40.4℃	
	极端最低气温	-12.5℃	
降水	全市年平均降水量	1204mm	1980~2000
	全市最大年平均降水量	1572.9mm	1991年
	全市最小年平均降水量	569.1mm	1978年
全年平均相对湿度		79%	
年平均日照时数		1984h	
全年平均无霜期		230d	
最大积雪厚度		160mm	
最大冻结深度		100mm	
年平均风速		3.4m/s	
年平均气压		1016.5mb	

（三）陆域生态

1. 植被

无锡属北亚热带水网地区,野生植物资源丰富,自然分布于境内的和外来归化的野生维管束植物共141科497属950种,其中草本植物744种,占78.3%;木本、竹类206种,占21.7%,木本植物中落叶木本占近4/5。以被子植物为大宗,蕨类植物较少,裸子植物更少。归属禾本科的植物种111个,为最多,其余100种以下、10种以上的科依次是菊科、莎草科、豆科、蓼科、唇形科、蔷薇科、玄参科、大戟科、伞形科、百合科、毛茛科、石竹科、十字花科、茜草科。本市的低山丘陵区,自然植被比较繁茂。沿湖丘陵,植被为典型的北亚热带落叶阔叶混交类型,人工栽培植被有柑桔、杨梅、茶叶等。西南部宜兴低山丘陵位于中亚热带边缘,植被为常绿阔叶林类型。主要树种有青刚栎、岩青刚、石栎、冬青、豹皮樟、大叶楠等。除了自然植被外,人工栽培植被也比较繁茂,杉木成林,毛竹似海,茶树、板栗栽培历史悠久,均为江苏省重要产区。全市现有用材林16000hm²,竹林13000 hm²,桑、茶、果12400 hm²,活立木蓄积133万m³,毛刚竹

3700 万株,经济林比重 52.3%(包括毛竹、笋用林),年产干茶 5000 余 t,果品 2.2 万 t,木材 5000m³,毛竹 200 万株。2000 年,栽培花卉,种植茶叶、果园,共 6000 hm²。

2. 森林

全市的自然环境和社会经济条件十分有利于林业生产。全市丘陵山区集中,林业用地主要分布在宜兴铜官山以南的山地、丘陵和长江、太湖沿岸的丘陵地带。全市林业用地面积 52000hm²,占总面积的 11.2%,是江苏省重要的林特产生产基地。其中有林地 45256hm²,疏林地 425hm²,灌木林地 2951hm²,未成林地 384hm²,苗圃地 1111hm²。

(四)水域生态

1. 水生态系统结构

水生态群落是水生态系统的基本组成,它包括浮游植物、浮游动物、底栖生物、高等水生植物、鱼类和微生物等(图 1-1)。水生生物的种属、结构、优势种、密度(覆盖率)、生物量可以反映水生生态系统的结构、功能和水生生态系统的健康水平。

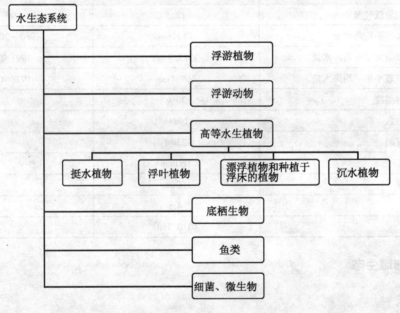

图 1-1　水生态系统结构图

水生态系统结构又分为湖泊与河流生物群落结构两种,其中湖泊生物群落主要分布在无锡辖太湖北部水域,包括梅梁湖、贡湖(部分)、五里湖、竺山湖(部分)太湖湖体北部。主要包括如下 5 种:

(1)浮游植物及其种群结构　湖泊浮游植物种类繁多,形态各异,它与水生高等植物共同组成湖泊中初级生产者,其种类组成和生物量变化不但影响生态系统的结构功能的变化,还制约自身的光合效率,吸收利用营养盐的速率,同时它又是湖泊中水生动物食物的主要来源和物质基础,在湖泊生态系统中具有重要地位,是湖体生态退化的指示参数。浮游植物(仅指藻类和浮游植物),主要是蓝藻,其次是绿藻和其他藻类。20 世纪 80 年代,太湖北部湖区有浮游植物7门46属64种,优势种为蓝藻门的铜绿微囊藻、水华微囊藻、惠氏微囊藻等。浮游植物在不同湖区、季节其生物量和优势种有很大差异,见表1-2。浮游植物时空分布,梅梁湖、竺山湖春夏秋3季生物量处于相对较高地位,贡湖春秋季生物量也较高。不同区域的优势种不同,梅梁湖全年以微囊藻为优势种,竺山湖夏、秋季优势种为平裂藻、十字藻、尖尾蓝隐藻和颤藻,贡湖优势种春季为丝藻,夏季为束丝藻和微囊藻,秋季为束丝藻,冬季为微囊藻。

(2)浮游动物种群结构 湖泊水生态系统中浮游动物是水生生物群落的重要组成部分。湖泊中浮游动物由原生动物、轮虫、枝角类和桡足类组成,它在湖泊生态系统的物质转化和能量循环的营养和食物链结构中起重要的连接作用。浮游动物滤食藻类、细菌和其他浮游水生植物,又是鱼类的天然饵料。此外,浮游动物对环境的依存,决定了其在水体中的群落结构和分布,因此浮游动物的数量、生物量、优势种在一定程度上反映了湖泊水体的营养状况。太湖浮游动物有56属82种,以种属多少排序:轮虫(16属31种)>原生动物(22属25种)>枝角类(11属19种)>桡足类(7属种)。太湖北部湖区浮游动物数量及生物量见表1-3。梅梁湖、竺山湖、贡湖水域原生动物在浮游动物中占绝对优势,小型轮虫在富营养化程度较高的梅梁湖和五里湖分布。从这些湖区浮游动物的数量总体看比浮游植物要少,显示富营养化与蓝藻"水华"爆发的潜在性。从浮游动物的污染指示种看,萼花臂尾轮虫、针簇多肢轮虫、焰毛虫、节毛虫等在竺山湖和梅梁湖常年出现,太湖西部夏季可见,说明这些湖区污染程度是较严重的。国内外按浮游动物数量评价湖泊富营养化程度,小于1000个/L为贫营养型,1000~2000个/L为中营养型前期,2000~3000个/L为中营养型后期,大于3000个/L为富营养型。据此,竺山湖、梅梁湖、太湖西部为富营养型水域,贡湖为中营养型后期水域。

表1-2 太湖北部湖区不同时间藻类表 单位:(mg/L)

湖 区	春		夏		秋		冬	
	优势种	生物量	优势种	生物量	优势种	生物量	优势种	生物量
竺山湖	隐藻	5.18	隐藻	3.20	硅藻、隐藻、绿藻	2.41	隐藻、硅藻	1.17
梅梁湖	绿藻、隐藻	0.58~3.47	蓝藻、隐藻	3.27~10.80	蓝藻、隐藻	6.13~1.03	隐藻	0.38~0.80
贡 湖	绿藻	0.52~1.02	蓝藻、绿藻	0.21~0.43	绿藻、蓝藻、硅藻	0.22~2.52	蓝藻	0.15~0.30
太湖西部	绿藻、隐藻、硅藻	0.09	隐藻、硅藻	1.62	蓝藻、硅藻、隐藻	4.12	硅藻、隐藻	0.45

表1-3 太湖北部水域浮游动物数量和生物量

湖 区	竺山湖	梅梁湖	贡 湖	太湖西部
浮游动物数量(个/L)	8945	11736~2581	2879~3501	8206
浮游动物生物量(mg/L)	3.59	2.3~4.9	5.1~5.7	4.0

（3）底栖生物　通常指生活在湖泊底部的大型无脊椎动物,主要是水生寡毛类、软体动物、水生昆虫及其幼虫等。底栖动物对生境条件变化敏感,底栖动物中的软体动物主要以滤食和刮食湖泊水体中的浮游生物和有机碎屑以及底泥层中的有机营养物质,对湖泊水体特别是湖底层水体营养水平有重要调节作用。太湖北部湖区共有底栖生物31种属（环节动物门、软体动物门、节肢动物门）。梅梁湖、竺山湖及太湖西部水域底栖无脊椎动物以寡毛类和摇蚊幼虫为主,腹足类和瓣鳃类等较少,表明污染较为严重、水质差。底栖动物数量和生物量见表1-4。底栖动物数量以梅梁湖、竺山湖、太湖西岸大浦口最高,分别达504~832个/m², 732个/m², 812个/m²。生物量最多为竺山湖心为120.54g/m²。底栖动物评价表明太湖北部湖区受污染严重。

表1-4　太湖北部湖区底栖生物数量和生物量

底栖动物	竺山湖	梅梁湖	贡　湖	太湖西部
数量（个/m²）	732	504~832	64~172	812
生物量（g/m²）	120.54	32.27~195.93	15.81~42.31	3.96

（4）高等水生植物　有20多种,大多为偶见种。由于北部水域水质污染严重,仅沿湖岸有不连续的芦苇分布。竺山湖、五里湖、梅梁湖及太湖西部基本已无沉水植物,仅有水葫芦及少量水花生分布。贡湖在东北部和东南部沿岸有狐尾藻、荇菜、马来眼子菜等沉水植物分布,尤其东南部沉水植物自然更殖较好。

（5）鱼类　目前湖内主要经济鱼类有梅鲚鱼、银鱼、虾类、鲢鱼、鳙鱼、鲤鱼、鲫鱼、青鱼、草鱼、鲌鱼、鳜鱼等。其中梅鲚鱼产量占比例较多,从总体上看北部湖区以人工放流增殖为主。

河流生物群落主要分布在小型河港和两岸,以挺水植物中的芦苇、李氏禾,浮叶植物中的荇菜、浮萍为主。水葫芦和水花生在有些小河道中疯长。河港中央以小茨藻、黑藻、苦草、马来眼子菜和各种藻类为主,蓝绿藻在夏秋季覆盖满相当多小型河道、圩区内河道,但在污染很严重的河道,生物很少,连蓝藻都不能够生存。大型河道两岸有少量芦苇等挺水植物残存,河道中很少有水草。

2. 水生物多样性

生物多样性指所有植物、动物、微生物物种以及所有的生态系统和它们形成的形态过程。包括生态系统、物种和变异性以及群体基因的数量和频率,这些生物与环境相互作用所构成的生态系统的多样化程度,主要评价湖泊环境下的动、植物、微生物等生物物种的复杂多样性。

由于湖泊生态系统中水生生物的丰度和多样性受地理环境、水文气象条件、种群生理生态特征,人类的经济活动等与生物密切相关的物理的、化学的非生物因素影响呈不同的时空变化。评价采用香农—韦弗（Shannon—Weaver）多样性指数H:在0~1间为重污染,1~2中等污染,2~3轻度污染,大于3为略有污染至清洁水。主要湖区底栖生物和沉水植物多样性指数见表1-5。

表 1-5 太湖北部湖区底栖生物和沉水植物多样性指数

指数＼湖区	竺山湖	梅梁湖	贡 湖	湖西区
底栖生物	1.21	0.43～1.01	0.89～1.17	1.20
沉水植物	0	0	0.09～0.84	0

生物多样性指数充分反映了无锡市辖太湖北部湖区的水污染程度,竺山湖、梅梁湖和湖西区已为重污染水域,湖区水生植物较少见。贡湖为中污染湖区,湖西部污染重于东部,贡湖东部水生植物残存量较多,且近年来恢复较快,覆盖率达40%,可见马来眼子菜、菹菜及狐尾藻。

第二节 区域水系现状及演变

一、河湖水系

无锡市是一个典型的江南平原低洼河网区,各级河道纵横交叉,湖荡密布,水系十分发达,构成了完整的河网水系,素有江南水乡美称。无锡市的河湖水系概括为:北靠长江,南临太湖,中有江南运河,长江及太湖之间是有锡澄、宜兴二大河网水系。

太湖流域的入湖水系主要为湖西部的宜溧水系和太湖南部苕溪水系。无锡市的区域水系主要包括西部宜兴的南溪水系和北部的锡澄水系。无锡区域全境河道受降雨的地区分布及太湖、长江水位的影响,流向往往顺逆不定。锡澄水系,以江南运河为纵轴,其两侧分布着多条通江入湖骨干河道,承担着江湖水量交换任务,江南运河在其间沟通了骨干河道,起着不可缺失的调节作用。湖西的南溪水系,以南北溪河为干线,是湖西山区洪水入湖的主要通道,其南侧由多条山区排洪河道汇入,北侧河道沟通了洮湖滆湖,对上游下泄的洪水加以调蓄。无锡水系水利工程图,见文前彩图。

全市江河湖荡水面积 1277.1km²(含河流、湖泊、鱼塘、水库、塘坝、沟渠、苇地、滩涂、岸坡,不含水利工程陆域占地),占全市行政区域面积 4787.6km² 的 26.68%。无锡市属江南平原低洼河网区,共有规模河道 5993 条(不含小河浜、沟渠),总长 6998km,其中骨干河道 55 条,总长 893km;全市通航的河流有 204 条,总里程为 1656.3km,其中等级航道共 44 条,计 866.3km。全市规模河道平均水面积 207km²、蓄水量 4.3 亿 m³。太湖及其湖湾面积 613km²;其他河网间湖荡 41 处,面积 93.46km²;水库 19 座,总库容 1.27 亿 m³。长江、太湖是无锡市水资源的重要补给源(表 1-6)。

表1-6　无锡市水域面积及构成

序号	水域类型	水域面积（km²）	占水域总面积比例（%）
1	太湖及其湖湾	613.0	48.00
2	其他湖泊及湖荡	93.5	7.32
3	长江	56.0	4.38
4	规模河流	207.0	16.21
5	小河浜、沟渠	89.5	7.01
6	水库、塘坝	25.1	1.97
7	鱼　池	193.0	15.11
	合　计	1277.1	100.00

（一）北有长江

长江是我国第一大江,流经无锡市江阴境内35km,江面宽度2~4km,水深30~40m;每日水位两涨两落,1950~2004年肖山多年平均高潮位4.08m,平均低潮位2.42m,极端最高潮位7.22m(1997.8.19),极端最低潮0.80m(1959.1.22),最大潮差2.98m;多年平均径流量为9730亿m³,其中,1954年洪水年份径流量最大达到13590亿m³,1926年最枯年份最小仅为6320亿m³。

（二）南有太湖

太湖古称震泽,又名五湖,为我国第三大淡水湖,流域面积3.69万km²,2005年正常水面积2340km²,湖中有大小岛屿48个,峰72座。太湖是一个天然大水库。太湖平均水位2.99m(吴淞高程,下同)时容积44.23亿m³,平均水深1.89m。在水位4.65m时容积83亿m³,水位达到5m时容积可超过100亿m³。多年平均入湖水量76.6亿m³,换水周期为300天。出入太湖河流共有100多条,其中入太湖河流占60%。太湖不仅接纳上游百川来水,下游湖东地区或遇暴雨,洪水也会倒流入湖。以前,当长江水位高涨而通江港口无水闸控制时,江水也会分流入湖。由于湖面大,洪枯水位变幅小。太湖现警戒水位3.50m。一般每年4月雨季开始水位上涨,7月中下旬达到高峰,到11月进入枯水期,2~3月水位最低。1991年全太湖历史最高平均水位4.98m;1934年瓜泾口仅1.87m,为历史最低。由于太湖的调蓄,其下游平原虽然地势比较低洼,一般年份可免受洪水威胁,灌溉水源都可满足,特殊干旱年份水源不足时,需从长江引水。现已在通江河口建设控制水闸和泵站,引江入湖,使水源更为丰盈。总之,太湖具有饮水、工业和农业用水、航行和旅游、防洪和调蓄等多种功能,是长江三角洲经济社会发展的重要基础。

（三）中有江南运河（无锡段）

江南运河无锡段(以下称江南运河)为京杭运河(全长1782km)长江以南部分,西起常州市界,南至苏州市界(沙墩港河口),长43.38km,流经惠山、北塘、南长、滨湖、新区五个区。江南运河是无锡主要航道,4级航道,通航500t级货船,2007年运货量2亿多t,日通过船舶数千艘,运河两岸成为繁荣的经济带。近期江南运河计划改造为3级航道,计划投资18亿元。现河面宽46~150m,最低水位1.92m(南门,吴淞高程),最高水位5.14m,平均水面积4km²,平均容积1440万m³。江南运河是无锡主要的泄洪排涝通道,2003年平均流量,上游常州来水28.4m³/s(以洛社西栅浜口断面计),下游去水苏州51.6m³/s(以新安月城河口的新安大桥断面计),年平均通过水量,上游8.96亿m³,下游16.3亿m³。历年平均流量30m³/s,实际通过流量最大168m³/s,最小9m³/s。江南运河也是无锡主要的景观河道。与江南运河纵横交错的河道很多,主要有:市区西北的五牧河、直湖港、锡溧运河、双河、锡澄运河,无锡城区的古运河和环城运河,东南的伯渎港、东亭港、沈渎港、大溪港、沙墩港、望虞河,以及城区南侧的梁溪河、梁塘河。这些河道同时也构成了江南运河周围无锡河网的基本框架。

(四)锡澄河网水系

锡澄片为无锡市区和江阴市两个区域的简称,其南北向河道为通江(长江)入湖(太湖)河道,东西向的为横向沟通河道。北部通江河道主要有7条:桃花港、利港河、申港河、新沟河、新夏港河、锡澄运河、白屈港,口门均建闸控制。南部入湖河道主要有直湖港、梁溪河、曹王泾、小溪港、大溪港等,均已建闸控制。主要横向河道有江南运河、伯渎港、九里河、锡北运河、界河、青祝河、冯泾河、应天河、东横河、西横河等。水系均沟通,形成河网。所有通江入湖河道视太湖水位高低,或泄水入湖,或引水出湖,流向顺逆不定。全部入江河口和入太湖河口建有节制闸控制。

(五)宜兴河网水系

宜兴河流统属湖西区南溪水系,习惯细分为南溪、洮滆太、蠡河及凰川4个水系。东西向的南溪河水系和洮滆太水系,承受上游地区4700km²面积的洪水过境。南溪水系在宜兴中部,上游为宜溧山区,南侧山区屋溪河上游建有横山水库。南溪水系主要有南溪河、北溪河、邮芳河、堰径河等组成,诸河汇集于西氿(湖泊名称),穿过宜兴城区入东氿(湖泊名称),再由城东港、大浦港等入太湖,该水系多年平均入湖流量35.75m³/s,入湖最大流量597m³/s,流域总面积4000余km²,其中宜兴市境内面积1356km²,其余主要为常州市面积,部分为南京市面积。洮滆太水系包括洮滆与太滆两部分河网,洮滆河网位于宜兴西北部(洮湖与滆湖之间),主要河道有北干河、中干河、孟津河、西溪河、宝寿河、西孟河等,境内流域面积115km²。太滆河网位于宜兴东北部(太湖与滆湖之间),主要河道有漕桥河、殷村港、烧香港、武宜运河、横塘河等,境内流域面积250km²,漕桥河平均入湖流量7.19m³/s,最大流量67.4m³/s。蠡河水系位于东南部。上游为丘陵山区,南支洑西涧源于界岭,最大流量1100m³/s,北支蒋笠河源于铜管山,下游为滨太湖河网平原,流域面积259km²。凰川水系位于东南角沐东镇境内,流域东西长9.4km,南北宽3.8km,流域面积35km²。

(六)湖泊(水库)

湖泊(含湖湾)和主要水库有18个(表1-7)。另外,还有数量众多的河网间湖荡。其中,湖泊系由江苏省统一核定的,面积比较大的或由二个地级市共有的;湖荡系指在江苏省统一核定湖泊以外的面积相对较小水域的俗称。

（七）圩区

圩区是江南一种特有的水工程形式,具有抵御洪涝和保安功能,系在地势低洼区域四周筑坝和建水闸及泵站,以及建设有关水设施和辅助工程,形成一个封闭的水域,圩内水域一般不流动,主要由泵站和水闸调节圩内水位的高低。无锡市共有 576 个圩区,保护面积 1005 km^2,提水能力 1615m^3/s。其中的大型圩区共有 44 个,面积 595km^2,提水能力 743m^3/s。全市圩区面积占全部平原面积的 36%,而在锡澄区的部分区域,圩区占到平原面积的 50% ~70%(表 1 -8、表 1 -9)。

表 1 -7 无锡市湖泊和主要水库情况表

序号	湖泊(水库)	位 置	设计洪水位 (m)	面积 (km²)	境内岸线长度 (km)	备 注
1	太湖湖体	市区南部, 宜兴以东	4.66	2003	48	无锡市与苏州市共有(不含梅梁湖、贡湖、竺山湖、五里湖等 4 个湖湾)
2	梅梁湖（太湖西北部湖湾）	市区西南部	4.66	124.5	45	太湖西北部湖湾
3	贡湖（太湖北部湖湾）	市区东南部	4.66	147	24	太湖北部湖湾,与苏州市共有
4	竺山湖（太湖西北部湖湾）	市区马山西部	4.66	56.7	25	无锡市占面积的一半左右,与常州共有
5	五里湖	滨湖区	4.50	8.6	35	周边有水闸可全封闭控制,有抽水站可调节水位
6	鹅真荡	锡山区东部	4.20	5.28	10	锡山区占 2.614km²,与苏州市共有
7	嘉菱塘荡	锡山区东部	4.20	0.91	3	锡山区占 0.527km²,与苏州常熟共有
8	宛山荡	锡山区东部	4.30	1.55	12	
9	滆湖	宜兴市北部	4.86	164	25	宜兴市占 49.2km²,与常州市共有
10	西氿	宜兴市城区以西	5.13	10.7	30	下游为团氿
11	团氿	宜兴市城区	5.13	3.16	8	上游为西氿、下游为东氿
12	东氿	宜兴市城区以东	5.13	7.52	27	上游为团氿、下游通过河道入太湖
13	临津荡	宜兴市	5.15	0.64	15	与周边河道连通
14	徐家荡	宜兴市	5.15	0.50	10	与周边河道连通
15	钱墅荡	宜兴市	5.00	0.64	4	与周边河道连通
16	莲花荡	宜兴市	5.00	0.70	8	与周边河道连通
17	阳山荡	宜兴市	5.00	0.55	4	与周边河道连通
18	横山水库	宜兴市	40.49	11.75	18	

表 1-8 2005 年无锡市圩区基本情况汇总表

政 区	圩区(个)	圩区保护面积(km²)	圩堤总长(km)	圩区三闸(座)	排涝能力		
					排涝站(座)	动力(kW)	设计流量(m³/s)
合 计	576	1005	2197	1000	1395	80123	1615
城三区、滨湖、新区	69	112	150	76	143	16962	296
锡山、惠山区	102	288	408	113	390	31779	654
江阴市	138	165	345	213	310	13482	269
以上锡澄区小计	309	565	903	402	843	62223	1219
湖西、宜兴市	267	440	1294	598	552	17900	396

表 1-9 2005 年无锡市大型圩区排水系统情况表

分 区	政 区	圩区(个)	面积(km²)	水闸数量(个)	泵 站	
					数量(个)	提水能力(m³/s)
锡澄区	城区	1	15	23	8	48
	惠山区	11	249	81	194	334
	锡山区	5	56	57	66	77
	滨湖区	1	2	1	6	41
	江阴市	6	65	30	32	76
以上合计		24	387	192	306	576
湖西区	宜兴市	20	208	263	151	167
全市合计		44	595	455	457	743

二、河网水系

无锡河网水系,原为自然形成,后大多经人工完善。境内多洼地湖荡,以往水域之广,数倍于今。河网水系是直接服务于农村经济、保障农业生产和方便人居生活的基础工程,历代都极为重视河网的建设,经数千年不断演变,形成了今天比较完整的河网体系。

无锡水系演变的过程也见证了无锡社会、经济、人文发展更替的历史。河网水系不断演变的原因主要有以下几点。

(一)为治理洪涝改善航运发展生产以及战争而完善水系

为治理洪涝、改善航运、发展生产,以及战争、南粮北运而逐渐形成比较完善的水系。历史上从泰伯开凿伯渎港(公元前 1122 年)起,春秋夫差开大运河(公元前 495 年)、范蠡挖东西蠡河、宋嘉佑 6 年宜兴开百渎、疏浚四十九渎、明代开拓黄田诸港等,许多骨干河道陆续形成并不断扩张。在广大乡村,为保障农业生产,也大量修疏开挖了沟通骨干河道、湖荡的小河道,逐步形成一个稠密而完整的水系。解放后,特别是在 1954 年、1957 年的太湖洪涝灾害后,1958 年编制初步治理太湖规划,骨干河道开始兴建,农村河网化建设也掀起高潮。1991 年太湖发生大洪水后,治理太湖工程全面展开,作为防洪排涝主要通道的河道整治拓浚工程又一次全面扎实地实施,河网规格、规模、质量有大幅度提高。

在众多河道形成演变的过程中,以京杭大运河尤为引人注目,江南运河无锡段始为吴王夫差为运送军需开凿(公元前 495 年),经秦、汉、隋不断拓浚,于隋大业 6 年(610 年)全线贯通。后又经历代不断修疏,在无锡经济社会发展史上起到了举足轻重的作用。解放后,江南运河更全面进行了前所未有的大规模整治,将河道标准全线提高为四级航道,并对无锡市区段河道作了绕城改道,经数十年持续整治,河道断面加大,河势更为顺畅,通航能力较 70 年代提高 3 倍以上,排涝能力提高 30%,效益十分显著,现准备把江南运河全线提高为三级航道。

(二) 为满足人口不断增长和生产生活需要而筑堤围湖

历代结合治水,不断围垦成片湖荡滩地,筑堤成圩,形成许多内河圩田。历史上较为著名的是对芙蓉湖(位于锡澄片)的治理和围垦,为减轻破圩的威胁,增加农田面积,湖面水域不断被围垦,晋、五代、宋、明、清、民国都有较大规模围垦芙蓉湖的记载,仅明宣德年间就围垦湖面 72km²,经数百年的蚕食,至今(原面积 300 ~ 500km²)芙蓉湖已不复存在,仅剩下零星的湖荡。解放后,在历次修圩筑堤和消灭钉螺防治血吸虫病的过程中,也曾大量围垦荡滩淤地,较大规模的有长广溪围垦、谢埭荡围垦、北阳湖围垦、白荡圩围垦、太湖沿岸围垦等,在此过程中湖荡水面减少 13.3 km²。

(三) 城市的快速扩张使城区水系受到严重破坏

汉初,无锡城邑开始建设时,无锡地区的骨干水系已经形成,这个水系以江南运河、梁溪河、转水河、伯渎港向四周幅射,由护城河环向沟通组成骨架。历代经不断开拓疏浚,城市水系逐步发育完善,使无锡发展成为一个市场繁荣、人居方便的著名江南水城。当时锡城到处可见小桥流水人家,岸边垂柳翠绿,河中船舶橹吱呀的宁静幽雅的水景。

解放后,在城市建设中,为扩大和改善陆路交通,大量填塞河道,拆除石拱桥,改成城市道路,并在城中心区外围进一步扩大填河筑路范围,从 20 世纪 50 年代至 70 年代末,填塞护城河、玉带河、箭河、前西溪、后西溪等城区河道近 60 条,城区水系遭到严重破坏,一个发育完善、富有江南水乡特色的水城,在城市中心区失去了水乡风貌。

90 年代后,随着经济社会发展的加速,特别是房地产开发市场的崛起,与河争地风潮又起。不仅是城区,郊区和农村的许多河浜也都被填埋改造。填塞河道后,调蓄水面减少,对全市防汛和区域性水量调蓄带来较大影响。而且由于河道被缩窄或堵断,使河道水流滞缓不畅,加重了水质的恶化,对沿河人居环境带来较大危害。相当多“小桥,流水,人家”的水乡景观已难觅踪影。

三、水系特点

(1)水网密布 无锡市共有规模河道(长度一般在 500m 以上)5993 条,总长 6998km,以不含太湖的陆域面积 3286km² 计,河网密度达到 2.13 km/km²,若计入规模以下的断头浜和小河浜 1 万多条,则估计河网密度将达到 3km/km² 以上。河网纵横交织,与河网内的小湖泊和湖荡相互连接,并与北部的长江、南部的太湖相互沟通,共同起着泄洪排涝、蓄洪储水、调水供水、航行和改善水环境的作用。

(2)属平原低洼河网区 无锡市属长江三角洲,地势平坦而低洼,地面相对高程很低,平均地面高程不足 10m;境内平原为典型的湖荡水网平原,属于平原低洼河网区,低洼地区高程一般在 3.5~4.5m,其中相当多是圩区,其面积占到全市陆域面积的 27%,圩区的高程均在河道全年平均水位以下,容易受洪涝影响;全市境内的河道受降雨影响及太湖、长江水位的变化,流向往往顺逆不定,特别是锡澄片(包括无锡市区和江阴市)大部分河道为双向流动河道。

(3)平原河道坡降平缓 泄水能力小,水体自净能力小,环境容量小。平原河道的底坡一般在 1/10 万~5/10 万之间,其间圩区河道坡降一般为零,河水在平时一般不流动;锡澄片河网排水一般北排长江,南排太湖和江南运河,东排望虞河,其中有部分通过望虞河再排入长江,虽然排水河道很多,但由于大多数排水河道断面积偏小,排水骨干河道框架未形成,且北排长江时,经常受到长江高潮位顶托,只能靠动力抽水排涝,所以平原地区泄水能力小,易发生洪涝灾害;一般河道的流量小,水体的流速也小,其中圩区河道在平时的流速几乎为零,再加上水生态系统退化,河道的水动力条件差、自净能力小,所以环境容量很小。

(4)可调节水量多 长江和太湖是无锡市水资源的主要补给源,长江多年平均径流量 9730 亿 m³,太湖水位 2.99m 时的蓄水量有 44 亿 m³,北部沿长江口均已建闸控制,在干旱的年份或干旱的季节可以适量的调取长江、太湖之水补充河网之需要,所以全市可调节水资源量比较丰富,但大部分的调水量需要用动力提取。

(5)适合一片河网同时改善水环境 河网间河道、湖泊、湖荡相互连接,大多数可以双向流动,期间的污染物也随河水一起流动,所以,河流水污染治理一般不宜一条自然河道单独治理、改善水环境,只能通过河网小流域综合治理水污染的方式,从整体上同时改善一片河网的水环境。若把一条河道或一片河网建成相对可封闭的水域,则通过综合治理,就比较容易改善其水环境。

(6)太湖外泄通道泄流量小 太湖排水仅主要北靠望虞河、东依太浦河、南排杭州湾,三条主排水通道和一些次排水河道,排水量有限,遇较大洪水时的排泄历时长。

(7)太湖生态修复潜力大 太湖现水面积 2340km²(含退鱼塘还湖水域),其中无锡水域面积 613km²。广阔的太湖水面,其一,有湖流和较大的风浪,使太湖有较强的自净能力,有利于改善其水环境;其二,太湖有较长的湖岸线,湖岸边水域水较浅,非常适于种植挺水植物和沉水植物及发展其他水生物;其三,太湖水深不超过 2m 的沿岸水域可建立多层次的水生态结构,发展多种大型生物群落。以上三点为该区域生态系统修复提供了一个良好的环境条件和可进行生态修复的广阔水域,所以太湖生态系统修复的潜力巨大。

（8）河网区污染源多及污染负荷大　全市工业污水排放总量 4.3 亿 m³（不含火电废水），生活污水排放总量 2 亿多 m³，有大量的农业污染、航行污染、地面径流污染等。无锡的单位面积入水污染负荷强度大，2005 年总入水污染物量 COD 为 19.1 万 t，以全部面积 4787.6 km² 计，单位面积入水污染负荷 COD 的强度为 39.9 t/km²；全国同期 COD 排放总量为 1414 万 t，以国土面积 960 万 km² 计，平均单位面积为 1.48 t/km²，考虑计算口径的不完全相同，估计无锡单位面积入水污染负荷 COD 至少高于全国同期平均值 20 倍以上。

第三节　区域社会经济现状和发展

一、经济社会现状

（一）城市现状

无锡市是一座经济发达、社会稳定、人民生活富裕的美丽城市，也是一座旅游业兴旺的山水文化名城。2005 年，城市化率达到 67%，城市建成区面积达到 285 km²，其中市区、江阴市、宜兴市分别达到 193 km²、50 km²、42 km²。

（二）人口现状

2005 年总人口 633 万人，其中户籍人口 453 万人（表 1 - 10），外来流动人口 180 万人；以户籍人口计人口密度 948 人/km²。其中外来流动人口占总人口的比例为 28.4%，2003、2004、2005 年每年新增外来流动人口都超过 30 万人，新增外来流动人口中，市区占全市的 60% ~ 70% 左右。到 2007 年，无锡市的外来流动人口已经达到 260 万人。

（三）经济社会发展及现状

无锡是一座具有三千年历史的江南名城。早在春秋战国时期，已是当时的经济、文化中心，孕育了许多文人墨客，至今仍保留着众多的历史遗迹。无锡自古物产丰富，是中国著名的"鱼米之乡"。无锡是民族工业的发源地。20 世纪以来，更以工商业闻名于世，素有"小上海"之称，是中国民族工业和乡镇工业的摇篮，无锡发达的商业形成了向全国的强劲辐射力。

无锡市经济发达，是全国 15 个经济中心城市之一，其土地面积和户籍人口仅分别占全国的 0.5%、0.35%，地区生产总值占全国的 1.22%。无锡市旅游业发达，是全国 10 个重点旅游城市之一，风景秀丽，风光具山水之胜，共河湖之美，兼人工之巧。鼋头渚集太湖山水与园林建筑于一体，被称为"太湖第一胜境"；天下第二泉清澄甘冽，曾有名曲"二泉映月"歌之咏之；身高 88 m、堪称世界第一的铜铸灵山大佛、祥符寺，是朝拜圣地；此外，宜兴的竹海、茶林、溶洞，极尽自然风光的秀美。近年来，中央电视台在无锡建造三国城、唐城、水浒城等影视基地，使无锡尽现出"东方好莱坞"的景象。

经近 60 年的建设，特别是改革开放近 30 年来，无锡市的经济建设突飞猛进，社会稳定。1950 ~ 2005 年间主要代表年份户籍人口、地区生产总值见表 1 - 10。其中，2005 年地区生产总值 2805 亿元,在全国大中城市中排名第 9 位;以户籍人口计人均地区生产总值 6.19 万元,在全国大中城市中排名第 6 位;经济产业构成,一、二、三产业分别为 1.7%、60.5%、37.8%;财政收入 421.8 亿元;全社会固定资产投资 1336 亿元;全社会消费品零售总额 824.11 亿元;进出口总额 291.9 亿美元,在全国大中城市中排名第 10 位;实际利用外资 20.1 亿美元,在全国大中城市中排名第 11 位;城镇居民人均可支配收入 16005 元,在全国大中城市中排名第 11 位;农民人均纯收入 8004 元,在全国大中城市中排名第 3 位。

表 1-10　无锡市主要代表年份户籍人口、地区生产总值表

年 份	1950	1952	1958	1963	1965	1970	1975	1980	1985	1990	1995	2000	2005
户籍人口（万人）	240	250	275	288	302	326	346	372	387	413	425	432	453
生产总值（亿元）	10	11	14	14	19	24	38	74	159	263	788	1377	2805

二、经济社会发展规划

(一)城市功能定位和发展规划

无锡市经济和社会发展的总体要求:富民强市,建成全国重要的生态经济中心、国际先进制造业基地、区域性交通枢纽、国内外著名旅游胜地、江南水乡历史文化与现代生态文明完美结合的生态人居名城,并积极发展中等城市、择优培育重点中心镇。经济社会发展和人民生活富裕程度达到或接近世界中等发达国家水平,在国内率先基本实现现代化,成为经济繁荣、科教发达、生活富裕、法制健全、环境优美、社会文明的现代化城市。

城市化率规划目标,2010 年达到 75%,2020 年 85%。无锡市城市建成区面积,到 2030 年,目标为 775km²。

(二)人口发展规划

无锡市最适宜的常住人口发展总量目标为:2010 年 710 万人、2020 年 810 万人、2030 年 880 万人(表 1-11)。

表 1-11　无锡市各政区人口调控目标　　　　　单位:(万人)

政 区	2010 年总人口	2020 年总人口	2030 年总人口
全 市	710	810	880
江阴市	196	222	235
宜兴市	124	143	165
无锡市区	390	445	480

(三)经济发展规划

1. 经济发展简介

2010 年规划地区生产总值 5640 亿元。今后至 2030 年的较低平均经济增长率为 4%，较高平均经济增长率为 12.5%。规划 2010 年，人均地区生产总值(户籍人口)超万美元，人口自然增长率 3.57‰，耕地保有量 95600hm²，城市绿化覆盖率 45%，森林覆盖率 27%。

2. 经济社会发展布局

(1) 建设五个中心　国际先进制造技术中心，区域性商贸物流中心，创意设计中心，职业教育中心，旅游度假中心。

(2) 建设五个名城　最适宜投资创业的工商名城，最适宜创新创造的名城，最适宜生活居住的山水名城，最适宜旅游度假的休闲名城，最具有人文特色的文化名城。

(3) 重点布局为三轴四带　沿江城镇发展轴，沪宁城镇聚合轴，锡澄宜城镇发展轴；沿江产业带，沿沪宁线产业带，沿太湖产业带，宜兴环保产业带。

3. 调整城镇体系布局结构

按照"一体两翼、七区一体"的发展要求，加快城市化进程，优化调整区域空间发展格局，不断加强中心城市的吸纳与辐射能力，积极发展副中心城市，规划发展一批新城市，形成以由 7 个行政区组成中心城市为主体、江阴和宜兴 2 个副中心城市为两翼，以若干个新市镇为纽带的，梯度明显、功能互补、特色鲜明的三级城市体系。

(1) 无锡市区　按照"老城建新片区、城外建新城区、城郊建新市镇、郊外建新社区"的发展思路，合理构建 1 个主城区、6 个新市镇(卫星镇)和若干新型农村社区的空间结构。加快推进东港—锡北(36km²)、安镇—羊尖(134km²)、鹅湖(22km²)、洛社(93km²)、玉祁—前洲(76km²)、阳山—胡埭(36km²)等 6 个新市镇建设，健全基础功能，强化产业结构，完善各项社会服务功能，不断增强集聚力和辐射力。

(2) 江阴市　重点建设临港新区，合理布局临港产业区、现代物流区、港城配套区，把江阴建成现代港口城市、交通枢纽城市和历史文化名城。统筹澄东、澄西、长泾、青阳等 4 片区功能定位和基础设施建设，各片区产业集中建设，澄西片区重点发展化工、能源、冶金、新材料、印刷包装等产业，澄东片区重点发展机械、轻工、纺织、服装等产业，青阳和长泾片区重点发展生态农业和农副产品加工业。

(3) 宜兴市　根据"东进、北扩、西优、南控"的发展方向，整合宜兴城老城区和新城区的服务功能，突出东山办公区、环科园、宜北工业园、专业市场区和新街区建设，建成生态型旅游城市、地域特色鲜明的先进制造业基地、苏浙皖交界地区的商贸交流中心、长三角地区重要的农林特产基地、辐射浙北和皖南的区域性新兴中心城市。

第四节　区域水资源及其开发利用

一、降水

根据流域与行政区域有机结合的原则，水资源评价分为 5 个计算区域：宜兴山丘区、宜兴平原区、太湖区、无锡市区、江阴区,各计算单元下垫面面积见表1-12。

水资源是一种动态资源,包括地表水和地下水。降水是水资源形成的根本来源。由于无锡不是独立封闭的区域,又加上平原水网地区水文的特点和地下水观测资料不全,难以用河川径流量来直接计算地表水资源量,故地表水资源量用降水的地表产流量来表示,地下水资源量主要用降水入渗补给量来计算评价。

降水计算时段分为1956~1979年、1956~2000年、1971~2000年、1980~2000年4个系列,其中1956~1979年是第一次全国水资源调查评价的基本系列;1956~2000年是全国水资源综合规划中水资源调查评价所要求的基本系列;1971~2000年是江苏省近30年的资料系列。1980~2000年是第一次全国水资源调查评价后的21年资料系列。

(一)全市雨量时空分布规律[1]

根据《无锡市水资源调查评价》,无锡市1980~2000年系列的年平均降雨量为1204mm。全市雨量站最大年降雨量为2068.7mm(宜兴大涧,1999年),最小年降雨量为483.7mm(宜兴官林,1978年)。多年平均年雨量各地差别较大,宜兴山丘区多年平均年降雨量1380mm,明显多于其他地区,宜兴平原地区多年平均年降雨量1248mm,太湖区多年平均年降雨量1193mm,无锡市区多年平均年降雨量1114mm,江阴区多年平均年降雨量1169mm。从时间上看,降水主要集中在汛期5~9月,汛期降水量占全年降水量的60%左右。从空间上看,降水量的总趋势基本是从南到北依次减少。对全市各分区雨量代表站雨量进行统计分析,计算出全市各水资源分区不同系列年雨量均值成果(表1-13)。各水资源分区主要降水量代表站多年月均雨量及其占年降雨量比例情况如表1-14。

表1-12 无锡市下垫面面积统计表 单位:(km²)

水资源分区	平原旱地	山区旱地	水域	水田	不透水区	总面积	各水资源分区占总面积比例(%)
宜兴山丘区	0	598.39	5.61	0	0	604	12.62
宜兴平原区	255.59	0	467.49	460	49.94	1233.02	25.75
太湖区	30.42	33	613	0	0	676.42	14.13
无锡市区	473.72	125.61	289.96	295.72	172.82	1357.83	28.36
江阴区	355.55	25	125.94	340	69.84	916.33	19.14
合 计	1115.28	782	1502	1095.72	292.6	4787.6	100
各类下垫面占总面积比例(%)	23.3	16.3	31.4	22.9	6.1	100	—

表1-13 无锡市各水资源分区不同系列年雨量均值表 单位:(mm)

水资源分区	1956~1979	1956~2000	1971~2000	1980~2000
宜兴山丘区	1263.7	1321.8	1344.9	1380.0
宜兴平原区	1135.0	1191.7	1209.8	1248.5

水资源分区	1956~1979	1956~2000	1971~2000	1980~2000
太湖区	1081.2	1137.2	1153.1	1193.2
无锡市区	1045.7	1080.1	1079.2	1114.5
江阴区	994.6	1039.8	1059.0	1169.2
全市区	1104.0	1154.1	1169.2	1204.2

表1-14　无锡主要代表站多年平均月降雨量表　　　　单位:(mm)

时段	江阴		宜兴		无锡		大浦口		全市区	
	雨量	比例(%)	雨量	比例(%)	雨量	比例(%)	雨量	比例(%)	雨量	比例(%)
1月	37.1	3.6	53.8	4.3	43.7	4.0	45.2	3.9	45.0	4.0
2月	46.2	4.4	66.8	5.4	56.5	5.1	58.1	5.1	56.9	5.0
3月	76.2	7.3	105.1	8.4	91.8	8.3	94.9	8.3	92.0	8.1
4月	83.1	8.0	102.9	8.3	92.0	8.3	95.3	8.3	93.3	8.2
5月	102.3	9.8	122.5	9.8	104.7	9.5	110.1	9.6	109.9	9.7
6月	166.7	16.0	190.1	15.3	176.2	16.0	179.8	15.7	178.2	15.8
7月	163.3	15.6	169.8	13.6	159.6	14.5	153.1	13.4	161.5	14.2
8月	129.9	12.5	139.8	11.2	133.4	12.1	135.8	11.9	134.7	11.9
9月	99.1	9.5	121.4	9.7	100.7	9.1	118.5	10.3	109.9	9.7
10月	63.1	6.1	78.7	6.3	63.3	5.7	69.3	6.0	68.6	6.0
11月	47.4	4.5	57.2	4.6	49.6	4.5	51.7	4.5	51.5	4.5
12月	27.7	2.7	38.1	3.1	31.7	2.9	33.8	3.0	32.8	2.9
其中汛期	661.3	63.5	743.5	59.7	674.2	61.1	697.1	60.9	694.0	61.2
全年合计	1042.1	100	1246.2	100	1102.7	100	1145.6	100	1134.2	100

汛期雨量占全年总雨量的48%~70%,一般在60%左右,汛期各月月雨量一般占全年年雨量的10%~16%,主要降水类型为梅雨及台风暴雨;其他月份雨量较小,一般小于年雨量的10%。从时间上看,各月雨量总的变化趋势是1~6月逐渐增加,然后逐月减少;从空间上看,月雨量基本上从南到北依次递减,最南边的宜兴站月雨量比最北的江阴站一般多出5~25mm。

无锡市年雨量趋势,1956~2000年之间,无锡市年平均雨量总体呈增长趋势,从表1-13可以看出,1956~1979年、1956~2000年、1971~2000年、1980~2000年4个雨量系列的年平均雨量呈逐步增加趋势,其中20世纪60、70年代雨量偏少,80、90年代雨量偏多。

(二)无锡市主要雨型分析

由于降水时空分布的不均匀性,致使部分降水产生的径流量不能得到有效的控制和利

用,有时还造成了严重的洪涝灾害。对无锡市影响最大的有三种雨型:

1. 梅雨型

据对无锡站雨量资料的统计分析,无锡多年平均梅雨期27d,梅雨量246mm。1954年梅雨期达到了56d,梅雨量410mm;1991年梅雨期55d,梅雨量801mm,均造成了严重的洪涝灾害。以1991年为例,该年无锡地区入梅早、雨量大、雨季长、集中暴雨大。其中第一次集中暴雨从6月12日开始,连续3日暴雨量为150~243mm。第二次从6月30日开始,7月1~3日暴雨量为220~340mm,各地水位相继突破历史最高水位,南门水位达到4.88m,造成了百年未遇的特大洪涝灾害,全市直接经济损失34.19亿元,大幅度超过1954年。

历史上1959年梅雨期最短仅7d,无锡站梅雨量68.4mm。1978年梅雨量最小,无锡站梅雨量44.3mm,伏秋干旱期长达250d,出现了自1934年以来最严重的旱情。

2. 台风暴雨型

降水强度大,短时间河道水位猛涨,造成洪涝灾害,如1962年,无锡市先后遭受7号和14号台风两次袭击。7号台风发生在7月4~7日,风力6~7级,降雨强度大,雨量集中,3~6日雨量250mm,无锡南门水位猛涨1.1m。9月5日至6日,14号台风过境,风力8~9级,无锡地区普降暴雨,自9月5日8时到7日下午6时,连续降雨46h,降雨量295mm,南门水位由3.20m猛涨至4.64m。9月6日,陈墅一日降雨量212.7mm,出现了历史最高水位5.52m。台风暴雨还会引起旱涝急转,如1990年7月14日出梅后,我市高温少雨,旱情严重,8月31日15号台风袭击,我市普降大暴雨,宜兴太华山区山洪爆发,大涧站一日雨量415.6mm,最大24小时连续降雨421.3mm,创无锡地区最大24小时和最大一日雨量历史记录,经济损失很大。

3. 梅雨和暴雨混合型

最具威胁,造成严重洪涝灾害,典型年为1991年和1999年。以1999年为例,该年主汛期6~8月份总平均降雨量为1026mm,占汛期总雨量的87%,比1991年同期多91mm,为多年同期降雨量的2.23倍,创历史新高。降雨主要发生在梅雨期,大浦口站梅雨量达836mm,超过了1991年。梅雨期的集中降雨,使全市河、湖、库、塘水位暴涨,发生了大范围的洪涝灾害(表1-15,表1-16)。

(三)无锡雨量频率分析

根据《无锡市水资源综合规划》的结论,全市各水资源分区雨量频率:以1956~2000年系列为例,丰水年($p=20\%$)、平水年($p=50\%$)、枯水年($p=75\%$)、特枯水年($p=95\%$)全市的设计年雨量分别为1329mm、1139mm、1000mm、819mm。其中,宜兴山丘区分别为1535mm、1365mm、1129mm、919mm,宜兴平原区分别为1382mm、1176mm、1024mm、829mm,太湖区分别为1320mm、1124mm、977mm、791mm,无锡市区分别为1263mm、1063mm、921mm、736mm,江阴区分别为1226mm、1023mm、874mm、694mm。从宜兴山丘区至江阴(从南到北),各水资源分区在同一频率时,多年平均雨量依次递减。

表1-15　无锡市区历年降水和水位表

项　目	降水(mm)		项　目	南门运河水位(m,吴淞标高)	
	数值	发生年月日		数值	发生年月日
统计年数	48 年	1952~1999	统计年数	66 年	1923~1999
最大年雨量	1713.1	1999	最高水位	4.88	1991-7-2
最小年雨量	552.9	1979	最低水位	1.92	1994-8-26
最大1日暴雨	221.2	1990-8-31	多年平均高水位	3.79	1923~1999
最大3日暴雨	295.7	1991-7-1	多年平均低水位	2.54	1923~1999
多年平均雨量	1112.3	1952~1999	多年平均水位	3.06	1923~1999

表1-16　无锡市区暴雨与洪水位表

重现期(年)	1日暴雨(mm)	3日暴雨(mm)	洪水位(m)
10	132	203	4.40
20	148	231	4.70
50	167	261	5.08
100	192	286	5.36
200	221	313	5.44
500	257	340	5.64

全市面雨量均值在 1956~1979、1956~2000、1971~2000、1980~2000 年 4 个系列中,最大为 1980~2000 年系列值,最小为 1956~1979 年系列值。说明距今较近系列的年平均雨量较距今较远的系列为大(表1-17)。

表1-17　无锡市地表水资源量表　　　　　　单位:(万 m³)

水资源分区	1956~1979	1956~2000	1971~2000	1980~2000
宜兴山丘区	38577	41752	42336	45108
宜兴平原区	40756	48797	52201	57516
太湖区	9680	19485	25132	30387
无锡市区	49434	53344	53756	57644
江阴区	32172	36343	38550	41132
全市区	170619	199721	211975	231787

二、地表水资源

区域地表水资源数量是指河流、湖泊等地表水体中由当地降水形成的、可更新的动态水量,本地区的地表水资源数量实际上就是本地降水形成的地表径流量。

(一)区域地表水资源量[1]

据《无锡市水资源综合规划》中对本区域地表水资源的评价,区域地表水资源量见表1-17。以1956~2000系列为例,无锡市多年平均地表水资源量199721万 m^3,其中宜兴山丘区41752万 m^3,宜兴平原区48797万 m^3,太湖区19485万 m^3,无锡市区53344万 m^3,江阴区36343万 m^3。1956~2000年全市最大年地表径流量419406.5万 m^3(1999年),最小年地表径流量为"零"(1978年)。

各水资源分区地表水资源量占全市地表水资源总量的比例:宜兴山丘区占21%,宜兴平原区占24%,太湖区占10%,无锡市区占27%,江阴区占18%。

无锡市综合径流系数0~0.56,多年平均径流系数0.36。径流系数一般随降水量的变化而变化,降水量大的年份径流系数大,降水量小的年份径流系数小。不同地区不同年型径流系数变化较大,宜兴山丘区多年平均径流系数0.51,宜兴平原区0.32,太湖区0.22,无锡市区0.38,江阴区0.33。全市平原旱地径流系数为0.38,山区为0.55,水面为0.20,水田为0.28,建设用地为0.69。1956~2000年无锡市径流深总的趋势是逐渐增大,主要原因一是年降水量总趋势是逐渐增大,二是城镇建设用地逐渐增加。

(二)地表水资源频率分析

全市1956~2000年地表水资源量,丰水年($p=20\%$)、平水年($p=50\%$)、枯水年($p=75\%$)、特枯水年($p=95\%$)的年径流量分别为27.93亿 m^3、18.6亿 m^3、12.77亿 m^3、7.32m^3(表1-18)。

表1-18 无锡市1956~2000年地表水资源量频率表 单位:(亿 m^3)

水资源分区	统计参数			不同频率年地表水资源量			
	均值	Cv	Cs/Cv	20%	50%	75%	95%
宜兴山丘区	4.18	0.39	2.0	5.44	3.96	2.96	1.90
宜兴平原区	4.88	0.49	2.0	6.78	4.60	3.16	1.80
太湖区	1.95	0.78	2.0	3.55	1.82	0.91	0.31
无锡市区	5.33	0.44	2.0	7.10	4.98	3.57	2.16
江阴区	3.63	0.54	2.0	5.06	3.24	2.17	1.15
全市区	19.97	0.45	2.0	27.93	18.60	12.77	7.32

三、地下水资源

(一)水文地质条件

1. 含水层组划分

按地下水类型,本区有孔隙水、裂隙溶洞水和基岩裂隙水3种。

(1)孔隙水 孔隙水地下水水量丰富、水质一般均比较好,是无锡地区主要开采含水层。孔隙地下水分为潜水和承压水二种。其中承压水又分为第Ⅰ、Ⅱ、Ⅲ承压水;第Ⅰ承压水又分为上下两部,上部为微承压水。

(2) 裂隙溶洞水　裂隙溶洞水主要分布在宜兴南部地区。

(3) 基岩裂隙水　基岩裂隙水零星分布在低山残丘区,赋水条件较差,水量也少。

浅层水。江苏省规定浅层水为埋藏深度小于 50～60m 的地下水的统称;埋藏深度大于 50～60m 的地下水统称为深层水。浅层水相当于潜水和第Ⅰ承压水上部微承压水。

2. 地下水动态及变化规律

(1) 潜水　潜水主要接受大气降水、地表水及灌溉水垂直入渗补给,潜水的排泄为就地蒸发或泄入邻近水系。无锡市气候湿润,雨量充沛,地势平坦,有利于大气降水对潜水的补给。在每次降水后数小时内潜水位很快上升,地下水位与降水呈正相关。雨季水位上升,至 7～9 月份出现峰值,随后水位随着降水量的减少而缓慢下降,至次年 1～3 月份出现最低值,其水位动态变化的特征属降水入渗—蒸发型。河流与地下水的互补关系,一般是高水位时河水补给地下水,低水位时潜水补给河水。另外,江南地区水稻田种植面积大,灌水时间长,田间灌水 1 小时后潜水位可与农田水位相平,亚黏土农田灌溉水的回渗系数达 0.20～0.23,所以灌溉水回渗也是潜水的重要补给来源。

(2) 微承压含水层　在江阴西部利港一带微承压水与下部承压水形成一统一体,中间基本上没有固定的隔水层,含水层总体特征是其上部为 5～6m 厚的亚黏土或亚沙土,其下为很厚的沙层,这一地区微承压水直接接受降水与地表水、灌溉水的补给。其余地区微承压含水层的上、下都存在一定厚度的亚黏土或亚沙土弱隔水层,其动态呈现出潜水与承压水的过渡型特征。如微承压水可以接受大气降水补给,但其补给速度比潜水慢,微承压水水头高于第Ⅰ承压层下部和第Ⅱ承压层。以第Ⅰ承压水为主要开采层的地段,有两种情况,一是在江阴的峭岐、无锡市东部的安镇、八士等镇,水位埋深一般为 10～30m,水位变化受降水和开采的双重影响,形成季节性水位降落漏斗,地下水动态类型为入渗—开采型的特征。另外在宜兴北部地区,水位动态主要受开采影响,具典型的开采动态特征。在新建、分水等开采井数、开采量相对较大的乡镇,已形成一定范围的水位降落漏斗,其中 30m 水位埋深等值线所圈定的面积已达 20km^2。

(3) 第Ⅰ承压下部含水层　基本与微承压含水层相同。

(4) 第Ⅱ承压含水层　第Ⅱ承压水层为主要开采层,在 20 世纪 90 年代全市Ⅱ承压的开采井数已达 778 眼(不含混合开采井数),主要集中分布在无锡市区及江阴市,其水位变化完全受控于人工开采,地下水动态类型均为开采型。地下水水位由于超量开采的原因呈逐年下降趋势,但各地段下降幅度不一。80 年代初,全市最低水位位于无锡市区,为 52.4m (1984 年);80 年代中期,随着乡镇地下水开采量的增加,乡村水位迅速下降,至 1989 年,洛社、前洲一带水位埋深降至 55～58m,形成一个独立于市区的水位降落漏斗;随后,开采量进一步大幅度增加,水位以每年 5m 的速率下降,至 1992 年,洛社、石塘湾、前洲一带水位埋深已超过无锡市区,成为苏锡常地区水位降落漏斗中心,其中洛社水厂 1992、1994、1996、1998 年最低水位埋深分别为 70.43、80.54、84.32、86.37m。

(5) 第Ⅲ承压含水层　该层水仅在江阴的利港、祝塘有少量开采,水位埋深与第Ⅱ承压水持平。其水位动态类型与第Ⅱ承压水相同。

（6）裂隙溶洞水和基岩裂隙水　本地裂隙溶洞水和基岩裂隙水补给快,径流运动快,其补给来源主要为大气降水,水位明显受降水量的影响,表现为雨季水位上升,旱季水位下降。

（二）地下水资源量[1]

地下水是指赋存于岩土空隙中的饱和重力水,本地区浅层地下水主要有松散岩类孔隙水、碳酸盐岩裂隙岩溶水及基岩裂隙水 3 大类。孔隙水主要分布在平原地区,裂隙水和岩溶水以山丘区为主。无锡平原区包气带岩性以亚黏土为主,含水层顶板埋深 30 ~ 60m,厚 20 ~ 40m,水位埋深 1 ~ 2m。

地下水资源量系指全市地下水体中参与水循环且可以逐年更新的动态水量。地下水资源量为山丘区与平原区地下水水资源量之和,并扣除重复计算量。根据《无锡市水资源综合规划》中对本区域地表水资源的评价计算,无锡市多年平均浅层地下水资源总量 55156 万 m^3,其中山丘区占 9.6%,平原区占 90.4%（表 1 – 19）。因为无锡市各区域深层地下水均已处于超采阶段,不再计入水资源量。

表 1 – 19　无锡市浅层地下水资源量

水资源分区	计算面积（km^2）	山丘区地下水资源量（万 m^3）	平原区地下水资源量（万 m^3）	重复计算量（万 m^3）	地下水资源总量（万 m^3）	地下水资源量模数（m^3/km^2）
宜兴山丘区	604	5271	0	0	5271	8.73
宜兴平原区	836	0	13787	376	13411	16.04
太湖区	63	0	994	0	994	15.78
无锡市区	969	0	19769	595	19174	19.79
江阴区	824	0	16811	505	16306	19.79
全市合计（平均）	3296	5271	51361	1476	55156	（平均）16.73

（三）地下水资源质量

1. 浅层地下水水质评价

（1）潜水水质评价　按国家《生活饮用水卫生标准》、《生活饮用水水质卫生规范》和《地下水质量标准》评价。Ⅲ类水符合饮用,Ⅳ类水需处理后方能饮用。潜水质量采用单项组分评价,78 个水样,划分为五类。其中,pH 值Ⅰ ~ Ⅲ类占 98.4%;溶解性总固体 TDS Ⅰ ~ Ⅲ类占 95.5%;总硬度Ⅰ ~ Ⅲ类占 87.8%;硫酸根离子浓度很低,全部达到Ⅲ类水标准;铵根离子浓度普遍超过Ⅲ类水;微量元素中的铁、锰超标现象严重;偏硅酸含量较高,最高达 59mg/L,一般的都超过 20mg/L,相当多地区都达到矿泉水限量指标。综合评价,全市较大面积的潜水水质较差,仅在宜兴北部、江阴南部和无锡中部有较好水分布,江阴华士和无锡马山为优良水,但分布面积很小。

（2）微承压水水质评价　苏锡常地区微承压水水质较潜水好,水的类型单一,多为低矿化度、中等硬度的 HCO_3 – Ca·Na 水,水中主要是铁、锰离子含量较高,略差于饮用水卫生标准,其他各项元素基本上均能满足饮用水标准。影响微承压水水的质量主要是锰离子,矿化度和总硬度有部分属于微超标。

（3）无锡地区浅层地下水水质特点　　浅层地下水锰离子含量较高；浅层地下水遭到污染，污染物主要是硝酸盐类；浅层地下水中检出有机氯和有机磷，但未发现超标；在某些化工、冶金、印染等工厂附近存在重金属及有毒元素污染；浅层地下水中偏硅酸含量较高；与地表水水力联系密切的最表层的潜水受污染程度总体上较重，大部分不能够直接饮用，主要用于非直接饮用的生活用水和工业用水，其中宜兴潜水的水质好于锡澄片的水质。近年来由于遭受水污染，较多的水化学成分含量有增长的趋势。其中铁（Fe）、氨根（NH_4^+）含量呈明显增大趋势。

2. 深层地下水水质评价

深层地下水的一般水质均较好，均可饮用，仅少部分深井受到污染，但污染很轻。

3. 影响地下水水质因素

（1）含水层系统的沉积环境　　无锡地区在晚第四纪时为长江三角洲的南翼，是一河间地块（或河漫滩）的沉积环境，江阴的利港、申港、夏港一带等局部地区属三角洲主体的一部分，为河床沉积区。河漫滩经长江汛期和旱期反复的遭水淹和退水，进入长期的沉积和成壤阶段。其一，古土壤层中广泛分布各类铁矿、锰矿等结核，在降雨的淋溶作用下，土壤中的铁、锰元素随水流迁移至古河道或支流河道区，这些河道构成了现今浅层地下水的含水层，高价铁、锰在浅层含水层中被还原，所以无锡地区浅层地下水铁锰离子含量较高；其二，无锡地区晚第四纪经过最近的二个海侵旋回。海水一度入侵至茅山东麓，多次海侵使本区地层中残留较多的钠、氯离子。

（2）降雨对地下水水质的影响　　无锡地区地下水的水平径流缓慢，水力梯度很小，垂向降水入渗和人工开采是浅层地下水交替循环的主要方式。地表污染源是浅层地下水水质受污染的主要原因。污染物随降水或地表水体入渗地下，或受污染的河水入渗地下，会携带地表污染物或河水污染物进入含水层中，造成浅层地下水的污染。

（3）人类活动对浅层地下水水质的影响　　人类活动在地表形成的污染物，在降水的淋滤作用下进入含水层，致使浅层地下水的水质遭受严重污染。20 世纪 80 年代至 90 年代中期，Ⅰ承压水的开采量迅猛增加，浅层地下水的循环交替作用加强，潜水水位频繁的上下波动使得潜水水位变动带内的盐分逐渐溶滤于地下水中，在不断开采和降雨入渗的交替作用下浅层地下水的水质逐渐好转。地下水过度超采，也会引起承压水水质变化。

四、水资源总量

（一）本地水资源总量

水资源总量是指当地降水形成的地表径流量和地下水量（降水入渗补给量）之和。

根据《无锡市水资源综合规划》的结论：

1）无锡市本地多年平均水资源总量 1956～2000 年系列 22.05 亿 m^3，丰水年（$p=20\%$）30.2 亿 m^3、平水年（$p=50\%$）20.8 亿 m^3、枯水年（$p=75\%$）14.7 亿 m^3、特枯水年（$p=95\%$）8.8 亿 m^3。其中，地下水资源总量 5.52 亿 m^3。在全市本地水资源总量中，宜兴山丘区占 19%，宜兴平原区占 25%，太湖区占 9%，无锡市区占 28%，江阴区占 19%。

2）1980～2000 年平均水资源量均值为 25.26 亿 m^3。其中，丰水年（$p=20\%$）32.5 亿 m^3、平水年（$p=50\%$）24.3 亿 m^3、枯水年（$p=75\%$）18.7 亿 m^3、特枯水年（$p=95\%$）12.6 亿 m^3。

3）无锡市水资源总量多年均值，1956～1979、1956～2000、1971～2000、1980～2000 这 4 个系列是呈逐步增加的趋势，后 3 者较首者的增加率分别为 12.5%、22.0%、32.5%（表 1-20）。

表 1-20 无锡市本地水资源总量多年均值表 单位：（万 m^3）

水资源分区	1956～1979	1956～2000	1971～2000	1980～2000
宜兴山丘区	38577	41752	42336	45108
宜兴平原区	46414	54455	57859	63174
太湖区	10436	20241	25888	31143
无锡市区	57223	61133	61545	65433
江阴区	38796	42967	45174	47756
全市	191446	220548	232802	252614

（二）出入境水量

无锡市地处太湖流域中北部，西部与常州的武进市、溧阳市交界，东部分别与苏州的张家港市、常熟市、吴中区交界。长江、太湖是全市水资源的主要补给源，江南运河横贯全市，承接西北方向常州来水，东南泄往苏州；东部则通过锡北运河、九里河、伯渎港等大小河道连通望虞河；北部沿江口门均已建闸控制，区域内缺水时通过各口门引江水入境，高水位时则排涝入江；南部通过梁溪河、直湖港、骂蠡港等河道与太湖及其湖湾交换水量；宜兴地区接西部宜溧山区的来水后，通过南溪河、北溪河等河道排入太湖，太湖高水位时则反向倒灌。

无锡水文水资源勘测局在市东部沿望虞河至长江、南部沿太湖、西部沿锡澄地区边界、北部沿江均设置了水量巡测控制线，并根据水情组织流量测验，收集了大量资料。宜兴西北方向无巡测线控制，其来水量情况根据常州市有关资料推算。算出全市各种典型年进出境水量情况见表 1-21。

全市代表年入、出境水量分别为：丰水年 106.54 亿 m^3、102.78 亿 m^3；平水年 90.30 亿 m^3、89.13 亿 m^3；偏枯年 67.15 亿 m^3、65.36 亿 m^3；枯水年 38.43 亿 m^3、39.96 亿 m^3。各年型入、出境水量为本地水资源量的 2～5 倍，但占总入境水量 80%～90% 的上游常州方向来水污染较重，仅可满足航运和部分农业用水及工业辅助用水需要。无锡市进出境水量年际变化较大，丰水年入水量为枯水年入水量的 3 倍左右。枯水年入境水量偏少，加上本地水资源不足，往往造成严重的旱情，对农业生产影响很大，加重了我市对长江、太湖供水的依赖程度，需大量调引长江、太湖水进河网。

另外，自 2002 年 1 月启动"引江济太"调水试验以来至 2006 年，通过望虞河共引调长江水入太湖流域 82.33 亿 m^3，入湖水量 38.42 亿 m^3。其中 2002 年引江水 10.28 亿 m^3，入太湖 7.91 亿 m^3，2003 年引江水 24.16 亿 m^3，入太湖 12.27 亿 m^3，使受益区河网水体基本被置换一遍。"引江济太"的实施增加了流域水资源的有效供给，太湖水质和流域河网地区水环境得到有效改善，保障了流域供水安全，提高了水资源和水环境的承载能力，促进了流域经济社会的发展。

表 1-21　无锡市各年型入出境水量平衡统计表　　　　　单位:(亿 m³)

年　型 (代表年)	入水路径	入水水量	出水路径	出水水量	入出境水 量计算差	备　　注
丰水年 (1993 年)	锡澄西线	31.85	锡澄东线	45.82		① 实际耗水量为 总取水量减去用水 后的回归水量。 ② 入出境水量计 算差在允许误差范 围内。
	宜兴西北线	35.78				
	沿江线	0.35	沿江线	7.76		
	沿太湖线	5.70	沿太湖线	41.20		
	地表径流量	32.86	实际耗水	8.00		
	合　计	106.54	合　计	102.78	3.76	
平水年 (2000 年)	锡澄西线	31.32	锡澄东线	27.83		
	宜兴西北线	34.79				
	沿江线	3.74	沿江线	0.28		
	沿太湖线	2.08	沿太湖线	50.02		
	地表径流量	18.37	实际耗水	11.00		
	合　计	90.30	合　计	89.13	1.17	
偏枯年 (1995 年)	锡澄西线	13.88	锡澄东线	26.83		
	宜兴西北线	30.35				
	沿江线	4.68	沿江线	0.07		
	沿太湖线	1.70	沿太湖线	29.96		
	地表径流量	16.54	实际耗水	8.50		
	合　计	67.15	合　计	65.36	1.79	
枯水年 (1997 年)	锡澄西线	12.50	锡澄东线	24.15		
	宜兴西北线	5.39				
	沿江线	5.63	沿江线	0.01		
	沿太湖线	3.81	沿太湖线	6.30		
	地表径流量	11.10	实际耗水	9.50		
	合　计	38.43	合　计	39.96	-1.53	

同时为配合引江济太工程,江阴沿江各闸也加大了引水力度,2002 年引水 8.96 亿 m³,2003 年 8.94 亿 m³,2004 年 17.5 亿 m³。3 年共引长江水入境 35.4 亿 m³。其中 2004 年,无锡市遇到了 30 年不遇的干旱、50 年不遇的高温,9~10 月两个月的降水量更是有史以来的最小值,引江济太工程的实施,不仅保障了农业用水安全,使锡澄地区的旱灾损失减少到最小,而且还有效的满足了航运的要求,整体上改善了锡澄地区内河河网的水质和无锡市主要供水水源地贡湖水质,为无锡经济社会协调、快速、可持续的发展提供了保障。特别是 2007 年太湖蓝藻爆发和大规模"湖泛",引发了无锡市供水危机,进行应急调水,通过望虞河调引长江水 24 亿 m³,其中入贡湖 14 亿 m³,增加了环境容量,改善了贡湖水源地水质,使之渡过了供水危机,并且配合其他应急措施,有效阻止了蓝藻再次在贡湖的取水口聚集、爆发,保证了此后的安全供水。

(三) 水资源总量之和

无锡市水资源总量之和为本地水资源总量与入境水资源量之和。根据《无锡市水资源综合规划》的结论,无锡市平水年的年水资源总量,1980~2000 年计,为 114.6 亿 m³。

第五节　地表水资源开发利用保护及存在问题

一、水资源开发利用状况

（一）取水量及用水水平

1．取水量及其构成

2005 年度无锡市实际总取水量 31.26 亿 m³（不含农村土井取水量，下同），其中地表水量 31.19 亿 m³，占取水总量的 99.8%；地下水水量 0.073 亿 m³，占 0.2%。

2005 年总取水量中，用于工业（不含电厂，下同）4.88 亿 m³，占总量 15.6%；农业灌溉用水 9.78 亿 m³，占 31.3%；生活用水 2.74 亿 m³，占 8.8%；电厂取水 13.77 亿 m³，占 44%；其他用水 0.09 亿 m³，占 0.3 %。具体见表 1－22、表 1－23。

表 1－22　2005 年无锡市取水量汇总表　　　　　单位:（亿 m³）

水　源　类　型		取水量合计	取水量构成分类				
			工业	电厂	生活	农业	其他
地表水	江河	26.91	3.42	13.77	0.88	8.79	0.05
	湖泊	3.99	1.39		1.57	0.99	0.04
	水库	0.29	0.03		0.26		
	小计	31.19	4.84	13.77	2.71	9.78	0.09
地下水		0.073	0.043	0.001	0.029		
合　计		31.26	4.88	13.77	2.74	9.78	0.09

表 1－23　2005 年无锡市各行政区域取水量汇总表　　　　　单位:（亿 m³）

区　域	水源类型		取水量构成分类							
	地表水	地下水	工　业		电　厂		生　活		农业	其他
			地表水	地下水	地表水	地下水	地表水	地下水	地表水	地表水
江阴市	18.86	0.044	2.02	0.033	12.58		0.85	0.011	3.39	0.022
宜兴市	5.19	0.010	0.57	0.001	0.25		0.33	0.009	4.03	0.011
锡山区	1.78	0.009	0.12	0.008	0.56	0.001		0.001	1.09	0.008
惠山区	0.90	0.003	0.35	0.001	0.06		0.01	0.002	0.47	0.006
滨湖区	0.58	0.006	0.09				0.03	0.006	0.45	0.003
无锡城区	3.88	0.001	1.68		0.32		1.49		0.35	0.043
小　计	31.19	0.073	4.83	0.043	13.77	0.001	2.71	0.029	9.78	0.093
合　计	31.26		4.88		13.77		2.74		9.78	0.093
百分比	100		15.60		44.05		8.76		31.29	0.30

2. 用水水平

2005 年全市万元工业产值平均取水量 7.0m³。万元工业 GDP 取水量 30.7m³（不包括电厂）；万元 GDP 取水量 62.4m³（不包括电厂）、115.5m³（包括电厂）；户籍人均生活取水量 165.8L/（人·d）；耕地单位面积取水量 6470m³/hm²（表 1–24）。

表 1–24　2005 年无锡市各项取水指标统计表

分　区	万元工业产值取水量（m³）	万元工业 GDP 取水量（m³）	万元 GDP 取水量（m³）		户籍人均生活取水量（L/人·d）	常驻人口人均生活取水量（L/人·d）	耕地单位面积取水量（m³/hm²）
			包括电厂	不包括电厂			
江阴市	8.5	42.6	239.9	80.2	199.8	137.5	
宜兴市	6.4	27.7	143.4	136.5	87.7	76.8	
无锡市区	6.2	27.3	44.2	38.4	184.2	125.2	
全市平均	7.0	30.7	115.5	62.4	165.8	119.3	6470

注：万元工业产值取水量、万元工业 GDP 取水量，取水量中不包括电厂。

3. 生态环境用水

生态环境用水尚不包括在上述用水统计中。

生态环境用水包括河道（湖泊）内生态用水和河道（湖泊）外生态用水两类。其中，河道（湖泊）内生态用水基本不消耗水量（有一定的蒸发），主要是调节河湖水位、水量、流速，以满足改善河湖水生态水环境的需要；河道（湖泊）外生态用水需消耗水量，主要用于浇灌绿地、道路和场地洒水、小区水景等。

2005 年，河道（湖泊）内生态环境用水，通过水工程调水 21 亿 m³，包括江阴长江调水、望虞河调水、城市圩区调水；河道（湖泊）外生态环境用水 3000 万 m³，其中大部分是通过临时水泵抽水进行绿化浇灌，以及城市道路洒水。

（二）取供水基础设施

1. 蓄水工程

蓄水工程主要指把降水形成的径流储蓄起来供生产、生活利用的水工程。蓄水工程主要包括具有一定调节作用的水库和塘坝。2005 年，全市有大、中、小型水库 18 座，合计集水面积 283.03km²，设计总库容 1.29 亿 m³，兴利库容 0.51 亿 m³，设计灌溉面积 53.3km²。

除了大中小型水库，散布于全市各地星罗棋布的塘坝也是利用当地水资源的重要供水工程。据统计，全市用于供水的各类塘坝共计有 2727 余座，蓄水库容约 795 万 m³，兴利库容 381 万 m³，大部分集中在宜兴。全市水库及塘坝蓄水工程供水总能力 0.55 亿 m³。

2. 引水工程

无锡过境水量丰富，其中长江多年平均径流量达 9730 亿 m³，太湖年平均吞吐水量 52 亿 m³，已建成的各类引水工程众多。全市引水工程设计年引长江和太湖水总量为 30～45 亿 m³。

3. 提水工程

提水工程指从河道及蓄水工程提水的动力机械设备,主要是各种类型的泵站工程。无锡现有各种类型的机电排灌设备 7000 余台套,提水总规模约 1490m³/s(不含自来水厂和火电厂),年提水总量 21.3 亿 m³。

无锡大型提水工程水源主要是立足长江、太湖,为抗旱、改善水环境服务,小型提水工程水源主要在内河河网与湖荡,为灌溉、排涝服务。

4. 地下水供水工程

地下水源供水工程指开采地下水的水井工程,包括浅层水井和深层承压水井(含岩石井)工程两类,其中浅层水井主要是微承压井(不包括民用小水井),地下水源主要为生活和工业供水。2005 年全市地下水源供水工程共计约 464 眼(不含土井),其中深层地下水开采井 127 眼,实际供水量 610.39 万 m³,浅层地下水井合计 337 眼,实际供水量 340.61 万 m³。

5. 自来水供水工程

自来水供水工程,是以地表水或地下水为供水水源,以城镇生活(包括居民、公共设施及城镇环境用水)及工业用水为供水对象的集中供水基础设施。近年来,随着城镇化进程的加快,城乡一体化供水事业迅速发展,自来水普及率不断提高,市区和江阴市分别实现了区域联网供水。

全市日取水规模超过 0.1 万 m³/d 的主要自来水厂共计 39 座,日供水能力 370 万 m³,2005 年总供水 5.56 亿 m³,管网(主管网)总长 5010km,供水总人口约 410 余万人。

6. 工厂单位自备水源

自备水源供水工程是指企事业单位、工矿企业为保障生产、生活用水而自行兴建的直接供水工程。2005 年,无锡市工业自备水源总供水量 15.83 亿 m³,其中电厂供水总量 13.77 亿 m³,非电厂工业自备水源供水 2.06 亿 m³。有各类工业自备水源工程 1014 家,其中年供水规模超过 100 万 m³ 的工业自备水源工程 54 家,占工业自备水源供水总量(不含电厂)的 94%。全市拥有大中型电厂 18 座,占全部工业供水总量的 74%。

按自备水源工程供水量大小排序,全市自备水源供水量最大的前 5 位供水总量占全部工业供水的 75.3%,其中前 4 位的均为电力企业。全市工业供水最大的企业是江苏利港电力有限公司,占全市工业供水总量的 41.2%。

(三)水质现状评价

1. 水质总体评价

无锡市随着经济社会的持续发展,生活、工业用水量大幅增加,导致进入河湖的污水量相应增加,水体受到严重污染,成为太湖流域典型的水质型缺水城市,水污染已经在相当程度上制约了无锡市经济社会的发展。

无锡市水污染以有机污染为主,有毒有害物质和重金属污染基本没有或很轻。

2. 河道水质评价

(1)评价范围和方法　评价范围为无锡地区 52 条主要河流;评价因子:高锰酸盐指数(COD_{Mn})、5 日生化需氧量(BOD_5)、氨氮(NH_3-N)、挥发酚(Fn)、总磷(TP);评价标准:《地表水环境质量标准》(GB3838-2002)(表 1-25);评价方法:采用单因子评价。

表 1-25　《地表水环境质量标准》(GB3838-2002)(摘录)　单位:mg/L(DO 除外)

项　目		I 类	II 类	III 类	IV 类	V 类
DO	≥	7.5	6	5	3	2
COD$_{Mn}$	≤	2	4	6	10	15
COD	≤	15	15	20	30	40
BOD$_5$	≤	3	3	4	6	10
NH$_3$-N	≤	0.15	0.5	1.0	1.5	2.0
TP(湖库)	≤	0.02 (0.01)	0.1 (0.025)	0.2 (0.05)	0.3 (0.1)	0.4 (0.2)
Fn	≤	0.002	0.002	0.005	0.01	0.1

(2)评价结论　2005 年监测的无锡 52 个河道断面,综合评价,符合 I 类、II 类水标准的已不存在;符合 III 类水标准的断面占总监测断面的 3.8%;IV 类占 3.8%;V 类占 11.6%;劣 V 类占 80.8%。主要超标因子为氨氮,有 42 个断面劣于 V 类,平原河道一般在 2~9mg/L;其次为 5 日生化需氧量(劣于 V 类 6 个,11.5%),总磷(劣于 V 类 4 个,7.7%)、高锰酸盐指数(劣于 V 类 1 个,2%),挥发酚(劣于 V 类 1 个,2%)(表 1-26)。

表 1-26　2005 年无锡市主要河流水质统计表

地　区		测点总数 (个)	III 类 (个)	占比例 (%)	IV 类 (个)	占比例 (%)	V 类 (个)	占比例 (%)	劣 V 类 (个)	占比例 (%)
锡澄区	无锡	25							25	100
	江阴	9	2	22.2	1	11.1	1	11.1	5	55.6
湖西区	宜兴	18			1	5.5	5	27.8	12	66.7
合　计		52	2	3.8	2	3.8	6	11.6	42	80.8

其中:① 河道水质好的,有宜兴市山区河道(III 类)、长江(III 类);② 水质较好的,有望虞河(基本为 IV 类,主要污染指标为氨氮),长江附近河道和宜兴市南部入太湖河道(基本为 IV-V 类,主要污染指标为氨氮);③ 水质较差的,主要是平原河网区的河道,一般水污染较严重,水质均劣于 V 类,主要污染指标为氨氮;④ 湖西宜兴区水质好于锡澄区,宜兴山区的水质好于平原区,江阴沿江地区、望虞河等清水通道的水质好于河网区域,同一区域的非圩区水质好于圩区,农村圩区水质好于城镇圩区。

3. 湖泊水库水质(富营养化)评价

(1)评价方法　水质类别评价参数同河流,富营养化评价参数为总磷、总氮、透明度和高锰酸盐指数 4 项。营养程度按贫营养、中营养和富营养 3 级评价。评价方法用评分法,指数在 0~20 的为贫营养,指数在 20~50 的为中营养,指数在 50~100 的为富营养(表 1-27)。

表 1 - 27　地表水富营养化控制标准

营养程度	评分值	总磷 （mg/m³）	总氮 （mg/m³）	高锰酸盐指数 （mg/L）	透明度 （m）
贫营养	10	1.0	20	0.15	10.0
	20	4.0	50	0.4	5.0
中营养	30	10	100	1.0	3.0
	40	25	300	2.0	1.5
	50	50	500	4.0	1.0
富营养	60	100	1000	8.0	0.50
	70	200	2000	10.0	0.40
	80	600	6000	25.0	0.30
	90	900	9000	40.0	0.20
	100	1300	16000	60.0	0.12

（2）评价范围　评价范围为太湖（无锡部分，下同）、梅梁湖、五里湖（蠡湖）、贡湖、竺山湖、西汊、漏湖以及横山水库。常年监测站点共 15 个。

（3）评价结论　2005 年无锡市评价范围内湖泊绝大多数已受到比较严重的污染，湖泊富营养化问题突出。①湖泊水库水质好的和比较好的有：横山水库、太湖湖心区、五里湖生态修复区、贡湖、西汊；营养程度均在中～富营养化水平，主要污染指标为总氮，其次为总磷。②水质较差的有：梅梁湖、五里湖（不含生态修复区）、竺山湖（均劣于 V 类），为太湖中水污染最严重的区域；主要污染指标为总氮，其次为总磷，营养状态为重富营养，经常造成藻类爆发或大规模"湖泛"。

按监测站点综合评价（均未计入总氮）。15 个常年监测站点中，II 类有 1 个，占 6.7%；IV 类 2 个，占 13.3%；V 类 4 个，占 26.7%；劣于 V 类 7 个，占 46.7%（表 1 - 28，表 1 - 29）。其中，主要污染项目是氨氮，差于 IV 类的 6 个，为总数的 40%，指标值在 1.5～5.45mg/L 之间，其次为总磷，差于 IV 类的 11 个，为总数的 73%，指标值在 0.05～0.246mg/L 之间

按水面积评价。15 个常年监测站点代表的 682km² 水面中，II 类水面 11.5km²、占 1.7%；IV 类水面 206km²、占 40.5%；V 类水面 186km²、占 27.3%；劣于 V 类水面 208.5km²、占 30.5%。

表 1 - 28　2005 年无锡市主要湖库常年监测站点水质现状汇总表

区 域	测点	比例 （%）	II 类 （个）	比例 （%）	III 类 （个）	比例 （%）	IV 类 （个）	比例 （%）	V 类 （个）	比例 （%）	劣 V 类 （个）	比例 （%）
太湖区	12	100	—		1	8.3	2	16.7	3	25	6	50
湖西区	3	100	1	33.3	—	—	—		1	33.3	1	33.3
合 计	15	100	1	6.7	1	6.7	2	13.3	4	26.7	7	46.7

表 1 - 29　2005 年无锡市主要湖库常年监测站点水质现状评价表　　单位:(mg/L、类)

序　号	湖库名	测　站	COD$_{Mn}$	BOD$_5$	NH$_3$-N	挥发酚(Fn)	总磷(TP)	综合评价
1	滆湖	军民桥	Ⅳ	Ⅳ	Ⅳ	Ⅱ	劣Ⅴ	劣Ⅴ
2	贡　湖	贡湖水厂	Ⅲ	Ⅲ	Ⅱ	Ⅰ	Ⅴ	Ⅴ
3		锡东水厂	Ⅲ	Ⅲ	Ⅲ	Ⅰ	Ⅳ	Ⅳ
4	横山水库	横山水库	Ⅱ	Ⅰ	Ⅱ	Ⅰ	Ⅱ	Ⅱ
5	梅梁湖	闾江口	Ⅳ	Ⅲ	劣Ⅴ	Ⅳ	Ⅴ	劣Ⅴ
6		梅园水厂	Ⅳ	Ⅳ	劣Ⅴ	Ⅲ	Ⅴ	劣Ⅴ
7		小湾里水厂	Ⅳ	Ⅲ	劣Ⅴ	Ⅰ	Ⅴ	劣Ⅴ
8	太湖	月亮湾	Ⅳ	Ⅲ	Ⅲ	Ⅰ	Ⅴ	Ⅴ
9	西北湖区	大浦口	Ⅳ	Ⅴ	Ⅳ	Ⅰ	Ⅴ	Ⅴ
10	五里湖	长桥	Ⅳ	Ⅳ	劣Ⅴ	Ⅰ	Ⅴ	劣Ⅴ
11	(蠡湖)	蠡湖大桥	Ⅳ	Ⅳ	劣Ⅴ	Ⅰ	Ⅴ	劣Ⅴ
12	西氿	西氿	Ⅳ	Ⅳ	Ⅴ	Ⅰ	Ⅴ	Ⅴ
13	竺山湖	耿湾	Ⅳ	Ⅳ	劣Ⅴ	Ⅲ	Ⅴ	劣Ⅴ
14	太湖湖心				Ⅳ		Ⅳ	Ⅳ
15	西五里湖	生态修复区	Ⅲ	Ⅲ	Ⅳ		Ⅳ	Ⅳ

二、水资源保护和水污染防治的成效

进入 21 世纪以来,无锡市委市政府各级领导和全市人民都高度重视水资源保护和水污染防治工作,充分认识到此项工作的必要性和急迫性,大量投入资金,加强水资源保护和水污染防治。

(一)实现水资源保护和水污染防治认识的八个转变

① 是从注重水资源量向同时注重水资源量和质转变;② 是从控制工业点源污染为主向控制工业和生活点源、农业面源与其他非点源污染相结合转变;③ 从控制外源为主转为控制外源和内源相结合转变;④ 是从控制城市污染为主向控制城市与农村污染相结合转变;⑤ 是从控制陆域污染为主向控制陆域与水域污染相结合转变;⑥ 是从治理污染为主向防止、治理污染相结合转变;⑦ 是从单纯保护水资源和防治水污染向保护水资源、防治水污染和保护水生态系统相结合转变;⑧ 是从采用单一的水资源保护和水污染防治措施向采用综合性的水污染防治措施转变。

(二)政府重视及公众参与

无锡市委、市政府十分重视水资源保护和水污染防治,投入大量人力、物力、财力,并将生态环境保护列入责任状和政府重要议事日程;实施河长制的河湖水域管理模式、水污染控制和治理模式;加大舆论宣传教育,大力开展世界水日、中国水周宣传活动,动员全民参与水环境保护行动,从娃娃抓起,动员广大青少年参与,建设青少年教育基地,不断提高全体市民环保意识,使保护和治理行动变为民众自觉行为,积极关心和支持水资源保护和水污染治理工作。

(三)加强法制建设和规划编制

由于无锡市经济社会迅速发展造成水污染严重的历史原因,虽加大了水污染防治力度,但水污染仍很严重,据此现实,正在进一步加强此方面的法制建设,制订和完善有关法规,并且加大执法力度;同时为无锡市今后更全面科学地进行水资源保护、水污染防治,由市发展改革委员会牵头,以市水利局主,有关部门协同,编制了《无锡市水(环境)功能区划》、《无锡市水资源保护和水污染防治规划》、《无锡市水生态系统保护和修复规划》、《无锡市水资源综合规划》等,市政府及有关部门同时编制了控制生活、工业点源污染和面源污染的多个规划。

(四)投入大量资金

进入21世纪以来,无锡市在水资源保护、水污染防治和水生态系统保护和修复及水环境改善方面每年投入的资金均超过地区生产总值的2%,至今共已投入300多亿元。包括生态修复、滨水区建设、污水处理系统建设、外源控制、河湖清淤、调水增加环境容量等方面。其中仅治理梅梁湖、五里湖投入的资金就有50多亿元。

(五)以科学发展观为指导强化综合治理

水资源保护和水污染防治,以科技为先导,查清并明确诊断水污染和水生态退化机理,组织强势科技力量,形成科技攻关集团军,多学科多部门联合强化综合治理,从区域(流域)和工程层面上开展务实的治理工作,加快治理进程。采用科技集成,鼓励自主创新和集成的再创新,将科技成果转化为生产力,推进太湖北部重污染水域和河网区水污染综合治理工作。目前,正在实施节水减排,提高污水处理系统的建设、管理水平和处理标准,河湖生态清淤,禁磷行动,科学调整水系,退鱼塘还湖,打捞清除蓝藻等都取得成效。

(六)水资源保护和水污染防治初显成效

1. 控制生活水污染

生活污水进入污水厂处理率,2006年无锡市区达到69%,江阴市达45%,宜兴市达35%;大部分城市居民区实行雨污分流;全面推行使用无磷洗衣粉,禁止使用有磷洗衣粉,大幅度减少了入水总磷;全面控制直接排入太湖的旅馆业和饮食业的污水,封闭全部入河湖排污口;垃圾大部分进入垃圾填埋场进行无害化处理或处置;建设了一支清除水面垃圾的保洁队伍。

2. 治理工业污染

全市工业污水自行处理能力达到20万 m^3/d,大中型工业企业的工业污水达标排放率达到96.2%;关闭"十五小企业";审批新建项目,做到环境影响评价制度执行率100%;"三同时"的项目执行率100%;全市积极推行污染治理设施"规范化、市场化、自动化";大力推行清洁生产和资源循环利用;全市有20多家大中型企业的污水排放实行自动化检测;梅园自来水厂尾水处理工程已建成,实现自来水厂尾水污染物"零"排放。

3. 建设城镇污水处理系统

2006年底已建设城镇污水厂45家,日处理污水总能力105万 m³/d。

4. 农业污染源控制

大力发展有机农业、绿色农业,测土施肥,减少化肥和农药用量,市政府出台了全面禁用甲胺磷等18种高毒高残留农药,大力推广高效低毒农药和生物农药,推进农产品质量建设;宜兴大浦24km²河网面源治理试验示范区实施;控制规模畜禽养殖场污染,搬迁一级保护区内的规模养殖场,禽畜排泄物进行无害化处理,集中整治了376家规模畜禽养殖场。

5. 实施城乡河道生态清淤

1998年1月,无锡市人大十二届一次会议通过《关于加快清除城乡河道淤积议案》的决议,随即市政府颁发了《关于加快清除城乡河道淤积的通知》,决定用5~8年时间,对全市河道全面清淤一遍。经过近8年努力,全市共完成河道清淤6863条(含小河浜)、7637km、清淤量9169万 m³,在一定程度上改善了河道水质。

6. 建闸控污

梅梁湖3条主要入湖河道,其中梁溪河、直湖港已经有无锡市建闸控污(在入湖河道上建设节制水闸,控制或阻止污染的河水进入梅梁湖),武进港已由常州市建闸控污,大量减少了非汛期河道污水入湖,减轻了梅梁湖水污染程度;贡湖边无锡境内的14条入湖河道均建闸控污,大量减少了非汛期河道污水入贡湖,减轻贡湖水污染。

7. 调水增加环境容量

利用现有水工程进行持续调水,取得改善水环境的良好效果。如城区北塘联圩、耕渎圩、盛岸圩等圩区通过调水取得改善水环境的明显效果;近几年江阴通过长江向澄锡低片自流调水和通过望虞河向锡澄片东南部、贡湖调水都取得改善水环境的明显效果,特别是通过望虞河调长江水进贡湖和梅梁湖泵站调水的联合运行,取得了有效缓解、消除2007年无锡供水危机的良好效果。

8. 综合治理五里湖水污染工程效果明显

综合治理五里湖水污染工程包括生态清淤、退渔还湖、水生态修复、四周建闸控制污水入湖、建设生态护岸和湖滨带景观绿化,使西五里湖水初步变清,使多项指标由大幅度劣于Ⅴ类改善到Ⅳ~Ⅴ类。

9. 无锡城市防洪控制圈工程已建成

控制圈的仙蠡桥水利枢纽和江尖水利枢纽等8座主要控制性枢纽工程已在2007年基本完成,已进入正常的调水控污运行和防洪排涝运行。控制圈内水环境得到比较好的改善。

10. 全面整治河道工作正在进行

无锡市十三届人大常委会第八次会议通过了城区河道整治工作目标。规划整治河道658条,在2010年内整治完毕。全市建设和整治骨干河道规划正在实施之中。

11. 国家"十五"重大科技专项顺利实施

国家"十五"重大科技专项"太湖水污染控制与水体修复技术及工程示范项目"的3个子

课题顺利实施。由无锡市太湖湖泊治理有限责任公司承担,合作单位为有关科学研究机构。3个子课题是"太湖梅梁湾水源地水质改善技术","河网区面源污染控制成套技术","重污染水体底泥环保清淤与生态重建技术"。工程总投资2.1亿元,于2003年初全面启动,于2005年顺利完成试验示范工作,取得了一定的改善水环境和水生态的显著成果。

12. 长广溪国家城市湿地公园局部建成

计划投资11亿元的长广溪国家城市湿地公园已开始建设,已投资8000万元建成了300m长的一段湿地公园的试验段,截流地面径流污染、生态和景观都表现出良好的效果,长广溪国家城市湿地公园全面建设成功后,其水质将全面达到Ⅲ类。

13. 开展有效节水、排污口管理和水质监测

无锡市在工业、农业和生活方面开展了卓有成效的节水工作,市民节水意识提高,节水成效显著,建成了无锡海江印染有限公司、江阴元盛化纤有限公司和无锡友联热电有限公司等14家江苏省级节水型企业,开展了再生水回用试点工作,农业灌溉定额大幅度降低;无锡市环境保护局和无锡市水利局两个单位按各自职能进行有效排污口管理,使污水达标排放率进一步提高。无锡市环境监测站和无锡水文水资源勘测局两个监测单位对水体、污水各自独立监测,各有侧重,并各自独立发表监测公报。

(七) 总体成效评估

无锡市政府投入大量资金全力保护水环境、防治水污染,取得的总体成效是:使20世纪80年代以来至今水污染发展日益加重的趋势基本得到遏制,江南运河和古运河等部分城区河道水质初步开始好转,五里湖全部和梅梁湖部分水域等湖区的水污染程度有所降低,水环境有所改善。五里湖水污染经综合治理取得明显效果,水质达到Ⅳ~Ⅴ类,是无锡市水资源保护和水污染防治的一个新起点和转折点。但是,无锡的水污染态势仍然很严重,太湖的富营养化和蓝藻爆发还将持续比较长的一段时间。

三、水资源开发利用存在的问题

1. 水资源开发利用的认识有待进一步提高

水资源的开发利用,包括生活、工业和农业等方面。随着社会的发展,对于用水量的要求日益增加,污水排放量也随之大量增加,造成水体污染日益加重,因此应当从可持续利用的角度出发,合理利用水资源,并与水资源的保护、水污染的防治相结合。

2. 水资源开发利用的法规不够完善管理有待加强

法制建设尚跟不上经济社会发展的需求,对水资源的管理,政府各部门的交叉环节比较多,形成一水多管的局面,这就造成了对涉水事务的管理分散和执法力度不够。

3. 工业点源结构和布局不尽合理有待调整完善

由于工业点源结构和布局不尽合理,污染物排放量大;工业污水排放,虽已经大部分达标排放,但仍有部分未达标排放或有偷排、超标排放现象发生;达标排放的标准偏低,满足不了污染负荷总量控制的要求;相当多污染严重的中小企业分散在各地,其污水难以达标排放,各类工业园区建设有待进一步加快步伐;循环经济已经起步,并已经形成框架,但仍然滞

后于经济发展的要求。总体上工业点源治理整体水平不高,离清洁生产的要求还较远,仍停留在 COD 达标为主的初级阶段,氮磷等指标的控制还没有全面展开。

4. 排污口整治和封闭跟不上污染物总量控制的需求

排污口管理是一项难度大和繁杂的工作,有些区域排污口数量、位置不清,随意排放污水的现象时有发生,监督管理不力,是造成河道黑臭的主要原因之一,所以排污口的清理整顿和封闭工作有待进一步提速。

5. 污水处理事业发展滞后急待解决

随着近几年城市化进程的加快,人民生活水平的提高,工业化的发展,污水排放量大量增加,而污水处理能力不足、污水处理率较低、污水收集管网不配套的矛盾很为突出,特别是城镇污水管网的建设跟不上城市和村镇发展的需要,管网老化淤塞或渗漏现象比较严重;现有城镇污水处理厂处理工艺和设备比较落后,污水处理标准和污水厂管理标准比较低,由于经济利益驱使使污水厂不能正常运行或不能达标排放,污水处理效果差等;农村,分散居住户的生活污水处理率更低,跟不上经济社会发展的需要。

6. 农业及其他非点源的治理工作严重滞后

种植业的化肥、农药污染,畜禽养殖污染、水产养殖污染,以及城市、乡镇地面径流污染和航行污染等非点源污染是面广量大,农业及其他非点源治理的工作虽取得一定成绩,但在总污染负荷中占有比较大的比例,有待进一步深入开展治理工作。

7. 水资源利用率不高及用水浪费急待节水减排

随着城市居民生活水平的不断提高,卫生设施、生活设施的进一步普及,以及由于节水意识不强,造成生活、工业和农业用水浪费现象比较严重,增加了污水的排放量。

8. 水环境承载能力严重不足

由于社会经济快速持续发展,各类污染源多排放量大,而环境容量小,造成江湖水质污染严重。如 2005 年 COD 负荷有 19.1 万 t,2010 年平水年的环境容量仅 8.0 万 t,环境容量严重不足。

9. 水生态系统退化

由于水污染严重,使水体中水生物大量死亡,河道、湖泊被填埋、围垦等人为因素造成湿地大面积减少,以及其他人类对水生态系统不恰当的干扰,使地区水生态系统严重退化、生物多样性减弱。

10. 蓝藻爆发和"湖泛"时有发生

梅梁湖、贡湖、竺山湖以及太湖宜兴沿岸经常发生藻类爆发和"湖泛"等水污染事件,进一步加重太湖水污染,特别是有时严重威胁到水源地的供水安全,已造成多次太湖供水危机。

11. 河湖水污染导致水质型缺水引发地质问题

由于无锡市地表水的严重污染,以及浅层地下水受到地面径流污染,导致深层地下水的过量开采。虽然无锡市 5 年共封深层地下水开采井 1082 眼,其中超采区的深层地下水开采井已经全部封闭,封井后成效显著,地下水的超采带来的一系列地质问题得到明显缓解,但由于地面沉降等地质灾害的滞后效应,地面沉降还将持续相当长的一段时间。

12．滨水区的建设与经济社会发展需求不相适应

水资源的开发利用与水资源保护、水生态保护工作不协调。如在建设河道、湖泊的护岸时，只注重防洪、航行与景观的需要，一味追求结实和美观，大部分把护岸建设成为直线型或折线型的直立式的混凝土或浆砌块石（或浆砌砌体）的挡土墙，甚至大量采用磨光花岗石贴面，失去或减少了河湖护岸的生态功能。

13．废弃物的减量化和资源化综合利用程度有待进一步提高

生活、工业、农业、淤泥和其他生物（蓝藻、水葫芦等）的废弃物数量巨大，是一种可以利用的资源，目前虽已经有一定程度的资源化综合利用，但相当多的废弃物还没有能够合理、有效利用，而将其随意堆放、废之或直接抛进水体，均会造成该区域水体污染。

14．防洪能力不足及水系结构不合理有待解决

无锡地区地势低洼，北受长江洪水威胁，南受太湖洪水困扰，西受上游客水压境，极易发生洪涝灾害。经常出现：降雨连绵不断或台风暴雨袭击时，河湖水位抬高，上游洪水压境，下游泄水不畅，高水位持续时间长，对低洼圩区造成很大的洪涝压力。

无锡市政府投入大量财力用于水污染防治，在一定程度上取得了控制水污染的成效。但由于历史遗留欠账和污染治理的力度赶不上污染发展的速度，所以水污染严峻的形势未得到根本改善，蓝藻爆发和大规模"湖泛"的水污染事件仍时有发生，以及由于污染监测和预警应急能力不足，所以不时危及无锡的供水安全，制约了无锡经济社会的可持续发展。应克服水资源开发利用上存在的问题，采用综合性措施，合理开发利用水资源、控制水污染，确保安全供水，确保经济社会的可持续发展，满足人们不断增长的对水资源、水环境和水生态方面的需求。

第二章　河湖水污染演变及生态环境退化

自20世纪80年代至21世纪初,太湖流域的水污染日益加重,河湖水生态环境也随之日渐退化。为此,对无锡地区这一时间段的水污染演变情况、水生态环境和湿地退化情况进行调查、分析和总结,为今后无锡地区的水资源保护、水污染防治和改善水生态,使之进入良性循环的决策提供一个历史的符合科学的粗略依据,是很有必要的。

第一节　地表水污染原因和污染源

一、污染源分类和污染途径

(一)水污染

水污染是指水体因一种或多种污染物质的介入,而导致其化学、物理、生物或者放射性等方面特性的改变,从而影响水的有效利用,危害人体健康或者破坏生态环境,造成水质恶化的现象。在太湖流域,多种污染物大量、持续进入水体,超过水体允许纳污能力(环境容量)、自净能力,使水质恶化,造成水污染。

(二)污染源分类

水污染类型一般有两类:一是自然污染;二是人为污染。太湖流域现状的水污染主要是人为污染为主。其污染源的一般分类如下。

1. 根据进入水体的途径分外源和内源

外源是水体以外的各类污染物通过各种途径,进入水体;内源实际上主要是外源在水底或水体内的储存、积聚、转换而形成,主要为河湖底泥通过释放、再悬浮等途径进入水体,其次为藻类和藻类残体、水生动物排泄物、水生植物和动物残体,以及其他水生物残体对水体的污染。

2. 外源分为水体和固体废弃物两类

水体一般为污水,主要包括生活、工业污水和污水处理厂排放的尾水,其次为富含营养盐和残留农药的农田回归水,禽畜和水产养殖业污水,以及地面(含农田)径流和水土流失的污水。固体一般为废弃物,主要包括工业、生活废弃物,种植业秸秆等废弃物,农副产品加工、畜禽养殖业废弃物;清淤的淤泥、自来水厂的污泥、城镇污水厂及企业污水处理设备产生的污泥干固以后的物体等。

3. 根据外源污染物集中程度分点源和面源

(1)点源是污染物比较集中的外污染源　一般是指污染以污水的形式排放时有一个或

数个集中排放口的污染源。主要有以下几类:① 城镇和社区生活污染源,包括居民生活污染源和公共生活污染源两类。居民生活污染源大多数主要指城市、乡镇和农村居民集中居住区的污染,公共生活污染源主要指行政事业单位、商务区、休闲娱乐场所、洗浴场所、运动场所、游泳池和其他第三产业及公共厕所等的污染;② 工业污染源,主要是指城镇的工业企业、工业集中区域和农村有一定规模的工业企业;③ 畜禽养殖场污染源,主要指规模畜禽养殖场污染。

　　(2)面源是污染物比较分散的外污染源　面源即非点源,一般有3个不确定性:在不确定的时间内,通过不确定的途径排放不确定数量的污染物质,也即是污染源以污水的形式排放时没有固定的集中的排放口的污染源。主要包括三类:① 没有固定排放口的种植业、部分养殖业污染,以及降雨降尘、地面径流的污染,也包含地面径流淋溶各类固体废弃物的污染;② 农村分散居住农户的没有固定排放口的生活污染;③ 直接进入水体的各类固体废弃物的污染。

　　(3)点源和面源无明显界限　有些污染源介于点源和面源二者之间,应根据具体情况而定。如,农村的生活污染(不含乡镇和村的居民集中居住区的生活污水),一般均称为面源,但其中一些生活设施条件好的地区也可能是点源;养殖业污染中,规模较大的畜禽养殖场是点源,而小规模畜禽养殖可能是点源,也可能是面源,无明显界限;有一部分农村小工业企业,污染物以生活污水为主,且污染物排放量不大,也无固定排污(水)口的,可称为面源,但若其污染物排放量较大,有固定排放方式的应称为点源。又如固体废弃物,分散堆放或散落的固体废弃物一般均称为面源,其通过雨淋产生一定量污水进入水体或直接以某一种方式进入水体;规模较大的固体废弃物堆放场可以称为点源,如城市垃圾填埋场一般是大规模的长期垃圾堆放点,通过雨淋产生大量的污水,通过排水(污)口排出。

(三)污染途径

　　污染物进入某一水域的途径归纳起来主要有以下5条,其中1-4条是外源和内源进入地表水水体的途径(图2-1),第5条是外源进入地下水水体的途径。各水域的污染途径不尽相同,根据具体情况确定。

1.陆上污染物直接进入河(湖)水体

　　生活、工业等点源的污水直接排入水体,包括城镇污水处理厂排放的污水;面源由地面径流直接带入水体;固体废弃物直接进入水体。

2.河(湖)水中的污染物由水流带入另一水域

　　带入水体的污染物:① 入湖河道把大量生活、工业、种植业、养殖业的污水(污物)带入太湖、梅梁湖、五里湖、竺山湖、贡湖及其他湖泊或湖荡中;② 由湖泊的一个水域带入另一水域,如当梅梁湖有北向南流动时,污染严重的梅梁湖水就进入太湖大水体,又如夏秋季节南风或东南风形成的风生流把大量的藻类从太湖大水体带入梅梁湖、竺山湖、贡湖等水域;③ 由湖泊带入河道,如太湖水流出湖时,把湖水中的污染负荷带入出湖河道;④ 河道上游带入下游,如江南运河,把运河上游水体中的污染物带入下游。

3.内源释放污染水体

　　内源污染水体:① 底泥释放的污染负荷直接进入其上覆水体,造成水体污染或加重水体污染,这是长时期的过程;② 湖体中藻类和藻类残体、水生动物排泄物、水生动物和植物残体,以及其他水生物残体,其一是由于腐烂直接污染水体,其二是先沉入水底成为底泥的一部分,再释放进入其上覆水体;③ 污染严重的底泥产生"湖泛"污染水体。

4. 降雨降尘进入河(湖)水体

降雨降尘直接将空气尘埃中的污染物带进河(湖)水体。地面上的降雨降尘将形成地面径流污染。

5. 污染物排入地下造成地下水污染

(1) 城镇污水收集管网渗漏　由于城镇污水厂污水收集管网渗漏,管道中的生活和工业等污水渗漏进入地下,城市渗漏量一般为15% ～25%左右,渗漏的水量与管道的长度、管道建设的质量和运行时间长短、管道通过的水量及其流速、管道的建设年代和裂缝多少及大小、渗入地土壤的性质和孔隙率等情况有关。

(2) 其他生活、工业污水下渗　单位、企业或家庭的生活、工业污水未进入污水收集管网前,由于污水收集管道渗漏、污水排放沟的渗漏、渗水坑和化粪池渗漏等情况而渗入地下。

(3) 畜禽养殖业的污水下渗　规模禽畜养殖场的污水在进入水体前,由于污水排放沟或排放管道渗漏、渗水坑或污水收集池的渗漏而进入地下。

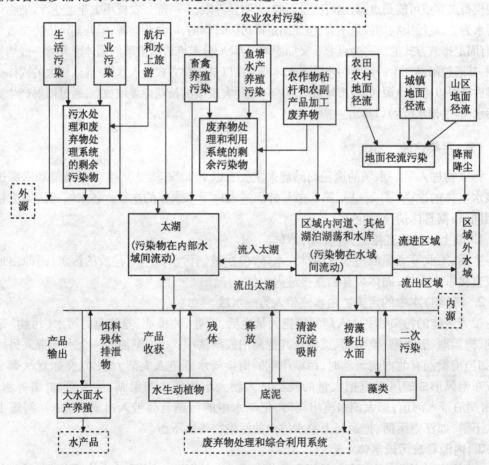

图2-1　地表水污染途径

（四）区域的污染物排放方式和排污口

1. 生活污水排放及其排污口

（1）城镇和农村居住区的污染　该区域的生活污染（包括居民生活污染和公共生活污染），都有固定的排污口。在建有城镇污水处理厂的地区，其全部或大部分污水已接入污水收集管网进入城镇污水厂处理；未接入城镇污水处理厂的污水则通过排污口直接排入水体；有部分污水自行进行处理，实施再生水回用。

（2）农村生活污染　无锡地区生活条件较好，农村绝大部分家庭均有自来水、卫生和洗浴、洗涤设施，其排放的污水均通过排污口直接排入水体或接入雨水管道再排入水体；而少数条件差的地区或家庭，未用自来水，仍用河水或井水，没有卫生、洗浴、洗涤设施（设备），仍使用马桶、手工洗衣、澡盆洗澡等，一般无排污口，生活污水（洗浴、洗涤、淘米洗菜用水）大部分是直接进入排水管道或雨水管道再排入水体，少部分是明沟排放或泼撒在地面，自然蒸发或渗入地下。

2. 工业污水排放及其排污口

（1）城镇企业和农村规模工业企业　城镇工业企业、工业园区企业和农村有一定规模的工业企业均有固定排污口，工业污水从排污口排出，进入水体或污水处理厂。一般工厂有一个或数个排污口。有些工厂中的生活污水和工业污水分别设置不同的排污口。已建城镇污水处理厂的地区，相当部分工厂的工业污水和生活污水已接入污水收集管网或经预处理后进入城镇污水厂处理。

（2）农村分散的小型工业企业　其中大部分有固定的排污口，其污水直接经排污口排入水体，或排入雨水管道后再进入水体；另一部分小型工业企业，特别是手工作坊式的工业企业，产生的工业污水量很少，则没有固定排污口，有些通过明沟排放工业污水和生活污水进入水体或直接渗入地下。

3. 污水处理厂尾水排放及其排污口

城镇污水处理厂的尾水，依据地表水环境质量标准评价仍是污染很重的污水，一般直接排向河道水体，每个污水处理厂均有 1 个或多个排污口。

4. 畜禽养殖业污水排放及其排污口

畜禽养殖业一般在近郊和农村。无锡地区畜禽养殖业主要包括养猪、牛、羊、家禽及其他畜禽。

（1）规模养殖场　养猪、养牛的规模养殖场一般均有固定排污口，部分粪尿用作生产沼气和沼气发电，而部分排泄物及冲洗棚圈的污水经排污口排出直接进入水体，其固体废弃物（排泄物）一般作肥料，也有部分进入水体。大规模养鸡场一般排泄物作为肥料、生产沼气。冲洗鸡场的污水经排污口排出直接进入水体。规模养鸭场一般在水域和水边养殖，其排泄污染物大部分直接进入水体，或随降雨径流进入水体。

（2）分散养殖　分散养殖主要是农户家庭分散养殖，包括养殖少量的猪、牛，养殖鸡鸭和鹌鹑、羊、鹿、孔雀等。分散养殖的畜禽固体排泄物一般是作为肥料，少部分作为废物弃之；养殖牛和猪的污水经明或暗的排水沟排出，直接进入水体或鱼池、湿地，而养殖其他的（鸡、鸭、鹌鹑），其污染一般是通过地面径流进入水体或渗入地下。

5. 水产养殖污染排放

（1）鱼塘养殖肥水和塘泥　无锡市鱼塘养殖产生污染物量相当大。鱼塘养殖主要位于太湖及其各湖湾、涠湖、其他湖荡的滨水区域等。鱼塘污染物主要有两类：其一是鱼塘污水（亦称肥水），其二是鱼塘底泥。鱼塘肥水污染来源，主要是由于大量投放饵料和食物，包括精饲料、草料，捕获或粉碎的蚌、蚬、螺和小杂鱼等，其中一部分为鱼类或养殖的其他水生动物所摄取，由于饵料的利用率低，相当部分则留在鱼塘水体中，成为污染物，也有部分污染是来源鱼类或其他水生动物的排泄物或残体。鱼塘底泥（俗称塘泥）污染物则主要是剩余精饵料或粗饲料及鱼类的排泄物，以及动植物残体沉积于塘底。

（2）鱼塘肥水和塘泥排放　鱼塘肥水排放每年主要有两次：一次是夏季气温高时，鱼塘需要换水，一般用水泵把鱼塘外富氧的水打入塘内，而使鱼塘内的肥水向外河自流或利用水泵排出；另一次系在冬季，大部分鱼塘进行年终干塘捕鱼时，用水泵排干鱼塘水，基础设施好的鱼塘群，有固定的排水口。塘泥清除一般是在年终干塘时，一是把塘泥打入附近河道，二是作为肥料。

（3）大水面养殖　大水面养殖，由于投放的精饵料和粗料的剩余物质、水产的排泄物等产生的污染均直接进入水体或底泥中，是内源。

6. 种植业污染排放

水田污染主要是灌溉回归水和雨水径流把农田中的 TP、TN、农药和有机物，以及土壤中原来有的有机质和 N、P 等营养盐、污染物带入水体。旱地污染主要是地面径流把地面污染物和土壤表面的有机质和 N、P 等污染物带入水体。

7. 航运污染排放

（1）污染物来源　航运污染一般主要是：① 船舶上工作人员的生活污染，包括排泄物和生活垃圾；② 燃油和润滑油滴漏产生的石油污染；③ 冲洗甲板和船舶其他部位时产生的污染。

（2）污染排放　部分污染物直接进入水体，部分生活垃圾、废石油类是集中收集，上岸集中堆放处置，无锡地区大部分挂机船已改为座机船，石油污染已大量减少，并且在大力推进航行废弃物（石油类、生活类）上岸集中堆放和无害化处理。

8. 地面径流污染排放

主要是降雨形成径流把地面污染物带入水体的污染。

（1）污染物来源　主要是地面上的污染物，包括城镇道路、广场、屋顶、草地和其他地面的污染物；农村房前屋后、场地地面的污染物及分散养殖产生的污染物；山林地面污染，含植物落叶、残枝和尘土。

（2）污染排放　地面径流污染排放有以下几类：① 城镇地面径流污染的排放，基本是随城镇下水道排入河道水体，特别是能形成地面径流的初期雨水，污染物浓度较高，下水道的入水口就是其排污口；② 农村地面径流污染的排放，大部分是直接分散排入河道水体，少部分是进入农村下水道后再排入河道或湖泊水体；③ 山林地面的污染排放，随地面径流直接排入河道、水库或湖泊；④ 高速公路网络和硬质路面的污染排放，大部分以地表径流入河湖，污染物以石油类和重金属为主。

9. 固体废弃物污染及其排放

（1）污染物来源　固体废弃物包括工业、生活、种植和养殖业、农副产品加工等废弃物，蓝藻、水葫芦等水生植物残体，以及清淤后集中堆放的淤泥，污水厂和自来水厂的固体或半流态的污泥等。

（2）污染排放　① 废弃物直接抛入或进入河湖水体，造成污染；② 废弃物经地面径流直接带入水体或淋溶后将污染物带入水体，或经下水道带入水体；③ 垃圾集中堆放地或垃圾填埋场经降雨淋溶后将污染物带入水体；④ 河湖淤泥清淤后的堆放场和自来水厂、污水厂污泥的堆放场地经雨淋后带入水体。

二、水污染原因

无锡地区水污染主要是外源种类多且污染负荷大，内源污染负荷重，以及由于自然地理环境方面的不利因素和人类不合理的干预加剧了水污染。

（一）外源污染

外源直接污染水体，是目前和今后造成水污染的主要原因。流域、区域水污染突出表现为河湖水质污染、湖泊富营养化，主要源于工业点源、生活源，农业源和其他非点源等外源污染。水污染是以 N、P 污染为主的有机污染。太湖富营养程度严重、水生态系统退化的湖湾主要是梅梁湖、竺山湖、五里湖。

据 2002 年入太湖营养盐分析计算，TN 为 4.46 万 t/a，TP 为 0.189 万 t/a。其中，TN 主要来自农业及其他非点源污染，生活污水，畜禽养殖，工业污水；TP 主要为生活污水排放，农田面源及畜禽养殖和工业等。据近期研究成果和监测资料验证，N、P 排放入水体量中，工业点源排放贡献率不容忽视。

1. 生活污染

（1）生活污水污染　太湖流域是我国 4 大城市化发展、人口高密集地区之一。早在 19 世纪中叶，这里就形成"半里一村，三里一镇，炊烟相望，鸡犬相闻"的集镇分布格局，目前已有大中小城市 26 座，城镇化率高达 69% 以上，正处于城镇化过程发展的中期阶段。新中国建立以来，特别是近 10 年来，随着农村生活水平提高，无论是用水量，还是排水量都呈逐年上升趋势，对水环境影响越来越大。

1）2005 年统计，太湖流域污水排放量 60.4 亿 m^3，污径比高达 1∶2，其中城镇居民生活污水排放量 15 亿 m^3，第二产业污水排放量 36 亿 m^3，第三产业污水排放量 9.4 亿 m^3。每平方公里国土面积污水排放达到 16.8 万 m^3，是淮河流域的 10 多倍。每年 60% ~70% 的污水未处理，排放入河湖。生活污水处理能力与日益发展的社会经济很不适应。

2）农村城市化进程带来的污染不容忽视。城镇化高速发展，城镇大量建设住宅区，但生活污水、粪便大部分未处理或简单处理就地排入河湖。此外，每年约有 5 万 t 居民生活垃圾往河湖倾倒。目前流域内城镇污染已从大中城市集中块状污染，扩散为以大中城市及星罗密布小城镇相融合的面状污染。

3）无锡市人口密集，第三产业发达，生活污水排放量大，年排放 2 亿多 m^3；2005 年生活污水集中处理率:无锡市区达到 65%、江阴市区 50%,宜兴市 30%,小城镇生活污水相当部分没有集中处理,农村生活污水一般都是直接排放;上万座公共厕所污水,有部分进入污水厂处理,大部分直接排入河道;相当部分居民区雨污未分流;50% 城市住户的洗衣机废水未接入污水管道,直接排入下水道。排入水体的生活污染负荷化学需氧量 5.9 万 t、总氮 0.8 万 t、总磷 0.095 万 t。城镇生活污水排放是入湖 TN、TP 主要来源之一。

（2）有磷洗涤污染及其排放 有磷洗涤污染是生活污水污染的主要种类之一。含磷洗衣粉是太湖 TP 的主要来源,系指以磷酸盐为主要助剂的一类产品。到 20 世纪 90 年代末,全国洗涤用品总量约为 340 万 t,其中合成洗衣粉的产量在 204 万 t、人均用量 1.6kg,相当于 70 年代的世界人均水平。洗涤用品总量排在世界前列。但人均用量仍处于低水平(美国 20kg 以上,日本 10kg,欧洲 12kg,印度 6kg 以上)。

1）据国外研究资料表明:生活污水中的磷主要来自人体排泄和含磷洗衣粉的使用,其中美国生活污水中的磷 70% 来源于洗衣粉,加拿大为 50%。我国目前洗衣粉的配方中大多含有 17% 左右的三聚磷酸钠(含磷量为 5%)。洗涤废水随生活污水直接排入湖泊和河流,造成一定的营养(磷)负荷,成为河湖水体富营养化进程加快的原因之一。据对流域内中等生活水平地区典型抽样调查,计算分析结果表明,太湖及其上游沿岸地区年含 P 排水量为 1 万 t,实际入湖 0.19 万 t,P 的入湖率平均为 18.2%。

2）无锡地区污染物排放总量中,生活污水排放中总磷含量高,对水体贡献率大,而磷又是太湖富营养的主要制约因子。生活污水排放中,除人体排泄物,食品蔬菜洗涤外,大量有磷洗衣粉和洗涤剂的使用是生活污水中磷的主要来源。据典型抽样调查:① 无锡地区年人均洗涤剂用量 3.33kg/(人·a),其中城市居民平均用量为 3.27kg/(人·a),农村居民的年均用量为 3.39kg/(人·a),农村居民用量略高于城市居民。② 不同品牌洗涤剂,由于生产原料,工艺和添加剂不同,其含磷量不同,一般居民常用品牌中,洗涤剂中含磷量为 4.45% ~ 5.57%,加权平均为 5.17%。③ 依据无锡地区 2003 年人口计(表 2-1),无锡地区居民洗涤剂排放磷总量为 100 t/a。④ 洗涤剂入水体量分析,城市居民洗涤剂磷排放 90% 进入水体,农村居民 50% 进入水体,流动人口大部集中在城镇,按城市居民标准 90% 磷排放入水体,则无锡市磷入水体总量:城镇和流动人口磷排放入水体量 46.97t/a,农村居民磷排入水体总量为 23.91t/a,占生活污水总磷排放(950t/a)的 7.0%。以上计算不包括宾馆、饭店、企事业单位等洗涤剂的使用量,磷排放量和入水体量。

表 2-1 无锡地区洗涤剂中磷排放量表

项　目	城　镇	农　村	流动人口	合　计
人口(万人)	169.77	272.27	134	576.04
洗涤剂人均用量(kg/人·a)	3.27	3.39	3.39	
有磷洗涤剂含磷量(%)	5.17	5.17	5.17	
年磷排放量(t)	28.70	47.81	23.49	100
磷年排入水体量(t)	25.83	23.91	21.14	70.88

（3）生活垃圾污染 生活垃圾主要是指日常生活中产生的废弃物,包括日用残品、衣

物、纸张,厨房残余物,餐饮业残余物等。其污染:一是直接被抛进水体;二是在集中或分散堆放场地,经雨淋形成地面径流污染进入河湖水体或地下水体。

2. 工业污染

工业点源污染,既有 COD 污染,也是 N、P 污染的主要来源之一,还有有毒有害物质污染。过去一般在太湖富营养化有关污染源研究中,TP、TN 在工业源中是不予监测控制的指标。但 TN、TP 是太湖污染的主要控制性因子,工业点源中 N、P 污染应予重视,并予以监测和严格控制。

(1)流域重点工业污染排放　监测证明,工业点源排放 TN、TP 量不容忽视。据对 1998 年太湖流域限期达标 1035 家企业,按地区平衡、行业平衡,25% 重点抽样调查,按造纸、食品、印染、皮革、化工等 5 个行业的分析统计,皮革和印染行业的 TP 贡献率大,而 TN 平均排放浓度以化工、皮革和食品行业为最大(表 2-2)。

表 2-2　不同行业污染物排放浓度　　　　　单位:(mg/L)

行　业	夏　　季			冬　　季		
	COD	TP	TN	COD	TP	TN
造纸	558.3	0.45	7.24	336	0.34	8.16
印染	418.7	1.45	13.16	447	0.62	14.59
食品	840.0	1.67	15.75	620	2.53	110.3
皮革	962.3	0.68	46.64	611	0.28	16.42
化工	567.2	2.92	69.40	393	1.85	84.8

(2)乡镇企业初级加工 N、P 排放量高　由于其生产不稳定性,粗放性和以初级加工为主的特点,其污水基本仅为初级处理后排放或无处理直接排放入河、湖。以纺织、化工、皮革、食品、机械及建材为主的乡镇企业,N、P 排放量一直居高不下。

(3)无锡市工厂多排放量超过允许纳污能力　2005 年全市共有 45634 家工业企业,工业污水排放量 4.01 亿 m³(不含火电废水),全市自来水厂尾水排放量 1000 余万 m³,全市工业污染入水负荷量大,年排放化学需氧量 5.44 万 t,其中大型工厂基本都达标排放,但由于工厂众多,达标排放后污染物总量仍很大,远远超过允许纳污能力。工业源按原来的污染物排放标准达标排放的水质要较地面水环境Ⅲ类水标准低得多,如化学需氧量排放标准值比地面Ⅲ类水标准值高 4 倍或更多。

3. 城镇污水处理厂尾水污染

城镇污水处理厂尾水是污染源之一。依目前国家污水处理标准,城镇污水处理厂处理后的尾水,其主要指标以地表水环境质量标准衡量,仍为劣于Ⅴ类水,并且超标数倍。虽污水厂的处理标准有时可以达到一级 A 或一级 B,但相当部分时间只能够达到二级标准或达不到二级标准,所以污水厂的尾水成为进入水体负荷较大的集中污染源。随着污水厂越建越多,其所占污染总负荷的比值将更大(表 2-3)。

表 2 - 3　2004 年无锡市部分城镇污水处理厂尾水排放情况

名称	设计能力 (t/d)	实际处理量 (t/d)	污染物排放（浓度 mg/L，排量 t/a）						排放去向
			COD		NH_3-N		TP		
			浓度	排量	浓度	排量	浓度	排量	
芦村	200000	167561	45.6	2771	4.8	292	0.4	24	运河下游
城北	50000	50685	67.2	1226	3.3	60	0.5	9	北兴塘
锡山	20000	17014	57.5	355	1.0	6	0.9	5	新兴塘
杨市	5000	4493	96.0	157	1.5	2	0.4	1	直湖港
硕放	20000	1644	33.8	20	14.0	8	0.2	0	运河下游
梅村	10000	3836	56.0	78	10.0	14	1.0	1	伯渎港
新城	25000	24657	51.5	463	1.2	10	1.4	12	运河下游
红豆	10000	3425	89.9	112	1.7	2	0	0	锡北运河
马山	15000	3041	94.6	105	7.6	8	0.4	0	太湖
山水城	1400	274	67.0	3	7.8	0	0.5	0	五里湖
前洲	25000	18493	415	2803		130		1.5	锡澄运河
洛社	15000	2693	321.0	315	15.4	15			运河上游
石塘湾	15000	7342	401.4	1076	16.1	43			锡城运河
合计	411400	305158		9484		590		53.5	

4. 农业面源污染

农业面源污染的大部分及地面径流污染和水土流失、航运污染、旅游业污染、降雨降尘等污染源均为非点源。非点源是河湖水体污染和富营养化 N、P 的主要来源之一。

（1）农村生活污染　农村生活污水逐年增加，部分小城镇建设了污水处理厂，但处理能力严重不足，或已建的污水处理厂运行不正常，或管网配套严重滞后于城镇发展，造成大量未经处理的乡镇生活污水直接排入河湖之中。

（2）种植农业污染　种植业化肥农药过量和不合理施用，化肥和农药流失是 N、P 主要来源之一。太湖流域是我国农业发达地区之一，基本属于化学农业阶段，农业集约化程度较高，是高投入、高产出区，如江苏苏南，全区面积仅占全国的 0.4%，而化肥使用量占全国的 1.3%，粮食产量占全国的 3%。发达国家为防止化肥对水体污染，规定平均化肥施用量不得超过 225kg/hm² 的安全上限，但流域内耕地平均化肥施用量（折纯量）已经超过其 1～2 倍。江苏省农学和环境科学家建议：为控制农业非点源污染，单季晚稻施氮肥量 135～180kg/hm²。中国科学院朱兆良院士等研究了苏南太湖流域稻、麦的适宜施用量：单季晚稻 102～195kg/hm²，小麦为 120kg/hm²。可见，目前流域内平均施肥水平已超过专家建议的适宜施肥量。流域内化肥利用率平均为 30%～35%，化肥流失量中，约 13%～16% 随灌溉回归水或降水淋溶流入河湖之中，既浪费了资源，又造成了水污染。如 2005 年无锡市共有农田 1512km²，年施用氮肥（有效成分 N 计）7.2 万 t、磷肥（有效成分 P 计）0.35 万 t、农药 0.45

万t;无锡市大多是灌溉农业,以化肥农药为主的农业污染源面广量多。

（3）畜禽养殖污染　20世纪80年代,随着人民生活水平的提高和农村产业结构调整,各级政府实施了"菜篮子工程",畜禽饲养量逐年增加,集中畜禽养殖场几乎傍河而建,一般都无污水处理设施,污水直接排放,养殖场畜禽排泄物和冲洗圈舍的污水入河成为流域N、P的污染源之一。如2005年无锡市养牛2.42万头、猪64.7万头、羊2.5万头、家禽841万只,禽畜排泄物有10%～60%直接进入水体（表2-4）。

表2-4　2005年末无锡市畜禽存栏情况统计表

项目	奶牛（头）	猪（万头）	羊（万头）	兔（万头）	家禽（万头）				
					总数	鸡	鸭	鹅	鹌鹑、鸽
合　计	24235	64.7	2.5	15.5	841.0（591）	461.6	119.3	10.1	250（已折合家禽）
江阴市	6607	19.6	0.7	0.9	193.4	118	71.4	4.0	
宜兴市	214	22.9	1.4	13.5	230.6	211	15.4	4.4	
锡山区	8747	7.0	0.3	0.8	36.3	25.4	9.4	1.5	
惠山区	4190	7.9	0.3	0	34.9	24.4	10.5	0	
滨湖区	1396	2.3	0	0	79.9	71.3	8.6	0	
新　区	2441	4.2	0	0	14.1	11.4	2.5	0.2	
市　区	640	0.8	0	0	1.6	0.1	1.5	0	

注:8只鹌鹑折合1羽家禽、2只鸽折合1羽家禽。表中（591）——不包括折合家禽的250万头。

（4）池塘水产养殖污染　流域为河网水乡之地,自古以来,盛产鱼虾,且品质优良。随着产业结构调整,土地利用方式变化,人民生活水平提高对淡水鱼类产品市场需求的猛增,科技进步提高了淡水养殖产量和品质的经济增益,水产养殖取得了极其显著的经济效益和社会效益。当地渔民和部分农民,外地养殖户及机构养殖等都规模性注入人力、物力、财力和技术,大力发展鱼、蟹养殖。由于缺乏系统规划,规范性科学管理以及市场利益驱动下的盲目发展,带来一系列不利后果,加重了河湖的水污染。

一般池塘养殖均为精养,当年放入鱼苗,秋冬即捕捞上市,需投饵饲养,饲料主要为湖荡中打捞的可食性水草和精饲料（粮食、鱼饵料,经加工的动物鲜饲料等）。据测定,池塘养殖平均年增加入水体污染物量N 185.7kg/hm²,P 56.6kg/hm²。池塘养鱼、蟹对水体污染重,对邻近退水区水体水质影响很大。大部分池塘每年年末及小部分池塘2年1次鱼塘清理,底泥及清塘后期泥水混合物中污染都很严重（表2-5）。

表2-5　太湖流域池塘养鱼池水质及退水区河沟水体水质　　　单位：（mg/L）

项　目	COD$_{Mn}$	TN	TP	NH$_3$-N	ChL$_a$
鱼塘	19.17	5.56	1.73	2.7	23.24
退水区河沟	8.30～11.66	2.02～2.58	0.16～0.21	0.7～1.48	6.72～12.14

2005 年无锡市淡水池塘养鱼 205km²。大多是大量投饵的高产养殖,造成鱼池肥水、底泥污染和剩余饵料污染。

(5) 农业和农村固体废弃物污染　以前农村中基本没有建立生活垃圾清运制度,生活垃圾一般就地堆埋或随意堆放。不少农村空地或小河道成为垃圾场,小河道被各种废弃物填埋。农业秸秆和农副产品加工剩余物,本是一种宝贵的可利用资源,由于生活水平提高,煤气的普及,而成为"废弃物",既不作有机肥还田,又不作饲料,如秸秆大多焚烧,污染大气,或废弃于河湖之中,各类垃圾、固体废弃物经雨水淋溶形成地面径流污染,导致河道内水质变差。

(6) 乡镇企业污染　无锡地区乡镇企业发展模式不同于其他地区,不是人口向城市聚集,而是技术和产业转向农村。20 世纪 70 年代末以来,流域内乡镇企业迅速发展,对地方经济发展起到了巨大推动作用。但乡镇企业规模小,布局分散,技术水平低,生产方向不定,往往都是利用城市大中型企业的陈旧设备,或承接污染严重的产品,搞皮革、印染、电镀、化工等初级加工。乡镇企业的产值在流域国民经济产值中已占半壁江山,大多数中小乡镇企业,基本无污水处理设施,清洁生产程度又不高,其污染程度比较严重。

5. 地面径流污染和水土流失

地面径流污染主要是城市、乡镇地面和道路的径流污染。包括人类活动场地道路、广场,以及屋顶的残留物(灰尘和垃圾等)和下水道的污染物随雨水一起进入河道,城镇非点源污染负荷高于农村;通过城镇和农村的公共交通基础设施(高速公路和硬质路面)也是重要的地面径流污染之一,区域的高速公路及各种等级的公路网络发达,交通运营中产生的固体颗粒物、残留的重金属、车辆漏泄油污等污染物在降雨时随水流进入河湖;其他地面污染随地面径流一起进入水体,主要是农村和山地丘陵区地表径流携带污染物,以及地表径流侵蚀引起的水土流失。污染物输出强度与地面污染强度、地形条件、植被覆盖率、林草地结构和人类活动有关。据统计,太湖流域水土流失面积为 1472km²,大部分集中在天目山区和宜溧山区,由于地面植被覆盖率较高,这部分污染负荷不大。

6. 航运污染

船舶航运污染主要为船民生活污水,固体废弃物及废油污染。流域为水乡泽国之地,依托太湖和江南大运河,航运发达。由于水运费用低廉,运输量大,加之河道疏浚拓宽,如今水上运输仍是流域内物资交流的主要方式之一,尤其是农用物资、煤炭、建材等大宗物品年吞吐量很大。据"七·五"攻关课题研究成果,运输船舶人均年排放量 COD 21.9kg/(人·a),TP 0.62kg/(人·a),TN 3.65kg/(人·a)。而且基本是全部直接入水体的。此外还有旅游船的污染。以前太湖流域河道通航量每年约 20 万艘,60% 为挂浆机,各类船舶往来其间,大量生活污水、粪便直接排入河湖,机运船只废油和溢漏造成油污染(每条船年产生油污 5kg),全流域挂浆机船污油总产生量 1000t 左右,每年固体垃圾入河(每条船年产生垃圾 200kg),约 4 万 t。

无锡市是航运大市,本市船只和过往船只均很多,每年大量的石油污染、生活污染进入水体(表 2-6)。

表 2 - 6　无锡市船舶运输生活污染物调查统计(产生量)

船　种		船只数	平均吨位客位	人　数	污染物产生量(t/a)			流失率(%)
					COD	TN	TP	
客船		39	143	5589	122.3	20.5	3.4	100 收集
货船		2531	59	7593	166.1	27.9	4.6	50 收集
油船		87	125	261	5.7	1.0	0.2	100 收集
拖船		73		146	3.2	0.5	0.1	100 流失
货驳		584	82	1752	38.3	6.4	1.1	100 流失
渔船	住家船	255		765	16.7	2.8	0.5	100 流失
	捕捞船	1290		3870	84.7	14.2	2.4	100 流失
合计		4859		19976	437	73.3	12.3	
流入水体估算量(未计入外来船舶)					226	37.8	6.4	

7. 旅游业污染

流域地处江南水乡,风景秀丽,旅游业发展迅速,随着经济发展和人民生活水平提高,国内旅游人数剧增;度假村、休(疗)养所、旅游宾馆、饭店、各类新兴景点得以长足发展,且大部依山傍水,不少直接建在太湖边或水体中,其废弃物和污水排放逐年增加,除主要饭店、宾馆有处理设施外,大部直接排入水体,是 N、P 污染的重要来源。如 2005 年无锡市共接待国内游客 1000 多万人,国际游客 65.87 万人,产生较多的旅游生活垃圾,有相当部分进入水体,特别是水上旅游的生活污水和垃圾有相当部分进入水体。

8. 降雨降尘

据监测分析:降雨降尘在外源污染入水负荷总量中,也占有不小比例。其中太湖流域降水、降尘入湖污染负荷量 COD 分别为 23595 t/a、5062 t/a,TN 为 2760 t/a,TP 为 60 t/a。其中无锡地区降尘污染物 TN 为 421 t/a、TP 33 t/a。

(二)内源污染

内源包括底泥、蓝藻和生物残体及大水面水产养殖等,也是直接污染水体的主要原因之一。

1. 主要是重污染底泥的二次污染

底泥的释放、再悬浮和溶出是污染河湖水体的极重要原因。长年以来的河湖淤积,特别是 20 世纪 80 年代发生水污染后的沉积物,富含各类污染物质,太湖底泥是湖体各类营养物质的载体,底泥中平均含量 TN 0.094%,TP 0.058%,有机质 1.70%。水域底泥中污染物的释放已成为重要的污染源。本区水域的水深均较浅,机动船只的航行扰动河湖底部淤泥,加速了二次污染;夏天气温高时二次污染更为严重。梅梁湖、贡湖、五里湖、竺山湖的淤泥二次污染已成为该些湖区水体富营养化和藻类爆发的主要原因之一。今后,若入太湖的外源得到进一步控制,底泥释放污染物较外源入湖所占的比重将进一步增大。即使入湖外源全部得到控制,仅淤泥中营养盐的释放和部分沉积物的再悬浮、溶出也可能引起藻类的大量产生,甚至引起藻类爆发。

严重污染底泥可形成"湖泛"。夏天高温时间,被严重污染底泥中有机质的厌氧反应,将有可能会直接严重污染其上覆水体,发生"湖泛"、产生臭味,威胁供水安全。

2. 藻类及水生物的残体污染

1)藻类爆发。太湖水体的富营养化导致藻类在夏天迅猛繁殖,造成藻类爆发,大量的藻类及其残体进一步加重水污染。自1990年起,梅梁湖年年发生藻类爆发,也增加了"湖泛"发生的机率,有时候藻类爆发与"湖泛"相互影响,加重了对水体的污染,此类情况以前梅梁湖已发生多次。无锡境内太湖水域藻类的来源:一是湖体由于 N、P 污染,富营养化严重,自身大量繁殖;二是风力富集,夏天频率高达42%的东南或南风把太湖中藻类大量吹进梅梁湖、贡湖、竺山湖等湖湾和太湖西部宜兴沿岸。

2)水生物的残体污染:主要是藻类残体污染;河湖水生植物疯长蔓延和就地腐烂引起的生物污染,主要是漂浮植物和浮叶植物,以及部分挺水、沉水植物死亡后的植枝、残体,既加重了水体的污染,也加速了湖泊的生物淤积和沼泽化过程。

3. 大水面水产养殖污染

大水面水产养殖一般是指在湖泊、湖荡、水库中养殖或在较大水面的河道中围养鱼类等水产品,其污染主要是剩余饵料或粗饲料的污染,其次是水产排泄物和水产品残体污染,污染均直接进入水体或底泥中。

太湖等湖泊及湖荡围网养鱼等水产养殖的投饵饵料利用率仅为20%～30%,精饲料的氮素转化率约20%,水草饲料氮素转化率约10%,大部分投入的饲料变为残渣沉积于湖底,使围网区内有机性悬移质增加,浊度上升,透明度下降;水体受到污染,水中 N、P 等营养盐含量增加,水质变劣,水体中 N、P 污染增加与投饵量呈正相关,养殖进入水体中的 N、P 分别相当于投入量的64.96%和64.81%;食物残渣沉积并污染底泥,使底泥污染加重;随着鱼类生长,水温上升,鱼类摄食活动增强,对表层底泥扰动,增强了释放,加重了水体污染。据东太湖资料统计分析,每生产1t鱼要向湖中排放 N 141.25kg,P 14.14kg。养殖2年的围网区表层底泥的有机质、有机碳、总氮和有机氮分别比原来高190.7%、141.4%、87.5%和86.2%。从养殖品种来看,围网饲养生产1kg草鳊鱼向河湖中输入 N 102.73g、P 12.48g,可见污染之严重。太湖的水产养殖主要集中在东太湖、胥湖、贡湖、竺山湖等湖湾内。湖泊围网养鱼面积133km²以上。养殖每年投饵200万t,饵料利用率仅为20%～30%左右。据中科院地理研究所的研究报告,每产1kg鱼需精饵料(豆饼、油菜饼或玉米)4～5kg(要求控制为2kg),投入饵料中,N 仅9.1%、P17.4%被鱼取食,大部沉溶于水体和湖底表面,成为湖泊水体和沉积底泥表层 N、P 的主要来源之一。

不同鱼类品种和养殖结构对生态有不同影响。目前围网养殖主要为食草性鱼类,如草鱼和食底栖动物的青鱼。精养的高密度鱼,使养殖区内有饲用价值的水草消耗殆尽,无法生长,软体动物中经济价值高和饲用价值较好的底栖动物过度消耗,而耐污染类生物如鱼类不食用的寡毛类和一些适于有机污染环境的水生昆虫幼虫迅速增加。

(三)其他影响水污染和水环境的原因

由于自然地理和环境方面的因素,包括环境容量小、水体自我净化能力小和区域外污染负荷大量进入等因素。

1. 环境容量小及自净能力小

无锡属于低洼平原河网区,河水流动缓慢,特别是圩区河道的河水在一般情况下几乎不流动,环境容量小,稀释降解能力小;水体中水生物大量减少,太湖(无锡部分)原生长有茂盛的大面积水生植物,由于水污染,使水生植物面积大量减少,而河道的水生物的数量和种类更是大幅度减少,相当部分河道成黑臭状态,除水葫芦、水花生等耐污染植物以外的一般水生植物均无法生长,对水体的自净能力大幅度减小。

2. 区域外污染进入

主要是上游常州境内的污染随河水流进无锡,如2003年由江南运河常州段进入无锡的NH_3-N有0.545万t,占进入江南运河无锡段总量的44.3%,常州来水的NH_3-N现状负荷量已经超出江南运河无锡段全部允许纳污能力1.28倍;2003年由溧阳流入宜兴NH_3-N的负荷量有1.1万t,超过宜兴本地产生的负荷量。区域外污染负荷大量进入加重了无锡地区的水污染,是影响无锡水环境的重要原因之一。

3. 地理位置和水域形状加剧了水污染

太湖及其湖湾的地理位置和水域形状对水污染、水环境有很大的影响:① 太湖北部或西北部的贡湖、梅梁湖、竺山湖的三大湖湾,在太湖春夏秋季节盛行东风、东南风、南风时,有大量的水面漂浮的蓝藻等污染物吹进无锡水域,梅梁湖、贡湖、竺山湖均似口袋,水面漂浮的蓝藻等污染物在进入口袋以后再不容易出去;② 太湖东西向、东南西北向的吹程长,风浪大,扰动底泥,使水体透明度小;③ 太湖宜兴沿岸、梅梁湖、五里湖周围有大量的河道污水进入。这些因素加剧了太湖无锡水域的水污染。

(四)人为不合理干预加重水污染

在经济社会发展过程的人类活动中,还存在人为不合理干预、损坏水生态系统,加重水污染的现象,主要包括为解决一时的农业粮食问题而进行的围湖造田(鱼池),部分太湖大堤不恰当的走向和大堤的部分地段不恰当的护岸形式,大面积减少了水生植物区域和湖滩湿地,人为使用机械大量收获水草和底栖动物,如机械吸螺、兜底拉网捕捞等,使水生植物面积和底栖动物大量减少,导致湖泊水生态系统退化。

第二节 无锡地区污染源和污染负荷演变

一、污染源演变

无锡市是太湖流域北部的大城市,其污染源和水污染负荷的演变过程也是太湖流域的缩影和代表。

无锡市从20世纪50年代的一般中等城市发展为现在的大城市,经济社会发展极为迅速,地区生产总值从1950年的8亿元(以现行价格折算,下同),增加到2005年的2805亿元,54年的平均增速为11%,90年代末和进入21世纪后,发展速度更快,增速平均值一直超过11%。随之,也带来污染源大量增加和水污染负荷的大幅度增加。现根据目前能够收集到的有关资料对无锡地区污染源和入水污染负荷的演变过程进行初步的粗略分析,以期说明无锡入水污染负荷的粗略演变过程和大致的发展趋势。也可作为研究太湖流域入水污染负荷演变过程的参考和借鉴。

(一)生活污染增加

1. 人口数量增加

(1)总人口增加　解放初,无锡市(指现行行政区域)的户籍人口约240万,仅有数万流动人口,发展到2005年总人口617万(含外来流动人口),其间人口一直是呈增长态势。20世纪50~60年代户籍人口增长率较快,80年代起增长率逐渐放慢,进入21世纪,年增长率只有9‰;20世纪90年代以前外来流动人口的增长速度一直很慢,90年代起增速加快,进入21世纪,外来流动人口的增速更快,年增速达到10%~15%,2005年流动人口已占到全市总人口的28.4%,原因是经济增速快,需要大量的外来劳动力,同时来无锡经商和投资人员也增多,生活污染物的产生量也增加。

(2)城镇人口增加　解放初,只有10%~15%的人居住在城镇里,其余都在农村。2005年,已有66%的人口居住在城镇。城镇人口人均产生的生活污染负荷一般要高于农村人口:1980年前为2~4倍,21世纪初为1.5~2.5倍。并且现在城镇人口人均产生的污染负荷要较解放初增加30%~50%。

(3)第三产业发展迅速　20世纪50年代,第三产业不发达;到80年代,第三产业开始发展;进入21世纪,第三产业得到迅速发展,尤其饮食服务业、洗浴业等产生大量污染的行业发展很快。第三产业占地区生产总值的比例,从20世纪50年代的5%~10%增加到2005年的38.8%。第三产业发展后,产生的公共生活污染负荷大幅度增加。

2. 生活污水排放量增加

随着经济社会发展、人口增加和人民生活水平提高,城市和农村人均用水量增加,生活污水排水总量也大量增加。现代社会,水冲式卫生设施代替了原来的马桶,城镇居民有98%使用水冲式卫生设备,洗衣机代替手工洗衣,全市现有148万台洗衣机,热水器和热水管道的普及,使居民人均用水量增加;经济社会和城镇的发展,公共生活用水,包括餐饮、旅馆业、洗浴、公厕等的用水均增加,其中家庭生活条件的改善和数量众多的公共洗浴设施使人均洗浴的次数和每次洗浴的用水量都较以前增加;城市人口的用水量较农村人口为多,城市人口增加了,用水量也增加,生活污水排放量也不断增加。

由于以上因素,人均日取水量(含居民生活、公共生活用水量和耗损量)不断增加,2005年人均日用水量已达到166L,估计较50年代初增加1.5~2倍,生活污水年排水量达到2.2亿 m³,均较20世纪50年代初大幅度增加。

3. 生活污染物排放量增加

20世纪50年代,人粪尿是农田的主要肥料来源之一,农村的人粪尿都用作农田肥料;城镇的人粪尿也都运往农村用作农田肥料,直接进入水体的生活污水很少。到80年代末、90年代,农田大多数使用化肥,人粪尿基本已经弃之不用,大多数直接进入水体。由于生活污水大量进入水体,水污染日益严重。90年代,开始建设城镇污水处理厂,处理生活污水。进入21世纪,由于大量建设城镇污水处理厂,污水处理能力得到较大提高,直接排入水体的生活污染负荷开始有较大幅度减少。

现代社会,生活餐饮水平提高和洗衣粉、洗涤剂大量使用,生活污水中以 P 为主的污染物浓度提高。特别是 90 年代起,由于洗衣粉和其他含 P 洗涤剂的广泛、大量的使用,使污水中 TP 大量增加。现在无锡已禁止使用含 P 洗衣粉。

(二)工业污染总体呈增加趋势

随着国民经济发展,工业企业数量大幅增加,用水量增加,工业污水排放量也大量增加。

根据记载,1936 年,无锡有纺织、缫丝、面粉、针织、碾米、铁工、砖瓦等 20 个工业门类 315 家工厂,资本总额 7726 万元,在全国居第 5 位。1950 年,无锡有数千家工业企业,其中相当多为手工作坊,工业总产值 4.7 亿元。2005 年有 45634 家工业企业,工业总产值增加到 6971 亿元(表 2 - 7)。工业用水包括生产产品时的用水量和工人在企业内生活用水量。20 世纪 50 年代,无锡城仅有几家规模较大的纺织企业的用水量、排污量较大,其他一些规模较大的面粉加工企业和铁加工企业等的排污量均不大,而农村均是手工作坊,其用水量和污水排放量均不大。无锡的工业(不含火电)用水量从 20 世纪 50 年代的 500 万 m^3/a 左右增加到 2005 年 4.9 亿 m^3/a,工业污水排放量也大量增加达到 4.01 亿 m^3/a,其中 800 多家重污染的印染、化工、电镀、皮革、造纸行业等都是污染大户,排污量大,入水污染负荷也大,这些重污染企业的排污量占到工业排污总量的 1/3 以上。

表 2 - 7　无锡市历年代表年份工业总产值表　　　　单位:(亿元)

年份	1950	1952	1958	1963	1965	1970	1975	1980	1985	1990	1995	2000	2005
工业总产值	4.7	5.1	7.6	8.4	11.9	21.6	38.1	78.3	191	389	1823	2857	6971

(三)农业污染增加

无锡市耕地面积呈持续减少趋势,从 1950 年的 2260 km^2 减少到 2005 年的 1512 km^2,减少 33.1%;但农业总产值从 1949 年的 6.65 亿元增加到 2005 年的 39.32 亿元,增加 4.91 倍;粮食总产量从 1949 年的 57.96 万 t,增加到 2005 年的 79.53 万 t,增加 0.37 倍。其中粮食产量高峰期为 1978 ~ 1984 年,平均年产粮食 176.2 ~ 188.2 万 t。

1. 种植农业污染

21 世纪前,虽然耕地逐年减少,但由于农田施用有机肥大量减少,施用化肥农药大量增加,种植农业的污染负荷呈缓慢的持续增加趋势。进入 21 世纪,化肥农药的使用得到一定程度的控制。

(1)灌溉水和灌溉余水污染历经少—多—少的过程　20 世纪 50 年代由于灌溉动力不足,仅有部分柴油动力灌溉设备,相当多的是人力水车提水灌溉,所以单位面积灌溉量较少,水稻田单位面积灌溉定额 7500 ~ 12000 m^3/hm^2;70、80 年代起农用动力大增,电动水泵大量使用,替换了 50 年代少量的柴油动力水泵,单位面积灌溉水量增加,水稻田单位面积灌溉定额达到 12000 ~ 18000 m^3/hm^2;21 世纪开始进入节水灌溉时代,水稻田逐步采用薄水勤灌、湿润灌溉的方法,经济、蔬菜作物等逐步采用喷灌、滴灌、微灌等节水灌溉方法,单位面积灌溉水量逐年减少。2005 年有效灌溉面积 1832km²,单位面积灌溉定额降到 9000m³/hm² 以下。所以水田灌溉余水污染也经历相应的少 – 多 – 少过程。旱地作物的污染主要是降雨形成地面径流的污染。

(2)化肥农药使用经历"无—有—多—少"的过程　20 世纪 50、60 年代,主要使用农家肥、自然肥,包括河湖淤泥,农药使用量很少,主要是使用 DDT、六六粉。70 年代开始使用化肥,农药的使用量和品种也开始增。80、90 年代化肥农药大量增加,如无锡市环境监测中心站在 1996 年 1 月至 1998 年 8 月对水稻田和麦田的农田径流多次监测的加权平均值为:TP 0.14mg/L,范围在 0.32 ~ 0.01mg/L;TN 21.01mg/L,范围在 80.5 ~ 0.38mg/L;说明 80、90 年代化肥农药大量增加,农田径流中 TP、TN 的含量也大幅度增加,特别是氮肥大量施用,造成 TN 浓度的增加最多,对水体污染的贡献很大。90 年代末到 21 世纪初开始控制化肥农药使用量,并且选用易吸收、残余污染物少的农药品种,并选用适当的使用方法和使用量,减少化肥农药的污染。无锡市 2005 年化肥用量:氮肥(折算成纯 N)5.29 万 t,磷肥(折算成纯 P)0.466 万 t,复合肥 3.452 万 t。

2. 畜禽养殖业污染

(1)养殖量增加　牧业产值从 1949 年的 1.17 亿元增加到 2005 年的 11.4 亿元(1990 年不变价计算),增加 8.7 倍,相应的污染物产生量也大幅度增加。20 世纪 50 年代主要养殖猪,其次是牛、羊、家禽,而且均是农家自然分散养殖,其排泄物都用作农田肥料。90 年代开始大力发展集中式规模养殖,2005 年具有一定规模的养殖场共有 3200 个。

(2)排污量增加　用水量增加,排污量也相应增加。主要是养牛、猪、鸡的规模养殖场棚圈冲洗、卫生用水的用水量增加。如每头牛每天需用水 50L/d。50 年代主要是分散、自然养殖为主,排泄物绝大部分不进入水体,而收集用作农家肥;而 90 年代规模养殖场大多采用水冲法清除污染,大量污染物进入水体。

3. 水产养殖业污染

太湖地区渔业在 20 世纪 80 年代以前,太湖主要为自然捕捞和放流增养,素有渔米之乡的赞誉,鱼池是人工养殖。太湖随着天然捕捞量下降和人民生活提高的需求,经 1982 年试验围网养殖成功,太湖人工养殖业兴起和发展,主要为围网养殖,围栏养殖及沿湖围垦区的池塘养殖,养殖湖区集中分布在五里湖、竺山湖、梅梁湖、贡湖,尤以东太湖养殖面积超常发展,此外西太湖及水域也有分布。进入 90 年代,由于围网养鱼的效益逐年下降,湖蟹养殖技术过关,养蟹利润远好于养鱼,在市场需求和经济利润驱动下,湖蟹养殖迅速发展。环湖围垦区及人工鱼池也转向河蟹养殖,且供不应求。据中科院南京地理湖泊所调查分析,太湖渔业从 1991 年至 2000 年的 10 年间,鱼产量提高 100.83%,其中自然捕捞总量增加 90.53%,人工养殖中网围养鱼面积减少 47.5%,产量增加 75.5%,网围养蟹面积增加 119.1 倍,产量提高 297.6 倍。

(1)水产养殖的产值增加　无锡地区水产养殖的产值从 1949 年的 0.22 亿元,增加到 2005 年的 8.78 亿元增加了 39 倍,水产养殖的污染相应增加。

(2)水产养殖面积和产量增加　无锡地区 20 世纪 50 年代,人工鱼塘养殖估计 50 ~ 80km²,养殖面积较少,单位面积产量和总产量也较低。2005 年无锡市水产养殖面积(不含自然养殖面积)达到 244.7km²,其中围网养殖 39.44 km²,池塘养殖 205.26km²。80、90 年代水产养殖快速发展,水产品的产量也从 50 年代的 2~3 万 t/a 增加到 2005 年的 12.1 万 t/a,其中人工养殖产量,占到总产量的 91%。

（3）水产养殖的污染负荷增加　　50 年代水产养殖主要是太湖大水面自然养殖和部分鱼池人工养殖,放的饵料主要是青草（水草）、麸皮之类,且投放饵料量较少。进入 80 年代,追求提高单产和缩短水产品养殖周期,投饵量和品种增加,饵料的剩余物增加,水中的 TP、TN 和污染物浓度增加,污染负荷也增加。而且 50、60 年代冬天鱼池干池时的淤泥用作种植农业的底肥,80、90 年代大多数鱼池底的淤泥排入河湖水体中。几十年来水产养殖发展迅速,水产养殖的污染负荷随之增加,使水体污染逐年加重。

（四）航行污染变化

1. 船舶数量增加

20 世纪 50 年代的动力船舶数量较少,绝大部分是无动力的小船,如全市有 3~4 万余条罱泥船,农村每个小的生产队（当时的基层生产单位）有 2~3 条,大的生产队有 3~5 条,人工荡桨摇橹,污染负荷很小,以石油作为动力的船舶很少,后随着经济的发展,航行业发展迅速,且都是以石油作为动力的船舶。近 10 年无锡本地船舶总量有所下降,但总吨位相仿,如 1995 年有 7291 条（35.19 万 t 位）,2005 年有船舶 2622 条（34.88 万 t 位）。外埠经无锡的船舶大量增加,江南运河无锡段的船舶流量大量增加。

2. 船舶污染增加

燃油动力船舶的石油污染很大,且还有船家生活污染。特别是 90 年代的挂机船大量增加,产生的油污很大,现在正在改挂机船为座机船,减少污染。

（五）其他非点源污染物的变化

1. 机动车等非点源污染

无锡市 50 年代只有数百辆机动车,到 2005 年共有 97.34 万辆机动车,其中汽车 29.03万辆,摩托车 67.94 万辆,另还有 2.9 万辆拖拉机、推土机、农用车等农业动力机械。目前汽车数量大量增加,车辆油污泄漏,尾气排放,车辆和路面摩擦产生的污染物大量增加,随降雨形成的地面径流一起进入水体。

2. 燃料使用大量增加

解放时年用煤只有数万 t、燃油数千 t,而到 2005 年已消耗煤炭 2304 万 t/a,原油45.6 万 t/a,燃油 55 万 t/a,这些燃料的使用给空气造成很大污染,大多随降雨形成的地面径流一起进入水体。进入 21 世纪,大力控制燃煤燃油锅炉的污染,锅炉都经过改造,大量减少了烟尘排放量,并对烟尘进行资源化利用。

3. 不透水地面增加

随着经济社会的发展,广场、道路、屋面等不透水面层大幅度增加。1949~2005 年共竣工完成房屋 8866 万 m²;城市硬质不透水道路,根据无锡统计年鉴,从 1957 年的长度 3km（面积 4 万 m²）增加到 2005 年的 4324km（面积 4717 万 m²）,另外还有城乡间数量众多的硬质不透水道路;城市市区建成区面积从 1949 年的 11km²,增加到 2005 年的 193km²。不透水地面表面的污染物随雨水形成的地面径流一起进入水体,特别是城镇不透水地面的污染物量增加幅度较大。

4. 降雨降尘污染增加

这里的降雨降尘污染系指直接进入水体的。自20世纪50年代至20世纪末,降雨降尘污染强度呈缓慢而持续增加的趋势,原因是大气污染增加、酸雨等。50年代一年中天空晴朗的天数很多,降雨降尘污染强度较小;80、90年代大气污染程度大幅度增加,流域年降雨降尘污染也大幅度增加。主要原因是燃煤燃油锅炉烟尘的大量增加,汽车、摩托车尾气的大量增加,钢铁企业、水泥企业和焦化企业的粉尘大量增加;进入21世纪,燃煤燃油锅炉和摩托车的污染得到控制,钢铁企业、水泥企业和焦化企业的粉尘污染逐步得到控制。

(六)河湖底泥的二次污染

河湖底泥的淤积大量增加和污染的大幅度加重,底泥的二次污染也增加。20世纪50年代河湖有淤积,但淤积量较小,且主要是自然淤积,包括降雨尘埃、护岸冲刷、水土流失造成的淤积,淤积中的主要污染物是土壤中和降雨降尘中的有机物和N、P,少或很少有重金属和其他有毒有害物质。20世纪50~70年代河湖底泥大多都用作农田基肥,有数万条罱泥船把河湖底泥罱走,所以河湖底泥年年生成,但年年在清淤。80~90年代,化肥大量使用和生活水平的提高,农业耕作方法的改变,乡镇企业吸纳大量农村劳动力,无人再从事罱河湖淤泥的工作,且河湖淤泥的淤积速度也较以前加快和污染加重。由于水污染加重,底泥中重金属和其他有毒有害物质有所增加,TP、TN和有机物的含量有所增加。湖泊中由于藻类泛滥和入湖河水中污染物含量高,藻类残体和入湖污染物的沉淀使湖泊淤积速度增快,梅梁湖北部等局部区域一年就积3~5cm。城市河道中淤积速度更快,一般每年淤积10~30cm,而且淤泥中污染物含量增加,淤泥的污染释放率增大,内源污染负荷增加。1998年无锡市开始的第一轮全面清淤后,河道和部分湖泊的淤积量减少,淤泥的二次污染趋势有所减小。

(七)水生态系统遭到破坏

20世纪50年代的太湖,包括各个湖湾,以及各条大小河流中都生长水生植物,游鱼可数,水体自净能力强。

以后由于水污染的加重和人为的不合理干预,水生植物的面积大量减少,太湖中围湖造田(鱼池),太湖大堤的建设使太湖(无锡部分)的生长良好的水生植物区从200km²减少到不足20km²,加上80年代为满足当时大量养鱼的需要,大量割水草和用机械吸取底栖动物,使沉水植物(水草)的生长受到较大影响和使底栖动物大量减少;80、90年代水污染的日益严重,使五里湖、梅梁湖、竺山湖的水草和底栖动物遭到灭顶之灾,锡澄片大多数河道的水草几乎不见踪影,水污染相对较轻的河道还有些水草和芦苇、蒿草。在水污染严重的区域只能生长一些耐污染能力强的水葫芦和水花生等漂浮植物。水体中鱼类几乎绝迹。

(八)城镇污水厂的入水污染负荷增加

城镇污水厂的建设,使进入污水厂的生活、工业点源的污染负荷削减了50%~80%,但城镇污水处理厂达标排放的尾水对河道水功能区的水质目标而言仍是污水。

无锡自20世纪90年代初建设第一座芦村污水厂以来,至2005年共建设35座城镇污水厂,投入运行的日处理污水总能力 80 万 m³。随着污水厂越建越多,尾水排放量也随之增加,入水污染负荷也相应增加。2020 年无锡市的规划污水处理能力将达到每日 243 万 m³/d,城镇污水厂排放的尾水是河湖主要的污染负荷之一。进入 21 世纪后,有关部门已注意到污水处理厂尾水入水污染负荷呈逐年增长的趋势,对尾水强化净化处理是减少区域入水总污染负荷和实施入水污染负荷总量控制的关键措施之一,所以,现在已经开始提高污水厂排放标准,准备全部达到一级 A,并且对污水处理厂尾水实行进一步深度处理。

(九)水面积日渐减少

20 世纪 40 年代末起,太湖内共围湖造田(鱼池)160km²,以及近年来填河搞市政工程和房产开发较多,水面积日益缩小。加上锡澄片入江河道在 90 年代已经全部建闸控制,太湖、中小湖泊、湖荡、河网与长江之间不再能够自然流动,锡澄片环境容量也日益减小。进入 21 世纪,开始全面整治河道,要求不减小水面积,并要有适当增加,同时大规模退鱼塘(田)还湖,扩大水面积。

二、污染负荷演变

(一)污染负荷计算依据和说明

1.入水污染负荷计算依据

历年的人口、国内生产总值、工业生产总值、土地和耕地面积等经济社会指标,近 10 余年的农作物种植面积、水产养殖面积、禽畜养殖数量等指标来源于无锡市统计局的统计年鉴,其中部分资料根据调查、分析、综合和估算得出,或根据历年的增长率计算得出。

污染负荷以指标 COD 计算。20 世纪 80 年代末,人口、畜禽的单位污染负荷资料来源于黄漪平主编的《太湖水环境及其污染控制》[2]。20 世纪 50~80 年代末的畜禽为分散养殖,禽畜养殖的入水污染负荷很少,90 年代开始,规模养殖数量大量增加,所以畜禽的入水污染负荷比例有较大幅度增加,水污染负荷以 20%~60% 计。

(1)人口的入水污染单位负荷　20 世纪 80 年代末,入水污染单位负荷 COD,采用城镇人口为每年每人 27.74kg,农村人口为每年每人 5.69kg。20 世纪 90 年代农村生活污染物产生系数见表 2-8,产生的污染物中,有相当部分进行了利用或无害化处置。

(2)化肥农药流失的污染负荷　农业使用化肥以促进作物生长,加快农业发展,尤其是太湖集约高产区或农村经济发达地区。全国、江苏省大量施用化肥始于 20 世纪 70 年代初期,随后化肥施用量逐年上升。在太湖流域管理局水资源保护办公室 1987 年 4 月编写的《望虞河工程环境影响报告书》中称该区域的化肥使用量为 1369kg/hm²。无锡化肥用量已远远超过国际的化肥合理使用标准 225kg/hm² 的安全上限,约为 4~6 倍。无锡粮食的高产量是以无机肥换来的,因化肥用量基础已很高,化肥对粮食继续增产的贡献越来越低。化肥在农业发展中有着不可替代的作用,但由于其施用量逐年增加,化肥利用率下降,大量流失,环境污染越来越重。氮肥的利用率为 30%~35%,氮肥的地下渗漏率为 10%,农田排水和暴雨径流损失为 15%;磷肥利用率为 10%~25%(表 2-9)。

表 2 - 8　农村生活污染物产生系数表

单　　位	人粪	人尿	人粪尿	生活垃圾	生活污水	TN	TP	COD
kg/（人·d）	0.25	2.00	2.25	0.70	60	0.011	0.002	0.06
t/（人·a）	0.091	0.730	0.821	0.255	22.0	0.004	0.0007	0.0219

表 2 - 9　农用化肥流失系数表

纯氮肥施用量	纯氮肥流失系数（%）			纯磷肥（P_2O_5）
（kg/hm²）	尿素	碳铵	其他氮肥	流失系数（%）
<400	22	29	27	4

　　太湖流域使用农药始于 20 世纪 50 年代初，最初用药水平低，后来用药量逐年上升。20 世纪末无锡每公顷耕地农药为 23.1kg，是全国平均的 3~5 倍，有相当数量的农药流失。

　　（3）畜禽养殖的单位污染负荷　20 世纪 80 年代末，禽畜污染负荷 COD 产生量为：牛每年每头 76kg，猪每年每头 9.8kg，羊每年每头 4.4kg，兔（禽类）每年每只（羽）0.94kg。一个万头猪场的年产粪便量约为 3900t，年产尿量约 5400~8700t。此外，还需要耗费约 4~10 万 t 猪舍冲洗水。畜禽粪尿排泄物及污水中含有大量的有机物、氮、磷、悬浮物及致病菌，是农业面源污染最主要的来源之一（表 2 - 10、表 2 - 11、表 2 - 12）。畜禽养殖的污染负荷入水系数，采用牛、猪为 50%~70%，羊、兔等和家禽为 5%~20%，其中规模养殖场的污染负荷入水系数大一些，自然、分散养殖的小一些。

　　（4）水产养殖的入水污染单位负荷　水产养殖的入水污染单位负荷有 3 类计算方法，一是根据人工投入的饵料的流失率计算（表 2 - 13），二是根据单位养殖面积的水产品产量和单位水产品产量产生的污染负荷计算（表 2 - 14），三是根据单位养殖面积的换水量和换出肥水（即鱼池排出的污水）浓度计算（表 2 - 15）。

表 2 - 10　畜禽养殖排污表　　　　　　　　单位：〔kg /（a·头、只、羽）〕

畜禽种类	粪产生量	尿产生量	污水产生量
猪	390	870	4000
肉牛	5400	1400	8000
奶牛	9000	2100	12000
蛋鸡	45	—	360
肉鸡	30	—	90
鸭	45	—	360
鹅	90	—	450
羊	450	225	—
兔	45	25	—
鹌鹑	7.5	—	30
鸽	15	—	60

表 2-11 畜禽粪尿污染物平均含量表   单位：〔kg／t（鲜粪尿）〕

畜禽粪尿类别		COD	BOD₅	NH₃-N	TP	TN
牛	粪	31.0	24.53	1.71	1.18	4.37
	尿	6.0	4.0	3.47	0.40	8.0
猪	粪	52.0	37.03	3.08	3.41	5.88
	尿	9.0	5.0	1.43	0.52	3.3
羊、兔	粪	4.63	4.10	0.80	2.60	7.5
	尿	4.63	4.10	0.80	1.96	14.0
鸡、鹌鹑、鸽粪尿		45.0	47.87	4.78	5.37	9.84
鸭、鹅粪尿		46.0	30.0	0.80	6.20	11.0

表 2-12 主要畜禽养殖场污染调查统计表（产生量）

类别	饲养量（万头、只）	污水量（t/a）	粪量（t/a）	尿量（t/a）	COD（t/a）	NH₃-N（t/a）	TN（t/a）	TP（t/a）
牛	1.85	185000	133200	32375	4323	340	841	170
猪	23.18	927200	90402	201666	6516	567	1197	412
羊	1.52	6840	3420		48	8	99	24
家禽	697.82	1570095	261683		11776	1251	2575	1405
合计		2682295	492125	237461	22663	2166	4712	3012

表 2-13 水产养殖污染物流失系数表

污染物名称	精饵料	鲜活饵料	药物
流失率（%）	23	30	25

表 2-14 2004 年无锡地区水产养殖污染物量

养殖品种	单位产量的水体污染物贡献量（g/kg）	
	N	P
鱼	102.73	12.48
蟹	171.39	38.08

表 2-15 无锡地区鱼池水体 N、P 浓度（mg/L）

项目	N	P
1990 年高产鱼池养鱼	8.1	0.6
2008 年 7~11 月贡湖边试验鱼池养鱼	1.89	0.664

（5）航行的单位污染负荷　具体见表 2 – 16。航行的单位负荷以平均每艘船 4 个城市人口的生活污水负荷,加上生活垃圾和其他污染负荷计算。

表 2 – 16　航行污染单位负荷表　　　　　单位:(kg/a)

项　　目	COD	TN	TP
人体排污量	15.33	2.995	0.455
生活洗涤产生污染物量	6.57	0.655	0.165

（6）地面径流和降雨产生的单位污染负荷　本资料主要来源于黄漪平主编的《太湖水环境污染及其控制》,20 世纪 80 年代末,每年每 km^2 农田产生污染负荷 COD 7.81t;降雨产生污染负荷为 7.06mg/L。其他地面资料根据调查、分析综合、估算得出,如林地、果园、蔬菜地取农田的 50% ~60% ,城市建成区、不透水地面取农田的 150% ~200% ,山林取农田的 20% ~30% 。根据《太湖水污染防治“九五”计划及 2010 年规划》太湖降雨产生污染负荷为 10 t/(km^2 · a)[3] 。

地面径流单位污染负荷根据相关代表区域的有关资料进行综合,然后确定暴雨的污染负荷。随着城市化,雨水径流将是城市水体的主要面源之一。无锡地处低洼的水网地区,暴雨期间区内河道成为纳洪和纳污水体,通过泄洪泵将大量污染物带入防洪圈或圩区外水体形成污染。因此随着环境保护的深化,雨水的控制和利用日益成为城市建设中应重视和加以解决的重要问题。估算暴雨径流污染物可参照表 2 – 17。污染负荷从大到小依次为建筑工地、闹市区、工业区、低密度住宅区、公园和旅游地区。

表 2 – 17　太湖地区雨水径流污染物表　　　　　单位:(mg/L)

区　　域	TN	TP
农村居民点	7.26 ±4.43	2.21 ±0.9
交通干道、商业区	4.10 ±2.15	
城镇居民点	3.84 ±2.13	0.97 ±0.69

注:无锡市环境保护学会《江南运河无锡段水环境综合整治规划》。

无锡地区的暴雨系日降雨大于 50mm/d 的天气过程。暴雨径流污染主要是短历时大暴雨的冲积负荷。暴雨径流污染物可分初期暴雨污染和后期暴雨污染:初期暴雨污染是从降雨开始,形成径流后到达河道或雨水管道及以后一段时间内的污染,这是暴雨污染最严重的时间段,这时间段根据雨量的大小、强度确定,一般认为 20 ~30min;后期暴雨污染即是初期暴雨以后的污染,此时间段的污染认为是不重的。可以根据各规划分区建设用地的土地利用面积比例求出综合径流系数,以估算城市化对暴雨径流污染的影响。无锡的历年暴雨量。统计了 1970 ~2004 年中间 34 年,共发生暴雨次数 94 次,平均每年 2.76 次。发生暴雨次数最多的为 1990、2001 年,均为 6 次,最少的为 1972 年,没有发生。屋面雨水污染物浓度及比例见表 2 – 18,土地开发建设后径流产生的各污染物量见表 2 – 19,宜兴大浦 2005 年 7 ~11 月间共 9 次的实际降雨量资料,圩区降雨径流产生污染物见表 2 - 20,1991 年典型降雨年份径流污染负荷估算如表 2 - 21。

（7）淤泥的 COD 释放率　根据中科院南京地理与湖泊研究所范成新教授的研究,五里湖清淤前为 99mg/(m^2·d),梅梁湖为 35mg/(m^2·d)。河道和其他湖泊或湖荡根据有关情况分析研究确定。

（8）工业污染负荷　近期根据统计资料,以前的根据工业 GDP 和有关资料估算。

表 2 - 18　屋面雨水污染物浓度及比例表

类　别	COD(mg/L)	BOD$_5$(mg/L)	BOD$_5$/COD
1	1723	230	0.13
2	410	28	0.1
3	104	12	0.12

注:无锡市环境保护学会《江南运河无锡段水环境综合整治规划》。

表 2 - 19　无锡市区土地开发规划前后年径流污染产生和变化量估算表
（按一年一遇一小时暴雨量）　　　　　单位:(m^3、t)

指　标		水　量	COD	BOD	TN	TP	SS	油　类
径流	现状	10216470	3064.94	561.91	66.41	3.58	5847.47	178.79
	规划	11522735	3456.82	633.75	74.90	4.03	6625.57	201.65
	变化量	1306265	391.88	71.84	8.49	0.45	778.10	22.86

表 2 - 20　2005 年 7 ~ 11 月宜兴大浦农田工程运行期径流污染负荷估算表

降雨量（mm）	径流量（m^3）	污染物分类					
		TN		TP		SS	
		污染物（kg）	平均浓度（mg·L^{-1}）	污染物（kg）	平均浓度（mg·L^{-1}）	污染物（kg）	平均浓度（mg·L^{-1}）
349	112288	1842.53	16.41	114.53	1.02	119747	1066

表 2 - 21　1991 年典型降雨年份径流污染浓度表

典型年	降雨量（mm）	污染物分类		
		TN 平均浓度（mg·L^{-1}）	TP 平均浓度（mg·L^{-1}）	SS 平均浓度（mg·L^{-1}）
1991(80%)	1551	13.28	1.06	753

2. 外源污染物的产排入量

（1）产生量　各类点源和非点源产生污染物的数量。

(2) 排放量　各工厂(机关单位、农场、园区或个体经营者)以及居民区产生的各类污染物排出其管理(使用)范围或控制范围之外的数量。其中点源一般指排出其管理范围的数量,其排放去向主要包括进入污水收集管网和直接进入水体;其次为进入地下或随水蒸发而消失。面源一般指直接排入水体的量。

(3) 入水量　各类污染物排放后直接进入水体的数量(不含进入污水处理厂、简易污水处理设施、处理污水的湿地等的数量)。

3. 废水和污水

(1) 废水　文中废水系指水经使用后,其弃水在排放时,水中污染物的浓度没有增加或基本没有增加的称为废水。如电厂的冷却水及与此类似的工业用水。

(2) 污水　文中污水系指水经使用后,其弃水在排放时,水中污染物浓度有所增加或较大增加的称为污水。废水以外的弃水均认为是污水。

(3) 废水和污水没有绝对的界限　从广义上讲污水也是废水,有时把这两者习惯统称为废水或废污水。但本文为便于工业污染物入水污染负荷的计算,把两者分开统计。如2005 年无锡工业排放污水量 4 亿 m^3,而火电厂等排放废水量达到 13.5 亿 m^3。若两者混在一起计算,污水、废水中污染物浓度的差异就很大。

4. 污水排放量和入水体量

(1) 污水排放量　各个用水企业、单位和家庭等用水单元,对水进行使用后,扣除耗损水量后排放出去的污水量,计为污水排放量。其中工业用水量的耗损,主要是部分水量进入产品之中,或由于渗漏进入地下或蒸发;生活用水的耗损主要是进入人体、直接蒸发或渗入地下;进入人体的水量,部分成为排泄物排出。工业(不含火电厂)的水量耗损系数一般取0.2,或根据具体情况确定。目前,建有城镇污水厂的区域,生活污水排出后相当部分或大部分先进入污水收集管网,进污水厂处理后再排入水体;工业污水的一部分或相当部分也进入污水厂集中处理。

(2) 污水排入水体量　污水排放后进入河道、湖泊水体的数量。一般是污水排放总量减去进入污水厂、简易污水处理设施、处理污水的湿地和前置库等的数量。而污水厂、简易污水处理设施等排入河道、湖泊水体的数量则另行计算。

(二)污染负荷构成的变化

污染负荷计算是很复杂而困难的,但计算以往污染负荷的主要目的是为了搞清楚太湖流域无锡部分入水污染负荷变化情况和发展趋势,说明污染负荷变化与水污染发展、变化的趋势关系,以对无锡以及太湖流域的水污染防治和水资源保护的目标的制定和采取相关措施有所参考或借鉴。以下是以 COD 为代表的入水污染负荷的定性或定量分析。

(1) 20 世纪 50 年代初　估计入水年污染负荷 COD 不到 2 万 t。其中,农业污染负荷(包括种植业、水产养殖业和禽畜养殖业,下同)最大;其次为生活污染负荷,产生量很大,但大多用作肥料,所以入水污染负荷也不大;再次为其他地面径流、淤泥二次释放;工业、航运的污染负荷很小。

(2) 20 世纪 70 年代末　估计入水污染负荷 COD 为 6 万 t 左右。该段时间系文化革命结束、开始改革开放初期,经济发展开始增速,社会产生较大变革。污染负荷中,生活最多,工业也较多,生活和工业两者合计已占总污染负荷的大部分,其原因是生活污染物已经有相当部分不用作肥料,而成为废弃物或污水,工业特别是乡镇工业开始发展;其次为农业污染负荷;其他地面径流、航运也占一定比重;淤泥二次释放开始增多。

(3) 1990年　估计入水污染负荷COD已经超过13万t。其中,生活和工业源(含污水厂,下同)仍占第一位,占总污染负荷的大部分,其原因是生活污水已基本不用作肥料,而成为废弃的入河污水,工业开始大规模发展,特别是乡镇企业发展迅速,城镇污水厂刚刚开始建设;其次为农业,污染负荷较多;淤泥二次释放增加比较多;其他地面径流、航运也占一定比重。

(4) 2000年　为20世纪和21世纪的交替年份,估算入水污染负荷COD超过20万t。2000年前后是入水污染负荷最大的一个阶段。其中,工业和生活两者合计仍占第一位,占总污染负荷的大部分,并且工业负荷超过了生活,其原因是生活污水部分进入污水厂处理,部分排入河水体;工业仍大规模高速发展,污水排放量有较大幅度增加,其中城镇污水厂开始扩大建设规模,其污染负荷开始增加;农业污染占总负荷比重减小,但总量仍较大;淤泥二次释放继续增多;其他地面径流、航运也占一定比重,因城市化速度加快,其他地面径流的污染负荷增加较快。工业、生活 TP 年排放量0.19万t,NH_3-N0.96万t。

(5) 2005年　计算入水污染负荷COD为19.1万t,主要为工业、生活,其次为种植业、淤泥二次释放、污水厂、其他地面径流、降雨降尘、水产养殖业、禽畜养殖业、航运。2005年的入水污染负荷已经从2000年前后的最高峰下降,其原因主要是加大了治理水污染的力度,特别是建设了日污水处理能力80万 m^3 的35座污水厂,使入水污染负荷总量有所下降。其中,工业和生活合计仍占第一位,污染负荷合计为12.65万t,占总污染负荷的66%。其中城镇污水厂开始大规模建设,在大量削减生活、工业污染负荷的同时,其尾水排放的负荷增加较快,占总污染负荷的份额已上升至5.6%;农业污染负荷仍居第二位,占总污染负荷比重近20%;淤泥二次释放、其他地面径流、航运也占一定比重,因城市化速度加快,城市其他地面径流的污染负荷增加较快。

(三)入水污染负荷演变

根据对无锡市50多年来入水污染负荷COD的定性或定量分析,其演变过程大致如下:

(1) 2000年前入水污染负荷总体趋势是逐渐增大　从20世纪50年代初的入水污染负荷COD不到2万t增加到2000年的超过20万t,50年间增长10倍左右。其中1950～1970年入水污染负荷增长速度很慢,1971～1978年负荷增速开始增加,1979～1989年增速加快,1990～2000年以稍后一段时间增长最快。

(2) 2000年后入水污染负荷开始下降　2000年前后为入水污染负荷高峰期,2000年后,无锡市政府开始全力控制污染,所以全市入水污染负荷开始下降,从2000年的超过20万t下降到2005年的19.1万t。根据河湖水质判断,2003年以后河湖水质较20世纪90年代至2000年前后的污染严重时期有一定程度或比较大的改善,如江南运河、古运河和五里湖等水域,说明入水污染负荷有所下降。估计入水污染负荷开始下降的拐点在2003年左右。

(3) 生活、工业污染逐渐加重　1950年至2005年生活和工业入水污染负荷一直呈增加趋势。究其原因,生活污染(主要是人粪尿,其次为生活垃圾)从20世纪50年代的肥料资源逐渐转变为废弃污水排入水体或作为废弃物抛弃,且人口逐渐增加,单位人口产生的污染物逐步增加,所以生活入水污染负荷总量也逐渐增加;工业污染,从当初的企业少和污染物少逐渐发展到企业众多和排放大量污染物;建设了很多污水厂,可以大量处理生活和工业污水,但到目前为止,污水处理能力还达不到要求,污水收集管网还不配套,污水处理的发展速度还未赶上污水处理事业的需要,且污水处理的标准还偏低。所以工业(含污水厂)污染负荷相应呈持续增加趋势。

(4)农业污染逐渐从主要负荷转变为主要负荷之一   1950 年农业污染入水负荷占到总量的大部分,2005 年其占总量的比重有较大幅度减小,但其总量还较大。究其原因,主要是由于种植业(包括水稻、麦子、蔬菜、果园和经济作物、林业等)的面积总体上呈逐年减少趋势,加上节水和合理施肥、农药等,减少了农业污染;同时,农业在整个国民经济中的比重越来越小,所以其污染在全部污染中的比重也较小,但仍是主要污染负荷之一。

(5)淤泥污染释放量增加   1950 年淤泥释放入水污染负荷极小,到 2005 年有较大幅度增加。其原因,主要是由于淤泥从 20 世纪 50 年代的肥料资源逐渐转变为现在的废弃物,同时河湖底泥淤积的速度加快和污染程度加重。特别是湖泊淤泥释放产生的污染负荷占湖泊全部污染负荷总量比例的幅度比较大,若以后入湖外源得到逐步控制,淤泥释放的负荷占污染负荷总量的比例相对增加。

(6)其他地面径流污染有所增加   1950 年其他地面径流入水污染负荷很小,到 2005 年有一定程度增加。主要原因是城镇、交通和不透水地面的面积在 54 年间大幅度增加,且城镇地面的单位污染负荷也大幅度增加。

(7)城镇污水厂的入水污染负荷逐步增大   20 世纪 80 年代及以前没有城镇污水厂,1992 年建成无锡第一家芦村污水处理厂,且规模逐渐增大,虽在不断提高城镇污水厂的排放标准,但污水厂还是要排入水体大量污染物。1990 年其入水污染负荷占到总量的 2%,到 2005 年占 6%。今后随着污水厂的增多,其入水污染负荷占总量比例将越来越大。2010 年,估计污水厂产生的入水污染负荷 COD 占该水平年总量的 16%。2020 年,污水厂产生的入水污染负荷更大(以一级 A 的排放标准和没有实行再生水回用计算),估计将达到 3.2 万 t,占该水平年各类入水污染负荷总量的 29.8%,将成为入水污染负荷的第一位,而占到 2020 年(平水年,水功能区达标率 100% 时)允许纳污能力 7.05 万 t 的 45.5%。

(8)污染入水负荷今后总体将呈缓慢减少趋势   从以上对 COD 的定性或定量分析可以看出,自 20 世纪 50 年代至 2003 年,污染入水负荷呈持续增加趋势,其中以 20 世纪 80 年代末至 2000 年为增速幅度最大的时期。随着人类环境保护意识的加强,政府对水污染防治的重视,采取了各类有力的水资源保护和水污染防治措施,控制各类外源和削减各类内源,以及采用调水和水生态修复等措施增加环境容量,使污染入水负荷(或水体污染物浓度)增加的速度得到控制,并使入水负荷逐步减少,以后入水负荷减少的趋势将会持续下去,使水污染程度逐步减轻,水生态系统得到逐步改善,且逐步进入良性循环,但水生态系统进入良性循环需一个较长过程。根据上述分析和初步估计,再经 20 年左右的努力,无锡的污染入水负荷减少并恢复到 20 世纪 70 年代末期的水平是可能的。如 2020 年估计 COD 可以削减到 10.78 万 t,加上生态调水和生态修复净化水体和增加环境容量,可大幅度改善水环境,估计到 2030 年完全可降到 20 世纪 70 年代末污染负荷 COD 的水平。

第三节　河湖和湿地水生态系统退化

一、河湖水生态系统退化

(一)区域水生态系统的基本特点

1. 区域是生态环境协调的复合生态系统

本区自然地理条件好,气候适宜,四季分明;降雨充沛,雨热同季;人口密集,人口密度1300人/km²,城镇化程度高,常住人口城镇化率67%;土地肥沃,农业生产基本条件好,为稳产高产地区;河流湖荡密布,呈江南水乡景观;水陆交通便捷,历史文化底蕴沉淀深厚。地区经济发达,GDP和人均国内生产总值名列全国前茅,是经济和投资增长最具活力的地区,资源和自然环境的地理结构相对合理优越。由自然、经济、社会三大子系统组成的开放的复合生态系统,表现为:大系统结构有序复杂,能流量大而活跃,系统自组织力强,自我更殖繁衍能力好,物质循环复杂多变,动力学过程稳健,活力强。自古以来,即为鱼米之乡,经济发展富庶之地。

2. 区域河湖水文系统呈江南平原河湖特征

(1)平原低洼河湖水文系统　平原低洼河湖水文系统是区域水生态系统的重要结构和功能组成,水文过程与地形、气候、植被土地系统和人文经济活动密切相关,水文系统在很大程度上决定并制约区域水生态系统和环境的质量及动态变化。人为经济活动条件下水文过程对区域生态系统影响在现今是巨大的。本区河道水系如网,地势低洼,水流不畅,流向不定无序,水文动力条件差,河湖关系复杂,骨干河道缺乏控制,受水工程及人为不适当开发,河道的引、排不畅,清污不分,功能性损伤严重。如大量圩区建设,城区规划建设对下垫面改变和河道侵占,水工程建设等。自然条件和人为经济活动对水文现象改变导致了对区域生态系统的影响,而区域生态系统现象改变反过来也引起水文过程和现象的响应性变化。人类经济活动向水体中排放污水,其污染特征及污染物迁移运动受水文过程制约,从而对区域水生态系统产生影响。在水资源保护和水污染控制与治理中,不仅要研究污染源及其对生态系统的影响,而且还结合水文特征的把握,才能提出治本的关键性技术方案和措施。区域水文系统特征与过程分析和研究是十分重要的基础。

(2)密集河网和湖荡众多　本区江河湖荡水域面积占总面积的26.7%,属江南平原低洼河网区。河网中小河道密布,水流滞缓,流向不定。河道大部受到污染、水质不达标。太湖等湖泊和湖荡面积大部处于中富或富营养程度,湖湾除贡湖湾外已呈重富营养。河网及期间湖荡是区域生态系统中水生态子系统的基础,在其功能、生态位和作用不一。需从区域河网生态系统的总体来分析河网,湖泊、湖荡的水文、水动力、水化学、水生态、水环境特点和变化规律,正确划定水功能区;依据自然生态规律和经济社会发展需求,合理配置功能结构;构筑区域河湖总体控制性框架结构,适度开发利用,建立稳态的可持续的区域水生态系统。

3. 区域人口密度大经济增长有活力

50多年来,特别是1978年改革开放以来,无锡市经济社会快速发展,社会稳定。地区生产总值在全国大中城市排名前列,地区生产总值年增长率平均 11%,城乡居民收入稳步提高。依据无锡市社会经济发展规划要求,富民强市,建成全国重要的生态经济中心,先进制造业基地,区域性交通枢纽,著名旅游胜地,江南水乡历史文化与现代生态文明结合的生态宜居城市。经济社会发展对水生态系统增加了压力,也提高了改善水生态环境的驱动力,依据国际通行的经济与环境关系控制值,无锡市已达到改善生态环境,建设经济繁荣、生活富裕、环境优美、社会文明的现代化城市的要求和具有相应的经济实力。

4. 区域水环境恶化和水生态破坏类型的多样性

(1) 水安全隐患的水生态问题 无锡以往的城市防洪标准一直偏低,仅 20～50 年一遇,防洪体系过多地依赖流域和区域性的水利环境,小圩区或控制圈(包围圈)小而分散,防洪岸线长,少数低洼区防汛墙顶部高出地面 2m 左右,仅能防御 20 年一遇的洪水。每年主汛期,上有客水压境,下有高水位顶托,虽有望虞河、锡澄运河两条排水通道,但远不足以迅速下泄无锡城乡的大量积水。由于经济的快速发展,无锡单位面积承载的资产和产生的经济总量越来越大,每次水灾所造成的经济损失也越来越大,仅 1991 年和 1999 年两次大水就使全市经济损失上百亿元。水安全的隐患影响了生产秩序、生活秩序,水体污染及水利设施的遭损,又使本不太好的水生态环境更是雪上加霜。

(2) 地表水污染的水生态问题 2005 年无锡监测的 52 个河道断面,综合评价,符合 Ⅰ类、Ⅱ类水标准的已不存在,而劣 Ⅴ 类的有 42 个断面,占 80.8%,主要超标因子为氨氮,平原主要河道氨氮一般在 2～9mg/L。河道水质差,河底淤积严重和受污染严重,水体流速缓慢,自净能力大大削弱,水环境承载能力不断下降。太湖及其湖湾梅梁湖、五里湖等水质劣于Ⅴ类,均处于富营养状态,几乎年年夏天发生藻类大爆发。梅梁湖先后于 1990、1994、1995、1998 年等 6 次突发藻类大爆发的"水华"事件。由于水污染,使梅园自来水厂和五里湖的中桥自来水厂取水口因水质太差而关闭。梅梁湖的每次突发性水污染事件造成了直接和间接经济损失,其中 1998 年的突发性水污染事件直接和间接的经济损失达 68 亿元。河道严重的黑臭大大降低了市民的生活质量,也严重影响了旅游环境、投资环境和生态环境。

(3) 城市化产生的水生态问题 城市化的快速推进,使土地紧缺的矛盾越来越突出,与河湖争地,填湖造地,塞河修路,造成河湖萎缩,水面积率下降,水体流动不畅,环境容量减小,稀释能力变差,相当部分河道水生物遭到毁灭性破坏,大多数河道鱼虾绝迹,河道几乎已没有自净能力。由于污染沉积增多,加上水土流失,河道以年均 10～20cm 的速度淤积,削弱了蓄排洪水涝水的能力,又造成二次污染。

(4) 地下水超采的水生态问题 冶金、印染、化工等用水大户是区域农村工业的主要行业,由于未能做到优水优用,使用地下水的成本比自来水低得多,企业为追求高额利润,必然将水源瞄准地下水,过量开采地下水造成了无锡市锡澄片的地下水降落漏斗区面积达 500 多 km²,其中洛社、石塘湾一带承压水头急剧下降,埋深达到 85m,成为地下水降落漏斗中心。深层地下水超采引发地面沉降、地裂缝、房屋开裂、地面塌陷等一系列地质灾害,并导致防洪标准降低、桥墩梁净空减小,影响通航,破坏道路,加大了防洪压力,同时污染的河水下渗,污染浅层地下水。

(5) 湖泊水质恶化和水生态问题 太湖北部水环境恶化和水生态退化主要突出表现为水质逐年恶化,水体的富营养化,具体表征为高等维管束类植物群体的萎缩退化直至消亡,蓝藻发生发展直至爆发,造成环境污染和对供水安全的威胁。北部湖湾的五里湖 20 世纪

50年代水草丰美,大型高等水生植物覆盖全湖,80年代初起由于水污染,水生植物大量减少,至90年代沉水植物几乎绝迹;竺山湖90年代初水生植物覆盖全湖,水体清澈,为水产养殖之地,短短10年,现今竺山湖已是全太湖水质污染最重的湖区之一,水生植物大部消亡,盛夏蓝藻爆发。无锡地区所辖太湖北部生态退化的主要现象是水生物消亡和蓝藻爆发,并且蓝藻爆发时间呈提前趋势,爆发持续时期延长,爆发频次增多。

5. 人口压力和高强度经济发展显现区域生态脆弱性

区域经济社会50多年的高速蓬勃发展取得了超越国外百年历程的成就。随着人口的增加和人们生活水平提高,经济的高速发展,对自然生态、环境的压力不断加大。人类高强度的社会经济活动对环境的影响和作用日趋增强,导致现今社会发展、经济增长和自然环境、水生态的不协调问题。

人口压力和高强度经济资源负荷使区域环境、生态呈明显脆弱化和退化的过程。从水资源保护和水污染防治来看,由于水污染治理的滞后,水污染呈现结构性、复合性等特点,污染源类型众多,量大面广,随着县市区的村镇企业发展和城镇化,污染源呈集聚性又相对分散,治理、监管难度大,人类经济和生活中产生的N、P无序向水体和陆域排放,形成水体富营养化,水生态系统结构功能受损,其后果是水质污染和湖泊、湖荡富营养化,最终导致水质型缺水,制约并影响经济社会发展和人民生活质量提高。

（二）太湖水生态环境演化[2、62、63]

太湖水生态系统近20～30年,由于水质污染和N、P营养盐的富集,呈明显退化演变之中,主要表现为清水性种群减少,耐污种群增加,生物种群结构变化,生物个体小型化,大型维管束类植物衰退,经济利用价值变劣,生物多样性下降。主要指浮游生物、底栖生物及高等水生植物等优势种、种群结构和生物量的变化。

1. 浮游生物

以藻类为主的浮游生物,在太湖水生态系统中具有重要地位,含有叶绿素,可进行自给营养的光合作用,它与高等水生植物等共同组成湖泊中的初级生产者,又是湖体水生动物的食物源。近30多年来,太湖浮游生物的种群结构和数量,生物量发生巨大变化,总的趋势是清水性生物种减少,耐污性或污染指示种增加。自20世纪80年代以来,随着入湖污染的不断加重,湖水中N、P的含量增加,引起藻类的异常生长,导致蓝藻"水华"频发,特别是五里湖、梅梁湖,以及自20世纪90年代下半期竺山湖水质均迅速恶化,成为水质污染主要指示种蓝藻的高发湖区,其生物量占总浮游生物量的40%～98%,呈夏、秋季高发,并与水温、透明度和日照有良好的相关关系（表2-22）。蓝藻"水华"一般在微风晴好持续高温天气易于高发。

浮游生物季节分布特征:春季梅梁湖、竺山湖浮游生物总生物量较高,竺山湖可达5.18mg/L、贡湖生物量也较高为0.58～1.52mg/L。夏季梅梁湖、竺山湖较高,一般超过3.0mg/L,梅梁湖北部及湖心局部可达10.80mg/L,西部沿岸及湖心区生物量次之,数量为0.5～1.65mg/L。秋季太湖北部湖区、梅梁湖、竺山湖、太湖西部沿岸湖区浮游生物总量超过1.0mg/L,贡湖北部可达2.52mg/L。秋末冬初梅梁湖、竺山湖、太湖西部沿岸生物量为0.38～1.17mg/L,其中竺山湖生物量最高。北部湖湾区浮游生物量全年均处太湖中最高水平,尤其是北部湖湾梅梁湖、竺山湖是蓝藻"水华"最严重,水质最差的湖区。竺山湖自20

世纪 90 年代以来,水质迅速恶化,富营养程度急剧严重,生态环境明显恶化。

表 2 - 22　太湖北部湖区浮游植物生物量变化　　　　　　单位:(mg/L)

湖区	蓝藻		隐藻		硅藻		绿藻		裸藻		金藻		甲藻	
	87~88	02~03	87~88	02~03	87~88	02~03	87~88	02~03	87~88	02~03	87~88	02~03	87~88	02~03
梅梁湖	1.77	1.36	3.78	2.40	1.39	0.88	0.81	2.23	0.26			0.18	0.07	0.07
竺山湖	0.21	0.31	2.71	6.32	1.41	1.91	0.91	1.10	0.11			0.54	0	0.30
贡湖	3.82	0.49	1.40	0.43	0.83	0.33	0.79	0.72	0.13			0.22	0	0
西太湖	5.08	1.23	2.49	1.34	0.71	2.16	0.78	0.38	0.32			0.11	0.05	0.3

（1）五里湖浮游生物变化　五里湖是太湖西北部伸入无锡市西南近郊的湖湾。20 世纪 50~60 年代,水草茂盛,湖水清澈,水草以苲草、苦草、聚草为优势,原为饮用水和工农业用水水源地;随着湖中大规模围网养殖、过度捕捞,水生植被逐年退化,水质净化力下降;20 世纪 60 年代后期以来,人口增长及经济发展,入湖污染物的增加,水质变差,富营养化日益加重,水生植物也发生相应演化,固着藻类和清水藻类减少,甚至消失,20 世纪 70~80 年代随着入湖营养物质和污染物的增加,湖体已达富营养或重富营养程度,蓝藻"水华"频发,危及城市供水和人民生活,至 20 世纪 90 年代后期,五里湖进入异富营养趋势,藻类的优势种演化为尖尾蓝隐藻,卵形隐藻,舟形藻,直链藻等耐污力更强,个体更小的藻类,具体表现为平时肉眼看不清,但藻类的生物量和含量值很高。

（2）梅梁湖浮游生物变化　梅梁湖是无锡市主要饮用水和工农业用水的水源地,汇入无锡、常州来水的河流梁溪河、直湖港、武进港注入湖盆,20 世纪 50~70 年代初期,湖体水质良好,水质为Ⅲ类,是无锡市重要水源地。自 80 年代以来,随着经济社会发展和人口增加,生活水平提高,污染治理和城镇污水处理设施建设的相对滞后,来自上游常州、无锡及周围城镇的工业污水、生活污水和农业面源经梁溪河、直湖港、武进港流入梅梁湖湾,使湖体水质急剧变劣,短短 10 年已成为太湖中富营养程度最为严重的湖湾,以微囊藻为主的蓝藻"水华"已成为该湖区的生态灾害。90 年代一次藻类爆发时,当时监测藻类数最高达 13.2 亿个/L,生物量为 108.2mg/L,其中微囊藻、项圈藻占藻类总数的 98% 和生物量的 86%。进入 2000 年后,蓝藻"水华"发生区域扩大至全湖湾直至湖湾口的拖山一带。据中科院杨顶田、陈伟明等研究,五里湖和梅梁湖浮游生物主要种类变化比较（表 2 - 23）,五里湖优势种以小环藻、隐藻属的一些种类为主,梅梁湖主要以微囊藻为主。

表 2 - 23　五里湖与梅梁湖主要浮游生物优势种比较表

年代 湖区	20 世纪 50 年代五里湖 20 世纪 60 年代梅梁湖	20 世纪 80 年代	20 世纪 90 年代
五里湖	隐藻、小环藻、色球藻夏季较多	隐藻、小环藻、微囊藻、色球藻夏季较多	隐藻、小环藻、微囊藻、色球藻夏季较多
梅梁湖	夏季和秋初微囊藻、项圈藻为主	微囊藻、直链藻、隐藻	微囊藻、直链藻、隐藻

（3）竺山湖浮游生物变化　该湖位于太湖西北的湖湾,是西部来水的承纳湖区。直至20世纪80年代末至90年代初,该湖区水质基本良好,水草茂盛、水清澈见底,曾是太湖鱼类繁殖场和栖息地,有清水性藻类生活。近20多年来,由于入湖河流污染,过度网围养殖和不适当捕捞技术,河湖水质污染,且发展速率快。环太湖出入湖水及水质条件变化,常州、无锡沿湖区域入太湖水量已占总入湖量的60%～70%,COD_{Mn}、TP、TN的入湖负荷占入太湖总量的比例增高。计入太滆运河、殷村港等西岸河道入湖量,2003年分别为80.1%、80.8%、81.3%。入湖污染物的增加导致竺山湖生态环境功能变化和退化。目前该湖已是太湖西北部湖湾中水质最差（常年劣于V类）的重富营养化水域。湖区浮游生物一年四季含量相对较高,春季达5.18mg/L,夏季超过3.0mg/L,秋季1.0mg/L以上,秋末冬初为1.17mg/L,并以微囊藻中的铜绿微囊藻、惠氏微囊藻为优势种。其变化为夏季高,冬季低,与水温关系密切。

2. 浮游动物

在水生态系统中,浮游动物在湖泊水生态的物质交换和能流循环中起着重要的连接作用,浮游动物滤食藻类、细菌等初级生产者,加速水体中营养物的转换和变化,同时又为鱼类高等动物的食料,参与生物循环并依存于环境,制约湖泊水体中的生物种群,结构和分布,所以浮游动物的种群组成,结构数量,生物量及其分布能反映湖泊营养和环境的基本状况。

浮游动物是太湖水生态系统中生物群落的重要组成,它由原生动物、轮虫、枝角类和桡足类组成。1990～1995年监测浮游动物有73属101种,2002～2005年检测有56属82种。1987～2003年检测浮游动物属种变化见表2-24。太湖北部浮游动物从属种数量看:轮虫>原生动物>枝角类>桡足类。目前,太湖中种群出现规律不明显,优势种为原生动物和轮虫,太湖北部湖湾的梅梁湖、竺山湖、贡湖原生动物在浮游动物中占绝对优势,梅梁湖、竺山湖小型轮虫比其他水域高,太湖北部湖区浮游动物生物量变化见表2-25。

表2-24　太湖1987～2003年浮游动物属种数变化表

年代 \ 类型	原生动物 属	原生动物 种	轮虫类 属	轮虫类 种	枝角类 属	枝角类 种	桡足类 属	桡足类 种	合计 属	合计 种
1987～1988		22		30		19		8		79
1990	8	11	13	23	7	8	6	7	34	49
1995	13	20	25	39	12	17	8	9	58	85
2002～2003	22	25	16	31	11	19	7	7	56	82

表2-25　太湖北部湖区浮游动物生物量变化表　　　单位:(mg/L)

湖区 \ 季节	春 1987～1988	春 2002～2003	夏 1987～1988	夏 2002～2003	秋 1987～1988	秋 2002～2003	冬 1987～1988	冬 2002～2003
梅梁湖	2.01	2.53	7.29	5.87	4.11	5.33		0.79
竺山湖	0.82	2.71	1.52	3.45		7.28		0.93
贡湖	1.89	1.97	1.76	10.96	2.70	8.59		0.23
西太湖	2.44	5.50	2.31	4.44	1.59	5.39		0.70
大太湖	1.75	2.85	2.23	5.44	2.22	4.47		0.66

浮游动物是湖泊生态系统中的消费者,在营养物转化循环中居较高地位,营养盐→浮游动物食物(藻类、细菌等)→制约浮游动物数量和盛衰→表征湖泊营养状况。以五里湖浮游动物与环境演化关系分析为例,20世纪50年代五里湖水质清澈,大型水生植物覆盖全湖,浮游生物以清水性为主,随着人口增加和工农业生产发展,入湖工业污水和生活污水逐年增加,70年代渔业水产养殖迅速发展,为促进水草生长,向水中施放化肥以企增肥水质,以及不合理的鱼种养殖结构,导致沉水植物消失。80年代工业的快速发展和养殖业增长,水质污染加重见表2-26。1987~1988年浮游动物生物量为4.24mg/L,其中轮虫类为34%、枝角类27%、桡足类为21%、原生动物为18%。五里湖夏季生物量最高可达7.38mg/L。从历年变化看,浮游生物大量繁殖,形成蓝藻"水华",浮游动物属种组成变化不大,但数量增加,主要是轮虫和原生动物,多年变化见表2-27。2004年调查时,浮游动物仅为8种,而20世纪50年代达到128种。

表2-26 五里湖水质变化表

年代 \ 参数	COD_{Mn}	PO_4^3-P	TP	NH_3-N	TN
20世纪50年代	1.42	0.024		0.079	
80年代初	4.63	0.016		0.21	0.85
1991年	5.3	0.039	0.09	1.57	2.69
2000年	8.2	0.205		2.63	6.75
2005年	6.3	0.137		2.13	5.81

表2-27 五里湖浮游动物种类变化表

种类 \ 年份	1951	1981	1984	1987	1996	2004
原生动物	60	21	13	13	5	
轮虫类	33	32	29	16	7	
枝角类	18	18	16	10	5	
桡足类	17	12	8	5	4	
合计属数	128	83	66	44	21	8

3. 底栖动物

底栖动物通常指生活在湖泊底部的大型底栖无脊椎动物,主要包括水生寡毛类、软体动物、水生昆虫及其幼虫。底栖动物在环境生物学的生物多样性和物种基因上有重要意义。其分布活动区域相对稳定,有一定的区域分布特征,生命周期较长,生活在水土界面上,对界面环境条件变化响应性好,底栖动物以滤食和刮食水体中浮游生物和有机碎屑以及底泥表层有机营养物质,是水土界面和湖泊物质变换和能流循环的中介,对湖泊水体营养水平调节有重要作用。

太湖底栖动物多年变化见表2-28;夏季底栖动物与浮游动物多年变化见表2-29;太湖北部湖区1987~1988年与2002~2003年底栖动物密度和生物量对比分析见表2-30;大型底栖无脊椎动物近年数量以梅梁湖、竺山湖及大浦口最高,主要种类为摇蚊幼虫、水丝蚓等耐污类为主,而桡足类较少。在时间分布上,以冬季密度最高(表2-31)。底栖动物种类多,应予以合理捕捞,一则通过捕捞降低营养负荷,利于物质循环,另一方面是资源的开发利用,关键捕捞方式要合理,捕捞量应予适度控制。但目前太湖北部湖湾水体污染严重,可食性底栖动物数量和质量都在下降,耐污无利用价值的生物居多。

表2-28　太湖底栖动物多年变化表

年　份	软体动物		环节动物和昆虫		合　计	
	密度 (个/m²)	生物量 (g/m²)	密度 (个/m²)	生物量 (g/m²)	密度 (个/m²)	生物量 (g/m²)
1960	48.00	43.21	23.50	0.89	71.50	44.1
1980~1981	110.62	44.50	27.12	0.30	137.74	44.8
1987~1988	153.75	77.12	32.25	1.47	186.00	78.59
2002~2003	44.98	45.68	245.3	1.61	290.28	47.29

表2-29　太湖夏季浮游动物与底栖动物多年变化表

名　称	项　目	1960-7	1980-7	1987-7	1991-6	1993-6	2003-7
浮游动物	种类数	57	74	79	54	43	82
	个体数(个/L)	3687	1571	2663	409	455	4532
底栖动物	种类数	40	48	59	43		31
	个体数(个/m²)	164.4	137.5	301	294		151
	生物量(g/m²)	73.5	44.8	98.6	50.4		64.1

表2-30　太湖北部湖区底栖动物变化表

区域	密度(个/m²)						生物量(g/m²)					
	软体动物		环节枝动物及 水生昆虫		合计总数		软体动物		环节枝动物及 水生昆虫		合计总数	
	1987~ 1988	2002~ 2003	1987~ 1988	2002~ 2003	1987~ 1988	2002~ 2003	1987~ 1988	2002~ 2003	1987~ 1988	2002~ 2003	1987~ 1988	2002~ 2003
梅梁湖	569.0	36	30.6	632	599.6	668	164.32	110.2	1.80	3.9	166.12	114.1
竺山湖	562.0	36	52.0	696	614.0	732	165.21	116.8	3.37	3.74	168.58	120.54
贡　湖	97.5	26	12.0	92	109.5	118	60.74	26.09	0.54	2.97	61.28	29.06
大太湖	116.07	44.98	25.93	245.3	142.0	290.28	68.79	45.68	1.31	1.61	70.10	47.29

表 2−31　太湖北部湖区 2002～2003 年底栖动物季节变化表

区域	春		夏		秋		冬		全年季度平均	
	个数 (个/m²)	生物量 (g/m²)	个数 (个/m²)	生物量 (g/m²)	个数 (个/m²)	生物量 (g/m²)	个数 (个/m²)	生物量 (g/m²)	个数 (个/m²)	生物量 (g/m²)
梅梁湖	1472	23.76	16	0.10	384	23.86	800	408.71	668	114.1
竺山湖	992	6.33	288	432.45	592	1.12	1056	42.28	732	120.54
西太湖	608	3.35	832	2.81	1008	2.37	800	7.33	812	3.96
贡　湖	72	1.52	168	5.00	40	11.42	192	98.32	118	29.06

4. 水生高等植物

太湖为浅水型湖泊,水流滞缓,水温较高,湖底特别是湖湾区有一定淤泥沉积,适宜高等水生植物生长。不同类型的水生植物,其分布规律总体为:挺水植物分布在太湖沿岸水深约 0.8m 以内,浮叶植物分布在挺水植物外围水深 1.2～1.5m 范围,漂浮植物主要分布在挺水植物丛中,沉水植物分布一般在水深 1.0～2.0m,当透明度适宜时的最大水深可达 2.2～2.6m 范围。制约高等水生植物分布的主要因子是水深、湖盆地形、底泥特性、风浪、悬浮物和透明度、水文特征和水质、营养物状况、湖泊形态等。近几十年来湖盆围垦、围网养殖(鱼、蟹)、吸螺机械作业、水上旅游和航运、水污染、水体富营养化程度加重等人类活动的直接和间接作用;水工程对北部湖区高等水生植物分布、种属和结构、生物生长,产生强烈影响,表现为湖滨带湿地破碎化。目前,除距岸边 30～100m 水深小于 1m 的范围内,间断分布有以芦苇为主的高等水生植物外,其他仅能偶见少量马来眼子菜和苦草。

北部湖湾区是水生态急剧退化湖区。如五里湖 1951 年湖滨滩地生长有茂密的芦苇、菱、苦草、穗花狐草,湖体中覆盖全湖的以菹草、苦草、聚草为主高等水生植物,生物多样性指数高。因 90% 湖岸人工硬质堤防的构筑和建设、围垦和水产养殖、水质净化能力下降,沉水植物生长的生境条件严重受损,加之养殖对水生植物的过度利用,导致湖中水生植物的逐年减少;20 世纪 80 年代起水污染开始变得严重,水质为 V 类或劣于 V 类,湿生植物大面积消失,水体从中一富营养急剧变为富营养至重富营养状态,蓝藻"水华"爆发,至 20 世纪 90 年代,湖体生态状况严重退化,成为太湖中水生态状况最差的湖体。20 世纪 50 年代初,五里湖底泥中磷和有机物含量为 0.023% 和 0.073%,水体中 COD_{Mn} 为 1.42mg/L; $PO_4^{3-}-P$ 0.024mg/L, NH_3-N 为 0.079mg/L,藻类数量年平均仅 $26×10^4$ 个/L;1987～1988 年底泥中有机质达 2.74%～1.95%,TN 最高为 0.202%,水质 COD_{Mn} 为 4.38～6.80mg/L,有机氮 2.1～3.9mg/L,TP0.050～0.095mg/L,藻类生物量达 25.10mg/L;到 21 世纪初,五里湖底泥中有机质 4.04%、TP0.26%、TN0.12%,水体水质 COD_{Mn}6.38～8.06mg/L、TP0.167～0.199mg/L、TN6.38～6.47mg/L、NH_3-N2.63mg/L,藻类中耐污类更趋小型化,以颤藻、直链藻为优势种。21 世纪初,五里湖高等水生植物,除沿岸偶见少量芦苇零星分布,水面仅有水葫芦、水花生等漂浮,高等水生植物已难寻踪迹。

在 20 世纪 60～70 年代梅梁湖北部,间有成片的高等水生植物分布,随着马山围垦和经济社会发展,湖体水质急剧变劣,入湖污染负荷的快速增长,对湖体生态系统产生巨大胁迫和冲击,湖内高等水生植物逐渐消失,仅在沿岸边尚有零星芦苇、菖蒲等分布。在人为社会经济活动影响下,竺山湖是水生态退化最剧烈的湖湾。20世纪90年代初水生植物茂盛,是水产养殖区,仅几年的掠夺性开发和水质污染,就令水生植物难觅,成为太湖中水质最差,蓝藻"水华"最严重的湖区,生态系统食物链结构受到极大破坏。

二、湿地退化

(一)太湖流域湿地退化

由于对湿地与水资源,生态系统保护意识的滞后,治理力度不够,管理体制不合理,给湿地造成巨大胁迫,使湿地生态系统处于持续的退化之中。

1. 天然湿地大面积减少

从流域总体看,太湖流域1950～1985年间由于围湖造田,平均每年减少湖泊面积为14.69km²,围湖活动涉及到239个湖泊,其中消失或基本消失湖泊165个。据统计,近几十年,太湖流域已被围垦约529km²,围湖主要发生在湖西区,阳澄湖区,太湖区和杭嘉湖区,共减少容积8亿m³。其中太湖被围160km²以上,减少容积3.04亿m³以上,影响太湖蓄水位0.13m。太湖中原有苏州的东山岛和无锡的马迹山岛,东山岛因太湖泥沙淤积,岛与岸间距不断变小,100年前缺口被全部淤堵,逐成今东山半岛。而马迹山岛也因为扩大耕地和土地面积,围湖造地,使成为今日的马山半岛。湖泊围垦大大减少了湖区面积,致使调蓄能力降低,不仅加速了天然湿地的消失,更严重的对湿地水环境和区域生态产生负面影响。城乡建设大量占用湿地,土地利用格局改变,甚至填埋河道改为建设用地。

2. 无序过度的围网养殖和天然渔业资源的竭泽而渔

流域内湖荡众多,深度大多为1.5～2.0m,水草茂盛,浮游动植物众多,水体稳定,大部分时间水温较高(17～19℃),是鱼类良好栖息地,具有优良养殖环境。近年来,在市场利益驱动下,网围养殖迅猛发展,过度网围养殖,加速湖体功能萎缩;影响防洪安全和水乡交通,导致泥沙沉积。大量投饵,饵料利用率和转化率低,大量残饵沉积湖底和被分解污染水体;大量水生植物残骸在湖体堆积腐烂,成为污染来源。

不合理捕捞方式是破坏湿地资源的祸首之一,如大拖网捕鱼和机械吸螺船,对沉水植物和底栖生物的破坏几乎是毁灭性的。随着太湖西部污染加重和机械化吸捞螺船的持续作业,梅梁湖和竺山湖先后几乎丧失了水生植被,生物多样性大幅降低。

3. 水土流失及湿地淤积

从不同时期的卫星照片可见,流域下垫面条件发生巨大变化,天然植被覆盖面积大量萎缩;山区水土流失;太湖流域水土流失面积占总土地面积的3.9%,主要集中在西及西南部山丘区。其中大多为轻度侵蚀,约占水土流失面积的72.6%,中度侵蚀占流失面积的20.6%。由于城市建设和人为不适当经济活动,平原区和城镇的水土流失也成为不可忽视的问题。平原区,河道水面大量占用改为建设用地,区域水面积率减少。由于农村供水条件变化和化肥的大量使用等原因,河道及池塘清淤在20世纪90年代已不再进行,河流和湖荡的淤积导致河网萎缩,水生植物退化,生境条件发生很大变化。江河、湖泊等天然湿地功能下降。

4. 湿地污染严重和生物多样性受损害

区内人口密度高,城镇化率高,产污排污集中,加之湿地水体交换能力差,许多天然湿地已成为工农业污水、生活污水的承泄区和生活垃圾的堆弃处。无锡市单位面积污染负荷量是全国最高地区之一。以流域内典型湖湾东太湖为例:东太湖原是太湖中水生植被发育最好地区,湖泊植被覆盖率100%。其中挺水植物群落占26.1%,浮叶植物占26.6%,沉水植物群落占47.3%。水生植被序列为:芦苇群落→菱草群落→杏菜群落→微齿眼子菜群落→苦草群落。由于水污染和过度养殖,水生植物优势种和面积发生巨大变化。依面积序列为:微齿眼子菜群落→菱草群落→杏菜群落→芦苇群落。经济价值高、高体型植被衰败,耐污染、利用价值低的漂浮、浮叶植物应运而生,生物残体及泥沙淤积,沼泽化进程加快。湿地污染,导致水文功能受损,湿地生物多样性衰退,物种丧失,水产品数量减少和质量下降,生活环境及旅游景观变坏,水污染已成为湿地退化的主要原因。

5. 天然湿地保护的宣传和科学普及工作亟待加强

由于对天然湿地保护的重要性和迫切性了解不够,公众参与的力度不足,所以宣传和科学普及工作亟待加强。

(二)无锡市湿地及其退化

无锡境内广泛分布各类湿地,2004年广义的湿地总面积为2431.5 km²,占全市总面积50.8%,其中天然湿地965.6 km²,占湿地总面积39.7%,人工湿地1465.9 km²,占湿地总面积60.3%(表2-32)。

1. 天然湿地

全市天然湿地主要以湖泊湿地为主,面积707.6 km²,占湿地总面积的29.1%;其次为河流湿地,面积258 km²,占湿地总面积的10.6%。河流湿地分为沿江湿地和一般河流湿地两部分。

表2-32　无锡市湿地面积及构成表

湿地类型	其中分类	面积(km²)	其中分类面积(km²)	占湿地总面积比例(%)
天然湿地		965.6		39.71
	沿江湿地		17.5	0.72
	一般河流湿地		240.5	9.89
	湖泊湿地		707.6	29.10
人工湿地		1465.9		60.29
	水田湿地		1202.9	49.47
	鱼塘湿地		193.0	7.94
	水库塘坝湿地		25.1	1.03
	沟渠湿地		44.9	1.85
合　计		2431.5		

（1）湖泊湿地 湖泊湿地707.6km² 占天然湿地总面积965.6km² 的73.3%。主要包括太湖及其湖湾、漏湖、东汰、西汰及河网间湖荡等。分布的植物资源有芦苇、茭、莲、席草、蒲草、蒿草、水浮莲、浮萍等。鱼类资源有:白鱼、银鱼、梅鲚鱼、太湖蟹、白虾、湖鳗、鳝鱼等。

（2）沿江湿地 沿江湿地主要分布于江阴长江沿岸,是由长江携带的大量泥沙逐渐沉积而成,面积约为17.5 km²,占天然湿地总面积的1.8%。该类湿地中的植物以芦苇、茭草、蒲草为主。水生动物有:中华鲟、白鳍豚、江豚、鸳鸯等国家保护动物和长江蟹、虾等。珍稀鱼类有:刀鱼、鲫鱼、洄鱼、河豚、长江鳗鱼等。

（3）一般河流湿地 一般河流湿地面积约为240.5 km²,占天然湿地总面积的24.9%。主要分布在全市各类河道及两岸,原来生长有各种水生动植物,但目前由于水质受到污染,水草和野生鱼类都很难见到,部分河道常年黑臭,鱼虾绝迹,河流的水生态系统已遭严重破坏。

2. 人工湿地

无锡的人工湿地以水田为主,其次为鱼塘、水库、塘坝和其他蓄水池。

（1）水田湿地 包括水稻田和种植其他水生作物、蔬菜的水田,面积有1202.9 km²,占全市人工湿地总面积1465.9km² 的82.1%。灌溉期内有鳝鱼、泥鳅、蟹、田螺等水生动物,但由于农药、化肥的大量使用,稻田中具有经济价值的水生动物目前已不多见。

（2）鱼塘湿地 遍布全市农村,是人工开挖用于养殖经济鱼类等水产,大部分分布在宜兴,其面积有193 km²,占全市人工湿地总面积的13.2%。

（3）水库塘坝湿地 主要分布在宜兴,其面积约为25.1 km²,占人工湿地总面积的1.7%。水库湿地植物以芦苇、眼子菜等为主。水面常有野鸭、鸳鸯等栖息。鱼类大部分是人工饲养的家鱼。

（4）沟渠湿地 主要分布在农业区域,其面积约为44.9 km²,占人工湿地总面积的3.1%。沟渠湿地主要生长湿生植物。

3. 湿地退化及影响

长期以来,由于认识上的偏差,湿地保护一直未能得到应有的重视,随着人口的持续增长与经济的快速发展,湿地破坏、退化较为严重,突出表现在各类主要湿地面积逐步减少(其中仅有水库塘坝湿地有所增加)、湿地污染严重、湿地生物多样性减少和生态系统受到严重胁迫等多个方面。

（1）湿地面积不断减少 湿地面积总体呈不断减少的趋势。其中,湖泊湿地、河流湿地、水稻田湿地的面积均逐渐减少:

1）湖泊湿地面积减少:20世纪60~70年代之间,无锡进行了大规模的围湖造田,如马山的梅梁湖水面被围垦18 km²、渔港的太湖水面被围垦3.3 km²、五里湖水面被围垦2.8km²,漏湖(含常州部分)水面被围垦66.6 km²,太湖宜兴沿岸因建造太湖大堤等因素使太湖缩小水面积约45km²,锡南片太湖沿岸也被围垦或占用10余km²,以及其他湖泊、湖荡水面被零星围垦或占用也不少。

2）河道湿地面积减少:随着城市建设的发展,河道、池塘被随意填埋。如无锡城区中心以护城河为主的网状水系被割断、明渠改成了暗河、池塘变成了广场。估计河道湿地面积减少25km²。同时河道淤积日益严重,全市河道平均淤积深度0.5~1.0m,减少蓄水量近1亿m³。

3）水稻田湿地面积减少：随着经济社会的发展和乡村城市化的进程不断加快，相当多的水稻田用作建设用地，以及由于种植结构调整等因素，水稻田湿地面积大量减少，由20世纪50年代初的2260km² 减少到现在的1203km²，减少46.8%。

（2）湿地生态系统污染加剧　由于生活、工业污水及农田使用农药化肥的流失，全市许多河流和湖泊都遭受到一定程度的污染，有些则为严重的污染。据全市2005年对45条（个）主要河、湖、库的68个监测断面（点）的水质监测，有63个受到污染或严重污染，占监测总数的92%。其污染主要是氮、磷为主的有机污染。

（3）生物多样性减小　湿地是众多野生动植物栖息、繁衍的基地。由于农业后备资源的不断开发，一些河湖湿地相继被开发成农田，原有的湿地动植物资源遭到破坏，食物链断裂缺失，使生物多样性受到严重威胁。河湖水污染导致水生态系统破坏和退化，湖泊中水生植物大面积减少，水生动物种类和数量也大幅度减少。据调查，太湖（无锡部分）在20世纪50、60年代有良好的生物生态条件，原水生植物生长良好的面积有200余km²，且种属繁多，生物群落结构也很合理。以后，水生植物生长区域的面积逐渐减少，2005年水生植物生长较好水域的面积仅剩不足20 km²，目前湖中水生植物和其他水生物均大量减少，包括属种数减少，现存生物锐减，有经济利用价值的品种减少，使水生植物和水生物对太湖的净化作用已经大为减弱。河流中的水生动植物更加稀少，特别是无锡市区部分的河水黑臭较严重，大部分河道沉水植物和鱼类等已绝迹；仅在有些河道内生存着耐污染能力很强的漂浮水面植物如水葫芦等，依附于水生动植物的微生物种群和数量随之大量减少。渔业捕捞强度逐年加大，其结果造成水域内的鱼类资源急剧下降。

第四节　无锡主要水域水污染变化和改善

人类对水环境的认识水平不断提高，采取了一系列控源减污措施，如建设循环经济、清洁生产和节水减排、污水进污水厂处理、生态调水、水生态保护和修复、拦截地面径流污染和增加水体自我净化能力等，以降低入水污染负荷。基本控制了水污染继续发展和水生态系统退化趋势，局部水环境有所改善。目前虽然无锡市水环境形势总体上仍然十分严峻，但在初步遏止水污染发展趋势的基础上，局部区域的水环境质量有了好转，其中以五里湖综合治理为代表的水污染防治工作取得明显成效，江南运河无锡段、梁溪河和临近长江的引江河道，以及无锡城区众多河道水质明显好转，再现了江南小桥流水人家的美景。以下分析无锡江南运河、古运河、梅梁湖、五里湖等主要水域在1986年以来水体质量的演变和有所改善的情况。

一、锡澄片河网水污染有所改善

1. 江南运河无锡段

锡澄片主要以江南运河无锡段（下称江南运河）为其骨干河道的代表河道，江南运河全长43km，上游接纳常州来水，下游流入苏州境内。分析时段为1986～2005年，以DO、COD$_{Mn}$、BOD$_5$、NH$_3$-N、挥发酚、石油类为评价指标。江南运河在20世纪50～60年代，水质为Ⅲ～Ⅳ类,市民可以在城市中或村庄旁的小河中淘米洗菜,可以游泳;70年代为Ⅳ～Ⅴ类,尚可淘米洗菜和游泳,但水质已经开始变差;80年代至2005年为劣于Ⅴ类;江南运河80年代末期至90年代末期,水质是最差的,2000年以后水污染的发展得到初步控制,水质有所好转。如,石油类,超标严重的是在1988～1996年,一般均大于1mg/L(劣Ⅴ类),其中最大值发生在1988年,为1.64mg/L,从1998年起至今,均降低到0.5mg/L(Ⅳ类)以下,最小值发生在2003年,为0.04mg/L(Ⅱ类);BOD$_5$,超标严重的是在1986～1992年,一般均大于10mg/L(劣Ⅴ类),其中最大值发生在1986年,为12.19mg/L,从1993年起至今,均降低到10mg/L(Ⅴ类)以下,最小值发生在2004年5.6mg/L和1998年4.67mg/L(均为Ⅳ类),达到水功能区目标值;COD$_{Mn}$,超标严重的是在1986～1992年,一般均大于10mg/L(Ⅴ类),其中最大值发生在1986年,为12.79mg/L,从1993年起至今,均降低到10mg/L(Ⅳ类)以下,达到水功能区目标值;挥发酚,一直保持在0.043mg/L以下(Ⅴ类标准为0.1mg/L),近几年在0.011～0.02mg/L(Ⅳ类)的水平;DO,以前虽一直在1.29～2.93mg/L(Ⅴ～劣Ⅴ类)之间,但在2004年达到3.19mg/L(Ⅳ类);NH$_3$-N,虽一直为劣于Ⅴ类,但已经从1996年的9.06mg/L,降低到2005年的略大于5mg/L左右(表2-33)。

江南运河三个时段(第一时段1986～1990、第二时段1991～2000、第三时段2001～2005)的平均水质变化更可以印证上述变化,可以看出,石油类(劣Ⅴ类→Ⅴ类→Ⅱ类)、BOD$_5$(劣Ⅴ类→Ⅴ类→Ⅳ类)、COD$_{Mn}$(Ⅴ类→Ⅳ类→Ⅳ类)、DO(数值逐步增大)在三个时段中均是好转,挥发酚(均Ⅳ类,数值逐步减小)、NH$_3$-N(数值逐步减小)在第三时段好于第二时段(表2-34)。江南运河由于采取了一系列的控污减排措施、清淤措施和调水,水质逐步得到改善,并且在继续改善之中,2007～2008年局部河段的NH$_3$-N已经由大幅度劣于Ⅴ类改善到Ⅴ类。但由于常州来水中的污染物大量超标,所以,无锡市需与常州市、镇江市共同努力,才能使江南运河水质进一步改善。

表2-33　江南运河无锡段1986～2005年均水质表　　　　　单位:(mg/L)

年　份	DO	COD$_{Mn}$	BOD$_5$	NH$_3$-N	挥发酚	石油类
1986	1.29	12.79	12.19	5.25	0.020	0.79
1987	2.06	9.85	10.10	4.15	0.011	0.90
1988	2.00	11.67	16.07	4.78	0.043	1.64
1989	2.37	10.28	9.39	4.17	0.013	1.35
1990	1.72	10.89	8.96	4.69	0.019	1.24
1991	2.63	10.10	10.33	5.39	0.032	0.85
1992	1.67	11.83	13.67	6.27	0.029	1.38
1993	2.73	9.33	9.59	7.48	0.023	1.46
1994	1.67	9.49	8.06	8.55	0.019	1.11
1995	1.63	8.93	7.67	8.15	0.031	1.01
1996	1.97	9.00	9.47	9.06	0.019	1.19
1997	2.37	9.17	9.83	6.20	0.013	0.72

年　份	DO	COD$_{Mn}$	BOD$_5$	NH$_3$-N	挥发酚	石油类
1998	3.47	6.37	4.67	5.47	0.011	0.48
1999	1.80	7.93	6.40	6.48	0.010	0.41
2000	2.04	8.13	6.17	6.02	0.016	0.42
2001	2.07	8.81	8.00	5.22	0.011	0.42
2002	2.36	8.51	7.87	6.10	0.020	0.09
2003	2.93	8.40	7.79	5.24	0.012	0.04
2004	3.19	8.74	5.60	5.42	0.013	0.14
2005	2.75	8.48	5.47	5.59	0.020	0.14

表2-34　江南运河无锡段分段时间年均水质统计表　　　　单位:(mg/L)

统计年限	DO	COD$_{Mn}$	BOD$_5$	NH$_3$-N	挥发酚	石油类
1986~1990	1.93	11.15	11.94	4.59	0.02	1.17
1991~2000	2.17	9.31	8.86	6.77	0.02	0.98
2001~2005	2.66	8.59	6.95	5.51	0.015	0.17

2. 古运河

古运河为无锡城市河道的代表性河道,为无锡市中心的环城河道,全长11km,主要承接江南运河、锡澄运河、白屈港和望虞河的来水,下游流入江南运河(望虞河)等,古运河河水根据水文条件不同可以双向流动。古运河的水污染变化分析,以DO、COD$_{Mn}$、BOD$_5$、NH$_3$-N、挥发酚、石油类为评价指标,分析时段为1986~2005年。古运河在20世纪50~60年代,水质为Ⅲ~Ⅳ类,市民可以在其中淘米洗菜,可以游泳;70年代为Ⅳ~Ⅴ类,尚可淘米洗菜和游泳,但水质已经开始变差;80年代至2005年为劣于Ⅴ类;但2000年以后开始好转。古运河的水质监测(表2-35)中可以看出,80年代至90年代末期,水质最差,2000年以后水污染的发展得到初步控制,水质有所好转。如,石油类,超标严重的是在1986~1997年,一般均大于1mg/L(劣Ⅴ类),其中最大值发生在1990年,为2.23mg/L,而近几年,从2001年起至今,均降低到0.5mg/L(Ⅳ类)以下,最小值发生在2003年,为0.05mg/L(Ⅱ类),已达到水功能区Ⅳ类标准;BOD$_5$,超标严重的是在1986~1997年,均大于10mg/L(劣Ⅴ类),其中最大值发生在1986年,为24.12mg/L,而近几年,从1998年起至今,一般均降到低于或接近于10mg/L(Ⅴ类)以下;COD$_{Mn}$,超标严重的是在1986~1997年,一般均大于10mg/L(Ⅴ类),其中最大值发生在1986年,为20.1mg/L,从1998年起至今,一般均降低到或接近10mg/L(Ⅳ类),达到或基本达到水功能区目标值;挥发酚,一直保持在Ⅳ~Ⅴ类,最大值发生在1991年达到0.423mg/L,2004~2005年已低于0.01mg/L(Ⅳ类)的水平,已达到水功能区Ⅳ类标准;NH$_3$-N,虽一直为劣于Ⅴ类,但已经从最大值1994年的11.92mg/L,降低到目前的5mg/L左右。

近几年,由于加大了治理污染的力度,加上调水增加环境容量,古运河的水质大有改善。特别是2007年起,无锡城市防洪控制圈基本建成,古运河成为控制圈可封闭水域中的一部分,城市防洪控制圈周围的控制泵站全年持续通过望虞河向控制圈调进长江水或通过梅梁湖泵站调进太湖水(与防洪排涝相协调),并且同时进行全面的污染控制和严格截污及封闭全部排污口,古运河和其他主要河道水质已经得到较大幅度改善,局部河段已达到水功能区要求的Ⅳ~Ⅴ类标准。今后,由于控制污染力度会进一步加大,水环境会得到更好改善。具体见第十一章第二节。

表2-35　古运河1986~2005年水质表　　　　单位:(mg/L)

年份	DO	COD_{Mn}	BOD_5	NH_3-N	挥发酚	石油类
1986	0.27	20.10	24.12	6.94	0.062	1.12
1987	1.05	11.65	12.62	5.88	0.031	1.10
1988	1.26	17.09	19.38	6.83	0.058	1.91
1989	0.80	15.17	12.84	6.26	0.035	1.62
1990	0.49	15.86	15.84	8.57	0.103	2.23
以上平均	0.774	15.974	16.96	6.896	0.0578	1.596
1991	1.20	16.00	20.00	6.42	0.423	1.26
1992	1.00	14.70	21.00	8.81	0.062	1.79
1993	2.00	11.03	11.41	8.25	0.034	1.56
1994	1.20	13.51	17.58	11.92	0.080	1.69
1995	1.00	12.20	16.00	8.56	0.077	1.32
1996	1.40	12.70	13.10		0.028	1.55
1997	1.30	12.50	13.60		0.040	1.10
1998	2.20	7.30	7.10		0.016	0.70
1999	1.30	8.40	8.20		0.012	0.49
2000	0.94	9.60	9.50	6.62	0.024	0.59
平均	1.354	11.794	13.749	8.43	0.0796	1.205
2001	2.20	10.90	10.20	5.15	0.012	0.42
2002	1.20	9.00	9.45	6.13	0.011	0.17
2003	1.60	10.10	8.15	4.88	0.011	0.05
2004	1.50	10.00	9.18	5.61	0.009	
2005	0.56	10.71	12.00	5.62	0.006	
平均	1.412	10.142	9.796	5.478	0.010	0.213

二、太湖北部水污染发展趋势得到初步控制

太湖根据 1998～2006 年的水质分析，水污染总体上基本呈缓慢的持续发展的趋势，但近年来水污染发展趋势减缓。据现有的监测资料分析，太湖北部水域近期水污染程度比较 20 世纪 90 年代是已经得到初步控制，COD_{Mn}、BOD_5、TP、TN 大部分水质指标都较最差时有一定程度的改善，其中 TN 改善的速度比较慢。具体分析如下：

（一）太湖水污染控制概况

太湖平均：COD_{Mn}，2000 年以前均为Ⅲ类，其后开始略超过Ⅲ类。BOD_5，一直保持Ⅱ～Ⅲ类。TP，一般在Ⅳ～Ⅴ类，最大值发生在 1994～1996 年和 2000 年，大于等于 0.130mg/L，为Ⅴ类，2001 年以后均小于 0.1mg/L，为Ⅳ类。TN，1991、1994 年小于 2.0mg/L（Ⅴ类），其余时间一直超过 2.0mg/L，为劣于Ⅴ类，最大值发生在 2004 年达到 3.57mg/L，其后有所降低。营养状况平均为中富。叶绿素 a 一般在 0.012～0.043mg/L 之间，最大值发生在 1990 年 0.043mg/L，其后有所降低。

（二）梅梁湖水污染控制概况

梅梁湖，太湖北部的一个湖湾，COD_{Mn}，1995 年以前均为Ⅲ类，其后开始略超过Ⅲ类，近几年略有下降。BOD_5，1982～1991 年基本保持Ⅱ类，1992～2000 年一般保持在Ⅲ～Ⅳ类，近几年有所下降。TP，1988～1992 年不高于 0.1mg/L（Ⅳ类），以后大部分年份超过Ⅳ类，最大值发生在 1995 年 0.24mg/L（劣于Ⅴ类），1999 年以后有所降低，一直保持在Ⅴ类，2004～2005 年已改善到接近Ⅳ类。TN，1991 年小于 2.0mg/L（Ⅴ类），其余时间一直超过 2.0mg/L，均为劣于Ⅴ类，最大值发生在 1996，1997 年达到 5.8～5.9mg/L，2000 年以后有所降低，一般在 4～5mg/L 左右。营养状况为重富。叶绿素 a 一般在 0.015～0.081mg/L 之间，最大值发生在 2000 年 0.081mg/L。

（三）五里湖水污染控制概况

五里湖系梅梁湖东北部的一个湖湾，COD_{Mn}，1984 年以前均为Ⅲ类，其后开始升高达到Ⅳ类，后一直保持此水平，近几年略有下降。BOD_5，1982～1986 年基本保持Ⅱ～Ⅲ类，1988～1994 年在Ⅳ类，以后升高达到Ⅴ类，近几年有所下降，2005 年下降到 5.50mg/L（Ⅳ类）。TP，1988～1991 年不高于 0.1mg/L（Ⅳ类），以后大部分年份超过Ⅳ类，最大值发生在 1996 年 0.225mg/L 和 1998 年 0.224mg/L（均劣于Ⅴ类），2000 年以后有所降低，保持在Ⅴ类。TN，一直超过 2.69mg/L，均为劣于Ⅴ类，最大值发生在 1996 年达到 8.56mg/L，2000 年以后有所降低，一般在 6mg/L 左右。叶绿素 a 一般在 0.014～0.081mg/L 之间，最大值发生在 1995、2001 年 0.081mg/L，营养状况为重富。2003 年开始，西五里湖的生态修复区由于采取了综合性的水污染防治措施，各项水质指标较东五里湖有很大改善。随着综合治理水污染的力度加大，全五里湖水质在 2008 年已经全面达到Ⅴ类和接近Ⅳ类。今后，五里湖的生态修复全面完成，水控制工程全面良好的运行，五里湖水质将进一步得到改善，具体见第十二章第一节（太湖、梅梁湖、五里湖水质均见表 2-36、图 2-2～图 2-6）。

表2-36　五里湖梅梁湖太湖历年年均水质表

项目	湖泊	1982	1984	1986	1988	1990	1991	1992	1993	1994	1995	1996	1997	1998	1999	2000	2001	2002	2003	2004	2005
高锰酸盐指数 COD_{Mn}	五里湖	4.63	4.41	5.00	6.80	5.88	5.30	5.60	6.47	5.24	7.36	6.60	7.90	6.60	7.70	8.20	8.06	7.76	6.38	7.00	6.30
	梅梁湖	4.18	3.50	3.50	5.00	4.14	4.30	4.40	4.86	4.59	5.89	6.60	7.30	5.70	5.80	6.91	6.18	6.23	6.20	5.30	5.90
	太湖湖心											4.00	4.50	3.80	4.10	5.50	4.80	4.00	3.81	4.10	4.40
	太湖平均	3.94	3.52	3.22	4.20	3.90	3.70	3.70	4.05	4.12	4.48	4.80	5.20	4.60	5.00	6.10	5.50	5.00	4.58	4.90	5.10
五日生化需氧量 BOD_5	五里湖	3.37	2.73	2.78	4.40	4.10	4.00	5.60	5.00	4.57	7.80	5.90	6.80	7.40	7.20	7.90	7.78	9.93	7.47	8.00	5.50
	梅梁湖	2.10	1.59	1.72	3.39	3.10	2.90	4.20	2.94	3.29	5.50	5.40	4.70	5.10	4.40	6.00	4.11	6.50	5.55	4.90	4.20
	太湖湖心											2.09	1.60	1.40	1.50	2.50	1.81	1.87	2.42	2.40	2.20
	太湖平均	1.99	1.61	1.37	2.66	3.08	3.00	3.30	2.26	2.48	3.06	3.00	2.80	2.40	2.90	2.94	3.33	4.24	3.97	3.90	3.20
总磷 TP	五里湖				0.095	0.098	0.090	0.130	0.210	0.120	0.154	0.225	0.197	0.224	0.206	0.205	0.167	0.199	0.174	0.148	0.137
	梅梁湖				0.071	0.079	0.060	0.100	0.140	0.130	0.240	0.200	0.199	0.218	0.141	0.180	0.145	0.171	0.177	0.104	0.103
	太湖湖心											0.100	0.068	0.083	0.050	0.089	0.075	0.052	0.047	0.059	0.064
	太湖平均				0.055	0.058	0.050	0.080	0.080	0.130	0.133	0.134	0.106	0.091	0.095	0.130	0.100	0.094	0.080	0.086	0.084
总氮 TN	五里湖				3.886	3.920	2.690	5.230	5.570	3.910	7.170	8.560	6.900	3.010	6.840	6.750	6.380	6.380	6.470	6.330	5.810
	梅梁湖				3.243	2.760	1.870	3.240	3.370	2.570	5.140	5.900	5.860	3.970	4.110	4.620	4.020	4.020	5.040	4.350	4.710
	太湖湖心											2.410	1.910	2.080	1.630	1.840	1.380	1.380	1.510	2.160	1.900
	太湖平均				2.772	2.349	1.890	2.870	2.340	1.730	3.140	3.290	3.200	2.350	2.550	2.600	2.500	2.500	2.790	3.570	3.220
叶绿素 a cmla	五里湖				0.032	0.141	0.032	0.025	0.027	0.020	0.081	0.029	0.076	0.068	0.067	0.166	0.081	0.069	0.029	0.067	0.047
	梅梁湖				0.015	0.046	0.015	0.011	0.018	0.017	0.030	0.025	0.043	0.050	0.032	0.081	0.042	0.053	0.050	0.065	0.034
	太湖湖心											0.009	0.014	0.014	0.011	0.023	0.018	0.013	0.013	0.016	0.027
	太湖平均				0.012	0.043	0.013	0.012	0.030	0.013	0.019	0.013	0.026	0.020	0.024	0.029	0.030	0.029	0.023	0.038	0.034
藻类细胞最大值（亿个/L）	梅梁湖					13.2 (7月)					0.92 (7月)	13.0 (7月)	0.21 (7月)	4.24 (7月)	0.27 (6月)	2.11 (8月)	7.27 (7月)	1.36 (7月)	4.87 (8月)	1.22 (8月)	0.71 (6月)

（四）太湖北部水污染控制与展望

从前述比较可以看出,无锡太湖水域水污染程度以前一直呈加重趋势,2000 年后水污染发展趋势初步得到控制。梅梁湖是太湖中污染最为严重、污染发展速度最快的一个大型湖湾(124km²),近几年污染发展速度得到控制,但由于梅梁湖特殊的水文、地理和环境条件,其控制水污染的任务在太湖范围内是最艰巨的,花费的时间也将是最长的;五里湖是太湖中污染最为严重、污染发展速度最快的一个小型湖湾(8.6km²),但由于无锡市政府采取了一整套科学的切实可行的水污染治理措施,并投入巨资,使五里湖水环境有较大改善,在太湖被严重污染的湖湾中,五里湖水环境有望在较短时间内成为太湖中第一个全面得到良好改善的湖湾。

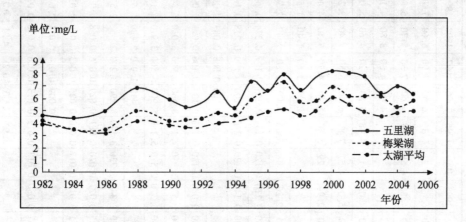

图 2-2   五里湖梅梁湖太湖高锰酸盐指数变化图

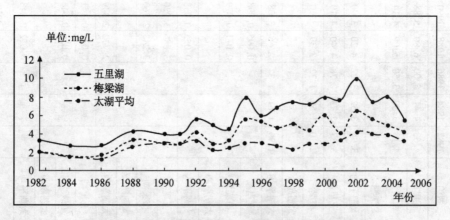

图 2-3   五里湖梅梁湖太湖五日生化需氧量指数变化图

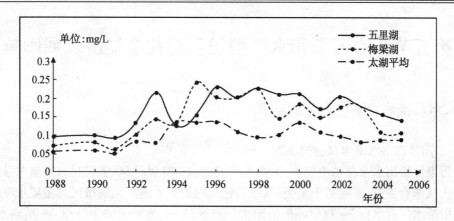

图 2-4 五里湖梅梁湖太湖总磷指数变化图

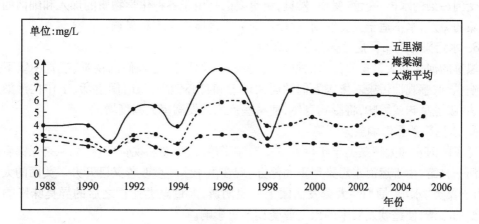

图 2-5 五里湖梅梁湖太湖总氮指数变化图

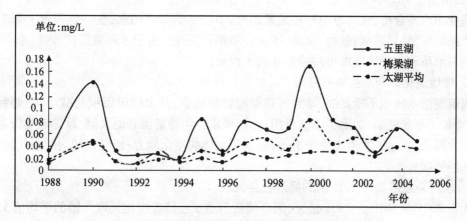

图 2-6 五里湖梅梁湖太湖叶绿素 a 指数变化图

第五节　水污染和水环境退化对社会经济发展影响

一、水污染和水环境退化的危害

1. 水污染自来水取水口被迫多次迁移

水污染使饮用水水源水质变差,影响供水安全,自20世纪90年代起梅梁湖中自来水取水口水质从未合格过,常年劣于V类,取水口被水污染赶着跑。无锡市区的主要水源地从五里湖的中桥水厂取水口 → 梅梁湖的梅园水厂取水口 → 梅梁湖的小湾里 → 贡湖水源地,现在又新劈长江水源。

2. 水源地污染严重影响饮用水水质

受到污染的水体,变色、变浑、发臭,更重要的是由于各种化学物质的加入和细菌的滋生及蓝藻的爆发,水不适于人类饮用,饮用后对人类健康产生不利影响。

3. 水污染影响市民居住休闲工作环境

黑臭的河水和大量排放污水的排污口,湖泊蓝藻飘浮,在人们的视觉、嗅觉中留下了不良影响,导致感观性污染。影响人们的居住环境和身心健康,长时间生活、工作在污染严重河湖边,吸进臭味或腥味,将影响身体,使某些疾病的发病率大幅度增加。

4. 水污染严重影响旅游环境

黑臭的河水和太湖藻类年年爆发直接影响了旅游、生态和视觉环境,如原来无锡看好的古运河一日游,由于运河水污染严重而停办,现在由于水环境改善又已开办。美丽的太湖风光,由于藻类"水华"周期性大爆发而蒙上一层阴影,大量藻类死亡之后的异臭味影响了游客旅游的心情,使蓬勃发展中的旅游业受到严重影响。

5. 水污染影响产品质量和投资环境

许多工业产品、农作物产品、渔业产品,由于供水水质不合格,影响其产品质量。如某些药品,因供水中 $NH_3\text{-}N$ 超标而不能生产;由于灌溉水不合格,污染物在某些农产品中积累;由于渔业用水不合格,成品鱼中有些元素超标;不合格的工业用水,在一定程度上影响需水工业产品的质量,如造纸、制药、食品、印染和精细化工等。由于水环境恶化,水污染严重,影响某些对水质和水环境要求很高的企业前来投资。

6. 湿地退化影响水生态系统

河道湖泊水面积不断萎缩,导致河道湖泊容积减小,及水稻田面积的减小,使调蓄能力减小,增加了旱涝威胁,加重了防洪负担;使河湖水生生物资源衰退及鲤、鲫等鱼类资源的生产量大为降低,加速了水生态系统退化;减弱了水体的净化能力;影响区域内的小气候,造成较大的经济损失。

7. 水污染经济损失严重 制约经济社会发展

无锡2005年GDP为2805亿元,因环境污染造成经济损失比例取全国的平均值3.05%计,则为85.6亿元,其中水污染的环境成本比例以全部环境污染经济损失的55.9%计,则为47.8亿元;环境污染的虚拟治理成本比例以1.8%计,为50.5亿元,其中水污染的虚拟治理成本比例以 55.9% 计,为 28.2 亿元;2005 年两者合计为 76 亿元。若全部计入水环境退化对经济社会的损失,则无锡市水污染的损失数字将比 76 亿元大得多。

无锡市水污染的损失表现在损害人们健康、损害工业、农业、旅游业和有关的各行各业。其中,损害人们健康,包括增加医药费用;种植业和养殖业因水污染降低产品的质量后,影响产品的价格和销售,造成很大经济损失;自来水厂,为处理水质污染严重的原水需增加成本,每 m^3 自来水处理成本需增加 0.10~0.20 元费用,仅无锡每年需增加 3000~6000 万元的处理费用;工业自备水源为保证工业用水合格,需进行供水预处理,每 m^3 水的处理费用要增加 0.2~0.8 元;另外,工业需水产品因水污染严重而质量下降,要造成经济损失;由于水污染严重,太湖藻类大爆发,每次造成的经济损失更大。水污染严重导致水环境退化,影响了饮用水、工业用水、农业用水的供应质量,影响了市民生活、工作环境,影响了旅游和投资环境,造成相当大的直接和间接经济损失。

解决水污染问题需大量投入,建设防治水污染的基础设施及其运行,也需大量投资和运行费用。如无锡市在 2020 年前为防治水污染需投入 900~1000 亿元,才能改变水环境退化的趋势和使水生态系统初步进入良性循环。所以水环境严重退化将严重制约该地区的经济社会发展。

二、太湖流域水污染典型年经济损失计算实例[5]

水环境价值量定量反映水环境质量与社会经济的相关关系,可持续发展进程中的水环境保护价值观,实质上是对经济价值增长趋势与环境价值减少趋势的协调与权衡。分析人类活动对水环境价值量的普遍影响特点,提出流域水环境价值核算的主要内容——水污染经济损失核算。中国水利水电科学研究院水环境研究所会同社科院,以太湖流域为典型,开展环境损益研究,进行了有益的探索。

(一)流域水环境价值核算内容

人类活动对水环境价值量的影响主要体现在两个方面:① 水环境价值量减少。由于人类活动使水环境受到污染,破坏水体应有的服务功能而带来经济损失量,简称水污染经济损失量;② 水环境价值量增加。通过水污染治理或一系列水资源保护措施,水环境质量得到改善而带来的经济增量,体现水污染治理的经济效益,也即水污染经济损失减少量。

当前,人们急需了解和关注,由于人类活动造成环境污染而带来的水环境价值损失量。社会经济可持续发展进程中的环境保护价值观,实质上是对经济价值增长趋势与环境价值减少趋势(水污染经济损失量)的协调与权衡,在此基础上拟定科学合理的水资源保护规划,是建设现代水利过程中贯彻社会经济可持续发展思想的定量体现。水污染经济损失核算是水环境价值核算的最主要内容。开展环境价值计量研究,主要是通过计算"环境损失"的方式进行环境价值核算的。

(二)太湖水污染经济损失计量实例

1. 水污染经济损失计算内容

根据太湖流域水污染对流域经济、社会生活等影响的主要特征,水污染经济损失计算可以分为6个方面:① 第一产业,使农产品品质下降;② 第二产业,工业生产成本增加和有些产品质量下降;③ 第三产业,旅游景观质量下降;④ 公用事业,增加了公用治污、除污、防污的投入;⑤ 家庭(Ⅰ):健康损失,增加了健康费用;⑥ 家庭(Ⅱ):增加了其他的洁水与防污开支。

2. 水污染损失计量时空界定

太湖流域水污染经济损害的计量时段选为1998年。按照流域行政区划及自然水系,流域共划分7个水污染计算区域单元:江苏省的无锡、苏州、常州;浙江省的湖州、嘉兴、杭州(一半);以及上海市。杭州市用水约有一半取自太湖流域,另一半取自钱塘江水系,所以,只将杭州市的一半纳入太湖流域。

3. 水污染经济损失计算

(1) 典型区域单元水污染经济损失核算　调查流域内7个市的社会经济、水污染等基础情况,选择水污染对经济发展影响最显著的区域——无锡市作为水污染经济损失核算典型单元,以无锡市为重点,其余为辅,多次实地走访多个单位和部门、居民家庭,采取专家咨询、领导访谈和居民现场问卷调查等多种形式,进行定量调查,以此为基础资料,计算分项水污染经济损失量。

(2) 建立水质经济影响函数　由于太湖流域人文环境、工农业生产工艺等比较一致,因此,可以基于无锡市水污染经济损失计算结果,建立流域分项水污染经济损失函数。

(3) 流域水污染经济损失核算　太湖流域内7个市1998年水污染损失总量为467.88亿元,约占它们GDP总值的5.7%,其中工业经济损失最大,占损失总量的35.5%,其次是人体健康损失和农业损失分别占总损失量的20.4%和19.6%。太湖流域水污染已对当地经济带来了严重影响。其中,无锡市,1998年水污染和藻类大爆发经济损失68.55亿元,此法的计算结果与前述用国家环保总局和国家统计局2006年9月7日联合颁布的《中国绿色国民经济核算研究报告2004》方法的计算结果76亿元相仿(表2-37)。

表2-37　1998年太湖流域分项水污染经济损失计算成果表　　　单位:(亿元)

项　　目	无锡市	苏州市	常州市	上海市	湖州市	嘉兴市	杭州市(一半)	流域合计	占总量(%)
农　业	14.36	15.28	10.14	22.77	4.21	12.13	12.63	91.52	19.56
工　业	26.78	32.48	9.34	72.66	2.67	11.26	10.91	166.10	35.50
市政工业	7.42	7.31	3.47	68.72	1.66	2.02	3.51	94.11	20.12
旅　游	4.36	4.36	0	0	0	0	0	8.72	1.86
人体健康	13.85	16.82	7.43	37.69	2.15	8.64	8.73	95.31	20.37
家庭消费	1.75	2.13	0.96	5.05	0.25	0.94	1.01	12.09	2.58
污染事故	0.03	0	0	0	0	0	0	0.03	0.01
合　计	68.55	78.38	31.34	206.89	10.94	34.99	36.79	467.88	100.00

第三章　污染总量控制和水污染防治

第一节　水功能区划和水质保护目标

一、水功能区划体系

水功能区（即水环境功能区）系指根据流域或区域的水资源状况，并考虑水资源开发利用现状和经济社会发展对水量和水质的需求，在相应水域划定的具有特定功能和确定目标、有利于水资源的合理开发、利用和保护，能够发挥最佳效益的区域。

无锡市水功能区划采用两级体系，即一级区划和二级区划。一级功能区的划分对二级功能区划分具有宏观指导作用。一级功能区分：保护区、保留区、开发利用区、缓冲区 4 类；二级功能区划分重点在一级所划的开发利用区内进行，分 7 类：包括饮用水源区、工业用水区、农业用水区、渔业用水区、景观娱乐用水区、过渡区、排污控制区。

1. 一级区划分类及指标

（1）保护区　指对水资源保护、自然生态及珍稀濒危物种的保护有重要意义的水域。该区内严格禁止进行破坏现状水质的开发活动，并不进行二级区划。其划区为满足下列条件之一者：源头水或饮用水水源保护区，指以保护水资源为目的，在重要河流的源头河段或湖泊、水库的重要水域划出专门保护的区域；国家级和省级自然保护区的用水水域或具有典型的生态保护意义的自然生境所在水域；跨流域、跨省（市、区）及省内的大型调水工程水源地，主要指已建（包括规划水平年建成）调水工程的水源区。功能区指标包括：集水面积、调水量、保护级别等；功能区水质管理标准：根据需要分别执行《地面水环境质量标准》（GB3838－2002）（下同，说明者除外）Ⅰ、Ⅱ类水质标准。

（2）保留区　指目前开发利用程度不高，为今后开发利用和保护水资源而预留的水域。该区内应维持现状不遭破坏，未经流域机构批准，不得在区内进行大规模的开发活动。其划区为满足下列条件之一者：受人类活动影响较少，水资源开发利用程度较低的水域；目前不具备开发条件的水域；考虑到可持续发展的需要，为今后的发展预留的水域区。功能区划分指标包括：产值、人口、水量等；功能区水质管理标准：按Ⅱ、Ⅲ类或不低于Ⅱ、Ⅲ类的现状水质控制。

（3）开发利用区　主要指具有满足工农业生产、城镇生活、渔业和娱乐等多种需水要求的水域。该区内的具体开发活动必须服从二级区划的功能分区要求。其区划条件为取水口较集中，取水量较大的水域（如流域内重要城市江段、具有一定灌溉用水量和渔业用水要求的水域等）。功能区划分指标包括：产值、人口、水量等；功能区水质管理标准：按二级区划分类分别执行相应的水质标准。

（4）缓冲区　指为协调省际间、矛盾突出的地区间用水关系，以及在保护区与开发利用区相接时,为满足保护区水质要求而划定的水域。其划区为满足下列条件之一者:跨省、自治区、直辖市行政区域河流、湖泊的边界附近水域;省际边界河流、湖泊的边界附近水域;用水矛盾突出的地区之间水域;保护区与开发利用区紧密相连的水域。

　　凡在该水域内进行二级区划工作的均需由流域机构组织有关省(市)共同商定。功能区划分指标包括:跨界区域及相邻功能区间水质差异程度。功能区水质管理标准:有二级区划要求的,按实际需要执行相关水质标准。对暂无二级区划要求的可按现状控制,对有矛盾的地区经流域机构协调解决。

　　2. 二级区划分类及指标

　　对一级区划中的开发利用区进行二级区划,其他一级区划不进行二级区划。

　　(1) 饮用水源区　指满足城镇生活用水需要的水域。其划区条件为:已有城市生活用水取水口分布较集中的水域;或在规划水平年内城市发展需设置取水口,且具有取水条件的水域。功能区划分指标包括:人口、取水总量、取水口分布等;功能区水质管理标准:执行Ⅱ~Ⅲ类标准。

　　(2) 工业用水区　指满足城镇工业用水需要的水域。其划区条件为:现有工矿企业生产用水的集中取水点水域;或根据工业布局,在规划水平年内需设置工矿企业生产用水的取水点,且具备取水条件的水域。功能区划分指标包括:工业产值、取水总量、取水口分布等;功能区水质管理标准:执行Ⅳ-Ⅴ类标准。

　　(3) 农业用水区　指满足农业灌溉用水需要的水域。其划区条件为:已有农业灌溉区用水集中取水点水域;或根据规划水平年内农业灌溉的发展,需要设置农业灌溉集中取水点,且具备取水条件的水域。功能区划分指标包括:灌区面积、取水总量、取水口分布等;功能区水质管理标准:执行Ⅴ类标准。

　　(4) 渔业用水区　指具有鱼、虾、蟹、贝类产卵场及洄游通道功能的水域,养殖鱼、虾、蟹、贝、藻类等水生动植物的水域。其划区条件为:主要经济鱼类的产卵、洄游通道,及历史悠久或新辟人工放养和保护的渔业水域;水文条件良好,水交换畅通;有合适的地形、底质。功能区划分指标包括:渔业生产条件及生产状况;功能区水质管理标准:执行《渔业水质标准》(GB11607-89),并参照《地面水环境质量标准》(GB3838-2002)Ⅱ—Ⅲ类标准。

　　(5) 景观娱乐用水区　指以满足景观、疗养、度假和娱乐需要为目的的江河湖库等水域。其划区为满足下列条件之一者:有供千人以上度假、娱乐、运动场所涉及的水域;有省(区)级以上知名度的水上运动场;省级以上风景区所涉及的水域。功能区划分指标包括:景观娱乐类型及规模;功能区水质管理标准:执行《景观娱乐用水水质标准》(GB12941-91),并参照《地面水环境质量标准》(GB3838-2002)有关标准。

　　(6) 过渡区　指为使水质要求有差异的相邻功能区顺利衔接而划定的区域。其划区条件为:下游用水要求高于上游水质状况;有双向水流的水域,且水质要求不同的相邻功能区之间。功能区划分指标包括:水质与水量;功能区水质管理标准:以满足出流断面所邻功能区水质要求,选用相应控制标准。

　　(7) 排污控制区　指比较集中接纳生活、生产污废水,接纳的污废水对水环境无重大不利影响的区域。其划区的条件为:接纳污水中污染物为可稀释降解的;水域的稀释自净能力较强,其水文、生态特性适宜于作为排污区。

3. 无锡市水功能区划[6,7]

无锡共划市级水功能区 112 个,其中保护区 4 个、保留区 1 个、缓冲区 22 个和开发利用区 85 个。其总河长 1225.3km。

开发利用二级功能区 85 个为:饮用水水源区 9 个,渔业用水区 11 个,景观娱乐用水区 18 个,农业用水区 4 个,过渡区 1 个,工业用水区 42 个(图 3-1、表 3-1)。

二、水质保护目标

1. 制订水质保护目标的原则

满足无锡市经济社会发展的要求;与江苏省政府和太湖流域管理局确定的总体目标相一致;不低于现状水质。

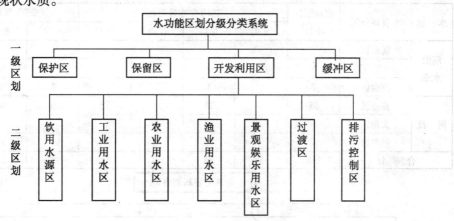

图 3-1　水功能区划分级分类系统图

表 3-1　无锡市水功能二级区划概况

项　目	饮用水水源区	景观娱乐用水区	农业用水区	工业用水区	过渡区	渔业用水区	总　计
个　数	9	18	4	42	1	11	85
百分比(%)	11	21	5	49	1	13	100

2. 水质保护目标

经省、市政府确定的水功能区水质保护目标为:2010 年水源地全部达到Ⅲ类水,2020 年达到Ⅱ~Ⅲ类水。其他重点水域的水环境分阶段得到有效改善:入太湖河道、清水通道、宜兴山区河道一般 2010 年达到Ⅲ~Ⅳ类,2020 年达到Ⅲ类;骨干河道一般 2010 年达到Ⅳ~Ⅴ类,2020 年达到Ⅳ类;一般河道 2010 年达到Ⅴ类,2020 年达到Ⅴ类;其中宜兴河道的水质目标总体上高于锡澄片(表 3-2、图 3-2、表 3-3)。2008 年国务院批准的"太湖流域水环境综合治理总体方案"中确定的太湖(不含东部太湖)水质目标是,2012 年Ⅴ类(主要指标 TN Ⅴ类、TP Ⅳ类、其他Ⅱ~Ⅲ类)、太湖水源地基本Ⅲ类,2020 年Ⅳ类(主要指标 TN Ⅳ类、TP Ⅲ类、其他Ⅱ~Ⅲ类),水源地Ⅲ类。

三、水功能区水质保护目标规划达标率

河湖水体变清仅是河湖水质保护的初级目标,相对较容易做到,而河湖达到水功能区水质保护目标则是最终目标,无锡地区水功能区达标的难度很大,需通过艰苦努力。

根据无锡市入水污染负荷强度很大和水功能区 2010 年不可能全部达标的实际情况,采用江苏省 2007 年确定的水功能区水质目标全省平均达标率,即确定无锡市水功能区水质目标达标率为 2010 年 65%、2020 年 100%(2008 年"太湖流域水环境综合治理总体方案"中确定的太湖河网水域水质控制达标率为 2010 年 40%、2020 年 80%)。

表 3-2　各分区水功能区目标统计表　　　　　单位:(个)

水　域	水资源分区	水功能区小计	2010 年水质目标				2020 年水质目标		
			Ⅱ类	Ⅲ类	Ⅳ类	Ⅴ类	Ⅱ类	Ⅲ类	Ⅳ类
湖泊水库	锡澄区								
	太湖区	5	1	2	2		1	4	
	湖西区	7	1	3	3		1	6	
河　流	锡澄区	65	3	13	36	13	3	28	34
	太湖区	1			1			1	
	湖西区	34		15	18	1		31	3
合　计		112	5	33	60	14	5	70	37

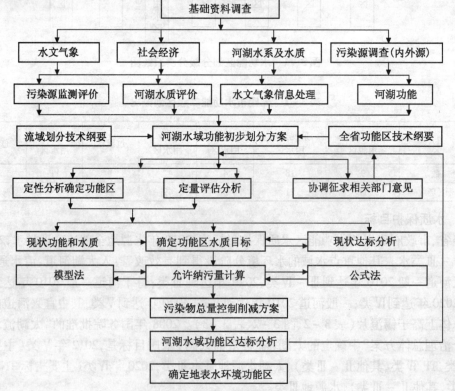

图 3-2　无锡市水功能区划技术流程网

表3-3　2005年无锡市湖泊和主要水库情况和功能表

序号	湖泊名称	位置	湖泊面积(km²)	境内岸线长度(km)	现有景观、绿化带长(km)	现状主要功能	规划主要功能	主导水功能	现状水质
1	太湖湖体(不含下述4个湖湾)	市区南部	2003	48	30	调蓄洪水、饮用水水源地、风景旅游	风景旅游、饮用水水源地、调蓄洪水	饮用水水源地	V~劣V
2	梅梁湖(太湖西北部的湖湾)	市区西南部	124.5	45	40	风景旅游、调蓄洪水、饮用水水源地	风景旅游、饮用水水源地、调蓄洪水	饮用水水源地	劣V
3	贡湖(太湖北部的湖湾)	市区东南部	147	24	12	调蓄洪水、饮用水水源地	风景旅游、饮用水水源地、调蓄洪水	饮用水水源地	V~劣V
4	竺山湖(太湖西北部的湖湾)	市区马山西部	56.7	25	15	调蓄洪水	风景旅游、调蓄洪水	渔业用水	劣V
5	五里湖	滨湖区	8.6	35	20	风景旅游	城市内部景观湖泊	景观娱乐用水	劣V
6	鹅真荡	锡山区西部	5.28	10	3	与望虞河通、引水泄洪调蓄	景观湖泊、引水泄洪调蓄	保护区	劣V
7	嘉菱荡	锡山区东部	0.91	3	1	与望虞河通、引水、泄洪	景观湖泊、引水泄洪调蓄	保护区	劣V
8	苑山荡	锡山区东部	1.55	12	3	调蓄	景观湖泊、调蓄	保护区	劣V
9	滆湖	宜兴市北部	164	25	2	调蓄洪水、水产养殖	生态景观湖泊、调蓄排涝调蓄	渔业用水	V~劣V
10	西氿	宜兴市城区以西	10.7	30	5	泄洪、排涝通道	景观湖泊、泄洪排涝调蓄	渔业用水	V
11	团氿	宜兴市城区	3.16	8	6	泄洪、排涝通道、观光	景观湖泊、泄洪排涝调蓄	渔业用水	V
12	东氿	宜兴市城区以东	7.52	27	5	泄洪、排涝通道	景观湖泊、泄洪排涝调蓄	渔业用水	V
13	临津荡	宜兴市	0.64	15	3	调蓄	生态景观	渔业用水	V
14	徐家荡	宜兴市	0.50	10	2	调蓄	生态景观	渔业用水	V
15	钱墅荡	宜兴市	0.64	4	1	调蓄	生态景观	渔业用水	V
16	连花荡	宜兴市	0.70	8	2	调蓄	生态景观	渔业用水	V
17	阳山荡	宜兴市	0.55	4	1	调蓄	生态景观	渔业用水	V
18	横山水库	宜兴市	11.75	18	18	调蓄、饮用水水源地	调蓄、饮用水水源地、风景旅游	保护区	II~III

第二节　区域内污染总量控制

一、水体现状纳污量[8]

根据《无锡市水资源综合规划》结论,无锡市 2005 年包括各类点源、面源和内源的现状纳污量为:化学需氧量(COD)为 19.10 万 t、氨氮(NH$_3$-N)1.81 万 t、总氮(TN)2.42 万 t、总磷(TP)0.18 万 t。COD 中,工业、生活污染负荷为 12.4 万 t,占全部污染负荷的 64.9%;其他如种植、水产养殖、禽畜养殖、其他非点源(主要是地面径流污染)、底泥释放、降雨降尘、航行等污染负荷合计为 6.7 万 t,占全部污染负荷的 35.1%。

二、允许纳污能力

(一)水体允许纳污能力的计算条件

1. 河湖自然条件

本地区河流多属宽深比相对不大,污染物质能在较短的时段内于断面内达到基本上的均匀混合,且污染物浓度在断面横向上变化不大,因此计算水体允许纳污能力(也称水环境容量)时选用一维水质模型,模拟污染物沿河流纵向的对流、扩散及迁移。

2. 综合降解系数

本区河道均为浅水型河道,多数河道流速小,污染严重,自净能力小,且在通航时,机动船泊扰动淤泥,加重二次污染,抵消自净能力,所以一般非圩区中小河道和圩区河道的综合降解系数 K 值很小。

3. 上游来水量对本市环境容量的影响

无锡市的上游来水量比较多,而且水质比较差。如江南运河常州方向的来水入境量为无锡市的出水离境进入苏州水量的接近一半,且水质较差,主要污染指标为 NH$_3$-N(劣于 V 类),严重超过江南运河无锡段的水质目标 IV 类,所以为方便和比较合理的计算,上游来水量的环境容量不计入无锡市的环境总容量中。同理,上游来水量中的现状纳污量也不计入无锡市的现状纳污量的总量中。

4. 外区域调入水量对本市环境容量的影响

如长江,目前或今后,一年需向本区域太湖及河网调进水 25~40 亿 m^3,以及太湖一年向本区域河网调进水数亿 m^3,这些调进水量所含的环境容量也均不计入无锡市的环境总容量中。同理,调进水量中的现状纳污量也不计入无锡市的现状纳污量的总量中。

5. 生态修复区和湿地对本市环境容量的影响

由于该方面的资料比较缺乏,所以在确定本市环境总容量时,未把生态修复区和湿地对河湖水体的自我净化能力和对综合降解系数的影响因素考虑进去。

（二）水体允许纳污能力[8]

根据《无锡市水资源综合规划》的结论,平水年的水体允许纳污能力(未计入长江允许纳污能力),2010年、2020年分别为:COD 8.0万t、7.05万t;NH_3-N 0.39万t、0.34万t;TN 0.41万t、0.36万t;TP 0.032万t、0.028万t。其中不同来水频率时COD的允许纳污能力见表3-4。

表3-4 无锡市水体COD允许纳污能力表 单位:(万t)

指 标	水平年	丰水年(20%频率)		平水年(50%频率)		枯水年(75%频率)	
		水功能区100%达标率	65%达标率	100%达标率	65%达标率	100%达标率	65%达标率
COD	2010	9.31	14.1	8.0	12.31	7.0	10.8
	2020	8.22	—	7.05	—	6.19	—

三、规划纳污量[8]

（一）2010年规划纳污量

规划纳污量是依江苏省政府已批准的"江苏省水(环境)功能区划"2010年、2020年规定的水域功能水质,在确定的某一时限,根据无锡市的经济社会实际情况和削减污染负荷的能力,经科学计算分析,在最大限度削减污染负荷后,剩余的污染负荷为规划纳污量。其中,内源的削减量中如清除蓝藻;人工调水和生态修复区及湿地增加的纳污量未计入(下同)。水质目标以COD计算,此处达标率根据江苏省2007年确定的水功能区水质目标全省平均达标率计算,2010年为65%。市政府确定2010年的COD较现状年削减20%,估算2010年无锡市水体规划纳污量COD 15.26万t(表3-5)。

表3-5 2010年无锡市水体COD规划纳污量

序 号	项 目	类 别	规划纳污量(t)	规划纳污量占总量比例(%)
1	生活	生活污染	45119	29.57
2	工业	工业污水	32012	20.98
3	污水厂	尾水	24033	15.75
4	种植业	农田地面径流、灌溉余水	15494	10.15
5	畜禽养殖	污水、废弃物	4731	3.10
6	养鱼	肥水、塘泥	5220	3.42
7	其他:地面径流	山林、城镇、道路等	8589	5.63
8	降雨降尘	水域	7999	5.24
9	淤泥	二次释放	9056	5.93
10	航运	不含扰动底泥产生的污染	349	0.23
	合 计		152602	100

(二)2020 年规划纳污量

规划纳污量以 COD 计,此处达标率根据江苏省 2007 年确定的水功能区水质目标全省平均达标率 100% 计,并根据无锡市的经济社会实际情况确定在现状基础上削减 COD 43%,其中内源的削减量包括清除蓝藻。估算 2020 年全市水体规划纳污量 COD 为 10.78万 t(表 3 - 6)。

表 3 - 6　2020 年无锡市 COD 规划纳污量表

序　号	项　目	类　别	规划纳污量(t)	规划纳污量占总量比例(%)
1	生活	人口	21385	19.83
2	工业	工业污水	15204	14.10
3	污水厂	尾水	32123	29.79
4	种植业	农田地面径流、灌溉余水	11136	10.33
5	畜禽养殖	污水、废弃物	2355	2.18
6	养鱼	肥水、塘泥	3610	3.35
7	其他:地面径流	山林、城镇、道路等	7065	6.55
8	降雨降尘	水域	7058	6.55
9	淤泥	二次释放	7641	7.09
10	航运	不含扰动底泥产生的污染	249	0.23
合　计			107826	100

四、污染负荷应削减量和污染负荷总量控制

(一)污染负荷应削减率

平水年,若要全面达到水功能区目标,且不增加环境容量(允许纳污能力),以 COD 计算,2010 年入水污染负荷应削减率(简称应削减率)=(现状纳污量 - 2010 年允许纳污能力)/现状纳污量,COD 应削减率为 58.11%;2020 年应削减率 =(现状纳污量 - 2020 年允许纳污能力)/现状纳污量,COD 应削减率为 63.1%。

由于无锡市的入水污染负荷(简称污染负荷)很大,单位面积污染负荷 COD 达到40.7t/ km²,2010 年,不可能全面达到 2010 年的水功能区目标,也不可能将污染物 COD 一下子削减 58.11%,所以根据无锡现有的经济社会能力和实际条件,并与无锡经济社会发展"十一五"总体规划相协调,确定 2010 年的主要污染负荷削减率为 20%,所以 2010 年规划纳污量为 15.26 万 t,其余用增加环境容量(允许纳污能力)的措施来解决此矛盾,使允许纳污能力与规划纳污量保持平衡;2020 年,水功能区要全面达到目标,同样不可能将污染负荷COD 一下子削减 63.1%,根据无锡现有的经济社会能力和实际条件,确定 2020 年主要污染负荷 COD 削减率为 43%,达到规划纳污量 10.78 万 t,其余用增加环境容量的措施来解决此矛盾,使允许纳污能力与规划纳污量保持平衡。

2010 年、2020 年的 NH_3-N、TN、TP 的污染负荷应削减率(100%达标时)较 COD 为大。NH_3-N 分别达到 78.5%、81.2%;TN 分别达到 83.1%、85.1%;TP 分别达到 82.2%、84.4%(表 3-7)。

(二)污染负荷总量控制

入水污染负荷总量控制(以下简称总量控制),系指某一区域根据水功能区的水质目标要求,控制污染负荷进入该区域水体的污染负荷总量,使不大于该区域的允许纳污能力(环境容量)。

表 3-7　无锡市入水污染负荷应削减率表

(平水年、水功能区 100% 达标、不调水增加环境容量)

项　　目		COD	NH_3-N	TN	TP
现状年入水污染负荷(万 t)		19.1	1.81	2.42	0.18
2010 年	允许纳污能力(万 t)	8.0	0.39	0.41	0.032
	入水污染负荷应削减率(%)	58.11	78.5	83.1	82.2
2020 年	允许纳污能力(万 t)	7.05	0.34	0.36	0.028
	入水污染负荷应削减率(%)	63.1	81.2	85.1	84.4

1. 污染总量控制的类型

(1)全部项目总量控制　系指按照《地表水环境质量标准》(GB3838-2002)的全部项目进行污染总量控制。该类型控制的资料收集面量大、任务重,计算量很大,整个工作量极其浩大。

(2)单项总量控制　一般是在《地表水环境质量标准》(GB3838-2002)的全部项目中,选取有代表性的一个单项指标进行污染总量控制。该类型控制的资料比较容易收集,整个工作量比较小。

(3)部分项目总量控制　一般是在《地表水环境质量标准》(GB3838-2002)的全部项目中,选取有代表性的 2~4 个单项指标进行污染总量控制。该类型控制的资料收集难易适中,计算量大小适中,整个工作量大小居中。

2. 污染总量控制采用的参数类型

全部项目总量控制这一类型采用的极少,因为其总体工作量太大。一般采用单项总量控制和部分项目总量控制。如对外源进行总量控制时,较为普遍的是选择对 COD 进行总量控制;对太湖流域河道进行污染总量控制时,一般选择对 COD、NH_3-N 进行控制;对太湖流域湖泊进行污染总量控制时,一般选择对 COD、TN、TP 进行控制;对太湖水源地进行污染总量控制时,一般选择对 COD、NH_3-N、TN、TP 进行控制;对局部有特殊要求的水体,则是选择特殊要求 1~2 个项目,一般选择该水体水功能区重要的水质指标。

3. 污染总量控制与断面(点)水质达标相结合

无锡地区的污染入水负荷控制总体上实行污染总量控制与断面(点)水质达标相结合。污染总量控制是在一个区域或比较大的范围内对进入水体的某一类或多类污染负荷进行总量控制,而断面(点)水质达标控制则是指在此区域或比较大的范围内进行总量控制的基础上,对其中一个或多个断面(点)进行水质监测达标控制,由于各断面(点)的水质达标要求和达标条件不尽相同,而且参与水质达标控制的可能有多项指标,所以有可能某一单项水质控制指标与污染总量控制目标存在不协调现象,此时参与断面(点)水质达标的单项或多项控制指标应与污染总量控制目标相协调。

4. 污染总量控制的内容

污染总量控制的内容包括两个方面:一方面是在区域内采用系列综合治理污染的措施,削减污染源的入水污染负荷,满足该水平年政府确定的污染负荷应削减率的要求,使污染负荷不大于允许纳污能力。但在太湖流域,由于污染源多、污染负荷大,不可能一下子把污染负荷削减到不大于允许纳污能力(环境容量),应采取第二方面措施,即采取一系列增加环境容量(主要包括调水、生态修复)的措施,使该区域增加后的水体环境容量,不小于其削减后的入水污染负荷量。

(三)污染总量控制的计算步骤

1. 计算现状纳污量

现状纳污量,收集某区域现状年全部污染的有关资料和对此资料进行分析和汇总,计算出外源和内源进入水体的全部入水污染负荷。

2. 确定水功能区目标及其达标率

水功能区,根据该区域经济社会发展的要求,对该区域内的水体划定水功能区,并确定每个水功能区设定水平年的水质目标,水体有多个功能时,按水质目标要求高的控制,若已划定水功能区,采用其划定成果即行;根据该区域经济社会发展及其削减污染负荷的能力,确定其设定水平年的功能区水质目标达标率。

3. 计算允许纳污能力

首先计算水功能区水质目标达标率为100%时,该区域设定水平年的水体允许纳污能力;若根据该水平年计划的经济社会发展和削减污染负荷的能力,水质目标不能100%的达标时,应根据实际情况,确定较低的水质目标达标率,再根据较低的水质目标达标率计算水体中允许受纳污染负荷的能力。

4. 计算入水污染负荷应削减率

根据现状纳污量和设定水平年的允许纳污能力计算入水污染负荷应削减率。

5. 计算规划纳污量

根据该区域设定规划水平年的经济社会的发展状况和水质目标达标率,计算其规划纳污量。

6. 确定污染负荷控制总量

综合比较规划纳污量和允许纳污能力。

(1)若规划纳污量不大于允许纳污能力　表明该区域在设定水平年,其入水污染负荷的削减能够满足入水污染负荷应削减率的要求,即入水污染负荷削减后,能够达到允许纳污能力的水平。则规划纳污量 = 允许纳污能力 = 污染控制总量。

(2)若规划纳污量大于允许纳污能力　表明该区域的设定水平年,其入水污染负荷的削减不能够满足入水污染负荷应削减率的要求,即入水污染负荷削减后,仍大于允许纳污能力。则要进行下一步容量计算。

(3)进行增加环境容量计算　主要是根据设定水平年,对该区域进行调水、生态修复和湿地保护,以增加水体自净能力,也即增加环境容量。使增加环境容量的总和不小于规划纳污量与允许纳污能力之差。则规划纳污量 = 污染控制总量,以此确定污染控制总量。但此时污染控制总量仍大于允许纳污能力。

(4)若按第(3)步计算相应增加纳污能力　增加环境容量的总和仍小于规划纳污量与允许纳污能力之差,则应降低水功能区水质目标达标率,以相应增加允许纳污能力,再进行第(3)步计算,或对第(3)步、第(4)步进行反复多次计算,最终使增加环境容量的总和不小于规划纳污量与允许纳污能力之差。则此时,规划纳污量 = 污染控制总量。即可以此确定污染控制总量。

7. 对污染总量进行分类分区域控制

(1)单项指标污染总量控制　通常的做法是对 COD 进行污染总量控制计算。其一是确定该单项污染指标的控制总量,即允许进入水体的入水污染负荷总量;其二是对污染源进行控制,分功能区或分区域削减入水污染负荷,满足总量控制的要求;其三是根据该区域经济社会发展规划和规划纳污量,对各类外源和内源进行分类控制,并计算确定需增加的环境容量,制定出设定水平年的生活、工业、农业和地面径流等主要类型的外源和内源的入水污染负荷的控制目标和计算各类入水污染负荷的应削减率,同时把每个功能区或区域的污染控制总量分解到每个工厂、单位、社区、农村和农场。其四是计算过程应进行多次反复、平衡计算,以满足单项指标污染总量控制的全部要求。

(2)多项指标污染总量控制　依据经济社会发展、人民生活、生态安全与保护、水功能区或区域的性质或重要性,一般在对整个区域的 COD 进行污染总量控制计算后,应根据各水功能区或区域其他指标的重要程度,再进行规划要求的其他指标污染总量控制的计算,如应对河网进行 NH_3-N 的污染总量控制计算,对湖泊进行 P、N 的污染总量控制计算,或对重要水域进行其他必要指标的污染总量控制计算。

(四)无锡市污染总量控制

污染总量控制,以平水年,COD 为例进行控制计算。现状 2005 年,无锡市全部水体现状纳污量 COD 为 19.10 万 t,划定市级水功能区为 112 个。

1. 2010 年总量控制

2010 年,全市水体允许纳污能力(未计入长江)COD 8.0 万 t;若 112 个水功能区全部达标,全市入水污染负荷应削减率为 58.11%;但无锡经济社会发达,污染源多,入水负荷总量很大,控制污染的速度暂时还达不到全面削减入水污染负荷的可能。根据无锡市削减污染负荷的能力,经过多次计算分析,确定最大限度削减污染负荷率为 20.1%,此削减率已经高于全国的削减目标 10%,与此相对应的规划纳污量为 COD 15.26 万 t。比较达标率 100% 时的允许纳污能力和规划纳污量,二者之差为 7.26 万 t,此差数需要用增加环境容量的办法来解决,但调水和生态修复不可能使环境容量增加这么多,也就是说水功能区水质目标达标率不可能达到 100%。调整允许纳污能力,经多次计算,选定水功能区水质目标达标率为 65%,与此相对应的 COD 允许纳污能力为 12.31 万 t,再比较达标率 65% 时的允许纳污能力和规划纳污量,二者之差为 2.95 万 t,说明到 2010 年规划的控制工程和技术措施全部实施后,可以大量削减现状纳污量,但还不能满足污染负荷应削减率的要求,应采用增加环境容量的措施。经多次计算,通过调水和生态修复增加的环境容量可以达到 2.95 万 t,其中,调水,以每调水 10 亿 m^3 增加

COD 环境容量 0.8～1.0 万 t，同时由于调水时每个水功能区增加环境容量的程度是不均匀的，其不均匀系数取 1.1～1.3 计，计算结果全年共需调水 30～35 亿 m³（调水量中不含水资源的重复利用量，下同）；生态修复和湿地保护，面积达到 25～40km²。计算结论，确定 2010 年 COD 污染总量的控制目标是 15.26 万 t，同时需调水和生态修复增加 COD 环境容量 2.95 万 t。

　　2. 2020 年总量控制

　　2020 年，全市水体允许纳污能力（未计入长江）COD 7.05 万 t；无锡经济社会已经发展到一定程度，有良好的环境条件和比较充足的资金用于治理污染和削减污染负荷；若全市 112 个水功能区在不增加环境容量的情况要全部达标，全市入水污染负荷应削减率为 63.1%；无锡 2020 年入水污染负荷总量很大的状况虽有所改善，但如此高比例的削减入水污染负荷仍是不可能实现的，根据无锡市削减污染负荷的能力，经过多次计算分析，确定最大限度削减污染负荷率为 43%，与此相对应的规划纳污量为 COD 10.89 万 t；比较达标率 100% 时的允许纳污能力和规划纳污量，二者之差为 3.73 万 t，说明到 2020 年规划的控制工程和技术措施全部实施后，可以大量削减现状纳污量，但还不能满足污染物应削减率的要求，应继续采用增加环境容量的措施，经多次计算，通过调水和生态修复增加的环境容量可以达到 3.73 万 t。计算结果全年共需调水 35～40 亿 m³；其二生态修复和湿地保护面积需达到 100～150km²。计算结论，确定 2020 年 COD 污染总量的控制目标是 10.89 万 t，同时需调水和生态修复增加 COD 环境容量 3.73 万 t（表 3-8）。

表 3-8　无锡市入水污染负荷 COD 总量控制表

项目	水　平　年	2010 年		2020 年	
①	水功能区水质目标达标率(%)	100	65	100	100
②	现状入水污染负荷(万 t)	19.1	19.1	19.1	19.1
③	允许纳污能力(万 t)	8.0	12.31	7.05	7.05
④	增加纳污能力(环境容量)(万 t)	不增加允许纳污能力	2.95	不增加允许纳污能力	3.73
⑤	增加环境容量后的允许纳污能力合计(万 t) ⑤=③+④=⑧	8.0	15.26	7.05	10.78
⑥	入水污染负荷削减率(%)	58.11	20.1	63.1	43.55
⑦	入水污染负荷削减量(万 t)⑦=②×⑥	11.1	3.84	12.05	8.32
⑧	剩余入水污染负荷量(万 t)⑧=②-⑦=⑤	8.0	15.26 (规划纳污量)	7.05	10.78 (规划纳污量)

　　3. 对 COD 污染总量控制是全部项目污染总量控制的基础

　　其他项目，如 NH_3-N、TN、TP 的污染总量控制基本与 COD 总量控制的计算步骤和方法相同。但其中污染入水负荷应削减率、规划纳污量、单位调水量可增加环境容量、单位生态修复面积可增加环境容量等参数有所不同，应根据具体情况确定。其中太湖的主要超标指标是 TN，而且其超标倍数比较大，对 TN 实行总量控制的难度要比 COD 为大，必须加大控制 TN 方面污染的力度和大幅度削减其入水负荷。

第三节　水资源保护和水污染防治的方向和策略

一、保护和防治的方向

（一）科学合理利用水资源，实现"节水减排"

全面建设节水型城市和节水型社会。实施循环经济、推行清洁生产，实施工业节水、农业节水，推行生活节水和推广生活节水器具，实施工业、生活污水和污水处理厂尾水的再生水回用，调整水价，全社会提高水资源利用率，减少污染物排放量，从根本上遏制水污染发展的趋势和为遏制水生态系统退化创造条件，同时降低污水处理运行负荷和运行费用，节省大量治理费用。

（二）全面控制污染源，实现点源面源和内源综合治理

由于经济社会发展快，城市化进程加速，排污量呈增长趋势。因此，污染源控制和治理（点源、面源和内源）仍是区域和流域水污染防治的第一要务，也是生态修复的前提和保障。现今工业点源和生活污水治理显现成效，农业面源和水体内源污染贡献比例相对增大，面源与内源的控制和治理也将逐步上升为主要矛盾和主要矛盾方面。由于农业面源面广量大，分散和不确定性；内源（主要是底泥和蓝藻）控制机理和技术尚需科技支撑，治理难度大，已成为破解太湖流域水污染控制的难点和关键之一。流域内实施点源治理和生活污水处理同时，全面削减面源和内源污染是今后污染控制的关键之一和方向。

（三）采用现代化污水处理工艺，提高污水处理标准和效率

以往城市污水处理，以去除悬浮固体、有机物和其他有毒有害物质为主要目标，而对氮、磷等营养物质的去除效率较低。处理后尾水中氮磷等有机无机营养物质对泄水区水质的影响大，远超地表水V类水标准，是受纳水体的点污染源。因此，在经济发达的河网平原区采取深度处理，提高污水处理标准，进一步去除污水中氮磷等营养物质，成为水资源保护和水污染防治的重要需求和必然措施，也是有效实施污染物总量控制的必然趋势。

（四）加强水生态理念，实现水体生态修复

水污染造成水质下降和水生态系统退化。水不仅是自然资源，也是生态要素、水生态环境的必然和有机的重要组成部分。水循环将水与诸自然要素和各生态要素有机的联系为一完整系统，相互影响，相互制约，在很大程度上决定了流域水生态环境动态和水生态系统的基本状况。所以说水污染防治是水系统的问题，也是水生态问题。加强了水生态理念，在治理和保护上，遵从水生态基本属性和特点的认知，在遵从水生态自然规律前提下，以生态的技术和方法，做好水生态系统修复和建设。在污染严重的河湖水域，大力推进生态环境保护工程，在取得水生态系统保护和修复良好成效的同时，也增加了水体自净能力和环境容量，可使水生态系统步入良性循环。

(五)从流域整体性考虑,水资源保护和水污染防治

流域是水污染控制和治理的自然地理基础。流域是完整的、自成体系的物质交换和能量流动的基础,水是生态要素的载体和源泉介质。各种形式不同生态质量的水在流域地理框架内,通过河道、渠网、湖库、地下含水系统,各种水工程形成一复杂的水资源生态系统,改变任一要素都会引起整个系统的变化。因此必须以流域的、系统的基本理念来实施流域和区域的水污染治理和水生态系统修复与建设,放眼流域、立足区域。

(六)合理调整水系布局,调水增加环境容量

随着对水资源合理开发引用和保护治理的认识提高,为修复水生态系统创造了良好条件,逐步认识到水系不仅具有防洪排涝、灌溉用水和航运功能,还具生态、景观、文化功能,在长效做好点、面源和内源治理同时,利用区域水优势,建设一批区域骨干河道控制性水工程、水设施,实施生态调水增加环境容量,改善水生态和水环境。

二、保护和防治的策略

(一)加强点源源头控制

推行循环经济、循环社会、循环城市,推行污水污物的综合利用,逐步减少污染物产生量;推行清洁生产和工业污染源头治理。强化工业点源治理,严格控制新污染源,做到旧账抓紧还,新账不再欠,节水减排减少生活、工业污水的排放量;重污染企业逐步搬迁出城,分类进入各类工业园区或开发区,对企业污水进行分类污水处理。推进污水处理市场化进程;推行分质供水、再生水回用(中水回用);继续禁止销售和使用含磷洗涤用品。

(二)建设完善城镇污水收集处理系统

建设足量的污水处理能力和完善污水收集管网、使污水处理系统的能力与规划排污量相适应,提高污水处理标准,采用新技术、新工艺和生物技术对污水处理厂的尾水继续进行深度处理,使其与本区域的污染物总量控制目标相适应。

(三)加大治理面源污染力度

各部门密切配合,逐步控制畜禽养殖业、种植农业、水产养殖业、航运、地面径流等非点源的污染,以及各类废弃物污染。逐步建设农业农村污染控制区、生态农业园场;农民由分散的自然村落向集中居住的社区转移,乡镇企业升级改造并向工业园区集中。建立统一的控制污染管理机构和健全法规;建设和完善农业农村面源污染处理系统;通过设置植被缓冲带、蓄水池、前置库、生态修复区、湿地保护区等措施,充分利用土地和植被的净化能力,过滤和截留地面径流中的氮磷有机物和污染物;对各类废弃物进行无害化处置和资源化利用。加大污染治理力度,大幅度减少面源对水体的污染。

（四）削减内源治理污染

合理地分阶段地实施河湖生态清淤，减少淤泥中污染物对水体的释放量，消除"湖泛"对水源地的安全威胁；把打捞、清除藻类作为清除内源的重要手段，通过打捞、清除藻类，移出水体，减少水体中 N、P，并控制藻类爆发和消除对水源地的安全威胁；清除水生植物残体污染；清除大水面围网养殖，实行人放天养。

（五）总结生态修复成功经验

全面总结五里湖、梅梁湖、贡湖和宜兴大浦等湖泊和河道的生态修复示范区的成功经验和教训，制定规划，编制技术规程，分阶段全面推广水体的生态修复，充分运用湿地、水生动植物、微生物，修复被污染水体和水生态系统。

（六）加快河湖滨水区建设

滨水区为水陆交替，人与水交会的生态敏感区，其建设既是水污染治理的重要组成部分，也是人文景观、休闲娱乐的重要组成部分。对河道、湖泊岸线尽可能采用自然形态、增加绿化植被，恢复滨水生态，并与景观、风景旅游相结合；人水和谐，将历史文化、水文化与城市水资源优势相结合，强调滨水区功能的完整性、开放性及共享性，充分体现无锡市滨江滨湖滨水特色。

（七）合理调整水系布局

对现有平原河网水系进行优化调整；进一步加强水系和江湖连通，加快水体流动，改善水动力条件，实现水体有序流动，改善水质，提高水体自净能力，创造良好水环境，构筑完整的水系网络框架，加强水系形态控制。

（八）加强管理

水资源保护和水污染防治是水资源统一管理的轴向延伸和内涵的完整体现，也是水务行政单位和有关部门的职责，逐步建立统一的和协调的水资源保护和水污染防治及水资源管理的体系；加强法制建设，完善政策法规体系，严格依法管理；加强行政监管力度，控制污染物排放总量；合理规划监测站点，采用现代化技术装备对河湖水体和污水的水量、水质和水生态状况进行实时立体动态监测，建立水资源管理信息系统和藻类爆发（"湖泛"）等突发性水污染事件的预测预警系统，提高管理水平；加大宣传力度，提高公众的水生态意识、水资源意识和环境意识，鼓励、组织公众对水资源保护的实质性参与，建设节水防污型社会。

水资源保护和水污染防治是一项长期艰巨复杂的系统工程，必须统一规划，实行宏观监控，充分调动各种力量和资金，运用各种技术手段，有计划、有目的，逐步实施，实现无锡市水资源保护和水污染防治工作的稳步发展。

第四节　保护与防治的工程技术和保障措施概述

无锡市地表水污染严重,单位污染负荷大,污染类型复杂,污染治理工艺和湖泊富营养化的治理难点多,因此,水资源保护和水污染防治具有紧迫性、长期性、艰巨性和系统性的特点。

河湖水污染控制和水生态修复是一巨大的系统工程,它涉及资源、环境、社会各子系统。因此,在治理中要正确处理好五个关系:① 流域治理和区域治理的关系;② 污染治理和生态修复的关系;③ 陆域治污和水体修复的关系;④ 城市污染治理和农村污染治理的关系;⑤ 工程建设和管理措施的关系。

一、工程技术措施

河湖水资源保护与水污染防治技术措施应是全方位综合性的,可分为工程技术措施和保障措施。工程技术措施具体分为六个方面:① 控制外源(含生活、工业、农业、航运,地面径流和其他非点源等);② 清除内源(含底泥、藻类、其他生物及其残体污染);③ 生态修复和建设湿地保护区;④ 调水;⑤ 河道整治和调整水系;⑥ 建设滨水区域(含生态护岸、滨水景观绿化带)等。并注重该六方面技术措施的科学集成和合理配置,使其发挥最大效果。其中控制外源是根本措施,控制内源、调水、生态修复和其他有关措施也是必不可少的至关重要的工程技术措施。水资源保护和水污染防治措施见表3-9。

通过实施上述六个方面工程技术措施和合理科学集成,起到削减污染物产生量和进入水体量、提高水体自净能力、增加水环境容量,最后达到治理水污染、改善水质、保护水资源的作用,起到水生态系统逐步进入良性循环的最佳效果。同时要有相应的保障措施配套,确保工程技术措施的全面实施,使水资源保护和水污染防治取得最佳效果。具体见第四章~第十章。

二、社会保障措施

社会保障措施,加强领导、建立高效的领导、协调机构是组织保证,加强舆论导向和民众环保意识教育是群众基础,法制和体制是保障体系的核心,不断完善的环保机制是关键之一,强化信息管理,提供网络化互利交流平台是现代生态环境建设的基本要求,拓宽融资渠道和加大投入力度是治理生态环境的支柱。

(一)领导和组织机制

根据2008年国务院的《太湖流域水环境综合治理总体方案》,建立相应的流域、省(市)、地(市)、县(市)区各级治理太湖水环境机构,统一领导,负责流域、区域水环境治理、水资源保护和水污染防治的建设规划、规划实施及其监管工作的领导和协调工作。建立起政府主导,发改委、水利、环境保护、财政、建设、公用、农林、规划和其他部门协调办理、积极参与的工作机制。明确流域、区域的总体目标,明确政府及有关各部门的职责,建立工作责任制、问责制和逐级考核机制,开展定期检查和年度考核。建立干部奖惩制度,治理太湖完成情况列入干部工作实绩考核内容。在干部的提拔、任用和创优评先中,实行环保目标"一票否决"。

(二)更新观念提高认识和公众参与

水资源保护和水污染防治、水环境治理、水生态系统保护是新课题。应充分认识其在经济社会中发挥的巨大作用和深远影响,将以人为本、实现人与自然和谐相处的理念贯穿到各项工作中,为此项工作提供坚实的思想基础。

从5个方面深化认识:① 将水资源保护和水污染防治、水环境治理、水生态系统保护纳入到日常工作框架体系内,贯彻到日常工作中;② 从全局的角度来审视局部的水资源、水污染、水环境和水生态问题,统筹考虑;③ 要从长远出发,作好长期工作的思想准备,不懈努力,落实有关法规;④ 加强各相关部门的协调与合作,站在可持续发展的高度,在此项工作中兼顾各方,做好政策的衔接与协调,共同推进这一利在当代功及子孙的事业;⑤ 认真转变环境保护的思维方式,真正做到环保优先,包括思想认识、法规、规划设计、建设安排、财税政策、改革创新和资金补贴都做到环保优先[18]。

水资源保护和水污染防治是全社会的事业,要加强宣传和科学普及工作。利用各种媒体、重要场合广泛宣传其作用和意义,建立全民动员的公众参与机制与监督机制,鼓励社会公众广泛参与,争取社会各界的理解和广泛支持。

(三)加强法制建设

水资源保护和水污染防治必须以政府为主体,由政府加以引导和控制,建立和完善法律法规,以行政监管为主,同时加强水污染防治和水生态的监控手段和力度,构筑水资源和水环境保护的保障体系。

1. 建立完善涉水法规体系

随着经济的发展、社会的进步、新情况的不断出现,水资源保护和水污染防治必将越来越复杂,所涉及的问题也将愈来愈多。因此,应不断充实和完善有关法规制度,搞好有关法律法规的动态建设,做到有法可依、依法行政、违法必究,使此项工作走上法制化、规范化的轨道。

立法,制订、完善水资源保护和水污染防治、水环境治理、水生态保护和修复以及水生态、水资源、水环境、水利等工程的有关法规。主要有封闭排污口、推进污水集中处理系统建设和管理、生活工业农业节水、农业农村污染控制区和生态农业园场建设和管理、生态修复和湿地保护、工业园区建设和管理、废弃物无害化处置和资源化综合利用、雨水利用、再生水回用、建设道路广场绿地雨水生态排水系统、控制城镇地面径流污染、城镇初期雨水进污水厂处理等法规。如无锡已经制订了《无锡市蠡湖管理办法》、《无锡市太湖供水水源保护办法》、《无锡市长江供水水源保护办法》,修改了《无锡市水环境保护条例》。

2. 制订完善水污染防治标准和设计规范

随着水资源保护和水污染防治、水环境治理、水生态改善等各项工作的深入和细致开展,许多标准处于缺失、滞后或不完善的状态,所以须适当提高自来水水价、适当提高排污费标准、制订完善适合区域管理的高标准的再生水(中水)回用标准和工业污水排放标准,以及适当提高城镇污水处理厂污染物排放标准,制订种植业施用氮磷肥标准、畜禽养殖和水产养殖的污染物排放标准、农业农村污染简易处理系统污染物排放标准等。应把上述标准纳入设计规范,创新设计理念,建立一套与此相适应的入水污染负荷总量控制的设计标准和规范。

3. 加强执法体系网络建设和依法行政

加强水污染防治,加强水资源、水生态和水环境保护的法规宣传和执法宣传,普及法规和执法知识。进一步完善生活、工业、农业污染防治监测,建立水生态、湿地保护监测,为依法行政提供科学依据;适当增加执法人员,改善执法设备,提高执法技术;加强环境保护、水政、林政、航政等系统执法队伍建设,加大执法力度,铁腕治污、强化依法行政综合职能、实行联合执法。完善举报制度和举报有奖制度,加强和完善监督机制。

(四)改善管理体制

为做好上述工作,需改善现有管理体制,加强行政监督管理体制保障体系建设,包括建立统一规范和行政协调管理体制、建立水生态修复和湿地保护区管理体制、建立和完善规范协调的涉水管理体制、节水管理和监督管理体制、农业农村污染控制区和生态农业园场管理体制。以及建立合理分工、相互合作、资料共享的水资源、水生态监测及其管理体制。资料共享的监测、管理体制是科学合理、节约费用和民主的一种体制,同时监测、管理部门(队伍)之间相互配合,多龙共治水,提高监测、管理队伍素质,逐步实行自动化监测、管理,以满足现代涉水事业发展的需求。

(五)创新机制

在改善管理体制同时要创新机制,与改善后的管理体制相适应,包括加强水资源保护和水污染防治的监督有力的管理考核和督查机制,建立或完善突发性水污染事故预警机制和应急机制、企业环保准入和退出机制、节水减排和废弃物综合利用的资金扶持和政策优惠的保障机制、社区管理公众参与机制、多元化的投入机制、污染补偿机制、合理的市场涉水价格机制、科技发展与人才培养机制,以及加强基础科研体系和水环境动态监测体系建设。其中污染补偿机制已经由江苏省政府统一实施,上游区域污染下游区域,应给下游区域经济补偿。

(六)建设完善监测预警体系

建立健全水源地、水环境监测预警体系,按照统一的水环境监测规范,统一标准、统一布点、统一方法和统一发布,实现资源共享,包括建设水质自动监测网、蓝藻("湖泛")预警监测系统和水环境管理综合信息平台,整合环保、水利、气象、农林、建设、渔政等部门和科研机构的数据资源,实现部门、机构间数据与信息共享;建立农业面源污染监测预警体系,包括农业面源监测网络体系、农业面源污染监测信息平台建设;建设湿地监测体系,加强湿地生态环境动态监测能力,对湿地进行监测和研究,为科学决策提供依据。

(七)加强科技攻关推广适用技术

首先是现有科技成果的推广与应用:包括城镇污水厂氮磷深度处理提标改造,畜禽养殖和农村生活污水处理,生态拦截农业面源氮磷和地面径流污染控制,水生态修复和湿地保护,利用蓝藻、畜禽粪便、污泥、秸秆和水葫芦等水生植物生产沼气和制造有机肥等资源化利用,蓝藻机械化打捞及藻水分离脱水,河湖清淤、淤泥固化及综合利用,节水和再生水回用等技术和项目。同时开展重点技术攻关,包括太湖富营养化、蓝藻生长和爆发及控制,太湖水环境容量,消除水体氮磷,清淤对水质影响,"湖泛"等基础性研究项目;以及饮用水深度处理,各行业污水和城镇污水厂尾水高标准处理工艺,废弃物规模型资源化利用,移动式藻水分离设备,"湖泛"监测等应用技术和设备。

表3-9 无锡市水资源保护和水污染防治措施框图表

一、工程技术措施				
1.控制外源(含点源、面源,目的是减少进入水体的污染物)	1.生活污染(含生活污水、垃圾和洗衣机污水)	分类	1.城镇居民、办公及商务区 2.餐饮、洗浴和其他第三产业 3.公厕 4.其他	措施	1.生活污水全部进水厂和封闭排污口 2.节水,建设节水型社区、单位和城镇 3.实行雨污分流制,逐步向雨污合流、溢流(分流)制过渡 4.打捞水面垃圾,城乡垃圾统一集中、收集、运输,垃圾无害化处理和综合利用 5.公厕,改建成非水冲式或进污水厂 6.禁止销售、使用有磷洗衣粉
	2.工业污染(含工业污水、废弃物及工厂的生活污水、垃圾)	分类	1.一般工业 2.自来水厂 3.城镇污水厂 4.电厂等	措施	1.建设"工业循环经济",污水进污水厂处理,废弃物无害化处理和综合利用 2.污染企业搬迁进工业园区,调整结构,关闭高能耗重污染企业、工业园区污水分类处理 3.全过程清洁生产和节水 4.提高污水排放标准,达标排放,逐步封闭全部排污口(不含污水厂排污口和冷却水排放口) 5.建设足量污水厂,管网配套,全面达到一级A,污水厂尾水继续深度处理
	3.农业、农村污染	分类	1.种植业(包括化肥农药、作物残留体、农田径流) 2.畜禽养殖(排泄物和圈舍冲洗水) 3.水产养殖(含排泄物、饵料残留物、鱼池肥水和底泥) 4.少数分散居住农民(生活污水、垃圾) 5.多数集中居住农民(生活污水、垃圾)	措施	1.控制化肥农药、农田径流等种植业污染 2.控制畜禽养殖和水产养殖污染 3.农业废弃物无害化处理和综合利用 4.节水 5.建设前置库、湿地,进行污水和地面径流处理,并进行水回用 6.生活污水简易处理、垃圾集中处理 7.建设生态农业园场和农业农村污染控制区 8.农村城市化,采用城镇水污染防治措施
	4.降雨降尘			措施	净化空气、绿化造林
	5.航运、水上旅游污染	分类	1.生活污水、垃圾 2.油污染	措施	1.控制生活污水、垃圾,上岸集中处理 2.油水分离,控制油污染,挂机船改座机船 3.部分水域禁止或限制燃油船舶通航,采用清洁能源 4.建设河道航行服务站,控制污染
	6.其他非点源污染(不含农业污染)	分类	1.道路、广场、房屋等不透水地面 2.园林、草地和其他透水地面	措施	1.种草植树、水土保持,增加植被覆盖率,减少地面径流,增加对地面径流的拦截和渗透作用 2.建设城镇广场、草地、道路的雨水生态排水系统 3.初期雨水进污水厂,改造雨污水管网结构和布局

一、工程技术措施					
2. 控制内源(减少水体二次污染、"湖泛"、藻类爆发,减少 N、P 和富营养化)	分类	1. 淤泥 2. 藻类,其他水生物及其残体	措施	1. 清淤:注意清淤深度、方法,采用环保设备,高质量清淤,选好堆泥场及其尾水达标排放,河道尽量采用筑坝抽干水清淤的方法 2. 积极和有效打捞、清除蓝藻;清除水生植物残体;实施资源化利用;清除大水面围网投饵养殖	
3. 调水(增加稀释能力、自净能力、环境容量,与防汛排涝相协调;阻止藻类在取水口附近集聚、死亡、沉积)	分类	1. 缺水时补水 2. 水脏时换水	措施	1. 建设调水的清水通道和选择合理的调水路径,建立预警体系 2. 选择较好的调水水源和调取合适的水量,建立优化调度方案 3. 可封闭水域采用大流量集中调水与小流量维持性调水相结合的常年适量调水方法,非封闭水域持续适量调水 4. 适当提高河湖水位 5. 流域及区域水系改造	
4. 建闸控污	作用:保护重点水域		措施	入湖河道口建水闸,控制污染的河水入湖	
5. 生态修复、湿地保护(增加水体净化能力和环境容量,改善水生态)	分类	1. 用于水生态修复的沉水、挺水、浮叶、漂浮等四类水生植物和用于浮床的植物 2. 水生动物(含鱼类、底栖和两栖动物) 3. 微生物	措施	1. 注意生态修复区的生境改造,基底修复 2. 各类用于水生态修复的植物合理搭配种植 3. 水生动物合理适量养殖 4. 建设生态修复区和湿地保护区,太湖需建设较大规模的生态修复区和湿地 5. 关键是长效运行和长效管理,防治二次污染	
6. 水体净化和人工增氧	作用:增加水体自净能力和环境容量		措施	1. 采用各种净化处理水体措施净化水体 2. 与区域、小区的水景观相结合 3. 采用喷泉、人工流水、太阳能水体增氧机和其他增氧设备、措施	
7. 整治河道(有利于调水、防洪排涝、航行)	措施	1. 调整河道布局	新建或改建骨干河道和其他河道	四结合	1. 结合封闭全部入河排污口 2. 结合生态清淤 3. 结合生态修复和建设生态护岸 4. 结合建设景观绿化带
		2. 调整河道要素	含横截面、底高程、边坡、底坡		
		3. 选择整治重点	建设、整治骨干河道 整治小河浜,尽可能接通断头浜		
		4. 入湖河口整治	河口区湿地建设 生态清淤		
8. 建设生态护岸和生态滨水区(发挥生态作用,减少地面径流及其污染)	措施	1. 建设生态护岸	建设具有安全性、观赏性、亲水性、多样性、自然性的生态护岸,根据城镇和农村不同特点分类进行建设		
		2. 建设滨水景观绿化带	城镇建设主要景观绿化带,农村建设一般景观绿化带和原生态保护林带,阻截和净化地面径流,减少其入水污染负荷		
		3. 改造滨河破旧建筑住房	保护有文物保护价值的和拆除无文物保护价值的,全面截断原有污水进入水体的管道,新建筑的污水一律不得进入水体		

续表

一、工程技术措施			
9. 加强水质水量监测（决策、监督的必要手段）	分类	1. 河湖水体 2. 工业污水 3. 自来水厂尾水 4. 城镇污水厂尾水 5. 其他入水污染源	措施	1. 适当增加监测点(断面) 2. 适当增加监测频次 3. 动态自动化监测 4. 建设水源地以藻类爆发和"湖泛"为主的突发性水污染事件的预测预警系统 5. 实行各单位或部门的资料共享
10. 节水（节约水资源、减少污染物排放量）	分类	1. 生活 2. 工业 3. 农业 4. 其他	措施	1. 建设节水型城市和节水型社会 2. 采用节水型器具、工艺、方法、技术,提高水循环利用率,节水灌溉 3. 建立、完善节水奖惩措施 4. 适当提高水价和污水费 5. 再生水回用、分质供水

二、社会保障措施		
1. 加强领导、建立机构、统一管理		
2. 加强宣传,公众参与		
3. 法制保障:立法、普法、执法		
4. 建设完善监测预警体系		
5. 加强科技攻关,推广适用技术		
6. 体制和机制保障	措施	1. 建设和完善行政协调体制、水管理体制、工程建设和长效管理体制(含生态修复和湿地保护区、农业农村污染控制区的长效管理)、节水管理体制 2. 相互协作、资料共享的监测体制 3. 建设和完善投入机制、收费和补偿运行机制、市场水价机制、科技发展与人才培养机制 4. 加强水质水量监测,建立突发性水污染事故预警系统 5. 加强人才培训和信息化建设

第四章 外源污染控制

第一节 外源污染治理原则

一、治理外源污染的总体原则

治理外源污染源的总体原则是：全面治理，突出重点，落实总量控制，并要做到五个协调和促进。全面治理，突出重点，是对全部外源污染源均要进行治理，并通过调查分析，确定主要外源，进行重点治理。落实总量控制，就是所有治理外源的综合措施的实施效果要落实到满足污染物总量控制的要求，也即能否达到污染负荷应削减率的目标。五个协调和促进：① 与发展经济相协调，发展经济的同时尽量减少入水污染负荷，通过治理外源促进经济发展；② 与城市化进程相协调，推进城市化进程的同时，减少城镇入水污染负荷，通过治理外源促进城市化进程；③ 与改善人居环境相协调，通过改善人居环境，减少生活入水污染负荷，通过治理外源促进人居环境的改善；④ 与三农建设相协调，通过新农村建设、农业现代化和提高农民生活水平，减少农业农村入水污染负荷，通过治理农业农村污染，促进社会主义新农村环境建设；⑤ 与建设水景观相协调，在治理外源的同时，建设水景观，满足风景旅游和改善生活环境及控制污染的要求，特别是满足拦截、过滤和削减地面径流和其他面污染的要求。

二、治理外源污染的具体原则

治理外源的十大具体原则如下：

1. 加强饮用水源地保护确保供水安全的原则

控制外源，首先要加强饮用水源地周围及与水源地有关外源的控制，保护饮用水源地，使其水质达到饮用水源地标准，确保供水安全，满足市民饮用水水量和水质的需要。

2. 以城镇为主兼顾农村的原则

城镇是外源的集中区域，也是控源减排的核心区域，无锡的城市化率已达到66%，生活污染源大部分集中在城镇，工业污染源也大部分集中在城镇，所以控制外源应以城镇为主。但农村污染治理因其产生的污染负荷有相当的比例，是总污染负荷的主要部分之一，不容忽视，所以要兼顾农村农业污染的控制。

3. 重点治理点源与强化面源治理的原则

点源是外源中最主要的部分，点源也是某一区域某一类污染源较为集中的源头，一般有明显的排污口，比较容易识别、引起重视和采取相应措施控制，所以应持续重点治理点源。面源治理是污染治理重要的组成部分，加强科技创新和科技集成，在取得经验的基础上，推进面源治理的进度。

4．优先建设配套城镇污水处理系统的原则

当前建设城镇污水处理系统是治理外源的重中之重工程，所以要建设足够的城镇污水处理能力，并加快污水收集管网配套，提高生活、工业等污水的管网收集率。

5．提高工业点源治理标准和污水厂排放标准的原则

提高工业点源治理水平和达标排放标准，控源减污，尽最大能力降低点源污染程度，控制其入水污染负荷。城镇污水厂排放的污染物在全部污染负荷中所占的比例将越来越大，所以必须提高污水厂排放标准和对污水厂尾水实行深化处理或再生回用，以减少污水厂入水污染负荷。

6．建设循环经济与废弃物综合利用的原则

循环经济可以对在经济、社会活动中产生的大量废弃物（包括固体和液体废弃物）进行资源化再利用，既产生经济效益，又可节能减排，直至达到污染物的"零"排放。目前，工业产生的污染，在总污染物中占的比例是主要的，工业生产全过程要推行清洁生产，全面建设循环工业经济。同时要推进生活和工业垃圾、种植和养殖业废弃物和其他废弃物的资源化综合利用，首先实现工业园区内资源阶梯式利用。

7．工业企业退城进园和建设农业生态园场的原则

工业企业退城进园，现有的重污染工业企业搬迁出城，进入工业园区或开发区，新建工业企业同样要分类进入工业园区或开发区，有利于对其污水按行业进行分类集中处理，提高处理效率。对农业面源进行全面控制，大量建设农业生态园场，从控制每一片区域的污染开始，最终控制全部区域的污染，减少农业污染负荷。

8．全面整顿逐步封闭全部排污口的原则

城市的生活、工业污水是通过排污口进入水体的，只有全面整顿排污口、并逐步封闭全部排污口（不含污水厂排污口），才能确保最终污水不入水体，这是一项管理措施、技术措施、监督技术，也是一项控制点源、治理污染的推进措施。这要有一个思想认识过程，对排污管网系统也需要一个技术改造过程，在封闭一个区域的排污口前，必须先接通该区域的排污管网收集系统，在农村则必须做好污水简易设施建设或设备安装工作，或做好再生水回用工作。同时也要封闭畜禽养殖业污水的全部排放口。

9．全面推进治理面源的原则

随着污染治理程度的深入，治理点源已经取得明显成效，而以包括种植业、畜禽养殖业、水产养殖业污染和城镇地面径流污染为主的面源污染，在污染总量控制中占有越来越多的重要份额。要全面推进和实施农业结构调整、生态农业园场建设、减施化肥农药和进行生态建设等措施，减少农田和城镇地面径流污染，减少面源污染。

10．加强节水减排的原则

节水可减少污染物的产生量和排放量，可以有效减少入水污染负荷，这是一条控污减排的必由之路，建设节水型城市和节水型社会是当前的一项重要任务，要在生活、工业、农业、环境各方面都注意节水，并要注重实施推广再生水回用。

第二节　生活和工业污染综合治理

治理、控制外源,必须要调整第一、二、三产业结构,提高第三产业的比重,积极发展现代服务业,从产业结构的角度削减外源污染的产生量;调整和优化第一、二产业内部各自的结构,推进清洁生产,进一步削减外源污染的产生量;同时对产生的污染进行处理和再一次削减,包括建设循环经济、进行污水处理和再生水回用等,使污染负荷控制在规划总量以内。

一、生活污染综合治理

生活污染包括生活污水(含居民区生活污水和公共生活污水,下同)和生活垃圾的污染。生活污染综合治理首先是建设循环经济社会、节约用水和节约生活资源,减少污水、垃圾的产生量,同时对产生的污水、垃圾进行合理、充分的处理和利用。其中,生活污水处理目标是全部进入污水处理系统处理,包括污水处理厂、简易处理设施、湿地处理系统和再生水回用等。生活垃圾处理目标是全部进行统一收集转运、无害化处置和资源化综合利用。

1. 生活污水进入城镇污水厂处理

全部生活污水进入城镇污水厂处理,无锡市规划2010年城镇90%、农村集中居住居民的40%,2020年城镇全部、农村90%(不含分散居住农民的生活污水,其可经简易处理达标后再排入水体)进入污水处理厂处理。

2. 加快农村城市化的进程

结合社会主义新农村建设,大部分农村分散住户进入村镇居民新村集中居住,全面控制生活污水和垃圾污染。2010年,无锡市城市化水平达到75%,其中,1/3的自然村落并入集中居住区,生活污水集中处理;2020年2/3的自然村落并入集中居住区。

3. 农村生活污水进行简易处理

分散居住农户的生活污水利用多种简易污水处理设备或设施进行简易有效的达标处理,大量减少农户生活污水的入水负荷。简易污水处理设施,也包括前置库、湿地系统。

4. 控制生活垃圾污染

生活垃圾是非点源污染之一,生活垃圾通过雨水淋溶进入水体或直接抛入水体,污染水体。生活垃圾全部定点集中放置,定时清运,定点填埋和无害化处理,并继而进行全面综合利用,城镇全部实施,农村逐步推广落实。

5. 节水减排

采用各种措施节约生活用水,减少生活污水和污染物的排放量。具体见本章第八节。

6. 确保主要雨污管道彻底分流

目前应确保主要雨污管道彻底分流,确保分流质量;新建居民新村雨污管道分流要加强督促检查;洗衣机污水排入生活污水管道,凡新建的住宅,洗衣污水均不能接入雨水管,对已接入雨水管的要逐步改接污水管道。

7. 水面保洁

各市(县)区建立或适当扩大专业水面垃圾打捞队伍,配有足够、必要的打捞设备,每条河道都有专人包干。

8. 控制公共厕所污染

公共厕所污染是生活污染的重要部分。无锡有上万只公共厕所,其中相当多的公共厕所是直接排入河道,严重污染水体,今后公共厕所应全部采用非水冲式或无污染环保公共厕所,水冲式公共厕所污水应全部进污水收集管网,进入污水厂处理或再生水回用。

9. 巩固禁磷措施

太湖富营养化中的磷元素的相当部分来自于生活中日常使用的洗衣粉、洗涤剂,无锡1998年起采取了禁磷措施,今后继续实行禁止销售、使用有磷洗衣粉、洗涤剂,巩固禁磷成果。

(1) 禁止使用有磷洗涤剂成效显著　为有效控制河湖富营养化污染,减轻磷对水体的污染危害,江苏省于1998年发文,决定从1999年1月1日起,在太湖流域一、二级保护区内,禁止销售和使用含磷洗涤剂。政府的决心,公众的认知和参与,禁用含磷洗涤剂的措施得到很好的落实,可削减太湖磷负荷总量的7%~10%左右。由于舆论广泛宣传,民众环保意识的提高,使用无磷洗衣粉已成为民众的自觉行动。政府商业部门也已禁止有磷洗涤剂进入和销售。作为控制和改善太湖水域富营养化措施得到全面落实。今后应继续禁止销售使用含磷洗涤剂,巩固禁磷措施和成效。

(2) 无磷洗涤剂推广使用削减磷对水体污染　无锡市推广无磷洗涤剂可减少磷排放100t,减少磷入水体量70.88t。仅此一项措施可削减无锡地区入水体磷总量的7.4%。效果十分显著。据对无锡芦村污水处理厂禁磷前后生活污水中磷浓度的监测,禁磷后,磷浓度下降13.86%。

(3)"禁磷"行动的启示　水资源保护和水污染防治及高效利用水资源是政府公共管理事务的重要内容,国家作为水资源产权主体,解决水问题应重视制度管理,拟定政策法规,强化执法监督。无锡市政府认真研究了太湖水污染治理的关键技术,并拟订环太湖及其上游地区禁止使用含磷洗涤剂法规,大力推广无磷洗涤剂的政策。行政协调生产厂、工商等众多相关部门,并加强民众环保意识普及和教育,形成声势,使禁磷行动家喻户晓,深入人心,确保"禁磷"行动顺利实施是政府政策制度管理成功的范例。

公众环保意识的教育和提高体现了制度管理的民主性。水的管理和水污染的治理,必须有社会各阶层人士的全面参与,得到公众的理解、认可和支持,"禁磷"政策反映了公众保护水资源的意愿和对水污染防治高度关注,且使水污染治理和水管理政策更为科学合理。

二、全面控制工业污染

工业污染包括工业污水和工业废弃物的污染。工业污染综合治理首先要转变发展方式,调整工业结构,建设循环经济和实施清洁生产、节水减排,减少污水、废弃物的产生量,同时对产生的污水、废弃物进行合理、充分的处理、利用。其中,工业污水应全部进入包括污水处理厂、企业内部处理设施、湿地处理等处理系统处理,以及实行再生水回用。工业废弃物处理应全部进行无害化处置和资源化综合利用。工业污染综合治理主要表现在实现高标准达标排放和总量控制两方面,以大幅度削减入水污染负荷,逐步实现污染"零"排放。

工业污染总量控制目标:国家的目标是工业入水污染负荷2010年较2005年削减10%,无锡市的工业入水污染负荷削减目标是20%,较国家的提高了1倍。城市、乡镇的工业污水在2010年大部分不排入河道水体;2020年城镇和农村的工业污水全部不排入河道水体(不含污水厂和电厂冷却废水,下同)。为此,工业生产全过程应控制污染与污染的末端治理相结合,严格执行污染物总量控制,结合产业结构调整和清洁生产,工业企业逐步向工业园区集中,关闭能源消耗大、污染重、生产工艺落后的企业。

1. 转变发展方式调整结构,清洁生产控制污染

(1) 全面彻底进行工业污染源普查工作　掌握工业污染源的基础资料,有利于控制污染的决策工作和监督排污工作的顺利进行。

(2) 转变发展方式调整结构　全面推行清洁生产,通过科技进步、结构优化、管理创新等途径,大力发展"低消耗、低排放、高科技、高产出"的高新技术产业,加快形成节约、环保、高效的产业体系,限制和淘汰落后生产能力、生产工艺和设备,选择少污染的先进生产工艺、设备和替代原料,提倡在一个工业企业或若干个工业企业集合体内部进行联合处理、消除污染,进行企业内部污染物的综合利用或企业之间污染物的相互综合利用,发展循环经济,逐步实现污染物"零"排放。

(3) 全面实行"三同时"　新建工业企业要加强审批和环境评估,工业污水均不得直接或间接排入河湖水体,确保新增工业企业而不增加进入水体的污染负荷。

(4) 节水减排提高水的重复利用率　减少污水和污染物的排放,尽可能在排放等量污染物的情况下,适当提高工业污水的排放浓度,有利于提高污水处理厂的处理效率。具体见本章第八节。

(5) 加强排污的监督和水质监测　污水排入水体的工厂都安装上污水水表和监测设施,并加强监测,适当增加监测频次,并逐步过渡到自动化监测水量和水质。

(6) 工业点源控制COD为主转变为与控制N、P污染相结合　工业点源达标排放,控制COD仅作为第一步,其在一定程度上减轻了流域、区域水体的污染状况,但随着经济社会发展和实力增强,工业点源中以控制N、P污染的深化治理工作应进一步开展实施,把控制COD与控制N、P污染密切结合。

2. 提高排放标准,实行"达标排放"

工厂企业首先对现有污水处理设备升级改造,适当提高工业污水排放标准,主要是提高COD、TN、TP、NH_3-N标准。其中江苏省的纺织染整、化学、造纸、钢铁、电镀、味精、啤酒工业从2008年1月1日起执行提高后的污染物排放标准《江苏省太湖地区城镇污水处理厂及重点工业行业主要污染物排放限值》(表4-1),同时按照环境保护部《关于太湖流域执行国家排放标准水污染物特别排放限值时间的公告》(2008年第28号)和《关于太湖流域执行国家污染物排放标准水污染物特别排放限值行政区域范围的公告》(2008年第30号)要求,自2008年9月1日起对规划范围内属于制浆造纸、电镀、羽绒、

合成革与人造革、发酵类制药、化学合成类制药、提取类制药、中药类制药、生物工程类制
药、混装制剂类制药、制糖、生活垃圾填埋场、杂环类农药等 13 个行业企业执行国家排放
标准水污染物特别排放限值。今后应分阶段提高全部工业行业污水排放标准,制定适合
于太湖流域、江苏省的地方标准:其一,工业污水排放标准,经过一段时间后,先提高到
《城镇污水处理厂污染物排放标准》(GB18918 – 2002),再逐步提高到接近于《地表水环
境质量标准 GB3838 – 2002》的 V 类;其二,工业污水按行业类别进行分类预处理,达到接
入污水收集管网标准后再进入污水处理厂处理;其三,建设循环经济,实行再生水回用,
以后逐步向污染物"零"排放过渡。

　　对提高工业污水排放标准的必要性和可能性要进行科学研究,根据我区域的技术水平
和经济能力应该是可能的。如江南大学阮文权教授等专家与江苏大富豪啤酒有限公司合
作,正在为江苏大富豪啤酒有限公司研制一套日处理 5000t/d 的啤酒污水的深度处理工艺、
装置(深度厌氧、深度好氧、低温发酵处理),其中一套日处理 200t/d 的啤酒污水深度处理的
中试装置已进行试运行,并已获得成功,处理后的污水排放已优于城镇污水处理厂污染物排
放标准(GB18918 – 2002),其中进水的 COD 2500mg/L,处理后出水仅为 33mg/L,已优于
(GB18918 – 2002)的一级 A 标准,接近《地表水环境质量标准 GB3838 – 2002》的 IV 水;TN
进水 23.5mg/L,处理后出水达到 5.77mg/L,仅为(GB18918 – 2002)一级 A 标准值的
38.4%[9]。所以,以后逐步提高各类工业污水的排放标准完全是可能的,只要各个行业实
行产学研联合研究攻关,经过一段时间是可以做到的;同时也为以后全面实施再生水回用、
逐步向污染物"零"排放过渡提供了技术可能。

表 4 – 1　《江苏省太湖地区城镇污水处理厂及重点工业行业主要污染物排放限值》
(DB32/1072—2007)(从 2008 年 1 月 1 日起实施)　　　　单位:(mg/L)

项目	行　　　　业	COD	NH₃-N	TN	TP
1	纺织染整工业	50	5	15	0.5
2	化学工业、石油化工	60	5	15	0.5
	合成氨工业	80	20	25	0.5
	其他企业	80	5	15	0.5
3	造纸工业	80	5	15	0.5
	废纸造纸	100	5	15	0.5
4	钢铁工业	80	5	15	0.5
5	电镀工业	80	5	15	0.5
6	食品、味精工业	80	5	15	0.5
	啤酒工业	80	5	15	0.5

3. 严格实施工业污染的末端处理

　　(1) 工业污水进城镇污水厂集中处理　按提高了的《江苏省太湖地区城镇污水处理厂
及重点工业行业主要污染物排放限值》(DB32/1072—2007)执行,目前大部分行业排放污水

的 COD 值仍高于城镇污水处理厂的一级 A 标准值,所以达标排放的污水原则上还应继续进入城镇污水厂集中处理。其中电镀、化工、印染等行业的工业污水必须进行初级处理达到接管标准后才能进入污水厂处理。发电厂的冷却废水和其他没有增加污染物的工业废水可直接排放入水体,其厂内的生活污水和其他的污水需接入城镇污水厂处理。

(2)自来水厂尾水处理 日供水能力 1 万 m^3 以上的自来水厂的尾水全部分阶段实行处理,尾水处理产生的废弃物全部资源化利用或合理处置,基本实现污染物"零"排放。

(3)严禁工业污水无序排放 加强企业内部工业污水处理设施的管理和监督,杜绝偷排或超标排放,加强污水水质定期监测或在线自动监测,加强和完善全社会特别是环保、水利部门对工业污水达标排放的监督机制。加强公众参与和群众监督机制。

(4)推进市场化及公司委托制运作 工业企业污水的达标处理也可以委托有关专业公司进行,工业园区多家企业相同类型的污水可由专业污水处理公司进行统一达标处理。

(5)工业废弃物无害化处理和资源化综合利用 具体内容,详见本章第六节。

4. 原有工业污染源的搬迁和工业项目向工业园区集中

为减少城市、乡镇工业污染物的排放量和便于进行污水集中处理,提高污水处理效率,主要工业污染企业搬迁进入相应的工业园区或开发区,特别是城市、乡镇的工业污染大户和工业污水不宜直接接管的工业企业均应进入相应的工业园区,其中无锡市区二环路以内的大中型污染企业 100 余家在 2010 年全部搬迁完毕,进入"四区八园";新建规模以上工业项目均应向相应的开发区、工业园区集中。据无锡市乡镇工业集中工作办公室统计,近几年,全市累计新办乡镇企业进入乡镇集中工业园区的有 6455 家,至 2008 年 6 月底,乡镇集中工业园区的经济总量已占乡镇工业经济总量的 80.3% ,以后此比值将进一步增加。通过江苏省环保厅审批,已建成江阴临港新城石庄化工集中区、江阴开发区化工集中区、宜兴化工园,今后将进一步推进以化工为主的工业园区(集中区)的建设。开发区、工业园区均建设污水处理厂,对工业污水全部进行分类集中处理,提高处理效率,降低处理成本。部分工业污水可先在企业内部预处理达到接管标准再进入工业园区污水处理系统。

5. 关闭部分工业污染企业

凡工业污水不能直接接管,又不适宜向工业园区集中,高能耗重污染企业应或坚决关闭和淘汰。据无锡市乡镇工业集中工作办公室统计,全市共已整改乡镇化工生产企业 1000 余家,其中关停小化工企业 890 家。以化工为主的污染企业,均要进行整顿,按标准达标排放,或集中进入工业园区污水分类集中处理,或关停。

三、建设城镇污水集中处理系统

(一)城镇污水处理厂现状

1. 污水处理厂建设与能力

(1)全市建设规模 自 1992 年建成第一家污水厂以来,至 2006 年,无锡市已建成污水厂 45 座(日处理污水能力 1 万 m^3/d 及以上),全市日处理污水总能力为 105 万 m^3(表

4-2),规模位于江苏省前列。其中市区、江阴市建设的污水厂较多。已建成污水厂的处理工艺相当部分比较先进,其中太湖新城污水厂一期工程城北污水厂一期工程和芦村污水厂二期工程,因工艺先进、工程精良和再生水回用等获得2007年全国市政金杯奖。但也有相当部分污水厂的污水处理工艺比较落后,需要进行改造。

（2）镇级污水处理能力　无锡市的城市污水处理能力已基本满足要求,污水处理能力不足的主要是村镇,特别是边远的和人口密度比较低的村镇。无锡41个镇,已有24个建有污水厂或已经接管进入污水厂,还有17个镇未建污水厂或未接管进入污水厂,占全部镇的41.5%。已建污水厂的分布不均匀,经济发达的镇建污水厂比较多,如江阴市的周庄镇就建有6个污水处理厂。

表4-2　2006年无锡市污水厂现状汇总表

政　区	已建污水厂 （座）	污水厂处理能力 （万 m^3/d）
城　区	3	35
滨湖区	2	2.5
新　区	3	8.5
惠山区	6	11
锡山区	3	6
市区小计	17	63
江阴市	20	30
宜兴市	8	12
合　计	45	105

2. 污水来源与结构

目前,污水收集管网收集的污水来源,主要是生活污水,其次是工业污水。据调查,城市污水厂的污水来源,生活污水占80%～70%,工业污水占20%～30%;村镇污水厂的污水来源,生活污水占20%～70%,工业污水占80%～30%。

3. 污水收集管网配套不完善

无锡市区污水处理能力已基本满足要求,但污水收集管网配套率还不能够满足要求,江阴市、宜兴市还低一些;由于污水收集管网配套率比较低,全市进入污水处理厂的污水为每日72万 m^3,城镇污水处理厂平均负荷率为68.6%,有待提高。

4. 污水厂尾水排放污染物多

其原因:① 污水厂设计的排放标准偏低,2006年全市45座污水厂投入运行,其设计排放标准一级A（《城镇污水处理厂污染物排放标准》（GB18918-2002）,下同）的占42%,不到一半,设计排放标准一级B标准的27%、二级标准的31%（表4-3）;② 设计污水处理工艺达不到要求,达不到设计的排放标准,特别是大部分污水厂缺少除磷脱氮工艺;③ 相当多污水厂管理水平偏低;④ 受经济利益驱使,有些污水厂运转不正常,超标污水有偷排现象,污水处理效果较差,使受纳污水厂尾水的河道黑臭严重;⑤ 监督部门监督不到位。由于以上原因,有部分污水厂尾水排放能达到一级A、一级B标准,但实际上大部分污水厂仅达到二～三级标准,排放污染物较多。如在 2005 年的一次抽测中,大部分被抽测污水厂排污口的 COD 均未达到排放标准,且超标倍数较大,最大超标倍数为 6.5 倍。总之要不断加强城镇污水厂管理水平,对处理水平低下的污水厂进行升级改造。

表 4 - 3　　无锡市城镇污水厂设计排放标准汇总表

项　目	全　部 (座)	一级 A (座)	占全部比例 (%)	一级 B (座)	占全部比例 (%)	二级 (座)	占全部比例 (%)
合　计	45	19	42	12	27	14	31

5. 污水厂多部门管理

城区由无锡市公用事业局负责管理,新区由环境保护建设局负责管理,锡山区、惠山区、滨湖区、江阴市由区(市)建设局负责管理,宜兴由宜兴市水务局负责管理,政出多门,难以形成合力。

6. 结论

无锡市已建成的污水厂能够基本满足城区的要求,村镇也建设了一定规模的污水厂,污水厂的治污作用也非常明显,但村镇的污水处理能力还有相当差距,污水厂的污水收集管网配套不够完善,排放标准偏低,污水厂尾水排放污染物多,管理水平有待进一步提高,全市污水处理系统总体上仍满足不了削减污染负荷和污染负荷总量控制的要求及整个经济社会发展的需求。今后需大力推进城镇污水处理系统的建设和加强监督管理,应作为治理生活、工业污染的一项至关重要的措施来抓。

(二)建设足量完善的高标准的污水处理系统

建设足量完善的高标准污水处理系统是目前,乃至今后一个相当长的阶段内减少生活、工业污染入水污染负荷的根本性措施,也是今后减少城镇初期地面径流污染和部分畜禽养殖污水污染的有效措施。污水处理系统主要是指城镇污水集中处理厂,其次为农村简易污水处理设施、前置库和湿地处理系统。

1. 污水厂建设原则

与全市总体规划相协调;与全市经济社会发展相协调;根据污染源多污染负荷量大和环境容量小的实际情况制定规划;全面规划,分阶段实施;适度超前等。

2. 污水处理范围

(1)生活污水　包括居民生活、公共生活污水原则上都必须进污水厂集中处理。部分生活污水可以进行再生水回用,即对生活污水直接进行处理并达到一定标准后继续回用;农村分散的生活污水可进入简易污水处理系统进行处理。

(2)工业污水　达标处理后大部分污水仍必须进污水厂集中处理。无锡市大中型企业绝大部分已达标排放,但工业污水达标排放只是最基本要求,它仍不能使河水变清。所以,工业在实施清洁生产,提高排放标准,建设循环经济的同时,目前排放的工业污水大部分应直接进污水厂或经预处理后再进污水厂处理,大幅度削减工业入水污染负荷。

（3）部分畜禽养殖污水　畜禽养殖污水也是入水污染负荷的重要部分,特别是畜禽养殖密集区,其污染负荷占总负荷的比例相当大,所以其污水应进前置库、湿地处理,其中部分可直接进或进行初步处理后再进入污水厂处理。

（4）城镇初期地面径流　《城镇污水处理厂污染物排放标准》（GB18918 - 2002）中,已规定初期雨水是污水,今后应逐步进入污水厂处理。为此,应相应调整城镇污水收集管网结构和布局,以满足和适应今后城镇初期地面径流进污水厂处理的要求。

3. 无锡市污水处理能力规划

（1）人口生活与工厂排污量　无锡市人口众多,密度大,总人口 629 万人（含流动人口 177 万人）,污水年排放量达到 2 亿 m^3;工业发达、工厂密集,全市 4.4 万家工业企业,年排放污水 4 亿 m^3（不含火电排水）。目前,仅生活和工业源年排入水体的污染物 COD（未含污水厂）总量就超过 10.5 万 t,占全市 COD 入水总量的 55% 以上,是无锡河湖水体的主要负荷来源。

（2）规划用水量与污水处理量　本着节约用水和生活、工业用水量适度增长的原则,预测 2010 年、2020 年,全市的生活、工业（不含火电用水,不含不需进入污水厂处理的工业用水）合计年用水量分别为 9.18 亿 m^3、10.65 亿 m^3。污水排放率、污水收集率分别以 0.85、0.8 计,2010 年、2020 年,全市的年污水需处理量分别为 6.24 亿 m^3、7.25 亿 m^3。

（3）全市污水日处理总量　污水处理不均匀系数,考虑到今后部分的城镇初期雨水、畜禽养殖污水进污水厂处理的需求,2010 年取 1.15,2020 年取 1.20,全市每日污水需处理总量为,2010 年 197 万 m^3;2020 年 238 万 m^3（其中市区 133 万 m^3、江阴 65 万 m^3、宜兴 40 万 m^3）。根据《无锡市水资源综合规划》[8]到 2020 年计划建设城镇污水集中处理厂总数将达到 51 座,日处理污水能力达到 251.5 万 m^3/d（表 4 - 4）,表中不含达不到污水集中处理厂排放标准的工业企业污水自行处理能力。

表 4 - 4　无锡市城镇污水厂处理能力规划方案汇总表

政　区	2010 年污水处理能力（万 m^3/d）	2020 年污水厂数（座）	2020 年污水处理能力（万 m^3/d）
城　区	50	3	65
滨湖区	10	3	10
新　区	16	3	20
惠山区	20	8	27.5
锡山区	16	5	24
市区小计	112	22	146.5
江阴市	55	18	65
宜兴市	30	11	40
合　计	197	51	251.5

（4）城镇建污水处理厂　2010 年,城市和每一个镇,均应建设污水集中处理厂,或接入其他镇污水厂集中处理。其中,生活污水原则上全部进污水厂集中处理;大部分工业

污水进污水厂处理;部分的畜禽养殖污水和城镇初期地面径流进污水厂处理,先试点,再推广。

4. 加快污水收集管网的配套建设

根据城市化进程和结合城镇、农村改造的进度,加快污水收集管网的配套;现有污水处理厂的污水收集管网配套到 2010 年基本完成,新建或扩建污水处理厂的污水收集管网应同步配套建设。

5. 建设综合型城镇污水厂

城区污水厂以处理生活污水为主,兼处理工业污水,乡镇污水厂兼顾处理工业污水和生活污水。今后应考虑处理初期雨水形成的地面径流和畜禽养殖污水的处理问题。

污水处理厂的建设类型:① 新建;② 在老厂基础上扩建或提高处理标准的改、扩建;③ 对工业污水处理设施进行改建或进行组合处理,使能够满足若干个工厂工业污水及附近集中居住居民区生活污水处理的需求;④ 建设工业园区专业污水处理厂,达到一级 A 标准排放,某些小规模的工业园区也可先对污水进行初步处理,达到一定标准后,再进入污水厂处理;⑤ 对污水处理厂尾水继续进行处理,进行再生水回用或建立污水处理厂—湿地联合处理系统;⑥ 建设农村简易污水处理系统(设施),也包括前置库或湿地等处理技术。

6. 合理安排城镇污水厂布局

城镇污水厂布局应考虑污水厂规模能满足该区域污水处理总能力需求、污水收集范围大小适中、单位污水处理基建投资较小、污水处理的运行成本较低、污水处理效果较好、便于行政和运行管理、综合分析考虑工业园区行业性质和排放污水种类、生活和工业污水排放量的大小和相互比例、新建或改扩建等因素。目前有些污水厂布局过于分散和规模过小,以后可适当调整、扩大规模,以创造合理的规模效应。农村、山区等个别偏僻地方,由于自然、地域和经济的限制,也可建小型污水处理厂或简易污水设施、前置库或湿地等措施来处理分散居住的生活污水和畜禽养殖污水,作为污水处理系统的一部分和城镇污水集中处理厂的补充。

7. 全部城镇污水厂排放标准提高到一级 A

其原因:① 今后污水厂越建越多,污水厂排放的污染负荷将是无锡市主要污染负荷之一,若排放标准不高,污水厂就成为污水的排放源,如 2010 年污水厂若均按二级排放标准,无锡的污水厂要排放 COD 3.5 万 t 以上,这样,无锡市就不可能全面达到污染物入水负荷总量控制目标。若提高到《城镇污水处理厂污染物排放标准 GB18918 - 2002》一级 A 标准,COD 不大于 50mg/L,COD 排放量可减少近 50%;② 无锡市城镇河道的环境容量均很小,稀释能力小;③ 经济社会发达地区的城市、乡镇河道整个应视作景观用水,水质要求高,根据《GB18918—2002 标准》的规定,污水厂尾水排入景观河道的应提高污水厂排放标准到一级 A;④《太湖流域水环境综合治理总体方案》要求污水厂排放标准到一级 A。根据以上原因,无锡市全部污水厂排放标准均要提高到一级 A(表 4-5)。新建、扩建的污水厂排放标准应一次性达到一级 A 标准;已建成的未达到一级 A 的污水处理厂要在 2010 年达到此标准。

表4-5 城镇污水处理厂污染物排放标准〔(GB18918-2002),摘要〕

（最高允许排放浓度·日均值） 单位:(mg/L)

序号	基 本 控 制 项 目		一级标准		二级标准	三级标准
			A	B		
1	化学需氧量(COD)		50	60	100	120
2	生化需氧量(BOD_5)		10	20	30	60
3	悬浮物(SS)		10	20	30	50
4	石油类		1	3	5	15
5	总氮(以N计)		15	20		
6	氨氮(以N计)		5(8)	8(15)	25(30)	
7	总磷(以P计)	2005年12月31日前建设的	1	1.5	3	5
		2006年1月1日起建设的	0.5	1	3	5
8	pH		6~9			

污水厂尾水排放全面达标,除COD达标外,TN、TP、NH_3-N等指标均应达标。按照国家标准对原有处理设施进行改建。新建项目要采用脱氮除磷工艺,确保污水厂各项指标全面达标;污水处理厂在执行一级A标准的同时,2008年1月1日起要执行《江苏太湖地区城镇污水处理厂及重点工业行业主要污染物排放限值》(DB32/1072—2007)。在有条件的区域,实行污水处理厂和湿地联合运行,以起到进一步提高污水处理和减少尾水污染排放量效果与作用。

无锡市区芦村、城北和太湖新城三大主要污水处理厂在2007年下半年就已开始脱氮除磷工艺改造,采用国际先进成熟的生物填料和转盘过滤器技术,使污水厂处理标准从原来的一级B全面提高到一级A,作为江苏省和全国污水厂脱氮除磷工艺改造、升级示范项目,得到建设部和江苏省的高度重视。无锡市其他污水厂均在有序进行提高排放标准的提标改造,全面提高到一级A,计划在2010年全面完成。

8. 加强城镇污水处理系统的管理和监督

一方面污水处理厂内部加强管理,污水处理厂的领导、管理人员需提高认识,加强操作、管理人员培训和提高技术水平,强化污水厂运行管理和污水收集管网维护管理,消除运行不稳定、污水厂尾水超标排放等现象;另一方面,处理厂的行政主管部门和监督部门,在发展污水处理事业的同时,要进一步加强对已建污水处理厂的管理和监管,主要是对污水厂达标排放的监督管理,制订严格监管措施,杜绝超标排放。

9. 自动化监测控制

自动化监测是监督和控制污水厂排放污染物的主要手段,污水厂的每个排污口均应装置自动化监测仪器、设备,监测水质和水量。其中,COD、TN、TP、NH_3-N为必测项目。自动化监测与人工监测相配合。污水厂自我监测与环保部门、水利部门监督监测相结合。

10. 实施城镇污水厂尾水再生利用和深度处理

污水厂2010年均要达到《城镇污水处理厂污染物排放标准GB18918-2002》的一级A标准,可以大量削减污染物的排放量,但仍大幅度超过《地表水环境质量标准》(GB3838-2002)Ⅳ类水标准,特别是 TN、NH_3-N 超过Ⅳ类水的幅度比较大,其中 NH_3-N 超过 2.33 倍,TN 超过 4.33 倍,将使进入水体的污染负荷超过其环境容量,达不到该水体的功能区目标。所以,须继续削减污水厂的污染排放量,其措施是实行污水厂尾水的再生回用或继续深度处理。

城镇污水厂再生水回用先试点、示范,再推广。其一,据《再生水水质标准》(SL368 – 2006),城镇污水厂排水达到一级 A 标准的,已符合工业、农业、林业和城镇非饮用水的再生水水质标准,可直接用于工业的冷却水、洗涤水、锅炉水,农业和林业用水,城镇的冲厕水、道路洒水、绿化水、施工用水等,直接减少了污水厂排水量,也即减少了污水厂对水体的排污量;其二,在无锡,污水厂尾水再生回用更广泛的是用于河道、居民区景观环境用水,但由于其 COD、NH_3 – N 等标准已经高于一级 A 标准,应对污水厂尾水继续进行深度处理,以满足再生水水质标准和削减污染负荷。深度处理,可采用污水厂 – 湿地联合处理,也可另建再生水厂处理。另外,因《再生水水质标准》(SL368 – 2006)中未对 TN 制定标准,而 TN 是太湖的主要富营养元素,所以应根据流域实际情况,补充制定 TN 地方标准,对 TN 的处理要有技术、工艺上的突破,需要进行科技攻关。

11. 建设污水厂尾水—湿地联合处理系统及其示范

在有条件的地方,推广对污水厂尾水进行深度处理的湿地系统建设,建设污水处理厂—湿地联合处理系统,进一步提高脱氮除磷效率。无锡市计划在建设污水处理厂—湿地联合处理系统示范项目的基础上,逐步推广。

污水厂尾水—湿地联合处理系统示范。2007 年,在无锡市区较有规模的城北污水处理厂进行了污水处理厂 – 湿地联合处理的示范项目。其湿地为人工湿地,面积 $4000m^2$,日处理规模 2000t,投资 180 万元。人工湿地主要以植物和微生物组成的生物群体,通过一系列的生化、物理、化学和生物作用,对污水进行高效净化,其中微生物是湿地高效净化水体过程中的生力军。湿地处理系统分成四个部分(单元):生物强化曝气池单元,表流人工湿地单元,潜流人工湿地单元,生物稳定单元。用于生态修复的植物主要以千屈菜、香蒲、水葱、芦苇、美人蕉、睡莲等为代表的 17 种挺水、浮叶、沉水植物和生态浮床组成的植物群落。同时,人工湿地成为小桥流水和多种水生植物组成的以绿色为主基调的多彩的流动水域,使城北污水处理厂成为一个美丽的小型公园。无锡市将在有条件的已建污水处理厂逐步推广污水处理厂—湿地联合处理系统。在计划新建污水处理厂时,根据其自然和土地条件,尽量把污水处理厂—湿地联合处理系统纳入污水处理工艺之中。

12. 逐步建设雨污合流—溢流(分流)系统

(1)雨污分流系统 建设雨污分流系统,雨水和生活污水实行分流,即生活污水排入城镇生活污水收集管网进城镇污水厂处理,雨水进雨水管道(下水道)直接排入河湖水体。无锡大部分城镇区域已经实现了雨污分流,这一措施以前为减少城镇生活污水对河湖水体的污染起了很大作用。

(2)雨污合流—溢流(分流)系统 系将生活污水和雨水在一定时间段内实行雨污合流,在另一个时间段内实行雨污溢流(分流)的系统。① 雨污合流时间段,为无雨天、小雨天(具体根据地面径流系数、汇水面积等因素确定),以及降较大雨初期的 20 ~ 30min(具体根据降雨强度、地面径流系数、汇水面积等因素确定),即在此时间段内所有的生活污水和雨水均合流进城镇污水厂处理;② 雨污溢流(分流)时间段,为降较大雨初期的 20 ~ 30min 以后至此次降雨结束,以及包括降雨结束后雨水在管道内的一段滞留时间。此时间段内也有二种情况:其一是在生活污水和雨水在合流后,超过管道设计能力的流量经过溢流坝、闸、阀等设施直接排入河道水体,此时仅一部分由于大量雨水稀释的污染物浓度较低的雨污混合水流进入污水厂处理;其二是通过分流设施将雨污实行分流,生活污水经污水管进污水厂处理,雨水直接经雨水管道排入水体。

(3) 建设雨污合流—溢流(分流)系统的必要性　其必要性为:① 随着城市化率的不断增加,主要是包括广场、道路、房屋等城镇硬质地面(下垫面)的增加,地面径流及其污染大幅度增加,使地面径流污染已经成为城镇污染负荷总量的重要组成部分,特别是城镇初期雨水形成的地面径流污染严重,已成为重要污染源,应进入污水厂处理;② 城镇下水道系统(含下水管道、窨井等)中积存大量污染物,以及雨污分流不彻底区域排入的部分生活污水,当降雨量较大时,下水道系统中的大量污染物被雨水一起带进河道水体;③ 某些老居民区的下水道和污水管一时无法分清楚,平时不下雨时,相当多的生活污水即从下水道排入河中,此类情况可直接实施雨污合流 - 溢流(分流)。如无锡在整治某些小河浜、封闭排污口时,无法真正分清楚下水道和污水管,于是采用了雨污合流、溢流,即把河岸上的下水道排水口和污水排放口均予以封闭,统一接进雨污合流管,平时管中污水和小雨水全部由污水泵提升进污水厂处理,而在下大雨 20～30min 后且水位达到一定高度时则经由溢流坝或溢流阀泄入河道。

(4) 雨污合流分流二者比较　雨污合流—溢流(分流)系统(称前者)是与以往雨污分流系统(称后者)不同的排水管网系统,但前者较后者先进。前者把地面初期径流污水(含地面污水和下水道系统污染物二部分)和某些老居民区下水道中排出的生活污水均送进污水厂进行处理,系今后排水管网系统发展的方向。目前在全国大中城市中尚无大规模整体实施前者的实例和很成熟的经验,所以在实施过程中要慎重计划和合理选择技术、设施:① 城市,一般原来均使用后者雨污分流系统,要向前者雨污合流 - 溢流(分流)系统过渡,则需要用比较长的时间对排水管网系统进行逐步合理的改造;② 需要妥善处理溢流(或分流)的设备、技术问题,包括采用溢流还是分流,采用溢流坝、溢流闸阀或其他设备,采用手动、半自动或自动控制等问题。应先进行试点,再根据不同情况进行推广,并且制订完善和可行的实施计划。在试点和推广期间,实行上述二种系统并存。

(三)加大投入建高标准管网系统

今后要建设高标准的管网配套系统,必须要加大投入。如无锡市建设此类城镇污水处理系统(含再生水利用),估计全部投资 130 亿元,要采用合适的投融资机制:政府投入,多方集资,市场运作,调动各方积极性,加大投入。分阶段建设,并不断提高此系统的科学技术水平。

(四)加强立法和管理

立法主要是制订大力推进污水集中处理系统建设和管理(包括市场化运作),包括城镇污水处理厂建设、推进农村利用各类简易污水处理设施和前置库、湿地处理污水,以及再生水回用,推进利用湿地对污水厂尾水进行继续深度处理等相应法规、办法和条例。加强管理,包括规划、建设、运行、协调和监督管理等诸多方面的管理:

(1) 规划管理　全市城镇污水处理系统按统一的要求、标准进行规划和合理布局。

（2）建设管理　全市城镇污水处理系统按各市县区的具体情况和统一的标准进行高质量严要求的建设。

（3）运行管理　加强各个环节的运行管理,确保污水厂能够达到一级 A 排放标准;加强污水收集管网的维护和管理,把污水的渗漏率减到最低;城镇污水处理厂逐步推行在政府主导下的市场化运作,加强收费管理,确保运行资金来源,全面推行和完善工业污水按污染物排放量收费。

（4）协调管理　加强城镇污水处理系统建设、管理的单位及其主管部门的协调管理,有利于全市经济社会发展和改善水环境目标的实现。

（5）监督管理　包括对城镇污水处理系统的规划、建设和运行等方面的监督管理,特别是要加强城镇污水处理厂达标排放的管理和动态监测、监督管理,同时要加强有关监督部门的队伍、素质和执法体系建设,完善监督管理法规,建立执法责任制和问责制,加大违法的处理力度。

四、整顿和封闭排污口[8]

无锡市现有大小入水排污口 3 万多个。其中,工业企业和第三产业进行排污口申报的,且直接排入水体的排污户为 6588 个,其排入水体的污水量为 4.2 亿 m^3。现全市仅有百余人的监管队伍,无法对每个排污口实施有效监管。所以某个区域在污水管网到达,接管进水户时,必须封闭该区域全部排污口,以确保全部生活和工业污水及部分畜禽养殖污水进入城镇污水厂处理,封闭排污口也是对排污最有效的外部监督管理措施和全面推进污水治理的有效措施。

（一）封闭目标

通过不断有效的整顿和治理排污口,使排污口数量逐渐减少,最后达到封闭全部生活、工业污水和养殖场污水入河湖排污口的目标(不含污水处理厂排污口和冷却水排放口)。

（二）封闭作用

无锡是经济发达的平原低洼河网区,除宜兴山区、横山水库、长江和极少部分水域外,环境容量均已饱和,其中相当部分水域现状纳污量已大幅度超过其允许纳污能力。所以,一般均不宜再增加污染负荷,也只有逐步封闭现有的全部生活、工业排污口和其他排污口,污水纳管入污水处理厂处理,才能最终控制生活、工业污染物和其他污染物不入河湖,确保水功能区达标。封闭入水排污口虽不能够直接减少入水污染负荷,但其是控制污染的非常有效的措施,应把封闭排污口作为控制污染的主要推进手段和关键的监督措施来抓,把封闭排污口的任务分解到各区域、有关部门和企业、单位。

（三）封闭排污口后污水去向

（1）生活污水去向　① 城镇和农村居民集中居住区排污口封闭后,其污水(含第三产业污水、公共生活污水)全部进入污水处理厂处理或进行再生水回用;② 农村非集中居住区污水全部进入农村简易污水处理系统处理、进入前置库处理,或经过简易污水处理系统处理后再进湿地、前置库处理。

(2) 工业污水去向　① 直接进入污水处理厂处理;② 没有条件直接接管进污水处理厂的企业,进行初步处理达到接管标准后,再进入污水处理厂处理;③ 进行再生水回用;④ 自行进行高标准污水处理,达到城镇污水处理厂的一级 A 标准排放;⑤ 关闭或转产。在封闭排污口前,要根据上述的不同情况做好准备工作,以确保企业的正常生产不受影响。

(3) 规模畜禽养殖场污水去向　① 污水采取简易设施处理,达到一定标准后排放,或经处理后再进前置库或湿地处理;② 污水进污水厂处理,政府给予适当补贴;③ 畜禽排泄物或垃圾进行综合性资源化利用;④ 污水直接进入前置库或湿地处理,处理达到一定标准后,再进行水的循环利用。

(四) 封闭排污口的步骤

首先进行各类排污口的全面普查,逐条河道和逐个湖泊、湖荡逐一登记工业、生活和其他排污口,做好各项前期准备工作,各市(县)区要制定封闭城市、乡镇的全部生活、工业和其他排污口的具体实施规划,精心设计、精心施工,及时完成污水收集管网的铺设工程,把工业、生活污水和其他污水接进污水收集管网,在不影响市民生活和工厂生产情况下,分年分批封闭全部排污口。

(五) 其他排污口的整顿和管理

在封闭城镇的生活和工业排污口的同时,对其他的排污口要逐步进行有效整顿和加强管理。

(1) 农村分散居住的生活排污口　逐步做到经简易处理后排入河道生态修复区、湿地、鱼塘和前置库,不得直接排入河道。

(2) 农村小型工业排污口　农村污染严重的工业企业,均要搬迁进工业园区,对污水进行分类处理。对污染较轻的小型工业企业产生的污水必须要逐步做到进行简易处理达到一定标准后排入河道生态修复区、湿地、鱼塘和前置库,不得直接排入河道。

(3) 非规模养殖场排污口　非规模养殖场的排泄物和废弃物应统一集中起来,用一定的输送设备送往指定地点,进行综合利用,大量减少其污染排放量。或利用河道生态修复区、湿地、鱼塘和前置库或其他污水简易处理设施对污水进行简易处理达标后再排入河道。

(4) 城镇污水厂的排污口　要对污水厂排污口加强监督和污染总量控制。排污口应全部装置污水水量表和水质监测装置,分阶段直至全部实行自动化监测。并且要对污水厂尾水继续进行深度处理或实施再生水回用,进一步减少其入水污染负荷。

(六) 为封闭排污口立法和建立监控系统

为封闭全部排污口立法,包括整顿和分阶段封闭生活、工业、畜禽养殖业全部排污口和禁止新增排污口的立法,制订封闭排污口实施细则,大力推进污染物减排和监督减排工作。要提高对封闭全部排污口的认识,明确仅封闭部分区域排污口不能达到本区域污染物总量控制目标,必须要逐步封闭太湖流域一、二、三级保护区的全部排污口,才能达到改善太湖水环境的最终目标。同时要建立排污口监控系统,对重点和规模企业排污口和全部污水处理厂尾水排放口、自来水厂尾水排放口安装自动监控装置,与各区域污染源监控中心联网,实行实时监控、动态管理,以便进一步加强对排污企业的现场监督检查,对违法排污企业按高限予以处罚。

第三节　农业及其他非点源污染综合治理

一、非点源综合治理的决策和对策

非点源污染由于不确定时间、不确定途径、不确定污染物质的排放,所以其监测和管理信息获取成本过高,研究和控制对象复杂,涉及经济、社会各个方面,治理难度较大。我国非点源研究始于 20 世纪 80 年代,已有一定的科技成果。但是传统环境治理体制不适应新的形势。太湖流域水污染治理力度不断加大,水体恶化趋势初步得到遏制,但并未能从整体上得到缓解;治理偏重于技术工程,忽略制度的建设和完善;偏重于末端治理,忽略了通过优化社会经济发展模式达到减污目的的巨大潜力;偏重于政府的作用,忽略了市场和社会的参与,特别是民众的参与;偏重于陆域、城区治理,忽略了水域水资源、水生态系统综合治理;偏重于行业、单一目标的治理,忽略了流域宏观布局和统一管理;偏重于工业点源和大城镇生活污水治理,忽略了非点源污染的控制和治理。这"五偏重、五忽略"是当前太湖流域水污染治理不尽如人意的根本原因。传统的环境管理体制本质上是为了应对工业点源和城市污染治理的,管理上提出的"三同时"、"达标排放"、"一控双达标"等,是在工业点源污染防治管理框架下的制度安排。当工业污染得到初步遏制,非点源问题将逐步上升为水污染的主要矛盾方面,应提出新形势下非点源污染治理和管理的新思路、政策、方针和对策。

(一) 国家对太湖水污染治理的决策

1. 流域经济社会发展全局和战略的要求

21 世纪初期,太湖流域在人口持续稳定增长的基础上,经济社会将继续保持高速发展的态势,提前实现现代化第三步发展战略。水是基础性自然资源和战略性经济资源,也是流域经济发展和社会进步的生命之源,农业及非点源污染是流域主要污染源之一,因此流域非点源污染状况必须尽快得到根本改善,真正实现水资源可持续利用,保障经济社会的可持续发展。

2. 流域水污染治理的实际需要

"十五"期间以工业企业达标治理为核心的治理取得成效。工业污染达标排放率不断上升,生活污水正在加大治理力度。污染负荷贡献率的构成发生变化,非点源的氮磷和其他污染已成为太湖流域有机污染的主要部分或重要部分。从流域主要污染源类型分析可见: $NH_3\text{-}N$ 排放量中,农业面源所占比例最高,为 77%;其次为城镇生活污染,占 18%。TP 排放量中,农业面源占 66%,城镇生活污水占 27%,工业污水占 7%。

（二）流域非点源污染控制和治理的认识与对策

（1）认识治理污染的难度　　提高对非点源污染控制和治理的长期性、复杂性、艰巨性、困难性和紧迫性的认识。非点源污染存在来源的多样性、结构和形成机理的复杂性，监测信息获取的困难性，以及形成前的潜伏性和形成后的难治理性等特点。因此，需要更加努力，才能奏效。

（2）流域控制治理污染　　太湖流域的非点源污染控制和治理要立足于流域进行，充分利用北靠长江，南依杭州湾，中居太湖和东临东海的优势。以系统论和控制论的方法探索非点源的形成、输送和动态过程，立足流域大系统上制定有效控制和治理的机制、体制和政策。

（3）流域治理污染的要求　　流域非点源污染控制和治理，在对策上，应做到工程技术的科学性、可靠性和可操作性，社会及经济的协调性，管理上的实效性，公众的可参与性。真正做到社会、经济、环境多赢。治理措施中，无论是工程技术措施还是非工程措施，一定要以人为本，以生态为核心，讲求经济效益，贯穿公众参与原则。对污染发生源要减量化，无害化；对已发生的污染要在陆域上采用生态阻截性控制和治理，最大限度地减少入水体量；对水体污染实施生态修复和治理。

（4）建立有效环境管理体系　　推行有机农业、生态农业和建立农村环境管理体系。推行有机农业生态农业的核心是：在满足现代社会高产出、高效益的基础上，强化复合生态系统的内循环，即加强人与土地利用相互循环，辅以必要的催化增强物质（如：化肥、农药等），尽量减少产出后向环境的污染排放。实现"三个转变"，即要从产量农业向质量农业转变，以生产优质绿色无公害产品为主；从产品农业向服务农业转变，使农村从仅提供农产品转变为同时向城市提供生态服务、景观服务和居住休闲服务；从传统农业"资源－农产品－废物排放"的生产过程转变为"资源－农产品－再资源化"的生产过程。建立农村环境管理体系，强化政府宏观指导管理，制定行之有效的法规、制度和标准。非点源污染控制和治理应强化政府的宏观管理和政策指导。建立相关村规民约，强化行政管理措施、教育培训措施和经济杠杆措施，使农村污染源得到有效控制。

（5）严格控制削减污染负荷　　严格控制地面径流、航运、降雨降尘等非点源污染。要对治理此类非点源和治理农业非点源有同样高度的认识，要在政府宏观指导下，制订有效治理此类非点源的法规、制度和标准。对此类非点源治理进行研究，对治理经验进行总结，推陈出新，推广落实，大量削减其入水污染负荷。

（6）建立环保持续发展投资体系　　非点源污染控制和治理实行市场化运作，辅以经济政策调节的杠杆作用。要利用补贴和税收等优惠政策的调节杠杆作用，控制过量使用化肥，补贴有机农业户。要以民营资本为基础，包括建立环保资本的生成机制、组合机制、竞争机制和增值机制，建立环保持续发展战略投融资体系。这是非点源污染治理和控制的资金筹措方向。

（7）加强全社会的环保意识教育和公众参与　　非点源污染事关千家万户，要使流域内每一位公民都清楚地认识到：自己既是污染的贡献者，又是污染的受害者、治理的责任人、决策的监督人，更是为治理污染的纳税、付费人。

（8）加强污染源机理研究与监测　　过去在对太湖流域水污染状况监测和治理中积累

了不少资料,但对非点源污染形成、迁移运动、富集和控制机理研究不足。为此,要在充分汲取国内外已有研究成果的基础上,加强非点源污染形成机理、物质输移变化动力学过程和控制等方面的应用基础研究工作。下大决心,化大力气,建立长期定位监测、试验研究基地,攻克科技难点、机理,支撑污染治理方略。

二、农业农村污染综合治理

农业农村污染综合治理主要是加快发展现代农业,建设社会主义新农村,用科学的发展理念和先进的科技手段,改进农业生产方式,调整农业产业结构,促进农民生活方式转变,大力发展循环生态农业和绿色有机农业,建成一批规模化种植和生态养殖基地,结合城镇化建设,逐步建立农村环境管理体系,形成结构合理、良性循环的农业生产体系和生态良好的农村环境。其中,农业污染是非点源污染的主要部分,包括种植业、畜禽养殖业和水产养殖业污染,农业污染入水负荷中有相当部分是通过降雨形成的地面径流和农田余水排放进入河湖水体的,所以在减少农业污染产生量的同时,要控制污染途径。

(一)种植业污染综合治理

种植业污染综合治理主要是调整种植结构,采用控制农田污染、建设农田生态沟和生态隔离带、农田余水入前置库、河道生态修复区组成的农田污染综合控制系统,大幅度削减农田余水和农田径流中污染物。

1. 控制农田污染措施

控制农田污染采取的措施:① 主要是农业集中经营、规模经营,调整种植结构、改进种植方法,减少农田污染,并发展生态农业和都市农业,在提高农业产量和产值的同时为城市服务,为景观休闲服务,为提高人民生活质量服务。② 研制、开发和推广节氮控磷减农药技术。化肥减量措施主要是调整种植制度和种植结构,如推行水稻——小麦、水稻——绿肥、水稻——油菜轮作;集约化精细养分综合管理,控制基肥中的化肥用量;在施肥量上,全面实施测土配方施肥,使投入农田的养分释放与作物需求峰值吻合;探索优化施肥技术,作物轮作留茬和作物秸秆还田技术,增加农田糙率,促使养分最大限度地在农田系统内循环,减少农田径流和消减农田径流中的养分含量;研究新型缓释肥等。减农药技术主要是加强病虫监测预报,推广生物农药和高效低毒低残留农药,开展植保专业化防治,严格控制高残留农药的使用,研制新型低毒低残留环保农药;推广生物防治和物理防治技术,改进耕作制度控制病虫害等。③ 采用节水灌溉方法、技术,减少农田余水;适当筑高堤埂,以增加农田蓄水深度和蓄水量,减少暴雨产生的农田地面径流,减少农田余水排放;进行农田余水回用和养分再利用。④ 对秸秆和农业副产品及加工废弃物等,抓紧研制变废为宝产业化的综合再利用,减少废弃物污染。如生产饲料、制作沼气和有机堆肥、建筑材料、编制工艺品及生产生活用具、供给农业工程或水利工程的护岸基质材料等。⑤ 各级地方政府要给农业予必要的技术、政策的导向、协助和政策扶持。

2. 建设农田生态沟和生态隔离带

农田生态沟主要是水稻田或麦田结合排水沟建设进行,沟底和沟壁用多孔隙硬质物衬砌,在孔中人工或自然种植喜水耐湿的植物,使农田余水得到部分净化;生态隔离带是在蔬菜地和其他旱地中建设能够有效拦截地面径流的植被带,以截留流失的养分。也可利用自然池塘、河道建设生态型湿地和利用地面径流缓冲、截留、渗透等技术减少面源污染。

3. 建设农田余水入河前置库

农田污染主要由农田径流、农田余水进入水体的,所以把农田径流、余水送进前置库处理是减少污染的重要一环。前置库接纳周围农田的余水、地面径流和简单处理过的生活污水,前置库本身兼有氧化塘、蓄水池和生态修复功能,前置库可就近利用废河道、河道滩地、小河浜、鱼池、低洼地建设,在前置库中建设生态护岸和隔墙,种植、养殖和培育耐污染和消除污染能力较强的水生植物、水生动物和促进有益微生物生长,对水体中污染物起到沉淀、过滤和降解的作用,起到自然和生物净化的作用。

4. 建设河道生态修复廊道

种植农业区域内有众多的河道,可以充分利用河道进行生态修复建设。河道生态修复廊道可以接纳前置库流出的农田余水、简单处理后的农村生活污水、鱼池肥水和相关地面径流。河道生态修复包括进行生态河床基底(护岸)建设和生态修复两部分。生态河床建设主要是构建有利于水生植物、动物和微生物生长的河底、岸坡,包括河底、岸坡的形状、衬砌材料和性质等;生态修复主要在河道及其护坡上种植、养殖耐污染和消除污染能力较强的水生植物、水生动物和促进微生物的自然生长,进一步净化水体。

(二)畜禽养殖污染综合治理

1. 科学养殖　控制污染

畜禽养殖污染综合治理主要对畜牧生产进行科学规划、合理布局、分区管理,划定畜禽禁止养殖区、限制养殖区和适度养殖区。按照"减量化、无害化、资源化、生态化"要求,进一步提高畜禽养殖污染治理的技术水平,推进无污染、少污染的养殖业发展模式和废弃物资源化综合利用模式,推进农牧结合,逐步建立和完善生态农业产业结构和可持续发展现代化农业。

2. 制定规则　采取措施

制订畜禽养殖污染防治管理实施细则,制订防治畜禽养殖污染的各类措施,根据各区域的功能和要求,划定畜禽禁养区,包括城市、乡镇、居民集居区、风景区、水源区和环太湖1km及主要入湖河道上溯10km两侧1km范围,以及其他重要区域,禁养区内现有养殖场(户)必须在规定时间内关闭或迁移;划定限养区,为环太湖1~5km,禁止新建畜禽养殖场,对现有养殖场完善干湿分离、雨污分流等环保设施,实行粪污无害化处理和农牧结合,达到"零"排放,对不符合环保要求的畜禽养殖场,限期治理或强制关闭;其他为适度养殖区,为上述以外区域或环太湖5km外的养殖区,要实行污染物总量控制,实行规模养殖。

3. 科学管理　规模养殖

按照人畜分离、集中管理的原则,在养殖大户相对密集的区域,建设清洁养殖小区,中小型畜禽养殖场大力推广发酵床生态养殖技术,以生物发酵床为载体,快速消化分解粪尿等养殖排泄物,实现猪舍(栏、圈)免冲洗,无异味,粪尿"零"排放。农村规模养殖场,主要是指大、中型的养牛、养猪场和大型的养禽场,均要采用无污染或少污染的养殖和管理方式,畜禽排泄物采用干式处理法替代水冲法,对畜禽养殖废弃物进行无害化处理和资源化综合利用(见本章第六节)。畜禽养殖产生的少量污水要进前置库(基本和农田余水入河前置库相同)、湿地,或污水集中处理厂、污水简易处理设施处理。非规模养殖禽畜和分散养殖同样要控制其污染,一是逐步向规模养殖过渡,二是污染物进行集中处理、无害化处理和资源化利用。

(三)水产养殖污染综合治理和实例

1.水产养殖污染综合治理

鱼池(即鱼塘)养鱼或养殖其他水产,应科学养殖,适量投放饵料,减少饵料残留物;建设鱼池污水、余水前置库处理系统(基本与农田余水入河前置库相同),即在鱼池区域内划分养殖区和湿地处理净化区,构建养殖鱼池—湿地处理系统,鱼池的污水、余水经处理后再利用,实现养殖鱼池区域内水的循环利用;鱼池底泥不排入水体;城镇、太湖周围和水源地附近的鱼池填平、改作绿化、风景建设或退鱼塘还湖,少部分鱼池发展少污染的特种水产和观赏水产,其中退鱼塘还湖可以减少鱼塘污染、增加水环境容量和增加蓄水量;大水面养鱼原则上应不投饵养殖,人放天养。对现有连片规模养殖池塘进行合理布局,在同一区域内规划为主养区、混养区、湿地净化区和水源区等4个功能区,构建养殖池塘—湿地系统,同时对养殖池塘的水环境进行生态建设,实现养殖小区内水的循环利用和污染物的"零"排放。

2.水产养殖污染治理实例

2008年,中国水产科学研究院淡水渔业研究中心进行了水产养殖污水的人工湿地净化及循环回用示范项目,获得成功。试验鱼池在贡湖边,总面积3.2hm²。为了保护太湖的生态环境、节约水资源、实现鱼池污染"零"排放,在鱼池旁边建设了一个1.4hm²的栽有水生植物的人工湿地,各试验鱼池的养殖废污水经排水沟排入长度为600m、宽度1.8~22m的人工湿地处理区,水体经净化后回灌入各鱼池,成为养殖用水。经过净化,TN、TP、COD_{Mn}分别平均削减率54.22%、59.15%、41.69%,其中TN由Ⅴ类改善到Ⅲ类。整个养殖试验过程不向外界水体排放废污水,循环利用,达到污染"零"排放。示范项目说明总体改善水质效果比较好。也说明在水生植物生长良好的季节,TN、TP改善的效果明显好于秋末。COD_{Mn}改善的过程相对比较平稳,夏天、仲秋与秋末改善效果都很好(表4-6)。

表4-6   2008年淡水渔业中心鱼池－湿地处理系统改善水质情况表

	测试指标	7月	8月	9月	10月	11月	7~11月平均
TN	处理前(mg/L)	1.55	1.85	1.65	2.85	1.53	1.89
	处理后(mg/L)	0.31	0.86	0.76	1.36	1.05	0.87
	削减率(%)	80.00	53.51	53.94	52.28	31.37	54.22
TP	处理前(mg/L)	0.42	0.40	0.66	0.98	0.86	0.664
	处理后(mg/L)	0.12	0.14	0.26	0.40	0.52	0.288
	削减率(%)	71.43	65.00	60.61	59.18	39.53	59.15
COD_{Mn}	处理前(mg/L)	3.96	4.12	4.03	5.00	4.21	4.26
	处理后(mg/L)	2.36	2.06	2.21	2.96	2.86	2.49
	削减率(%)	40.40	50.00	45.16	40.80	32.07	41.69

（四）农村生活污染控制

加快农村污水处理系统建设。农村生活污水处理必须坚持生态型、高稳定性,以及较低投入、少维护的绿色环保工艺。对分散农户可推广合并净化槽,或采用生态型处理,即前置库、氧化塘和生物处理。对集中的小型村落,推广二级处理加生物处理的加强技术,国内有关环保产业部门应加强乡镇和农村污水处理成套设备的研制推广工作,加强农村污水简易处理设备、设施和利用前置库、氧化塘、湿地处理农村污水的研究和推广工作。并且做好生活垃圾的定点集中收集、运输和无害化处置、资源化利用工作。以及推进农村城市化的进程。具体实例见下节。

（五）制定农业农村污染控制标准

在认真执行已有农业污染源污染控制相关标准的基础上,制订更严格的地方标准或完善标准。制订流域种植业单位面积施用 N、P 肥和农药标准(表4－7)、农田径流污染控制标准和畜禽、水产养殖的污染物排放和污水(肥水)处理标准;制订农村生活污水简易处理系统污染物排放标准。同时建立农业污染源监测技术规范、实行监督管理制度,建立生态农业园场建设管理标准。建立农业农村生活垃圾、污水,种植业、养殖业污染的控制标准(目标)和管理责任制。

表4－7　太湖流域农田化学氮磷肥最高投入限量国家建议值　　单位:(kg/hm^2)

作 物 类 型		最 高 限 量	
		N	P_2O_5
粮　食	水稻	190	50
	小麦	160	65
蔬　菜	露地	180	70
	保护地	270	90
油　料	油菜	160	70
果　树	桃、葡萄	240	80

三、减少地面径流污染负荷

（一）加快绿化、水土保持工程

滨河滨湖采用生物或物理技术拦截、滞留、吸收、吸附和入渗等各种方法,控制和削减地面径流及其污染,主要是削减城镇地面径流和农村地面径流。全民参与,推进绿化,打造绿色无锡,改善生态、生活环境。植树种草,树草结合,上种树下种草,发展以乔木、灌木和草地三个结构层次的地面植被,发展地面绿化和垂直绿化。建设太湖及其湖湾、漏湖等湖泊、湖荡沿岸和航道二侧防护林,干线公路二侧绿化带,推进城镇景观公园、森林公园和生态园建设。大幅度提高城市绿化覆盖率;花坛或绿化坛的沿口要略高于坛内相邻的土壤表面以蓄水和减少冲刷;河道刚性护面的直立挡土墙上端连接土质斜护坡的,挡土墙墙顶要适当高于墙内侧相邻的土壤表面,建立临时汇水滞水系统,减少水土流失;宜种树植草的荒山荒坡荒滩均要种树植草,全面治理水土流失。

（二）建设城镇绿地道路和广场的雨水生态排水系统

可在草坪周围垒起略高的沿口（如高 10cm），利用草坪渗透；也可将草坪地面降低，作成下凹式绿地，承接和回渗雨水；把不透水路面和广场的降雨径流先引入两侧或四周的草地中，经草地的拦截和过滤，再将剩余的雨水排入下水道中，草地中可以增加人工过滤层、蓄水层和渗水井，以增加拦截雨水的数量和提高拦截径流污染的效果；人行道向绿化带倾斜，使雨水流向草地。这样，一是充分浇灌绿地；二是减少不透水路面和广场上的污染物随地面径流直接入河湖水体。对有条件的新建道路和广场进行生态排水系统试点建设，其后进行推广。

增加地面透水性。在适合的区域把不透水的地面砖换成透水砖，雨水通过透水砖下渗，减少地面径流；在透水砖下面铺设碎石、沙砾、沙子等组成的反滤层，让更多的雨水渗入到地下去；室外停车场尽量采用多孔混凝土或石铺地，在孔中长草；室外场地、小道适宜采用砂石面层的尽量采用砂石面层等。

建设屋顶花园和蓄水池，屋顶雨水经落水管到达地面后，应先进入屋前屋后的草地，经过滤和拦截污染物，再进下水道。屋顶花园也是城市景观的重要构成之一。

（三）城镇初期雨水进城镇污水厂处理

降雨初期地面径流是污水，《城镇污水处理厂污染物排放标准》（GB18918 - 2002）中已把初期雨水纳入城镇污水的范围。把初期雨水引进污水收集管网的技术不复杂，单位工程的造价也不高，但由于其范围广，数量众多，是一个繁杂的工程，有一定的难度，所以应先进行示范试点，取得成功经验，确定一种或数种实施方案，以后再全面推广。同时应对现有的雨污分流制基础上的污水收集管网进行一定的结构和布局上的调整。

（四）保持城镇地面清洁

建筑工地、市政工地和拆迁工地清洁施工，减少扬尘；经常保持马路和各类室外场地清洁，马路垃圾不能扫进窨井。城镇路面干燥时，路面常洒水，要适当加大洒水量，造成一定的地面径流，恰好把路面灰尘大部分冲进窨井。

（五）及时清除城镇下水道和窨井中的垃圾

城镇初期雨水把地面上的垃圾通过下水道带入河道湖泊，也把储存、沉积于城镇下水道及窨井中的废物一并带入河道湖泊，所以应及时清除城镇下水道和窨井中的垃圾，并适当增加窨井容量，以容纳初期雨水带来的一定量的垃圾。

（六）建立有关法规

为有效控制地面径流污染，必须制定雨水利用、建设道路广场绿地雨水生态排水系统、控制城镇地面径流污染和城镇初期雨水进污水厂处理的有关法规，以及与此相应的设计标准和规范。

四、控制机动船舶污染

全面控制机动船舶的石油污染和垃圾污染,船舶全部配备油水分离器和垃圾储存器;建设航道服务(管理)区,机动船舶的生活垃圾和生活污水不入水体,集中上岸处理;逐步淘汰挂机船,江南运河在 2006 年已禁止挂机船航行,改为座机船,减轻其石油污染和噪音污染;划定非通航或限制通航河道、水域。水源地保护范围内禁止一切船舶航行(有关工程或管理船只除外);有些重要河道、水域限制通航,如无锡城区古运河、环城河、梁溪河、伯渎港西段(防洪控制圈内部分)、五里湖、梅梁湖等,其中,五里湖禁止一切燃油船舶航行,或采用清洁能源,其余河道或水域原则上禁止旅游船以外的一切燃油船舶航行。无锡城区古运河、环城河已实施限制通航,梁溪河已经在 2007 年实施了禁止通航。

建设航道服务(管理)区,为航行服务,使船民生活便利,船舶靠岸就能够购买到生活用品和生产资料或油料;同时也有利于控制船舶的污染,机动船舶的生活垃圾和石油类废弃物等都上岸集中堆放、无害化处理和综合利用,逐步做到全部污水和污物不入水体。无锡准备在 2010 年前建设直湖港服务区、江南运河无锡段上下游两个服务区、锡澄运河服务区等 6 个航道服务区。到 2020 年在无锡 1674km 航道上建设 27 个航道服务区。

五、提高空气质量减少降雨降尘污染

空气质量的好坏决定降雨中污染物的多少,空气质量提高就可以减少降雨中带来的污染物,减少地面径流中的污染,也可以减少降尘污染。提高空气质量主要是减少煤炭、石油的使用量,采用先进技术,大幅度减少燃煤、燃油企业、单位和燃油动力的废气排放量。在行业上,主要是控制和大幅度减少发电、钢铁、水泥等行业燃煤、燃油设备的废气和粉尘排放,以及控制和大幅度减少机动车废气的排放。

六、建设农业农村污染控制区

(一)农村的发展方向

农村城市化,农村人口向城镇集中,无锡市城市化率规划在 66% 的基础上,2010 年达到 75%,2020 年达到 85%;乡镇企业园区化,乡镇企业向各工业园区集中;农田耕作规模化,农田向种植大户和生态农业园场集中;畜禽、水产养殖规模化、集约化,以畜禽渔养殖大户的规模化集约化经营为主;建设少污染或无污染的有机农业、生态农业、服务农业和都市农业。

(二)建设生态农业园场

采用生态农业技术和环境保护管理手段,建设生态农业园场是控制农业污染的有效方法,并向规模型现代化生态农业园场发展,同时调整优化农业产业结构和布局。生态农业园场包括生态种植业(作物、果树、蔬菜、花卉)和养殖业(畜禽和水产),其建设内容包括推广

生态种植和健康养殖、节水减污、水循环利用、污水资源化利用或再生回用,废弃物循环利用、综合利用等。无锡市在加强现有 68 个生态农业园场管理的基础上,总结经验、大力推广,加强规划布局,推进重点生态农业园场建设,建设 200～400 个生态农业园场。进一步提升管理水平和建设规模,提高规模效应。进一步推广生态农业技术和农业循环经济。推进生态农业基础工程和配套工程建设,提高生态农业效益。

(三)建设农业农村污染控制区

农业农村污染控制区是宏观控制主要农业农村区域污染措施的集中体现和有机结合,也是社会主义新农村环保建设的重要举措,其中农业生态园场是其主要组成单元。农业农村污染控制区要建立统一的管理机构,对主要农业区的农业污染和分散居住居民的生活污染控制进行统一规划、分类综合处理、建设相应的工程设施,并建立一套有效生态保护和修复及有效控制污染的政策体系、管理体制、管理模式、管理制度、工程技术措施和配备一定人员,达到整体上大量削减农业农村污染的目的。

无锡市计划建设 8 个农业农村污染控制区,面积共 $1680km^2$。

首先建设入太湖河道两侧的农业农村污染控制区,其中在总结和推广科技部于 2003～2005 年在宜兴大浦建立 $24km^2$ 的污染控制示范区成功经验的基础上,逐步建设其他区域的农业农村污染控制区;江阴市、惠山区、锡山区、滨湖区先完成农业农村污染控制示范区,再行全面推广,宜兴市进一步做好农业农村污染控制区建设的示范推广工作; 2020 年基本完成全部控制区建设,以后进一步完善污染控制区的工程、设施,提高管理水平、运行质量和改善水环境效果。市农业农村污染控制区规划见表 4-8 和图 4-1。

(四)建立法规和管理制度

为建设农业农村污染控制区,必须要建立相适应的规范和管理制度,以往农业方面的法规比较少,满足不了现代农业发展的需要和建设社会主义新农村的需要,所以必须制订农业农村污染控制区和生态农业园场建设和管理法规。

表 4-8　无锡市农业农村污染源控制区规划表　　　　　　单位:(km^2)

序号	控制区名称	控制区位置	控制区面积	控制区作用范围
1	无锡城区控制圈控制区	无锡城区控制圈内部	20	本控制区
2	直湖港片控制区	直湖港二侧,北至京杭运河,西至武进界,东至山地	160	梅梁湖、本控制区
3	锡南片控制区	北至大运河、曹王泾、五里湖,东至望虞河,南至贡湖,西至长广溪	40	贡湖、本控制区
4	竺山湖以西控制区	北至武进界,西至滆湖,南至烧香港,东至湖边	170	竺山湖、本控制区
5	太湖以西控制区	北至烧香港,西至武宜运河、湛渎港和蠡河,南至山区,东至太湖	170	太湖湖区、本控制区

续表

序号	控制区名称	控制区位置	控制区面积	控制区作用范围
6	滆湖以西控制区	滆湖以西,北和西至市界,南至北溪河、马公荡	130	滆湖、本控制区
7	三氿控制区	东北至湛渎港,北至北溪河、马公荡、滆湖,西至边界,南至山区	190	东氿、团氿、西氿、本控制区
8	锡澄片控制区	京杭运河和长江之间,东和西分别至市界	800	本控制区、京杭运河、长江、太湖
	合　计		1680	

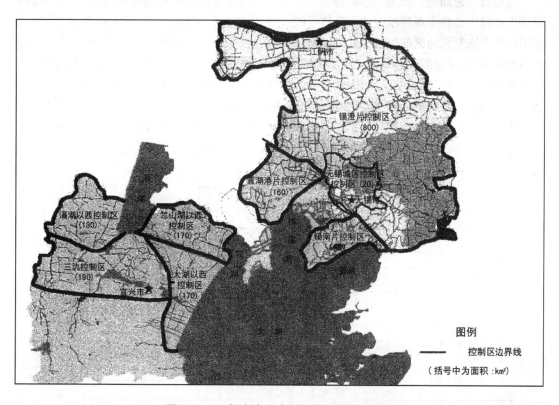

图 4-1　无锡市农业农村污染控制区规划图

第四节　宜兴大浦农业农村污染控制示范区建设

国家科技部"十五"重大科技专项"水污染控制技术与治理工程"的"太湖水污染控制与水体修复技术及工程示范"项目,在大浦投资 5000 万元实施"河网区面源污染控制成套技术"项目(以下依据中科院土壤所杨林章团队的资料),并建立农业农村河网面源控制示范区,该示范项目的承担单位系无锡市太湖湖泊治理有限责任公司,合作单位为有关大学和科研机构。该示范区地处宜兴市原大浦镇东南部,东临太湖,北以东氿(湖泊)和大浦港为界,西至施荡河,南到洋岸公路,面积24km²,8115个农户,人口2.5万,并有2500多外来人口,14个行政村,33个自然村。该区域属太湖流域南溪水系,为典型的湖滨河网区,区内的施荡河、溪西河纵贯南北,南与黄渎港相通,北通宜粟河下游的东氿及入湖河口段;东西向有13条大小河渠,设有闸坝调控,其中朱渎港、林庄港两条河道向东直通太湖(附图4-1、附图4-2)。

一、示范区建设思路目标

总体设计思路是:"减源、截留、修复"。减源即从源头减少污染物向河流的排放;截留即通过生物和生态技术对河流中的污染物控制或对地面径流污染进行生物截留;修复即采取生态工程技术恢复该地区的生态功能。示范区实行三级控制系统:即源头控制系统、沟渠和河网控制系统、河口及湖滨控制系统。在示范区内设置不同功能的示范工程,包括源头控制系统示范工程、河网污染控制示范工程,以及河口污染控制示范工程。控制农业农村污染的技术包括农村生活污水处理技术、农村生活垃圾及农业废弃物处理技术、农田化肥农药污染控制技术、河网水质强化净化与水体修复技术,也包括面源污染控制长效运行与管理机制(图4-2)。

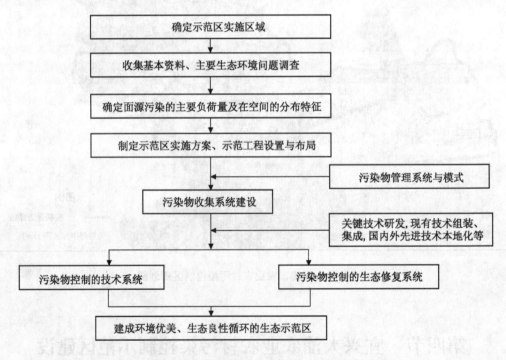

图4-2　农村生活污水处理技术路线图

示范区充分考虑河网区面源污染的特征,根据示范区污染物的排放特点,实现关键技术的突破与现有技术的结合,技术系统与管理系统相结合,污染治理与养分再利用相结合,生态技术与工程技术相结合。

示范区建设的总体目标:通过采用河网区面源污染控制的成套技术方案与示范工程,全面控制面源污染,使入湖河口控制断面与河网生态修复区的水质比生态修复前提高一个等级,水生态系统得到较好改善。

二、示范区建设前污染状况

(1)污染负荷大　示范区污染总负荷(排放量),TN 215.0t,TP 25.0t。

(2)施肥量大　农田排水 N、P 含量高,施肥量 N 540~600 kg/(hm² · a);P₂O₅ 150~300kg/(hm² · a)。

(3)村镇生活污水处置率低　示范区内农村人口密集,大多数村落没有任何污水收集系统,污水随意流淌。河网密布,生活污水所含的氮、磷等污染物直接或经由径流汇入水体,是造成水体污染的重要污染源之一。生活污水来源分为粪尿污水、生活杂排水(包括洗衣水、洗碗水、洗浴水、清洗水及厨房用水)。其去向:存于旱厕内作为肥料、直接排入河道和鱼池、排入化粪池、渗入地下、生活杂排水随处泼洒等方式。

(4)村镇垃圾与农业废弃物污染严重　区内无垃圾堆放场所和专门的垃圾收集、运输及处理处置系统,各家各户的生活垃圾随意倾倒空地和河滨、道路及街道两旁,有些直接抛撒入河,处置方式也仅为简单焚烧、掩埋或临时堆积,给周围环境造成危害。核心示范区人均产生生活垃圾 0.2kg/d,堆积垃圾在 1 年内一般可释放几乎全部营养物,每 t 堆积垃圾的 N、P 释放量分别为:14kg、2.8kg,垃圾腐败释放出溶解性有机碳、氮和磷随地面径流进入水体。进入水体中的垃圾可在 2~6 个月内释放出几乎全部有机氮磷。目前农作物秸秆还田率 20%,稻麦秆田间焚烧 13%,油菜豆荚残留物焚烧比例 44%,还有部分作为燃料、加工成饲料或抛入河。

(5)河道污染严重　示范区共有规模河道 46 条,总长度约 180km,另有支河 60 条和断头浜 31 条。示范区为平原河网区,基本为双向流(主流向:从西向东),流速小,水流缓慢,相当多时间处于静止状态。示范区河水污染严重,入湖河口区 TN 3.4mg/L、TP 0.22mg/L,均为劣 V 类水。西侧东氿(湖泊名称)来水流进示范区 1.99 亿 m³/a,为示范区本身产生年径流量的 21 倍,而且来水 TN、TP 超标严重。示范区河网污染的特点:① 面源负荷量大,分布广而散;② 输移路径短,停留时间短,自净能力弱;③ 河道纵横交错,流向不定,相互贯通,人工调控程度高;④ 人口密度大,土地复种指数高,化肥用量大;⑤ 面源管理体系缺乏,环境意识薄弱。

三、农村生活污水处理技术

示范区主要采用了 4 项适宜推广的农村生活污水简易处理技术:①"厌氧+跌水充氧接触氧化+人工湿地"技术;②"脉冲多层复合滤料生物滤池+人工湿地"技术;③ 塔式蚯蚓生态滤池技术;④"厌氧发酵+生态土壤深度+蔬菜种植"技术。根据此 4 项处理技术建设的农村生活污水简易处理示范工程,对 COD、TN、TP、SS 的处理率均比较高,基本能够满足农村生活污水处理达到一级 A 标准的要求(表 4-9、图 4-3~图4-5)。

表 4 – 9　4 项适宜推广的农村生活污水简易处理技术表

序号	技术项目名称	工 艺 流 程	试验期间污染物平均去除率(%)
1	"厌氧 + 跌水充氧接触氧化 + 人工湿地"技术	为厌氧 – 好氧组合工艺,前置厌氧池通过厌氧发酵将污水中复杂有机物部分转变产生甲烷和二氧化碳;接着流经接触氧化池,借助填料上的微生物对有机物进行降解;后利用介质的截留吸附、利用人工湿地中植物吸收、微生物的降解使有机物浓度进一步得到降低	COD 75 TN 83.2 TP 72 ~ 82
2	"脉冲多层复合滤料生物滤池 + 人工湿地"技术	有脱氮池、脉冲多层复合滤料生物滤池、生态塘、人工湿地组成的组合工艺,具有高效而稳定的硝化作用和较强降解有机物能力,人工湿地中掺入废弃石膏	COD 80 ~ 90 TN 80 ~ 90 TP 90 ~ 95
3	塔式蚯蚓生态滤池技术	为塔式生态滤池,有沙层、小卵石层、大卵石层、格栅配置成的多个滤床层组成,塔顶进水	COD 62 ~ 75 TN 70 ~ 72 TP 77 ~ 81
4	"厌氧发酵 + 生态土壤深度 + 蔬菜种植"技术	由前置厌氧发酵池、生态土壤深度处理系统、后置生态护坡湿地工程组成的整体地埋式结构,地面上可正常种植。通过厌氧发酵池物理沉淀和部分微生物作用,土壤的物理截留、物化吸附固定、化学反应、生物降解,植物根系及其分泌物的物理截留、吸附、吸收,土壤中微生物和动物及其分泌物的吸附、吸收、吞噬作用,去除污染物	BOD₅ 96 TN 78.6 TP 91.9 SS 97.5

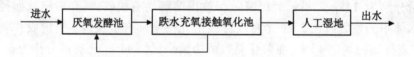

图 4 – 3　"厌氧 + 跌水充氧接触氧化 + 人工湿地"技术工艺流程图

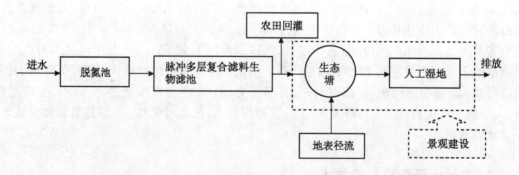

图 4 – 4　"脉冲多层复合滤料生物滤池 + 人工湿地"技术工艺流程图

图 4 – 5　"厌氧发酵 + 生态土壤深度 + 蔬菜种植"技术工艺流程图

四、农村生活垃圾及农业废弃物处理技术

（一）生活垃圾源头分拣分流收集

从 2004 年初~2005 年共建设渭溪、洋渚（扩大区域）、浦南（厚和、道化居住片）、汤庄、毛旗 5 个行政村,共 6 个垃圾收集示范工程,覆盖范围 15km²,服务村民 1.2 万人。洋渚村生活垃圾收集率达到 98%,居民人均产生量为 0.23kg/d;渭溪村垃圾收集率 90%,人均 0.15kg/d;浦南村厚和片,垃圾收集率为 97%,人均 0.23 kg/d。示范区建成集运分拣房 6 座,投放收集容器 666 个,配置收集分拣人员 19 名。洋渚、渭溪、浦南（厚和居住片）和汤庄已累计收集生活垃圾 1231.7t;垃圾收集率大于 90%,平均达 96%。据调查村民极大多数支持垃圾收集（88% 以上）,大部分愿意支付垃圾收集服务费用（71% 以上）,只要 51% 村民的支付意愿即可以补偿目前的收集成本。

（二）农村生活垃圾与秸秆堆肥试验

农村生活垃圾与秸秆堆肥试验,主体设施为条垛式堆肥空间。设计堆体形状,截面为三角形。生活垃圾堆体外,覆盖成捆秸秆和复合土工布,保温闭气,土工布下设穿孔管与混流式吸风机连接收集堆肥尾气至二次堆肥堆脱臭。条垛式堆肥空间底部配有通风槽和沥滤液排出沟,各堆体间以档墙分隔。通过堆肥试验,能满足农用堆肥各项标准和无害化要求,堆肥制品理化性质良好。

（三）稻麦草全量还田示范

2004 年 5 月在渭溪村进行了 200 亩麦草全量机械化还田示范,后分别在渭溪、汤庄村进行了 200 亩稻草还田示范。示范运行结果,稻、麦草还田可显著降低农田地面径流中 N、P 浓度,减少 N、P 流失,其中稻田全年 N 径流流失降低 70%。稻、麦产量可以有所增产。

五、农田化肥农药污染控制技术

（一）研究思路与技术路线

对农田化肥和农药的污染控制技术遵循自然生态的理念,通过降低使用强度、较大幅度减少化肥投入量。针对区域人多地少、人口压力大的基本特点,保障粮食安全始终处于最重要的地位。因此,必然要求保持农田的高强度利用方式以生产出足够的食物来保障粮食安全,同时还需保护环境以保持可持续发展。

通过对项目区稻田氮磷排放通量的系统研究,依据农田污染排放时空特征和重点控制区域,提出了"农田内部节氮控磷、排水沟渠生态拦截、河浜浮床生态净化"的三级控制技术项目流程框图（图 4-6）。

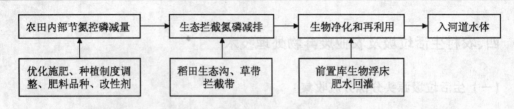

图 4-6   三级控制技术项目流程框图

(二)旱地土壤氮磷向水体迁移控制技术

旱地土壤氮磷向水体迁移控制技术体系,由 5 项技术组成:① 确定土壤氮磷向水体迁移优先控制区。本区域土壤氮磷向水体迁移优先控制区主要分布在河流两岸老蔬菜地,即朱渎港和林庄港旁边,而氮素的重点控制区也包括临近各个村庄的旱地。② 土壤改良和控制土壤氮磷向水体迁移。向蔬菜地土壤施用土壤改良剂,提高土壤 pH 和改良土壤肥力状况,提高作物产量和氮磷养分利用率,显著减少土壤氮磷向水体迁移的量。③ 调节施肥方式和控制土壤氮磷向水体迁移。蔬菜地施肥主要是基肥、追肥模式,调整蔬菜施肥模式为,基肥不变,减少追肥,加用叶面肥。与传统施肥模式相比,不但增产、提质效果明显,氮磷径流输出也显著下降。④ 地表覆盖—肥料深施组合和控制花卉苗木地土壤氮磷向水体迁移。采用覆盖—肥料深施旱作技术实现水肥一体化管理,节水,减少暴雨造成的农田径流的营养损失,从而减少农田氮磷对河网水体的污染。⑤ 生态拦截带和控制土壤氮磷向水体迁移。在蔬菜地与水体之间种植 5m 左右宽度的生态拦截带(生态隔离带),用以控制蔬菜地土壤氮磷向水体迁移,同时将蔬菜地块之间的传统沟渠(不种草)改造成生态沟渠(种草),显著降低蔬菜地块径流水中氮磷浓度。其中黑麦草、苏丹草生态隔离带(拦截带)均有很好效果。拦截作用主要靠植物吸收和渗入地下。除沿河岸设置生态拦截带,在各个蔬菜地块之间的传统沟渠(不种草)改造成生态沟渠(种苏丹草)也有良好的拦截作用(图4-7)。根据此类技术建设的示范工程有良好的削减旱地地面径流的 TN、TP 效果。

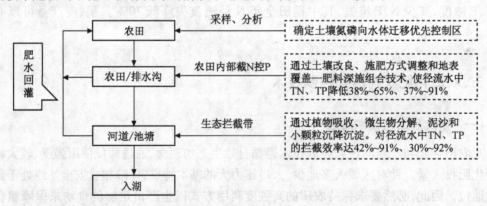

图 4-7   旱地土壤氮磷向水体迁移控制技术体系原理图解

(三)农田农药污染控制技术

在农药减量化理论研究的基础上,筛选出适合太湖地区农田(水田)生产过程中农药减量化的集成技术,构建合理的作物生产与环境保护相协调的环境友好型农业生产模式。在宜兴市大浦镇进行了农药减量化试验。经过对不同处理方式水稻产量及农药用量情况分析,水稻,在农药平均施用量的基础上,减少农药用量20%的方法是可行的。并且对 $6.7hm^2$ 农田进行农药减量化优化组合试验,对 $26.7hm^2$ 亩水稻农药减量化技术示范及推广。不同优化组合条件下的水稻,在完全相同的耕作条件下,农药减量组的千粒重、单位产量与农药常量组千粒重、亩产无显著差异。水稻经农药减量化技术处理后,水稻中农药残留量均未检出,试验中单位面积减少农药使用量25%。同时进行了蔬菜生物农药试验 生物农药是近年来新开发出的一种低毒性农药,对人及环境的毒性较小,只对目标生物具有较强的杀灭作用,因而成为高毒性农药的替代品。经用生物农药杀灭豇豆生长过程中虫害的试验,不影响产量,没有检出生物农药的残留。

六、前置库技术

(一)前置库系统

平原河网地区面源污染控制与处理的前置库系统总体结构主要由 5 个子系统组成(图4-8):① 上游生态河道地表径流收集与调节子系统;② 地表径流拦截子系统;③ 生态透水坝及砾石床强化净化子系统;④ 生态库塘强化净化子系统;⑤ 河道溢流与农田水回用子系统。本系统适于平原河网圩区,因地制宜利用天然塘池、洼地、河道构建前置库面源污染控制系统。充分利用所有可以利用的沟渠,从面源的不同入水口到生态库塘,进行全过程处理。充分发挥平原河网地区现有水闸泵站的调控作用,有效汇集、调蓄地表径流,进行深度处理,且不影响河道的防洪排涝功能。利用砾石构筑生态透水坝,形成库区的水位差,解决平原河网地区前置库系统停蓄时间和水体流动的问题。面源污染控制与综合利用相结合,处理系统和生产系统有机结合,利于长效管理。系统处理后的出水可回用于农灌、鱼塘,改善农村水域的水质状况。

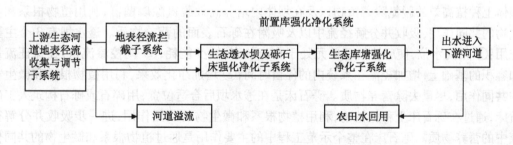

图 4 - 8　强化净化前置库系统的组成结构示意图

1. 生态河道地表径流收集与调节系统

生态河道地表径流收集系统主要是建设上游生态河道,其主要功能是收集地面或农田径流携带的污染物,也包括分散的生活污水和鱼池肥水,在进入生态库塘前进行初步处理,削减部分营养盐。河道种植水生植物,中心区域主要配置沉水植物黑叶轮藻、伊乐藻;沉水植物带两侧布置以睡莲为主的浮叶植物带;浮叶植物外侧,布置以香蒲、茭白为主的挺水植物带,适当搭配观赏价值较高的挺水植物水葱、菖蒲等;岸边布置陆生植物,观赏价值、经济价值兼有的枇杷、梨树、蜀桧;岸边至水面坡段,种植黑麦草。试验河道有两段,总面积 4400m²,植物布置面积 3492m²,植被覆盖率 79.35%。生态河道试验结果:营养盐去除率,TN 16% ~30%、TP 16.6% ~62.7%。生态河道径流调节系统主要是溢流设施或工程。

生态河道有两个主要技术,一个模式:沉水植物二次污染解决技术:包括移动式网箱;黑麦草冬季水面栽培技术;建立一套"环保—生态—经济"型生态河道构建技术模式,系空心菜(夏秋季)、黑麦草(冬季)、草食性鱼类的组合体。

2. 地表径流拦截系统

地表径流拦截系统是整个示范工程的初级除污单元之一,主要目的是拦截降雨所产生的地表径流以及对进入河流或前置库主要污染物的初级处理,以实现对地面、农田、圩区径流所产生的非点源污染物的源区控制及迁移控制。拦截后的地表径流可进入上游生态河道或前置库。

拦截系统包括两部分:一为前置库所在区域范围内农田地表径流污染物进入河道前实施拦截的工程设施,包括农田径流湿地处理系统、地表径流进入河道的生态台地拦截系统、村前地表径流拦截系统;另一部分为河道植物栅拦截过滤带。前置库坝前水生植物栅铺设土质床基,种植挺水植物芦苇、茭白、香蒲和水葱等。湿地种植食用茭白、莲藕等;生态台地上种植美人蕉、菖蒲、芦苇、香根草等。农村地表径流拦截工程包括截留、土地处理植物坪,截留沟内充填砾石、块石,处理坪上种植有关植物。系统拦截效率平均 TN 59.1% ~67%,TP 54.3% ~55.4%。

3. 生态透水坝及砾石床强化净化系统

生态透水坝是针对平原河网地区河网密集,水力坡降小的特点,以及农业非点源污染的时空不均匀性,用砾石或碎石在河道中适当位置人工垒筑坝体,利用坝前河道的容积贮存一次或多次降雨的径流,通过坝体的可控渗流,抬高上游水位,调节坝体的过水流量。通过在坝体上种植高效的脱氮除磷植物以及在坝体内培养高效脱氮除磷菌群,利用植物根系和微生物的共同作用,吸收并分解径流中以及吸附在砾石表面的营养物质。透水坝有 3 个主要作用:① 抬高水位,使后续处理单元处于自流状态,减少能耗;② 调控渗流量,在保证流量和容积的基础上,增加径流在系统内的停留时间;③ 增加净化效果,利用植物根系和微生物的共同作用,尽量去除营养物质。砾石床是在透水坝后合适位置,用碎石或砾石构筑人工砾石床,通过在砾石床上种植植物,利用植物根系和微生物的共同作用,进一步吸收并分解径流中的营养物质。砾石床在整个示范工程中的主要作用是通过植物根系和微生物的共同作用,去除径流中部分营养物质。生态透水坝与砾石床的污染物去除率,高锰酸盐指数为8.4% ~13%、TN 为 34.8% ~38%、TP 为 33% ~62.5%。

4. 生态库塘强化净化系统

生态库塘技术包括 4 部分:① 立体生态浮床技术,即为多层复合立体生物浮床,采用竹子制成网格状的立体框架,植物选取以生长速度快或根系发达的水生蔬菜和观赏植物为主,水蕹菜、水芹菜和美人蕉、旱伞草是最常用的。适用于水深比较大的塘、库中,特别是在植物不易生长的重度污染的水体,可借助床体的浮力,且不会产生二次污染,网格材料形成生物膜,提高对 N、P 的去除效果,随着停留时间的增长,立体浮床对水体的净化效果越明显。② 水生态系统构建技术,从坡地到浅水到深水区,根据地形不同、水位差异,布置挺水植物、沉水植物、漂浮植物、浮叶植物,以及鱼类、蚌类、螺类等。鱼类实行不投饵料放养,利用生物调控技术,即草食性鱼类对水生植物的摄食,使水体中的水草生长达到一种平衡状态。鱼类以网箱单独养殖,适当时候移到水生植物区。试验中采用了鲫鱼、草鱼、白鲢等种类。③ 陆生生态系统构建技术,库区的沿岸及库区小岛空间布置,采用立体分层次布置的方法:坡上以草皮护坡、坡肩种植低矮灌木、坡顶种植树木;充分考虑景观效果,形态、颜色、花期,与当地环境相协调。植物的选择,草皮类冬季为黑麦草、苜蓿,夏季为狗牙根、白三叶等。黑麦草是当地普遍种植的品种,是鱼类最佳的饵料。灌木以月季、杜鹃花为主和配以美人蕉。树木以竹子、垂柳、蜀桧、花桃、紫薇、桃树为主。④ 固定化脱氮脱磷技术,"高效脱氮除磷微生物—水生生态系统优化组合系统",采用筛选出来的高效脱氮除磷菌、固定在载体填料上,构建固定菌类强化净化区。利用微生物的净化作用,达到改善水质的目的。该系统对进入生态库塘的污染物的去除率,TN、TP、COD 分别为 64%、69% 和 81%。

5. 河道溢流与农田水回用系统

上游来水超过前置库允许蓄纳能力时,即需溢流。溢流形式可采用多种形式的溢流坝或装置。水回用系统是将前置库内之水和进入下游河道之水引入农田灌溉回用。

(二)前置库示范工程

前置库示范工程在宜兴市大浦镇浦南村浦厚联圩的浦南、厚和、河渎 3 个自然村。范围南自林庄港,北至大浦港,西自河窦西闸,东至太湖大堤,总面积 4 km²。前置库示范工程采用平原河网地区强化净化前置库成套技术集成。前置库示范工程分为土建、河道、闸站等工程和生态工程两个部分。土建、河道及水闸泵站工程,包括河道清淤、透水坝与砾石床建设、排涝闸改造及新的闸站建设;生态工程以水生植物栽种、浮床技术、生物操纵技术及固定化脱氮脱磷菌技术应用为主。

前置库示范工程效果。正常运行无降雨和小降雨时(小降雨为 24h 降雨量小于30mm),污染源主要为镇区及河道两岸的生活污水排水,污染物浓度较低,此期间对 TN、TP、SS 的平均去除率分别为 65.1%、45.3%、62.9%。强降雨时(为 24h 降雨量大于30mm),降雨初期的 TN、TP、SS 去除率分别为 70.5%、84.6%、90.9%,降雨后期去除率分别为 91.7%、96.2%、96.8%。

通过在示范区内进行河道清淤、闸站改造、实施生活污水与地表径流的收集工程、面源污染物的拦截工程、生态河道工程和生态库塘工程等生态修复工程,基本解决了示范区内河道淤积、污水流躺、水体发黑发臭等现象,大大改善了农村环境(附图4-1、附图4-2)。

七、示范工程效果

宜兴大浦农业农村污染控制示范区,在采取了一系列控制农业农村污染的措施以后,林庄港的水质有了明显的改善,氨氮从Ⅴ类改善到Ⅲ类,指标值削减了 46.2%;总磷从劣Ⅴ类改善到Ⅲ类,指标值削减了90.7%;高锰酸盐指数削减了31.2%;总氮平均值虽然还是劣Ⅴ类,但其值已经削减了63.5%,而且部分时间段已经达到Ⅲ~Ⅳ类(表4-10)。示范区总氮效果改善不理想,其原因主要是上游来水总氮含量过高,示范区内经修复的水生态系统来不及对上游来水进行净化。示范区内的前置库、河道经生态修复后,水生植物长势良好,生物群落得到良好发展,水生态系统得到较好恢复。

表4-10　宜兴大浦农业农村污染控制示范区林庄港水质比较表　　单位:(mg/L、类)

时　间	项　目		高锰酸盐指数 COD_{Mn}	氨　氮 NH_3-N	总　氮 TN	总　磷 TP
2002 年	范围		8.32~9.23	0.67~1.67	4.16~8.82	0.6~2.41
			Ⅳ	Ⅲ~Ⅴ	劣Ⅴ	劣Ⅴ
	平均		8.78	1.17	6.49	1.51
			Ⅳ	Ⅴ	劣Ⅴ	劣Ⅴ
2005 年	范围		4.08~8.00	0.01~1.25	0.65~4.08	0.06~0.22
			Ⅲ~Ⅳ	Ⅰ~Ⅲ	Ⅲ~劣Ⅴ	Ⅱ~Ⅳ
	平均		6.04	0.63	2.37	0.14
			Ⅳ	Ⅲ	劣Ⅴ	Ⅲ
平均值改善(%)			31.2	46.2	63.5	90.7

八、面源污染控制长效运行机制与管理

(一)"三结合"管理模式

农业农村面源污染控制管理中,实施政府主导、市场化运作和自主治理"三结合"的管理模式,缺一不可。三者相互联系,相互影响,相互促进,有机结合。三者协同达到良性互动,进入农村面源污染管理的最佳状态。三结合是解决农村面源污染中个人行为和工程管理问题的一种颇值深入探索并推广的管理模式。

(二)"三结合"管理模式的运行

(1)政府主导—镇村户民4级政策体系　政策体系是实施政府主导的关键。根据示范区行政单元结构,提出镇、村、户、民4级政策体系。发布了大浦镇《关于加强面源污染控制管理工作的通知》,这是我国比较先进的面源污染控制方面的基层管理办法;示范村汤庄村通过村民自治制定了《环境保护村规民约》;制定了《农村面源污染控制示范村家庭考核指标体系》;制定了《太湖农村面源污染控制村民行为守则》。大浦镇、村、户、民4级政策体系的建设,通过自上而下与自下而上的结合,统一与自愿的结合,管理与监督的结合,干部与群众的结合,将农村面源污染控制工作切实开展起来,逐步使农民认识到自己是面源污染的主要制造者,应改善个人的行为方式,使控制面源污染逐渐成为农民的自觉行动。

(2)市场化运作和长效运行机制　针对太湖河网地区农村面源污染处理工程特点和社

会经济状况,应实行面源污染控制工程长效运行机制和长效管理机制。面源污染控制工程长效运行的资金来源,主要是国家、集体、个人、企业多方筹资。可逐步实行公司化运作,并实行相应的监督管理机制。

(3)村民自主管理 为了使村民自治和自组织原理应用到面源污染控制中来,在示范村—汤庄村召开了环境保护村民代表大会,探索一种村民自治控制面源污染的新方法。会议邀请了环境方面的专家和农田专家与村民进行充分交流,使环境友好型的农村生活方式和农业生产方式得到村民的理解认同。进而,通过了《汤庄村面源污染控制村规民约》。农民在农村的面源污染控制方面有了行为规范,充分发挥了自主治理的作用。

第五节 关闸控污和水体净化处理

一、关闸控污

关闸控污(也称水工程控污),是目前太湖中下游平原河网区防治水污染的有效办法之一,可以有效阻止外源、大幅度减少污染负荷进入重要水域。在目前外源没有得到根本控制时,关闸控污是改变严重污染河水的流向,控制其使不进入重要湖泊或重要水域的有效而快捷的办法。所以,关闸控污在一定时间和一定范围内可以起到保护重点水域和改善生境的作用。

(一)关闸控污的分类

关闸控污包括两类:一是单纯关闸控污,如梅梁湖的入湖河道直湖港、武进港和梁溪河均已实施关闸控污(表4-11),使河道污水不进入梅梁湖或大量减少进入梅梁湖,使进入梅梁湖的污染负荷减少了70%以上,是改善梅梁湖水质的有效措施。又如14条入贡湖的河道均已实施关闸控污,使河道污水不进入或大量减少进入贡湖,是改善贡湖水质的有效措施。二是四周建闸、建成可封闭水域,即在某块河网或水域四周建闸(坝)、使其成为可封闭水域,控制可封闭水域外的河道污水不进入其中,起到有效挡污作用,并结合调水起到更有效的挡污作用和降低水体污染物浓度的作用。如已建的无锡城区控制圈和五里湖可封闭水域、计划建设的锡南片可封闭水域和已经建成的江阴城区控制圈均在各自四周建闸,四周水闸关闭时使各自成为可封闭水域,并结合调水,适当抬高可封闭水域内水位,使可封闭水域外的河道污水均不能入内,起到了改善可封闭水域水质的良好作用。水闸的建设和调度运行要统一考虑控污、调水、防洪排涝和航行功能(附图9-3)。

(二)关闸控污的负效应

关闸控污是某些重要水域,在外源没有得到全面控制和污染负荷没有削减到一定程度时候采取的保护该水域的被动的有效措施,但也有一定的负面效应,主要是减少了进入该水域水资源量,在一定时间段减少了该水域水体的流动性,也在一定程度上影响某些鱼类的洄游、活动。所以在实施关闸控污的过程中,应谨慎考虑,尽量避免或减少以上负面效应,同时应采取补救措施。如梅梁湖、贡湖实施关闸控污后,采取多路径的"引江济太",调进质量比较好的长江水,增加太湖的水资源量。又如无锡城区控制圈和五里湖可封闭水域,从外水域调进质量比较好的适量的水,满足其水质、水量、水位和水的流动性的要求。同时,在外源得到全面控制和污染负荷削减到一定程度,入湖河道达到或基本达到水功能区水质要求时,梅梁湖、贡湖的关闸控污可以不再实施或缩短实施时间,但这需要经过比较长的一个时间段。

表4-11　梅梁湖主要入湖河道关闸控污情况表

关闸年代 (年)	梁溪河犊山闸关闸 时间(d)	直湖港闸关闸 时间(d)
1994	150	
1995	165	
1996	180	
1997	181	
1998	183	
1999	191	
2000	251	360
2001	220	360
2002	219	360
2003	230	360
2004	250	260
2005	333	343
合　计	2553	2043

二、水体净化处理

水体净化处理是大幅度削减已经进入水体的污染负荷的技术,采用物理、化学、生化等技术或其组合技术对自然水体进行净化处理。在通过调度、改变水体的流动的方式、方向的同时,对水进行处理,大幅度削减水体内现有污染负荷量,再把水送回原来水体,一定程度上满足水体自身功能和服务功能的一种技术、方法。

(一)水体净化处理与一般意义上的水处理

水体净化处理与一般意义上的水处理的异同点。① 主要的不同点是:水体净化处理是对自然水体进行处理,并且处理后的水量仍然进入自然水体,水体处理要满足改善水生态系统的要求,包括水质、水量、水位和水动力等方面,水体净化处理应对水生态系统有良好改善作用,而对水生态系统没有不利影响或将不利影响能控制在一定的很小范围内;一般意义上的水处理,是对污水或不合格的水进行处理,使达到某种水质要求后进行排放或送出,处理后的水一般不再回到原来水体。如对生活、工业和其他污水的水处理,达到一定水质标准后即可排放;

自来水厂的水处理,是对水源地的原水进行处理,达到国家自来水标准后即可送出供应市民使用。② 二者的相同点,均是对水进行处理,其处理技术、方法有相当多是相同的。

(二) 水体净化处理的要求

水体净化处理的实施要求:一般在封闭水域或基本封闭水域、污染比较严重的水域、水功能要求比较高的水域实施;其他水污染防治技术不能及时满足其治理水污染的要求;水域范围比较小或适中;对小型湖泊的水体处理主要是降低 TN、TP 含量和去除蓝藻和 SS,以及提高透明度,有利于尽快进行水生态修复;对有景观要求的小河道、水塘或湖荡的处理要求是改善水质、增加透明度,改善人体感觉效果。所以,水体净化处理的规模与水域的污染程度、水功能要求和水域的容积有关,水体净化处理一般应与水生态修复密切结合,水体净化处理必须考虑到经济性、实用性和可操作性。水体净化处理大量用于居民小区、公园和有景观要求的河道、池塘,特别重要的水体或湖泊也可使用,但需具有一定的封闭性和面积适中,才能显现出水体处理的效果。进行水体净化处理时,应与其他污染治理技术进行经济和治理效果的比较,择优选用或结合使用。

(三) 水体净化处理技术

(1) 物理技术　主要是通过对水体污染物的过滤、沉淀,以及利用气浮、增氧、超声波、磁分离等技术分离、清除、削减水体中污染物。如加入混(絮)凝剂和利用气浮原理等使污染物与水分离,利用磁分离技术使悬浮污染物与水分离;增加氧气使污染物降解;超声波除菌;利用黏性土壤或改性黏土吸收、吸附污染物等。

(2) 化学技术　主要是在水中加入某些化学物质,与水体中的污染物发生化学反应,起到降解作用,分解污染物、使与污染物化合形成新的无污染作用的物质,削减或清除水体中污染物。也可利用某些贵金属进行电催化(也称电化学反应,贵金属仅为催化剂,不直接参与反应),可以杀死微生物、藻类和分解总氮。

(3) 生化技术　主要是利用微生物或生物制剂等进行生化反应或作用,起到分解、降解和削减水体中的污染物的作用。如采用增氧和增加有益菌,改善水体微生态系统,直接分解、降解和削减水体中的污染物。

(4) 组合技术　对上述物理技术、化学技术、生化技术中的 2 种或 3 种进行组合,共同作用,从而起到并加强分解、降解和削减水体中的污染物的作用。

(5) 异位处理和原位处理　异位处理即是将原水体之水调出水体,对其进行处理后再送回原水体原位处理即是在原水体内进行处理。采用什么方式进行处理,需根据水体处理技术、水质处理要求和处理水量、运行成本和经济能力等具体情况进行决定。

(四) 水体净化处理实例

(1) 采用蓝藻脱水技术进行处理　如无锡市在梅梁湖北部锦园的湖湾由"德林海"公司建立了蓝藻脱水处理站,在进行蓝藻脱水处理的同时,也对水体进行处理。处理能力为 $5000m^3/d$,处理效果良好,蓝藻密度可从每升水中数亿个细胞削减为数十万细胞,削减率大于 95%,使人们在视觉范围内看不到蓝藻,同时改善水体理化指标,使 TN 由大幅度劣于

Ⅴ类的 5～7mg/L,改善为Ⅲ～Ⅳ类水,其他各项指标,如 TP、BOD_5、COD_{Mn} 等均达到Ⅲ类。其关键是添加既效果好又安全的合适的絮凝剂,并且科学利用气浮技术、脱水技术,以及合理的工艺和设备。

(2)增氧除污技术进行处理　中国节能投资公司、日本 JGC 日挥株式会社和蠡园开发区联合在华东疗养院西侧的河道(梅梁湖北部的入湖小河道)进行了河道水体净化处理试验,水处理效果良好。该试验河段长 300m,宽 20～25m,容积 1.5 万 m^3。利用 NEC 系统处理技术进行水处理:通过臭氧处理技术清除污染物,具有强增氧化作用的臭氧高效分解水土界面及水体中的有机污染物,同时杀菌、除臭;经臭氧处理后的有机或无机固状污染物,通过絮凝和气浮分离技术进行回收和去除;通过向水体供应高浓度含氧水的微气泡处理技术,恢复水体的自我净化能力。通过对 1.5 万 m^3 河水的近 2 个月(2008.10.7～11.30)的处理,使原来劣于Ⅴ类、透明度仅 30～40cm 的水质改善到Ⅲ～Ⅳ类,透明度超过 100cm,且可以保持良好水质数月。

第六节　区域废弃物治理资源化综合利用和实例

根据循环经济的原理,对废弃物综合利用、合理利用和循环利用。在发挥资源综合利用的最大经济社会效益的同时,把废弃物的污染入水负荷降到尽可能低的程度。各类废弃物生成的入水污染负荷,一般为两个类型:一是废弃物被直接抛洒进入水体,使水体造成污染;二是集中堆放或分散堆放的废弃物经雨水淋溶产生地面径流污染。所以各类废弃物(一般指固体或半流体)的治理与资源化综合利用就是从这二方面着手,使其不进入水体和不产生地面径流污染[10]。

一、生活垃圾综合利用

(一)生活垃圾资源化综合利用总体目标

根据无锡市的"6699"行动、环保优先"八大"行动(具体见第十章第三节)的相关要求,城乡生活垃圾做到无害化处理,主要是构建和完善全市范围统一的生活垃圾收运体系,特别是乡镇农村生活垃圾收运体系,采用生活垃圾焚烧处理,保证生活垃圾焚烧厂正常连续运行;生活垃圾资源化综合利用率,2010 年、2020 年,城镇和农村均分别达到 90%、100%。

(二)城乡生活垃圾基本情况

预测到 2010 年,市区人均日产生活垃圾 1kg,生活垃圾年收集量为 110 万 t,日平均收集量 3030t;江阴市、宜兴市人均日产生活垃圾 0.8kg,生活垃圾年收集量 80 万 t,日平均收集量 2200t;全市合计生活垃圾年收集量为 190 万 t,日平均收集量 5230t。生活垃圾的主要成分以厨余垃圾为主,其次为纸类、塑料、玻璃、竹木、纺织物和橡胶等,厨余垃圾中以植物残渣和果皮及有机物为主。生活垃圾有机物约占 80%～90%,可燃成分 30%,混合垃圾的低位热值超过 1100kcal/kg,预计到 2010 年,混合垃圾的低位热值将达到 1350kcal/kg。

生活垃圾收集情况。城镇生活垃圾已做到统一收集、统一堆放、统一无害化处置,无锡市区共有垃圾转运站152座;各市(县)区均建设了能够满足要求的垃圾填埋场,部分进行资源化综合利用;农村生活垃圾基本做到村统一收集、镇统一转运堆放,市(县)区统一进行填埋等无害化处置,有部分进行资源化综合利用。

(三)城乡生活垃圾无害化处理现状

生活垃圾,首先进行无害化处理,再逐步分类进行资源化综合利用。生活垃圾数量很大,以往一般是采用填埋办法处置。为有效利用生活垃圾资源(包括部分工业垃圾),采用分类回收,用于发电、生产沼气及其他方式的资源化利用。生活垃圾无害化处理方式主要是卫生填埋和资源化综合利用两种方式。

1. 卫生填埋

无锡市区城乡生活垃圾无害化处理率约为76.7%,其中建成区和中心城镇生活垃圾无害化处理率为100%,周边乡镇和中心村生活垃圾无害化处理率约80%,边远自然村的生活垃圾收集和无害化处理率约50%。市区建设桃花山生活垃圾填埋场,于1994年竣工投入使用,总库容量462万 m^3,采用垂直防渗系统,垃圾渗沥液采用专用管道全部进入城市污水管网集中处理,投资4996万元,日处理能力1000t。江阴市建有花山生活垃圾卫生填埋场。

2. 资源化综合利用

主要是以利用生活垃圾的热值焚烧发电;生活垃圾的废品回收利用,目前约占生活垃圾产生总量的6%;少部分生活垃圾在农村作为肥料等。生活垃圾的资源化综合利用,特别是生活垃圾发电大幅度减少了垃圾对水环境的污染,同时也大幅度减少了降雨淋溶垃圾造成地面径流污染,还产生一定的经济效益。

(四)生活垃圾发电现状

目前无锡市焚烧发电处理垃圾总能力达到3800t/d,利用生活垃圾作为主要热值原料的发电厂已经建成的有:

(1)益多环保热电有限公司　该企业位于无锡市新安镇,总投资为2.5亿元人民币。2005年投入运行,现日处理垃圾1000t,年发电800万 kW·h。运行时,垃圾将通过分拣、沉淀发酵、焚烧、发电、尾气处理等工序,焚烧产生的废渣可以做成多孔砖。该厂首创的"前处理工序",将垃圾中的水分由处理前60%降到了处理后30%以下,垃圾燃烧率大为提高,垃圾利用率由此提高了近1倍。垃圾二次燃烧过程中,达到1000℃以上,有效制止了一氧化碳、二氧化硫以及二噁英等气体的合成,在净化处理对人体有害气体以及除尘率两方面均达到了欧盟Ⅱ号标准。

(2)惠山区堰桥环保热电工程　规模为日处理垃圾1200t,装机发电能力共24MW,2006年已经建成。

(3)江阴市垃圾发电厂　位于秦望山麓,总规模为日处理生活垃圾1200t。其中,一期工程2007年已经建成,日处理生活垃圾800t,年发电9000万 kW·h,投资4亿元。

(4)宜兴市垃圾发电厂　2007年建成,投资5亿元,其中垃圾收集处理系统2.5亿元,中国光大国际有限公司投资2.4亿元建设垃圾发电厂,垃圾焚烧处理能力800t/d,电厂功率1万 kW,宜兴城镇和农村的生活垃圾大部分运往该发电厂。

（5）无锡市桃花山生活垃圾填埋气体发电厂　该厂于2003年11月20日开工,2004年上半年建成投运,为国内首家自主开发的垃圾填埋气体发电厂。该工程由杭州天远环境技术有限公司投资建设,无锡市环卫处提供填埋气体资源、土地租赁等合作进行填埋气体资源化开发利用。该发电厂占地2400m²,总投资约2000万元,配置2台沼气发电机组,每台机组发电量每日970kW·h。无锡市现在每天运往桃花山垃圾填埋场的生活垃圾近2000t。这些垃圾被填埋后会产生沼气,沼气的主要成分是可以充分利用的甲烷为主,一旦释放,它所产生的温室效应是二氧化碳的21倍。而垃圾填埋气体的热值相当于天然气热值的一半,1t家庭生活垃圾可以产生150～200m³填埋气体。桃花山垃圾填埋场建成以来已经填埋垃圾500多万t。利用垃圾进行沼气发电,不仅具有环保意义,且具有资源再生利用效益,缓解目前用电紧张的矛盾。桃花山生活垃圾填埋气体发电厂,每小时消耗沼气1000m³,每天发电量4.6万kW·h,年发电1600万kW·h。该垃圾填埋场现有填埋的垃圾,所产生的沼气可供发电8～10年。

（五）生活垃圾发电计划

2010年,无锡市城镇收集的生活垃圾全部用于垃圾发电,农村生活垃圾基本用于垃圾发电,少部分进入卫生填埋场,使全市每一个市(县)区的生活垃圾实现以发电为主的资源化综合利用。

2010年,全市生活垃圾发电的处理垃圾能力达到5800t/d。包括市区的益多环保热电有限公司1000t/d,惠联环保热电厂1200t/d,江阴市秦望山垃圾发电厂800t/d,宜兴市垃圾发电厂800t/d,以及计划锡山区建设垃圾发电厂2000t/d,满足全部生活垃圾用于发电的能力。同时对全市已建的4个垃圾发电厂和桃花山生活垃圾填埋气体发电厂,完善配套设施,提高管理水平和经济效益,进一步减少污染。

建成锡山区垃圾发电厂后,使全市每一个市(县)区均有垃圾燃气发电厂。锡山区垃圾发电厂总规模为,日处理垃圾能力4800t,其中一期工程日处理垃圾能力2000t,采用国际一流环境排放指标比较高的炉排炉工艺,计划投资9亿元,2010年前完成。

2020年,进一步完善垃圾发电厂的配套设施,根据实际情况扩建处理垃圾规模,并提高管理水平和经济效益,进一步减少污染,使全市每一个市(县)区的生活垃圾基本进行以发电为主的资源化综合利用。

（六）城乡垃圾收集运输管理一体化

城镇生活垃圾采用各居民小区分类放置,环卫所集中回收、统一运输堆放,市统一集中处理。农村生活垃圾,实现"组保洁、村收集、镇转运、区和市集中处理"。实行生活垃圾分类收集,2010年建制镇、农村生活垃圾实现袋装化收集,全市垃圾分类收集达到80%。建设生活垃圾资源化分拣利用中心(包含餐厨垃圾无害化处理工程),实行生活垃圾源头分类与终端分类相结合,实现生活垃圾减量化,提高资源利用能力,建设实现餐厨垃圾无害化处理,杜绝餐厨垃圾环境污染和食品安全隐患。

（七）生活垃圾无害化处置规划

2010年,无锡市城乡生活垃圾全部实现无害化处理。城、乡生活垃圾资源化综合利用率,2010 年分别达到 90%、60%,2020 年分别达到 100%、90%。生活垃圾无害化处理,主要是填埋和资源化利用。资源化综合利用主要用于燃气发电,其次生活垃圾回收、生产沼气和沼气发电及其他。

2010 年,生活垃圾在集中收集以前的有用资源回收率计划为 10% ~ 12%;饮食业废弃物不进下水道,定点放置,集中收集,进入生活垃圾收集、处理系统。日平均收集垃圾 5230t 基本均用于资源化利用。

生活垃圾卫生填埋场,今后主要用于填埋部分生活垃圾,生活垃圾发电残渣,部分污水厂和自来水厂的污泥,部分水生植物残体或废弃物等。生活垃圾卫生填埋场,市区扩建桃花山生活垃圾卫生填埋场,投资 1.75 亿元;江阴市花山生活垃圾卫生填埋场进一步加强管理;全面关闭乡镇生活垃圾临时堆放场、填埋场,有利于农村环境卫生。

二、工业固体废弃物综合利用

工业固体废弃物是工业生产和加工过程中排入环境的各种废渣、污泥和粉尘的总称,其中以废渣为主,主要有冶金废渣,燃料废渣,化工废渣等。以固体为主的工业废弃物数量大、种类多、成分复杂。工业废弃物一方面它占用大量土地,浪费土地资源;另一方面若未经无害化合理随意堆放,将由于降水淋溶随地表径流进入河湖水体,造成水体的各种污染,若将废弃物直接倾倒到水体中,危害将更大。

随着生产的发展,无锡市工业固体废弃物也越来越多。它具有双重属性,既是废弃物,又可以作原料。运用资源梯级循环利用原理,一个行业、工厂加工过程中产生的废弃物,往往可成为另一个行业、工厂生产过程中的原料。达到妥善利用废弃物,变废为宝,净化环境之目的。目前,无锡市共有 120 家企业被认定资源综合利用企业,其中资源综合利用电厂 11 家。

(一)综合利用目标

2010 年全面建立废弃物回收和再生利用系统,逐步提高资源化综合利用水平,大力发展资源再生产业和产业设备配套化。2010 年起,工业固体废弃物全部实行无害化处理和基本实行资源化综合利用。

(二)利用现状

2006 年主要工业企业固体废物综合利用率为 99%。2006 年全市资源综合利用企业实现产值 38.97 亿元;实现销售 42.86 亿元;全年综合利用企业三废利用量为 644 万 t。其中:利用炉底渣 130 万 t,粉煤灰 222 万 t,煤矸石 79 万 t,钢渣 39 万 t,煤泥 150 万 t,脱硫石膏、氟石膏 33 万 t。利用木芯、短原木、碎单板 100 万 t,利用聚苯乙烯、岩棉、矿渣棉等废弃物约 177 万 m^3。

(三)综合利用工作的重点

大力推进节约降耗,提高资源利用效率,减少自然资源损耗,最大限度地利用各种废弃物和再生资源,积极发展环保产业,为资源高效利用和循环利用提供保障,减少污染作贡献。综合利用工作重点是电力、建材、化工、环保、机械等6个行业,综合利用废弃物包括粉煤灰、煤矸石、炉底渣、硫酸渣、次小薪材、化工废水(废气、废液)、电镀污泥、煤泥、生活垃圾、聚苯乙烯等10个领域。认真搞好如下重点工作:

　　1)认真贯彻执行国家在资源综合利用方面的税收优惠政策,为符合政策条件的资源综合利用企业服务。

　　2)提高资源综合利用企业的管理水平,着重解决资源综合利用企业对政策不熟、把握不准、财务不规范、制度不健全等问题,提高减免税落实率,协调税务部门加大优惠政策的落实力度。

　　3)提高资源综合利用效率,实现工业"三废"的资源化,研究探索并建立废旧轮胎、废旧家电产品的无害化、资源化、产业化模式。

　　4)不断拓宽资源综合利用领域,提高资源消耗环节的资源利用率;提高废弃物产生环节的综合利用率;提高再生资源产生环节的回收利用率。

　　5)积极推广余热余压回收、废弃物无害化处理等清洁生产技术,在企业内部实现能量的梯级利用、资源的循环利用,从源头减少资源消耗和污染物的排放,做到节约、降耗、减污、增效。

(四)综合利用工作的主要措施

　　(1)提高认识增强资源节约和综合利用的责任感　认真贯彻党和国家关于资源节约综合利用方面的各项方针政策,提高各级领导对这项工作重要性的认识,提高各级管理人员的业务素质和管理水平,进一步强化对资源节约和综合利用工作的领导,把资源节约和综合利用工作提高到关系全市经济发展的战略高度来认识,并纳入各级政府的工作目标。

　　(2)加大政策对开展资源节约和综合利用工作的支持力度　综合运用财税、信贷、价格政策,建立节约和综合利用资源的机制。认真落实国家有关资源综合利用优惠政策,把资源综合利用、发展循环经济作为今后投资的重点领域,在各个方面给予政策倾斜。继续开展好资源综合利用企业(产品)认定工作,把国家的优惠政策用好、用足。

　　(3)加大环保产业工作力度推进环保产业的发展　在污水治理方面,重点实施废污水循环利用和再生水回用工程,通过实施工业节水技术改造,大力推广工业节水技术,创建一批污水"零"排放企业;在固体废弃物治理方面,重点实施以大掺量、低成本和高附加值利用粉煤灰、煤矸石、矿渣、炉渣等工业废弃物的综合利用,并结合生活垃圾、污泥的资源化利用。在依托现有企业进行开发改造,提高技术含量,使现有设备充分发挥作用的同时,加快建设一批环保产业的企业。

　　(4)大力推进资源节约综合利用技术进步　改变过去资源节约综合利用技术项目小、散、低的状况,围绕国家投资方向和技术政策,面向优势企业和支柱型企业,坚持以经济效益为中心,以节能降耗、综合利用为重点,筛选工艺技术领先、具有示范意义的项目进行技术改造,抓好项目的落实。充分发挥财政贴息资金的作用,争取金融机构的资金向资源节约综合利用方面倾斜。要加强对重点示范项目的跟踪管理,做好示范项目的推广工作。

　　(5)加强国际合作提升治理水平　资源节约综合利用事业的发展离不开技术、人才、资金的支持。因此,要进一步扩大对外交流的步伐,加大引进外资、技术、设备的力度,加快资源节约综合利用新技术的推广,促进这一领域新型产业的尽快形成。

三、城镇污水处理厂污泥综合利用

目前,对污水处理厂污泥大多采用填埋等简单处理方式。这不仅占有宝贵的土地资源,还会危害土壤和作物,并由于雨水淋溶而对水体产生二次污染,影响陆地和水域环境,影响河道湖泊水质和污染地下水。

污水厂污泥的处置,往往受到废物治理政策和水处理政策的影响,其优先考虑的顺序是:无害化、减量化、稳定化、资源化。因此处置的最终出路是资源化综合利用,变废为宝。

(一)城镇污水厂中污泥主要来源

城镇污水厂中的污泥主要来源于初次沉淀池和二次沉淀池,其污泥的特性是有机物含量高,容易腐化发臭,颗粒较细,比重较小,有的重金属含量较高,含有有毒有害物质。随着城镇污水厂的逐步增加,污泥的产量会逐步增加。

(二)目前国内外污泥的主要处置技术方法

(1)填埋　重金属含量高或含有毒有害物质的淤泥必须环保填埋。但应注意防渗处理,以免填坑中可能通过雨水的侵蚀和渗漏作用污染地下水。

(2)用作肥料　一是污泥直接施用,重金属含量低,无有毒有害物质的污泥中含有大量有机营养成分和微量元素,合理科学施用可增加土地的肥效从而促进植物的生长,但施用污泥中的有毒有害成分不能超过受施土壤的环境容量,污泥在进行土地利用前需经过无害化处理;二是经加工做成肥料,无锡芦村污水厂正在建设将污泥加工成颗粒肥料的工厂。

(3)生产沼气　利用污泥在厌氧池或厌氧罐中发酵生产沼气,并产生沼渣沼液,作为优质肥料。

(4)作建筑辅料　目前污泥作为建筑辅料的方法有制水泥、制砖、制陶瓷等,均能将有害物质烧结固化,不危害环境。

(5)高温焚烧　高温焚烧是利用污泥的有机成分较高,具有一定热值等特点来处置污泥,目前已有淤泥掺入水泥制作原料的开发利用途径。缺点是投资和运行费用较高、产生一定量的不良气体、管理复杂等。日本、欧洲等一般采取高温焚烧的方式处置污泥。

(6)发电　利用污泥焚烧产生的热值发电。无锡友联热电厂正在进行利用焚烧芦村污水厂等的污泥产生的热值发电的试验工作,但要解决技术、成本和经济效益等问题。

(7)组合处置技术　上述技术中若干种的组合,如有一种组合技术,把利用污泥生产沼气并进行沼气发电且与高温焚烧、发电相结合,有良好的处置垃圾效果和一定的经济效益,但也产生一定量的不良气体,需科技攻关,予以妥善解决。

(三)无锡污水厂污泥基本情况

2006年,全市已经建设污水处理厂45(座),105万 m^3/d 的处理能力。其中市区19(座),70万 m^3/d 的设计规模,实际污水处理能力按75%计,为53万 m^3/d。根据市区污水厂污泥的统计资料,市区产生污泥565m^3/d,平均污水厂每1万 m^3 的实际处理能力,生产

11m³/d 污泥,以此估算无锡市共产生污泥 865m³/d,基本进行了无害化处理,一半以上用填埋法进行处置,接近一半进行污泥的资源化综合利用试验、示范。

(四)无锡市区污水厂污泥资源化利用情况

无锡市区污水厂污泥资源化利用的用途,在每天产生的 565m³/d 污泥中,用于制肥的 30%,制砖的 26%,填埋的 44%。无锡芦村污水厂和太湖新城污水厂的污泥(165m³/d)加工成颗粒肥料,其中无锡芦村污水厂的生产规模为日处理、消耗污泥 200t;惠山区全部污水厂的污泥(150m³/d)基本均用于干化制砖;有 250m³/d 的污泥用于填埋(表 4 - 12)。

表 4 - 12　无锡市区污水厂污泥现状产生量和利用方向表

序号	污水厂名称	现状污水厂设计规模(万 m³/d)	现状污泥量(m³/d)	污泥含水率(%)	污泥处理工艺	污泥去向
1	芦村污水厂		135	75~80	二级中温好氧硝化、带机脱水	制肥(200t/d)
2	城北污水厂		100	<80	浓缩、带机脱水	卫生填埋
3	太湖新城污水厂		30	78	带式压滤机	制肥
4	新城污水厂		37.5	80	带式压滤机	填埋
5	梅村污水厂		22.5	80	带式压滤机	填埋
6	硕放污水厂		20	78	带式压滤机	填埋
7	马山污水厂		11.25	80		
8	胡埭污水厂		7.5	80		
9	锡山区污水处理厂		50	80	离心脱水	填埋
10	张泾污水厂		3.75	80		
11	东港污水厂		2	80	浓缩脱水	混合煤渣制砖(煤场)
12	惠山污水厂		2.5	80	带式压滤机	干化制砖(蓝海污泥制砖有限公司)
13	钱桥污水厂		10	85	带式压滤机	干化制砖(蓝海污泥制砖有限公司)
14	玉祁污水厂		5	80	带式压滤机	场内堆置干化
15	前洲污水厂		50	80~85	带式压滤机	干化制砖(蓝海污泥制砖有限公司)
16	洛社污水厂		20	87~90	带式压滤机	填埋(江阴公司)
17	杨市污水厂		1	87~90	带式压滤机	填埋(江阴公司)
18	石塘湾污水厂		85	80	带式压滤机	干化制砖(蓝海污泥制砖有限公司)
19	陆区污水厂		2.25	80		
	合　计	70	595.25			

（五）资源化综合利用目标

2010年,进行资源化综合利用试验,总结经验,逐步扩大范围,全部污泥无害化处理,其中80%污泥实行资源化综合利用,部分填埋;2020年污泥全部实行资源化综合利用,不再填埋。随着时代发展和科技的进步,综合利用应向更高层次发展,逐步开发其他更有经济价值的利用污泥的新途径。

（六）污水厂污泥处置与利用步骤

城镇污水处理厂污泥处置和资源化综合利用步骤如下:

1) 日处理能力0.5万 m³ 以上的污水处理厂的污泥在全部实现无害化处置的基础上,分阶段实行资源化综合利用,大量减少污水处理厂污染物的排放。

2) 2010年以前污水处理厂污泥,实行填埋式无害化处理与资源化综合利用并重的方法,逐步减少填埋。并继续进行资源化综合利用试验,总结经验,逐步扩大推广范围。资源化综合利用方向,主要是制肥、制砖,其次是配合生活垃圾燃烧发电及其他。

3) 2011年、2020年,污泥资源化综合利用率分别达到80%、100%。

四、自来水厂尾水处理及其污泥综合利用

自来水厂尾水也是污水,应对自来水厂尾水全部实行处理,处理后的污泥应全部实现无害化处理或资源化综合利用。无锡市目前已经对2个自来水厂尾水实行处理。

（一）尾水处理和资源化综合利用要求

有关要求:① 日供水能力1万 m³ 以上的自来水厂尾水,全部实行处理,基本实现自来水厂污染物"零"排放。② 2010年后尾水处理产生的污泥全部无害化处理,其中部分采用填埋方式进行处理,其余进行资源化综合利用,先进行试验,再总结经验、逐步推广。污泥资源化综合利用方向,基本同污水厂污泥,主要是制砖、制肥,其次污泥固化作回填土。③ 2015年以后自来水厂尾水处理产生的污泥全部资源化综合利用。

（二）自来水厂尾水处理工程计划

2010年,市区中桥水厂、雪浪水厂、锡东水厂完成尾水处理工程。该3个水厂系采用混合/平流沉淀/过滤的常规净水工艺,计划供水总能力115万 m³/d,目前每天排放尾水量约占自来水厂总产水量的6%,考虑到以后自来水的深度处理,尾水量将有所增加,尾水量以10%计,所以该3个水厂尾水的处理规模分别为干泥87、36、28t/d,尾水处理总规模为干泥151t/d。处理后产生的污泥50%~80%实行资源化利用,其余实行填埋。新建或扩建的自来水厂,同时完成自来水尾水处理工程,做到污染"零"排放。2015年,全部自来水厂完成尾水处理工程。处理产生的污泥全部实行资源化利用。

（三）自来水厂尾水处理工程实例

无锡市自来水厂尾水处理工程在 2004 年试验成功的基础上，已经进入推广阶段，大量减少了自来水厂尾水的污染。

1. 锡北自来水厂尾水处理工程

锡北自来水厂系为实现无锡市区双水源（太湖和长江）、多路径供水而新建的自来水厂，供水能力 80 万 m³/d。该工程在完工后实施自来水供应的同时，完成了尾水处理工程并已经投运。尾水处理包括二部分：一为由长江取水的澄西原水厂的尾水处理，二为锡北净水厂的尾水处理。在澄西原水厂和锡北净水厂均建设了技术先进的自来水尾水处理及其污泥脱水系统，包括排泥池、污泥浓缩池、污泥平衡池和脱水机房，并与计算机系统连接自动控制。如在澄西原水厂，长江水经沉淀后，用水泵提升至污泥浓缩池，在浓缩池停留 10 小时，含污泥为 3% 的泥水进入平衡池，在池内停留一段时间后进入脱水机，在全自动板框压滤机作用下，并加药处理后污泥直接制成泥饼，实现污染"零"排放。

2. 梅园自来水厂尾水处理工程[11]

梅园自来水厂的设计供水能力为 15 万 m³/d，于 2004 年 5 月完成尾水处理工程并投运，系无锡市第一个自来水厂尾水处理工程，实现了污染物"零"排放。厂尾水处理工程包括调节池、污泥浓缩池、污泥平衡池和脱水机房，自动控制系统（图 4 - 9）。

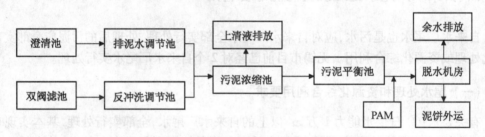

图 4 - 9　梅园自来水厂尾水处理工艺流程图

（1）**调节池**　系将澄清池和双阀滤池排放的泥水均匀送进污泥浓缩池。调节池共 2 座，一为澄清池排泥水调节池，有效容积 1000m³，池深 3m；另一为滤池反冲洗废水调节池，有效容积 800m³，池深 3m。

（2）**污泥浓缩池**　系整个排泥水处理的核心部分，有浓缩池 4 座，采用重力方式，连续运行，设计负荷为干泥 13kg/(m²·d)，浓缩池有效水深 4m，浓缩区体积 1000m³。泥水的处理能力为 3000～3500t，含固率 3%，排放淤泥 443m³/d。

（3）**污泥平衡池**　系使浓缩污泥含固率相对稳定。平衡池容积共 800m³，分为 2 座，有效水深 4m。

（4）**脱水机房**　内设污泥脱水系统一套：含板框压滤机、进料装置、加药装置、挤压水装置、反冲洗水装置、中心空气反吹装置、螺旋输送机装置等。该系统运行一个周期能够处理含固率 2%～3% 的泥水 50～70m³，泥饼含固率 40%。污泥脱水系统系自动化控制。

五、农业废弃物综合利用

农业废弃物包括农作物秸秆、农副产品加工残余物、畜禽排泄物、鱼池污泥等。

(一)农作物秸秆等废弃物综合利用

农作物秸秆等废弃物,主要包括水稻、麦子、玉米、油菜等农作物的秸秆,也包括农副产品加工残余物,如稻壳和麦肤、油渣等。以往,农作物废弃物大多用作造纸原料、农户的燃料,但现在这二方面的用量都很少,大部分都在田间焚烧、堆放在露天和一部分直接抛入水中,其他零星用途等。今后要加大对秸秆综合利用力度,以秸秆超高茬全量还田、秸秆机械化粉碎还田、秸秆速腐、秸秆氨化等秸秆综合利用技术,探索机制创新,大幅度提高秸秆综合利用率。

1. 农作物秸秆处置和利用现状

目前,农作物秸秆的利用率不高, 相当数量被自然腐败或燃弃。近年来各地大面积焚烧秸秆的现象时常发生, 不仅造成资源浪费, 而且大量的燃烟污染环境, 有时还会影响飞机的正常起飞和降落,影响交通安全, 甚至发生火灾毁坏树木和耕地、交通事故等重大安全事故。

2006 年无锡市年秸秆产生量约为 86.3 万 t,其中稻草 63.4 万 t、麦草 15.2 万 t、油菜秆约 3.7 万 t、其他作物秸秆约 4 万 t。

目前全市秸秆利用方式主要有秸秆还田、秸秆饲料、秸秆薪材等。全市秸秆综合利用量约 63.4 万 t,秸秆综合利用率为 77%。未利用的秸秆主要有两种处置方法:① 秸秆焚烧,占稻麦秸秆 15%;② 将秸秆随意抛弃于田头,部分甚至抛弃于河流之中,影响农村环境和水环境,抛弃秸秆占 5%。

2. 今后秸秆的综合利用

秸秆的综合利用如下:① 进一步推广秸秆还田技术,通过多种形式实现还田,作为有机肥再利用,如应用反旋灭茬机实现机械化秸秆还田,采用稻套麦、稻套油等实现高茬还田,应用速腐剂、田头草堆等实现堆制还田;② 推广秸秆青贮饲化技术;③ 推广秸秆育菇技术;④ 秸秆纤维等作为造纸原料进行资源化利用;⑤ 秸秆能源利用技术,如沼气发酵、秸秆气化、沼气发电、秸秆作为垃圾发电的补充燃料。其中秸秆发酵生产沼气,秸秆的理论产气量为 $0.53m^3/kg(TS)$ 左右,若采用科学的预处理、发酵和产气方法,据实际测算,每吨农作物秸秆在 40 天左右的发酵期中约可产出 $150 \sim 215m^3$(含甲烷 60% 左右)的沼气,并可产大量的高质量沼肥。

(二)畜禽养殖排泄物综合利用

畜禽养殖废弃物主要是畜禽排泄物,包括粪尿,其次是冲洗棚圈、场地的污水和废弃的饲料、杂物等。以往畜禽排泄物大多用作肥料,直接用作水稻、麦子、蔬菜、果树、草地的肥料,但现直接用作肥料已经大量减少,相当部分作为废弃物抛弃,其中又有部分进入水体,造成水体严重污染。

1. 综合利用技术

加强对畜禽养殖场废弃物(主要是排泄物)的处置,实行"雨污分流、干湿分开、饮污分离、种养结合"等方法,资源化综合利用可以大量减少污染和增加能源。

畜禽粪(尿)氮、磷排泄参数为:牛,粪7300kg/头·a,尿3650kg/头·a,(TN)61.1 kg/头·a,(TP)10.07 kg/头·a;猪,粪398 kg/头·a、尿656.7 kg/头·a、(TN)8.27kg/头·a、(TP)3.12kg/头·a;禽粪26.3kg/只·a、(TN)0.48kg/只·a、(TP)0.20kg/只·a。

畜禽养殖废弃物,资源化综合利用和减污技术有以下几类:

(1)推广畜禽生态养殖技术　减少氮排泄量。干料饲喂、饮污分流的养殖技术能够提高饲料和水的利用效果,同时,如改变饲料成分,采用氨基酸平衡饲喂法可节约粗蛋白饲料20%,可减少氮排泄量22%～41%。这些技术是减轻畜禽养殖污染十分重要的途径。

(2)推广畜禽粪便加工有机肥技术　畜禽粪便加工成商品有机肥料或有机复合肥,变废为宝。对水禽,要推广上岸养殖法,通过集中垫料养殖,粪便集中处理,减少粪便直接排入水体中。

(3)推广种养结合循环利用技术　畜禽养殖废弃物粪尿为种植业所充分利用,所以养殖规模和种植规模相匹配,畜禽养殖场的规模由种植规模决定,确保粪尿被及时处理利用,这是一条较为经济有效的途径。

(4)规模畜禽养殖场运用和推广沼气及其发电技术　其作用:可直接提供清洁的沼气能源,煮饭烧水和取暖;经发酵产生的沼肥(包括沼渣和沼液)富含有机质、微生物的纯有机肥,为经济作物提供优质肥料,形成"养殖－沼肥－种植"三位一体的生态农业;利用沼气发电,生产电力能源;使养殖场基本达到污染"零"排放。

生产沼气的原料可以是一种或多种畜禽养殖废弃物,也可加进作物秸秆和农副产品加工废弃物、人粪、水葫芦和蓝藻等混合发酵,产气原料在沼气池内滞留时间为20～60d。

2. 畜禽养殖排泄物综合利用现状

随着城乡经济的发展,人民生活水平的提高,畜牧业有了长足的发展。2006年,全市大牲畜存栏2.63万头,生猪存栏60.21万头,羊存栏5.57万头,家禽存栏648.4万只。

近年来,无锡大力控制规模畜禽养殖场污染,集中整治了一批规模禽畜养殖场,畜禽养殖排泄物相当部分作为肥料及生产沼气和沼气发电。

至今,宜兴市和惠山区已经利用畜禽排泄物生产沼气和沼气发电,已建成宜兴市兴望农牧有限公司、宜兴市坤兴生态农业有限公司、无锡市南洋农畜业有限公司、宜兴市昌兴生态农业有限公司、宜兴市坤兴生态农业有限公司、宜兴市康鼎养殖场等8家生态养殖场(表4－13)。

无锡市已经有85家中、小畜禽养殖场建设了利用畜禽排泄物生产沼气工程,主要在宜兴市,以及惠山区、锡山区和江阴市(表4－14)。

表 4 – 13 无锡市主要畜禽养殖场大型沼气及发电工程项目表

公司(工程)名称	位置	养殖规模(头)	发电规模(kw)	建设内容	总投资(万元)	备注
宜兴市兴望农牧有限公司	西渚镇	猪8000	80	1500m³厌氧发酵塔一个,250m³贮气柜一个,配套相应发电机组等沼气、沼肥利用设施	270	2006年发电
宜兴市昌兴生态农业有限公司	徐舍镇	猪规模5万实养1.5万	150	1500m³厌氧发酵塔一个,250m³贮气柜一个,配套相应发电机组等沼气、沼肥利用设施	372	
宜兴市坤兴生态农业有限公司	宜城镇	猪5000	40	800m³厌氧发酵塔一个,150m³贮气柜一个,配套相应发电机组等沼气工程设施	288	2007年10月发电
无锡市南洋农畜业有限公司	惠山区洛社镇	猪1.5万	400	1500m³和1000m³厌氧发酵塔各一个,450m³和250m³贮气柜各一个,配套相应发电机组等沼气工程设施	900	2007年发电
宜兴市昌兴生态农业有限公司	芳庄镇	猪5000	24	800m³厌氧发酵塔一个,150m³贮气柜一个,配套相应发电机组等沼气工程设施	120	2005年发电
宜兴市康鼎养殖场		猪5000	40			

表 4 – 14 无锡市畜禽养殖场沼气工程统计表

项 目	沼气池规模(m³)	气柜规模(m³)	数量(个)	养殖种类	备 注
中型	300	80	20	牛、猪	
小型	200	10	65	猪	
合计			85		

3. 畜禽养殖废弃物生产沼气及沼气发电规划

根据无锡市实际情况,在全市范围内,用5~10年左右时间,开展规模畜禽养殖场资源化综合利用和污染治理行动,2010年排泄物全部进行无害化处理,基本完成全市大中型畜禽养殖场污染整治和推进生产沼气及沼气发电工作;不断提高规模养殖场废弃物资源化综合利用率。

(1)已建工程加强管理总结经验大力推广 2010年,对宜兴市和惠山区已建6家沼气发电工程的生态养殖场、36家中小型生产沼气工程的畜禽养殖场,加强管理、提高效益,总结经验、大力推广。

(2)规划沼气池工程和沼气发电工程 规划建设大型养殖场沼气发电工程(存栏100头以上奶牛场、年出栏1000头以上猪场),2020年累计完成100~120个,其沼气池(罐)规模500~2500m³,单个工程发电能力24~400kW;建设中小型养殖场(存栏20头以上奶牛场、年出栏100头以上猪场)沼气池工程累计完成200~300个,沼气池规模一般采用100~300m³,每个市(县)区建设5~10个规模化沼气发电工程,大部分的中小型养殖场和养殖户的废弃物由镇统一收集、市(县)区统一调度,用于生产沼气及沼气发电。沼肥全部利用或开发其他深层次的资源化综合利用途径。为此,合理调整养殖场布局,以村、镇为单位建设养殖园,合理集中养殖、集中管理、集中污染治理和进行废弃物资源化综合利用管理。

(3)养殖场的沼气池发电工程的保证措施　保证措施主要是投资,一方面养殖场自筹,另一方面政府按沼气池、发电规模给予一定补贴,以及编制一个合理的实施规划和采用先进实用的沼气技术和沼气池、发电技术和设备。

(三)鱼池底泥的利用

清除的鱼池底泥不准进入水体,全部无害化处理和资源化利用,基本与下述的河湖淤泥的综合利用相同,主要用作肥料和回填土。

六、河湖淤泥综合利用

河湖淤泥清除后的堆放场地有二大关键问题:一是雨水淋溶流失污染水体;二是淤泥自然干化时间长,需占用或压废较多土地资源。因此,一方面应减少淤泥堆放地和建设防渗阻淋措施,减少堆放场地对周围水体的污染。另一方面对淤泥经进行综合利用,发挥资源优势,为经济社会发展作贡献,其作用有:可大量减少淤泥造成的土地占用和压废,节约宝贵的土地资源;解决城市建设中的土方缺口问题;无害淤泥回用可增加土壤的有机肥力和减少化肥施用量。

(一)用途和技术

河湖淤泥经过技术处理后的用途:① 用作肥料。把无重金属污染和有毒有害物质的淤泥作为绿化基土,把有机质含量比较高的淤泥直接农用或进行堆肥后农用;加速淤泥生物处理技术应用,用淤泥制作复合肥、颗粒肥。② 当淤泥中的含水量少于一定的比例时,直接用作要求不高的回填土,缓解土地资源紧缺的矛盾。③ 淤泥脱水、固化,有二种技术:一是淤泥固化处理技术,即在淤泥中加进一定比例的固化剂,后经过物理、化学处理或反应,使其固化,达到一定的密实度和硬度,用于高要求的筑路、筑堤;二是利用土工袋使淤泥加压渗滤脱水干化,可用作要求比较高的回填土、种植土,干化土连同土工袋也可直接用于河湖护岸防冲刷。④ 经脱水或其他形式的处理后用于制砖和作为工业掺合料等。

(二)淤泥固化处理技术及其应用

日本是较早采用淤泥固化处理技术的国家,该项技术在日本已经得到社会的普遍认同和应用。其采用的设备为搅拌机,加入添加剂,其成本略高于其取土价格。每天可完成 $500m^3$ 淤泥固化,第二天就可以作为土资源直接运送出去。淤泥固化处理技术生产的土资源用途广泛,但其存在的问题是成本较高。2005 年 11 月 18 日成立了无锡市淤泥固化领导小组,同时成立了有关淤泥固化处理的公司。运用先进的淤泥处理技术变废为宝,加速淤泥固化处理技术应用。

江苏聚慧科技有限公司与河海大学合作对日本的淤泥固化技术进行了多年的研究,并根据我国实际情况进行了技术改进,从而降低了成本,提高了适用性。淤泥固化处理技术的生产过程:大量含水的淤泥经过沉淀脱水,将淤泥送进搅拌机,通过添加一定量的高分子聚合剂、固化剂,搅拌均匀后,由输送带送出,经过一、二个月后就变成可满足多种不同用途的泥土。添加固化剂、水泥的用量系根据原来淤泥的含水率、土壤性质、固化土的用途和要求等因素确定。此类固化土,今后遇水不会变化,可用来铺路、筑堤以及植树绿化。

近几年,江苏聚慧科技有限公司采用固化处理方式对重污染底泥进行了规模型处理,取得较好效果和效益。一是对五里湖清淤堆放在长广溪南部贡湖边堆放场的 190 万 m^3 淤泥进行了固化处理,施工时间为 2006 年 9 月 ~ 2007 年 8 月,平均每天固化处理 1 万 m^3,固化土的承载能力达到 $8 \sim 10t/m^2$,用于道路、场地的回垫土;二是在 2007 年对五里湖大堤西侧管社山景观绿化区域的湖底 120 万 m^3 淤泥进行了固化处理,此次是边清淤边对淤泥实施固化处理,固化土的承载能力达到 $6 \sim 8t/m^2$,用于护岸的回垫土和绿化种植土;三是 2008 年对贡湖清淤后堆放在贡湖边的 40 万 m^3 淤泥实施固化处理,用于太湖大堤背水坡的回垫和绿化种植土。

此技术可为解决流域、区域河湖清淤土的堆放占地和防治二次污染问题找到一条根本出路,同时有可能形成一个可持续的、泥土资源循环利用的环境保护产业。淤泥固化技术是一项变废为宝的环保型技术,对创建节约型社会,走可持续发展之路有着重大意义。目前该项技术已基本成熟,也基本具备了将淤泥固化技术产业化推广的条件,无锡市正在大力推动该项技术的运用。但此技术成本比较高,单位土方的造价在 35 ~ 60 元,目前的试验性推广必须要由政府给予一定补贴。

(三)土工袋加压渗滤淤泥脱水干化技术

即生态清淤时直接把大量含水淤泥充入土工袋,后经一段时间的压滤,使淤泥脱水、干化的技术。土工袋系用强度大、寿命长和有一定透水性的特种土工布制成口袋,其长度可从数米至数百米随意选择、缝制。此方法即是利用泥浆泵把生态清淤排放的淤泥直接充入土工袋,并利用泥浆泵排放淤泥时的压力给土工袋加压,采用分次给土工袋充淤泥的方法,直至充满为止。经过 1 ~ 2 个月的有压渗滤,使土工袋内的淤泥脱水、干化,达到一定强度。也可在充入土工袋的淤泥中加进混凝剂、脱水剂,加快脱水速度。渗滤脱水时间长短根据添加剂用量的多少,以及加压的大小、土工袋的性质决定。此方法产生的淤泥脱水干化土可用作高质量的回填土和绿化土。本方法应注意渗滤水的环保安全达标处理。土工袋可反复使用。沙性土壤的脱水效果好于黏性土壤,沙性土壤的脱水时间短于黏性土壤。

(四)淤泥综合利用规划

至 2020 年,无锡市计划河湖清淤 6000 ~ 7000 万 m^3。一方面,河湖淤泥全部实行无害化处置,淤泥的堆放地做好防污工作,清淤时不使泥水流入水体,淤泥的堆放地做好绿化和植被覆盖工作;另一方面,大力开展淤泥的资源化综合利用。包括推广淤泥作为绿化基土,直接农用或进行堆肥后农用,用淤泥制作复合肥、颗粒肥,用作要求不高的回填土,用于制砖和作为工业掺合料,大力推进河湖淤泥固化处理用作回填土。

七、水葫芦和芦苇综合利用

（一）水葫芦生产计划

种植水葫芦能有效吸取水体中 N、P 营养元素，在适宜条件下，$1hm^2$ 水葫芦能将 800 人排放的氮、磷元素当天吸收掉。水葫芦还能从污水中除去镉、铅、汞、铊、银、钴、锶等重金属元素。利用水葫芦净化污水是一种成本低廉、节约能源、效益较高的简便易行方法。1t 干水葫芦含氮 16～40kg，磷 3～9kg。在无锡地区水葫芦生长良好，一般每公顷可产鲜水葫芦 225～600t/hm^2，鲜水葫芦的含水率约为 92%～95%。全市计划 2007～2011 年间，每年控制性种植水葫芦 7～10 km^2，以后据治理需要确定种植水葫芦面积。种植水葫芦的关键是：圈定控制性种植；到冬天能及时收获水葫芦；研发和应用水葫芦的高效脱水、收获和大规模资源化综合利用设备和技术；政府给予一定的资金补助，调动社会种植水葫芦的积极性。大规模资源化综合利用和资源化产业是关键。

（二）水葫芦利用方向和处置现状

以水葫芦为代表的漂浮植物资源化利用主要有 6 个方面：一是制作有机肥、堆肥；二是发酵生产沼气，并进行沼气发电；三是焚烧发电；四是生产饲料；五是利用纤维素造纸和家具、提取胡萝卜素和叶绿素及木糖等；六是饲养蚯蚓、栽培食用菌等。

无锡市，2007 年种植水葫芦 7.8km^2，2008 年种植 8.0 km^2，水葫芦收获物部分用作饲料、肥料，部分是无害化填埋处置，部分是自生自灭。现正在进行水葫芦生产沼气和制作有机肥试验：水葫芦生产沼气试验，由市农林局和江苏省农科院进行，在马山已建成 100m^3 沼气发酵池，初获成功；制作有机肥试验，由无锡新利环保科技有限公司，用芦村污水处理厂的淤泥和水葫芦 300t 混合制成有机肥料，已获成功。

（三）水葫芦生产沼气和发电试验

在市农林局和江苏省农科院利用水葫芦发酵生产沼气小规模试验成功的基础上，准备继续进行较大规模的生产沼气和发电的试验，计划在 2010 年前后，建设一个利用水葫芦（水生植物）进行沼气发电的实验工程，并且研发水葫芦的固水分离技术。一般采用水葫芦与畜禽排泄物、藻类混合生产沼气和沼气发电。运行数年后，总结经验，形成一个可行的推广方案。

（四）水葫芦生产有机肥

在无锡新利环保科技有限公司利用污水处理厂淤泥和水葫芦混合发酵制成有机肥料已获成功的基础上，准备扩大规模，2008 年梅梁湖十八湾种植的 2km^2 多水葫芦中收获的大部分运往该公司与芦村污水处理厂的淤泥混合发酵制成有机肥。

（五）芦苇综合利用

以芦苇为代表的挺水植物，目前全市有 4km^2 左右。芦苇可以吸取较多的氮、磷元素，随着生态修复范围的扩大,种植芦苇的面积将扩大到数十平方公里,须进行资源化综合利用,才能有利于芦苇的推广和管理。资源化综合利用主要是加工建材、造纸和苇秆发电等。目前主要开展试验,以后再形成可行的推广方案。

八、藻类综合利用

（一）藻类处置现状

由于太湖严重富营养化,以蓝藻为主的藻类大量繁殖、爆发。在藻类生长期,无锡市水利局天天组织打捞藻类, 2007 年打捞富藻水（一般是含水 99% ,含藻类干物质 1%）19 万 m^3 ,2008 年打捞富藻水 50 万 m^3 。现在藻类捞取后全部进行无害化处置,江南大学、江苏省农业科学院和无锡市农林局进行了藻类生产沼气和沼气发电的试验,宜兴市的江苏博大环保股份有限公司进行蓝藻发酵堆肥生产肥料的试验,均已经取得成功。

（二）藻类综合利用

打捞藻类,将藻类移出水面,可大幅度减少水体中藻类和磷、氮,根据江南大学阮文权等教授的研究,每 1t 太湖干藻平均含磷 6.8kg、氮 67kg,含碳 440 kg。同时打捞藻类对水环境、水生态改善有很大作用,一定程度上可遏制藻类大爆发和改善景观。坚持长期打捞清除藻类,可以有效降低太湖的富营养化。但藻类的打捞与其资源化综合利用密切结合,才能长治久安,更好发挥其环保、社会、资源作用和经济价值。目前资源化综合利用主要以下几点:

1）不断完善和提高打捞藻类技术水平,研发科学高效的捞藻机械、工具和藻水分离设备,提高打捞藻类的技术和装备水平,降低藻类含水率,降低运输成本,再进行其他资源化利用。目前,捞藻船已正式投产,藻水分离技术研究开发取得进展。

2）藻类的简单利用是作为肥料,应用于生态林、景观林、经济林和粮食生产中。

3）藻类发酵生产沼气、沼气发电试验。生产沼气时同时产生沼肥,包括沼渣、沼液,作为农田肥料。藻类生产沼气和沼气发电,可将藻类与水葫芦、畜禽养殖废弃物等混合进行。

4）藻水脱水后经过发酵可制作高质量有机肥。

5）开展科技攻关,进行藻类蛋白提取、藻类饲料开发和藻类制造生物柴油等方面研究。

（三）南洋畜禽养殖排泄物和蓝藻混合沼气发电示范实例[12]

由江南大学和南洋农畜业有限公司联合进行了有关蓝藻资源化利用研究的"蓝藻—猪粪混合生产沼气—发电工程"项目,项目在无锡市水生态修复与保护研究中心的蓝藻资源化处理中试基地,无锡市惠山区洛社镇的南洋农畜业有限公司养殖场进行。

1. 示范基地选择

江南大学和南洋农畜业有限公司进行合作研究,并选择南洋农畜业有限公司所属规模养猪场为试验基地。原因是该养猪场已有一套利用猪粪尿生产沼气和发电的设备,只需对设备进行部分改造和调整工艺即能开展试验,既省投资又省时间。该养殖场规模为养猪 1.5 万头,一年产生猪粪尿 3600t。2007 年 10 月开始蓝藻和猪粪尿混合生产沼气和发电试验。同时南洋公司有 40hm² 的林地,可用作该项目产生的沼液和沼渣的施肥试验田之用。

2. 主要试验设备

有 1000m³ 的厌氧发酵罐 1 个,250m³ 的储气罐 1 个,400m³ 的沼液沼渣罐 1 个,100kW 的沼气发电机组一套,以及运藻槽罐车和其他相应的配套设施。生产过程为:蓝藻和猪粪尿通过搅拌混合,进入厌氧发酵罐在发酵菌作用下产出沼气,对沼气进行净化,进入沼气发电机组燃烧发电,输出电力;在厌氧发酵和发电的同时产生沼液和沼渣,用作肥料。试验成功后,又扩建了规模,增加了 1500m³ 的厌氧发酵罐 1 个,450m³ 的储气罐 1 个,600m³ 的沼液罐 1 个,300kW 的沼气发电机组一套,现已投产。

3. 试验配比和基本数据

蓝藻和猪粪尿的配比为 7:3(夏天)~3:7(春天、秋天),1500m³ 的厌氧发酵罐每天平均输入的蓝藻泥为 20t,藻泥系富藻水进行脱水后浓缩的产物,此时藻泥的含水率一般为 80%。蓝藻和猪粪尿的具体配比根据运输能力、气温、沼气和电力的需要量、设备的运行情况等因素确定。自 2007 年 10 月~2008 年上半年试验成功后,沼气生产和沼气发电机组运转正常,并生产了一批沼液和沼渣,用作高质量的有机肥料。试验设备正常运行日产气 650m³/d,厌氧发酵罐(反应器)的产气率大于 0.32m³/(m³·d),一般可以达到 0.43/(m³·d),夏天可达到 0.55/(m³·d)或更高,沼气中甲烷含量一般为 65%。

4. 蓝藻和粪尿混合生产沼气和发电的好处

其好处有:①防治蓝藻捞上来后再次产生二次污染;②通过生产沼气,可消除藻毒素和其他许多有毒有害物质;③生产的沼液和沼渣是高质量的有机肥料,可用于无公害的蔬菜、水果和要求高的作物;④生产沼气和电力,满足规模养殖场的能源需求,节约了常规能源;⑤蓝藻和猪粪尿混合后,比单一使用蓝藻的发酵效果好、发酵时间短和产气量高;⑥拓宽生产沼气和沼气发电的原料来源,改变单一的以畜禽粪尿为原料的现状,保证一年四季均有充足的原料进行生产;⑦猪粪尿用于生产沼气和发电后,体现了规模养殖场实现污染物"零"排放理念,改善了养殖场环境,也有利于水环境的改善。

5. 畜禽养殖排泄物和蓝藻混合沼气发电

流程见图(图 4-10)

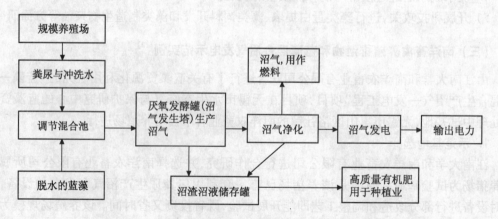

图 4-10　畜禽养殖排泄物和蓝藻混合沼气发电流程图

6. 沼气工程的环保管理

蓝藻和猪粪尿混合生产沼气,有先进的工艺,良好的环境效果和具有一定的经济效益。目前该项目产生的沼液和沼渣主要为南洋公司 40hm^2 树林自用,部分用于其他农田。生产沼气项目,管理得好,可以达到真正的污染物"零"排放。但在生产过程中,均应加强对沼渣和沼液的管理,沼渣和沼液均是高质量的肥料,应制定使用沼渣和沼液的优惠政策,确保其全部用于无公害的种植农业、绿化事业中。其中,沼渣基本是固体形状,易于进行运输和农民乐于使用,产生的沼渣一般均能够全部用于肥料,其中沼液是液体,不方便进行运输,所以应杜绝沼液渗入水体或排入水体。

(四)唯琼蓝藻生产沼气和发电示范实例

唯琼蓝藻生产沼气和发电示范项目是利用太湖蓝藻进行发酵生产沼气、沼气发电的项目,由无锡市唯琼生态农业集团有限公司与江苏省农业科学院农业资源与环境研究所联合进行的试验示范。项目在无锡市滨湖区胡埭镇的唯琼生态农庄进行。农庄有 35hm^2 土地,主要是果园。

1. 主要设备和生产过程

该项目的土建在 2008 年 6 月开始施工,10 月完成设备安装,试验取得成功。主要设备有:前处理设施,包括蓝藻存储浓缩池、蓝藻酸化预发酵池;蓝藻厌氧发酵反应器,主要是 1000m^3 的厌氧发酵罐 1 个;沼气存储设备,主要是 250m^3 的储气罐 1 个;沼气净化设备,主要是脱硫设备,罐体体积 10m^3,处理沼气 60m^3/h;沼气发电系统,主要是 100kW 沼气发电机组,配电、控制和电力输送系统;沼液沼渣存储和输送系统,包括 300m^3 的沼液沼渣罐 1 个和农田的沼液管道灌溉系统;其他相应的配套设施。生产过程为:蓝藻通过搅拌混合,进入厌氧发酵罐在发酵菌作用下产出沼气,对沼气进行净化,进入发电机组燃烧发电,输出电力;在厌氧发酵和发电的同时产生沼液和沼渣,用作肥料,目前的沼液沼渣主要为农庄自用。

2. 试验基本数据

该蓝藻项目主要利用含水率80%的蓝藻泥生产沼气,每天输入蓝藻泥为 15~20t。试验设备日产气 300~500m^3,厌氧发酵罐(反应器)的产气率,夏天为 0.5m^3/(m^3·d)以上,冬天为 0.2~0.3m^3/(m^3·d),沼气的甲烷含量为65%。沼液沼渣的含 N 量不低于 5g/L,含 P 量不低于 0.5g/L,含 K 量不低于 0.3g/L。

(五)江苏博大环保股份有限公司的蓝藻发酵堆肥试验实例

江苏博大环保股份有限公司进行蓝藻发酵堆肥生产肥料的试验在宜兴市进行。该公司为环保设备制造和环保技术研发企业。

(1)堆肥技术　包括原料在反应器中混合好氧发酵技术、专用微生物菌种技术,发酵条件控制技术,二次堆肥技术等。

(2)堆肥设备　主要为卧式旋转堆肥反应器,一次加料 20t。

(3)堆肥工艺流程　蓝藻发酵堆肥为蓝藻与秸秆、青草等原料的混合堆肥,原料在旋转堆肥反应器中按 C、N、P、水的一定比例混合,加入博大公司的 3 种专用微生物菌种进行发酵,并且控制和优化各阶段的运行条件(温度、湿度、pH 值、含水率、通风),5d 后出料,再进行为时 5d 的二次堆肥。

(4) 主要数据　pH 值 7.2~8.3,有机质 30%,含 N 0.4% 以上,达到无害化标准。

(六)蓝藻资源化利用计划

(1) 推广蓝藻和猪粪尿生产沼气发电工程　对已建的无锡市南洋畜禽养殖排泄物和蓝藻混合沼气发电示范工程,其他规模养殖场已建畜牧粪尿生产沼气和沼气发电工程的,将逐步改建和扩建为蓝藻猪粪沼气发电工程,同时根据蓝藻资源量再新建一批此类工程。

(2) 在生态农场中推广蓝藻生产沼气发电工程　对已建的无锡市滨湖区胡埭镇唯琼农庄蓝藻沼气发电工程,生产沼气时的副产品沼肥可满足农场的全部有机肥料需求,沼渣用作固体肥料,沼液与灌溉水混合进入管道灌溉系统进行节水灌溉,不再使用化肥,使农场成为典型的农业循环经济,实现建设生态农场的目标。

(3) 推广蓝藻发酵堆肥技术　在此技术试验成功的基础上,建设蓝藻发酵堆肥的专业工厂,根据蓝藻资源量和肥料的需求量确定其生产规模。

九、资金扶持和价格引导

制订各类废弃物无害化处置和资源化利用的法规。特别是要对其实施资金扶持和价格引导,以推进废弃物资源化利用的进程。

(1) 建立资金扶持政策优惠机制　对废弃物资源化利用的设备、技术、工艺的研制、生产、购置,以及对废弃物利用的产品使用实行补贴或政策优惠。

(2) 加强调控和价格引导　建立有利于废弃物资源化利用的价格体系和激励制度,促进废弃物资源化利用,促进企业向工业园区集中和建设农业生态园场,减少污染物排放。

(3) 以集成技术和科技创新支撑废弃物资源化综合利用　对国内外几十年来废弃物资源化综合利用的实践经验进行总结,并且结合太湖流域和无锡地区的废弃物资源化综合利用的实际情况和特点进行研究,以集成技术和科技创新支撑废弃物资源化综合利用,在经过一个示范和推广的阶段以后,全面进入废弃物资源化综合利用的实施阶段。

第七节　退鱼塘还湖

一、退鱼塘还湖目的和作用

退鱼塘还湖(亦称退渔还湖)的目的是满足湖泊水资源保护、水生态修复、景观和防洪的要求。其主要作用:一是增加水面积,即增加了水体容量,有利于防洪,增加太湖的防洪能力;二是增加了水容量,也即增加了环境容量,有利于防治水污染;三是减少了鱼塘污水和鱼塘底泥向太湖的排放量,有利于防治水污染;四是有利于恢复湖滨带,提高水陆交错带生态服务功能;五是有利于进行太湖滨水区的风景旅游和景观建设。

二、退鱼塘还太湖

根据 2004 年 9 月《太湖(梅梁湖、贡湖)无锡部分退渔(田)还湖专项规划报告》,太湖(梅梁湖、贡湖)围湖面积中,大部分为鱼塘,为满足太湖防洪和生态要求,规划退鱼塘还湖 3.37 km²,先期已实施五里湖退鱼塘还湖 2.19 km²,今后还将退鱼塘还太湖的面积为 1.18km²。

1. 无锡地区围湖养殖情况

1968～1975 年围湖垦殖及养殖面积 28.75km²(表 4-15)。20 世纪 80 年代中、后期围湖得到基本控制。

表 4-15　太湖(梅梁湖、贡湖)无锡部分 1968 年～1975 年间围湖情况调查表

湖区名	圩　名	兴建年份	围湖面积(km²)	利用方式
梅梁湖	马山圩	1971	18.42	垦殖
	渔港村圩	1968	3.38	鱼池
	小　计		21.8	
五里湖	五里圩	1968	1.75	鱼池
	蠡园圩	1970	0.18	鱼池
	太湖圩	1970	0.10	鱼池
	太湖基地鱼池	1978	0.21	鱼池
	东泽圩	1970	0.92	垦殖
	小　计		3.16	
贡　湖	南方泉圩(塘前)	1970	0.59	垦殖
	农场圩	1975	1.79	垦殖
	新安圩(创新)	1975	1.41	垦殖
	小　计		3.79	
合　　计			28.75	

2. 退渔(田)还湖工程措施及工程量

退渔(田)还湖实施工程可分为退渔工程和还湖工程两部分。退渔工程是指原占用湖面进行水产养殖的清退工作,包括养殖鱼塘补偿、养殖水产品打捞等;还湖工程的主要任务是根据周边鱼塘的清退范围,结合城市总体规划和原湖岸线,确定恢复为湖面的范围,并处理还湖范围内的塘底淤泥的清除、居民和企事业单位的拆迁补偿及退渔工程清退后的鱼塘堤埂、还湖范围内的居民及单位的用地上的设施、水塘、旱地、土堆等的挖除等。为改善梅梁湖水质,保护贡湖取水口等水源地水质安全,无锡市拟将吴塘门、沙渚、贡湖水厂处的位于环湖大堤内侧的养殖鱼塘一并实施退渔,恢复为生态林地。

考虑到围湖的历史、开发现状、投资规模、实施难度、投资来源等方面的因素,由于梅圩的开发建设程度较其他围湖区高,实施退渔还湖难度大,所以将梅圩予以整体保留,无锡市

决定退渔还湖总面积338.4hm²。2003年已经完成五里湖退渔还湖218.9hm²，还应退渔还湖119.5hm²（表4-16）。

还湖工程主要是鱼塘塘底淤泥清除、鱼塘堤埂的拆除以及拆除的居民企事业单位的原占用地设施和水塘、旱地、土堆等挖除。

表4-16　无锡市退鱼塘还湖规划表

区　域	十八湾沿线	五里湖		鼋头渚~庙山沿线	小溪港	望虞河口	合　计		
		全部	其中已退				总数	已退	今后应退
面积（hm²）	30.1	265.5	218.9	31.3	1.6	6.9	338.4	218.9	119.5

（1）鱼塘塘底淤泥清除　养殖鱼塘的塘底淤泥厚度在0.2~1.3m。底泥检测结果表明，塘底淤泥中的有机质、总磷、总氮的平均含量分别达到3.744%、0.119%、0.259%，退渔还湖的鱼塘底泥清除量为108.15万m³，其中含有的有机质、总氮、总磷分别为582.62t、40.30t、17.58t。如不对实施还湖的鱼塘塘底淤泥进行清理，在挖除鱼塘堤埂还湖后，这些污染物将向湖区水体释放，从而影响湖区水体水质，因此，在还湖工程实施中必须对计划还湖的鱼塘底泥进行清淤，以保证不对湖区水体增加新的污染。

（2）土方挖除　还湖范围内鱼塘堤埂拆除工程，以及拆除的居民、企事业单位的建设用地和水塘、旱地、土堆等土地的挖除工程量合计为290.06万m³。

第八节　区域城乡节水减排

节水减排，即是以节水为手段，达到节约水资源和减少污水排放的效果。节水减排是当前水资源保护和水污染防治的主要措施，各行各业、城市乡村均应实施。节水要明确目标和制定正确合理的节水措施，以指导和推进全市的生活、工业和农业节水工作开展，促进水资源高效利用和减轻水污染危害，保障水资源可持续利用及经济社会的可持续发展。要密切结合现代经济社会发展的要求，贯彻"节流优先，治污为本，提高用水效率"的战略方针；要具有全局性、科学性和可行性，因地制宜，明确目标，统一协调；以水资源合理开发利用和保护水环境为核心，协调开源与节流，协调节水与经济、社会、环境的关系，实现水资源、经济社会、生态环境的平衡。

一、节水作用

1. 无锡市节水的主要作用是减排污染改善水环境

建设节水型城市和节水型社会，采用多种措施实施节水减排，在江南平原河网地区的主要作用：首先是减少污水排放，减少入水污染负荷，有利于改善水质、水环境、水生态；其二是节约水资源，也节约了给排水的基础工程设施投资。随着现代化城市建设进程的不断加快，工业和城市生活用水需求将进一步增加，节水有利于经济社会发展。因此在流域、区域水环境治理中应以节水防污为重点，推广应用节水新技术，鼓励企业实现"零"排放，工业园区、开发区循环用水、串联用水,大力推进再生水回用工作。从用水的源头减少点源和面源污染物排放,改善太湖流域水生态状况。

2. 发展节水型的先进生产工艺和灌溉技术缓解水资源紧张

区域在干旱年份水资源比较紧张,可利用水资源量不足,但区域用水效率不高,节水潜力大。如无锡市工业万元产值用水量 $45m^3$,较发达国家不到 $10m^3$ 的单位用水量还有比较大的差距;水资源浪费现象严重,2005 年无锡市工业用水量重复利用率为 60%,较发达国家的 75%~85% 低。所以采用节水型生产工艺流程和灌溉技术,减少生产用水,降低成本,既是提高产品市场竞争力的需要,又使水资源发挥最大效益,缓解水资源供需的矛盾,实现经济社会的可持续发展。特别是干旱年份和一般年份的干旱季节,可以减少从长江调引水量;节水改造的过程就是发展先进生产工艺的过程和降低用水成本的过程。

二、用水和节水现状

现阶段区域城市化水平已进入加速发展阶段。城镇人均综合用水量和总用水量的较快增长。如无锡市自来水供应总量增加比较快,2005 年全市城镇自来水生产能力达195 万 t/d,比较1993 年增加 43.6%。但由于水价提高和节水认识的提高等因素,自来水人均生活综合日用水量增长缓慢。农业的灌溉用水表现为持续下降,但节水潜力仍很大。

(一)节水工作取得的进展

无锡市正在全力创建建设节水型社会和节水型城市,取得重大进展。2008 年 9 月 6 日无锡已经通过创建国家节水城市达标考核。无锡市已经编制水资源综合规划,将节水纳入水资源整体规划之中。全市生活、工业、农业的节水工作取得显著成绩,但与发达国家和全国的发达地区仍较有比较大差距。

1. 城市生活和工业节水工作取得的进展

十多年来,无锡市城市和工业节水工作有了较大进展,初步建立了有关法规体系,逐步形成节水管理网络。通过节水宣传,强化计划管理,推广节水技术,建设节水设施等,推动了节水工作的开展,取得较为明显的效益,缓解了用水矛盾,促进经济发展,对保护和合理开发利用水资源,防治水污染产生深远影响。

(1)节水管理体制和法制建设 2000 年机构改革成立了无锡市节约用水办公室(设于水利局内)。由无锡市水利局统一管理、协调管理全市计划用水、节约用水工作,如负责拟定节约用水政策,编制节约用水规划、节水工程建设规划,以及制定有关标准并监督实施等。

(2)强化用水基础管理工作 有关工作:① 编制城市生活和工业节水规划和城市节水工程建设规划,将节水纳入水资源整体规划之中;② 制定和发布用水定额,建立用水定额管理机制;③ 加强用水的计量考核,全部企业安装用水计量,推广用水计量与收费智能管理系统及 IC 卡水表,实行科学计量;④ 建立计划用水情况统计报表制度;⑤ 工业企业开展了水平衡测试工作,至 2005 年完成 7 家企业水平衡测试工作,7 家企业为:江阴润华化工制品有限公司、无锡振达特种钢管有限公司、江阴裕华铝业有限公司、宜兴国力助剂厂、无锡宏达电缆厂、无锡南岛纺织染整有限公司、江阴富菱化工有限公司;⑥ 企业加强用水管理,工业企业用水大户由分管厂长负责,建立了企业、车间、班组 3 级节水管理网络,部分企业实行 3 级计量管理,建立健全企业内部用水成本核算和考核制度;⑦ 资金扶持,每年从水资源费中拿出一定比例资金,用于扶持企业进行节水改造和地下水改用地表水,推动企业节水技术改造和压缩地下水开采工作的开展;⑧ 积极开展节水型企业创建活动;⑨ 开展节水宣传活动,贯彻"开源与节流并重、节流优先,科学开源,综合利用"的方针。

(3) 初步建立合理的水价体系　城市自来水价格近 20 年来多次上调,增强了居民的节水意识,对遏制用水浪费现象和城市节水工作起到了良好的杠杆作用。特别是 20 世纪 90 年代后,自来水价格上调幅度较大,如无锡市区生活用自来水每 m^3 从 20 世纪 80 年代的 0.12 元,经数次上调到 2004 年的 2.40 元,工业用水 2.70 元,商业服务用水 3.00 元,特种用水 3.20 元(表 4 - 17)。在此期间制定了《关于调整地下水水资源费收费标准的通知》、《关于调整地表水水资源费的通知》,使水资源费征收和管理工作迈上新台阶。同时对超计划用水部分实行加价收费,使城市逐步建立起合理的水价体系。

(4) 严格把好取水许可管理关　加强取水许可审批及取水许可监督管理工作,对用水户进行审查,颁发取水许可证,进行年度审核。对于没有采取节水措施、用水浪费的工业取水户,依法责令其限期改造。对于所有新、改、扩建和技术改造项目的取水,规定要有节水专项论证。在建项目竣工验收过程中,对于不能确保稳定达到国家或地方规定的用水管理定额以及污水排放标准的取水,不予核发取水许可证。

表 4 - 17　无锡市区自来水价格历年变化表　　　　　单位:(元/m^3)

年 份 (年 - 月 - 日)	生活 用水	工业 用水	商业服务 用水	特种 用水	其 中			
					污水处理费	水资源费	城市附加费	省水处理专项费用
1980	0.12	0.12						
1980 - 7	0.12	0.18						
1987 - 1	0.12	0.12						
1990 - 7	0.15	0.15						
1991 - 3	0.15	0.30						
1992 - 1	0.22	0.30						
1993 - 3	0.32	0.45						
1994 - 6	0.45	0.75	0.85					
1996 - 5	0.60	0.95	1.24	1.44				
1997 - 11	0.75	1.10	1.35	1.55				
1998 - 10	0.95	1.35	1.60	1.80				
1999 - 12 - 1	1.15	1.55	1.80	—	0.35 ~ 0.40	0.01	0.04	0.02
2000 - 12 - 1	1.40	1.70	2.05	—	0.50 ~ 0.60	0.01	0.04	0.02
2002 - 3 - 1	2.00	2.30	2.60	2.80	1.10		0.04	0.02
2004 - 4 - 20	2.40	2.70	3.00	3.20	1.10	0.03	0.04	0.02

2. 农业节水工作取得的进展

（1）种植农业用水和节水灌溉的成绩　经过建国后50年来的不懈努力,无锡市兴建了一大批水利设施,建立了较好的农业用水和节水工程基础,特别是经过20世纪90年代以来的大规模水利建设,从总体上初步扭转了水利建设一度滞后于经济社会发展的状况,并且编制了农业节水规划。全市初步形成了防洪除涝、灌溉、降渍、蓄引、调水五套水利工程系统;初步建立起市、市(县)区、镇、村4级农业用水和节水管理体系。水利为农业经济发展、保障社会稳定、提高农民生活水平提供了有力支撑。截止2005年,全市已建防渗渠5670km,控制灌溉面积9.87万 hm^2 ,节水工程面积占全市有效灌溉面积的63.6%,水稻灌溉节水面积9万 hm^2 ,发展蔬菜等经济作物喷滴灌 $567hm^2$ 。水利用系数有了较大的提高,全市平均灌溉水利用系数提高到了0.59。全市2005年农业灌溉用水量9.8亿 m^3 ,并表现为逐年下降的趋势。

（2）畜禽养殖用水节水现状　据估算无锡畜禽养殖全年用水量1900万 m^3 ,包括畜禽饮用水、畜禽环境卫生用水,主要是冲洗圈舍和活动场地用水。畜禽养殖节水主要是改建圈舍,减少冲洗圈舍和环境用水量。市区和近郊、江阴市和宜兴市城区、近郊的规模养殖场大多比较注意节约用水和严格控制畜禽养殖污水的排放,对其排泄物进行资源化综合利用。使排放污水的数量明显减少,对改善河网水环境起到良好作用。但目前还有相当多农村畜禽养殖场污水仍是直接排放入河,资源化的综合利用程度还较低。

（3）水产养殖用水节水现状　无锡鱼塘大部分系人工投饵的高产养殖渔场,据测算年用水量为3.2亿 m^3 。但其用水除蒸发一部分外,大部分又回到附近河道中,水量损失率较小。但水产养殖,使水体中增加的污染物较多,尤其是鱼池肥水排放区域。水产养殖污染在一定区域范围内入水污染负荷中占10%~20%,且大部分鱼塘未采取节水减污措施。

（二）节水工作存在的问题

1. 城市生活和工业节水工作存在的问题

（1）节水管理体制机制不能适应节水需要　主要表现如下方面:① 节水法规建设滞后。目前节水管理在相当多的区域处于各自为政、条块分割状况,定额标准不统一,节水法规建设需进一步加强;② 管理体制需要进一步理顺。全市节水管理政出多门,且管理力度不够;③ 市场激励机制不够完善。当前节水工作还没有一套适应市场经济的运行模式。水价较低是主要原因,许多节水工程直接经济效益有限,更多地体现在社会效益和生态环境效益,致使许多用水大户节水积极性不高,节水并没有真正变成企业的自发行动,节水工作处于被动状态。全市合理水价机制还未完全形成;④ 投入不足。节水工作面广量大、情况复杂多样,需要大量科技投入、资金投入和一定的先进技术。工业节水,需更新改造用水设备和工艺设备,且随着节水量加大和用水重复利用率提高,节约单方水投资会愈来愈大,技术要求也愈来愈高。目前工业节水尚无固定投资渠道,节水工程一般是争取一个上一个。

（2）用水浪费现象大量存在　目前,用水浪费现象大量存在,全市合理用水水平偏低,单位产品取水量与国外先进水平相比有较大差距。

（3）节水认识有待提高　一是有些人认为无锡市河网密布,水量众多,节水不重要。二是有些人认为搞节水有可能妨碍经济发展。三是有些人对节水能否有效改变无锡市水质型缺水的作用存在疑问,未予以足够的重视。

2. 种植农业节水存在的主要问题

一是对水资源危机认识不够,节水意识不强;二是节水灌溉工程建设不够平衡;三是节水措施偏单一,注重种植业节水;四是注重工程节水,忽略农艺节水;五是缺乏稳定可靠的农业节水投入机制;六是缺少行之有效的奖惩措施;七是农业节水的发展跟不上农业结构调整的需要;八是农业用水计量体系不完善,并且其标准比较低;九是农业用水水源监管不严,水质污染严重。

3. 雨水利用工作刚起步

雨水利用在无锡大有潜力,但由于认识上的滞后,该项工作刚起步,有待总结经验,深入开展。

三、节水目标

为全力推进城市、乡村和全社会的节水工作,应实施用水总量控制和定额管理,通过控制流域、区域用水总量,引导经济结构和产业布局的调整,以及加速城市化发展的合理布局与进程;以节水型灌区、企业(单位),以及节水型社区和节水型城市建设着手,调整用水结构,实现农业用水负增长,工业用水微增长,生活用水适度增长;建立节水宣传和教育体系,通过公众参与,在全社会逐步形成节约用水的社会行为规范。为此应建立一个明确的比较先进的节水目标。

(一) 城市生活节水目标

城市节水以建立节水型城市为最终目标,不断提高市民节水意识和节水管理水平,在人均综合生活用水指标逐年少量增长的情况下,实现城市建设的发展、环境的改善和人民生活质量的提高。无锡市 2010、2020 年城镇生活综合用水目标分别为 ≤200、≤225L/(人·d),城镇居民家庭生活用水分别为 ≤140、≤150L/(人·d)。

(二) 工业节水目标

工业节水总体目标是提高对工业节水重要性的认识,建立并完善工业节水法规体系和管理体制,控制工业用水的增长,建立与无锡市水资源承载能力相适应、可持续发展的产业结构和发展模式。无锡市工业(不含发电厂)节水主要指标 2010、2020 年分别达到:工业用水重复利用率 ≥78%、≥82%,万元工业增加值取水量 ≤34.97、≤20m³/万元,万元工业产值取水量 ≤9、≤7m³/万元。

(三) 城市生态环境用水节水目标

建立城市生态环境合理用水、节水制度,充分合理适量地调水改善河湖水环境,满足城市绿地浇灌和道路、场地洒水等生态环境用水的需要,并充分利用雨水、再生水和下水道之水浇灌绿地。

（四）农业节水目标

构建 21 世纪农业节水的总体布局和政策措施,建立起节水型灌溉农业体系,实现农业节水工作突破性进展,以实施农业高效节水,来减少农业面污染对水环境的压力,确保农业供水安全,有利于农业、农村及全市经济的可持续发展,努力开创我市农业节水新局面。无锡市农业灌溉用水总量实现负增长;灌溉水利用系数 2010、2020 年分别达到 0.64、0.69;进一步实施和推广养殖业的节水试点工程。

四、节水措施

（一）城市生活节水

1. 城市生活节水基本策略

实行计划用水和定额管理,推广应用节水型用水器具,加强建筑施工用水的监管,加快分质供水的研究应用,查禁非法用水,保护城市地下水资源。

2. 城市生活节水技术措施

大力推广节水器具,主要有:① 推广节水便器;② 推广节水龙头;③ 推广淋浴节水设施;④ 推广节水技术;⑤ 分质供水。

（二）工业节水

1. 基本策略

强化工业企业节水管理;加大以节水为重点的产品与原料结构调整和技术改造力度;积极促进产业结构调整,推进节水发展;节流和发展循环供水系统;建设和完善企业内污水处理设施,实现污水资源化;开发、采用先进的节水型生产工艺及先进的水处理技术;积极认真地做好循环水水质稳定工作;作好工业污水末端处理工作;加强对自来水生产和供应企业的节水管理;坚持和完善节水型产业政策。工业节水,在 2010 年前为试验示范阶段,以后为全面推广阶段。工业节水更要注重减排污染物的效果。

2. 基本技术

节水基本技术:① 冷却水的循环使用、工艺用水和工序间的重复利用是工业节水的主要技术对策;② 冷却水循环利用的关键是冷却塔的效率、水质稳定技术、提高循环水的浓缩倍数减少补给水用量,以及冷却塔中填料的形式和种类等,随着科学技术的进步,新的冷却技术已开始替代传统冷却塔冷却,如溴化锂冷却等节水技术;③ 重点要开发和完善高浓缩倍数工况下的循环冷却水处理技术,推广直流水改循环水、空冷、污水回用、凝结水回用、再生水的利用等技术;④ 推广供水、排水和水处理的在线监控技术;⑤ 革新和推广采用节水型生产工艺,工厂通过改进污水处理工艺,使经处理的污水再用于生产,形成闭路系统。采用低水耗和"零"水耗工艺,以进一步提高节水效率,亦即实现污染"零"排放。

3. 行业节水技改要点

（1）火电 对直流式电厂、循环式电厂实行行业节水措施。在长江沿线新建的火电厂,继续推广直流供水技术;在缺水地区新建的火电厂,应提高循环冷却水的浓缩倍率,普遍达到 3~5 倍,以减少用水消耗;在建有城市污水处理厂的地区,积极推广利用城市再生水用作冷却水技术;注意锅炉冷凝水的回收利用;在热电厂,推广供热回水处理与利用技术,全面推广高浓度水力冲灰和干除灰、除渣技术。如江阴明达热电有限公司已经完成节水技术改造项目,可节水 2 万 m^3/d,江阴苏龙发电有限公司也完成节水技术改造。

(2) 化工　重点是:以节水和实现污水资源化为中心,提高生产系统的用水效率,提高生产用水循环利用率和水的回用率,推行废污水处理回用技术。做好工艺技术改造,采用先进的少废无废工艺,改革落后的工艺和设备,积极推广闭路循环、清污分流等技术。氯碱工业中推广干式电石法乙炔发生技术、开展氯压机中冷器冷却水回收利用技术、聚合母液的回收利用。石化的重点工作是开发和完善稠油污水深度处理回用锅炉、炼化污水深度处理回用、注聚合物采出污水处理等技术。加强对众多中小型化工企业的管理,促使其污水减污上一个台阶,真正提升全市化工行业的节水水平。目前完成节水技术改造的有宜兴市前成生物有限公司、江苏天音化工集团有限公司,每年分别可节水 1480 万 m^3、130 万 m^3,另外无锡市双城碳黑有限公司、宜兴申利化工有限公司、江苏瑞佳化学有限公司也都完成节水技术改造。

(3) 冶金　冶金行业节水的主要技术途径是:推行一水多用、串用、回用和水-气热交换的密闭循环水系统等技术,努力构建水资源回收利用体系,形成再生资源回收利用的跨行业组合;淘汰平炉、倒焰式熔烧炉、小高炉、小烧结、小转炉、化铁炼钢等落后工艺和装备,大力推动以清洁生产为中心的技术改造,全面推广污水综合利用;开发、采用先进的节水型生产工艺及先进的水处理技术,重点是干熄焦、炉外精炼、高效连铸、耐高温无水冷却装置、干式除尘、图拉法炉渣粒化装置等节水措施。一些技术措施的节水效果非常明显,如高炉煤气洗涤采用干法后可不用水。高炉冷却采用软水闭路循环可使这一系统循环率由 96% 提高到 99%。又如高炉处理炉渣采用节水生产工艺,可节水 80%~90%。钢铁工业的重点工作是开发和完善外排污水回用、轧钢废水除油、轧钢酸洗废液回用等技术。如江阴市西城特种钢有限公司、天乾(无锡)科技有限公司(冶金)已完成节水技术改造项目,分别可节水 10300 万 m^3/a、150 万 m^3/a,江阴兴澄特种钢有限公司已完成节水技术改造。

(4) 纺织　纺织行业节水是积极推广蒸汽冷凝水回收节水成套技术和工艺串联用水,提高水的重复利用率,以及推广节水型新工艺、新技术,加强对废水的回收利用,减少污染物排放总量。其技术途径是:纺织厂实行空调用水的闭路循环或地下水的冬灌夏用;毛纺厂的洗毛工艺采用闭路循环,炭化废水实行清浊分流和回用;麻纺厂,采用先进技术以减少原麻加工过程的用水量,特别是烤麻、漂酸废水处理后再利用。化纤行业的粘胶浆粕工艺,应发挥规模效应,提倡清洁生产,提高黑液回收率,加强白水回收等。纺织行业节水的工作重点是开发和完善超临界一氧化碳染色、生物酶处理、天然纤维转移印花、无版喷墨印花等技术。推广棉织物前处理冷轧堆、逆流漂洗、合成纤维转移印花、光化学催化氧化脱色等技术。如宜兴市百丽纺织染整有限公司已完成节水技术改造项目,可节水 15 万 m^3/a。

(5) 造纸　造纸行业节水主要采取先进的节水制浆工艺技术,推广制浆封闭技术、中浓技术、废水循环回用技术、白水循环回用、漂白滤液循环回用等技术,提高工序间的串联利用率和水的重复利用率,降低单位产品耗水量,减少污染排放量。包括推广应用白水回收新技术、新设备,积极采用、推广直接碱回收工艺,以消除黑液污染,推广应用其他适用的污染综合治理技术;造纸制浆行业重点开发、推广和完善低卡伯值蒸煮、氧脱木素、无元素氯漂白、高得率制浆和二次纤维的利用、蒸发冷凝水回用、中浓筛选等先进的节水制浆工艺技术;完善高效黑液提取设备、全封闭引纸的长网纸机等设备;推广制浆封闭筛选、中浓操作、纸机用水封闭循环、白水回收、碱回收等技术。如江阴市鑫顺纸业有限公司已完成节水技术改造项目,可节水 36.4 万 m^3/a。

(6)非金属矿物制品　重点要抓好众多中小企业的节水管理,开展节水技术推广普及工作。建筑材料行业积极发展新型干法水泥,大力采用新型干法工艺,全面推广建材行业污水处理、冷却废水回收利用、锅炉冷凝水回用等先进节水技术,提高水的重复利用率。淘汰机立窑、立波尔窑、中空窑等落后工艺,禁止新建、扩建立窑生产线。节约企业生活用水。

(7)食品饮料　推广、运用先进生产工艺和技术装备是食品饮料行业节水技术进步的关键。食品加工、制造工艺〈洗涤〉用水采用逆流洗涤;改进冷却用水工艺,提高冷却效率;加强对蒸汽冷凝水的回收利用;在淀粉、酒精、味精和柠檬酸等发酵产品生产中推广采用取水闭环流程工艺;推广高浓糖化醪发酵、高浓母液提取和多效浓缩工艺;对酒精、啤酒、罐头等制造业推广节水和冷却新工艺技术;积极推广污水处理和再生回用技术。

(8)机械行业　改直流用水为循环用水、循序用水或串联用水。推广含酚、电镀、含铅等污水处理回用技术、逆流漂洗技术、提高污废水回用率,积极推广全排放污水处理回用技术。

(9)减少自来水生产和供应业的生产自用水　净水厂排水尽量自身回用以节约大量用水,加强供水管网的技术改造,减少管网损漏率和减少管道爆(断)裂机率,有利于安全健康供水。

(三)农业节水

以推进农业现代化进程、加快农业产业结构调整为主线,以农业增收、农民致富为目标,以科技创新为动力,以改善农村人民的生活、生产条件、生态环境和社会主义新农村建设为出发点,坚持开源与节流相结合,工程措施与非工程措施相统一,全面规划,突出重点,注重实效,切实把节水农业作为一项革命性措施来抓。农业节水主要是种植业节水,建设节水型灌区和加强灌区节水管理,也要注重畜禽养殖节水、水产养殖节水,包括各类各级节水工程的建设和管理,建设节水型农业结构、选择节水型农作物品种和加强农艺节水、技术节水的研究、实施和推广。

1. 建设农业节水骨干工程

无锡地区是灌溉农业,农业节水也主要是体现在节水灌溉。灌溉节水主要是:建设配套的农业节水骨干工程,主要包括水源与渠首工程、骨干渠道及其配套建筑物工程三大部分。建设丘陵山区库塘蓄水,使蓄水容积每 hm^2 均达到 $4500m^3$ 以上,以缓解山丘区水资源不足的矛盾;对灌区现有的引水渠首和涵、闸及抽水泵站进行加固、更新、改建或重建,以提高渠首引提水效率和安全;实行定额供水,加强控制和管理;强化骨干渠道防渗节水措施,主要为混凝土等硬质衬砌和以生物工程为主的柔性护砌相结合;合理布置骨干渠系建筑物,重建、新建和加固改造各类渠系建筑物,使渠系建筑物配套率要达到达 100% ,确保农业节水骨干工程发挥最佳作用。

2. 建设节水灌溉工程

(1) 提高节水灌溉工程设计标准　设计灌溉保证率的提高不能仅依靠加大供水来解决,主要通过提高灌溉用水效率、多水源优化配置、加强灌溉管理等措施来达到提高灌溉保证率的目的。无锡地区灌溉工程设计最终保证率为:平原、圩区95%,山丘区85%。

(2) 节水灌溉工程措施　节水灌溉工程主要考虑:节水工程与GDP、环境、生态、投资、土壤、灌区类型、不同水资源分区、地形、作物布局、种植业结构调整、农业污染控制相结合。无锡市农业节水工程主要是:根据农田水利现代化的要求,推广低压管道输水灌溉工程;普遍推广水稻控制灌溉技术,减轻过量灌溉用水对水体污染的压力,使灌溉水源达到国家灌溉标准,满足我国加入WTO后农产品出口对灌溉水质的要求;推广建设生态渠道,改善全市农村人民的生活环境;在果、茶、蔬菜、药材等高效经济作物种植区建设喷灌、微灌等先进节水灌溉工程;丘陵山区应结合种植业结构调整,以种植耐旱特经、高效作物为主;搞好小流域治理,强化水土保持,推广缓坡耕地综合治理技术,增加土层厚度;采取覆盖保墒措施,提高土壤蓄水保墒能力;进一步兴建塘坝、水池等蓄水工程,提高集蓄雨水能力;以蓄为主,发展喷、微灌、低压管道灌溉等现代节水灌溉技术。

(3) 建设与节水灌溉相配套的田间工程　田间工程建设与配套的原则是:以各地区总体规划和骨干工程的总体布局为基础,以节水增效为中心,因地制宜,适当调整田间工程布局,实行沟、渠、田、林、路综合规划,桥、涵、闸、站等全面配套,旱、涝、渍、碱综合治理,达到沟渠系统健全,排水、灌溉畅通,节水、保肥和减污相结合,有利于从事生产活动和农业机械化作业,适应农业现代化及农业产业结构调整的要求,实现农业高产稳产。田间沟渠适合本区域的布置模式主要有二类:其一是明沟明渠的布置模式,包括"沟—路—渠布置"(适用于黏土区)和"沟(渠)—路布置"二种。其二是明暗结合的布置模式,为节约土地资源主要采用二暗一明(暗灌、暗降、明排)布置,便于灌溉、排涝、降渍,部分区域也可采用一暗二明(暗灌、明排、明降)的布置模式。其中暗灌是主要管道输水灌溉,减少灌溉水耗损,是今后的发展方向。

3. 推广种植农业节水技术

(1) 节水灌溉技术　节水灌溉技术是对传统地面灌溉技术的改进。节水灌溉技术主要全面推广水稻浅湿灌溉、控制灌溉及先进的精确灌溉技术等;旱作地有沟灌、畦灌、波涌灌、膜上灌与膜下灌等;园艺林果地有喷灌、滴灌、微灌和精确灌溉技术等。节水灌溉技术的运用,可充分利用降雨,减少深层渗漏和无效蒸发损失,大幅度提高水分利用率,节约灌溉用水。节水灌溉技术的节水潜力相当大。

(2) 农艺节水技术　包括水稻旱育旱种,推广耕作保墒、旱作薄膜覆盖和生物覆盖保墒、深耕深翻、坐水种、化学制剂保水、选育抗旱优良品种等节水栽培农艺技术,提高土壤保墒能力,将工程节水与田间节水灌溉技术、农艺节水措施紧密结合,采取多种途径实施种植农业节水。

(3) 其他节水技术措施　① 优化作物茬口布局。不同的农业结构有不同的用水需求,农业结构的安排应充分考虑并适应当地水资源条件;节水农业主要是适水种植,适水生产。② 改善农田小气候,减少田间水分蒸发。结合灌区节水改造,开展农田基本建设,沟、渠、田、林、路统一规划,实现农田林网化,河沟坡植被化,改善田面空气层的水、热状况和光照、通风状况等,维持作物正常生长的环境条件,减轻雨水冲刷,防止水土流失,涵养水土,进一步调节农田内部小气候,改善生态环境,减少田间水分蒸发。③ 培肥地力。增施有机肥料,培肥地力,核心是增加土壤有机质含量,改善土壤物理性状,提高土壤水分调蓄能力,实现以肥调水、以水促根、以根抗旱。这项措施是提高产量和水分利用率的有力措施。

（4）加强农业节水灌溉研究　无锡市对农业节水灌溉进行了比较长时间的研究,取得了良好成绩,但对于节水减污这个新课题,尚需结合实际情况进一步开展农业节水灌溉新一轮的研究,并进行示范和推广。

4. 建设农田余水入河前的前置库工程

农田节水工程规划与农业污染控制工程相结合,主要体现在建设农田节水工程的同时,建设农田余水入河前的前置库工程。即是把农田余水引入前置库,通过前置库对农田余水进行净化处理后再排入河道,减少农田余水的入河污染负荷。前置库之水应作为灌溉水实行水资源重复利用。

5. 畜禽养殖节水

（1）原则　在满足畜禽饮用水和环境要求的前提下,尽量减少其他冲洗环境等用水量,以减少污染物的排放入水量;污染物的资源化利用和污水处理相结合;畜禽养殖的污水进行适当处理后应尽量进行回用。

（2）措施　排放的污水,经一定的处理和稀释后可作为肥水灌溉农田;节约棚圈卫生、冲洗用水,改进棚圈结构及其供排水设施,使之符合节水原则,并加强节水管理,节约棚圈卫生、冲洗用水。

6. 水产养殖节水

（1）原则　在满足鱼塘水产整个生长期用水量和水质的前提下,尽量减少直接向河湖排放废污水,以削减污染物的入水负荷量;减少鱼塘污染物的产生量和鱼塘肥水、塘泥处理（处置）相结合;鱼塘废污水进行适当处理后应进行回用。

（2）措施　适量适时投饵、调整水产品养殖结构、改进饵料的品质,提高饵料利用率,减少饵料损失和污染物的产生率,减少鱼塘换水次数;鱼塘肥水的处理和回用,主要是利用其周围的河道,建设前置库处理,达到一定标准后再进行回用。

7. 加强农业灌区节水管理

（1）推进灌区节水管理体制改革　农业节水应加强用水管理,建立适合社会主义市场条件下的运行机制,大力宣传节水的重要性,提高群众的节水意识,更新用水观念,改变重建轻管的旧习,实行管理节水。灌区节水管理体制必须按照市场经济规律的要求,建立现代企业管理体制及其制定相应制度。灌区管理体制,要产权清晰、责权明确、政体分开、管理科学,使灌区成为自主经营、自我约束和自我发展的独立经济实体。其中,大中型灌区,采取"管理所＋用水者协会"的新型紧密型管理体系。同时逐步形成政府调控、民主协商、用水户参与管理的水利管理体制模式,实现灌区水资源的统一配置、统一调度和统一管理,按市场经济的要求运作;小型灌区,积极推行小型农村水利工程管理制度改革,实行国家投入为向导、地方财政作配套、农民投入为主体的多层次、多渠道的投入机制,广泛采用承包、租赁、转让、拍卖、有偿使用以及股份合作制等形式,鼓励农民直接参与管理和经营,允许社会各界以不同的方式参与节水工程建设和管理。

（2）全面设置用水计量设施　建立计量监测设施是推行用水总量控制和定额、限额管理的前提条件，也是对农业用水进行成本管理的基础性工作。农业用水的计量是实行按方收费的基础，也是从根本上改变人们用水观念的强有力措施，更是进一步推行农业节水的根本保障。其中，各大中型灌区管理所负责干、支、斗渠首的量水，全部渠首实行用水控制，灌区用水者协会负责斗、农渠级量水，采用量水堰（槽）或其他专用量水设施；其他小型机电灌区、井灌区直接在干管、支管或毛管上安装水表，直接量水到田头，到农户；各个规模畜禽养殖、水产养殖大户（场），要逐步安装合适的计量设施，按取水量收费。

（3）推进水费制度改革　水费制度改革的总目标是：全面实行计量用水，逐步实行按方按成本收费，最终建立起责权明确、管理科学、自主经营、独立核算，能适应社会主义市场经济要求的运行管理机制。水价改革的指导思想是利用价值规律，逐步建立一套适应社会主义市场经济的水价体系，促进灌区水资源合理开发利用，提高水资源的利用率。完整的水价由资源水价、工程水价和环境水价组成，即：水价＝资源水价＋工程水价＋环境水价。灌区水价改革分3个步骤实施：第一步，统一按单位面积计收；第二步在计算供水全部成本后，按单位面积计收；第三步以"供水成本＋适当利润"确定水价，按方计量收费。第三步是灌区发展的必由之路，可实现水资源的优化配置，有效地节约水资源。

（四）城市生态环境节水和城镇雨水利用

1. 城市生态环境节水基本策略

节水基本策略是满足河道内生态环境用水，并在此基础上，尽量利用雨水和再生水作为河道外生态环境用水（主要指浇灌绿地和洒水）的水源，节水与减污相结合。

2. 城市生态环境节水技术措施

节水技术措施：① 推进城镇雨水利用工作；② 直接使用雨水、污水收集管道中的雨水和适合的微污水浇灌绿地；③ 适当增加市民活动场所中透水地面的比例，相对减少需洒水面积和有利于减少地面径流污染；④ 保持道路广场的环境卫生，适量洒水；⑤ 利用再生水作为生态环境用水。

3. 城镇雨水利用措施

（1）种树植草涵蓄水分　种树植草，有效减少地面径流，减少地面冲刷和水土流失；土质斜坡（河道岸坡、山坡和一般土坡）要种植草皮护面，且斜坡的底部应设有缓冲区、集水和排水沟，减少水土流失；屋顶雨水经落水管到达地面后，应先进入屋前或屋后浇灌绿地再进下水道，减少屋顶污染物进入河道。提倡逐步建设屋顶绿化。

（2）建蓄水池蓄积雨水　蓄水池的作用有：一是用蓄水池中的水洒马路、广场和浇灌绿地；二是节约水资源，有效利用降雨径流，提高水利用率；三是蓄积雨水的过程也是消除地面污染的过程，使不透水地面的污染物在降雨形成地面径流时，相当部分进入蓄水池，而不进入或少进入河道水体。具体措施：① 新建居住区、商务小区，以及风景旅游、休闲娱乐区，建设适当规模的蓄水池，其有效蓄水面积应占该区域占地面积的一定比例，具体视情况而定，并且应以法律形式固定下来。在日降雨20~30mm时雨水可以全部进入蓄水池；② 有条件的地面蓄水池可以同时种植水生植物，结合生物治污，起到净化水体作用。蓄水池可以与地面水景相结合;③ 蓄水池以地面蓄水为主,也可在有条件的建筑物顶部建适当的屋顶蓄水池;④ 地面蓄水池可以独立存在,也可用适当方法与河道相通,如建设水闸、橡皮坝、溢流坝等,蓄水池也同时可以建成前置库(与农业农村污染控制区的前置库相类似),前置库内进行生态修复,蓄水池内蓄积的多余的雨水经水生物一段时间的净化作用后再进入河道;⑤ 结合老小区改造,有条件的逐步增建蓄水池,暂无条件的待条件成熟后再行改建、增建蓄水池。有条件的适当开挖河道和湖荡,增加水面积。

(3) 建设路面及广场的雨水生态排水系统　有条件的地方在新建不透水道路(包括人行道、慢车道和快车道)和广场时,或在改造不透水的路面和广场的排水系统时,建立外围草皮绿化和雨水净化带(区),使不透水路面和广场在降雨时形成的地面径流先流入道路两侧或广场四周的草地中,经草地对雨水的吸收和过滤,再将剩余的雨水排入下水道中。这样,一是充分浇灌绿地,使绿地的土壤湿度增大,充分有效浇灌;二是使不透水路面和广场上的污染物在下雨形成地面径流时经草地过滤后大部分截留,只剩部分水体中的污染物经下水道进入河道水体,特别是降雨量不大(10~20mm)时,能充分的截流地面污染物。

4. 制定相应法规

上述城市生态环境节水的各项措施应列入城市建设规划之中,并制订相应的设计规范和施工规程,以确保城镇雨水能够得到充分利用、有效利用,并有效削减地面径流污染。

(五) 农村雨水利用

1. 种树植草水土保持

种树植草,增加植被覆盖率,水土保持,减少地面径流,减少入河湖的污染物。树和草的品种,以选择环境适应能力强和适合本地情况者为宜,并多品种搭配。加强对种树植草土地的管理,增加地面土壤的蓄水能力。

2. 平原建设雨洪蓄水池前置库

平原地区,降雨形成地面径流流入蓄水池或前置库。蓄水池和前置库起到沉淀和生物处理污水的作用,并可作为灌溉用水。蓄水池和前置库可利用洼地、荒地和小河浜建成,前置库也可种植水生植物净化水质。江南河网区的蓄水池和前置库无绝对区别:蓄水池,以蓄水为主,种植水生植物的,也兼有前置库的功能;前置库,均种植水生植物,主要功能是削减污染负荷,同时也兼有蓄水功能,一般均与下游河道连接。前置库与下游河道连接处设置适当高度的坝或闸,根据雨量、水量的大小确定其下泄流量。

3. 山区建设水库塘坝

山区建设水库、塘坝拦蓄雨洪,并沉淀泥沙和污染物、净化水体。尽量利用可以利用的山沟,筑坝建小水库和塘坝,注意库容和汇水面积相适应,并注意溢洪和泄洪的规模,确保水库塘坝的安全,特别是宜兴山区较多,凡是有条件的地方,均要建设水库塘坝,以尽量增加蓄水量。

4. 其他经济林地

可进行水土保持、建设雨洪蓄水池、前置库,充分利用雨水作为灌溉水源,有条件的区域可逐步建设现代化的滴灌、喷灌等节水浇灌设施,设施是固定的,也可是临时的。

（六）再生水回用

再生水系经过或未经过污水处理厂处理的集纳雨水、工业排水、生活排水进行处理，达到规定水质标准，可以被再次利用的水。一般指可在一定范围内重复使用的非饮用水。

要大力提倡节约能源资源的生产方式和消费方式，在全社会形成节约意识和风气，加快建设节约型社会。再生水回用是实现节水型社会的重要途径，是减少水污染负荷的重要途径，也是实现循环经济的一个重要部分。

再生水的生产一般分两类，一是直接处理污水生成再生水，如生活、工业污水的再生水回用；二是对处理过的污水继续进行深度处理后，生成再生水，如污水厂的再生水回用。

1. 再生水标准

根据2006年6月1日开始实施的中华人民共和国水利行业标准《再生水水质标准》（SL368-2006），其中地下水回灌用水的标准为最高，景观用水和牧业用水的标准比较高，其他用水的标准相对比较低（如污水厂的一级A标准就能够满足其要求）具体见表4-18。

表4-18　再生水水质标准主要指标值　单位：（mg/L，不含溶解氧）

项　　目		COD	NH$_3$-N	TP	BOD$_5$	TN	溶解氧
污水厂一级A标准		50	5(8)	0.5~1	10	15	
地下水回灌用水		15	0.2		4		
工业用水	冷却水	60	10	1	10		
	洗涤水	60	10	1	30		
	锅炉水	60	10	1	10		
农业用水	农业	90			35		
	林业	90			35		
	牧业	40			10		
城市非饮用水	冲厕		10		10		1
	道路清扫		10		15		1
	城市绿化		20		20		1
	建筑施工		20		15		1
景观用水	河道观赏性	40	5	1	10		1.5
	河道娱乐性	30	5	1	6		2
	湖泊观赏性	30	5	0.5	6		1.5
	湖泊娱乐性	30	5	0.5	6		2
	湿地	30	5	0.5	6		2

2. 再生水回用存在问题

目前，无锡市的再生水回用尚属起步阶段，已取得一定成效。再生水回用尚存在许多问题：① 无锡不缺水的观念；② 人们对再生水心理上存在着一定的疑惑；③ 再生水处理厂的市场化运作机制还存在问题，对成本、效益的担心；④ 再生水回用要涉及管网改造等，是当前房地产商和排水公司涉及的问题;⑤ 再生水回用还要涉及整个城市的供水体制,是一项大规模的系统工程,没有政府出面是难以解决的。因此,要全面发展再生水事业,应由政府出面,从新建项目做起,在规划、设计和施工时即考虑再生水回用,先进行工程示范,再逐步推广。

3. 再生水的用途

(1) 补充园林绿化用水和市政用水　如绿化带及公共绿地、道路喷洒、景观、洗车、冲厕、消防、建筑施工等。

(2) 用作小区和居民家庭生活杂用水　包括卫生间用水、浇花、灌溉绿地、冲洗道路广场等。

(3) 用作水质要求不高的工艺用水　如冷却用水:再生水可回用于钢铁工业、化学工业、采矿工业和水泥工业,特别是蒸气发电工业、设备产品加工工业和采矿工业的再生水回用潜力最大,典型的应用包括冷却、加工和水力输渣。冷却水占全部工业用水的比重较大。

(4) 补充地面景观水体　包括补充小区水景、室内水景、广场水景和河道景观用水。

(5) 补充地下水源　经过深度处理后的再生水,接近或达到地面水三类标准,满足回灌水标准后可补给地下水,目前已经广泛的用来控制地面沉降、以及注入地下水库补充水资源不足。再生水回灌地下,不仅在技术上可行,而且在经济上也合理,但其前提条件是再生水必须是高质量的、良好的,否则要污染地下水。

(6) 供农业用水　主要是用作灌溉,再生水灌溉比清水灌溉一般能增产。也可用作畜牧、家禽和水产养殖场的清洁用水或补充用水。

现阶段再生水市场的发展,政府应出台强制性政策,逐步推进再生水回用工作。在节约供水和分质供水的原则下,对符合使用再生水条件的和有再生水供应的,不再提供优质的自来水和地下水,真正实现优质水优用,实现水资源的合理配置和节约使用。

4. 生活污水的再生水回用

城市生活污水今后基本要全部进城镇污水厂处理,以解决生活污水对水体的污染,但生活污水中的一部分可以就地进行处理,达到一定标准或满足一定要求后进行再生水回用。

(1) 再生水回用的一般要求　根据再生水设计建设规定:凡建设项目都应按规定同时配套设计再生水设施,属以下情况的建设项目必须配套设计建设再生水设施:宾馆、饭店、商店、公寓、综合性服务楼及高层住宅等建筑面积在 2 万 m^2 以上;住宅小区规划人口在 3 万以上(或再生水回用量在 $750m^3/d$ 以上);机关、科研单位、大专院校和大型综合性文化、体育设施的建筑面积在 3 万 m^2 以上。

(2) 公共生活污水的再生水回用　主要有以下几类:① 游泳池再生水回用。新建游泳池,均建设再生水回用装置,游泳池废水经再生水回用装置处理达到标准后直接回用。老游泳池要进行逐步改建。② 沐浴业再生水回用。新建沐浴单位均建再生水回用装置,老沐浴单位进行逐步改建。沐浴后的废水经再生水回用装置处理达到标准后直接回用。③ 洗车行业。洗机动车辆的废水进行再生水回用,直接用于冲洗机动车,以大量减少石油和其他污染进入水体。④ 有条件的商务区、游乐区。有条件的规模较大的商务区和游乐区的生活污水,进行再生水回用,主要用于洒水,浇灌绿地,卫生设施用水。⑤ 住宅生活污水再生水回用。选择新建的大型居住区作为建设再生水回用小区示范工程。

5. 工业污水的再生回用

(1) 再生水回用作用　一是节水,提高循环利用率;二是减少工业污染物的排放,加快建设工业循环经济的速度。经多年努力,使相当部分工业逐步达到污染物"零"排放。

(2) 污水厂处理与自行再生水回用相结合　目前以工业污水进城镇污水厂处理为主,再生水回用为辅;以后逐步提高再生水回用比例,逐步提高工业污水处置后再生回用。

(3) 建设再生水回用工业示范工程　一是纺织印染业,二是钢铁业,三是其他有条件的具有代表性的企业。再生水回用示范工程成功后向各行业全面推广。

(4) 自来水厂尾水的再生回用　2008 年无锡主要自来水厂供水能力有 288 万 m^3/d,每天排放 6 万 m^3 以上的尾水,节水潜力很大。至今,已建设了梅园自来水厂(规模 15 万 m^3/d)和锡北自来水厂(80 万 m^3/d)的尾水再生回用示范工程,对其尾水处理后用作自身循环用水。以后计划规模 1 万 m^3/d 以上的主要自来水厂尾水均实行再生回用。

(5) 污水再生回用示范工程　无锡新区海力士—意法半导体有限公司的污水再生回用示范工程,由无锡德宝水务投资有限公司负责实施与管理,系直接处理海力士有限公司的工业污水,其中一期工程规模为处理污水 3 万 m^3/d,2008 年已经完成,最终规模为 6 万 m^3/d。当海力士有限公司的工业污水(为含酸和含氟污水)进入无锡德宝水务投资有限公司的污水处理系统后,采用"调节池—澄清—氯气反应—中和—V 型滤池—臭氧—活性碳—超滤—反渗透"的处理工艺。经处理后的污水,其出水标准优于《城市污水处理厂污染物排放标准》(GB18918 - 2002)中的一级 A 标准,其中 COD 由进水的 50mg/L,处理后达到 12mg/L,削减 76%,已达到《地表水环境质量标准》(GB3838 - 2002)Ⅰ 类;NH_3-N 由进水的 10mg/L(含酸水) ~ 30mg/L(含氟水),处理后达到达到 3mg/L,削减 70% ~ 90%,已优于(GB18918 - 2002)一级 A 标准 40%;TP 由进水的 1mg/L,处理后达到 0.4mg/L,削减 60%,已优于(GB18918 - 2002)一级 A 标准 20% 以上。处理后的再生水主要用作海力士公司、无锡友联热电厂、无锡协联热电厂的冷却水;其中部分含酸水经处理后用于海力士公司生产用的超纯水的原水,其处理后的 NH_3-N 值达到 0.5mg/L,达到《地表水环境质量标准》(GB3838 - 2002)Ⅱ 类。目前,该工程属于试运行期,实际年处理量(节水量)为 270 万 m^3,减排 COD 410t、NH_3-N 301 t、TP 14 t。二期全部完成和满负荷生产后,每年可节水 2000 万 m^3,减排 COD 1752t。海力士再生水回用工程也说明《城市污水处理厂污染物排放标准》(GB18918 - 2002)在专业城市污水处理厂方面和有关行业工业污水排放标准还有相当多的空间可以提高。

(6) 其他工业企业的再生水回用　如已经完成的再生水回用工程有:宜兴市宇星颜料厂(化工)1300m^3/d,无锡新大中簿板有限公司(建材)3000m^3/d,还有江苏三木集团有限公司(化工)、无锡新威利成稀土有限公司(冶金)等也完成了再生水回用工程。2010 年以后,为工业企业再生水回用的全面推广阶段。

6. 城镇污水厂的再生水回用

(1) 再生水回用的目的作用　城镇污水厂数量众多,排放的污水量很大,是区域的主要集中污染源。实际上城镇污水厂再生水的生产和回用过程也主要是对污水厂尾水继续进行深度处理的过程,可减少污水厂污水及其污染负荷,是满足区域入水污染负荷总量控制和水功能区全面达标的必要措施之一。城镇污水厂的再生水生产也可以提高其污水处理水平。

（2）再生水回用的范围和用途　在污水厂周围,合适的半径范围内进行再生水回用,可用来浇灌其周围的绿地,用于洒水,用于住宅、商务、教育卫生和第三产业的卫生用水;用于农业灌溉。无锡市再生水的一个主要和大量的用途是作为河道观赏环境用水,一般不宜作为湖泊环境用水,因为湖泊对 N、P 的要求高,再生水不易满足该要求。

（3）单个污水处理厂再生水回用的规模　大型污水处理厂再生水回用的规模初起可为 $1 \sim 2$ 万 m^3/d,以后可逐步扩大,如无锡市芦村污水处理厂、城北污水处理厂、太湖污水处理厂等。可先进行小试示范,待再生水处理工艺成熟后再推广。规模比较小的污水处理厂再生水回用的规模,每个市(县)区可先建设一个试点,以后再逐步推广。城镇污水处理厂的再生水回用普遍建立在污水处理厂二级处理的基础上,以多种新的处理、利用方式和方法进行再处理。所以,要推广城镇污水处理厂的再生水回用,其基础要求是提高污水处理厂的污水处理标准到一级 A。

7. 污水处理厂再生水回用实践和推广

位于锡南片的太湖新城污水处理厂再生水回用工程已经开始建设,先期规模为 2 万 m^3/d,已经完成,主要供应邻近的无锡益多环保热电有限公司作为生产冷却用水;位于新区的新城污水处理厂再生水回用工程,已经开始建设,规模为 4 万 m^3/d,用于改善附近小河道的水环境;无锡玉祁永新污水处理厂,再生水回用规模为 1 万 m^3/d,已经完成,主要供应周围工厂生产用水和绿化、环境卫生用水。全市污水处理厂再生水回用的推广:2010 年以前为实验示范期;2020 年前为推广期,以后为全面实施期。

五、重点节水工程规划

根据《无锡市太湖水环境综合治理节水减排工程》可行性研究报告,至 2012 年无锡市规划建设节水减排重点工程项目有 62 个,年可节水 2.26 亿 m^3、减排污水 1.88 亿 m^3,年可削减入水污染负荷 COD 1.58 万 t[13],具体见表 4 - 19。2012 年以后为工业、农业节水减排工程全面推广期。

表 4 - 19　至 2012 年无锡市重点节水减排工程汇总表

产业类型	项目数 （个）	年节水量 （亿 m^3）	年减排污水量 （亿 m^3）	年削减入水污染 负荷 COD（万 t）
工业节水减排项目	40	1.50	1.20	0.96
非传统水源节水减排项目	8	0.71	0.64	0.57
农业节水减排项目	8	0.045	0.031	0.04
生活节水推广项目	6	0.007	0.006	0.01
合　计	62	2.26	1.88	1.58

六、节水立法

对有关生活、工业、农业节水和利用雨水,以及再生水回用均要立法,并且制订实施细则、办法,以及有关优惠政策和奖罚规定。

(1) 实行企业定额用水和总量控制　实行严格的取水许可和计划用水制度。

(2) 制定节水的用水价和优惠政策　提高自来水水价,主要是提高计入水价中的污水处理费用和水资源费;制定阶梯式水价和差别水价;对污染严重的企业实行惩罚性水价;优惠中水价格。利用价格杠杆作用,提高市民和企业、单位的节水自觉性,加速推进节水工作,推进污水处理事业的发展;支持鼓励企业节水技术改造;对"零"排放和少排放企业免征或减征相关费用;鼓励非传统水源利用,加大对城镇污水处理厂尾水再利用;对节水形成的减排绩效实行考核奖励政策;落实国家规定的节水减排有关税收减免政策。

(3) 适当提高排污费标准　加快落实《江苏省物价局财政厅关于调整污水处理费有关问题的通知》(苏价工〔2008〕126、苏财综〔2008〕27),尽快将市、县污水处理费调整到每吨1.30～1.60元,提高违法排污的处罚力度,消除违法排污成本低于守法成本的现象,排污费主要用于推进污水处理事业的发展。

(4) 制定再生水回用地方标准　建立适合太湖流域的高标准的再生水(中水)回用地方标准,特别是N、P标准。在太湖流域这样的经济社会发达地区,宜在《SL368－2006再生水水质标准》的基础上,再生水水质标准应提高到相当与世界先进水平,应逐步达到地表水环境质量标准的V类或接近V类(主要是TN、TP)。

(5) 建立和完善节水管理和监督体制　进一步健全节水管理机构和发挥节约用水办公室的管理职能,以有效管理城市生活、工业、社区节水和农村农业节水。统一领导和协调领导,各有关部门明确职责分工和管理权限,各负其责,积极配合,相互协调,做好节水工作,配备一定人员和经费,有效进行节水管理。

(6) 提高节水和专业技能管理水平　加强建设节水管理队伍,提高其节水理论水平、专业技能和管理水平。

第五章　削减内源污染负荷

内源即水体内部的污染源。包括：一是河湖淤泥；二是水体中的有害水生物及水生物残体，主要是蓝藻为主的藻类及其残体，其次为水生植物残体，以及其他生物的残体；三是大水面人工围网养殖未被利用投饵残渣及水产类排泄物污染。

第一节　内源污染危害

内源是污染负荷中不可忽视的重要组成部分，对湖泊水污染有十分重要影响。内源主要是：① 污染的底泥释放污染物，造成河湖水体的富营养化；② 严重污染的底泥发生"湖泛"，可能造成危害供水的突发性水污染事件；③ 太湖蓝藻爆发，严重污染太湖水体，可能造成危害供水的突发性水污染事件；④ 以水生植物为主的残体污染水体，如大面积水葫芦在秋冬季未收获，将造成该水域明年的水污染加重；⑤ 湖泊大水面人工投饵水产围网养殖，其残余的饵料是重要的污染源之一。目前，湖泊水体的污染，外源是第一位的，内源是第二位的；随着控制外源力度的不断加大，进入湖泊的外源污染负荷将逐步减少，湖泊的内源污染负荷将逐步成为最主要的。所以，要保护水资源、防治水污染和改善水生态系统，需要高度重视控制内源工作，尽力削减内源负荷。

一、底泥释放污染水体

底泥是各类污染物质和 N、P 等营养物质在河湖的聚集库，太湖北部及其湖湾梅梁湖、竺山湖和贡湖有大量积聚的重污染的底泥，由于水污染加重，底泥的污染也呈加重的趋势，底泥的释放在 20 世纪 70 年代后一直呈缓慢的持续增长趋势，释放物质主要是 TN、TP、COD、NH_3-N 等。据《太湖水污染防治"九五"计划和 2010 年规划》资料，1994 年底泥释放进入太湖水体的 TP 为 729t，TN 为 6950t，底泥释放与入湖污染的比值 TP、TN 分别为 29.4% 和 18.49%[3]。进入 21 世纪后，由于底泥增加和蓝藻大爆发、底泥污染释放率提高等因素，底泥释放 TN、TP 总量有所增加。所以，即使将外部入湖污染全部控制，仅湖内底泥释放和动力作用下的再悬浮、溶出，也可造成湖水富营养化和藻类的发生、发展或爆发。清除底泥时也即清除了底泥中藻类、水生植物残体，包括活的藻类细胞，有利于次年减少藻类再生密度和减轻藻类爆发程度。河道底泥大量淤积及严重污染后，其释放的污染负荷使水污染加重，所以高质量的清淤也是改善河道水环境的有效措施之一。

二、太湖底泥"湖泛"污染水体[14]

（一）"湖泛"现象

"湖泛"是太湖边上居民对太湖这类浅水型湖泊在高温缺氧状态下，严重污染的底泥在厌氧环境下发生强烈的生化反应,产生大量臭气和泛泡现象的一个俗称。严重污染的底泥主要是指有机质含量高,以及含有 TN、TP、S 及其他物质。其反应主要是底泥有机质中含硫的蛋氨酸等物质在厌氧环境下转化为二甲基三硫为主的硫醚类物质的过程。"湖泛"的主要特征:水体呈灰褐色;冒气泡,CH_4、H_2S、NH_3 类气体大量逸出;"湖泛"程度比较轻时,鱼虾浮出水面或部分死亡,"湖泛"程度重时,鱼虾、底栖生物大量死亡;主要发生在天气较热的晴好天气和底泥中有机质污染严重及水体相对静止的水域(图5-1)。"湖泛"与底泥释放污染是二种不同性质的污染类型,具体见表5-1。

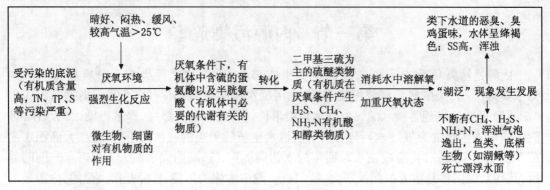

图5-1　"湖泛"现象发生的机理和过程

说明:1. H_2S 是强氧化物质,同时与水体藻类等有机物作用,杀死藻类并与死亡藻类残体作用,更加重"湖泛"恶臭气味;"湖泛"是以有机物为主的重污染底泥,在特定条件下发生强烈生化作用后显现的现象。

2. 一般在强"湖泛"现象发生湖区,少见本湖区产生的藻类漂浮,有的也是风力富集到本湖区的外来藻类,并且漂来不久即死亡。

3. 由于西部湖区为流域主要污染物的来源,有机质增长较快(生活、工业、农业面源污染等)故西部沿岸湖区和北部重污染湖湾易发生"湖泛"现象。

4. "湖泛"产生的恶臭并非是藻类的直接代谢物;"湖泛"与底泥释放二次污染是不同类型的问题(机理、特性、驱动力、表象)。"湖泛"发生时段不长,底泥释放则是长期存在的。

5. 底泥释放,其后果不仅污染水质,而且加重富营养程度;"湖泛"严重污染水环境,杀死和分解藻类,有生物毒害,对水生态环境和人类负面影响程度与危害性很大,"湖泛"是湖泊生态问题的重症。

(二)"湖泛"的发生

"湖泛"现象在20世纪70年代前也有,但发生次数少,因为20世纪50、60年代广大农民通过河湖罱泥作为农田有机肥,所以湖泊底泥淤积少;人粪尿均用作农肥,工业污染少,当时产生入水污染负荷少,底泥受污染轻;太湖中也有藻类,但不多,藻类及其残体进入底泥的数量也很少;"湖泛"影响范围很小,发生程度很轻,有异味但不重。

"湖泛"在90年代起,发生机率增多,"湖泛"机理和原因有待进一步研究。但其基本原因是:① 河湖罱泥作为农田有机肥的现象已不存在,使底泥沉积大幅增多。② 由于大量生活、工业污水进入,及地面径流污染等因素,底泥受 N、P、S 和有机污染程度很重。剧烈"湖泛"的影响范围较大,可达到数平方公里;发生程度相当严重,臭味很强烈,湖水中鱼类和底栖动物都不能生存,就是耐污染的蓝藻几乎都难以生存;"湖泛"产生的臭味异常难闻,似臭鸡蛋味。

表5-1　"湖泛"与底泥释放二次污染特征异同性分析

项目	共同特性	不同性质				监测试验方法
		发生缘由和特点	性质	现象	产生物	
"湖泛"	高温晴好闷热天气;底泥有机污染严重,营养盐含量多,TN、TP、COD、NH₃-N高	缓和微风气象条件,以有机质为主的污染物,在微生物、细菌作用下发生反应;溶解氧低,厌氧环境;发生期相对较短;水位低时易发生;原地爆发;少风力聚合作用;主要发生在春末-夏至-秋初	在厌氧条件下,由于细菌、微生物的生化作用,发生较强烈的生化反应;呈典型生化反应特征(生物质、生物作用,高分子有机和无机化学物),为有机生物化学类型	绛褐色水体;类下水道的臭味,臭鸡蛋味,有硫化物的刺激臭味,但并不是粪类的直接代谢物;溶解氧低下基本为0;黑臭指数高;臭气逸出,水面冒浑浊气泡;水面漂浮鱼类、底栖生物(如湖蚬)等残体;边界较清晰	CH₄,H₂S,NH₃等气体逸出,二甲基三硫及硫化物与有机体(蛋白质、脂肪等)作用后产生的复杂的衍生物或生成物,"湖泛"区水不得用于饮用水的原水	现场生化监测;生态要素测定;微生物、细菌检测
底泥释放二次污染		一定条件下重污染底泥污染物的化学释放,是一个释放强度较缓慢的长期过程;相对较平稳的长期过程,一年四季均可能发生,是有"源"和"汇"的变化;底泥是湖泊水体的内源污染与水位无明确关系;重污染营养盐在底水土界面进行物质流动和交换	常规物理-化学反应过程,驱动力是污染物界面浓度差和分子热运动;有条件的长期缓慢的物一化过程;产生是湖泊水体的内源污染负荷	外观无明显变化,无嗅味;在规模性底泥释放时,引起水土界面层水质变差,无边界	有机和无机污染物的释放,属物理化学物质释放;产生以TN、TP、COD、NH₃-N等物质为主	底泥营养监测;实验室模拟分析和测定;现场测定或野外检测

（三）影响"湖泛"的主要因素

自 20 世纪 90 年代起太湖无锡水域"湖泛"多发和程度严重的主要因素还有 4 个：

（1）与藻类爆发有关　藻类在某一水域聚集、爆发、大批死亡并沉入水底，在藻类死亡腐败过程消耗大量氧气，造成水域严重缺氧，有机污染严重的底泥在厌氧状态下进行强烈的生化反应，产生大量臭气，成为"湖泛"。"湖泛"发生后，CH_4、H_2S、NH_3 类气体大量逸出，根据以往积累的资料和观察分析，当 NH_3-N 大于 $7 \sim 8mg/L$ 时，藻类几乎全部死亡，同时进一步加剧"湖泛"。

（2）与高浓度污水大流量突然入湖有关　高浓度污水中的溶解氧很低，一般在 0.5 以下或接近于"0"，此高浓度污水推进到湖泊一定范围时，并满足"湖泛"发生的基本条件，就会发生"湖泛"。

（3）藻类爆发污水流入　在上述两种情况共同作用下产生"湖泛"。

（4）有机质含量高及严重污染底泥　自行在高温、厌氧状态也可发生"湖泛"。

三、太湖蓝藻爆发污染水源

（一）蓝藻的特点[15,40]

中国科学院水生所谢平等教授指出蓝藻的特点：① 蓝藻在自然界中，大多数是好氧的光合自养生物，在有氧气和阳光的环境中，能像绿色植物一样进行光合作用，将二氧化碳同化为有机物，供自身进行生长繁殖、光合作用的同时释放氧气。② 蓝藻有很强的生命力和适应能力。③ 大部分蓝藻的最适宜生长温度为 $20 \sim 35$℃，所以一般在夏天和秋初蓝藻爆发规模比较大。④ 蓝藻是唯一能够利用大气中的分子态氮进行生物固氮的藻类。⑤形成蓝藻爆发的适当 N/P 比一般认为是不小于 $12 \sim 13$（原子比）。⑥ 淡水湖泊的蓝藻一旦发展成为水体的优势种群，则对生存条件、营养的要求都很低，只要有空气、阳光、水分和少量无机盐类，便能成片生长。⑦ 蓝藻大部分为微囊藻，微囊藻具有浮力调节机制，一般有气泡，气泡的作用是使藻漂浮，保持在光线比较多的地方，以有利于进行光合作用；也可根据水体生境条件，上浮或下沉，以最大限度适应周围环境。⑧ 蓝藻可随风浪漂移，容易在顺风向的湖泊凹岸处聚集、堆积，以至死亡、下沉。⑨ 部分蓝藻产生藻毒素，可潜在地抑制其竞争者（其他浮游植物和高等生物）和捕食者（鱼类和其他浮游动物）。⑩ 蓝藻是初级生产者，并且具有高营养价值，富含蛋白质、多糖等有机质，是很好的碳、氮源，使其具备资源化利用的条件。

（二）蓝藻爆发现象

当蓝藻有合适的生境时，就会快速大量增殖，聚集在面积较大水域的表面，形成蓝藻爆发，有很大危害，特别是蓝藻爆发危害到供水水源时，将危害人类饮用水安全。如 2007 年 5 月 29 日的太湖无锡供水危机，蓝藻爆发就是其形成因素之一。

1. 太湖蓝藻爆发现象

蓝藻是太湖富营养化的表征产物，以蓝藻为主的藻类爆发（下称藻类爆发）是太湖长期的和日趋严重营养化的必然产物。《太湖流域水环境综合治理总体方案》认为太湖藻类爆发的临界值是叶绿素超过 40μg/L。藻类爆发现象是：看上去似绿油油一片、厚厚一层、有强烈的腥臭味、鱼虾死亡；面积在数平方公里不等；每升水中藻类细胞个数有数千万个至数十亿个不等；藻类层厚度一般 1~10cm 以内，藻类爆发程度严重、藻类聚集或堆积的水域，其厚度可达 1~2m。在 20 世纪 50、60 年代，太湖中也有不多的以绿藻为主的藻类，藻类的聚集规模很小，历时较短，影响范围很小。当时群众称之为"湖靛"，农民将其捞出作为肥料。

2. 影响太湖藻类生长和爆发的因素

太湖藻类爆发的原因尚无确切定论，根据太湖无锡水域的水质、水文和气象资料和实际观察情况，一般认为在高温少雨季节和水动力条件较小的状态下发生，影响因素：① 基本条件是水体富营养化，即 N、P 达到一定浓度和一定比值，一般太湖 TP 大于 0.05mg/L，TN 大于 1.2mg/L，N、P 比大于 12，藻类就可能爆发；② 气温，日平均气温高于 20℃，或日最高气温高于 25℃藻类易爆发；③ 光照，晴天繁殖快，藻类上浮；④ 风，影响藻类的浮沉和使藻类顺风向漂浮；⑤ 水动力条件较差；⑥ 降雨，可降低水温、增氧和影响藻类下沉；⑦ 水域形状：藻类易聚集于顺风向的湖湾；⑧ 和水位、水深、气压也有关；⑨ 藻类每年的第一次爆发时间和以后的生长、繁殖速度与底泥中藻类活细胞的数量和冬眠苏醒时间也有关。

谢平在其所著《论蓝藻水华的发生机制》中认为，影响蓝藻生长和爆发的环境因子主要有：N 和 P、有机质、铁和微量元素、电导和盐度、扰动和水滞留时间、水的垂直分层和稳定性，还有微生物、竞争者和消费者的相互作用、物种的人为引入或移去和气候变化等[15]。

3. 藻类爆发的危害

藻类爆发期间危害主要表现：① 危及供水及其安全。藻类大量富集取水口，影响原水质量，增加自来水处理难度和供水成本，且处理的自来水有异味，影响口感，若藻类爆发严重，有可能造成供水危机。② 危害人身健康，相当部分蓝藻具有藻毒素，如微囊藻毒素等，严重危害人类健康。③ 蓝藻爆发影响水体景观，影响人类的嗅觉、视觉效果和精神生活。④ 危害其他生物，使鱼类、沉水植物和其他生物死亡或影响其生长，使水生态系统退化。

（三）太湖藻类大爆发实例

藻类爆发（俗称"水华"）形成的生物灾害是湖泊富营养化的主要表现形式。太湖自 1990 年藻类第一次爆发以后，几乎年年藻类爆发。

1. 1990 年藻类第一次规模性爆发

1990 年，全太湖平均值：TP 0.058mg/L（Ⅳ 类），TN 2.349mg/L（劣于 Ⅴ 类），N、P 比达到 40；梅梁湖（太湖西北部的湖湾）平均值：TP 0.079mg/L（Ⅳ 类），TN 2.76mg/L（劣于 Ⅴ 类），N、P 比 35；梅梁湖在 1990 年发生了太湖第一次藻类爆发，定位监测到最大藻类细胞个数为 13.2 亿个/L，严重影响水源安全供水。

2. 1990 年起藻类几乎年年爆发

1990~2006 年，太湖富营养状况基本呈增加趋势，但 2000~2003 年间有部分指标有所下降。

全太湖平均值：TP 在 0.05~0.134mg/L（Ⅳ~Ⅴ 类），高峰值（大于 0.13mg/L）发生在

1995、1996 年,从 2000 年起开始下降;TN 在 1.89 ~ 3.57mg/L(Ⅴ ~ 劣于Ⅴ类),高峰值(大于 3mg/L)发生在 1996、1997 年、2004 年,其值呈上下波动状态;N、P 比 13 ~ 39。

梅梁湖富营养状况重于全太湖:TP 在 0.06 ~ 0.218mg/L(Ⅳ ~ 劣于Ⅴ类),高峰值(大于等于 0.2mg/L)发生在 1996、1998 年,从 2000 年起开始下降;TN 在 1.87 ~ 5.9mg/L(Ⅴ ~ 劣于Ⅴ类),高峰值(大于 5mg/L)发生在 1996、1997 年、2003 年,其值 2003 年起呈下降状态;N、P 比 18 ~ 46。

太湖水质监测点的叶绿素 a 的年均值 0.012 ~ 0.043mg/L,最大为 1990 年,历年值呈上下波动状态;局部水域最大年均值为 1990 年的 0.141mg/L。

太湖的富营养状况自 1990 年起基本呈增加趋势,藻类几乎年年爆发,只是藻类爆发的程度每年略有不同。藻类爆发严重区域主要在梅梁湖、竺山湖,1990 ~ 2005 年,太湖水质定位监测点监测到的藻类最大细胞个数大于 1.0 亿个/L 的有 1990、1996、1998、2000、2001、2002、2003、2004 等 8 年;严重影响梅梁湖水源地安全供水的有 1990 年 7 月、1994 年 7 月、1995 年 7 月、1998 年 8 月、2003 年 8 月等 5 次。

贡湖 TP 一般在Ⅳ ~ Ⅴ类;TN 一般在Ⅴ ~ 劣于Ⅴ类,也存在藻类爆发的现象,2007 年在特殊的气象、水文条件下发生藻类爆发和引起"湖泛",同时严重影响南泉水源地安全供水。

四、太湖"湖泛"与蓝藻聚集爆发污染特征对比分析

太湖"湖泛"与蓝藻聚集爆发的污染特征有部分相同点,但更多的是不同点,二者的污染特征对比分析见表 5 - 2。

第二节　湖泊底泥和生态清淤工程

在 21 世纪流域现代化建设跨越式发展的新时期,水已成为经济社会发展中具有基础性、全局性和战略性的重大问题。太湖水污染防治工作受到了党和国家的高度重视,被列入"九五","十五"期间重点水域水污染防治计划和"三江三湖"治理工程。从近年监测资料表明,太湖北部水污染治理取得成效,水质恶化总体趋势得到遏制。部分湖区水质好转。目前外源污染治理已见成效,以减少内源负荷为目的的湖泊底泥清淤提到议事日程。太湖水污染防治"九五"计划及 2010 年规划和"十五"计划,将太湖底泥的清淤作为重要综合治理工程之一列入实施计划。

一、太湖底泥的生态清淤作用与评估

国务院 2008 年 5 月 7 日批复的《太湖流域水环境综合治理总体方案》要求在科学论证的基础上,对太湖底泥污染严重、蓝藻"水华"多发区实施清淤。

表 5－2　太湖"湖泛"与蓝藻爆发聚集的污染特征对比分析表

类型	相似发生条件	差异点					
		发生环境条件和特点	发生地域	现象与特征	性质	产生物	监测实验验证
"湖泛"	春末－盛夏－秋初,高温闷热晴好天气;河湖水体污染严重,TN、TP、COD、NH₃－N含量高,营养盐达中富或重度富营养;底泥有机污染重,且呈正释放状态;微风,水流滞缓,以上条件符合时容易发生	水体、底泥严重缺氧,厌氧环境;表层底泥中有比较重的有机物,含硫底泥中有较重的污染物质分布(浮泥)中耗氧性有机物,细菌和大量微生物,细菌存在,发生强烈生化反应;发生期短;发生期浅时水位低,水体较浅,不定时发生	上覆水体水质污染严重的湖区,重污染底泥分布区域;鱼类等生物,物量异常;常在原地发生,但可以在一定范围内移动	浆(黑)褐色水体,透明度很低,混浊;发出类下水道、臭鸡蛋的刺激臭味;黑臭指数高;有CH₄,H₂S,NH₃等气泡逸出;水面漂浮鱼类、底栖动物死亡残体(如湖鳅)等。边界相对清晰,发生面积相对较蓝藻爆发要小	"湖泛"的机理复杂;以典型厌氧生化反应特征为主导	CH₄,H₂S,NH₃等气体逸出,二甲基三硫及硫化物与有机物(蛋白质、脂肪)等为生化反应后生成衍生物或生成原水的产物。"湖泛"区域水不能用于生产自来水的原水,因为该水中一般有无法处理的恶臭的臭鸡蛋味	监测底泥(浮泥)中存在大量的耗氧有机物;在大量的耗氧有机物;监测实验验证在厌氧条件下发生强烈生化反应后的生成物质,生物作用、环境背景和条件,高分子有机物等;以及监测实验反应,促使"湖泛"加剧厌氧反应,加剧发展的因素
蓝藻爆发与聚集		以藻类细胞在一定条件下的快速增殖而爆发;0.5~1.0m/s风力作用下及一定湖流运动下的风力富集,发生发展,大量聚集藻类在区段死亡后,残体发生腐烂死亡,生化反应加重,色变,腥臭味加重;与水位有关;发生期长;太湖超过半年发长,自1990年起年年发生蓝藻爆发现象	湖水污染重,营养盐含量高,中富或重度富营养或区域易发生蓝藻类爆发;湖湾、滞水水流不畅;藻类发生爆发区易以风力、湖流移动,富集于下风处、即湖湾和回水湾处。即湖湾和回水湾处,自身发生,外加风力富集加剧富集程度危害程度	湖面呈绿色油漆状附着蓝藻聚集合体;藻类活体上随阳光、气温变化上下浮动,蓝藻在水下聚集的时间同上午较严重;风力富集后,可达数量富集甚至更厚,死亡以藻腥臭味为主,有草腥臭味,死亡后呈黄败腥嗅味;死亡后留下蓝色带状略带白色,在湖岸水线上下印记;蓝藻爆发的面积广,边界不清;蓝藻密度变化大;分布面积大	蓝藻爆发有复杂机理;蓝藻增殖为主是藻类生长过程,蓝藻的风力富集为物理作用,藻类死亡为生物腐败解复杂过程	藻类大面积分布,严重时形成比较厚的聚集;藻类密度达每升数十亿个细胞,蓝藻爆发时发生浓烈腥味;中后期死亡腐败后形成白灰色残体,有生物体的腥臭味	监测水体N,P等营养物质和细菌微生物作用时藻类爆发与聚集时的密度;实验验证蓝藻的生成、聚集和爆发,其中风力、湖流富集程度;监测实验加重危害程度;监测富集或藻浮物;监测部分沉降湖底,部分漂浮湖面形成灰白带暗黄色的团块或带状漂浮物;监测部分蓝藻或细胞在冬天沉于春天苏醒再生长,验证其冬春季底泥再生长繁殖,直至蓝藻爆发

（一）湖泊底泥是内外污染源的积累

湖泊底泥是太湖生态系统的重要组成部分和湖泊营养物质循环的中枢,也是水—土界面物质(物理的、化学的、生物的)积极交替带。湖泊底泥不仅可以间接地反映湖泊水体的污染、湖泊水动力、泥沙及营养物沉积动力学状况,而且由于底泥在外部动力学因子作用下向上覆水体释放营养成分,对湖泊水质和富营养化过程予以影响和制约。湖泊底泥既是湖体水土界面各类物质的特殊缓冲载体,也是各类营养物质的聚集库,也是太湖这一浅水型湖泊生态系统的个性特征之一。

1. 底泥生态清淤控制污染

各种来源的营养物质,在湖泊中经一系列物理、化学、生化及动力作用,沉积于湖底,形成较低密度、高含水率、富含有机质和各类营养物质的淤积物,成为内污染源。由于太湖是宽浅型湖体,底泥造成的二次污染是不可忽视的重要污染源。据《太湖水污染防治"九五"计划 2010 年规划》1994 年有关资料分析,内源污染 TN 可占入湖污染物排放总量的18.49%,TP 占 29.4%[3](表 5－3),进入 21 世纪后,由于底泥增加和蓝藻大爆发、底泥的污染物质释放率提高等因素,底泥释放 TN、TP 的总量也将增加。以减少内污染源为目的湖泊底泥生态清淤,被认为是控制湖泊内源污染效果明显的工程技术之一。

表 5－3　太湖外源入湖污染物排放总量(1994 年)

污染源	TN		TP	
	数量(t)	占百分比(%)	数量(t)	占百分比(%)
网箱养鱼	505	1.34	100	4.03
船舶	22	0.06	2	0.08
湖滨带生活污染源	21	0.06	3	0.12
水土流失	800	2.13	192	7.74
降水	2760	7.34	60	2.42
降尘	421	1.12	33	1.33
入湖河流	26107	69.46	1361	54.88
底泥释放	6950	18.49	729	29.40
总　计	37586	100.00	2480	100.00

2. 底泥对湖区水环境作用的累积性和滞后性影响

认为底泥是湖体营养盐的载体和聚集库,随着时间的推移,淤泥的储积量不断增加,对水环境的影响是累加性的,有一从量的累积到质的变化过程,呈明显的滞后性。自 20 世纪80 年代以来,因工农业和生活污染排放,短短 20～30 年,太湖水质几乎每十年下降一个级别,大量污染物沉积到底泥中,湖泊底泥污染不断加重。

（二）太湖底泥影响和作用正确的评估

太湖局部湖区底泥受到严重污染。随着历年入湖污染物的不断输入和湖盆对污染沉积的巨大容积,往往会导致污染底泥对太湖水质和富营养化的影响和作用在认识上造成误区:认为太湖本身有强大的自净能力,流域中大量污染物由河流和降雨降尘进入湖泊,通过物理、化学、生物和自然沉积过程,大量污染物大部储积于湖底,而存在于水体的量相对而言较少。因此,以为太湖有巨大的容积可接纳沉积物,是污染物的堆积库,进而得出太湖湖底的底泥不是污染源,而仅是污染的"汇"。

就目前而言,太湖底泥大部分区域总体上表现为"汇",即仅为污染物的堆积场,底泥有相当的吸附能力;局部湖区,主要是太湖北部及其湖湾,在一定条件下,已是污染的"源",即底泥的释放作用大于吸附作用,成为内污染"源"。其基本依据为:

1）太湖湖面开阔,湖泊体积容量大,且为多风浪运动的湖体,湖泊虽已受到一定程度的污染,但仍具相当的自净和蓄积固体营养物的能力。据对 2001～2003 年环太湖出入湖河流污染物量和物料平衡分析计算,湖盆的年储存蓄积 COD_{Mn}、TP、TN 的量分别占入湖污染物总量的 31%～33%、54.4%～60%、53%～56%。数据表明,太湖总体来讲还是有一定容蓄固体营养物的能力,但这是以底泥污染逐年加重为代价的。

2）从陆域与水域,河流水系与湖泊关系分析,河湖地形低洼,由水流携带入水体的各种物质(物理、化学、生物)最终沉积在河湖底,形成河湖沉积物,这仅是物理概念的容积和固体物质在低洼处沉积的一个过程和结果,不能就此认为湖泊是污染物的堆积库,就是"汇"。湖泊物理容积不是识别"汇"与"源"的基本指标和依据。

3）湖泊污染底泥是湖泊水生态系统复杂组成单元之一,它参与了水体物质循环和能量流运动的全过程,营养盐的运动、迁移(包括过程中形态变化)、循环是研究湖泊水污染和湖泊富营养化的核心和关键,底泥中营养盐运动还受温度场和上覆水体浓度变化的影响,"源"或"汇"的分析应是动态变化的。

4）从热力学定律和水土界面能流运动,土壤水动力学原理看,表层底泥营养盐通常高于下层。表层底泥间隙水中的营养盐浓度通常不但比上层湖水中的浓度高,而且往往比下层间隙水高,因此,重污染表层底泥间隙水中的营养运动一般是双向的,即在一定条件下向上覆水体释放,也会向下层底泥中扩散转移。因此表层底泥再悬浮和间隙水的释放是影响湖体水质的主导因子,而深部底泥对上覆水体营养盐的释放和扩散受表层底泥的阻隔其作用是间接的。生态动力学判别"源"与"汇"着眼于表层底泥。

5）太湖底泥已受到污染,北部湖湾已是底泥的重污染湖区,并且底泥的污染逐年加重,与湖体水质变化趋势有很好的耦合关系,其中五里湖、梅梁湖、竺山湖的 TN、TP 和有机质的含量大幅度超过全湖的均值。已是释放概率高、释放率大和释放通量大的局部重污染湖湾区。

6）全太湖夏季(气温高于 25℃)的 PO_4^{3-}-P、NH_3-N 释放速率:试验结果分析表明,释放速率高、释放通量大的湖区在一般情况下主要位于梅梁湖、竺山湖等北部湖湾,但近期此范围有扩大的趋势。夏季太湖局部湖区底泥释放大致占全年释放通量的一半以上。依释放系数判定,释放系数高,释放期长、释放通量大的湖区则污染底泥是"源",释放系数小于等于 0

为吸附,则为污染物的"汇"。底泥释放系数可能是一个变数,同一底泥在不同季节水温、水动力条件和水土界面环境下是变化的。在高温季节,往往为"源",处于释放状态;而在水温较低时,主要表现为吸附。

7) 底泥释放是指水土界面的物理—化学交换作用,以物理热扩散和动力扩散为主,其强度与湖底水土界面交换系数成正比,同时还受复杂环境因子的影响和制约,如生物残体碎屑及动力条件作用下的再悬浮;近水土界面营养盐含量高的絮状物;上覆水体中的营养盐含量及细菌种类,酶等作用强度;湖底高等水生植物,着生生物、底栖生物状况等,如东太湖其底泥仍有相当释放潜能,但反映在水质上,由于高等水生植物的作用,水质仍较良好。因此底泥是"源"还是"汇"是一个十分复杂的生态系统各要素相互作用的结果,不仅仅是一个简单的地理上的存蓄泥沙的低洼地。

综上分析,太湖底泥污染危及水质恶化,富营养化程度加重的区域主要集中在太湖北部湖湾区。

二、太湖北部湖区(无锡地区)底泥及其污染

依据国家环保总局和水利部等 5 部委共同发布的《湖库富营养化防治技术政策》总则和控制目标的技术原则和《湖泊富营养化调查规范》,水利部太湖流域管理局先后组织有关科研院所大专院校和工程勘测部门,于 1997 年和 2002 年二次对全太湖底泥分布、储积量、沉积物理化性质进行了较详细的勘测调查。无锡市水利局于 2002 年、2003 年为五里湖和梅梁湖水环境综合整治工程,对该湖体开展了底泥及其污染状况的调查。

工程应用上将含水率在 85% 以上、密度为 $1.2 \sim 1.5 \mathrm{g/cm^3}$,呈半液态流塑状土体称为流泥;含水率 55% ~85%、密度为 $1.5 \sim 1.8 \mathrm{~g/cm^3}$ 的土体划为淤泥。现代沉积物中的淤泥,特别是分布在水土界面物质交换的流泥活动层,对湖泊水生态环境有较重要的影响。

(一)底泥分布

太湖底泥以大于 0.1m 厚度的泥层计,全湖底泥分布面积为 $1632.9 \mathrm{km^2}$,占全湖的 69.84%,底泥的蓄积总量为 19.15 亿 $\mathrm{m^3}$(自有太湖以来累积在湖内的沉积量),平均底泥厚度为 0.82m(图 5 -2 为太湖底泥等厚线示意图)。

1. 太湖北部湖区底泥分布及蓄积量

以淤泥厚大于 0.1m 计,太湖北部底泥总蓄积量均为 4.1 亿 $\mathrm{m^3}$ 占太湖底泥蓄积量的 21%,有泥区面积为 $339.63 \mathrm{km^2}$,占太湖底泥分布面积的 21%,有泥区面积占全太湖面积的 15%。

2. 太湖北部湖区流泥分布和蓄积量

密度为 $1.2 \sim 1.5 \mathrm{g/cm^3}$,含水率超过 85% 的流泥总蓄积量为 7124.8 万 $\mathrm{m^3}$,占全太湖流泥蓄积量的 31%。太湖北部湖区流泥分布面积为 $453.45 \mathrm{km^2}$;流泥分布面积占北部湖区的 57%。

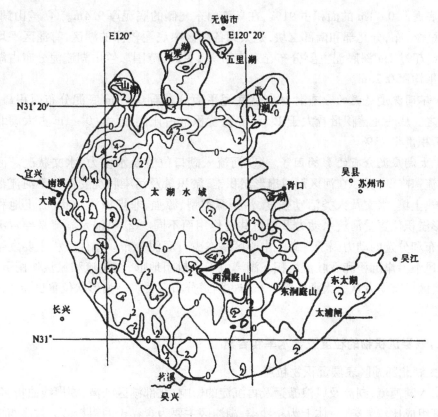

图 5 - 2　太湖底泥等厚线示意图

　　太湖北部流泥分布较广,淤泥上大部分覆盖有厚度不等的流泥,少量无底泥区上有流泥分布。由于受出入河口位置、沉积环境、污染状况及动力学条件制约,分布厚度不一,北部湖区平均流泥深 0.16m。底泥深超过 1m 位于梅梁湖的梁溪河口至大箕山一线,面积 1.7km²,最深处在梅梁湖的小箕山附近,深 2.47m,贡湖的金墅港深达 0.7m。颜色大部分呈深灰或黑色,有机质含量高。

　　3. 太湖北部底泥分布特征

　　(1)太湖北部湖区有一条东西向带状底泥分布　自大浦口起,底泥带向东偏北延伸抵马迹山东南分为两支,一支向北沿梅梁湖西侧,直至湖北部,进入五里湖;另一支向东进贡湖入金墅港。底泥最深处位于梅梁湖和贡湖,分别达 9.7m 和 9.4m。

　　(2)北部湖湾底泥分布　① 五里湖,湖底全部为底泥覆盖,东部湖心最大泥深 3m,平均泥深 1.3m,西部五里湖水闸处最大泥深为 8m。② 梅梁湖,底泥面积占湖面积的 66.4%。平均淤泥厚度 0.84m。有泥区平均淤泥厚 1.46m,底泥主要分布在湖湾的中北部和西南部,中部从马山东侧沿东北向至五里湖有宽 1 ~ 2.5km 的泥带,深度多在 1.0 ~ 4.0m,局部厚度达 6.8m;梁溪河—大箕山一线有 0.5 ~ 1.5m 流泥分布。西南部近岸 2.5km 范围内,底泥厚 1.0 ~ 1.4m,局部厚达 9.7m,为太湖底泥堆积最深的区域之一。③ 贡湖,底泥主要分布在大贡山以北、小贡山与金墅港之间、乌龟山东北等 3 个区域,分布面积 152.4km²,占湖湾的

87.6%,底泥深0~1m的面积占91%,在乌龟山东北侧的底泥厚9.4m。④竺山湖,74.5%湖区有底泥分布,分北部和南部二块;是太湖各湖区中底泥较深的湖区,有泥区平均底泥厚为0.85m,超过1m深底泥主要分布在东南沿岸1~2m范围。竺山湖流泥分布占湖面积的74.5%,平均深0.26m。

（3）不同深度底泥的分布特征　　从底泥平面分布看0~1m底泥分布面积最大,大于1.5m次之。从底泥蓄积量看大于1.5m底泥蓄积量占比例最大。0~1m占太湖北部湖区有泥区蓄积量得25%。

（4）太湖底泥分布的影响因子　　①河流入湖口位置及水动力、水文状况。河流入湖后,由于流速降低,泥沙在河区形成扇形淤积锥,淤积量及污染状况受制约于河流汇流区下垫面植被、土壤、水文及人类活动强度,污染源类型、源强、非点源污染状况,土地利用状况等。扇形淤积位置受河流水动力及湖流共同作用而不同。②风浪及湖流是导致沉积物转移、重分布和分选的动力因子。湖流中心区基本少有底泥分布。现代沉积主要发生在湖泊沿岸,为风浪沿岸沉积和吞吐流沉积。湖湾由于半封闭地形,在湖流和风浪作用下,易形成淤泥富集区。有学者认为太湖底泥分布与古河道分布有关。湖泊形状位置也会造成沉积物堆积的差异。

（二）表层沉积物的粒度及含水率和容量

1. 太湖北部湖区表层沉积物粒度

受出入湖河流、湖流及风浪搬运及再沉淀的影响,北部湖区湖湾,湖岸线曲折多变,表层底泥粒度组成比较复杂,总体上为粉沙类,湖湾区主要为含黏土的粗粉沙。粒度组成反映了入湖物质的粒度构成。制约沉积物悬浮和沉淀特性,携持污染物能力。沉积物粒度对湖底生境条件有较大影响。

2. 表层底泥的含水率和容重

太湖北部湖区含水率变化为75.3%~44.3%,平均为61.05%。五里湖含水率最高为67.93%。北部湖区淤泥湿密度为1.78~1.51,平均为1.61。流泥的湿密度为1.55~1.27,平均为1.39。沉积物密度和含水率反映了表层泥的悬浮特性和沉积物的压实程度,同时也是清淤工程主要设计依据。

（三）底泥中营养盐和重金属

1. 底泥营养盐

各湖区有机质（以OM表示）含量五里湖最高,大于4%,其次为梅梁湖、贡湖、竺山湖、北部湖心。总氮含量从高到低依次为:梅梁湖、贡湖、竺山湖、五里湖、北部湖心。

2. 底泥重金属

太湖北部湖湾区重金属含量较其他湖区高,入湖河口及梁溪河、马山港、马迹山附近单项重金属含量相对较高,一般表层0~10cm底泥中含量最高。从总体上分析,除入湖河口个别重金属含量较高外,太湖北部重金属含量均未超过《土壤环境质量标准》（GB15618－1995）和农用污泥中污染物控制标准（表5-4）。

表5－4　主要重金属标准表　　　　　　　　　　单位：(mg/kg)

标准名称	Cd	Cr	Cu	Ni	Pb	Zn
《太湖流域自然土壤》❶	1.99	71.89	15.4	19.8	15.7	65.1
《生物毒性标准》❷	3.5	160	200	35	90	—
《土壤环境质量标准》 (GB15618－1995)三级	1	300	400	200	500	500
《农用污泥标准》 (GB4284－84,Ph＞6.5)	20	1000	500	200	1000	1000

❶ 《中国土壤元素背景值》中国环境监测总站,1990。

❷ 中挪合作苏州河环境整治研究(上海环保局),1998。

(四)太湖底泥中营养盐含量呈逐年增高的状态

太湖底泥中 TN、TP 和 OM 含量自 20 世纪 80 年代以来均有较大幅度的增加,表明底泥污染在加重。底泥中营养盐含量变化有以下 3 个特点:① 自 80 年代后期呈上升趋势,TN 上升 12%,OM 增长 22%,TP 增长 3%;② 底泥营养盐含量受制于湖水水质变化,呈同步增加,耦合关系明显;③ 湖底淤泥化学成分,受人为活动影响明显。

底泥营养盐垂直分布受污染物输入量、水动力学等诸因素影响,各湖区含量分布变化复杂[17、59、60]。从不同测点营养盐垂直分布变化统计,有几种典型的概化分布趋势类型:① 营养盐基本呈均匀分布;② 随深度呈高—低分布;③ 表层含量高,随深度增加含量明显下降。从总的垂直分布趋势分析,底泥表层 0～25cm 处营养盐含量普遍较高。

从时间展延来看,太湖底泥中营养盐含量呈逐年增高积累状态(表5－5),TN、TP 和 OM 自 20 世纪 80 年代以来均有较大幅度的增加。这与湖体水质逐年变劣趋势相一致。

表5－5　太湖底泥主要营养物历年含量比较　　　　单位：(%)

时间(年) \ 项目	TN 范围	TN 均值	TP 范围	TP 均值	OM 范围	OM 均值
1960	—	0.067	—	0.044	0.54～6.23	0.68
1980	0.022～0.147	0.065	0.037～0.067	0.052	0.241～3.78	1.04
1990～1991	0.049～0.558	0.080	0.040～0.107	0.056	0.57～5.10	1.90
1995～1996	0.022～0.450	0.094	0.039～0.237	0.058	0.31～9.04	1.70
1997	0.022～0.318	0.082	0.028～0.180	0.059	0.31～5.73	1.53

三、国内外湖泊污染底泥处置技术

为改善水生态环境的湖泊底泥清淤,国内外不乏成功实例,但也有失败的教训。如 20 世纪 70 年代初日本为改变湖泊的污染状况,先后在印幡沼(1971 年)、诹访湖(1974

年)、手贺沼(1982年)和霞浦湖(1975年,1991～1996年)等湖泊进行了局部或大规模的湖泊底泥清淤工程;美国在苏必利尔湖,西欧在Cemarli湖、Ennell湖等湖泊也进行了湖底清淤;瑞典在Trummen湖通过清淤使湖水的磷浓度迅速下降,且这种状态维持了18年;德国柏林市郊的Tegel湖,在对入湖河水进行除磷处理的同时,结合底泥清淤,效果十分明显。

我国以改善水环境为目的,在杭州西湖、广州东山湖和麓麓湖、长春南湖、南昌八一湖、南京玄武湖、滇池的草海、宁波东钱湖等湖泊进行了清淤。这些清淤工程在其他措施的配合下,多数缓解和改善了湖体的水污染。滇池草海于1998年5月实施了底泥清淤,清淤432.69万m^3,清淤前后水质监测结果表明,清淤对富营养化水体的改善具有明显的效果,水体透明度增加,从1996年的0.37m增加到2001年的0.8m;叶绿素a明显下降;清淤后底泥中营养盐N、P含量及重金属污染物含量也显著减少。2002～2003年无锡市对太湖北部水污染最重的五里湖进行了生态清淤,清淤面积5.7km^2,清淤量234万m^3,据二年多跟踪监测,清淤后五里湖水质明显好转。

清淤工程由于湖体水污染状况、底泥污染特点、清淤目的、清淤方法和工程参数的不同,对清淤效果可能有很大影响。如日本的印幡沼,1982年局部深度清淤(45～120cm)后,清淤区水质未见改善。我国1998年玄武湖采用干疏法,平均清除污染底泥0.3m,工程后经观测,清淤对氮释放有一定的控制作用,但由于尚没有彻底控制外源污染等因素,所以水质未见明显好转。因此清淤应认真研究调查,吸取经验教训,谨慎科学论证。

湖泊清淤是清除重污染底泥层,有效控制沉积物释放的生态物理工程。但目前对底泥释放机理研究不足,清淤工程技术参数、工艺设备研究正在探索、实践和研究之中,工程尚有一定的环境风险,国内外尚有不同态度。因此,具体实施或抉择清淤工程时,本着因地制宜,技术经济可行,基本无环境风险基础上,需进一步加强研究和工程实践以及竣工后的跟踪监测。

底泥在水生态系统中的作用和底泥修复的分类技术如下:

(一) 湖泊底泥处置在水生态系统中的作用

底泥是湖泊生态系统中的重要子系统,也是底栖生物的生境。富集底泥中的污染物,在一定条件下,由于复杂的生物—化学过程,经水土界面集聚、释放,再次进入水体,成为二次污染源,不仅对水体水质,甚至对水生生物、底栖生物和鱼类产生影响,导致富营养化加剧,可能危害供水安全。因此底泥污染物的控制和处置技术是各国湖泊治理和保护中,迫切需要解决的生态环境问题。

(二) 污染底泥释放控制和处置方法的分类

污染底泥是富含有机、无机化学物质、重金属和有毒有害物质,并对生态环境造成以不利影响为主的沉积物。按底泥污染的控制和处置的方法和原理不同,大致可分为:原位固定、原位处理、异位固定、异位处理。原位固定或处理是底泥不清淤而直接采用固化或生物、微生物的溶解、抑制等方法来消除减轻底泥危害;异位处理或固定则是将底泥清淤移到异地后再处理的技术。处置技术按类型可分为：物理控制处置、生物控制处置和自然恢复控制技术。

（三）物理控制处置技术

（1）清淤　国外有专家认为当底泥中污染物的浓度高出本底值 2～3 倍，即认为其对人类及水生态系统有潜在危害，则要考虑进行清淤。清淤技术，工艺参数，清淤机械，环境控制条件，底泥无害化资源化处理利用，生态基因保护等是清淤成败的关键。一般来讲清淤见效快，又能增加库容，提高水体净化水质能力，将污染物直接移出水体等优点，但工程费用高，对水生态环境有一定影响，对湖底原生态环境损益，环境风险、底泥安全处置、清淤效果评估等是重要制约因子。国内采用清淤工程较多。对大型浅水型湖泊，生态清淤是切实可行、有效的工程。

（2）覆盖控制技术　在污染底泥上覆盖一层或多层清洁多孔覆盖物，阻断底泥和水体水交换联系，防止底泥中污染物向水体释放，降低释放通量。覆盖材料主要为未污染泥砂、砾石或人造材料等。国外在河道、近海、河口、湖泊、水源地中有成功应用实例。与其他技术相比，费用低，无机处理对环境影响小。但其材料用量大，来源困难，减少河湖容积，比较适合面积不大的水域。日本在琵琶湖治理中采用先清淤后覆盖，控制沉积物中磷的释放。

（四）生物控制处置技术

（1）原位生物控制技术　在原地投加具有高效溶解作用的微生物和合成物，必要时加电子受体或供氧剂，降解有机污染物，固化一定厚度的表层淤泥，遏止污染物释放和迁移，减小污染物溶解度，形成生化阻隔层。本法对有机污染较重，碳源相对比较充裕的淤泥效果较好。

（2）异位生物处理技术　将污染底泥清出在异地进行生物修复。主要用于清淤后底泥的处理，或受处理区污染物化学特性影响必须移出处理的底泥。

（五）底泥自然恢复控制技术

在污染较轻，低风险湖区，或在控制污染源达一定程度后，经详尽调查研究和评估后确认，则可采用通过恢复底泥生态系统自我修复能力，经相对较长时间的物理、化学和生物过程自然恢复。

上述方法综合比较见表 5－6。在具体底泥修复中，往往需综合采用多种技术。恢复控制技术可综合相嵌使用，如先清淤再覆盖，先清淤再原位处理等，视不同湖区底泥土工特性、水体和水质特点、污染状况、水生态等条件，经经济技术比较，环境风险评估后，谨慎抉择。

表5-6　底泥修复控制技术对比表

类型	方法名称	技术特点	优点	存在不足	运用条件
物理控制技术	清淤	藉助工程技术,将污染重的底泥移出湖体。清淤技术,工程参数,施工机械,底泥安全处理、环境风险防止、后续生态修复是关键	见效快,增加湖库容积,提高自净能力和挟沙能力	成本高,环境风险大,有阻断生态系统生物链、破坏湖底生态结构和种群关系的潜在风险	淤泥污染重的湖区、河道和河口,需要有排泥场,大型浅水型湖泊
物理控制技术	覆盖	以多孔介质切断湖水与污染底泥的水力联系,覆盖、固定污染沉积物,拦截、阻断底泥释放,防止再悬浮或迁移,降低污染物释放通量	适用有机、无机处理,环境风险小	工程量大,覆盖材料来源困难,减小容积	适合于水面积不大的河道、河口、湖泊、水源区一定的治污区域,可与清淤结合应用
生物控制技术	原位控制技术	原位投加高效降解作用的微生物或化合物,减少污染物溶解度、毒性和迁移活性,固化表层淤泥,形成阻断层,抑制间隙水释放,减少污染物释放通量	一般见效快,效果好,对工程环境干扰少	应用条件要求高,生物活性难控制,有环境风险	不宜用清淤法的湖区、高有机污染湖区和有特殊要求的湖区
生物控制技术	异位控制技术	对有机污染严重的底泥,清淤后移出湖体	对移出湖体的底泥可以资源化利用	底泥中液相有机物可利用性低,降解速度慢,占地面积大	适用于有机污染严重的区域,需要有排泥场
自然恢复技术	自然恢复	水污染程度得到有效控制,通过自然的物理(底泥输移、再分布、沉淀再悬浮)、化学(底泥释放、向空气中散逸)、生物(生物降解、生物扰动、代谢、固着等)过程发挥作用	无扰动,成本低	时间长,限制性因素多	污染轻,低风险区,污染水平受到严格控制

第三节　太湖生态清淤特点和关键技术

一、生态清淤是湖泊生态整治工程

太湖生态清淤是湖体水生态系统中,底泥受到污染的背景下,运用、发展生态理论的生态修复工程。目的在于运用工程技术手段,科学精确清除高营养盐和高污染物含量的表层沉积物,包括沉聚在沉积物表层的悬浮、半悬浮状的絮状胶体等,并移出湖外,属生态工程范围。生态清淤应与工程、环境、生态措施相结合,其主要作用是减少底泥向上覆水体释放污染物,在一定程度上改善湖泊的水环境,并为湖泊的生态修复创造一定的基础条件。

(1) 最大可能的清除底泥中的污染物　在重污染底泥沉积层采用工程措施,最大限度地将储积在该层中的污染营养物质移出湖体以外,改善水生态环境,以遏制湖泊退化。也就是说,生态清淤是以清除淤泥中污染物质的多少、降低淤泥污染物质的释放率和清除位置、厚度的准确性为工程控制目标参数,而区别于一般工程清淤。

（2）注重生物多样性和物种保护　底泥是湖泊生态系统的要素,底泥清淤着眼于生态系统的整体性,运用系统活力和自主动力,以尽量少破坏水生植物和底栖生物的自我修复和繁衍为前提,注重物种基因库的保护。是否有利于生态系统的改善,是衡量生态清淤工程成败的关键之一。

（3）生态清淤是局部湖区重污染底泥的清淤　太湖重污染底泥分布湖区位于五里湖、梅梁湖、竺山湖,以及贡湖,其他大部分湖区为中～轻度污染。因此从太湖整体讲,尚没有必要进行全面清淤。清淤主要在水源地取水口、底泥污染重释放量大的湖区、重要风景区和特殊功能区、入湖河口,以及藻类聚集区。

（4）清淤后基底要为后续生物技术介入创造有利条件　清淤要依从基底修复工程的技术要求（基底的高程、平整度、微地形构造,基底基质多样性、坡度等）,为生物修复技术介入创造良好的基底物质结构和生境条件。底泥生态清淤是湖泊生态修复关键技术之一,以恢复湖泊生态系统稳态结构为目的,因此生态清淤是湖泊生态修复前期工程,以生物技术为主的生态修复才是治本之策。清淤基底设计应予重视和关注,它是生态修复中生境条件创建的重要工作。

（5）薄层精确清淤　生态清淤要求:一是科学谨慎确定清淤厚度,只需清除20世纪70年代以后积聚的重污染和释放污染物量大的泥层;二是要求较高的清淤精度,既要清除重污染泥层的底泥,又不超清或漏清,一般控制精度要求为 ≤ ±5cm。

（6）清淤工艺环保控制要求高　底泥生态清淤是水环境治理工程,同时环保对生态清淤工程也提出了较高的控制目标,提出了一系列防止施工期二次污染的技术要求,必须予以执行和监管（清淤船的清淤工作面、泥浆输送、排泥场安全处置和余水达标排放）。

（7）清淤环境风险防范　污染底泥生态清淤工程规模较大,影响后效因素复杂,清淤应十分注意和防范工程中可能出现的负面影响和对生态系统强烈干扰,特别是对清淤效果恰如其分的正确评价指标和长效作用动态监视,这不仅是工程界,也是科技界需攻克的难点。因此,应做清淤风险论证,评估并提出对策措施是工程规划设计和可研报告论证的重点之一。

二、污染底泥生态清淤特点

国内外工程实践经验表明,不能简单地用航道、港口的疏浚方法进行湖泊的清淤。对清淤进行环境、生态、经济的综合谨慎研究是十分重要的。

太湖清淤的目的在于清除高营养盐和高污染物含量的表层沉积物,包括沉积在淤积物表层的悬浮、半悬浮状的絮状胶体等,属生态工程范畴,有别于一般的工程疏浚概念。工程疏浚为物理工程,是按工程目的要求,以设计高程、疏浚后几何形状、尺寸、土方量作为控制依据。而生态清淤是以取走污染物或营养盐量和减少底泥污染释放为主要控制目标。

生态清淤和工程疏浚的区别（表5-7）主要有如下几点:

（1）目的不同　前者为清除底泥中的污染物;后者为清除淤积土方。

（2）性质不同　前者为生态环境工程;后者为物理工程。

（3）控制和监理参数不同　前者为去除污染营养盐的数量和位置,保护生物多样性;后者为疏浚泥沙土方量和几何尺寸、底部标高。

（4）深度不同　前者为清除富含营养盐和污染物的表层淤积物；后者按工程标高设计深度。

（5）范围不同　前者为重污染底泥区、水源地等局部区域；后者为工程设计区域或地段。

（6）施工机械不同　前者为清洁生产工艺，采用环保无扰动型挖泥设备；后者为通用清淤（疏浚）机械（按土工特性选择）。

（7）堆泥场不同　前者为符合无风险环保安全要求的场地，以水质指标控制排水；后者为常规物理堆放的场地，以浊度或含沙量控制排水。

（8）最佳施工期不同　前者为当年11月至次年4月（生物休眠期）；后者全年皆可。

（9）监测参数不同　前者为清淤设备头部扰动影响范围和尾水排放泥沙含量及水质污染参数，生物物种保护等生态监测；后者为物理泥沙含量和浊度等。

表5-7　湖泊底泥生态清淤与工程疏浚对比分析

项　　目	生　态　清　淤	工　程　疏　浚
目的	清除底泥中营养物及污染物质	土方浚拓，河道、航道拓宽加深，工程基础开挖
工程性质	生态工程	土方物理工程
控制参数	营养盐及污染物，N、P、有机质，重金属清除量	工程基底的几何尺寸和几何形状
范围	水质差、底泥污染重，环保要求高的水源地、景观区等的局部湖区清淤	工程需要控制的几何边界
深度	精确薄层清淤，一般为30~40cm，最大50~60cm	按工程设计要求施工，深度一般较大
精度控制	深度误差5~10cm 水平误差<0.5m 泥沙扩散<5m	按基底规模施工设计中择定
底泥处置	据清出淤泥污染特性进行环保安全处置，重金属含量高的，采用专用环保控制填埋措施	一般弃土堆放
尾水排放	污染物达标排放，ss≮150~200mg/L	ss≮200~250mg/L
机械	专用环保清淤设备	一般标准疏浚机械
工程监理	控制污染物排放浓度，ss，要求动态监测	工程设计尺寸、形状及ss等
生态环境保护	湖体生物基因及多样性保护，为后续水生态修复工程介入创造生境条件	工程安全，噪音，水土流失，排泥场生态修复
工程技术经济	精细水下施工，技术难度大，成本高	一般工程技术

三、湖泊底泥生态清淤规划方案技术路线

有关湖泊底泥生态清淤规划方案技术路线，见图5-3。

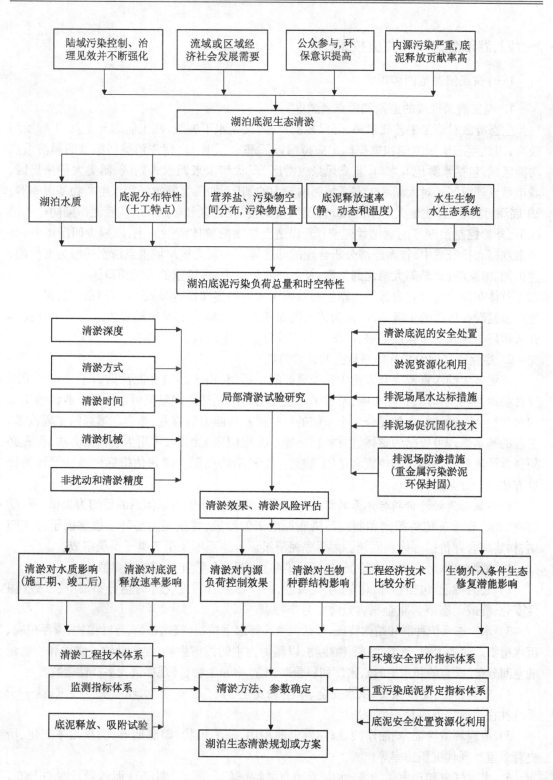

图 5 - 3　湖泊底泥生态清淤规划方案技术路线图

四、湖泊生态清淤关键技术

(一)重点清淤范围和规模

1. 确定清淤规模的原则和重点清淤区

生态清淤对施工工艺要求高,环保控制严格,又是水下施工,施工监理难度大,工程费用较高,因此生态清淤范围和规模确定应遵循以下基本原则:① 优先清除污染重的湖泊重点功能区域,包括水源地取水口、重点风景旅游区、现状和未来调水入湖区、藻类大量聚集区、城市重点景观区及对太湖水生态系统影响较大的湖区,如鱼类繁殖场和水生植物基因库等;② 底泥污染重、释放量大的湖区;③ 藻类大量聚集、死亡区和冬眠区;④ 底泥污染同样的情况下,外源控制治理好的湖区优先清;⑤ 以适当规模的整体清淤为主,以减少回淤影响;⑥ 清淤规模和投资适中,技术经济分析合理的湖区等。太湖无锡水域重点清淤区域为五里湖、竺山湖、梅梁湖、贡湖等太湖北部湖湾,及太湖西沿岸带、污染重的入湖河口区。

总体布局中还应着力保护太湖生态基因库和生物多样性,切忌超深度扫荡式清淤,摧毁生态修复潜在可能的生境条件,人为造成湖底荒漠化区域。工程布局要为清淤后生物技术介入做好湖床基质多样性铺垫,清淤后基底处理工艺应列入工程范畴。

2. 底泥清淤评价指标体系建立和评价方法

底泥是太湖水资源生态系统中一个重要的子系统,由于影响底泥污染因子及诸因子间复合叠加的相互作用,相互影响,形成了一复杂的物质循环和能量流运动体系。底泥的生态清淤是社会—经济—自然复合生态系统的可持续发展能力的修复、整合和增强的工程技术,工程的基本原理可概括为整体、协调、循环等。为控制底泥污染,采用生态清淤方法,首先必须科学严谨的抉择清淤的位置和范围,建立一个科学的底泥清淤评估指标体系和严谨的评价方法是十分必要的。

(1) 底泥清淤评价指标体系的框架　建立底泥清淤评价指标体系的目的为提供一科学简便方法,较准确地将控制和制约污染底泥清淤的参数,特别是生态环境敏感因子分类归纳,构建综合评价指标体系框架。太湖底泥清淤评价体系框架由 7 类子系统组成:

1) 湖泊水体污染和营养特征:包括污染参数、营养参数和外源输入参数。

2) 底泥特征:包括物理、化学、生化特性,污染参数含量变化和时空分布,释放系数(温度变化,静或动态值),重金属含量时空分布特点。

3) 水生态系统种群和结构特征:包括大型高等水生植物(挺水植物、浮叶植物、漂浮植物、沉水植物)、底栖生物、鱼类、细菌、微生物、以藻类为主的浮游生物、浮游动物。物种和生物量的空间分布(垂直的和水平的),密度和覆盖率,生产率和生物量(现存量),多样性指数。

4) 安全特征:防洪保安、供水安全、水生态安全、水工程安全、水环境安全要求,这一子系统往往为界定值或是一票否决值。

5) 地理环境特征:湖泊岸线、滨湖带土地利用、湖泊形状、湖底地形、沉积相序变化、历史背景值和现代沉积速率等。

6) 水文气象和动力学特征:水温及动力学特征(风、波浪、湖流),泥沙量及时空分布,出入湖水体(量、质)及沉积速率,悬浮物动力和时空特征。

7）社会环境特征：包括城市、城市化发展和城市空间景观规划、法规、公众参与和认知、社会经济能力。

以上7大类框架指标中，底泥污染特征，水下地形与基底性状，水生态种群和结构特征及水污染和营养特征为主要敏感指标（图5-4）。

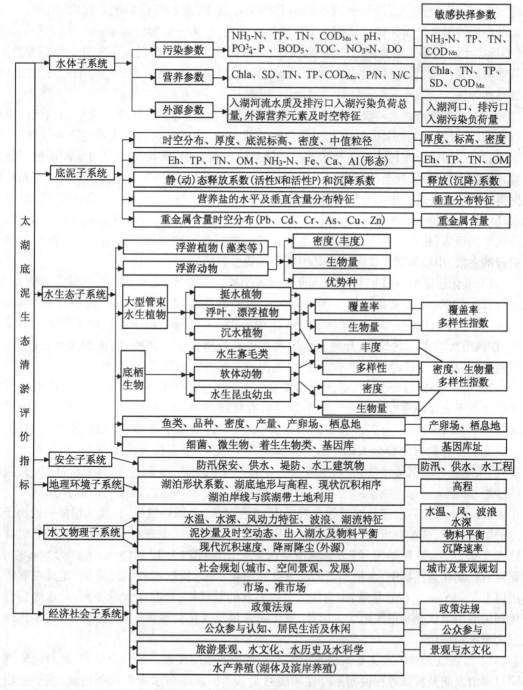

图5-4　太湖底泥疏浚评价指标体系图

（2）底泥清淤评价指标体系结构　建立评价指标体系目的是诊断与评价影响和制约底泥清淤的自然因素、人为活动、社会经济发展各类参数及它们间相互作用，并对敏感因子进行分析、筛选，确定评判标准、功能水平，为底泥清淤区抉择提供科学依据和准确数据信息。评价指标体系结构必须具有典型性、代表性、整体性和系统性特点。从太湖水资源生态环境、总体系统运行机制、协调机制的影响和作用特点等，建立评价系统的层次、结构、功能。太湖底泥清淤评价指标体系依据3个层次体系来控制：第一层为目标层，第二层为子系统层（指标类型层），第三层为依可比性、简明性、可操作性、实用性原则选定的分析指标参数层。其结构原则包括：系统性、代表性、可比性、空间性、可量化性、可操作性、实用性、可发展性和敏感性等。

（3）底泥清淤评价参数的选择　底泥清淤是生态工程，其评估指标与生态系统健康评价类同，涉及多学科、多领域，因此指标选定必须：能准确反映湖泊健康水生态系统状况，健康损益概念明确。指标范畴涉及水生态环境系统主要方面，其类型满足对底泥清淤评估需要，涵盖自然、环境、社会的诸多层面。在结合太湖的实际情况和综合分析基础上，对系统数据提炼、概化，并进行敏感分析，最终选择能反映底泥清淤与生态、经济社会、防洪安全、湖体水环境的本质特性的参数，作为评价指标。以往工作的积累，大量科研实践的借鉴和文献成果精华的汲取；相关专家咨询是评价指标选择的重要环节和步骤。大规模清淤需要较多较完善的参数，小规模清淤仅需选择其中部分重要参数即行。

1）氧化还原电位（Eh）可列为判断的参考指标。目前依《土壤农业化学常规分析方法》划分：Eh > 400mv 为氧化环境，400～200mv 为弱氧化环境，200～0mv 为中度还原状况，<0mv为强还原环境。太湖沉积底泥 Eh 平均为 189～216mv，属中度还原至弱氧化环境之间，在风浪扰动作用下 Eh 会升高。太湖底泥中有机质含量总体不高，碳源欠丰，浅水性湖泊复氧能力好，Eh 值总体变化不大，但可列作清淤区判别的参考指标。

2）水中悬移质（SS）对沉降通量和风浪作用下再悬浮的影响。太湖悬浮物中有机质的含量远高于底泥表层中的含量。水中悬浮物有机质含量，表层为 27.3%～69.1%，中层为 26.1%～48.4%，底层为 27.8%～28.9%，并呈夏季含量大于冬季，表层高于底层的特点，而底泥表层有机质含量全太湖一般为 1.22%～1.56%，个别极高的大于4%。从沉降量总量看，太湖悬浮物沉降量较大，其组成成分中颗粒无机物占90%左右，即无机颗粒（黏质粉细沙颗粒）是太湖悬浮物沉降的主要物质，当风速大于 5m/s 时，悬浮物的起浮和沉降变化很大，底泥水—土界面部分的起浮影响最大，水深越大，沉积通量也大，且悬浮量一般小于对应的沉降通量，颗粒有机物沉降和起悬对风动力响应好。底泥表层界面由风引起的启动流速大于 0.2m/s，悬浮物再度起悬，风浪对底泥扰动深度约为 13～15cm，大部为 6cm 左右。颗粒有机物在悬浮物中，含量不高但经常会滞留在水中，使湖水透明度降低，尤其在底泥表层以上 7～15cm 左右的悬浮、半悬浮的类胶体状的絮状物，营养盐含量很高，对水体富营养化和湖底生态状况有很大影响。因此，悬浮物含量及变化对底泥二次污染的形成和机理有很大影响和作用。

3）水深既是湖泊水文要素也是湖泊生态系统的生境要素。经反复论证，就目前研究水深与湖泊水质及富营养程度间不存在明确的关系。但水深与水生管束类植物、底栖生物生长关系密切，是生境要素。生态清淤应为修复创造良好的生境条件，以生物技术为主的湖泊生态修复和湖体稳定水生态系统的建立,水深是关键性敏感界面值。

4) 风浪、湖流对底泥二次污染的作用和影响。风动力因子对湖泊环境影响复杂而深刻,底泥在风动力作用下的再悬浮,导致内源释放,影响水体透明度,初级生产力及水—土界面氧化还原中有机质及化合物的降解与矿化,针对底泥生态清淤影响分析,湖流既作用于底泥的再悬浮,也是浮、淤泥迁移搬运的动力,导致底泥二次分布,在太湖宽阔浅水型湖泊中,波浪是沉积物悬浮的主要作用力,有专家估算波浪对底泥再悬浮作用的贡献可达70%以上。但由于观测资料困难大,信息积累有限,研究深度尚不足,风浪对底泥影响和作用,难以定量化表述,可作为参考因子。

5) 重金属含量可暂不作限制因子评估。太湖底泥从总体来看重金属含量水平较低,与目前国家《土壤环境质量标准》(GB15618 - 1995,三级),《农用污泥标准》(GB4284 - 84),以及中国环境监测总站1990年《中国土壤元素背景值》中太湖流域自然土壤背景值相对照,总的来讲污染程度不高,针对太湖个性特征可不作为底泥清淤的限制性敏感因子,也可暂不作限制因子评估。

6) 重点应评估生态保护体系中3大关键参数。在生态保护中,重点应评估水生生物多样性、水生植物丰度和底栖动物丰度3大关键核心参数,对浮游生物、底栖动物要分析其种属构成,系统内的物种结构关系,生物多样性指数更为重要和直接。底泥评估体系中,水质参数,生态保护和底泥污染特性是敏感因子的主体,它们相互影响,相互作用,构成一立体三维的空间体。

(4) 底泥清淤参数判别域值界定　评估参数要达到生态合理性,技术经济有效性和社会可接受性、变化的相对稳定性和对胁迫变化反应的敏感性。科学合理建立各参数指标的域值是技术关键和目前底泥清淤这一技术领域的难点。指标是用来推断或判别该生态系统的属性、相应变量或组分,并能反映其综合特性和状况。指标域值拟定需长系列、多状态,较厚实的实验及观测资料为技术支撑。指标域值界定应据不同湖区个性特征及拟解决问题的本质需求因地制宜确定。一般防洪保安,水工程安全,饮用水安全已有规范和标准,为硬参数指标,可执行一票否决制,而底泥、水体、水生态这3大系统则需谨慎科学界定域值,严谨评估。

(5) 底泥清淤指标体系评估方法　底泥清淤判别相对来讲是一个模糊概念,拟采用模糊综合评价原理和方法,因不少自然社会现象还难以用量化概念来描述,有的因子只能定性或半定量识别。专家理念和经验识别是重要的关键,特别是权重,可采用权重组合比较法,最终予以制定。

1) 权重的确定:指标体系各层次权重大小反映水生态系统中诸因素相对重要程度的量值,它既反映决策者的主观评价,又体现了指标的物理、生态属性,是主客观的综合量度。权重确定取决于:指标本身在决策体系中的作用和指标价值的可靠程度;决策者对指标的认知等。权重的合理与否在很大程度上影响综合评价的准确性和科学性。

2) 权重选取原则:生态优先:将维系一个健康湖泊水生态系统作为标准;重点区域优先:对供水水源地、防洪工程、水工程、产卵场、栖息地、城市景观湖区等,优先划定保护区域安全值,相关因素权重可以适当增大;一票否决制原则,以下范围不清淤:平均水位下,水生植物覆盖率≥20%水域,距堤岸线 <20 ~100m 范围,距大中型水工建筑物100 ~200m 范围,距灯塔及永久性标志性建筑50 ~200m 范围等(具体距离应根据实际情况确定);采用综

合多目标评估相关安全标准和规划及专家审定原则等。

3）权重确定方法：目前，确定权重的方法很多，有 Delphi、AHP 法、熵值法、主成分分析法、因子分析法、复相关系数法等测定评估指标权重的可信度。一般可分为二大类：一类是客观赋值法，如拉开档次法，人工神经网络法、熵值法、主成分分析法、因子分析法、复相关关系法等，它依据指标原始信息，按各个指标的联系程度和各指标所提供的信息量来决定指标的权重。评价减少了在权重中人为因素的影响，但要求大量评价对象，各评价指标观测值，对资料的完整性和可靠性要求高，结果较为科学客观。另一类方法是主客观集成赋权法（基于专家咨询的赋权法）如统计分析法、灰色关联法、等差数列法、层次分析法等。

3. 太湖北部底泥生态清淤范围的确定

1）拟定底泥生态清淤方案。依据权重法计算各因子权重值，采用双重叠套，即在 GIS 软件中叠加，组合成水体污染，底泥和生态环境 3 大一级指标分布特征图，再次叠加组成底泥生态清淤方案图。

2）依据前述一票否决参数剔除、经济技术可行性论证、采用经验和专家咨询予以修正和合理性订正后，最终提交底泥生态清淤的推荐方案，供审核和上级领导批准。

3）采用大量底泥污染物含量垂直分布资料，对 50～100cm 的底泥污染物含量进行数理统计分析，运用标准差倍数法，依据正态分布随机误差理论，确定极限误差，即可获取底泥污染背景值，以此规划确定清淤范围。

综上分析结论为：太湖北部重点清淤区域为五里湖、梅梁湖、竺山湖及贡湖局部湖区。这些湖区污染重、影响大，其实施顺序为五里湖→梅梁湖→竺山湖→贡湖。鉴于底泥清淤是一项复杂、投资大，影响较大的工程，应在总结五里湖清淤实践的基础上，先在梅梁湖或贡湖小规模试验，探索积累经验（具体见本章第四节五里湖、梅梁湖生态清淤工程），再谨慎详细规划，逐步推广实施。

（二）底泥清淤深度是生态清淤的核心参数

生态清淤厚度的确定是一非常复杂而目前尚未从机理上完全解决的问题。目前为工程急需采用分析污染物、营养物垂直分特性、释放强度、底泥环境本底值、沉水植物根系生物学特性、水深及水质透明度、土壤水动力学及底泥基面标高等因子，综合评估确定。其主要确定依据如下：

1. 表层 0～20cm 淤泥是重污染沉积层

（1）表层 0～20cm 底泥营养盐、有机质含量普遍较高，表聚性明显　底泥营养盐垂直分布受沉积环境和水动力学等多种因素影响，各湖区含量分布变化复杂。经统计概化分析有 3 种典型分布趋势类型：营养盐自上而下呈均匀分布；随深度呈高低高分布；表层含量高，一般随深度增加含量明显下降。从总的垂直分布趋势分析，0～20cm 污染重，表聚性明显（图 5-5）。

（2）表层 0～20cm 底泥为近期人类经济活动的主要影响层　河海大学水资源国家重点实验室刘玲教授对太湖底泥调查中的 TN、TP 和有机质采用数理统计法分析：0～5cm，5～10cm，10～20cm 层的 TN、TP 和有机质含量分布与理论对数正态分布规律比较，表明 0～20cm 底泥主要营养盐含量受人类活动影响较大。20～50cm，50～100cm 受人类影响程度减少,TN、TP、OM 含量分布基本符合随机分布规律。根据初步分析结果,太湖 TN、TP、OM 含量高的重污染底泥深度一般不超过 40 ~ 60cm,表层 0 ~ 20cm 底泥为近期人类经济活动的主要影响层,可作清淤深度确定的依据。

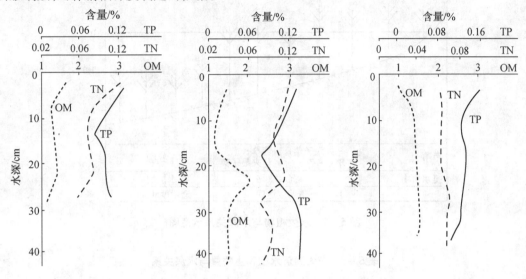

图 5 - 5　底泥中有机质、总氮、总磷含量剖面变化图

(3) 依据沉积相序表层 0 ~ 20cm 为重污染层　20 世纪 80 年代以来陆域污染加重,导致入湖污染物增加,沉积在底泥中的污染物含量也呈持续增长。据多年水文资料分析,太湖年沉积速率 1.69 ~ 2.1mm。依沉积相序,近 20 ~ 30 年来受人为污染的底泥主要沉积在表层。仅由于受湖流运动影响有一重新分布过程,但是趋势仍是表层 0 ~ 20cm 污染较重。

2. 底泥清淤深度受制约于水生植物的分布和生物学特性

大型高等水生植物是湖泊水生态系统的核心结构组成,它能竞争性地吸收淤泥中营养物,具有优先占领有利于高等水生植物优势的生态位。挺水植物、浮叶植物和沉水植物净化水质潜能是采用物理方法—生态清淤后,为后续生物技术介入的基本科学依据。也是确定生态清淤深度的重要基础条件之一。

(1) 清淤后新成淤泥表面高程应满足沉水植物生态特性要求　高等水生植物的群落组成、结构,受水深、光、透明度、水文条件、pH、营养盐含量、悬浮物、底质类型及其营养物含量等水环境条件的影响。太湖底泥清淤后的基底标高应为后续生物修复创造良好的生境条件。沉水植物在水下生长,光合作用需要光照条件,水体透明度是确保光线透入的基本条件,透明度是沉水植物生长发育和分布的限制性因素。在太湖特定的环境条件下,各生态类型的水生植物分布(图 5 - 6)一般情况为:挺水植物分布于太湖沿岸常水位水深约 0.8m 以内水域,浮叶植物分布于挺水植物外围常水位水深 1.2 ~ 1.5m 以内水域,漂浮植物主要分布于挺水植物丛中,沉水植物分布在常水位水深不超过 1.5 ~ 2.2m 水域,一般沉水植物光合作用都要求一定的透明度。因此,太湖清淤后新成底泥表面标高控制在水生植物适宜生长的范围内。从东太湖沉水植物生物量与水深关系(表 5 - 8)分析可见,随着水深的增加,沉水植物的生物量逐渐降低。清淤深度无论从水生植物生态特征,还是今后水生态修复都应遵循水生植物这一基本规则。

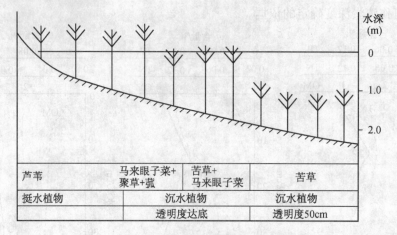

图 5－6　水生植物与水深关系示意图

表 5－8　东太湖沉水植物生物量与水深关系

水深（m）	0.6～1.0	1.0～1.2	1.2～1.4	1.4～1.6	1.6～2.0	＞2.0
生物量（kg/m²）	2.30	0.8	0.4	0.3	0.2	0.1

（2）清淤深度应考虑水生植物基因和物种保护　水生植物净化水质能力的大小和高等水生植物的生理生态特性,如水生植物吸收氮磷常数,根系分布和扩展等特性有关。据有关资料分析,太湖中挺水、浮叶、沉水等水生植物根系主要集中分布在湖底 0～30cm 左右的深度。有部分的根系分布深度可达 60～80cm,视植物种类、生态特性和底泥密度不同而变化。生态清淤一般不宜过深,以免含有大量沉水植物根系层破坏,造成不可挽回的生态损失。

综上分析,太湖底泥生态清淤深度,受高等水生植物生理生态特征制约,考虑微地形影响和安全系数,一般控制在 30～40cm 为宜,局部区域最大为 50～70cm。但自来水厂取水口应清到原来设计高程。

3. 清淤深度符合淤泥土壤水动力学和沉积地球化学特性

（1）底泥释放或吸附的控制因素　底泥释放受沉积物粒度、污染物种类及含量、温度、Eh、pH、活性物质元素、水动力条件和生物扰动等影响。太湖湖底为不透水稠密的黄土胶泥,湖水与底泥下层水基本没有联系,释放为单一的分子扩散。依密度,含水率概化后,自表层向下粗分为 0～20cm 活动层,20～100cm 过度层（次稳定层）,＞100cm 稳定层（图 5－7）。这一层位划分是复杂生态过程中动态变化的概念性结果,可作清淤工程控制性设计依据。

（2）底泥释放或吸附受饱和淤积层土壤水动力学影响　底泥生态系统的结构、功能、变化和以生产力为主要目标的生态环境条件中,水是系统中最活跃的因素,各类污染元素溶于或存于水中,污染物在底泥中运动和泥层中水分运动密切相关。在饱和水的淤泥层中,热量变化、分子浓度差、湖流、风浪和动植物扰动是淤泥水分运动的主要动力条件。淤泥容重,泥中热流和泥中水分流耦合运动将会揭示底泥中营养物运动规律。太湖中 0～20cm 是水盐动态活动层。

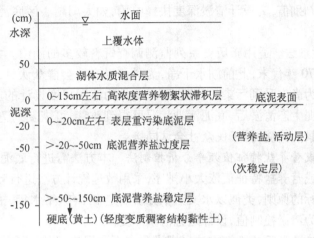

图 5 - 7　湖泊水体及底泥特征示意图

4. 生态清淤适宜深度的确定

生态清淤目的旨在清除重污染的表层淤泥和减少污染的释放,生态清淤适宜深度的确定的实质,首先正确界定湖泊污染底泥。污染底泥界定除污染物种类有机物、无机物、重金属、有毒有害物质含量外,还涵盖着生态学和生态经济学原则;水生态系统特征、结构;水动力学和物质循环、能流参数;底栖生物种群,生物多样性指数和生态弹性值;表层淤泥的理化、生化特点和释放系数,重金属污染风险指数,污染生态毒理特征、技术经济参数,生态修复条件等。因此,污染底泥的界定是以生态理念、思路的综合分析。界定了污染底泥厚度、分布和特性,即可依据国家经济社会发展、因地制宜、经济技术可行,设计生态清淤深度。目前,由于湖泊生态清淤设计国内外还没有统一的方法,一般有 6 种方法可供选择:

(1) 断面污染物含量垂直分布的拐点判断法　依据大量测点底泥中各种主要污染物质含量(目前主要为 TN、TP、OM、重金属)在断面沿深度分布曲线,经概化统计分析,求出拐点,这一拐点深度即为设计清淤深度的基本依据。受污染物和泥沙在水动力学作用下的迁移和受陆域污染源分布的影响,污染底泥污染程度和分布有区块特征,呈相对连续分布。这一方法只要调查检测点位较多,可以比较清晰的确定污染物变化的动态活跃层,此层即为污染底泥层。

(2) 时空地域背景值比较法　该方法又可分 3 类:

1) 断面垂直沉积地球化学背景法。依据二个因素分析:一是湖泊年沉积速率,据太湖多年水文泥沙资料及沉积特征分析计算,太湖年沉积速率为 1.69～2.1mm/a,太湖流域自 20 世纪 70 年代中期至 80 年代水质开始变坏,底泥受到污染,并考虑湖流、风浪等动力因子作用导致污染物的迁移和重分布,估算污染物底泥沉积厚约为 20～30cm 左右。二是依据底泥上层主要污染物含量与下层相对稳定含量相对差值大于 30%～40%,且下层含量值稳定,即为判断污染底泥应清淤的深度值,经区块性概化统计后,谨慎设计清淤的适宜深度。

2）水平空间沉积地球化学背景分析法。太湖是宽浅型湖泊,湖面开阔,受风动力,水下地形,入湖河道位置及湖中岛屿的制约和影响,湖流作用在湖中心形成一低污染的底泥分布区,湖中心受太湖风动力作用和风浪复氧掺氧作用,水质较好,底泥污染物含量较低且稳定,可作为污染底泥的判别值,为设计清淤深度抉择参用,如太湖湖心区底泥含量值,可作为清淤背景值。

3）时间地域背景法。适用于历史系列监测调查资料较多的湖泊。太湖流域水污染演变史,源于20世纪70年代末,此前湖水干净,为科技界和社会群众认可,故70年代末底泥营养盐的均值可认为尚未受到污染的状况,可以此作为清淤深度设计的主要依据或称底泥的环境本底值。底泥生态清淤后,底泥污染状况可得到改善,可恢复到70年代末较清洁的状态。时间地域背景法简捷,易于民众社会认同接受。

（3）底泥污染或营养盐特征值频率分析控制法　本方法需进行底泥采样（分层）分析。将测点底泥污染物或营养盐特征值依大小排序,采用数理统计方法进行频率计算,依据清除高污染营养物为目标的原则,类似以水文频率分析划定丰水年、平水年、枯水年一样,确定某一频率的污染物值为清淤控制值,设计适宜清淤深度。

（4）分层释放速率界面法　该方法采用沿测点不同层位,测定不同环境条件下（温度、上覆水体、水质、静态或动态、风况和波浪扰动、生态条件等）各层底泥的释放或吸收速率。分析释放—吸收转化界面值（不同上覆水质条件、温度）,以夏季水温25℃左右释放速率作为界面判别条件,结合环境条件,判别和确定适宜清淤深度。本方法可以比较准确定量,但要求大量的测点和分层释放试验实测资料,试验成本高,但精度高。

（5）地域背景与释放速率叠加法　依据湖泊水环境和底泥特征分区,鉴定背景值,同时对各分区,特别是重点湖区底泥测定释放速率,比较定量的确定清淤区域和深度。

（6）生态风险指数—释放强度确定法　本方法既考虑底泥本身污染情况,参照底泥污染物释放的潜在风险。底泥污染物中重金属污染风险指数监测分析计算和底泥N、P、有机物污染释放风险的确定是本方法的核心。

1）底泥生态风险指数计算和判定。以未受经济社会发展、工业及外源污染影响的沉积物中重金属含量确定为自然本底背景值,计算底泥中某重金属含量的确定为自然本底背景值,计算底泥中某重金属含量的富集系数。鉴于重金属在生物体和底泥中的富集系数,鉴于重金属在生物体和底泥中的富集,对人体有健康影响风险,依据重金属生态毒理学实验,结合富集因子,计算生态风险指数。依据划定的分级参数,（生态无危害、轻度危害、中度危害、强度危害）,区分垂直向重金属污染风险程度。

2）分层柱状样测定释放系数,划定释放强度的程度。

以上6种基本方法关键在于比较科学的确定"污染底泥"。环境地球化学的本底值,拐点法、地域背景法直观判别效果清晰,测点分层释放速率测点判别法科学量化。

5. 深度的多元化设计是生态清淤理念的核心

底泥生态清淤是湖泊内源治理的措施之一,底泥清淤是为生态修复建立良好的基底条件,并为生物技术的介入创造必要的生境条件和前提为最终目的。依据生态修复中基底生境条件要求,大面积清淤中,清淤深度依生态系统多样化构造原则,可以设计为不同深度,从而形成不同的水下微地形,为不同种群、不同生理特性的生物,建立不同的生境平台,形成沉水植物多元结构;也可依自然之力自行更殖繁衍,这一方法技术理念也是湖盆生态修复实践的结果。清淤深度空间布局可采用不同形式,如条带形、斑块形均可,在施工设计中酌情掌握和控制。为此,深度设计应有较为详细的水下地形图件,另一方面应保护好水下不同区域的基质的多样化,达到生态清淤为生态修复和重建创造良好基质和生境多元化的目标。

（三）生态清淤深度应考虑水土界面半悬浮物清除

在湖底沉积界面——水土界面上,有 7～15cm 左右半悬浮的类胶体状有机质。这部分物质除部分藻类活体、矿物质、浮游动植物、有机碎屑、细菌、死亡藻类和动植物残骸外,还有在水土界面特定的生化环境下形成的半悬浮状的类胶体物质,比重略大于1,在水流和风浪作用下,很容易再悬浮,可长期滞留在水土界面上,参与水中固体物通量的上下交换,该悬浮物中有机质含量浓度很高,悬浮物有机质含量表层为 27.3%～69.1%,中层为 26.1%～48.4%,底层为 27.8%～28.9%,其浓度远高于底泥表层的有机质含量。这种絮状物中的有机质含量与尺度较大的悬移质在量级上,有明显差异,并具分形特征。在风力作用下,出现透明度低(20～40cm),沉降后成为底泥并很快分解又再度返回水体,导致水质污染加重。它对水质的影响和作用远大于底泥,这部分物质营养盐含量很高,应列入生态清淤的范畴。

（四）采用专门的环保设备

鉴于生态清淤的特点和环保控制要求,施工应采用清洁生产工艺。环保无扰动型挖泥船,尤其是清淤头部设备,密闭和抽吸是关键。清淤设备主要参数:底泥密度小于 $1.8g/cm^3$,采用环保绞吸式清淤船;底泥密度大于 $1.8g/cm^3$,采用环保斗轮式清淤船。生态清淤为薄层精确清淤,要求疏浚深度、底泥扩散满足设计要求,平面平整度好,不漏清或形成沟坎。

（五）清淤必须注重划定物种保护区或保护带

当已确定的清淤区域较大时,应专门划定一定面积的物种保护区,或留下保护带不予清淤,作为物种基因库,清淤以后,以保护带物种库为基因,藉自然之力繁衍扩大,力求在较短时间内清淤区域物种得以恢复和发展。具体施工计划中也可布置成条田状,隔一疏一,待清淤带植被 4～5 年自然繁衍更殖后,再根据生态修复状况确定是否对生物保留带进行清淤。具体疏一留一宽度和间隔时间应由试验工程、生物科技积累,调查研究后取得设计参数。物种主要包括水生植物、底栖生物和鱼虾类等。

（六）生态清淤的适宜施工期

生态清淤作业最佳施工期为冬初至春末。这一时期湖体正值低水位期;风浪作用相对较小,湖泊水体交换缓慢;沉积物基本处于相对静态。活体藻类因水温低,日照强度小,大部分沉聚在水土界面上,呈休眠或半休眠状态,此时开展清淤可做到费省效高,最大限度的除去营养物质,同时也将藻类去除。此外,低水位也有利于提高机械作业效率。

（七）清淤施工中的二次污染防治

排泥场的规划设计是清淤工程的关键技术之一,尤其是排泥场淤泥的安全处置是湖泊底泥生态清淤控制二次污染的重点,但往往由于是临时工程,处置不够严密,易发生环境风险。排泥场重点应解决:排泥场蓄泥能力与占地、排泥场平面设计布局与施工强度、排泥场促淤促沉技术、排水口设计等技术设计和工艺布局。特别是排泥场促淤促沉技术是科技攻关难点。目前解决的常规途径为:在排泥场设置以当地材料结构为主的物理栏栅,其中阻水材料宜采用透水性能好又能够挡泥沙的物质,并按一定规格布置,沿水流途径,设障增大水流阻滞力,促使泥沙沉淀;利用水力学原理,在排泥场设计一级或多级泥水径流沉降槽(沉淀池),以水体间摩阻力促使泥沙沉淀,但工程量大,含黏粒量大的泥水沉淀效果欠佳;利用大型漂浮植物生长快,根系特别是发达的须根,一则增加阻滞力,二利用根系吸附泥沙,或利用根系分泌物促沉,达到水涨船高促淤促沉,这方法理论构思是合理的,在施工强度不大,且夏季施工中可以采用,但往往底泥清淤工期短,施工强度大,泥沙输送堆积总量和速度远远超过植物生长速度,实践中难以取得预期效果;外加絮凝剂方法较常用,一般絮凝剂分有机和无机两大类,絮凝促沉作用效果好,但会增加施工成本,应经现场试验施加量,考虑今后淤泥利用方向,谨慎选择絮凝材料品种,经技术经济比较后应用。同时必须注意泥浆输送过程中渗漏,应选择高质量的管材和连接技术,并且加强检查,发现渗漏随时处理。

排泥场余水处理和达标排放。工程技术主要参数:余水处理率 > 90% ~ 95%,SS 浓度 ≤150 ~ 200mg/L。水质以农田灌溉标准中主要参数控制。

(八)清出淤泥的安全处置

对清出的淤泥,一般采用自然堆放脱水,也可采用真空预压等,近来采用脱水固结和添加剂快速固化工程技术,尽量减少清淤土占地面积和占地时间,提高占用土地的使用效率。可把生态清淤和资源利用结合起来,开辟新的资源化利用途径,如利用淤泥制砖,淤泥快速固化用作高质量回填土。堆泥场可结合城镇景观规划,建设成绿地或湿地。

(九)清淤后湖盆基底修复

清淤应为后续生物技术介入创建较好的基底条件,要求不漏挖超挖,形成沟坎,堤岸建成一定边坡的湖底滩地结构,为今后全系列或半系列湖滨生态护岸修复创造条件。边坡也可增铺细卵石,抑制底泥释放;增强湖底微生物作用,加速湖底表层固化,强化原位降解作用;湖底铺多孔生态混凝土颗粒,为后续生物着床增效等,都在研究开发之中。清淤总体平面设计和深度确定,要创建多种微地形起伏设计理念,基质形态多元化和多样化,可为生态修复后生物多样化创建良好生境条件。湖盆基质多样化构建和保护,湖盆基底微地形改造都是基底修复的重要内容。

(十)底泥生态清淤的风险评估和管理

污染底泥生态清淤是规模较大、影响因素复杂的生态工程,应科学谨慎的抉择和精心施工,对清淤工程可能出现的负面效果和影响(清淤区及邻近区域)必须做好环境风险评估,加强监管控制。如淤泥清淤后的回淤速率;新生底泥界面营养物质(重金属)在微生物活性物质和生化因子作用下的激活分解;沿深度营养物及重金属释放(吸收)率的变化;清淤设备头部的污染扩散;对水生植物种群结构、生境条件、恢复难易程度和生物多样性的影响,特别是底栖生物、微生物、细菌的影响;水工建筑物(堤、闸、泵站等)和取水口,水源保护区的安全影响;防洪保安和施工期安全措施,竣工后湖底标高和湖底地形对湖流和湖泊水动力条件的影响;清淤对底泥生态系统的物质与能流循环影响;不同清淤方式、清淤深度对释放控制的效果和长效影响;排泥场促沉固化技术,堆泥场防渗措施及有机污染物、重金属及有毒物质对堆场排水的影响和环保封固填埋安全评估等,都必须严谨、科学的作出评估,并采取切实有效措施,强化监督管理,将风险降低到允许范围。

第四节　五里湖梅梁湖生态清淤工程

五里湖、梅梁湖生态清淤工程是《太湖水污染防治"九五"计划及 2010 年规划》的污染治理工程之一,也是《无锡市水污染防治"十五"实施计划》中五里湖、梅梁湖水环境综合治理的专项工程内容之一。

五里湖、梅梁湖水环境综合治理工程,将实现五里湖水质明显改善,梅梁湖水质有所改善的总体目标。工程措施旨在:① 改善水源地水质和人民生活质量,提高供水保证率,降低水处理成本;② 有效清除表层重污染沉积物并移出区外,减少底泥污染释放,有效遏制水源地周围藻类爆发和"湖泛"现象,提高饮用供水安全,遏制并改善湖体富营养化的发生发展;③ 改善湖区水景观和水质,促进周边风景旅游业发展和改善景观生态环境;④ 有利于实施城市中心南移战略,改善湖畔人民居住环境和区域投资环境,促进经济社会发展;⑤ 有利于逐步改善湖区水生态系统的结构、功能和生物多样性,水生态的人工修复;⑥ 为太湖的水质改善,水环境综合治理提供实践示范经验,推进我国东部平原河网区浅水性湖泊生态治理工程。

一、五里湖梅梁湖生态清淤的紧迫性

(1) 五里湖、梅梁湖水质污染和富营养程度严重　由于入湖河流携带大量污染物入湖,使五里湖、梅梁湖成为太湖水污染最重、污染发展速度最快、危害最大的湖湾。污染的特点是有机污染和富营养化严重,2002 年五里湖已是异常富营养水域、梅梁湖为重富营养水域,水质均劣于 V 类。每年夏季蓝藻频发,常有"湖泛"污染水源地,影响安全供水。由于梅梁湖地理位置形似口袋,在东南风作用下,是风力富集蓝藻的湖区,水生态环境差,有潜在生态风险的湖区。

(2) 五里湖、梅梁湖底泥淤积量大污染重　五里湖、梅梁湖底泥污染严重,OM、TP、TN含量大于太湖底泥平均值的 2 ~ 3 倍,也是太湖中底泥污染最重的两个湖湾(表 5 - 9)。

表 5 - 9　五里湖、梅梁湖底泥营养物含量　　　　　　　　单位:(干土重%)

水　域	OM	TN	TP
五里湖	4.28	0.18	0.194
梅梁湖	2.75	0.166	0.097
全太湖	1.46	0.077	0.049

（3）水生态退化　由于水污染,五里湖、梅梁湖生境很差,除个别湖边尚有间断分布的挺水植物芦苇和菖蒲外,沉水植物已销声匿迹,以耐污染的微囊藻、蓝藻为优势种异常发育,仅有水葫芦、水花生等漂浮植物能够旺盛繁殖,底栖生物也以耐污类种属为主。

（4）底泥释放量大内源污染重　底泥中富集的营养盐在某些特定环境下向上覆水体释放。据中科院南京地理所测定,五里湖、梅梁湖、竺山湖是太湖中内源释放通量大的湖湾,特别在静态释放（25℃）水温测定中,释放概率很高。梅梁湖夏季水源地的"湖泛",对安全健康供水和人民生活安全带来很大影响。

（5）湖泊外源污染控制初见成效、内源治理提到议事日程　入湖污染源治理初见成效,水质恶化趋势初步得到遏制,局部水质指标如化学需氧量呈起步性下降,减轻幅度为21.9%～26.7%,初显陆域各种治理措施综合效应。在外源污染得到一定控制后,湖泊内源治理提到议事日程。

（6）五里湖梅梁湖区位重要　随着无锡市经济社会发展,城市南扩,五里湖已是城市内部湖泊,梅梁湖为城郊湖泊。湖区周围将建设成为无锡市的城市副中心和享有盛名的全国和世界闻名的风景区、旅游观光区,是无锡市居民集中居住区、商务区、大学城、观光旅游度假区和市民休闲娱乐活动区。湖泊水质改善,富营养化治理也是社会迫切需求,五里湖、梅梁湖的内源二次污染治理应纳入湖泊污染控制的主要内容。

（7）梅梁湖是无锡市供水主要水源地　20世纪90年代,在梅梁湖、五里湖取水的有小湾里原水厂、中桥水厂、梅园水厂、充山水厂和马山水厂,以上5个水厂供水设计能力合计每日98万 m^3/d。后因水污染严重,关闭了梅园水厂和中桥水厂取水口,目前仍有68万 m^3/d 的供水能力。安全健康供水保障体系建设中,底泥污染控制、蓝藻爆发和"湖泛"治理是湖泊综合治理和生态修复的关键,其中蓝藻爆发和"湖泛"均为内源或内源污染的表现形式,均与底泥的严重污染及其二次释放密切相关。应实施生态清淤。

综上分析说明,尽快实施五里湖、梅梁湖生态清淤是十分必要和急迫的,也是贯彻国务院批复《太湖流域水环境综合治理总体方案》和《太湖水污染防治"十五"计划》的重点工程。

二、五里湖梅梁湖清淤的可行性

（1）五里湖、梅梁湖已有清淤的工程实践　太湖已有清淤实践,无锡市为解决梅园水厂和小湾里水厂水源地"湖泛"的污染,20世纪90年代对两个水源地各清淤20～30万 m^3 污染底泥。事实证明取得了效果,确保了市民安全健康水的供给。

（2）《湖库富营养化防治技术政策》要求内外源治理并重　国家环保总局和水利部等5部委,2004年4月5日以环发[2004]59号文共同发布的《湖库富营养化防治技术政策》。总则和控制目标和技术原则中,要求内源治理和外源治理并重。内源治理中,明确湖库内源污染包括污染底泥。湖库污染底泥较厚的局部浅水区域,宜采用生态清淤工程进行治理。在清淤工程的设计和施工过程中要严格控制,采取有效方式控制或处理堆泥场余水,避免造成二次污染。科学处理清除的底泥,努力实现底泥的综合利用。国务院批准的《太湖流域水环境综合治理总体方案》将北部湖区生态清淤列为工程项目。

（3）无锡市委市政府将水环境综合整治列入政府重要政事日程　无锡市在新世纪经济

社会持续发展中,争创"两个率先"的先导区和示范区。目前的水环境状况不符合现代化山水城市和生态城市的目标,必须尽快保护水资源、防治水污染,改善无锡的水环境。在中央重视和支持下,无锡市委市政府将水环境综合整治列入政府重要政事日程,下大决心,长治不懈;经济社会发展已有一定经济实力;市民公众参与程度高,整治水环境为民心工程,众望所归。城市总体规划中心区南移,将五里湖综合整治列入政府实事工程。全面推进陆域污水合流工程,退渔还湖,湖滨生态建设,底泥疏竣工程同步实施。梅梁湖污染底泥清淤工程相继实施。

(4)国家重大治理水专项为湖泊治理提供技术支撑　针对太湖水污染控制与水体修复需要解决的重点问题,于2003年科技部组织实施了"太湖污染控制与水体修复技术及工程示范",其中第三专题为"重污染水体底泥环保清淤与生态重建技术及工程示范"。针对五里湖底泥污染,水质恶化与生态系统严重退化的问题,提出了底泥清淤与生态重建相结合的研究思路,为太湖北部无锡水域水污染控制提供了科学技术支撑和示范样板工程。

综上分析,太湖在外源治理初见成效并不断强化的前提下,进行底泥清淤是十分必要和可行的。国家批准的"九五"、"十五"太湖水污染防治计划,也明确太湖底泥清淤是湖泊内源治理的重要工程措施,要求苏、浙、沪三省市人民政府要抓紧实施湖区和主要河道清淤工程。清淤工程的实施,由水利部加强指导和检查。因此,五里湖、梅梁湖底泥的生态疏竣工程的论证和施工,也是实施完成国家太湖"九五"、"十五"水污染防治的工程项目。

三、五里湖底泥生态清淤工程

五里湖,又名蠡湖,系太湖西北部的一个湖湾,并与梅梁湖相接,为梅梁湖伸入陆地的一个东西长约6km,南北宽0.3~1.5km,原面积5.15km²的水域,位于无锡市的西南。五里湖与梅梁湖相邻,1991年犊山水利枢纽建成后,两湖通过梁溪河闸、五里湖闸及其支流相沟通。五里湖周边支流分别与太湖、京杭运河和市区河网相连,其中东北经曹王泾与京杭大运河相连,北经骂蠡港与无锡市区河网相连,南经长广溪沟通太湖的贡湖湾,形成一既相对独立又互有联系的河湖水系。五里湖具有防洪、供水、航运、旅游及水产养殖等综合功能。

(一)五里湖水环境变迁及水环境现状

20世纪50年代,五里湖水质良好,为Ⅱ~Ⅲ类,随着城市经济社会的发展,环湖和沿河工业排放,大量化肥农药的施用,居民供水条件改善和洗涤剂的广泛使用,城镇生活污水无处理的直接排放等诸多因素,严重的污染了河流湖泊。进入80年代后,水质几乎每十年下降一个等级。五里湖由于深处腹地,相对封闭,濒临大城市,水质污染更为严重。主要入湖河流骂蠡港、曹王泾、梁溪河、长广溪水质均为劣于Ⅴ类,把两岸工业、生活、种植业、养殖业、非点源污染及大运河的污染物携带入湖。中桥水厂的尾水也是主要污染源之一,湖周围2.67 km²鱼塘和湖中围网养殖污染,旅游和航运污染都很严重,各类外污染源中COD_{Mn}、TP、TN贡献率见表5-10。五里湖为城郊湖泊,也是太湖中污染最重、生态退化最严重的湖湾。严重影响和制约了经济社会的可持续发展、人民生产生活环境、旅游景观环境。

表 5 - 10　　五里湖外污染源的贡献分析率　　　　　　　　单位:(%)

营养物 ＼ 污染源	工业污水	生活污水	种植农业面源	水产养殖	船舶航运	降雨降尘	餐饮污水
COD$_{Mn}$	8.2	46.9	4.6	31.6	0.6	4.5	3.6
TP	2.8	48.4	8.5	25.9	2.0	3.7	8.7
TN	5.1	42.5	7.5	30.7	1.0	5.5	7.7

2005 年水质监测,五里湖(不含西五里湖 $1km^2$ 的生态修复区)全年水质平均为劣于 V 类,处于重富营养水平。主要超标项目 TN、NH_3-N,其次为 TP,导致水环境的相应恶化。

(二)五里湖的水生态退化现状

20 世纪 50 年代,五里湖水生植物覆盖率很高,主要优势种为芦苇、菱草、菹草、狐尾藻、黑藻、苦草和人工栽培的菱,水体洁净,透明度好。90 年代,环湖水生植物萎缩,沉水植物几乎灭绝。五里湖以藻类为主的浮游生物,50 年代隐藻、小环藻、色球藻夏季较多,80 年代隐藻、小环藻、微囊藻、色球藻夏季较多,90 年代已呈现异富营养状态,藻类优势种已演化为以尖尾蓝隐藻、束丝藻、舟形藻,小环藻为主,其生物量和 chl - a 含量相当高,但个体更小,耐污力更强。浮游动物种属优势也发生很大变化,总之大型清水型的种类在减少,数量也在减少,特别是浮游甲壳类。底栖动物以耐污的摇蚊幼虫和水丝蚓为优势种。五里湖中难见水生维管束类植物,仅在入湖河口或静止水域中,有水花生和凤眼莲形成的单一群落,河汊低水位湿地上有部分残存的芦苇等。以原生动物变化为例(表 5 - 11),五里湖已属严重退化湖区。

表 5 - 11　　五里湖原生动物变化　　　　　　　　单位:(属数)

动物类群	1951 年	1981 年	1984 年	1987 年	1996 年
原生动物	60	21	13	13	5
轮虫类	33	32	29	16	7
棱角类	18	18	16	10	5
桡足类	17	12	8	5	4
合计属数	128	83	66	44	21

(三)五里湖底泥及污染状况

1. 湖体淤泥厚度

据 2000 年调查测量,湖体淤泥厚度 0.2 ~ 2.0m,平均淤积深 0.6 ~ 0.8m,淤积总量约 360 万 m^3(表 5 - 12),单位面积淤泥蓄积量在周边湖泊中为最大。

表5-12　五里湖淤泥厚度及淤积面积

区　　域	淤泥厚度(m)	面积(km²)
西五里湖	0~0.2	0.38
	0.2~1.0	0.85
	1.0~1.3	0.05
东五里湖	0~0.2	1.27
	0.2~1.0	2.17
	1.0~1.3	0.43

2. 底泥污染状况

五里湖底泥中有机物质含量较高为4.04%,TP平均为0.26%,TN平均为0.12%。与1997年太湖底泥调查相比,有机质、TP都有较大幅度增长。营养盐在区域分布上存在较大差异。骂蠡港、曹王泾、长广溪等入湖河口区域底泥中营养盐较高,污染严重,OM、TP、TN平均含量分别为5.21%,0.43%,0.13%;其次为原中桥水厂取水口、游乐场、鱼池附近;湖中央区域营养盐含量相对较低,东五里湖污染程度明显高于西五里湖(表5-13)。

五里湖底泥中营养盐含量垂直分布基本上是表层淤泥含量较高,沿深度逐步降低,到60cm左右以下趋于变化较小的状态(表5-14,图5-8~图5-10)。五里湖底泥中重金属含量较低,均低于《农用污泥中污染物控制标准》(GB4284-84)。

表5-13　五里湖底泥营养盐含量　　　　单位:(干土重%)

湖　区	OM		TN		TP	
	变幅	平均	变幅	平均	变幅	平均
西五里湖	5.83~0.87	2.77	0.45~0.01	0.10	0.77~0.03	0.15
东五里湖	13.64~0.63	4.81	0.35~0	0.13	1.78~0.02	0.33
2000年全湖平均	4.04		0.12		0.26	
1997年全湖平均	1.408		0.144		0.091	

表5-14　五里湖不同深度营养盐含量　　　　单位:(干土重%)

项　目		OM	TN	TP
深度(cm)	0~20	4.64	0.14	0.28
	20~40	4.56	0.12	0.29
	40~60	4.36	0.11	0.26
	60~80	3.87	0.09	0.21

(四)生态清淤范围和适宜清淤深度

(1)生态清淤规模　五里湖底泥是太湖中污染最重,释放程度高,对水体富营养化的程度影响较大,是主要的内污染源,必须进行生态清淤。实际清淤总量 234 万 m³。清淤范围:依据湖区淤泥厚度、分布、污染物含量以及回淤特征等,确定清淤范围为五里湖全部(湖岸边 10 余米不清),具体包括:五里湖南至石塘大桥,东至曹王泾、骂蠡港口,北至犊山水利枢纽工程、五里湖节制闸和防洪堤之间的全部水域,以及长广溪北段约有水域面积 0.45km²,合计 5.6km²。

(2)生态清淤深度　主要根据断面污染物含量垂直分布的拐点判断法、时空地域背景值比较法,并依据底泥中营养盐含量沿深度的变化特点分析,五里湖 40 ~ 60cm 是营养盐含量的一个分界深度,西五里湖和长广溪北段淤泥厚 0.2 ~ 0.7m,设计清淤深 50cm,东五里湖骂蠡港曹王泾河口至中桥水厂淤泥厚度大于 0.7m 以上区域,清淤深 0.7m(表 5 – 15)。原则上 20 世纪 70 年代末期起,不把罱取湖底淤泥用作农田基肥以后所淤积的淤泥基本在清淤深度范围之内,同时将全湖高营养盐含量的 0 ~ 20cm 表层流泥疏吸干净,也要求施工作业时将 7 ~ 15cm 絮状类胶体悬浮体全部抽吸干净。

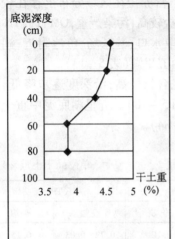
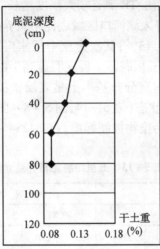
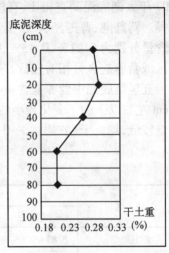

图 5 – 8　五里湖底泥有机质　　图 5 – 9　五里湖底泥 TN　　图 5 – 10　五里湖底泥 TP
　　　　　垂直分布　　　　　　　　　　垂直分布　　　　　　　　　　垂直分布

表 5 – 15　五里湖生态清淤计划规模、范围和适宜清淤深度

淤泥厚度 (m)	位置	清淤深度 (m)	清淤面积 (km²)	清淤量 (万 m³)
0 ~ 0.2	西五里湖	0.2	0.701	14.02
0.2 ~ 0.7		0.5	0.442	22.10
0.7 ~ 1.3		0.7	0.137	9.59
0 ~ 0.2	东五里湖	0.2	1.554	31.08
0.2 ~ 0.7		0.5	1.064	53.20
0.7 ~ 1.3		0.7	1.251	87.57
0 ~ 0.2	长广溪	0.2	0.450	22.50
合　计			5.60	240.06

(五)排泥场布置

五里湖排泥场设计为2处。1号排泥场位于雪浪北溪村的鱼塘,面积0.14 km²,2号排泥场布置在雪浪北溪村以南的鱼塘和低洼地,面积0.37 km²,排泥场均位于五里湖以南5~6km处。排泥场围堰高度0.8m、顶宽2~3m、边坡1:2.5~1:3,排泥场容量248万 m³。每个排泥场分设泄水口两个。

(六)生态清淤的环保措施技术参数

清淤控制参数:清淤深度误差5~10cm(清淤深度误差5~10cm以内的保证率为90%~95%);清淤区域水平精度≤0.5m;清淤扰动泥沙扩散≤2.5~5m;排泥场泄流ss≤150~200mg/L;余水处理率>90%~95%。排水水质以农用灌溉标准中的主要参数控制。输泥管线不得有滴、漏、跑、冒。

(七)生态清淤的实施

五里湖生态清淤工程于2002年3月25日,由无锡市发展计划委员会以锡计[2002]第77号文批准同意开工建设,项目总投资7200万元。经招投标评选,由天津航道局、无锡市水利工程公司、浙江省疏浚工程有限公司、湖南省疏浚有限公司4家单位作为项目施工单位,江苏华宁交通工程咨询监理公司为本工程的监理单位。整个工程于2003年3月全面完成。

工程采用了荷兰进口的环保绞吸式挖泥船,配用湖泊环保清淤定型研制的绞刀头,外加密闭罩,可防止污染底泥扩散,一次挖厚30cm,且不扰动下层原状土。同时采用先进的卫星定位系统(DGPS),以监督施工状况,确保不漏挖超挖。

(八)生态清淤效果评价

1. 总体评价

清淤后,为后续生态修复创造条件;增加湖体库容;在一定程度上减轻富营养化程度,有利于改善水环境。

2. 清淤后底泥污染物减少

五里湖实际清淤234万 m³,即清除了淤泥中污染物有机质、TN、TP分别为7.56万 t、0.22万 t、0.49万 t。清淤前,所监测的10个表层底泥样品中平均值:有机质含量4.037%,TN0.119%,TP0.261%。清淤后,底泥表层有机质含量平均为3.409%,TN0.093%,TP0.092%。明显看出,清淤后五里湖表层底泥中营养物和有机质含量相对较低,有机质较以往平均下降了15.6%,TP变化幅度更大,含量下降64.8%,TN下降21.8%。

3. 五里湖底泥生态清淤对内源释放影响[64]

据中科院南京地理所范成新教授对五里湖清淤前后内源负荷的监测研究认为"清淤对五里湖沉积物内源磷释放控制效果明显"。随着时间的延长,磷释放率有减缓的趋势,监测结果显示,由清淤前的2.3mg/(m²·d)下降到清淤后11个月后的-0.6mg/(m²·d)。从长效而言,清淤对五里湖底泥磷释放有一定控制作用,而对氮释放控制效果较弱。五里湖底泥清淤前后底泥污染物含量变化(表5-16)。

表 5 – 16　　五里湖清淤前后底泥污染物含量变化　　　　　　单位:(%)

项　目	清淤前			清淤后			清淤改善底质效果(%)		
参数	OM	TN	TP	OM	TN	TP	OM	TN	TP
五里湖平均	4.037	0.119	0.261	3.409	0.093	0.092	15.6	21.8	64.8
东五里湖	4.814	0.131	0.331	3.670	0.088	0.089	23.8	32.8	73.1
西五里湖	2.770	0.100	0.147	3.018	0.100	0.097	-9.0	0	34.0
最大值	6.593	0.168	0.378	4.885	0.135	0.160	25.9	19.6	57.7

4. 清淤后湖区水质有所好转

清淤后,五里湖区水体中高锰酸盐指数平均值较 2002 年降低 0.9mg/L;总磷下降 0.072mg/L,降幅 36.1%;氨氮、总氮虽仍处于劣 V 类,但已呈现较为明显的下降趋势。尤其在 2003 年 8 月份,无锡地区出现持续高温天气,由于生态清淤、退渔还湖等水环境综合整治工程的实施,五里湖湖面的蓝藻也不多,水体中藻类数量明显低于往年同期。在 2003 年内河入湖水量明显多于往年的水情条件下,五里湖水质状况能够有所好转,这也在一定程度上得益于生态清淤工程的实施。

5. 为湖区生态修复和重建创造有利的生态和环境条件

五里湖的生态清淤,去除了底泥中大量污染物质,减少了内源释放,改善了基底生境条件和水质,使水体透明度提高,为以生物措施为主的湖体生态修复创造了良好的环境条件。清淤后局部湖区的高等水生生物和组合技术的生态修复取得成功。初步建立了重污染湖泊从生态清淤到生态修复的系列技术体系。

6. 结论

1) 五里湖经过生态清淤,有效清除湖区原底泥表层中的高含量污染物,尤其是有机质、磷,其次为氮。表层底泥营养盐含量明显低于清淤前的水平。

2) 根据中科院南京地理与湖泊研究所的测定、研究成果,由于高含量底泥污染物的清除,污染物释放速率有所减小,特别是底泥中磷的释放在较短时间内有一定减少。

3) 在 2003 年内河污水入湖量剧增的条件下,五里湖水质好转,无论从历年水质变化趋势,还是与周边梅梁湖水域的比较,生态清淤后五里湖水质呈现好转趋势,主要关键指标得到明显改善,而且在 2003 年夏季持续高温期间,湖区没有发生蓝藻爆发现象。

4) 采取工程措施清除污染底泥是湖泊污染治理的有效措施之一。从这个意义来讲,五里湖底泥生态清淤工程作为太湖综合治理的一项重要措施对改善湖区水质具有一定的积极示范意义。

5) 目前五里湖水生态和水环境的稳步改善和提高,是五里湖综合治理的总体集成效果:生活污水接管入污水处理厂集中处理,湖区周围生态护岸建设和湿地保护,重污染企业及养殖场搬迁,河道整治与河道控制工程建设及其有序调控,使绝大部分河道污水不能够入湖,环湖宾馆饭店污水达标排放和封闭全部入湖排污口。同时也得益于综合治理措施之一的底泥生态清淤。

四、梅梁湖底泥生态清淤工程

梅梁湖是太湖北部的湖湾,是无锡市的重要水源地,20世纪80年代以来,随着经济社会的迅速发展,入湖污染物急剧增加,梅梁湖水域水污染严重,2005年水质为劣于Ⅴ类,以有机污染和富营养化为主要特征,主要污染指标依次为:TN、TP、NH_3-N。国家和无锡市将梅梁湖列为重点保护水域和重点污染控制区。该区域的"饮用水源地保证工程"和"污染底泥清淤及处置工程"被列为太湖水污染防治七大工程项目之一的梅梁湖重污染控制区治理内容。

(一)梅梁湖已具实施底泥生态清淤的必备条件

根据国家太湖水污染治理的要求,至2000年底,无锡市对水污染防治做了大量工作:国务院的"零点行动"已经实施;工业污染源达标排放;沿湖宾馆饭店污染治理已见成效;禁磷行动全面推行,并深入人心;航运和旅游污染控制初见成效;周围建设日处理能力60万t的污水处理厂,同时加大了对入湖河道梁溪河和直湖港的污染治理和管理,入湖河道梁溪河、直湖港、武进港(属常州)均已经建闸有序调控,入湖污染量明显减少。梅梁湖泵站的建成,为梅梁湖、五里湖和无锡城区的水环境状况改善将起到重要作用。第一阶段外源治理目标已实现,第二阶段治理工作也已开始实施,并已显现成效,梅梁湖、五里湖水污染发展趋势得到遏制,内源控制和治理已提到政府政事日程,已具备实施底泥生态清淤的必要条件。

(二)梅梁湖底泥淤积与污染现状

1. 底泥淤积现状

为清淤工程需要,在1997年太湖流域管理局底泥普查基础上,无锡市水利局近期对准备清淤区域进行了详细生态勘测调查,包括:三山岛以北水域,小湾里水厂取水口区域,武进港、直湖港入太湖口,马山口取水厂附近水域。梅梁湖湖底高程一般在1.0~1.5m之间,北部沿岸湖底高程在1.5~2.0m之间。淤泥分布特征:湖中和湖东分布面积大,湖西淤积小,沿岸区大于湖心区。平均淤泥厚0.47m。区内淤泥厚度分布不均,马山水厂取水口淤积最深,达2.8m以上,其次为东部犊山闸起向南至小湾里水厂一线,中部自渔港起向南至三山以西一带。淤泥厚度不足0.6m的面积占淤积区面积的63.69%。

2. 底泥污染状况的时空特征

(1)详查区底泥营养盐的含量　底泥TP、TN和OM高含量区主要分布在鼋头渚、间江口水域一带。营养盐含量垂直分布,大部分呈现表层含量高,沿剖面逐渐含量降低,一般在40-60cm左右渐趋稳定,呈较为典型的营养盐含量垂向分布特征(表5-17)。

(2)底泥重金属　底泥的重金属元素(Cd、Cu、Ni、Cr、Pb、Zn)6项指标,梅梁湖底泥总体上重金属含量较低,均未超过《土壤环境质量标准》(GB15618-1995)和《农用污泥标准》(表5-18)。

表 5-17　梅梁湖底泥营养盐含量　　　　　　单位:(干土重%)

营养盐	梅　　梁　　湖			全太湖
	底泥含量变化	0~20cm	20~40cm	
TP	0.031~0.288	0.097	0.074	0.060
TN	0.113~0.267	0.038~0.373	0.088~0.345	0.092
OM	0.567~3.156	1.13~7.80	0.90~7.07	1.83

表 5-18　梅梁湖底泥主要重金属含量　　　　　单位:(mg/kg)

重金属元素	Cd	Cu	Ni	Cr	Pb	Zn
含量的变化	0~2.2	4.7~115	2.7~174.8	3.4~134.5	0.3~124.8	14.4~431.2
平均值	0.9	41.7	28.1	31.8	21	86.9
《土壤环境质量标准》(GB15618-1995)三级	—	300	400	200	500	500
《农用污泥标准》(GB4284-84)Ph>6.5	20	1000	500		1000	1000

3. 梅梁湖底泥间隙水营养物质含量

梅梁湖表层底泥间隙水:pH 为中性偏碱,均值为 7.53;Eh 变化为 94~468mg,均值为 234.6mg。有机质含量 51.3mg/L,NH_3-N 含量 2.3mg/L,TN 含量 3.35mg/L,TP 含量为 0.294mg/L,均高于全太湖均值。

4. 梅梁湖底泥的释放速率

据梅梁湖底泥释放规律的测定结果:梅梁湖区污染重,基本处于释放状态。表层淤泥 NH_3-N 释放率约为 18~31.4mg/($m^2 \cdot d$),P 释放率约为 2.5~5.0mg/($m^2 \cdot d$)左右。底泥释放率中 N、P 的释放或吸附机理是不同的,N 的释放大小与底泥中的化合物存在形态、温度、水动力条件、微生物和细菌、间隙水含量等有关。底泥中 P 释放与湖水作用十分复杂。从工程设计,取较不利条件作为控制值,以满足工程条件。

(三)梅梁湖的水生态系统结构概况

梅梁湖由于水质严重污染,生态系统结构和功能受到严重损害,生态系统退化主要表现为鱼类、高等水生生物几乎濒于灭绝,而耐污的低级的原始有机体如蓝藻、寡毛类和摇蚊幼虫及细菌过度繁殖,能制衡微生物和藻类生长的湖泊生命体大量减少,物种严重退化,生物多样性骤减。具体表征为:

(1)浮游生物　湖区浮游生物优势种为微囊藻,每年夏季形成蓝藻频频爆发,其生物量约占浮游生物总量的 40%~98%,生物量年平均值变化为 3.29~18.01mg/L。已属富营养型水体。20 世纪 60 年代,梅梁湖夏季和秋初以微囊藻,项圈藻为主,20 世纪 80 年代,为微囊藻、隐藻、直链藻,90 年代则以微囊藻、直链藻和隐藻为主。

（2）浮游动物　水域中原生动物在浮游动物中占绝对优势,年均数量达 8000～10000 个/L,主要以小型轮虫和原生动物为主,占 90% 以上。夏季由于蓝藻大爆发,浮游动物数量急剧减少,而在入湖河口,适应其水域环境的原生动物能大量生长。浮游动物在不同季节数量变化很大。梅梁湖浮游动物种类演化和数量受浮游植物和高等水生植物影响很大,随着蓝藻爆发"水华"的不断发生和积聚,使水域原生动物的寡毛目、缘毛目的数量和生物量都增加,甚至达原生动物数量的 70%。

（3）底栖生物　底栖无脊椎动物组成以寡毛类和摇蚊幼虫为主、腹足类和瓣腮类较少,数量为 832 个/m² 。大型底栖生物以河蚬为主。从数量和生物量来看空间分布区域特点明显,时间变化差异小。

（4）鱼类　由于湖体污染严重,仅有少量定居性鱼类,如青、草、鲢、鳙、梅鲚、银鱼等。大部分为人工放养鱼种。当地天然鱼少见,可见个体小的梅鲚等。

（5）水生维管束植物　除沿湖岸和入湖河口偶见芦苇、菖蒲等外,难觅其他高等水生植物。

综上分析,梅梁湖由于水体污染严重,水生态系统退化,具体表现为水生动植物种属简单,结构层次脆弱,生物多样性很低。所以在底泥生态清淤后,生态修复工作十分困难,应该引入必要物种,以重建湖泊健康水生态系统。

（四）工程目标和任务

（1）工程目标　清除梅梁湖内污染严重的底泥,减少底泥的污染释放量,减轻梅梁湖污染程度,改善水源地水质;结合污染源治理和生态修复工程,恢复水生态,提高湖体环境容量和自净能力。

（2）工程建设任务　根据污染底泥和蓝藻聚集的分布规律和梅梁湖水环境现状,确定对污染较重的入湖河口、鼋头渚风景区和水厂取水口区域进行清淤,具体包括 4 个部分:一是三山岛周围,及三山岛以北至鼋头渚;二是小湾里水厂取水口附近水域;三是马山水厂取水口附近水域;四是武进港、直湖港等主要入湖河口区。

（五）梅梁湖底泥生态清淤关键技术参数和工艺

1. 清淤范围和适宜清淤深度

根据湖底地形、底泥淤积厚度、深度、污染程度及回淤规律,拟对梅梁湖区域实施生态清淤。计划清淤面积 47km² ,清淤深度 0.3～0.7m,清淤量 1720 万 m³ 。

2. 清淤机械

综合考虑清淤机械的挖泥、排泥方式,清淤能力、效果、运行成本和对生态环境影响等因素。施工采用环保型绞吸式挖泥船,清除淤泥采用管道输送。现在已经完成三山以北部分区域 30 余万 m³ 清淤淤泥任务,其余均在近几年内完成。

3. 疏浚工艺技术参数

同五里湖

（六）生态清淤对水生态环境改善效果预测

梅梁湖生态清淤工程将分阶段实施,部分生态清淤工程已经完成,计划 2010～2012 年全部完工。清淤后,将改善湖体水质,水体透明度增加;减少底泥释放二次污染,TP、TN 释放率将下降20%左右;水生生物的生境条件改善,为后期生态修复工程创造良好生境条件和湖底基质条件;减少蓝藻"水华"发生机率;遏制取水口附近的蓝藻集聚、爆发和发生"湖泛"等现象。

第五节　湖泊底泥清淤环境风险评估

湖泊底泥清淤发生环境风险主要有 3 个关键节点:清淤挖泥、泥水远距离输送和排泥场安全处置。应在施工设计、机械选型、排泥场设计、淤泥促沉固化、施工工艺等方面从严谨慎处置。设计论证阶段应作严格的环境风险评估,确保万无一失。

湖泊生态清淤是十分复杂的生态工程,也是国内外湖泊研究和工程界十分关注的焦点,需要工程实践和已有工程一定历时的动态测试和后评估。

一、湖泊底泥清淤施工中的环境保护

底泥清淤是水环境保护与治理工程,在工程施工中,从环境保护和风险防护提出相应要求:

(1) 清淤应减少对水体扰动　清淤扰动的泥沙扩散对水体影响小于或等于5m,亦即清淤船的清淤挖掘头部应密闭抽吸,泄漏泥水少或基本不泄漏,无论是绞吸式、斗轮式或其他施工方式都应配置防护密闭罩。底泥清淤要求采用环保清淤设备施工,目前国外已研究成功多种型号的清淤船和头部挖掘设备,国内也能生产。此外施工作业中:① 采用基底预清理工艺,将石块、渔网、船舶残体等障碍物,在工程前基本清理干净,减少正式施工中的物理障碍物,影响气密性或损坏刀具;② 运用船舶先进的定桩定位系统,确保有序施工和必要的监视,不漏挖或重挖,尽量减少扰动影响。

(2) 泥水远距离的输送中防滴、漏、跑、冒　在大面积施工和泥水远距离输送中,这是必须遵循的工艺规则。

(3) 排泥场安全设计和泄水口的达标排放　排泥场围堰安全设计:坝基清理,围堰标高,围堰边坡及形式,围堰边坡防风浪,围堰抗滑稳定安全防护,围堰防渗工艺,分层加高填筑方案;排泥场促淤促沉物理工程布设;泄水口设计和泄水的达标排放,一般排泥场弃水 ss 不大于 150～200mg/L。与此同时应论证排泥场弃水对周围河湖水环境影响(防汛、水质、水产养殖等),作为环境补偿措施,工程量及概算中应包括受影响河湖竣工后期的清淤整理和修复。

二、底泥清淤中的环境风险预测和对策

(一)生物多样性和物种保留是底泥生态清淤的核心关键

生态清淤应特别注重生物多样性和物种保留,生物多样性对太湖良性生态的稳定和

保护生物圈的水生命维持系统的健康稳定有十分重要的作用。因此在底泥生态清淤中：① 清淤区域抉择，应考虑到就地保护水生态系统和自然生境的基本要求，尽可能维持恢复物种在其自然环境中有生存力的群种；② 在清淤深度设计中，水生植物特别是沉水植物的耐淹深度和光合作用特点是限制性参数，清淤要为后续生态修复创造基本的生境条件。因此在设计中，要注意到预测、预防和从根源上消除导致湖泊生物多样性的蜕变；③ 施工设计方案中，采用条带状施工，隔一疏一，待水生植物获得一定时间的自然繁衍和休养生息后，再确定是否继续清淤或清除保留的条带。间或采用生物循环理论，预保留物种基因库，特别是优势物种保留基地，斑点状留存于清淤区内，确保或创造条件在竣工后，清淤区生物自我更新繁衍扩大；④ 在实施底泥生态清淤前，分析清淤后生物多样性变化，若清淤对湖底生境条件破坏较重，则规划设计中应有补偿措施，如基底修复，或人工补植补养水生动植物，亦即强化人工修复措施，促使受损湖底生境、生态条件尽快得到改善和修复，水生态系统得以恢复和重建。如五里湖在清淤后采取了人工生态修复措施，改善水生态系统。

（二）底泥生态清淤的环境后效应监测和评估

底泥清淤对污染湖泊内源控制效果是工程技术界十分关注的问题，一些湖泊清淤后确实使底泥释放减少，水体污染状况得到有效控制，但其有效性程度和长效维持效果还值得研究或工程后的动态跟踪监测。一般来讲，采用环保型专用清淤设备清淤后，表层污染重的淤泥（包括流泥）被清除，湖底表面较为平整、密实，表层孔隙率减小，有机质和微生物含量较小，在风浪的输氧作用下，可能会在新生界面层形成氧化层等，不利于释放。但应指出，清淤后新生成的表层界面营养盐虽然含量较低，但仍有潜在释放污染物的能力，加之清淤中的残留污泥或回淤物，来自上覆水体悬浮物的沉降和随时间其数量的增加等因子作用，参与了新生界面物理的、化学的、生化的物质交换和循环，使新生界面营养物激活，在清淤工程后一段时间，底泥释放有可能恢复到接近原来水平。因此对底泥清淤的评价要本着求真务实，谨慎决策原则，不断探索透析底泥释放机理。

与此同时必须注意：① 外源治理是根本，只有外源治理取得长足进展，底泥清淤才能获得预期效果和长期基本保持良好效果；② 清淤方式对清淤效果影响很大，主要是密闭抽吸、无漏挖和过度扰动；③ 底泥清淤是控制底泥二次污染的有效措施之一，但后续湖泊生态修复工程必须跟上，不能仅依靠一个单项技术就想完全解决底泥污染控制这一复杂的生态问题；④ 底泥污染控制是一个尚未从机理和治理实践上完全解决的技术难点，应加强长效动态监测及科研和前期研究，探索真知，并开展实验工程，获取参数和规律；⑤ 湖泊内源污染控制是一项综合生态工程，单项措施效益评估和期望值要因地制宜，实是求是；⑥ 湖泊重污染底泥清淤工程是生态工程，其效果评估需要一定的时空变化期，应克服急功近利思维，一则生态工程不是化学反应，二则清淤仅是污染的综合控制措施之一，综合治理污染是根本，三则局部污染底泥清淤只能够改善局部水质环境，要正确评估期望值。

如五里湖 2002 年 8 月进行了底泥清淤，从短期结果看，清淤对磷释放控制效果明显，清淤后原来释放状态被控制为接近 0 或负值，铵态氮释放表现为增加。据中科院地理湖泊所范成新教授对五里湖清淤后底泥较长时间跟踪研究，磷的释放速率由清淤前的

2.3mg/（m²·d）下降到清淤后 11 个月的 −0.6mg/（m²·d），而 NH₃-N 的释放由刚清淤时的 −202.0mg/（m²·d）上升到 11 个月后 49.6mg/（m²·d），综上所述，清淤对五里湖的底泥磷释放有一定的控制作用，可削减相应污染物的内源负荷，减低污染物含量。而对氮释放则控制效果较弱。因此，对底泥清淤作用和效果应持谨慎乐观态度，受湖泊表层沉积物性质，上覆水体水质等不同，界面地球化学过程中的沉降作用、动力扰动和生物转化也将对清淤后内源负荷的变化产生重要影响，应加强长期的动态监测，监测费用应列入施工经费概算。

（三）清淤方式和回淤对底泥清淤效果的影响

清淤工程中的清淤深度的准确性、对底泥扰动特性和施工残留率是影响清淤效果的重要因素，清淤质量差则残留率高，其负面作用和影响：一方面这些残留淤泥可形成厌氧环境，使表层沉积物和孔隙水中的形态氮转化为氨，有利于氨释放强度增加；另一方面，残留淤泥中，一部分带有活性 N、P 的淤泥与新生界面的淤泥交混，为下层沉积物活化提供接种作用和微生物物种保留，残留底泥将使清淤后的新生表层底泥很快转变为与原来淤泥性状相近状态。综前所述，清淤工程必须严格控制施工质量，确保必要的施工精度。

底泥清淤区的回淤。因实践工程中关注较少，实验观测资料不足，目前主要控制方法：一是预保留回淤影响宽度 50m 左右，视湖泊的湖流和风浪作用具体拟定增减。二是清淤区与非清淤区留出 25~50m 左右的缓冲带，有条件的可种植沉水植物，形成生物间隔带。也可用物理覆盖或微生物固化等措施，尽量减少回淤影响。

第六节　河道生态清淤

一、河道淤积情况

1998 年测量，无锡市河道共有淤泥 0.95 亿 m³。其中城镇河道淤积较为严重，底泥中 TP、TN 和有机质含量高；乡镇工业发达地区河道淤积量多和污染程度重；平原河道淤积深度一般在 0.5~1.0m，城镇河道局部达到 1.1~2.0m。无锡城区底泥 TN、TP 含量与太湖相仿，但有机质大幅度高于太湖，最大达到 13.1%。

二、淤积物来源

几十年来，各种来源的营养物和污染物，在河湖中经一系列物理、化学、生化及动力作用，沉积于河底，形成较低密度、高含水率、富含有机质和各类营养物质的淤积物。20 世纪 50、60 年代河湖罱泥作为农田有机肥，70 年代后此现象不复存在，故底泥沉积量大幅度增多。河道底泥来源主要是生活、工业、污水厂、自来水厂的污水排入，水生植物、动物残体、河岸冲刷和水土流失、降雨降尘带入,以及生活垃圾和建筑废弃物带入等。底泥分布的影响因子:排污口及其位置、河边排污、河道形状、河道水位和流速、水流方向和流量,以及与地面径流污染的有关条件等。城镇河道(河道二侧排污口未封闭的)淤积速度一般为每年5～20cm,其中城镇、乡镇工业发达和人口密集地区河道淤积速度较快和底泥污染较重,农村河道和人口密度稀的区域淤积速度较慢和底泥污染较轻。

三、生态清淤及必要性

1. 生态清淤

以清除底泥中富含的污染物质和营养物质,减少底泥中 N、P 和污染物的二次释放,达到改善水环境目的和为生态修复创造有利条件而进行的清淤。

2. 清淤必要性

底泥的释放、再悬浮和溶出是污染河道水体的极重要原因,无锡市河道水均较浅,机动船只航行扰动河湖底泥,加速底泥污染释放二次污染,加剧水污染和富营养化,夏天气温高时,耗氧性有机物大量消耗水中溶解氧,导致水体黑臭,二次污染更严重,使河道水环境恶化,严重影响河道两旁的居民生活环境和企业的生产、经营环境,影响城市、村镇形象。同时,严重污染的河道水相当多流进太湖和河网间其他的湖泊、湖荡,造成太湖和其他湖泊、湖荡的污染、富营养化,加重太湖藻类爆发和"湖泛",所以生态清淤很有必要。

3. 河湖生态清淤的异同

河道生态清淤:不同于一般为防洪、航行增加水深和拓宽河道而进行的清淤,也不完全与湖泊的生态清淤相同。河湖生态清淤有许多是相同的,最基本的是清淤目的和必要性是相同的,以及堆泥场、泥水排放的要求、标准和无害化处置和资源化综合利用的要求、用途是相同的。也有许多不同之处,主要是由于其二者的自然环境与污染状况不同引起。平原河网河道:清淤是一条一条清,每条河道的清淤面积和清淤量不会很大,但河道因其清淤总长度很长,所以清淤总量也很大;河道大多数系人工开挖而成,河道底质的"硬底"和"软底"的差别较明显;城市河道底泥中的树枝、石块、家用杂物和生活残品等大件物件比较多,采用生态清淤设备和技术必须考虑这些因素,一般仅能使用中小型机械清淤;河道近代的底泥淤积量比较多、比较快和有机污染比较重,均应采用比较彻底清淤的方法;污染严重的河道在实施生态清淤后,需要封闭该河道所在区域一片河网的全部排污口。

湖泊生态清淤:湖泊的面积比较大,一般清淤面积和清淤量比较大;湖泊大多数系自然形成,湖底"硬底"和"软底"差别明显;湖泊底泥中的树枝、石块、家用杂物等大件物件很少,可采用各类大型环保型生态清淤设备;河道底泥近代淤积深度相对湖泊比较深。河湖清淤指标体系评价框架和水生态子系统评价指标基本相同,但评价指标的多少和评价要求高低有所不同;淤泥的生成条件和性质、特征也有异同等(表5-19)。由于河湖生态清淤上述条件的这些异同,所以河湖在清淤范围、深度的选择确定,清淤设备大小和环保性能的选择确定,清淤的时间和作用等方面有所不同。

表5-19　太湖与平原河网河流污染底泥基本特征分析表

分析＼类型		太湖污染底泥	平原河网河流污染底泥
类同点		1. 河湖底泥是水生态系统的重要组成之一;既是物质的贮积库和各类复杂作用的反应场与平台,也是物质循环和能量交换运动的中枢。 2. 底泥来源,主要是生活工业污水,生活垃圾和工业农业及其他废弃物,降雨降尘,水土流失,其他污染物,河湖岸崩塌方,水体中蓝藻或萌芦和其他水生物残体。 3. 底泥分布,污染特征受遵循水文,水动力为主导作用,同时还受经济社会发展和人为活动的制约,河湖底泥时空分布,污染物含量及特征蕴涵人类活动的烙印。以底泥污染释放,溶出和再悬浮污染导河湖水体,是河湖内污染源。 4. 河湖底泥原始本底较清洁,受工农业和生活污染物排放,环保滞后等因素导致现代和近代化石沉积物的累加。 5. 底泥污染以有机污染为主,重金属污染总体上不重,仅在局部入湖(河)口和临近城镇,工业区有不同程度的少量污染。 6. 河湖底泥垂直性状分布,总体上呈3段式层序结构,即表层悬浮泥,中间不同厚度的原始硬土,是淤积物的界面,下层为密度大的原始硬土。	
不同点	水文水动力特征	水动力条件较差,流速低,底泥主要以静态沉积为主,地形,地势和风成流及波浪是湖泊沿体运动原动力,泥沙和污染物运动的重要驱动力为风力作用形成的湖流和出入湖水动动力。湖盆形状和水下地形制约泥沙分布。底泥分布约约明显,潮流,特别是湖流重的异向环流区的异向环流制约泥沙分布	地形地势或水头差是骨干河河流水体运动的原动力,骨干河道水体一般有相当流速,其中相当多的河道在河口或库区段建闸后,人工在水动力条件下,泥沙在河道流速空间分布式分布。河流水文水动力与河半开放式,制约河流底空间分布;中小河道流速低,特别是闸区,闸阀建闸,为全封闭水域,平时流速为"0",仅在汛期排水或水换水时水才流动,所以这水体中悬浮物或杂物的沉降速度快和沉降量大
	底泥空间分布	底泥在湖泊动力驱动下,其分布基本依流速场和与水下地形,湖泊形状有关;湖流中心区薄,湖湾处底泥厚,周边水动力差异面沉积多,湖泊河口源重,人湖泥厚,人湖河口源重自河口源重河流泥沙	骨干河道底泥淤积受河流速场分布制约,浮泥薄,河道横断面两侧沉积较厚,河流弯道,凸岸淤泥厚,凹岸薄,支流河口因为流速很小,或流速为"0",淤泥沉积在横断面上表现为比较均匀
	污染物垂直分布特征	底泥中污染垂直分布有3种垂直分布类型:全断面较均分布;表层污染较重,沿深度分布减少,中间20～80cm污染重。以表层污染重为主要类型	骨干河道底泥污染断面高深度的分布,受河流地形和河道形态,断面结构,污染源等制约,污染物垂直分布变化较为复杂,浮泥在较大流速和在复杂作用下,底泥沉积与污染源分布相似,但其底泥中累积相对比较少,污染物主要受不同时间期进入水体各类污水中的污染物和重金属的含量有关,以表层泥的淤积重,重污染为主要类型。河道大多系人工开挖,一般河底沉积的淤泥与人工开挖的硬底有比较明显的分界线
	污染物与动力条件	污染物以COD,TN,TP,BOD,NH$_3$-N为主,TN,TP是湖体富营养化的主因,严重时导致蓝藻爆发"水华"和剧烈"湖泛",污染水体富营养化,危及太湖地区供水安全。风成流,湖流和波浪可扰动河底表层污染底泥,风力可加重蓝藻的富集和爆发"水华",又污染底泥	底泥中污染物成分TP,TN含量基本与太湖相仿,但其有机质含量大幅高于太湖,总体上底泥中污染物以耗氧性有机物为主,表现的污染指标以DO,COD,NH$_3$-N为主,其中中小河道有比较明显的水体黑臭特征,河道一般无特污特征异常聚集现象。底泥扰动主要为水流流速,航运船舶动力直接扰动和船形波

四、生态清淤重点范围和深度

平原河网区河道,普遍存在严重的淤积和底泥严重的污染,而河道底泥的释放作用大,原则上全部河道均应分阶段进行清淤。清淤重点是城镇、人口密集区和风景区河道及小河道、断头浜。但局部自然生长良好或人工种植沉水、挺水植物的区域一般不清。

平原河网区河道清淤深度的确定。因普遍存在河道淤积比较多的问题,一般城镇河道淤积深度在 1~2m,其中农村河道相对浅一些。河道确定清淤深度的主要根据是断面污染物含量垂直分布的拐点判断法、时空地域背景值比较法,根据上述二个清淤深度的确定方法较快就能够确定清淤深度。无锡地区的平原河道大多数系人工开挖,使用上述河道清淤深度确定方法,确定在 20 世纪 70 年代以后停止罱泥后淤积的污染严重的底泥均应彻底清淤,清到原开挖河底,清淤深度一般 0.5~2m。江南运河、锡澄运河等航道和宜兴的多条航道均以原来航道设计为准,清到原设计河底标高。自然形成的山区河道一般不要清。

五、清淤机械设备和方式

1) 不是航道的河道,其最佳清淤方式是抽干水彻底清淤,因其没有回淤,特别是小河道、断头浜,凡宜采用此法的河道一般均应用此法。但对于河道沿岸有老房子且河道驳岸不结实的,在进行是否采用抽干水彻底清淤的决策时,需要慎重,因为抽干水后,河道驳岸失去了水对其的压力,老房子和河道老驳岸有可能开裂、塌陷或倒塌。现无锡城区大部分河道如古运河和梁溪河等及其二侧的支流实施清淤的都用抽干水彻底清淤的方法。河道抽干水后,以机械设备清淤为主,小河道主要采用水力冲塘设备清淤;施工面积大且基质为硬土的,待淤泥含水率降低后可采用合适的挖掘机械;个别施工条件比较差的,也应辅之与人工清淤。

2) 采用机械设备水下清淤是通航河道常用的办法。如江南运河、锡澄运河等骨干河道应采用环保型水下施工设备清淤。选择设备原则:清淤后的回淤量小和尽量不搅混水;优选采用设备依次为泵吸式、绞吸式、链斗式清淤设备;尽量少用抓斗式挖泥船,因其清淤不彻底,回淤量大;大河道清淤,也可用大型精确定位的环保清淤设备,但要进行预清理,即解决河中大体积、大件杂物的堵塞问题。

3) 清除淤泥的运输,因船运价格低,凡能用船的均用船运,但要注意运输安全和控制运输期间的污染,农村大部分用船运;城市中部分用船运,无法行船的地方只能用汽车运。有条件的,特别是采用水力冲塘设备或泵吸式清淤的,可用管道直接将淤泥输送到堆泥场。城市中施工条件差的,也可水力冲塘设备或泵吸式清淤后,用管道将淤泥输送到船上外运,或将淤泥输送到某一指定地点后再行处置或转运。

六、淤泥的无害化处置和资源化综合利用

(一) 排(堆)泥场管理和淤泥无害化处置

1) 选择和管理好排(堆)泥场地。场地一般选用废弃的河道、鱼池、荒地、滩地,并根据排泥场蓄泥能力与占地、地形、施工强度、促淤促沉技术,进行设计布局。泥场要筑好围堤,以防多余泥水流出。

2) 减少泥水污染二次释放。采用促淤促沉技术,设置数道物理栏栅和沉淀池或泥水径流沉降槽,其中阻水材料宜采用透水性好又能挡泥沙的材料;添加絮凝剂,效果好,但成本高。

3) 排泥场余水处理和达标排放技术要求基本同湖泊清淤时设置的排泥场。水质以农田灌溉标准控制。

4) 排泥过程结束后,淤泥堆土区统一规划,加强泥场管理,泥场表层植被覆盖、绿化或复垦,减少雨水淋溶。

(二) 淤泥资源化综合利用

淤泥采用真空预压、脱水固结、添加固化剂,以减少淤土占地面积和占地时间,提高占用土地使用率,并把淤泥作为回填土、绿化基土,直接农用或进行堆肥后农用,但有毒物质超标的淤泥应环保填埋;采用先进的淤泥固化技术,使淤泥成为高质量回填土,用于筑路、筑堤;加速淤泥生物处理技术应用,用淤泥制作复合肥料、颗粒肥;经脱水或其他形式的处理后用于制砖和作为工业掺合料等。2005 年,无锡已较大规模采用淤泥固化技术固结淤泥,效果良好。堆泥场应结合景观规划,建设成绿地或湿地。淤泥资源化综合利用具体见第四章第六节。

七、区域城乡河道第一轮全面清淤实践

1998 年 1 月,无锡市人大十二届一次会议通过《关于加快清除城乡河道淤积议案》的决议,随即市政府颁发了《关于加快清除城乡河道淤积的通知》,决定用 5 ~ 8 年时间,对全市河道全面清淤一遍。无锡开始了第一轮河道全面清淤工程,计划清淤河道 6114 条(含小河浜),全长 6842km,清淤 8125 万 m^3,计划总投资 7.42 亿元。其中为期 5 年的无锡市区第一轮河道全面清淤工程至 2002 年已完成;江阴市、宜兴市、惠山区、锡山区实施了为期 8 年的第一轮河道全面清淤工程至 2005 年底已经完成。

(一) 清淤数量

经过 8 年努力,无锡市共完成河道清淤 6864 条,7641km,清淤量 9171 万 m^3,其中无锡市级河道完成 652 万 m^3;县(市)、区级河道完成 1358 万 m^3;乡(村)级河道完成 7161 万 m^3(表 5 - 20)。第一轮河道清淤工程至 2005 年全面完成。采用水下清淤和干河清淤相结合,以机械清淤为主。

表 5－20 无锡市城乡河道清淤统计表

年度	无锡市级			市(县)区级河道			乡(镇)级河道			合 计		
	清淤土方(万 m³)	河道(条)	河道长度(km)	清淤土方(万 m³)	河道(条)	河道长度(km)	清淤土方(万 m³)	河道(条)	河道长度(km)	清淤土方(万 m³)	河道(条)	河道长度(km)
1998	123	36	36	186	24	65	1066	1210	1315	1375	1270	1416
1999	104	47	39	233	28	81	1269	1250	1420	1606	1325	1540
2000	161	31	41	173	23	74	1108	1170	1275	1442	1224	1390
2001	99	16	35	142	11	46	928	770	712	1169	797	793
2002	110	26	37	181	13	36	939	629	656	1230	668	729
2003	22	8	7	174	17	56	651	482	510	847	502	573
2004	16	12	12	155	17	540	629	471	540	800	500	612
2005	17	14	9	114	27	64	571	537	515	702	578	588
合计	652	190	216	1358	155	482	7161	6519	6943	9171	6864	7641

（二）城乡河道清淤做法

（1）统一领导齐心协力 全市建立以各级政府主要领导为首的指挥机构及工作班子，统一领导、统一规划、统一部署、统一落实，各级水利、交通、建设部门按照职能分工，团结一致，齐心协力搞清淤。

（2）坚持"三个一" 一套指挥班子，组织清淤实施；一个清淤规划，实行挂图作战；一支施工队伍，常年专业施工。

（3）坚持"三个优先" 优先安排涉及人民群众生活环境的河道，优先安排入太湖河道，优先安排影响引水、防洪排涝的河道。

（4）坚持"六个结合" 与圩堤加高加固相结合，与复垦复耕相结合，与调整畅通水系、封闭排污口、整治水环境相结合，与治太工程相结合，与城乡规划建设相结合，与创建国家卫生城市（文明农村）相结合。

（5）拓宽渠道多方筹措资金 采用政府投入为主，全民参与筹资的原则。至 2004 年全市共投入资金 6 亿多元，其中无锡市财政共安排市级河道清淤资金 5797 万元，各市（县）区财政也安排了数千万元资金。

（6）严格把关狠抓工程质量 坚持质量第一，公开招投标选定施工单位，质量责任到人，建立三结合质量管理网络，并出台了《无锡市河道清淤工程验收及质量评定标准》，并按《标准》验收。

（三）城乡河道清淤效果与作用

（1）有效地改善了河道水环境 河道清淤 9171 万 m³，相当于分别清除了 TP、TN、有机质 6.86 万 t、12.05 万 t、562 万 t；清淤前大部分河道水污染严重，水质劣Ⅴ类，经过清淤，城乡河道底泥污染释放大量减少，水质有较明显改善，水污染严重程度减轻，无锡城区有些小河道过去常年黑臭，通过清淤、调水等工程措施及加强管理后黑臭现象大部分趋于缓解、甚至消失。

（2）有利于行洪排涝和引水灌溉　全面清淤后，扩大了河道断面，理顺了河网水系，增强了河道行洪排涝和引水灌溉能力。

（3）改善了航运条件　通过清淤，使航道常年保持正常水深，保证了船舶的正常航行。

（4）提高河道护岸的防洪标准　利用清淤的部分土方加高加固河道两岸圩堤 2400km，复堤土方 1700 万 m^3，节省挖废土地，节约筑堤资金 1600 万元，大大增强了各地防汛保安能力，提高了护岸防洪标准。

（5）推动了城镇环境综合整治　河道清淤结合并推动了城镇环境综合整治，累计建设整修护岸 650km，两岸绿化 320km，增加绿化面积 160 万 m^2。

（6）复垦土地　利用清淤土方复垦造田 150hm^2，节省复垦资金 2750 万元。

八、河道生态清淤经验教训[19]

（一）生态清淤是一项长期的任务

淤泥年年生成，建立持续生态清淤机制。不能够认为完成一轮清淤后就一劳永逸，现在虽然正在全力控制生活、工业和农业的污染，也封闭了很多排污口，但仍有比较多的各类达标排放的工业污水、一定量的生活污水、其他污水及地面径流和垃圾排入或进入河道，造成河道一定量的新的淤积，所以河道的生态清淤是一项长期工作，要建立长期的清淤工作机制。城镇河道每 8～10 年应清淤一次，农村河道每 10～15 年应清淤一次，其中底泥淤积快且污染严重区域应适当加密清淤频次。无锡在完成第一轮河道清淤的基础上，继续推进河湖持续生态清淤。

（二）加强清淤工程管理和质量监督

生态清淤工程大部分是水下施工，比较难以测量，特别要注重清淤质量。而且河道清淤工程又是面广量大，施工单位多而杂，采用设备各不相同，技术水平高低不齐，所以生态清淤工程的监督难度很大。为提高清淤工程质量：一是做好施工方案；二是选择素质好、信誉好的施工队伍；三是加强对施工质量的检查和监督，对查出的问题应及时改正或返工；四是建立建设、监理和施工单位责任制，建立必要的处罚措施。施工中经常出现的质量问题：① 施工方法不对或采用清淤设备不适当：能采用抽干水彻底清淤的方法而不采用，清淤时分层施工，清淤时过度扰动水体；② 没有清到设计深度、清淤不彻底或漏挖；③ 不按指定地点放置淤泥，有意或无意的乱堆乱放，船只运淤泥时就近抛入河中，管道输送淤泥时"漏"入河中，如梁溪河支流和城区河道清淤时曾发生把淤泥泵入（抛入）其他水域的现象；④ 排泥场不合要求。

（三）生态清淤工程必须与控污同步实施

控制污染主要是控制污水和固体污染物入河湖，封闭河湖排污口，特别是城镇河道和人口密集区的河道，在采用抽干水清淤时，应仔细调查和封闭沿河湖排污口，把污水接入污水厂处理。如无锡古运河清淤彻底，又封闭了排污口，水质改善效果较好而长久；梁溪河两边和城区相当数量的支流小河道,由于排污口未全部封闭或封闭不彻底,在清淤后数月河水质量又变差;有些小河道,因大量排入污水或抛入污物、垃圾,在清淤后一、二年淤积又很严重,每年淤积达到 20~30cm。所以说彻底的外源治理是保证生态清淤高质量和有长久效果的基础。而且内源污染控制是一项综合生态工程,对其效益评估和期望值要实是求是,不应过高。

第七节 防治太湖藻类爆发和规模"湖泛"

一、防治太湖藻类爆发

从根本上治理藻类爆发,到目前为止仍是世界性难题,但可用一些科学合理有效的技术、方法控制藻类生长及其爆发。控制藻类爆发的措施总体为:一是控制外源和内源,大幅度减少藻类营养源磷和氮;二是控制藻类生长繁殖的各个环节,降低、抑制藻类繁殖速度;三是阻止藻类在水源地,特别是取水口附近大量聚集、死亡并沉入水底,防治藻类爆发污染取水口;四是打捞清除已生成的藻类及其残体,在减少藻类的同时大幅度减少水体中 N、P 营养盐[20]。防治太湖藻类爆发具体措施如下。

(一)控制入太湖河道两岸污染减少氮磷入湖

全面做好太湖中上游入太湖(含湖湾)河道两岸的控制污染工作,控制对太湖污染有重大影响的重点区域,大幅削减生活、工业、农业污染负荷入湖,降低太湖 N、P 浓度,减轻富营养化程度。控制太湖污染的有关重点区域,主要是无锡市宜兴的 18 条入湖河道及其两侧区域,常州的入湖河道武进港、太滆运河及其上游的两侧区域,进入宜兴的西部上游河道及两侧区域(主要是常州市的溧阳和南京的部分区域)、无锡市区(京杭运河西南侧区域)的入湖河道两侧区域,太湖控污重点区域要做好以下几点工作:

(1)建设足量的高标准的污水处理系统是目前治理污染的龙头 同时建设配套的污水收集管网和行之有效的管理和监督制度;全部污水厂污染物排放标准均提高到一级 A,并对污水厂尾水继续进行深度处理,再生水回用,建立污水厂尾水与湿地联合处理系统。

(2)封闭全部排污口是最硬最有效的治污推进和监督措施 分阶段封闭上述区域生活、工业排污口和大部分畜禽养殖业排污口(不含城镇污水厂排污口,下同);封闭全部排污口是确保和促进全部生活污水、大部分工业污水和部分养殖业污水进入城镇污水厂处理或进行其他方式处理的保证措施,是最有效的减排监督措施。

(3)持续强化点面源治理 污染源治理是防治藻类爆发的根本措施,持续强化点源治理,做到不欠新帐,抓紧还旧帐,大幅度削减点源污染;农业面源治理结合社会主义新农村建设进行,地面径流污染和航行污染也要抓紧进行。

(4)发展循环经济转变经济发展方式 调整优化结构和清洁生产,大幅度削减工业农业污染负荷。其中,工业污水大幅度提高排放标准,工业园区污水分类进污水厂处理达到一级 A 标准排放;农业主要是适量减少化肥、农药用量,控制和削减农田径流的 N、P 污染;大力推广前置库、湿地处理技术,水资源循环回用,减少污染;建设农业生态园场和生态畜禽养殖园区,集约化养殖、统一污染治理。水上饭店和住家船全部进行清理整顿。

(5)废弃物无害化处置及资源化综合利用　禁止各类废弃物直接进入水体,大幅度削减废弃物经雨水淋溶形成的地面径流污染。

(6)控制地面径流污染　采用拦截、滞留、吸收、吸附和入渗等方法控制、削减城镇地面径流污染,包括:以乔木、灌木和草地三个结构层次搭配种树植草,增加拦截径流能力和提高下渗效果;建立雨水滞留区或湿地处理区;增加地面蓄水和渗透能力;建立城镇道路、广场和绿地雨水生态排水和循环利用系统;城镇初期雨水进污水厂处理。也需注意控制农村地面径流污染。

(7)推进太湖沿岸1km范围内"四退"、"四还"　四退即:退耕、退居、退渔、退养殖;四还即:还湖、还林、还草、还湿地。

(8)在入湖河道建控制水闸　平时一律关闸挡污,污染的河水不准入湖,若遇特大洪涝,需防汛部门核定,经市政府批准才能开闸向太湖排水。

(9)限制氮磷污染物排放　对流域内中上游排放氮、磷污染物的在建项目进行清理整顿;加大污水处理投入力度,全部污水处理厂加装脱氮、脱磷设施;在上述范围内,新建排放氮、磷污染物的项目(主要是化肥、农药、食品、酿造、淀粉、规模畜禽养殖等项目)一律严格审批,并不得设置排污口;全面禁止销售和使用含磷洗涤剂。

(二)实施生态清淤清除底泥中总磷总氮和有机质

在水源地周围、河道入湖口、藻类易聚集区和死亡沉积区,采用生态清淤方法,清除水中淤泥和沉入水底的藻类残体、底泥中活的藻类细胞,以及其他生物残体,以大量减少淤泥向水体释放 N、P 等污染物、减轻富营养化程度,冬季施工疏浚底泥的同时清除冬眠的藻类细胞,减少第二年春天底泥中藻类的复苏量,即减轻本区域内藻类产生、聚集量和爆发程度,减少大规模"湖泛"发生的机率和减轻其严重程度及发生规模。

(三)实行生态修复抑制藻类生长

实行以水生植物为主的水生态修复,增加水体自净能力、固定底泥、增加透明度,减轻N、P 营养盐浓度,抑制、减少藻类的生长。如无锡计划在流入梅梁湖的直湖港和武进港、宜兴 18 条入太湖河道,锡南片 14 条入贡湖河道的入湖口建设生态修复区和湿地保护区;在太湖沿岸(贡湖、梅梁湖、宜兴和湖州太湖沿岸)水域建设宽度为 200~500m 的、种植以芦苇为主的各类植物搭配种植的水生植物群落构成的太湖湖滨湿地带。水生态修复应在合适的条件和环境下合理搭配种植挺水、浮叶、漂浮、沉水 4 类水生植物和采用生态浮床技术。人工生态修复和自然生态修复相结合。利用生态修复区和湿地可吸收、转化、降低已进入水体的总磷总氮和有机质等污染,增强水体自净能力,有效抑制藻类生长,并有效阻隔、吸纳、消化藻类。同时注意及时清除水生植物残体或多余的水生植物,不使其对水体产生二次污染。水生态修复还有其他一些技术可以抑制蓝藻生长:鱼控藻,放养鲢、鳙鱼和尼罗罗非鱼等摄食浮游生物的鱼类,可在一定限度内遏制藻类生长、蔓延。

（四）实施生态调水

合理路径调水是防治太湖藻类聚集、爆发的有效措施。一是可增加水环境容量；二是防治藻类大规模集聚；三是可控制规模"湖泛"的发生、发展。具体作用：降低 N、P 浓度，降低水温，减慢藻类生长速度；带走藻类，降低藻类密度；阻止藻类在取水口附近大量集聚、死亡和沉入水底，使藻类分散分布及其死亡后分散沉入水底，也即大幅度减少藻类沉入取水口附近水底后同时产生大规模"湖泛"的可能。目前最好的调水线路：长江—望虞河—贡湖—太湖—梅梁湖—梁溪河—江南运河，形成江、湖、河大循环。特别在藻类可能的爆发期，必须使调水的水流沿合理的路径流动，以阻止藻类在风力作用下集聚在水源地取水口附近；2010年以后调水线路，增加长江—新沟河—直湖港—梅梁湖—太湖线路，以及增加新孟河"引江济太"线路，上述 3 条线路妥善结合。调水应持续和适量，并与防洪相协调。同时，应控制长江污染，并在调水路径中设置沉砂池及适时清淤，建设生态修复区，以期减少长江 N、P 入太湖。

（五）打捞和清除藻类

清除藻类的技术主要有物理、化学、生物、生化等技术，以及以上技术的组合。选用清除藻类技术的基本原则是：一是能够最大限度清除水体中藻类，并移出水体，目前打捞藻类是非常有效的和学术界没有争议的一种方法；二是藻类移出水体后无害化处置和资源化利用，藻类残体及其所含的 N、P 营养盐不再通过地面径流或其他形式返回水体；三是在杀死藻类后，使藻类残体中的 N、P 营养盐得到分解、降解，或气化后逸出水面，或被其他生物直接吸收利用等，期间的各类技术、方法在学术界均有一些争议，主要是对环境的影响问题比较难以确定，但在太湖经过多次的和一定时间的试验后可以确定其负效应及其可行性。

1. 打捞清除蓝藻的必要性

（1）是避免蓝藻爆发的重要措施之一　蓝藻爆发是太湖以蓝藻为主的藻类爆发，以下简称蓝藻爆发。蓝藻的危害有多种多样，包括对人类健康极具危害、导致水体生物多样性的急剧降低、对水生生物的生长发育有很大危害、诱发家畜和野生动物产生某些病症、对景观和环境产生破坏性影响等。太湖蓝藻爆发严重影响湖区供水安全和生态安全，对沿湖村镇生产生活及湖泊生态造成严重影响，也在社会造成不良影响。目前对蓝藻预报和控制还缺乏有效的途径，在此情况下，通过打捞去除水面和表层水体富集的蓝藻，是避免蓝藻大规模爆发的重要措施之一，事实表明，打捞清除蓝藻是避免蓝藻爆发的重要手段之一，也可减轻蓝藻在湖体死亡造成的次生污染。

（2）是贯彻落实《太湖流域水环境综合治理总体方案》的需要　2007 年 5 月底发生的无锡供水危机敲响了警钟。党和政府十分重视太湖水环境治理，国务院批复的《太湖流域水环境综合治理总体方案》，把开展蓝藻打捞作业列入防范供水危机，保障饮用水安全的重要内容。并且要强化科技支撑作用、推广应用现有科技成果、选择一批技术成熟、治理效果好、有推广基础、能够落实的应用技术，作为综合治理的重要技术推广应用。因此，太湖蓝藻打捞清除及其后的后续处理是全面贯彻落实《太湖流域水环境综合治理总体方案》的需要，是"科技治太"的需要。

（3）是保护太湖水资源及保障供水和生态安全需要　太湖是沿湖周围工农业生产、生活的主要水源，其中贡湖、梅梁湖、胥湖等多个湖湾是无锡、苏州等大中型城市的供水水源地。近年来太湖蓝藻"水华"和"湖泛"频发，根本原因在于人类活动造成的入湖营养盐剧增和底泥污染的释放及生态系统的破坏，改变了湖泊生态系统的环境特征，造成有害藻类或微生物异常繁殖所致。通过打捞清除蓝藻，可有效改善湖体生态环境，对于遏制或减轻蓝藻爆发，保护太湖水资源和生态安全均具有积极的作用。

综上所述，太湖蓝藻打捞清除工作是避免或减轻蓝藻爆发、减少蓝藻在湖体死亡造成次生污染的重要措施之一，蓝藻打捞清除是贯彻落实《太湖流域水环境综合治理总体方案》的需要。实施太湖蓝藻打捞清除工程，是目前一项减轻湖体富营养化、蓝藻爆发湖泊污染的主要措施，是治理太湖十分必要和迫切的工作和比较长期的工作。为此无锡市大规模开展了太湖蓝藻打捞清除工作。

2. 打捞蓝藻

打捞是最简单的直接清除水体中生成的藻类及其所含 N、P 的物理除藻办法，也是目前清除藻类应采用的最主要和最有效的基本办法。科学打捞藻类的关键是富集藻类和提高打捞设备的打捞效率。无锡已经建立了一套科学合理的藻类长效打捞和有效监督机制，具体由市水利局负责。如 2007 年打捞蓝藻（富藻水）19 万 m^3，2008 年打捞 50.1 万 m^3。

（1）打捞设备及工具和方法　一是大水面打捞、清除藻类。大水面打捞、清除应以大型机械打捞、清除为主。应建造有一定规模的打捞、清除和处理藻类能力的除藻船（设备），配备泵吸设备，藻水分离、过滤压缩等减重功能，以能规模清除太湖藻类及其所含的 N、P；在距离岸边近（1～2km）的水域也可设置陆域吸藻、除藻站，通过管道将吸取的含藻水送往陆域站场进行藻水分离减重。有条件的，可将吸藻除藻、藻水分离和藻类的综合利用（如利用藻类发酵制成肥料等）进行一体化设计，并且提高机械化和自动化程度。二是小水面内打捞、清除藻类。用小型打捞、除藻船（设备）。个别不能够使用打捞、除藻船（设备）作业的区域，可采用人工打捞方法除藻，人工打捞要提高打捞技术水平。

（2）有效拦截和富集藻类　拦截和富集藻类是提高打捞藻类效率的有效办法。拦截和富集藻类是在藻类大量通过的合适断面，用透水或半透水而藻类基本不能通过的挡藻围隔、网、墙、坝等拦截、阻止藻类，其一是使藻类不能进入水源地，特别是不能进入自来水厂取水口附近。其二是使藻类能够高密度的富集在一个比较小的水面范围内，藻类富集后可以大幅度提高打捞藻类的效率。拦截和富集藻类二者结合，在起到拦截藻类的同时也起到富集藻类的作用。拦截和富集藻类除主要是依靠人工设置的拦藻和富集藻类围隔、围网外，也可利用或配合利用天然地理条件，如湖湾、河口等。设置围隔、围网时应考虑其结构、强度、材料、形状、空隙大小、长度和平面布置形式。其中，在设置拦藻和富集藻类围网时要充分考虑围网的目数多少及其对水流的影响和围网的不同功能（移动式或固定式，拦藻或富集藻类等）。应在梅梁湖设置 1、2 道拦藻和富集藻类的围隔或围网，在贡湖设置 1、2 道挡藻和富集藻类的围隔，在重要风景区鼋头渚、锦园、十八湾等处设置富集藻类的围隔，在宜兴太湖沿岸水域建立一整套富集藻类的围隔，同时结合风力、湖流和湖湾富集藻类，便于打捞藻类和大幅度提高打捞藻类效率。

（3）建立藻类长效打捞清除机制　建立健全"以专业打捞清除为主，非专业打捞清除为辅;机械化打捞清除为主,人工打捞为辅;不断提高打捞清除技术水平和效率;藻类后续无害化处理为主向资源化综合利用转变"的长效工作机制。建立藻类长效打捞清除协调领导小组,建立政府主导的长期打捞清除藻类的公益模式,建设一支长期打捞清除藻类队伍,采用机械打捞,坚持藻类无害化处置的基础上进行资源化综合利用,逐步降低治理藻类成本和提高藻类资源化利用的经济效益。

3. 利用改性黏土除藻

使用黏土除藻在 1997 年就提出。后中科院潘刚等专家将改性黏土技术与生态技术结合起来,系统研究了黏土凝聚除藻的科学机理。利用改性黏土对藻细胞的凝聚作用,使湖面上的蓝藻沉入湖底 。已经在梅梁湖十八湾试验,获得成功。

4. 化学方法除藻

利用化学制剂直接杀藻除藻,制剂包括氧化型和非氧化型二类。但此类化学制剂必须是经多次实践证明是无毒无害的和环境安全的,并且杀死藻类后使藻类残体分解、降解,使残体中 N、P 基本不存于水体,或赋存在于底泥,且得到固定,使其释放率很小。该方法应谨慎使用。

5. 生化方法除藻

(1) 利用微生物除藻　选择能高效杀死藻类的微生物,杀死水中藻类,同时分解、降解藻类。可以是一次性完成,也可以是分二步完成。其中分二步完成,即第一步生化作用杀死藻类,第二步生化作用分解死亡藻类。但此类微生物也必须是经多次实践证明是无毒无害的。

(2) 生物酶法除藻　2006 年 12 月,云南省环保产业协会的中国三爱环境水资源(集团)有限公司在昆明召开了研讨会,推出了一种通过天然材料提取的生物酶,它可诱导蓝藻进行超常光合作用,从而加快其新陈代谢,超量消耗其自身养分,最后致其死亡。

6. 电催化技术除藻

电催化技术除藻也称电化学技术除藻,即利用强大的低压电流,电击催化某些贵金属,使产生强氧化剂,有效杀死水体中微小的藻类,并且将其分解,其中 N 逸出水面,直接使水体变得清澈,而不伤害高等植物及动物。此技术已经由无锡市浩淼科技有限公司进行了电催化技术除藻试验,取得成功。

7. 超声波杀藻

超声波是频率在 16kHZ 以上的声波,超声波能够在水体中产生一系列强烈的冲击波和射流,以及由此产生的衍生效果,破坏藻类细胞,达到杀藻的效果。

8. 组合技术除藻

上述方法,物理打捞法一般独立实施,其他技术、方法可根据具体情况组合实施,其中利用改性黏土清除藻类后,可在此水域继续实施生态修复、种植沉水植物等。

上述技术 3 ~ 技术 7,均比较适合于相对封闭的面积适中的水域使用,一般上述技术只要运用得好,大多能使水体在较短时间段内变清(包括改善有关水质指标和透明度),变清的程度和变清时间长短要根据具体情况和试验确定;在开放的太湖大水面中,因为有风浪、蓝藻、湖流等因素的影响,上述技术均不能表现出使水体在较长时间内保持清洁透明的良好效果。

9. 藻类的资源化综合利用

捞出水体的藻类可作为肥料或制作成复合有机肥,也可发酵生产沼气和沼肥(沼渣、沼液），并且利用沼气发电，也可利用藻类燃烧发电，以及进行更深层次的资源化综合利用。目前无锡市已建设了南洋农畜有限公司利用蓝藻和猪粪混合发酵生产沼气－发电工程，发电功率400kW；建设了无锡市唯琼生态农庄利用蓝藻生产沼气－发电工程，发电功率100kW。具体见第四章第六节。

10. 藻水的分离脱水

在实施藻类机械化打捞，以及实施藻类发酵生产沼气－发电和有机肥生产等资源化利用项目后，藻水分离站建设就是必须实行的项目。原因是藻类打捞上来后，需要运往一定的处置或资源化利用的地方，但刚打捞上来藻类的含水率很高，达到99%以上，藻水（藻类和水的混合体）的堆放需要占用大量宝贵的土地资源，而且藻水经一定时间的放置后，产生大量臭气、臭水，严重污染堆放区域的水体、空气和环境，就是运去进行资源化利用，运输成本很高，所以必须进行藻水分离脱水。无锡市目前藻水分离脱水主要采用"德林海藻水分离脱水技术"，即是在藻水中科学添加絮凝剂和利用气浮技术，以及细胞离心脱水技术进行蓝藻与水的分离与脱水，依托此技术制成的设备效率高。无锡已在锦园配置处理能力0.5万 m^3/d 的"德林海藻水分离站"1套，配置0.3万 m^3/d 压滤脱水技术的藻水分离设备1套。正在闾江口、杨湾、新安街道、壬子港、月亮湾以及宜兴丁蜀镇、周铁镇和武进雅浦港等处建设、配置0.5万~1万 m^3/d 的"德林海藻水分离站"8套。同时无锡市锦礼水处理科技有限公司也进行了利用磁分离技术进行藻水分离的试验，取得成功。

二、防治规模"湖泛"和削减其他内源

防治规模"湖泛"的一般要求是：减少有机质和产生"湖泛"的有关污染物质进入底泥和水体，清除已经存在于底泥和水体中的此类物质，增加底泥及其上覆水体中的氧气，以此减少规模"湖泛"发生的可能性和减弱"湖泛"程度。主要措施：① 适时适量生态清淤，清除污染底泥及其中大量的有机质、N、P、S等污染物质；② 大幅削减生活、工业、农业污水入湖和关闸挡污阻止河道污水入湖，减少有机质、N、P、S等污染物质进入水体和底泥；③ 生态修复，种植水生植物，阻挡、削减风浪和固定底泥，吸收底泥、水体中有机质和其他污染物质，减少参与"湖泛"的基本物质；④ 富集和科学打捞、清除藻类，阻止藻类聚集并死亡和高密度的沉入水底；⑤ 合理路径调水，增加环境容量，增加含氧量，增加水体流动性；⑥ 做好发生规模"湖泛"，特别是影响供水"湖泛"的应急预案和预警方案。

以往为解决梅梁湖、贡湖"湖泛"的后遗症和防治再次发生"湖泛"，多次进行了生态清淤：

（1）梅园水厂水源地清淤　1994、1995年夏天此处水源地发生藻类爆发和规模"湖泛"，影响供水，所以进行清淤。清淤工程位于梅梁湖北部的梅园水厂取水口周围，清淤面积0.15km²，清淤平均深1.4m，清淤量22万 m^3，清淤时间1996年3~4月。改善水环境的效果很好，如 COD_{Mn} 当年8月为4.6mg/L，而1995年同期为8.5mg/L，下降45.9%。

（2）小湾里水源地清淤　1994、1995年夏天梅梁湖小湾里水源地发生藻类爆发和规模"湖泛"，影响供水，所以1996年春天进行清淤。清淤工程位于梅梁湖东部的小湾里水厂取水口周围，清淤面积0.5 km²，清淤平均深0.4m，清淤量20万 m^3，当年有较好改善水环

境效果。

（3）贡湖南泉水厂水源地清淤 因为 2007 年 5～6 月贡湖南泉水厂水源地发生藻类爆发和规模"湖泛"造成无锡 5.29 供水危机，所以在 2007 年 7 月～2008 年上半年进行清淤。清淤范围在贡湖北部的南泉水厂、锡东水厂取水口周围 10.9km²，清淤深度 20～30cm，平均26cm，清除 20 世纪 70 年代后淤积的污染底泥及底泥中活的藻类细胞，清淤量 282 万 m³。采用环保型绞吸式挖泥船，清淤后未发生"湖泛"，有效改善了水源地水质。

（4）竺山湖准备清淤 因为 2008 年 5～6 月竺山湖发生大规模"湖泛"（该水域无取水口），决定在竺山湖进行 1km² 的试验性清淤，清淤深度 20～40cm，清淤量 30 万 m³ 左右。清淤计划在 2009 年初开始，以后再扩大清淤范围。

第六章　湖泊水生态系统修复

　　太湖是全国水环境污染严重的"三河三湖"之一,总体而言,太湖的水污染从 20 世纪 80 年代以来至 2007 年呈缓慢持续发展的趋势,富营养化严重,蓝藻爆发,危及安全供水,严重制约流域、区域经济社会的可持续发展。所以,防治水污染、改善水环境是太湖当前刻不容缓的任务,而实施湖泊水生态修复,推进湖泊水生态系统的良性循环是太湖水污染防治、水环境改善过程中极为重要的措施之一,也是必不可少的一个阶段。

　　无锡市为建设生态城市,必须在控制污染源和治理水污染、保护水环境,以及调水增加环境容量的基础上,同时实施水生态修复和建设,以有利于经济社会可持续发展,保障供水安全和人民身体健康,提高生活质量。

第一节　湖泊水生态修复作用和技术

一、水生态修复必要性及其作用

(一)水生态系统和水生态修复

　　水生态系统是在涉水范围(含永久水域和水位变幅部分,以及对地表水体或地下水体有一定影响的范围)内各种生物和非生物通过能量流通和物质循环而相互作用、相互依赖所形成的一个综合性的系统。湖泊水生态系统包括生物群体和生境条件二部分。其中的生物包括:生产者,藻类和大型水生植物;初级消费者,大小浮游动物;次级消费者,一般鱼类;顶级消费者,凶猛性鱼类;分解者,分解利用动植物残骸的微生物。生境条件包括:各类能量;天气,降雨、光照、气温、风等气候因素;基质、介质,水(水资源和水文水质条件)、岩土、空气等;物质代谢原料,无机盐、腐殖质、氧气、氮气等。本章主要叙述地表水的水生态系统及其水生态修复。

　　水生态修复是指利用生态工程学或生态平衡、物质循环的原理和技术方法或手段,对受污染、受破坏或损坏环境下的水生态系统中的水生生物、生物群体生存和发展状态的改善、改良或恢复、重现。其中包含对水生物生存的物理、化学环境的改善和对水生物生存"邻里"、食物链环境的改善等。水生态修复的核心是建立生态系统的动态平衡。遵循生态学的基本原理,即生态系统中物种共生与物质循环再生原理、结构和功能协调原理,同时结合系统工程的最优化理论,设计出分层多级利用物质的人工生态系统。水生态修复有些也称水生态重建。简单地说就是通过一系列措施,将已经退化或损坏的水生态系统恢复、修复,基本达到近似原有水平,并保持其长久稳定[27、28]。

　　国内外众多实践经验表明,湖泊是一个有生命的水体,若仅仅控源是无法做到对富营化的控制,只有结合湖泊生态恢复,才能发挥湖泊生态系统巨大的自我调节能力,湖泊富营养化才能真正得到控制,这就是湖泊保护的目标。

(二)湖泊生态修复的必要性

(1)太湖水环境综合治理的需求　国务院批复的《太湖流域水环境综合治理总体方案》要求实施湿地保护、修复和重建等太湖生态修复项目。

(2)湖泊生态系统退化的现实要求　①由于水污染,大量生活、工业点源和农业、地面径流等面源污染入湖,湖泊 N、P 和有机质浓度不断增加,水污染使植物、动物大量死亡;②湖泊内严重污染底泥产生的二次污染,进一步加大水体中 N、P 浓度,外源污染的入湖和内源污染释放的叠加,使湖泊营养程度越来越严重的梅梁湖、竺山湖、五里湖等达到重富营养;③由于富营养和水文、气候和地理条件,导致以蓝藻为主的藻类自 20 世纪 90 年代起年年大爆发,或引起规模性"湖泛",进一步污染太湖水体,造成生态危害和供水危机;④人工大量收割水草和不合理养殖水生动物,围湖造田(鱼池)加速了水生植物(动物)的退化。总之,由于以上原因使湖泊生物多样性减少,群落结构退化,水面积和良好生长水生植物面积大量减少,湖泊生态系统退化。要恢复湖泊生态系统,必须进行湖泊生态修复。

(3)生态修复能够提高水体自净能力　生态修复后,湖泊可以增加水体自净能力,改善水环境,亦即增加环境容量,有利于实现污染负荷总量与环境容量达到平衡状态,有利于改善水质、水环境,有利于水源地安全供水。

(4)实践证明生态修复的效果好　无锡地区通过五里湖、梅梁湖的多次生态修复试验、示范,效果良好,表现在经过生态修复的水域生物多样性增加,水质得到改善,有利于遏制湖泊生态系统退化,逐步转向良性循环,特别是五里湖通过生态修复使劣于 V 类的水质改善到 Ⅳ ~ V 类,所以以太湖进行生态修复是十分必要的。

(5)太湖东部比较好的水环境现状也说明必须进行生态修复　太湖东部由于水污染相对较轻,水生态系统受到损害程度较太湖北部、西部水域为轻,所以水质较太湖北部好一个类别。其主要原因是太湖东部水域有较健全的以水生植物为主的水生态系统,使该水域具有较强的自我净化水体的能力和固定底泥及阻挡削减风浪的良好作用,在水生植物生长茂盛的水域,就是底泥有一定污染,其富营养程度也不很高,透明高也较大,这也说明湖泊应有良好的生态系统,若生态系统受损,必须对其进行生态修复,恢复或重建其良好的生态系统。当然太湖东部也应进行必要的水污染治理和水生态修复,使受损的水生态系统得到良好的恢复。

(三)水生态修复目的和作用

1)水生态修复目的是修复、恢复水体原有的生物多样性、食物链的连续性,充分发挥水资源、生物资源的生产潜力,起到保护水环境的目的,使水生态系统转入良性循环,达到经济和生态同步发展。同时,湖泊、低洼平原河网区河道的水功能(环境)区水质目标的稳定达标。

2)水生态修复主要作用是通过保护、种植、养殖、繁殖适宜在水中生长的植物、动物和微生物,改善生物群落结构及其多样性,增加水体的自净能力,消除或减轻水体污染;在城镇和风景区附近的生态修复区域,同时具有良好的景观作用,生态修复具有美学价值,可以创造城市优美的水生态景观。

3)水生态修复一般需要经过较长一段时间才能趋于稳定并发挥其最佳作用。水生态修复和水污染治理工作必须立足长治久安,遵循生态学基本规律。种植水面植物(含生态浮床和漂浮水面植物)能在较短时间发挥作用,可作为先导技术(也有称为先锋技术)采用。

(四)水生态修复任务

水生态修复的主要任务:① 改善生境。其一为改善水质,消除或减轻水污染,使水体在质量方面满足水生物生长的条件,满足经济社会发展和人们生活需求;其二为改善水文条件,采用合理的调度模式,使水体在水动力和水位方面满足水生物生长的条件;其三为基底,包括地形、土质和高程等,满足水生物生长对基底(基质)的要求。② 改善生物群落结构及其多样性。③ 恢复或修复生物栖息地、产卵场。④ 物种基因保护。⑤ 改善水景观和人居环境。

(五)水生态修复分类

生态修复一般分为人工修复、自然修复(也称自我修复)两类。生态缺损较大的区域,以人工修复为主开始,人工修复和自然修复相结合,人工修复促进自然修复,最后通过湖泊生态系统的自我调节能力使其生态系统逐步进入良性循环;现状生态较好的区域,以保护和自然修复为主,人工修复为辅,人工修复主要是为自然修复创造良好环境,同时消除人类对水生态系统不良的干扰和胁迫,加快湖泊生态系统自我生态修复进程,促进稳定化过程。

进行人工修复的区域,一方面需根据现代社会的观念和市民的愿望,按照城镇和农村水域的不同功能需求进行生态修复;另一方面应尽量仿自然状态进行修复,特别是农村区域尽量要恢复原生态状态。水生态系统得到初步恢复后,应加强管理,特别是长效管理,确保其顺利转入良性循环。

二、水生态修复的主要植物种类

用于水生态修复的植物主要是水生植物,其次为部分陆生植物。水生植物是水生态系统中不可缺少的一个环节,缺少了水生植物就不可能重建一个完整的水生态系统。适宜太湖,特别是五里湖、梅梁湖生态修复的水生植物一般分4大类:挺水植物、浮叶植物、沉水植物(水草)、漂浮植物。另外,用于生态浮床的植物主要有陆生植物(湿生植物)和部分水生植物。

(一)挺水植物

挺水植物扎根底泥之中,茎生长在水中和水面上,叶一般穿过水体立于水面之上,一般茎和叶可在一定的幅度和速度内随水位的上涨而逐步长高;通过根系吸收底泥和水体之中N、P和其他污染物质。

挺水植物一般对自然条件的适应性较强:成活后较耐风浪、较耐污染,不受水体透明度限制;较易成活,生长速度较快;适宜岸边和较浅水域及干湿交替区种植;基本为多年生植物,其中芦苇、茭草等冬天茎叶枯死,根明年可再生长;菖蒲类等,四季常绿。

主要植物有:芦苇、茭草(即野茭白)、菖蒲类(香蒲、菖蒲等)、莲(荷花)、黄菖蒲、千屈菜、水苋菜、水蓼、水葱、鸢尾、蓝蝴蝶等。

如芦苇,为禾本科芦苇属。多年生水生或湿生的高大禾草;地下具粗壮的匍匐根状茎;秆高 1~3m,节下通常具白粉;夏秋开花,圆锥花序,顶生,疏散,长 10~40cm;冬天植株茎、叶枯死,其根来年再生。生长于池沼、河岸、河溪边多水地区,常形成苇塘,为保土固堤植物。适宜常水位 0~1.2m 水深生长;一般生长于浅水区域或湿地,不宜与香蒲混种。

(二)浮叶植物

浮叶植物扎根底泥之中,茎在水中,叶浮于水面,一般茎可随水位的上涨而逐步长长;通过根系吸收水体和底泥之中 N、P 和其他污染物质,也可通过茎、叶和茎节间的茎须(如菱类等)吸收或吸附水体中 N、P 和其他污染物质。

浮叶植物一般对自然条件的适应性较强:成活后较耐风浪、较耐污染,不受水体透明度限制;较易成活,生长速度较快;适宜较浅水域种植;一般为一年生植物,冬天死亡(如菱类),次年需再行种植,但野菱次年可自行再生;部分为多年生植物(如睡莲类)。

主要植物有:菱类(菱、乌菱、野菱)、睡莲类(红、白、黄、蓝色等睡莲)、荇菜、金银莲花、芡等。

如菱,为菱科菱属,又称四角菱。近似乌菱,主要区别在于果较小,果有 4 角,花期 7~8 月,果期 10 月;生境,平原湖泊、池塘。相似的有野菱,野生。菱、野菱、乌菱三者适宜常水位 0.8~2.5m 水深生长,个别的可在 4~6m 水深生长,三者宜搭配种植,以菱为主,并适当提高种植密度,通过茎、节间茎须、叶的吸收、吸附作用和附着生物(生物膜),可降低水体的营养程度和悬浮物,提高透明度,并在一定限度内比较有效发挥菱群的群体抗浪作用;每平方米水面生产植物干重 0.434kg/m²。无锡试验,植物中干物质含量为 7.6%,干物质中含 N 2.7mg/L、P 0.32mg/L。

又如睡莲,为睡莲科睡莲属,种别名子午莲,一般有红、白、黄、蓝色等睡莲。红色花的(红睡莲)波头摩花、白色花的(白睡莲)芬陀利花、黄色花(黄睡莲)的拘物头花、蓝色花的(蓝睡莲)优钵罗花。多年生水生草本,景观植物,适宜生长于常水位 0.8~2m 水深;根状茎短粗,直立。叶漂浮。生境,池沼中,人工栽培;繁殖方式,分蔸;习性,阳生。

(三)沉水植物

沉水植物扎根底泥之中,茎和叶在水中;通过根系吸收水体和底泥之中 N、P 和其他污染物质,也可通过茎和叶吸收或吸附水体中 N、P 和其他污染物质,是水生态系统中的关键植物。

沉水植物一般对自然条件的适应性相对较差:耐风浪和耐污染程度不高,对光合作用要求比较高,受制于水体的透明度,沉水植物适宜常水位 0.8~1.5m 的水深生长,一般适合的生长水深为不超过透明度的 2~2.3 倍;通常认为当 TP 浓度很高时,不宜生长;生境条件合适时,较易成活,生长速度也较快;适宜较浅水域种植;一般为多年生植物,四季生长,其中本地植物适应性较强,生长速度适中;伊乐藻为外来品种,适应性相对较差,生长速度相对较快。一般种植在水底,也可以种植在立体生态浮床的水下部分,也可以挂网种植(需选择适合的种类),挂网种植时,在网上可以形成有消除污染作用的生物膜。

主要植物有:苦草、马来眼子菜、菹草、伊乐藻、狐尾藻、金鱼藻、黑藻、大茨藻、红线草等。

如菹草,为眼子菜科眼子菜属。本地常见的多年生沉水草本植物;近圆柱形的根茎,地下茎细长,茎多分枝,略带扁平,近基部常匍匐地面,于节处生出疏或稍密的须根;侧枝的顶端常结芽苞;叶条形,无柄,菹草对氮、磷营养水平有比较广泛的适应性,比较适合于中氮中磷水体生长,较宜的 TP 为 $0.05 \sim 0.3mg/L$;比较耐寒;适宜条件时,为生长繁殖快的沉水植物,也是湖泊、池沼、小水景中的良好绿化材料;菹草生命周期于多数水生植物不同,它在秋季发芽,冬春生长。人工繁殖,茎插繁殖。

又如黑藻,为水鳖科黑藻属,别名轮叶黑藻。本地多年生沉水草本;茎延长而纤细;叶线形,常轮生。黑藻比较适合于中氮高磷水体生长。

(四) 漂浮植物

漂浮植物根在水中,叶、茎浮于水面;通过根、茎、部分叶吸收或吸附水体中 N、P 和其他污染物质。

漂浮植物,如凤眼莲、喜旱莲子菜等,对自然条件适应性很强,耐风浪和耐污染程度高,极易成活,生长速度很快;如浮萍、漂莎等,耐污染程度不高,在水体初步变清后才能放养,且生长速度较快;漂浮植物一般均不受水体透明度和水深限制。其中凤眼莲、水花生均为多年生植物,冬枯春萌。

主要植物有:凤眼莲、空心莲子菜、浮萍、绿萍、漂莎等。主要植物介绍如下:

如凤眼莲,为雨久花科,多年生浮水草本,种别名水葫芦。茎极短,节上生根,具长匍匐枝,与母株分离后,长成新植株;若 P、N 丰富,植株可生长得比较高而大;叶基生,莲座状,叶片卵形、倒卵形至肾圆形,光滑,叶柄基部略带红色,膨大呈葫芦状的气囊;穗状花序,花紫蓝色,蓝色中央有鲜黄色斑点子,花期 $7 \sim 9$ 月;生于水塘沟渠中;原产南美洲热带和亚热带。凤眼莲喜高温、多湿,适应性很强,耐富营养;生长繁殖快,产量高,一般每公顷可产 $150 \sim 600t/hm^2$,对水体有很强的自净能力;需圈定放养,应及时清除多余植株,否则要泛滥,成为害草;冬天需及时清除其残体,以防二次污染。无锡试验,植物中干物质含量一般为 7.04%,干物质中含 N $1.65mg/L$、P $0.31mg/L$。

(五) 用于生态浮床的植物

用于生态浮床的植物栽种于浮床,其根在水中,茎、叶生长于浮床之上,通过根系吸收、吸附水体中 N、P 和其他污染物质,秋末冬初应移出水体。

生态浮床植物一般对自然条件的适应性很强,耐风浪程度取决于浮床的结构和材质及挡风浪设施,耐污染程度高,易成活,生长速度快;均不受水体透明度和水深限制;一般为一年种植一次,冬天枯死,来年再种植(如美人蕉类),但黑麦草、高羊毛草适宜冬春季生长。生态浮床的形式可分固定式和移动式两类,也可分平面式和立体式两类,浮床材料可以是泡沫或竹、木排,也可以是竹、木架子。

主要植物有:美人蕉类(大花美人蕉、美人蕉二种)、黑麦草、高羊茅草、旱伞草(水竹)、水稻、蕹菜(空心菜)。主要植物介绍如下:

如大花美人蕉,为美人蕉科美人蕉属。多年生陆生粗壮草本,地下茎粗壮,地上茎直立;植株高 1~2m,茎绿色或紫红色;花两性,两侧对称,花瓣黄绿色或紫红色,鲜艳,花果期 7~10 月;花美丽,观赏植物;适合于人工浮床种植,生长快,生物量大,但不能越冬;原产美洲,我国引种栽培。

又如黑麦草,为禾本科黑麦草属,又称意大利黑麦草。多年生草坪绿色植物,外来种;株高 70~100cm,具有细弱的根状茎,须根稠密,秆丛生;喜阳光,喜温暖湿润,可过冬、不耐酷暑;生长一般 10~20℃,最宜 20℃。原产南欧、北非及西南亚,13 世纪前栽培于意大利北部,1677 年英国首先栽种,近期引入我国;适宜生态浮床冬春季种植。

三、水生态修复植物的功能和作用

用于水生态修复植物的主要功能是净化水体,包括吸收、削减 N、P 和有机质及其他污染物质;抑制藻类生长;增加透明度;保护岸坡;固定底泥,并吸收底泥中营养盐;夏天遮阳和降低水温;景观等。

水中生长植物是通过以下作用来实现以上功能的:

1. 净化水体功能

各类水中生长植物主要通过根(根系、须根)、茎和茎须、叶或其中的一、二个器官吸收或吸附水体及底泥中 N、P、其他污染物质,经光合作用,富集、浓缩、转化为生物量,在此同时起到减轻水体污染作用,或通过根、茎、叶上的附着生物(如微生物、着生藻类等)净化水体,并减轻藻类大规模爆发程度;各类植物均能够通过削减风浪,不同程度地减少底泥悬浮,有利于提高透明度、净化水体,其中挺水植物削减风浪的效果最好;浮叶植物、沉水植物、挺水植物可直接固定底泥,减少底泥悬浮和释放污染物,有利于提高透明度、净化水体。

2. 保护岸坡功能

主要是挺水植物芦苇、茭草(野茭白)、菖蒲类等,通过其植株阻挡风浪,起到护岸功能。生长在岸坡上的植物直接有保护岸坡的功能。

3. 夏天遮阳和减低水温

浮叶、漂浮、挺水等水生植物和种植于生态浮床的植物,夏天均可遮阳,起到降低水温、减轻藻类爆发和大规模"湖泛"发生程度的作用,亦即有利于减轻水污染。

4. 景观功能

莲(荷花)、睡莲类、美人蕉等本身就是景观类植物,其他水生植物,其植株透出水面,只要搭配种植得当,以绿色为主色调的植物体均有一定的景观作用,就是沉水植物在透明度比较高的水体中,也是一片绿色的水下"草场"风景线。

5. 吸收降解减少表层底泥污染

各类根生植物大量吸收底泥中 N、P 等营养盐,降低底泥污染程度。同时一定覆盖率的水生植物根系,可护固底泥表层,阻止风浪对底泥的扰动,减轻底泥释放污染物对水体的影响。

　　6. 构建湖泊水体完整的水生态系统

　　水生植物是湖泊水生态系统的基本构成的要素,是水体物质循环和能流的中枢环节,也赋予了湖泊的生命和活力。其结构和种群生物多样性,是湖泊生态特性的标志。也为其他水生动物提供产卵、栖息和活动环境,为细菌,微生物和着生生物生命活动创造良好生境条件。

四、水生态修复技术

　　水生态修复技术包括"控源减污、基础生存环境改善、生态修复和重建、优化群落结构"4 项技术措施。水体生态修复包括生态恢复、生态更新、生态控制等内容,同时适当利用水力调度,从而使人与环境、生物与环境、社会经济发展与资源环境达到持续的协调统一(图 6 –1)。具体如下。

(一)控污减排

　　水生态修复需有一定的前提和必备条件,即在水体污染得到一定治理和控制,达到生物种群的基本生境条件的情况下,开展的一项生态工程。水生态修复首先要实施控污减排,特别是准备种植沉水植物或耐污染能力相对较弱的水生植物的区域,因严重污染的水域将使这些植物及期间的水生动物不能够很好的成活或生长。所以既要控制外污染源、又要减少内污染源。控制外源在生态修复前和生态修复后均应实施,确保外源污染负荷不入或少入水体。在外污染源基本得到控制的条件下,湖内或水域内大量沉积的底泥,对水体有较大的释放作用,为此必须对重污染底泥同时进行生态清淤。同时要清除聚集的藻类,因为大量藻类的存在将使水生植物不能够正常生长,甚至死亡。总之,要实施控污减排,使水体水质得到改善,满足水生植物或水生动物的成活、生长条件,为生态恢复创造良好水质条件。

(二)基底及其修复

　　在进行水生态修复的区域,种植水生植物,包括沉水植物或浮叶植物或挺水植物,必须要有适宜的基础生存环境。

　　(1)基底　包括土质、地形、基面高程。基底是生态系统存在与发育的载体。

　　(2)基底修复　主要包括有毒有害化学物质的去除,基底地形、地貌等的改造和基底稳定性的维护。

　　(3)基底修复措施　基底土质过于坚硬,在无水情况下可进行旋耕松土或换土,或适量覆盖松土层;基面高程偏低,可填土抬高或降低水位;若缺乏肥力,则可适量撒入肥料,或在移植的植物根部加入肥料包;对陡峭和硬质护坡进行改造、对沿岸带浅滩湿地进行地形改造、修复;基底修复是为便于植物成活、顺利扎根和良好生长。

(三)改善生境

　　生态修复要创造适宜的植物生长环境。水生植物在人工种植、成活及其以后的生长、繁

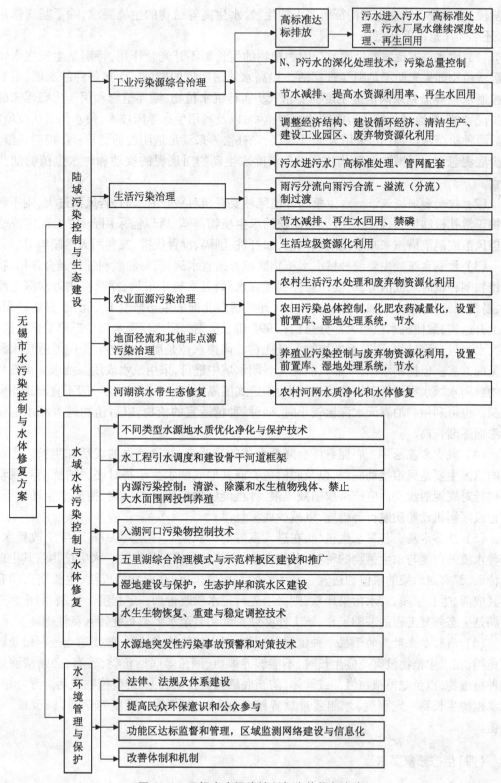

图 6-1 无锡市水污染控制与水体修复方案

殖阶段,均要符合植物生理特征所要求的生境,水生高等植物的生境要求,除了基底修复以外,还必须注意以下几点:

(1) 水体要有适当的透明度　因为植物的生长离不开光合作用,特别是生长在水体中的沉水植物如果光照不足则很难存活。提高水体透明度的措施:① 有条件的水域,采取逐步控制水位等措施来满足透明度的要求;② 实行沉水植物、漂浮植物和用于生态浮床的植物搭配种植,即通过种植适当密度的漂浮植物,以及利用生态浮床技术,使水体透明度增加,然后再种植沉水植物;③ 采用大流量曝气、光补偿等来满足透明度的要求;④ 控制风浪;⑤ 减少底泥悬浮;⑥ 减少污染物进入;⑦ 消除水生动物对底泥的扰动和对水生植物幼苗的蚕食。

(2) 控制和削减风浪　水生植物种植区域要有相对平静的水面,若风浪过大,则不利于植物正常扎根和生长,甚至会毁灭大面积的水生植物群落,所以需采用合适的、固定或临时的挡风浪或消浪措施来减小或削减风浪,如打桩、围隔、设置伐排,或利用天然湖湾等。

(3) 控制水深　主要使种植沉水植物区域有适宜水深,植物能顺利进行光合作用,特别是植物刚种植时或成活时,更要注意控制适宜水深;其次挺水植物、浮叶植物若水深上涨过快,易没顶,引起死亡。如,2004 年 4 月西五里湖东北部的生态修复 C 区由于突然开坝,水位上升过快,致使沉水植物大部分死亡;1991 年五里湖梅园水厂取水口生态修复试验区,因发大水水位上涨过快,引起浮叶植物大量死亡。调控水位是满足植物生长所需适宜水深最常见的方法。但控制水深,一般只能在全封闭水域中进行,采用放水或用泵抽水。土石坝组成的封闭水域水深的调正幅度可比较大,固定式围隔比较小,漂浮围隔一般不宜调正围隔内水深。也可利用湖泊春天水深比较小时,播种、种植适宜的植物,以后植物随着湖水的慢慢上涨而逐渐长高。

(4) 减少底泥悬浮　底泥悬浮会降低水体的透明度,妨碍植物的成活和生长。底泥悬浮的原因主要是风浪扰动底泥,以及底栖鱼类或其他底栖水生动物对底泥的扰动和机动船舶航行对底泥的扰动。应该采取削减风浪、种植能够固定底泥的植物、控制水生动物干扰、禁止或限制机动船舶航行等措施,以减少底泥悬浮。

(5) 改善水质　各种水生植物,在进入良好的生长期后,能够在一定程度上改善水质,改善水质的程度与水生植物的种类、种植密度、水体营养状况等有关。水生植物依其生理生态特征,都有耐污染的限值和适宜正常生长的水质要求,但在植物的成活、生长期必须有满足其成活、生长水质,若水污染严重,则必须先行把水质改善到一定程度。控制、阻止污染物入湖是生态修复工程的基础工作,该工作必须持续到直至水生态系统转入良性循环。

(6) 消除水生动物的干扰　种植浮叶植物、沉水植物的水域,一般要适当控制鲢鱼以外的鱼类,在水生植物没有茂盛生长时,不能够养鲫鱼、鲤鱼等底栖鱼类,若有,必须清除后才能种植植物,以免吃掉植物嫩芽或幼体,防止底栖鱼类扰动底泥,妨碍植物成活。浮叶植物、沉水植物生长到一定程度,才能适量放养鲫鱼、鲤鱼、青鱼等。适度养草鱼,调节鱼、草的平衡。

(四) 生态修复要求

主要是修复、重建水生态系统,恢复生物多样性。

（1）选择适合的水生态修复植物种类和品种并合理搭配　水生态修复植物的种植在生态修复、重建中是最重要的一个环节，水生植物能够吸取水体的营养物质，增加水体的自净能力。用于水生态修复的植物有：挺水植物、浮叶植物、沉水植物、漂浮植物，以及用于生态浮床的植物。根据实际情况合理搭配、因地制宜种植。根据水污染程度、风浪大小、底质、景观作用、水深等具体情况选择适合于太湖或有关水域生长的物种、类别和品种。

（2）合理养殖水生动物　水生动物是水生态系统的食物链中不可缺失的一部分，区域湖泊主要养殖鱼类、底栖类，其次为两栖类。鱼类主要进行大水面人工不投饵放养，底栖类以放养贝类为主，以满足水生生物多样性、改善水环境和人们捕捞的需求，以自然繁殖为主。其中，鱼类的人工养殖种类、养殖时间要与该区域计划种植或已经种植的水生植物种类、品种相协调，一般情况下养殖鱼类不能够妨碍水生植物的成活、生长，特别是防止底栖鱼类扰动底泥，妨碍植物成活、生长。同时在适当时间养殖鲢鱼、鳙鱼和非洲鲫鱼等在一定程度上能够有利于吃掉一定的藻类。如 2007 年无锡给五里湖放鱼种 9 万 kg（每 kg 为 6～20 条鱼），2008 年给梅梁湖放鱼种 10 万 kg 和给五里湖放 150 万尾夏花鱼苗（3cm）。

（3）提倡乡土品种　乡土品种较为适应本地的水环境，应尽量采用乡土品种，通过人工种植、养殖，逐步过渡到水生物的自然生长、繁殖和修复。不宜大量引进外来品种，引进外来品种要慎重，确有必要的要经过严格的风险评估，并经阶段性试种和进行训化，以及防止外来有害物种对本地生态系统的侵害。

（五）优化群落结构

优化群落结构以形成健康的湖泊生态系统。通过水生植物品种的优化配置、构建系统生态适应性，利用不同季节水草镶嵌技术优化全年群落结构，构建稳健生态链，通过水生植物、底栖动物以及鱼类种群数量的优化配置形成稳定的生态系统。

（六）保护珍稀濒危特有动植物

珍稀、濒危、特有水生动植物，在太湖流域和长江水域的主要种类：

（1）太湖流域　①甲壳类：中华绒螯蟹、白虾、青虾；②鱼类：翘嘴红鲌、大银鱼、小银鱼、鳜鱼；③两栖类：中华鳖、鼋；④爬行类：扬子鳄；⑤水生植物：茨菇（挺水植物）、荸荠（挺水植物）、茭白（挺水植物）、乌菱（浮叶植物）、莼菜（浮叶植物）、芡实（浮叶植物）、苏芡（浮叶植物）；⑥水禽：白鹭。

（2）长江水域　水生动物：中华鲟、白鲟、胭脂鱼、长吻鮠、白鳍豚、江豚、刀鱼、鲥鱼、鳗鱼、河豚、中华绒螯蟹。

对珍稀、濒危、特有水生动植物，采取几点保护措施有：

1）禁止猎杀水禽白鹭、自然生长的中华鲟、白鲟、胭脂鱼、白鳍豚、江豚、扬子鳄。

2）设置鱼类禁捕期，在禁捕期内，禁止任何捕捞作业。

3）非禁捕期内，按网目尺寸大小进行。

4）保护现有珍稀、濒危、特有鱼类和水生动物的同时，在自然水体中增放鱼苗、蟹苗，加快鱼类、蟹类繁殖，能够人工养殖的鱼类、蟹类，实行生态型适度人工规模养殖。

（七）保护水生物栖息地和繁殖场

① 保护现有水生生物的栖息地。恢复水生生物的栖息地,特别保护珍稀、濒危、特有水生生物栖息地,使栖息地的环境、质量不下降。② 改善现有受损水生生物的栖息地。特别改善珍稀、濒危、特有水生生物的栖息地和产卵场,使栖息地的环境、质量有所提高或超过原有环境、质量。③ 水生生物栖息地的建设。在进行太湖、长江、河网水域的滨水区建设和护岸建设、湿地保护区建设和一般生态修复区建设时,均应充分考虑水生生物栖息地的建设。④ 水生生物栖息地包括河湖滩地和浅水区域、河道急流、河流湾道。生态护岸建设,应增加护岸的自然成分或孔隙率,创造水生物立体的生长、增殖环境。⑤ 保护水生物繁殖场(产卵场)、种子基因库。

（八）建设必要的相对封闭水域

水生态修复应由局部水体到大区域,由片到面的循序渐进过程,建设相对封闭水域(包括全封闭或半封闭水域)在水生态修复初期是主要的保护性工程技术措施,其目的是为达到提高透明度、削减风浪、减少污染水流进入、减轻底泥悬浮、控制鱼类活动的比较有效的、基本的办法。使水域有一个相对比较平静的水面、适宜的透明度,提高水生植物成活率和确保其正常生长和繁殖,同时也为期间的水生动物和微生物提供适宜的生境。相对封闭水域的主要形式为围隔、土坝(石坝)或潜坝、利用湖湾等。在水生态修复工程达到一定稳定状态后,再全部或部分拆除人工封闭设施。

(1) 围隔　系相对封闭水域常用的方法,一般分为长久固定式和简易式两类。

1) 长久固定式围隔。水域四周以钢筋混凝土桩等作为排架,内置防渗材料,上下封闭,围隔内种植水生植物,一般用于风浪较大和较宽阔的重要水面,如水源地等。其中,全封闭围隔形成封闭圈,其间留几个口子,使水流按指定方向流动,全方位控制风浪和水流,半封闭围隔则不形成封闭圈,只圈住部分水体,控制某一个方向的风浪和水流。

2) 简易式围隔。以高强度的尼龙、塑料、塑胶等为隔水材料,围隔上浮水面、下沉水底,其间有一定量木桩、竹桩或锚桩固定,且围隔在一定限度内可随水位的升降而浮动。围隔成圈则为全封闭,否则为半封闭。全封闭围隔上留有一个或几个口子,使水按一定方向流动;半封闭围隔,水流则由无围隔处入内或流出。围隔内种植水生植物。围隔抵御风浪大小的能力取决于围隔使用材料、结构等。一般的围隔仅适用于风浪相对较小和不大的水面。若采用海洋防油护拦式围隔,抵御风浪能力就比较大。

3)围隔间距。小水面,每两道围隔间最大间距(顺主风向的),依据风浪强度和实践经验确定,不能太大;大水面(如太湖湖体或宜兴沿岸、梅梁湖等),围隔间距需根据水面、风力大小,风向、吹程和浪高的因素计算确定。围隔:一般可以纵、横向以方格形式分割,多个圆形分散布置,也可螺旋形分割、来回形分割,后二者特别适用于水源地取水口周围,可以延长水流在围隔内流动、进入取水口的时间,增加水体自净能力。

4)围隔结构。围隔的结构要有一定的抗风浪能力,否则水生植物群落可能因大风浪而全部覆灭或部分损失。如梅梁湖小湾里生态修复试验区被2004年7月3日的"蒲公英"台风刮得损失惨重;西五里湖北部生态修复B区,由于风浪比较大,种植的伊乐藻大多被打断而很少存活,后来改种了马来眼子菜、狐尾藻、苦草、黑藻等;2005年5月9日受"麦莎"热带风暴影响,西五里湖西南部的生态修复S区种植的沉水植物被严重损坏。围隔结构一般根据工程设计规范、进行计算设计后再行施工,并在实际中修正;大水面、大风浪和重要水域则需要经计算校核或物理模型试验确定。小水面的可根据已建工程实践经验施工。

(2)围网　系相对开放式水域常用于圈定种植水葫芦等漂浮植物的方法。围网有大小适合的网目,围网可以在一定范围内上下升降,围网应用一定数量的桩固定。

(3)土坝(石坝)或潜坝　以土(石)为材料堆砌成略高于常水位的为土坝,或略低于常水位的为潜坝,也可在土坝表面干砌块石护坡;起到阻挡或削减风浪和污染水流进入坝内的作用;必要时可在原坝上适当加装挡水设施或围隔(如发大水时),以提高挡水高度;坝内种植水生植物和养殖适宜的水生动物,土坝顶部和坝坡均能种植水生植物。

(4)利用湖湾　利用天然或人工湖湾是建设相对封闭水域最方便、简单的方法。湖湾本身就是半封闭水域,只要在湖湾口设置围隔或建土坝、潜坝,就是相对封闭性能比较好的水域。如西五里湖渤公岛旁的小湾子,就是利用湖湾的实例,小湾子中风平浪静,宜于人工种植植物的成活和生长;五里湖本身就是由水工程为主建设的一个封闭性能比较好的水域,现在其四周全部11条入湖河道均已建水闸,并全面控制,形成一个可全封闭水域,大大减小了风浪和减少入湖污水,并且可以在一定范围内调节水位;利用湖湾种植水生植物非常有利于成活和生长。

(5)围隔拆除和土坝、潜坝调整　当围隔内人工种植植物成活和生长到一定程度,能够抵御一定程度的风浪和达到一定耐污染能力,围隔外水体水质改善到一定要求时,围隔可以全部拆除或分阶段拆除,使水体由封闭转为开放或部分开放,内外水体缓慢融为一体;土坝、潜坝内植物生长到一定程度,根据植物、坝外水质等实际情况,确定降低土坝、潜坝的高度、增开或增大坝体缺口,并采取相应措施。

(九)水生态修复五结合

(1)水生态修复和保护相结合　在保护的基础上进行修复,在修复的同时进行保护。在水生态好的或比较好的水域,首先要进行水生态保护,对于局部不足之处进行修复;在水生态退化或退化比较严重的水域,在改善基础生存环境的情况下,先进行人工生态修复,同时保护原有的生态,使人工生态修复逐步过度到自然生态修复,达到控制水生态退化,促进水生态良性循环的目的。

(2)水生态修复和适量调水等其他措施相结合　一般大面积水域,若采用单一的生态修复措施,由于环境条件限制,效果较慢。生态修复措施应与其他措施如适量调水、控制外污染源、生态清淤等综合治理水污染措施相结合,起到综合改善水环境的良好作用和重建良好的水生态系统。其中控制外源、截污是根本措施,调水增加环境容量在太湖北部湖区也是必须的且是比较长期的措施。

(3)水生态修复和城市农村具体情况相结合　水生态修复要考虑景观设计。城市、乡镇和旅游风景区的水域在生态修复时要考虑与城市、乡镇的形象和风景区的风格相一致;农村河道在生态修复时,主要考虑结合保护自然生态和恢复原生态;生态修复时,要结合考虑河流的左右岸、上下游的协调;尽量做到仿自然型。

（4）水生态修复中的关键技术和成套集成技术的结合　太湖和河网水污染控制及生态修复问题极为复杂。生态修复中要研发能解决湖泊河网水污染控制和水体生态修复的核心和关键技术，并以此为主体进行系统集成，并将集成技术应用于解决河湖水生态修复等重大问题，各个水域的情况不尽相同，水生态修复中采用的关键、核心技术也是不一样的，所以应采用适合该水域的关键、核心技术和成套集成技术，以满足经济社会和生态修复技术发展的需要。

（5）水生态修复与消灭钉螺相结合　太湖流域是血吸虫病的多发区，所以生态修复应与消灭钉螺相结合。在建设滨水区域的草护坡时，应先检查有无钉螺，若有钉螺，应予以灭杀，再行植草；种植挺水植物时，应避开水位升降区域，宜种植在常水位以下。

五、水生植物人工种植

（一）选择植物

根据水体的污染、营养、风浪、底质、景观作用、水深等具体情况选择适合当地自然环境特点的植物种类、品种，特别在太湖中要选择吸收 TN、TP 效率高的品种。立足品种本地化、净化能力强、适应性强（包括耐污染能力和耐风浪能力较强）、较易成活、生长较快、见效快、较易管理、种植成本相对较低，并有一定的兼容性。用于生态修复的四大类水生植物和用于生态浮床的植物，应根据实际情况，科学选择和合理搭配种植，优化群落结构，重建良好的水生态系统。

（二）人工种植植物的要求方法

种植植物要选择易成活、生长快、效果好的方法和相应的配套措施，具体如下：

（1）控制水质　种植水生植物有一定的水质要求，若水质很差、富营养程度很高或藻类聚集现象严重，除耐污染的水葫芦、水花生等漂浮植物和芦苇等挺水植物外，均不能成活或成活后不能正常生长。所以首先要控制污染入水负荷，待水质改善到一定程度、水体初步变清后再种植适宜的沉水植物等，也只有在水体污染基本得到控制后才能全面实施生态修复，生态修复才能够有良好效果。

（2）要有适当种植环境　种植水生植物，除满足水质条件外，还需要有下述适当的种植环境：基底满足植物成活、生长；一定的透明度，适宜的水深，相对平静的水面，一定的营养状态和污染物浓度。沉水植物刚种植时，要注意水深，成活后，逐步增加水深。

（3）可进行多层次立体种植　其一是根据水域的自然条件，在水底、水中、水面多层次种植挺水、沉水、浮叶、漂浮植物或利用生态浮床；其二是在水比较深且污染比较严重的水体中，可以利用浮于水中的多层框架（竹制、木制或其他）立体浮床作为先锋技术，多层次种植适宜的各类植物，或利用多重网体垂直种植适宜的各类植物。多层次立体种植，可最大限度发挥各层植物净化水体的总体作用。

（4）以本地品种为主和注重品种结构　以本地乡土品种为主、并结合其他品种，种植能够和谐相处的植物，恢复植物多样性，发挥其综合净化水体的作用。

（5）可用多种方法种植　根据各类植物的特性和种植区域的自然条件，选择种子播种、幼苗直接移植、抛苗移植、植株移植、扦插等多种方法中的一种、二种或多种,有利于提高成活率。

（6）控制性种植　种植水葫芦、水花生等漂浮植物,要控制性圈定种植,不让其散失泛滥成灾。

（7）及时补种和调整种植布局　若种植后遇到水深过大、风浪过大等自然或人为的灾情,要及时进行补植,调整种植布局和调整植物品种。

（8）时间交替种植　夏秋季和秋冬季交替种植适宜的植物,使一年四季常绿,均有植物净化水体,特别是耐寒冬季植物品种选择和驯化种植。

（9）植物替换种植　其一是污染严重、透明度低的水域,先种耐污染能力强、除污染能力强的先锋植物水葫芦、水花生,以及浮叶植物或用于生态浮床的植物,如美人蕉、菱等,待透明度提高到一定程度后,再种植多年生沉水植物,使能在阳光下顺利进行光合作用。其二是兼容性较差的植物,如沉水植物伊乐藻,生长茂盛时,为避免或减少其排他性,可在其外围替换种植其他植物,控制其生长范围和促进植物的多样性。

（10）从封闭到开放　污染严重、风浪大的水体,先实行相对封闭式种植,经 2~3 年或更长一点时间,使水域水质净化到一定程度,水生植物种群趋于稳定,并且也必须是相对封闭水域外的水体也改善到适宜同类植物正常生长时,才可全部去除或部分去除封闭圈或半封闭圈,使水生植物在开放水体自然繁衍生长。

另外还要考虑种植和养护的经济性、社会习俗,与风景和城镇形象相协调等。

（三）种植和布局

根据水域的功能、作用,自然条件(水深、水位、水流速度、风浪、透明度、水质等)、重要性、必要性、经济性等具体情况对五里湖、梅梁湖和太湖进行水生植物种植的合理布局。

第二节　湖滨带生态修复和景观建设

湖滨带即湖泊岸带,在浅水型湖泊中居特殊地位和作用,是湖泊沿岸带区域的水域与陆域相邻生态系统间的过渡地带。

一、湖滨带生态系统特征

湖滨带是水陆生态交错带的一种类型,其特征由相邻二个生态系统之间相互作用的空间、时间和强度所决定。

（1）湖滨带的系统与构成　湖滨带是湖泊的陆地生态系统和水生态系统间十分重要的发展地带,其范围系根据景观、工程及其性质,并受水体和陆地二者相互作用和相互影响的地区。其空间范围主要受周期性的水位升降导致的湖滨的干湿交替变化。因此,湖滨带可由陆向辐符带(岸上带),水位变幅带(包括湖流,风浪作用影响区域)和临近湖岸的水面带构成。

（2）湖滨带是湖滨的天然(人工)保护屏障　湖滨带是一环形带状,构成湖泊水体边界和容蓄水体的区域,具有防洪、调蓄、保安的重要功能。目前太湖岸线基本与太湖大堤重叠,应考虑建设成防洪抢险、交通运输、旅游景观休闲健身和防治地面径流污染相结合工程。

（3）湖滨带是脆弱湿地生态系统之一　它既受自然地理、水文系统变化的影响,也是人类活动最为集中和频繁的地域。表现为易受湖岸内外区域各种生命活动和自然过程的影响。湖滨带既是最易受到人类活动影响的湖泊过渡带,也是湖泊对人类活动作用最为敏感的区域。环太湖5km范围内构成的环太湖经济圈是流域经济和投资增长最具活力、人口最为稠密的地区之一。

（4）湖滨带是一非均一的开放系统　在水陆交错带中有明显的生物因子和非生物因素的梯层分布,无论在水平方面(包括横向和纵向)还是在垂直方向都呈现立体的梯度结构特征。特别表现在湖滨带拥有特别丰富的动、植物区系,是一特殊的物种进化的基因库,对调节和稳定生态系统,对调节水分(水流)、过滤营养物质和污染物质、净化水质、保存生物多样性、调节小气候均有一定作用。

（5）湖滨带是联结水体和陆地的纽带和物质交换的中枢　在生物因子和非生物因子生境活动和水文地理、地形、热动力过程活动的作用下,矿物质、有机物、营养物通过各种物理、化学、生化作用,或经湖滨带进入水体,或由水域经湖滨带上行到陆地,进行着复杂的物质交换和能流运动,形成物种丰富,生物多样性良好的特殊生态区域。

（6）湖滨带具物流能流的"汇"和"源"的双重特征　湖滨带通过土壤、微生物和高等植物等具有过滤、净化水体作用,可成为营养物或污染物"汇"和库的作用,是有丰富的碳、氮、磷源。又因其富含水分,具有适合于各种生物的生境,在生物地球化学的物流循环中又呈"源"的特性。

二、湖滨带的基本功能作用[68]

基本功能作用:① 水陆生态系统物流、能流、信息流运动的中枢,并具其交换活动缓冲带的功能和作用。② 维系稳定的生物多样性,提供生物栖息地、产卵场和其他特殊地域的功能。③ 水陆生态系统的过滤器和稳定湖岸、防治水土流失和对湖岸浸蚀的护岸作用。④ 水生态交错区的景观功能,陆向和水向的结构形成丰富的景观组合,创造美学与和谐环境的作用。⑤ 有营养物、污染物的渗滤和净化水体的功能。

三、湖滨带生态修复[82]

湖滨带生态修复是保护、维系和提高湖泊水体自净能力,建立稳态湖泊水生态环境的前提区域,也是营造人水和谐,改善湖滨带自然环境的最重要的边缘地带。湖滨带修复就是采用保护性物理措施与改善生境条件相结合的方法,构建近似自然的水陆高等生物生存的基础平台,通过以植物为主的目标生物的导入或诱导,达到修复或改善、形成稳定的水陆生物群落和相得益彰的配置结构的生态系统。

太湖湖滨带生态修复,因其岸线长,各岸线带的环境条件不一,目标功能和要求不尽相同,需因地制宜谨慎设计,突出个性特点是关键。结合太湖水文气象和湖滨带地形、地貌、社会经济特点,采用生态动力学和实验生态学的原理、方法,规划好环湖岸带的生态修复工程。以生物为主体的柔性设计是主导方向,但在迎风浪冲击区域硬度刚性的结构也是必要的。

四、主要湖泊景观绿化带的建设

（1）**建设思路**　近年来国内对城市湖泊及其湖滨带建设进行了一些探索和实践,在景观湖泊、湖滨带建设中生态护岸、湖滨景观等形式得到了一定程度的应用,但在工程应用中日益暴露出简单化、雷同化的倾向。无锡作为具有独特水文化的旅游城市,必须充分挖掘水在无锡历史文化形成过程中的地位,如在湖泊整治中将景观绿化建设与水文化水历史充分结合起来,既体现湖泊自然生态的美感,又彰显湖泊的独特文化内涵和底蕴。要尊重湖泊岸线的自然形态,在规划设计中要运用弯岸、曲折、浅滩、沼泽、蓄水池等手段,让雨洪从过去的直接入湖,变为在土地上分散储存,并得到过滤和清除污染。充分利用湖泊水面广阔和岸线曲折多变,充分显现其自然属性和景观作用,以近似自然为重,切忌统一建设单调划一的直线或折线型的不透水硬质护岸。

（2）**建设要求**　每一个城市、城市副中心、区政府所在地、城镇组团、主要风景旅游区、中心镇都要建设一至数个景观湖泊和配套的景观绿化带。

（3）**主要景观湖泊（水域）**　有五里湖、梅梁湖、贡湖、竺山湖、宜兴太湖沿岸、三氿、宛山荡、鹅真荡、嘉菱荡、漕湖、南青荡、白米荡、苏舍荡、北白塘、西白塘、南白塘、张塘河、北兴塘等。

五、滨湖区域景观绿化带的类型

（一）绿化带分类

滨湖区域景观绿化带（简称湖滨带）有以下几类:

1. 按人口密度和经济社会地位分类

按人口的密集程度和经济社会地位的重要性,一般可分为城镇型、风景区型、农村型3类;由于无锡经济社会发达,相当多城镇周围都有湖泊（湖荡）,或在相当多的湖泊（湖荡）周围将要建设、发展为城镇,相当多的湖泊已经是或将要建设成为风景区,所以大部分湖泊（湖荡）区域景观绿化带均是城镇型或风景区型,如五里湖、梅梁湖、贡湖等区域的湖滨带。农村型的湖滨带目前还比较多,主要是以绿化为主的湖滨带,但以后随着经济社会的发展,其中大部分将向城镇型或风景区型过渡,如宜兴太湖沿岸,目前绝大部分是农村型湖滨带,但随着宜兴城市向太湖方向发展和滨湖的乡镇向太湖方向发展,宜兴太湖沿岸的大部分将在未来10多年变为城镇型或风景区型湖滨带。

2. 按地理位置地形地貌分类

按地形地貌一般可分为平原型、平原和山地组合型、山地型3类。无锡是平原地区,所以绝大部分均为平原型湖滨带,如五里湖、贡湖、宜兴太湖沿岸、三氿、鹅真荡、嘉菱荡、漕湖等。也有部分为平原和山地组合型,如梅梁湖的十八湾、马山等。也有部分为山地型的,如梅梁湖的东岸三国城、水浒城,以及横山水库等。

4

（二）梅梁湖滨水区

该滨水区大部分为风景旅游区，相当部分在饮用水水源地旁，要考虑对水体的污染控制作用。梅梁湖无风时水面比较平静，有风时亦有浪。防洪问题已解决，大部分岸线是有山有水的好地方，也是无锡著名的旅游风景区。滨水区类型有以下几种：

（1）山水相连滨湖类型 梅梁湖东岸山水相连，均已建成景观公园或景观绿化带，如鼋头渚公园、三国城、水浒城、唐城、统一嘉园、龙寺生态园等，该区继续完善观景和绿化，进一步提升旅游风景功能。

（2）平原山丘滨湖类型 主要是梅梁湖西岸十八湾地区，滨水区腹地较大，山体—山前小平原—滩地—水域的梯级分布模式，是典型的靠山滨湖平原区，湖岸坡度很缓，该区为山水滨湖平原区，建成以青龙山为代表的青龙山保护区。该区域建成生态景观区、文化观光区、旅游度假区、康体运动区。以自然景观为主，体现湖光山色，沿线多设景点，重点湾岸建设休闲旅游设施。平原过渡区多建设池塘，用于积蓄山丘下泄的洪水和平原的地面径流，且在池塘中进行生态修复，以增加水体的自我净化能力，大幅度减少进入太湖的地面径流污染。

（3）圩区滨湖类型 以梅梁湖西岸马圩为代表，有太湖大堤为屏障，保障圩区安全，建成圩堤—滨湖景观绿化带的模式，大部分已完成，进一步完善，同时成为风景旅游区。

（三）五里湖滨水区

五里湖滨水区为平原滨湖——城市内部景观湖泊类型。五里湖（蠡湖）系城市湖泊，其滨水区是典型的平原滨水区，只有鼋头渚附近地段靠山，五里湖四周入湖河道基本均已建闸控制，已成为可封闭水域，并有梅梁湖泵站可调节湖内水位，五里湖已解决了防洪问题，封闭了入湖排污口，控制了点源入湖问题，五里湖水质已经得到基本改善，仍需继续治理，以达到更高目标和使水生态系统进入良性循环。

五里湖北部在建30万人口规模的蠡湖新城，湖南部在建50万人口的太湖新城，五里湖滨水区作为城市内部景观湖泊的模式进行建设，全湖四周34.5km滨水区域的景观、绿化、公路、小道、休闲娱乐活动场所、建筑、公园、廊道、水文化和蠡湖文化等统一规划，全部建成高品位的景观带和绿化区，其中包括免费开放的：蠡湖公园、蠡湖中央公园、蠡湖大桥公园、高子水居等，作为市民休闲健身娱乐的区域，也是重点风景旅游区域。

（四）横山水库滨水区

横山水库是山区拦河式大（2）型水库，其滨水区主要是大坝，以及水库周边，其大坝内侧是硬质护坡，水库四周靠山临水的滨水滩地一般较小，一般均为树木茂盛的山坡。水库水质很好，是宜兴主要水源地。宜兴市横山水库于2006年8月16日由水利部批准为"国家水利风景区"，系水库型景区。

（1）水库大坝滨水区类型 横山水库是水利部大型水库水源地保护示范工程，又是水利风景旅游区，所以大坝滨水区以大坝的防洪安全为前提，迎水面以硬质护坡为主，背水面以草为主，防治水土流失，兼顾景观功能，满足风景旅游的要求，布置与之配套的坝顶和坝脚的道路,以及建筑、景观、绿地和宾馆、饭店旅游用房等,并与水库和大坝相协调。

（2）水库内侧山水相连滨水区类型　水库内侧(非大坝段)依山傍水,根据山丘形体大小高矮来进行设计,山坡上以种植高大乔木为主,近水区种植灌木和草本植物相结合,水位变幅区种植湿水植物和挺水植物,以自然景观为主,并在其间布置一些亭台楼阁等。

第三节　梅园水厂取水口生态修复试验实践[22]

五里湖、梅梁湖的生态修复试验、示范实践,在2006年以前共进行了4次7处:第一次是先后在梅园水厂、马山水厂、充山水厂取水口等3处进行生态修复试验(其中充山水厂因为缺乏详细资料而未列入);第二次是在东五里湖中桥水厂取水口进行生态修复试验;第三次是在东五里湖水秀饭店南面进行生态修复试验;第四次是"十五"重大科技专项分别在西五里湖和梅梁湖小湾里水源地等2处进行生态修复试验、示范。梅园水厂取水口生态修复试验是五里湖、梅梁湖生态修复的第一次试验、示范实践(以下依据无锡市蓝藻防治办公室朱军等人资料)。

一、背景概况

随着经济社会发展的加快,城市规模日益扩大,大量含营养物质的污水排入河湖。太湖的富营养化进程在加速,而尤以梅梁湖湾为甚,自1990年到1992年,湖水的总氮、总磷逐年增加,叶绿素a居高不下,梅梁湖水质枯水季总磷含量已达0.24mg/L,且呈上升趋势。

1990年7月6~29日,太湖和梅梁湖藻类大爆发,由于梅梁湖是口袋状湖湾,在东南风作用下,致使大量藻类富集在处于口袋底的梅园水厂取水口周围。附近大箕山村的围网养鱼区,死鱼10万多斤。梅园水厂的取水口的吸头在吴淞标高 -1m 处,离湖面约4m,据采样测定:水体中藻类多为微囊藻、项圈藻(鱼腥藻和色球藻)占藻类总数量的98%。取水口表层湖水的藻类数量高达13.2亿个/L,生物量109.2mg/L;水深1m处藻类数量4.8亿个/L,生物量43.8mg/L;水深3m处藻类数量5.9亿个/L,生物量48.5mg/L;水深4m处藻类数量6.5亿个/L,生物量50.6mg/L(系根据当时的监测设备和技术条件测定)。藻类的富集,其数量之多,生物量之高为国内湖泊当时所罕见,梅园水厂日进水量21~22万 m³,吸进水厂的总藻量每天有上百吨。梅园水厂滤池遭堵塞,反冲洗增加,导致被迫减产50%,造成百万市民用水告急,市政府为保证市民用水决定116家工厂停产、半停产让水于民。直接经济损失1.3亿元。无锡市人民的正常生活受到了严重干扰,大自然给人们敲响了警钟。

1991年3月,无锡市人民政府成立了蓝藻防治领导小组和蓝藻防治办公室,决定在梅园、充山和马山3个水厂水源地用不同的结构、材料方法进行生物和物理的蓝藻防治实验工程和研究。而梅园水厂取水口的生态修复是其中主要的一个试验点。

二、生态修复工程

(一) 工程目的

本工程的主要目的:以生物和物理措施净化梅园水厂水源地水质,尽可能减少藻类对水厂生产的严重影响。

(二) 工程总体布置

整个生态修复工程位于原梅园水厂取水口(现已关闭)周围,为五里湖、梅梁湖的交界处。工程主要布设于太湖中犊山和小箕山之间,分东西两块,中间是 50m 宽的锡马线航道,工程覆盖面积约 17hm²。工程总体布局采用多道物理阻隔和生物防治,起到拦截、抑制蓝藻并吸收水体中营养元素的作用,从而达到防治蓝藻,净化水源的目的。工程分为水花生消浪带、物理阻隔带、生物防治区和航道保护带等 4 部分。

(1) 水花生消浪带　位于工程最前沿,采用双层塑料网夹种水花生,布设成 10m 宽、700 余 m 长的带状,浮于水面,用桩及地锚固定。消浪带的主要作用是利用生物群体和塑料网,减弱太湖风浪的冲击,也可起到一定的拦截蓝藻的作用。

(2) 物理阻隔带　设于消浪带后,共设相距 60m 的两道竹簖,底部插入湖底,上部有细孔滤布可随水位升降,用以阻拦藻类特别是浅水层的藻类群体。物理阻隔带布设方向与水流方向斜交,可使随波飘来的藻类群体向工程两侧富集,保证取水口的安全。

(3) 生物防治区　在第一道阻隔带后种植四角菱,第二道后放养大面积的水葫芦,二者构成了生物防治区。使通过这些水生物的叶片、茎和根系及其附着物,达到吸附藻类、吸收水中氮磷等营养元素、遮拦阳光和降低水温的作用,从而抑制藻类的生长。

(4) 航道保护带　工程设施沿航道两侧、用钢管、毛竹桩及尼龙网片予以保护,使放养的大面积水生植物不发生外漂,保护航道安全。

(三) 物理生物工程

由于梅园自来水厂处于梅梁湖湖湾口袋底的特殊位置,取水口的蓝藻大部分由太湖随风浪、湖流漂移富集起来。针对这一情况,设计生物和物理相配合的工程方案。

(1) 物理工程方案　主要体现在物理阻隔带考虑了九级风力的破坏,西南风造成藻类富集,太湖水位大幅度涨落和工程景观的协调,以及如何便于把蓝藻转移出水体和保护水生植物的生长等因素。1992 年又在 1991 年实验的基础上校整了角度,扩大了面积,在竹簖上增加了滤布,改善了结构,还采用了机械吸藻、人工打捞等技术措施。

(2) 生物工程方案　主要体现在生物防治区、物理阻隔带。生物工程是从生态学原理出发,考虑到大水面放养水生植物、水生动物的可行性,又考虑到大量水生植物收获后的利用或处置问题。

工程主要采用漂浮植物水葫芦、水花生和浮叶植物菱等,水生动物主要是尼罗罗非鱼、蚌等。水生植物能吸收、吸附、转移、代谢污染物质而净化水质。20 世纪 70 年代以来国内外学者一直在进行利用水生植物处理生活和某些工业污水的研究。据 B. C. Wolverton 等人研究,某些微管束水生植物消除重金属和有机污染以及吸收水体中营养盐的效果好(表 6 - 1、表 6 - 2)。水葫芦还有较好的克藻效果。无锡市农村在 70 年代已有河道大量放养"三水一绿"(即水花生、水葫芦、水浮莲,一绿为绿萍)的成功经验。

表 6 - 1　水葫芦与水花生去除污染物的比较

水　葫　芦	kg/(亩·d)	水　花　生	kg/(亩·d)
镉 Ca	0.977	镉 Ca	
铅 Pa	0.255	铅 Pa	0.146
汞 Hg	0.219	汞 Hg	0.219
镍 Ni	0.728	镍 Ni	
银 Ag	0.947	银 Ag	0.643
钴 Co	0.832	钴 Co	0.188
锶 Sr	0.789	锶 Sr	0.231
酚 Phenols	52.444	酚 Phenols	

表 6 - 2　水葫芦和水花生过滤 7 天的污染削减率　　　　单位:(%)

项　　目	水　葫　芦		水　花　生	
	原污水	处理过的污水	原污水	处理过的污水
总氮(TN)	92	75	97	61
总磷(TP)	60	87	50	44
总悬浮物(SS)	—	75	—	94
5 日生化需氧量(BOD$_5$)	97	77	92	—

(四)治藻工程

治藻工程是消浪、物理阻隔和生物防治 3 项工程的联合运作,分东西两块,竖架结构由水泥桩、钢管桩、毛竹桩支撑,相互用竹簖联结组成;水葫芦放养,由毛竹组成 15m×15m 的水平网格结构固定。1991 年,工程覆盖面积为 16.6hm^2,采取多道物理阻隔和生物净化措施,前沿用水花生组成生物消浪带,两侧放养水葫芦来阻拦藻类和净化水质。

1992 年扩大了工程面积一倍半,覆盖水面 46.6hm^2。工程设计时,考虑了最佳角度,使藻类富集后不再飘散、便于收集。治藻工程有 5 道设施:

第一道设施为 4500m 的竹簖和水花生消浪带。两道竹簖相距 15m,中间放养水花生。竹簖不但抗浪,而且抗腐蚀性好,其高度参考常水位而定。1992 年改进了消浪带内的水花生放养法,由尼龙绳网夹放养改为规模式连片在竹簖内散养,避免波浪起伏时茎叶被绳索切断。

第二道设施为滤布。在第一道竹簖外面复贴塑料编制布，底部包制成石笼，沉入水底，上部连接在消浪带的竹桩上，起到过滤水体的作用。

第三道设施为水葫芦及其他水生动植物。在15m宽的消浪带后各放养(东、西)两大块120m宽、500m长的水葫芦区。水葫芦区后面种植菱、水蕹菜、苦草，放养罗非鱼、蚌等水生动物。

第四道设施为自来水厂取水口周围的小包围圈。内放养水生动植物。

第五道设施是1992年增加的机械除藻手段。

(五)水葫芦的治藻作用

水葫芦的治藻作用主要表现在7个方面：

(1) 吸附　水葫芦发达的根系对蓝藻群体起吸附作用。在藻类爆发期采集水葫芦样品分析，测得每kg水葫芦根上吸附藻类700亿个，折合成湿重1.4g，而本工程水葫芦总产量为1.36万t，计算由吸附在水葫芦根部而随水葫芦被取走的藻类量可达19t。

(2) 阻拦　水葫芦放养区高峰时每L含藻4.2亿个，较区外的13亿多个减少了70%多，同时使藻类大量滞留在水葫芦放养区内，大大减少了进入取水口的藻类。

(3) 遮光　经采样分析水葫芦区(30～50cm)水下光照为零，绝大部分蓝绿藻自身难以增殖。

(4) 降温　在30～40cm厚的水葫芦覆盖层下水温可降低5℃左右，工程区内的水葫芦生长旺盛，厚达60～80cm，不仅遮住了阳光的直接辐射，而且在温度上抑制藻类的生长繁殖。

(5) 竞争　水葫芦从水体吸收营养盐夺取了原来供应藻类生长的营养盐。

(6) 克藻　据中科院上海植物生理研究所有关实验说明，水葫芦可能向水体分泌某种化学物质对藻类起克制作用。

(7) 净化　水葫芦除吸附藻类和水体中的营养盐外，并能吸收重金属和有机污染酚等有害物质。

三、分项工程作用

(一) 水花生消浪带作用

处在工程第一线的水花生消浪带，实践证明在一定条件下，确能起到消浪和拦截藻类的作用。紧密缠绕的水花生茎叶，组成的消浪带，能够吸收波浪能量，随波浮沉，保护了生物防治区。同时又可使漂浮的藻类群体受到阻拦，并使之向两侧富集，从而保护了水厂水源地，达到了预期的目的。

(二) 竹簖及滤布组成的物理阻隔带作用

由竹簖、滤布组成了阻拦藻类群体的主要防线。1991年6月4日藻类第一次大爆发时，已建成的竹簖和消浪带便起了明显作用，被拦截的藻群，集聚在消浪带——阻隔带前数百米的湖面上，厚达40cm左右。通过消浪带、阻隔带的作用，藻类的削减率为37.5%，这说明消浪带和阻隔带能起到拦阻蓝藻的作用,但因 50m 宽的航道贯穿其中,部分藻类仍能随波进入取水口附近。

(三) 生物防治区作用

(1) 水生物　生物防治区内一部分放养菱苗,后遭遇洪水袭击,大部分损失;后大部分水面(9hm²)改为放养总量约为 5 万 kg 水葫芦,7 月 18 日开始放养,长势良好,近 1 个月即成片密集地覆盖了全部水面。植株高达 40cm 左右,根系发达。茂密的根须拦截了大量的藻类,水葫芦还有吸收消化的功能,并有直接吸磷除氮的作用。

(2) 罗非鱼作用　罗非鱼(即非洲鲫鱼)在 1992 年 5 月份放养时体长平均为 11.1cm,平均每条鱼重 37.8g,鱼种放养后不投放任何饲料,让其食藻类和浮游生物为生,至 1992 年 9 月 29 日平均长为 31.4cm,每尾平均重 194g。经解剖证明,鱼的肠胃能够比较好的消化微囊藻、蓝藻等。这次试验前后共收捕罗非鱼 180 多斤。按理论值计算,一条半斤的罗非鱼,一天可吃掉藻类 32g,则 180 多斤罗非鱼,一百天内可吃掉 1.15t 藻类。

四、工程总体效益

1. 水生物去除氮磷

1991 年,工程区内种了 9.3hm² 水葫芦,按每 m² 水葫芦鲜重 38 ~ 41kg 计算,总计约 3500t。据中科院武汉植物研究所报告所载,水葫芦的干湿比为 1:13.2,折合成干重 265t。据分析,水葫芦的干物质含氮、磷分别为 1.65% 和 0.31%。所以 1991 年的水葫芦从水体吸取 4.37t 氮,0.82t 磷。1992 年,工程区放养水葫芦面积 26.6hm²,计产水葫芦 1.36 万 t,为放养量的 340 倍,折合干重 1030t,等于从水体中取走 17t 氮、3.2t 磷。机械和人工除藻共吸掉 1250t 鲜藻,含水率以 99%,干物质含 N 6.5%、P 0.63% 计,可去除 N 0.81t,P 0.079t。水生动物也有一定的去除 N、P 作用,试养食物链最短的滤食性水生动物罗非鱼和珠蚌,在不投饵情况下罗非鱼生长情况良好,合理的大面积放养后,摄食藻类的总量,也较高。

2. 除藻

工程除藻效果较好。一是阻隔带阻隔了藻类由区外向区内积聚,1992 年 7 月,藻类数量的削减率为 84.6%。例如 7 月 24 日下午 4 时左右,气温高达 37.6℃,西南风,梅梁湖内大批蓝藻富集在工程区外两侧,厚达 30 ~ 40cm 的藻类群体面积约有 10 多公顷,保护了梅园水厂的水源;二是水生物吸磷除氮,水生物从水体中取走 17t 氮、3.2t 磷;三是水生物的遮阳、降温作用使藻类大量加速死亡;四是水葫芦吸附、罗非鱼吃掉;五是机械除藻、人工捞藻共减少鲜藻 1550t(表 6 - 3)。

3. 改善水质

工程对水源区的水质改善有一定的效果。工程区内比区外,COD、TN、TP 分别降低 17.51%、11.24%、9.47%(表 6 - 4)。藻类分布可以作为水体污染的指示物,严重污染和缺氧条件下只出现裸藻,中污染时出现蓝绿藻,轻污染出现绿藻。6 月 27 日工程内外藻类优势种是不同的,工程外优势种以裸藻为主,工程内优势种以栅藻,这说明工程外污染的情况比工程内严重。

表 6-3　1992 年梅园水厂蓝藻防治工程藻类数量削减率　　　　单位:(个/L)

日期 月-日	工程区外测点				工程区内测点					削减率
	C	D	H	均值(×10⁷)	F_1	F_2	E	G	均值(×10⁷)	(%)
5-18	1.2	1.1	0.65	0.98	0.53		0.75	0.8	0.69	29.6
6-11	2.2	2.3	1.7	2.07	1.4		1.6	1.9	1.63	21.25
6-27	6.5	7.8	7.0	7.1	6.3		6.5	6.9	6.56	7.6
7-12	3.4	1.34	54	19.58	0.0363		0.72		0.378	98.07
7-18	1.3	17	4.9	7.73	0.58		0.68		0.63	91.85
7-22	3.5			3.5	0.44		0.56		0.5	85.71
7-24	7	20	33	20	0.2		12		6.1	69.5
7-25			17	17		4.7			4.7	72.4
7-28	9.3	72	560	213.7	7.5		20		13.75	93.6
7-29		74	41	57.5	8.4	6.2	18		10.86	81.1
7 月平均削减率										84.6

表 6-4　工程内外主要污染指标对比(1992 年)　　　　单位:(mg/L)

项目 序号	工程外围						工程区内				削减率 (%)
	A	B	C	D	H	总均值	E	F	G	总均值	
COD	6.47	6.45	9.36	6.71	9.37	7.67	6.72	6.13	6.13	6.3266	17.51
TN	5.25	4.51	6.28	3.72	5.72	5.1	4.10	4.29	5.19	4.5266	11.24
TP	0.108	0.094	0.164	0.128	0.163	0.131	0.129	0.123	0.104	0.1186	9.47

4. 社会效益

梅园水厂水源区生态修复和蓝藻防治实验工程自 1991 年实施以来,经受住了类似 1990 年的 1992、1994 年蓝藻大爆发年份,有效削减水源地藻类的密度。1992 年 5 月,物理工程建成,6 月份工程内比工程外藻类数量削减达 41.9%,7 月根据中科院太湖站监测数据蓝藻爆发期工程内比工程外的藻类个数平均削减率达 84.63%,效益显著。防治工程对太湖藻类的平均去除率 48%~84%,有效地保证了梅园水厂的正常供水。同时改善自然景观,避免了蓝藻爆发腐烂后发出的难闻异臭和油漆状的水面,改善了水色和提高水的透明度。保证自来水厂的正常供水,有利于经济发展、社会稳定,有利于市民身体健康、生活安定。

5. 经济效益

这是一项实验工程,当时未进行深入的投入产出比较,在总体上作一些比较和分析:确保水厂不停产,与 1990 年 7 月的藻类大爆发相比就为全市减少了 1.3 亿元的经济损失;减少自来水厂制水成本,改善原水天数100d计,每t水制水成本减少0.10元,合计减少制水成本200万元;水葫芦1.36万t无偿供应河埒、渔港两个乡鱼池和鸭场作青饲料,按每t水葫芦10元计,计13.6万元;实践证明,在富营养湖泊中不投饵养鱼,也有一定的经济效益。

6. 效益总体评价

从目前的角度对此次试验进行总结,该次生态修复试验工程进行了5年,总的说来是成功的,主要表现在1991~1993年工程去除氮磷、除藻效果较好,对水源区的水质改善有比较大的作用,也有一定的经济社会效益。

第四节 梅梁湖马山水厂水源地生态修复试验工程[23]

中国科学院南京地理与湖泊研究所在1991~1992年于太湖梅梁湖湾马山水厂水源区开展了改善饮用水水源水质的生态修复实验工程,主要采用物理—生态联合修复工程实验。主要目的是改善水源地水质和除藻。经近两年实践,该工程已取得明显效益,并经受了多次大风浪考验(以下内容依据濮培民研究员的资料)。

一、试验区域自然条件

马山水厂位于无锡市原马山区,太湖梅梁湖湾马山围堤东侧,取水口距大堤30m,这里湖底平坦,海拔高程0.9m,硬质底泥上覆有10~20cm厚淤泥,多年平均水深2m,大堤走向为南北向,取水口处湖湾东西宽约8.5km,南偏东吹程最大约60km。由于太湖梅梁湾富营养化日趋严重,藻类爆发频次与程度亦随之俱增。在马山水厂取水口区,夏季盛行偏南、偏东风,故常有藻类"水华"爆发现象,有时藻类"水华"积聚层厚达30~50cm。

二、工程设计目标功能

该工程的首要目标是尽量减少藻类进入水厂取水区,减少源水中的氮、磷含量。除藻工程由物理和生态两大部分组成。物理工程的主要功能是:① 阻隔藻类、其他悬浮物及高浓度水团进入取水口,削减它们在原水中的含量;② 耐受大风浪袭击;③ 为生态工程创造必要条件。生态工程的主要功能是:① 利用水生植物吸收水中营养盐;② 放养若干种水生动植物摄食藻类及与藻类竞争,降低取水口湖区中藻类现存量和生产量;③ 利用水生植物、动物资源,化害为利。

三、试验概况

试验工程第一期为挡藻工程,于1991年7月初基本完成。对于波高小于50cm,波长小于4~5m的波浪,经过第一道消浪带波高可消减50%。在发生波高1.0~1.5m,波长大于5~6m的大浪时,经过两道消浪带后波高可消减30%~50%。该工程阻挡藻类"水华"的作用也很明显。如1991年6月23~24日、27日和7月9日,该湖区藻类"水华"大爆发,在挡藻带外聚集的藻类"水华"积聚层厚度最大1m左右。而水厂取水口附近湖内,藻类浓度远低于带外,自来水厂维持正常生产。

从 1991 年 8 月起探索了能适应开敞湖面大风浪的除藻工程,并于 11 月在波浪水槽中做了室内试验。1992 年 2 月在半包围取水口的网围区内投放了主食藻类的鱼及底栖动物,用以摄食部分藻类。5 ~ 6 月间改建完成了能抗浪和拦阻藻类进入取水口的两层隔离带和能在风浪中拦挡和保护风眼莲的设施;移植了风眼莲(水葫芦)。这一实验工程旨在减少进入水厂水源中的藻类,改善其水质方面显示出明显成效,并经受了多次连续 12 ~ 48h、风速平均 8 ~ 12m/s,以及持续暴风 2 ~ 3min、风速 25m/s 的向岸大风浪和 8 月 29 ~ 31 日台风的大风浪考验。

四、试验效益

(一) 除藻效率

1992 年夏季,太湖梅梁湖藻类爆发"水华"频繁。由于这时盛行东南、南偏东风,常造成藻类在马山水厂水源区的积聚。自 6 月中旬至 9 月底,本区明显出现"水华"的有 30 余次。但马山自来水水厂在盛夏高温季节,不但没有因太湖多次藻类大爆发而减产,反而增加产量 32.1%。工程除藻效果明显,COD、BOD 及氨氮量下降,水质有了改善。

除藻效果以蓝藻为显著,除藻率达 82% ~ 88%(图 6 - 2)。当工程外湖区藻类密度超过 0.25 亿个细胞//L 或生物量超过 1.5mg/L 时,蓝藻去除率在 47% 以上,平均达 68% ~ 79%,最大为 88.2%。并可在工程设计上采取措施,使内部藻类较容易上浮并集中于下风方向小区内,以提高除藻率并结合进行藻类收集利用。工程内的环境可降低藻类生产量。据 7 月 16 ~ 17 日测定,藻类生产量在工程核心圈内为 5.02g/(m³·d),比该湖区外对照点 36.17g/(m³·d)削减 86.1%。

按生物量藻类平均总去除率为 68.2%。工程内外叶绿素 a 的监测结果。平均去除率为 57.5%(表 6 - 5 ~ 表 6 - 7)。

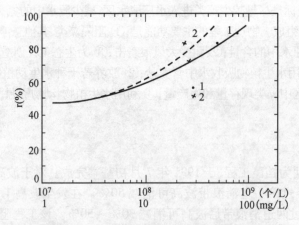

图 6 - 2　不同蓝藻浓度时的工程除藻率 r

(1—数量;2—生物量)

表 6－5　1992 年 6 月 26 日水下 1.5m 处的藻类浓度对比表

项　目	工　程　内		工　程　外		除藻率(%)	
	数　量 （10⁴ 个/L）	生物量 （mg/L）	数　量 （10⁴ 个/L）	生物量 （mg/L）	按数量	按生物量
蓝藻	8975	4.4523	75815	37.8271		
绿藻	150	0.360	20	0.040		
硅藻	90	0.893	40	0.6405		
隐藻	20	0.215	15	0.60		
合计	9235	5.9203	75890	39.1076	87.8	84.9

表 6－6　工程内外蓝藻浓度与个体差异及除藻率表

日期	深度	工程内浓度		工程外浓度		除藻率 （%）		细胞平均重量 （10⁻⁸mg）	
1992	m	数量 （10⁴ 个/L）	生物量 （mg/L）	数量 （10⁴ 个/L）	生物量 （mg/L）	数量计	生物量计	工程内	工程外
6－26		8430	4.2185	47575	22.9065	82.3	81.6	5.00	4.81
	1.5❶	8975	4.4523	75815	37.8271	88.2	88.2	4.96	4.99
7－7		13670	7.1818	47440	23.2820	71.2	69.1	5.25	4.91
7－15		7555	7.3125	26375	25.3225	71.4	71.1	9.68	9.60
8－19		3020	1.9708	6728	3.9266	55.1	49.8	6.53	5.84
9－27		1332	0.8370	2631	1.6440	49.4	49.1	6.28	6.25
平均		7164	4.3288	34427	19.1515	(69.6)	(68.2)	6.283	6.067
						79.2❷	77.4		
最小		1332	0.8370	2631	1.6440	49.4	49.1	4.96	4.81
最大		13670	7.3125	75815	37.8271	88.2	88.2	9.68	9.60

❶ 取样深度,未注明处为表层 0.5m,下同。

❷ 按工程内外浓度平均值计算,括号内为按除藻率平均值算。

表 6－7　工程内外叶绿素 a 浓度差异　　　　　　单位:（mg/m³）

月－日	5－16	7－15	7－15	7－18	7－22	8－6	8－7	8－8	8－10	8－10	8－11	8－11	8－15	8－16	8－19	平均
深度 （m）			1.5							1.5	1.5	1.5		1.5		
工程内	16.36	19.00	15.88	11.71	15.66	19.65	9.88	11.41	19.47	14.59	7.42	7.62	4.75	10.99	7.89	12.82
工程外	22.09	27.20	27.80	14.64	26.97	35.87	12.97	13.35	115.6	38.48	9.80	58.46	6.63	13.37	29.29	30.17
去除率 （%）	25.9	30.1	42.9	20.0	41.9	45.2	23.8	14.5	83.2	62.1	24.3	87.0	28.4	17.8	73.1	57.5

（二）改善水质

除藻工程有消浪作用,有利于泥沙沉降和藻类在白天上浮。这不但便于除藻,而且可降低水体内的混浊度。1992 年(表 6-8)对浊度的降低值为 3~9ppm,其降低率为 9%~40%。

工程对外界水体有阻挡和导流作用,进入工程后的水又经过物理、生物、化学等降 N,P 综合作用;因此,工程不仅能削减高浓度峰值,而且能降低营养盐平均浓度,改善水质水化学指标。

表 6-8　　工程内外浊度差异　　　　　　　　　　　单位:(ppm)

月-日	7-15	7-26	7-27	7-29	7-30	8-2
工程内	16	29	18	24	20	6
工程外	21	32	21	33	26	10
降低值	5	3	3	9	6	4
降低率(%)	23.8	9.4	14.3	27.3	23.1	40.0

工程核心圈内取水口处的总氮、总磷和氨氮浓度与工程外相比,平均分别下降 36%、12% 和 33%;最大下降率 70%(表 6-9)。BOD_5 去除率 9%~61%,COD_{Mn} 去除率 10%~25%(表 6-10)。

工程内藻类生物量较低,水质改善,与放养摄藻生物和种植风眼莲亦有关。由于采用合理的消浪技术,使风眼莲经受大水面大风浪的多次袭击,维持生长,7、8 月间平均生产力 507g/(m² · d),对水质可起净化作用并抑制藻类生长。

表 6-9　　工程内外 N,P 浓度差异表　　　　　　　　单位:(mg/L)

1992 年 月-日	深度 (m)	TN			TP			NH₃—N		
		内	外	r(%)	内	外	r(%)	内	外	r(%)
7-12								1.7	2.0	15.0
	1.5							1.6	1.7	5.9
7-16	1.5							0.6	2.0	70.0
								0.6	1.0	40.0
7-17	1.5							2.4	4.0	40.0
								2.4	3.6	33.3
7-19	2.58	3.47	25.4		0.096	0.106	9.4	1.01	1.21	16.5
8-7								0.10	0.20	50.0
8-10								0.10	0.20	50.0
	1.5							0.05	0.10	50.0
8-15								0.60	0.63	4.8
	1.5							0.57	0.65	12.3
8-19	0.80	1.25	36.0		0.113	0.116	2.6	0.28	0.49	42.9
	1.5	0.82	1.50	45.4	0.081	0.107	24.3			
平均		1.40	2.07	35.6	0.097	0.110	12.1	0.917	1.37	33.1

表6-10　工程内外 BOD_5,COD_{Mn} 的差异表

1992年	月－日	4－16	5－16	6－19	7－18	8－19	8－19❶
BOD_5 （mg/L）	工程内			5.71	1.60	1.45	1.40
	工程外			8.37	1.75	3.76	2.85
	去除率（%）			31.8	8.60	61.4	50.9
COD_{Mn} （mg/L）	工程内	6.32	3.08	8.52	7.44	4.04	3.72
	工程外	7.00	3.44	9.69	6.75	5.41	4.18
	去除率（%）	9.7	10.5	12.1	-10.2	25.3	11.0

❶　取样深度为1.5m,其他为表层0.5m。

（三）减少自来水厂生产成本

在自来水厂水处理中,除了杀菌消毒和增加絮凝作用需加氯外,还常用液氯杀藻,然后用气浮法使藻类上浮或加黄泥以加速沉淀,减少藻类进入滤池,防止滤池受堵,并减少滤池反冲洗频率。当藻类浓度变大,为了杀藻就要加大氯耗量。另为了调整大量加氯后对水的pH值的影响,有时还要加适量石灰。马山自来水厂水源区建设除藻工程后,可降低平均氯耗量。

工程实验区所在马山水厂的氯耗最小,太湖边上其他3个以太湖为水源的水厂,6~8月平均氯耗为马山水厂的1.76~2.39倍,即多用氯耗2.33~4.27mg/L。按这3个厂的平均日产水量计算,若能把它们的氯耗降到马山水厂的水平,则在6~9月120d内共可节约液氯约139t,计20.8万元（当时价格计,下同）。

马山水厂不仅节约了液氯,而且在7月中旬到9月中旬用水高峰期平均日增产水量比前期多32.1%,2个月增产产值14.8万元。

第五节　东五里湖中桥水厂水源地
生态修复试验工程[24]

太湖北部的五里湖湾当时为无锡中桥自来水厂的水源地,也是无锡主要水源地,但当时五里湖水质已处于重富营养化状态,夏秋季节太湖经常爆发大规模的藻类"水华",自来水厂滤池堵塞,藻腥扑鼻,局部死鱼,直接影响无锡市自来水的供水量和水质,危及居民健康,严重地制约无锡市的工农业生产和旅游业的发展。为了改善东五里湖中桥水厂水源地的水质,中国科学院南京地理湖泊研究所在1994~1995年开展了净化中桥水厂水源地水质的生态修复实验工程（以下系依据濮培民研究员的资料）。

一、生态工程原理

东五里湖中桥水厂水源地的生态修复实验工程采用物理—生态联合净化工程,是在自来水厂取水口湖区,用物理和生物为主的方法净化水厂原水水质的生态工程;其目标主要是

有效地改善水质,并减少水厂能耗、物耗获取经济效益,这就需要在取水口湖泊中建设一个独立的子系统,这也相当于在湖中建设一个预处理池,使其中供应水厂的水质能在一定的滞留时间内明显地优于其周围的水质。为此,需要建设工程的保护膜和框架,并采取一系列改善水质的方法,如优化引水方式、过滤、沉降、生物净化、抑制底泥释放和二次污染等(图6-3)。

(一)围隔

在很恶劣的水质环境中要长期地维持一个良好的生态环境,必须给它建设一个能减缓外界环境变化对其影响的围隔(即保护隔膜)。围隔结构要因地制宜,它应具有一些基本性能,例如:能有效地控制内外的水量交换(不透水或过滤水)和动量、能量交换(改变水流、波浪);其宽度能覆盖整个水深或应控制的水层并能随水位变化而作相应的迅捷适应;它能在恶劣的风浪、湖流作用下长期正常工作而不被破坏,并能有效地保护工程内生物种群的安全;其他如易于建造、安装和维修,能适用于不同水深、底质、价格较低等特点。

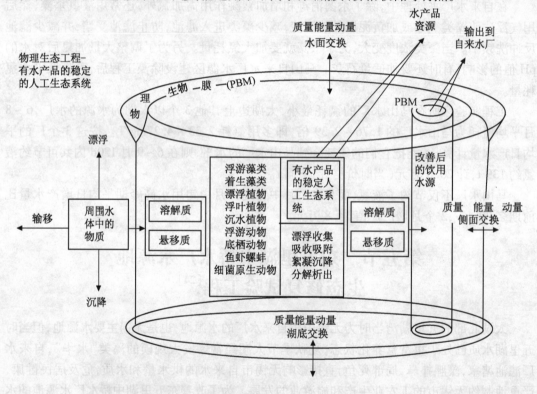

图6-3 净化水质物理—生态工程原理示意图

(二)框架工程

把污染的水体改善为符合于饮用水源要求的水,需要一定的过程和时间。水质变化过程中的不同阶段要布设不同的物理—生物措施。从工程范围和引水方式、位置开始,包括导流,布设生物种群的载体、区域划分等都需要建设物理工程框架,导流需要用隔水或滤水材料。固定位置可用锚定、打暗桩等办法,载体和水域划分可用塑料布、尼龙网等。为适应水位的变化,漂浮结构是经常使用的。所有这些都需根据当地自然条件,因地制宜地实施。

(三)引水方式

改善原水水质既要求降低污染物的平均浓度,也要求减少出现高浓度污染物的概率。湖泊水质常有比较大的时空变化,对人体有害的高浓度污染物常出现在一定地区并有一定的概率,若在空间和时间上加以控制,就可减少这种情况的出现概率。例如,用上述不透水软隔带可较廉价地把水厂取水口延伸到较开阔、水质较好的湖区引水,工程外型应设计成有利于增加周围水体内混合交换的形态,工程面积、容积要足够大,滞留时间要尽可能长等,以明显改善原水水质。

(四)过滤

过滤可以把水面上的漂浮杂物和水中悬移的藻类、泥沙等物质大量地挡在工程外,明显地减少工程内的浮游生物及其他悬移质的含量,从而增加水的透明度并减少有机碎屑及由它分解引起的营养盐输入。采用过滤办法在实施中的关键是保证有足够的过滤水量和持续稳定的供水。工程外围形态要有利于将挡在外面的杂物及高浓度悬移物由水流导流输移到试验区外。

(五)生物净化

进入工程内的水,经若干试验区段处理和滞留相当时间,经过物理和生化的变化(包括第二次过滤),使水质得到明显改善,最终被吸入水厂供饮用水深加工用。水质在工程内的这种变化主要是通过沉降、吸附、吸收、分解、摄食等多种途径实现的。这是一种以改善水质为主要目标的人工生态复合系统。着重通过物理措施及改变和控制生物种群来实现系统结构的优化。放养螺能使悬移质絮凝沉降,改善水质透明度。漂浮植物的根系能大量吸附悬移质,并成为细菌、原生动物分解有机质的很好载体。布设塑料网等载体后,犹如仿生体,着生生物可大量繁殖,吸收营养盐并抑制浮游藻类的生长。漂浮植物,特别是若干速生漂浮植物,能大量吸收营养盐,抑制浮游藻类生长。沉水植物与藻类的竞争极为剧烈,当水中以藻类为主的浮游生物密度很高,水的透明度很低时(五里湖经常为 0.3 ~ 0.5m),在 1.5m 水深的湖底沉水植物无法生长。即使已生长良好的种群,在遇到数天低透明度污水的侵入后也会受抑制,直到死亡。反过来,生长良好的沉水植物植被又可抑制藻类的生长,保持良好的透明度。为了保护人工生态系统的全年持续稳定的发展,工程内各区域包括上下层种群间的配合,保持整个系统内的生物多样性和生长季节上的及时交替是成败的关键。鲢、鳙、罗非鱼的摄食和蚌的滤食生物等对改善水质均有良好的作用。其他摄食生物残体和碎屑的水生动物等都可因地制宜配合采用。

细菌、微生物的作用是不容忽视的。工程中观测到对氨氮和亚硝酸氮的明显降解作用,其有效机制是硝化细菌的作用。光化细菌喷洒在凤眼莲根部后观测到其生长速度和水的透明度增加有关,充氧可更有效地改善水质,可作为必要情况下的补充方法。

(六)抑制底泥释放和二次污染

浅水湖泊中,由于风浪、湖流,以及机动船只等人类活动的影响很容易引起底泥的再悬浮和营养盐向水中的大量释放,是不可忽略的因素。净化工程中有悬移质的沉降、生物残体和碎屑以及水生动物排泄物的存在,这些都可造成二次污染。及时打捞和收获可以减少其影响,但难于彻底去除,加上底泥中的营养盐与水中的含量常有数量级的差异。所以,关键是抑制底泥营养盐向水中的释放和强化生物对底泥中污染物的吸收转化,在当今东太湖和历史上有茂密沉水植物的水体中,经过长期演化,湖底也有深厚的生物淤泥,但湖体的水质却仍然良好,清澈见底,这给了人们以启示,要重视湖底水生植被对环境净化的作用。恢复和维持一个能在工程系统内各组成部分的相互配合协调下,全年保持生产力的水下植被是问题的关键,它可以将不断输入的和在系统内产生的悬移质(泥沙、有机残体),沉降吸附储存在其根部,减少它们再悬浮的机会;加快沉降分解转化和转换为生物资源,大大削弱底泥营养盐的释放和二次污染对水质的影响。由于每一种群都有其最适的生长条件,要充分利用工程内的水平和垂直空间,在水体的上、中、下不同地段的不同水层上,采取精心设计的物理方法和生物种群结构与配置,加强管理,达到增强系统净化水质的能力,最终改善水厂原水水质的目的。

二、工程建设概况

1994年6月起开始建设的东五里湖中桥水厂水源地的生态修复实验工程,布设在中桥水厂主取水管口东侧,面积2000m²。该湖区地势平坦,由西北向东南略倾斜,区内水底高差30cm,水深一般在1.6m左右。在这一范围内用间距为2.5m的毛竹桩和不透水材料围隔出宽5m、长40m的水渠10条。划分成供测量水生植物生长规律(区外另辟200m²)、抽水动态和静态等实验用的小区。不透水围隔带用双面覆有聚乙烯膜的蛇皮布做成,上面制成充有泡沫塑料的管状浮体,下面则为充有沙石的重压管,其高度可保证最高水位时正常工作,围区南端用过滤布做成。工程进行了非工程区内水生生物生长规律实验、工程区内无水交换的静态实验、不同滞流时间水泵抽水动态实验和室内实验等4种类型的实验。采用漂浮植物、沉水植物和软体动物及若干物理措施的组合实验。建立物理和生物相结合及几种生物共生、交叉混合种养殖可优化净化水质的生态系统。

三、五里湖水生植物的生长特点

从1994年8月11日开始,进行了凤眼莲(即水葫芦)、水花生、蕹菜等几种水生植物生长规律的试验。每种植物以4、5种不同密度放养在面积均为1m²的实验网格内。定期连同网格一起称重,确定生长期不同时日水生植物的湿重。凤眼莲的起始放养密度均取为2kg/m²,凤眼莲7~8月份的最大日增长率在五里湖达0.90kg/(m²·d)(图6-4);开敞水面为0.62kg/(m²·d),前者大于后者,这可能主要是由于五里湖的营养盐含量比太湖敞水区要大几倍而风浪较小的原因。生长旺盛时期是在7、8月,9月以后长势渐减,

10月下旬已趋于枯萎,应及时全部取走,以减少对水质的二次污染。在盛夏凤眼莲密度约为 12 ~ 13kg/m² 时,此时水面已被严密覆盖,水下光照很弱,可造成溶氧缺乏,净化水质效果并不是最佳。将放养凤眼莲密度减半,即保持 6 ~ 7kg/m² 比较合适。这时单位面积上凤眼莲的日增重量仍很高,日光可以有较多的透入,供水下其他水生生物利用。

水花生的增长率8月下旬以前比较大,随后则迅速下降。凤眼莲的最大增长率可延续到9月初,蕹菜的最大增长率则出现在9月份。这样,这3种漂浮植物的最大增长率在时间上是错开的。这个特点可被利用来延长以漂浮植物净化水质的时段,提高净化效果。已经找到了比较简易的水上种植蕹菜的技术,蕹菜可供食用,有很好应用前景。从最大增长率看,这3种漂浮植物中,凤眼莲最大,其次为水花生、蕹菜最小;分别为 0.90,0.69 和 0.39kg/(m²·d)。在管理方法上,与凤眼莲一样,都需要注意及时稀疏种植和及时适量取出利用之,要尽量减少植物残体滞留水中或沉入湖底。水花生的种植密度与凤眼莲相似,以 6 ~ 7kg/m² 为宜,蕹菜则以 4kg/m² 为宜。

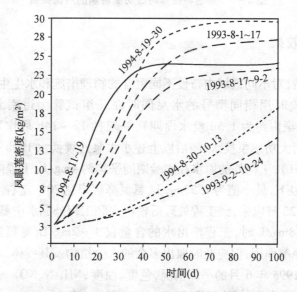

**图 6 – 4　五里湖(1994 年)及太湖梅梁湾(1993 年)
凤眼莲生长时间与密度的关系曲线**

四、螺对水的净化作用

太湖流域农村有利用螺净化饮用水的历史。工程内的试验表明,螺的分泌物对悬浮质有一定的絮凝作用,能改善水体的透明度和水中的光照条件,有利于沉水植物的生长,与其他同步实验区相比,有螺水道内的水,不但透明度大,清澈见底(1.5m 左右),而且色度、氨氮、亚硝酸氮等指标也有明显改善。湖底缺氧可导致许多底栖动物死亡.为避免这种情况,饲养螺需要采用专门的充氧技术(图 6 – 5)。

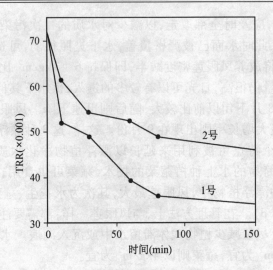

图 6 - 5　铜锈环棱螺对透明度影响的对比实验

五、生态工程效果

　　围隔工程建成后,对不同区域内布设不同组合的物理措施和水生生物种群,进行静态和动态试验。动态试验时用相同型号的水泵同时在几组试验渠道南北端抽水,出水率为12m³/h(相当于实验渠内约为1.5d 换水周期),一般抽 12 ~ 14h 后作采水样分析,如 1994年 10 月 11 ~ 13 日用大功率泵换水,随后以上述小水泵连续换水 130h,其间进行水质检测。以氨氮为例(表 6 - 11),工程外的原水在实验期间平均约 4mg/L,工程内则由最初的类似值逐渐下降到 2mg/L 以下,最小值为 1.33mg/L,氨氮降解率达 70% 左右。

　　自 1994 年 8 月 25 日以来,经工程处理后输出水和工程外原水中氨氮的改善明显,特别当原水中氨氮达 7 ~ 8mg/L 时,工程输出水的含量仅 1 ~ 2mg/L,氨氮削减率最高达 92%。工程对 COD_{Mn} 也有降解作用,但应及时取出多余的水生植物及其残体。

　　1994 年 8 月至 1995 年 6 月的平均情况,色度、浊度、NH_3-N、NO_2 - N 的 4 个主要原水水质指标的削减率平均分别达到 46%、82%、69%、69%(表 6 - 11)。大大降低浊度可减少水厂絮凝剂用量,降低能耗,降低饮用水成本,其他 3 项指标都是影响人体健康而水厂内水质深处理时难于削减的指标。该项工程具有明显的社会、生态和经济效益。

表 6 - 11　工程输出水与工程外原水水质的比较表

1994 - 8 ~ 1995 - 6	工程外原水		削减率（%）	
	平均	范围	平均	范围
色度(度)	42.6	36 ~ 58	46	25 ~ 56
浊度(度)	38.9	16 ~ 84	82	65 ~ 89
NH_3-N(mg/L)	3.84	1.33 ~ 6.69	69	39 ~ 92
NO_2 - N(mg/L)	0.23	0.06 ~ 0.28	69	52 ~ 82

第六节　东五里湖湖滨饭店南面生态修复试验工程[25]

一、试验目的

1999 年,在富营养化程度严重的东五里湖,进行了利用浮床陆生植物直接净化富营养化湖泊(指利用自然水域浮床无土栽培法种植陆生植物,下同)的可行性和有效性研究。

试验目的在于为治理富营养化较重、营养盐含量较高的湖泊,作为先锋技术措施,利用陆生植物的生物学特性,直接将根生长于水中汲取 N、P,使水质理化参数达到功能要求,为后续沉水植物和其他生物治理技术创造生境条件,为重污染水体综合治理提供新思路、新途径以及相应的科学依据和实用技术(以下依据上海农科院环境所宋祥甫研究员团队资料)。

二、试验水域概况

试验于 1999~2000 年进行。采用水体围隔法试验,即在指定区域内设置由毛竹扎成的浮框,并打桩固定,而后用高强度塑胶化纤布做成围拦,围拦下端用沉重物下吊,使其沉入淤泥中,上端用能浮于水面的泡沫圆筒作浮标托起,使种植区水体与大水体基本隔绝,围隔内水域总面积为 3600m²,并将其分隔成 4 个面积均为 900m² 的试验小区。试验区系太湖水域中水体富营养化程度最高的水域。

试验区的年均水深为 2.3m 左右,淤泥厚度在 0.5~1.2m 之间,平均为 0.8m。试验区在试验前的 TN、TP、COD_Mn、BOD₅ 等多项水质指标均劣于 V 类标准(表 6-12)。试验区的水体与大水域水体的隔离设计要求是在该水域的水位落差较小时水体能完全独立,而在水位落差较大时则能通过类似"活塞"的装置(水位调节孔)自由交换,以免因试验区内外水位落差过大而使设施受损。因此,试验区内外的水体隔离实际上是一个相对的概念。另外,为防止风浪对设施的影响,以及因大水域的水表层藻类等漂浮物随风浪进入试验区而影响试验结果,特在易受风浪冲击的方位设立了消浪带。

表 6-12　试验实施前的主要水质指标　　　　　　　单位:(mg/L)

TN	TP	NH₃-N	COD_Mn	BOD₅	SS	叶绿素 a	DO	pH	透明度(cm)
3.59	0.32	1.03	35.0	26.7	33	0.172	8.4	8.6	50

三、试验设计

试验共设 3 个不同水上种植覆盖率(植物种植面积占水面面积的比例)处理,分别为 15%、30% 和 45%,另设一个空白对照。供试陆生植物共 3 种,分别为旱伞草、美人蕉和蕹菜。3 个小区的各植物种植比例均为旱伞草 2:美人蕉 1,同时套种相同比例的蕹菜。

植物的幼苗均在陆地培育。其中,旱伞草和美人蕉均于 6 月 18～20 日移栽。由于移栽时这二种植物的株高均已达 60cm 以上,直接移栽均难以保证其正常直立,因而于移栽前将主茎生长点切除,仅留 20cm 以下的茎秆。因此,移栽后植物的发棵生长主要依赖于茎基部的幼芽。蕹菜苗则于 8 月 6～8 日从陆地种植的实生苗中摘取茎叶直接扦插在浮床四周的预留孔中,种植孔直径 4.5cm,每 m² 浮床种植 6～7 穴,每穴扦插 1 根茎。植物苗的移栽和扦插前均采用自配促根剂进行处理,以保证植物苗从土培条件下顺利过渡到水体条件下生长。

1999 年的试验于 8 月 4 日开始,12 月 14 日结束,历时 132 天。即于 8 月 4 日将经过 1 个多月培育的植物连同浮床一起置于各试验区内,12 月中旬予以全部收获。

四、植物检测和水质监测项目

试验期间考查了植物株高、根长、茎数及干物质产量;监测了 21 项水质指标,其中包括:pH、TP、COD_{Mn}、DO、BOD_5、总砷、挥发酚、总氰、总汞、总铅、六价铬、总镉、$NH_3\text{-}N$ 等 13 项地表水环境质量标准的基本项目;TN、叶绿素 a、透明度等 3 项湖泊特定项目和 SS、浊度、电导率、盐度、水温等 5 项常用水质指标项目。主要水质项目分别由中国江苏省太湖水质监测中心站和中国水稻研究所农业部重点实验室监测。在所测的 21 项水质指标中,除其中的总砷、总汞、总镉、六价铬、总铅、总氰、挥发酚等 7 项在连续二次测定值均基本上达到了 I 类水质标准(包括对照区),且其结果与大水体的情况一致而没有继续跟踪测定外,其他项目均进行了跟踪测定。其中,TN、TP、$NH_3\text{-}N$、COD_{Mn}、BOD_5、叶绿素 a 共测定 4 次,其他项目共测定 8 次。

五、试验结果与分析

(一)植物生长情况

供试植物旱伞草和美人蕉的移栽期虽然较正常季节推延了 1 个多月,使供试植物的生育期大为缩短。但是,由于供试水域水体中植物生长所需的 N、P、K 等植物营养较充裕,因此植物成活后生长速度较快,至净化水质试验开始时(移栽后 1 个半月左右),植物已进入发棵盛期,而其中的美人蕉则开始开花,至 85d 左右时,供试植物均已形成了较大的群体和较好的景观,且其旺盛生长和景观效果一直维持到 11 月上旬,而后随着气温的急剧下降,植物生长趋于停止并逐渐枯萎。据植物收获时的考查表明(表 6－13),供试植物的相关性状达到了较陆地种植更高的水平,如其中的美人蕉(矮生品种),在陆地种植时的株高一般在85cm 以下,而本试验 3 个处理区平均达到了 112.5cm,最高的 30% 处理区则达 117.9cm;旱伞草每穴分蘖数 3 个处理区平均达 67.2 株,最多的 30% 处理区则达到了 72.4 株。就生物产量而言,上述二种植物几乎达到了超常规生长的程度,其干物质收获量 3 个处理区平均分别达到了 5.22kg/m² 和 7.56kg/m²,最高的 30% 处理区则分别达 5.82kg/m²(美人蕉)和8.22kg/m²(旱伞草),均较一般陆地种植增产 50% 以上。从而为大量吸收去除水体中的 N、P 元素以及其他有害物质,加速水质净化进程奠定了基础。

表 6 – 13 供试植物的相关性状和干物质产量比较

植物名称	考查日期（月 – 日）	株高（cm）	根长（cm）	茎数（株/穴）	干物质产量(g/m²)		
					水上部	水下部	合计
旱伞草	8 – 4	25.1	21.6	4.8	100.1	18.9	119.0
	9 – 12	50.6	42.0	27.6	1928.4	274.0	2202.4
	12 – 12	98.9	58.5	67.2	6622.6	937.4	7560.0
美人蕉	8 – 4	29.7	23.8	1.5	53.0	6.8	59.8
	9 – 12	87.2	42.0	4.2	548.0	92.5	640.5
	12 – 12	112.4	59.1	5.7	4857.8	365.6	5223.4
空心菜	8 – 8	8.0	0	1.5	10.0	0	10.0
	9 – 5	65.0	40.5	10.0	350.0	61.5	411.5

注：1. 收获期：旱伞草和美人蕉为 12 月 12 日，空心菜为 9 月 5 日；

2. 水上部包括茎、叶、花，水下部为根系。

（二）植物对水体中 N、P 元素的去除效果

从表 6 – 14 中可以看出，供试植物从水体中吸收利用了大量的 N、P 元素，通过收获植物体而被实际去除的 N、P 元素均达到了较高水平。按本试验始期水体中的 TN 为 3.59mg/L、TP 0.32mg/L 和水深 2.3m 计算，每处理区水体中（不包括底泥）的 N 和 P 基础总量亦仅分别为 7.43kg 和 0.66kg，而本试验的 3 个处理区通过收获植物体所带走的 N、P 总量，除 15% 处理的 N 去除量与原水体中的基础总量基本相同外，所有处理的 P 和 30%、45% 处理的 N 去除量均远远超过了基础总量，其中 45% 处理去除的 TN 和 TP 量，分别相当于基础总量的 3.83 倍和 18.09 倍。

表 6 – 14 不同处理区的植物干物质收获量和 N、P 去除效果比较

覆盖率（%）	干物质产量(kg/区)				净去除 N			净去除 P		
	旱伞草	美人蕉	空心菜	合计	(g/m²)	(kg/区)	(%)	(g/m²)	(kg/区)	(%)
15	296.7	385.5	47.5	729.7	52.37	7.07	95.2	20.67	2.79	422.7
30	739.9	1047.5	121.1	1908.5	76.78	20.74	279.1	33.33	9.00	1363.6
45	1061.7	1503.0	175.9	2740.6	70.32	28.48	383.3	29.48	11.94	1809.1

注：1. 15%、30% 和 45% 处理的总浮床面积分别为 135m²、270m² 和 405m²；

2. 每区干物质生产量为水上部和水下部的总和；

3. 植物对 N、P 的净去除量按各植物的干物质产量乘其 N、P 含量，并扣除试验始期的基础量；

4. N、P 去除率(%)按各区通过收获植物体实际去除的 N、P 总量除以水体中的 TN、TP 基础量。

（三）植物对水质的净化效果

从本试验期间的水质监测结果中看出，3 个处理区，除其中 DO 因水面覆盖影响空气中的氧气进入水体和植物生长消耗，以及因水体中的藻类大幅度减少，使水生植物的光合作用

释氧量降低等影响而明显较对照水体低以外,其他所测水质项目均得到了不同程度的改善,且其改善程度均随着水上种植覆盖率的增加而提高。

(1)水质达标情况　45%和30%处理区水体的13项所测基本项目(平均值)均达到了Ⅲ类水质标准,其中5项指标见表6-15,其他8项指标均已经达到Ⅰ～Ⅱ类,未予列出。且这二个处理区分别有10项(45%处理区)和9项(30%处理区)达到了Ⅰ类标准。与此相比较,对照区水体有3项水质仍为劣Ⅴ类标准,2项为Ⅳ类标准,而15%处理区除3项水质指标为Ⅳ类标准外,其他同样达到了Ⅲ类水质标准以上。从TN等其他所测项目的结果来看(表6-16),净化效果同样显著。表明浮床陆生植物对水质的净化效果是极为显著的,在本试验条件下,水上种植覆盖率为30%以上时,就能将水体从劣Ⅴ类水质标准净化至Ⅲ类水质标准,达到了设计要求和预期效果。

(2)水质指标的动态变化　据监测,在试验开始10d后(8月13日),与对照区相比,处理区的水体感官性状和除DO以外的各项水质指标均已得到一定程度的改善。其中,45%处理区的水体透明度已达113cm,较对照的45cm增加了68cm,而BOD_5和NH_3-N则均达到了地表水Ⅱ类水质标准,分别较对照区提高了3个类别。而且,植物处理对水质的改善效果随着处理时间的推延而越趋显著。单就通过浮床陆生植物的处理,将水体从劣Ⅴ类净化至Ⅲ类水质标准所需的时间而言,在本试验供试水体的富营养程度条件下,45%和30%处理区至试验开始后40d(9月13日)就已全部达标,且以后的水质指标值一直维持在较低的水平,而相比之下,45%处理区的各项指标值又明显较30%处理区低。但是,由于本项目试验基地的围隔只能说达到了水体相对独立的效果,因此从总的水质动态变化趋势来看,在整个试验期间,TN、TP、COD_{Mn}、BOD_5等水质指标的变化动态表现出了随着大水体水质的变化而变化的趋势,亦即在试验期内的变化动态有一定的波动,并未完全是由高到低的单一走向。如据临近植物体收获前监测,3个处理区的TN、TP(45%处理区例外)、COD_{Mn}、BOD_5等水质指标值相反较前期有明显的回升趋势,而这一变化动态与大水体的变化动态是完全一致的,即植物生长盛期(8～9月)对水质的改善效果明显好于生育后期。然而,部分项目,如浊度、水体透明度等则表现出了明显的由高到低,或由低到高的单一走向,尤其是其中的45%处理区的水体透明度,由最初的50cm,提高到10月12日的清澈见底(图6-6),并一直维持到试验结束时(凡水位落差较小和晴天的情况下,基本上都能维持在清澈见底的状态)。

表6-15　不同处理区的水质均值比较表

覆盖率 (%)	TP (mg/L)	类别	NH_3-N (mg/L)	类别	COD_{Mn} (mg/L)	类别	BOD_5 (mg/L)	类别	DO (mg/L)	类别	综合类别
0	0.21	劣Ⅴ	0.51	Ⅲ	23.9	劣Ⅴ	18.1	劣Ⅴ	7.4	Ⅰ	劣Ⅴ
15	0.16	Ⅴ	0.34	Ⅱ	8.4	Ⅳ	6.9	Ⅴ	6.4	Ⅰ	Ⅴ
30	0.10	Ⅳ	0.34	Ⅱ	6.0	Ⅲ	4.0	Ⅲ	5.5	Ⅲ	Ⅳ
45	0.09	Ⅳ	0.22	Ⅱ	5.1	Ⅲ	2.8	Ⅰ	5.0	Ⅲ	Ⅳ

表 6 – 16　不同处理区的其他主要水质指标平均值比较

覆盖率 （％）	TN （mg/L）	叶绿素 a （mg/L）	SS （mg/L）	浊度 （度）	透明度 （cm）
0	2.99	0.110	33.8	48.6	46.9
15	2.83	0.092	31.8	38.9	66
30	2.32	0.035	16.8	27.6	118.3
45	1.95	0.025	11.8	20.4	165.1

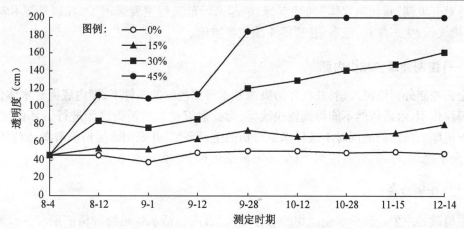

图 6 – 6　不同处理区的水体透明度动态变化比较

试验前水体：TN 3.59mg/L；TP 0.32mg/L；COD_{Mn} 35.0mg/L；BOD_5 26.7mg/L；
年均水深 2m；水体清澈见底的透明度以 200cm 计。

第七节　西五里湖生态修复示范工程

一、生态修复示范工程概况

国家科技部"十五"重大科技专项"水污染控制技术与治理工程"的"太湖水污染控制与水体修复技术及工程示范"项目在西部的五里湖（也称蠡湖），实施的是"重污染水体底泥环保疏浚与生态修复技术"项目，承担单位系无锡市太湖湖泊治理有限责任公司，合作单位为有关大学和科研机构。（以下依据中国环境科学院年跃刚研究员团队提供资料）工程示范时间为 2003～2005 年。该示范项目包括生态清淤和生态修复两部分，项目投入 4500 万元，西五里湖生态修复示范工程控制区面积为 2.87km²，其中种植水生植物进行生态修复区域的面积为 1km²，生态修复面积占西五里湖面积的 31.4％。示范工程区共分 B 区、C 区、D 区、Y 区、S 区 5 个区（附图 6 – 1、附图 6 – 2）。五里湖原来水质很差，为劣于Ⅴ类，主要污染指标是 TN、TP、NH_3-N，透明度仅 20～30cm。

示范期间及目前整个五里湖是可封闭水域，外部水域进入五里湖的 11 条河道均已建闸控制(不含断头浜),只要关闭五里湖周围 11 座水闸,五里湖就成为封闭水域,可减少绝大部分污水经河道入湖,有效减少进入五里湖的污染负荷;可利用梅梁湖泵站根据水生植物生长期水深的需要,调控水位,使生态修复区有适当的水深,有利于水生植物生长;在生态修复示范区的运行期内,禁止机动船舶航行。

二、生态修复主要技术措施

针对五里湖"重污染水体"的特点,归纳起来示范工程主要采用了"控制外源和减少内源、生境改善、生态修复、稳态调控"等 4 项主要措施。

(一)控制外源和减少内源

全面控制外污染源入湖,并在外污染源基本得到控制的条件下,湖内底泥对水体仍有较大的释放作用,水质依然不能得到较快改善,为此对五里湖重污染底泥进行了环保清淤,在清除五里湖内源污染的同时不破坏水生植物的生长环境,并采用薄层精确清淤、防底泥扰动扩散、余水处理、堆场防渗、污泥干化、污泥资源化 6 个方面的技术。

(二)生境改善

生境改善主要是改善水生植物的生存环境条件,包括水生植物种植前期和生长繁殖期二个阶段:① 修复基底、改善水质,为生态恢复创造条件,基底是生态系统存在与发育的载体,基底修复主要包括基底有毒有害化学物质的削减,基底地形、地貌和高程等的改造和基底稳定性的维护。在基底修复过程中对陡峭和硬质护坡进行了改造、对沿岸带浅滩湿地进行了修复、对鱼塘基底在无水状态下进行旋耕。② 调节水深,在一定的可能范围内用自然或人工(泵站)手段调节水位、水深。③ 控制风浪和水体交换,在一定范围内用围隔和削减风浪设施控制、削减风浪和控制生态修复区内外的水体交换。④ 在试验示范期间禁止机动船舶航行,以减少机动船舶航行对底泥扰动,有利于提高透明度和减少底泥 TN、TP 及其他污染物的释放量。

(三)生态修复

对于水污染严重和水生态退化严重的五里湖而言,生态修复即是重建水生态系统,包括水生植物和水生动物两类。五里湖中水生植物特别是沉水植物由于水污染严重而退化,十分稀少,针对这一情况进行了人工强化种植。水生植物的种植在生态修复中是最重要的一个环节,水生植物能够吸取水体的营养物质 TP、TN,并且能够固定底泥、减少风浪和降低底泥的污染释放率,能够增加水体透明度及自净能力。

(1)种植水生植物　首先是选种,选择适合于五里湖区生长的物种是关键,它关系到这些物种是否能在不危及原有环境的情况下顺利生长;其次是提高水体的透明度,植物的生长离不开光合作用,水底的植物如果照不到光那很难存活。通过陆生或水生植物浮床种植,以及增加浮游动物,采用大流量曝气、光补偿、结合退渔还湖逐步控制水位等多项措施来达到增加透明度的目的,为植物正常生长和繁殖提供理想的理化环境。

（2）引种的植物　挺水植物有菖蒲、芦苇、香蒲、鸢尾、千屈菜；浮叶植物有睡莲、荷花、荇菜、菱；沉水植物有黄丝草、伊乐藻、狐尾草、菹草、黑藻等植物；浮床植物有美人蕉、黑麦草等。

（3）养殖水生动物　水生动物是构成水生态系统的基本子系统之一，西五里湖特别是退渔还湖区放养了大量螺、蚌、蚬、鲢、鳙等水生动物，通过重建湖区的水生植被、鱼类和底栖生物群落，增强了水体的自净能力，完成对重污染水体的修复。

（四）稳态调控

稳态调控是在一定范围或限度内调控生态修复区水体理化环境的同时，要适时优化生物群落结构，形成健康的湖泊生态系统。通过重点研究水生植物品种的优化配置、生态适应性、对水环境的作用以及相互之间的关系，利用不同季节水草镶嵌技术，优化全年群落结构，通过水生植物、底栖动物以及鱼类种群数量的优化配置形成稳定的生态系统。

三、各示范区工程布置和内容

示范工程共设有 B 区、C 区、D 区、Y 区、S 区 5 个区，其相同的自然条件：均位于西五里湖的沿岸水域，水深比较浅，水污染严重，水质主要超标指标为 TN、TP，其次为 NH_3-N，透明度差，水生植物的覆盖率极低和多样性差。不同的自然条件：水面积大小和离湖岸距离不等，风浪大小不等，底质不同，湖岸边坡缓陡不同，护砌形状和材质不同等；水生态修复种植的水生植物种类、品种不同，密度不同，种植技术、方法不同，采用围隔的形式、结构不同；养殖其他水生物的种类不同。

上述 5 个示范工程区水生态修复均有相同的目的：改善水质和水生态，以及满足风景旅游要求。分 5 个工程区示范的目的是：① 进行水生态修复种植不同种类、品种水生植物改善水质和水生态效果的试验；② 不同技术、方法种植水生植物改善水质和水生态效果的试验；③ 不同类型围隔的形式、结构阻挡或削减风浪效果的试验。下面简单叙述各示范工程区的情况。

（一）B 区

1. 工程概况

B 区为退渔还湖（也称退鱼塘还湖）区域，总面积 1.3km²。位于西五里湖的西北部，其西为渤公岛，北为公路，东为陆地，南有一条东西向的堤坝，称为蠡堤，蠡堤以南为航道。

B 区面积比较大，分为 3 部分：① 湖滨带生态修复示范工程区（系退鱼塘还湖区），位于西五里湖的退鱼塘还湖区域的北岸和东岸，包括吴淞基面高程 3.5m 水位以下、距湖岸 80m 范围内的湖滨带浅滩区域，其中水生植物恢复面积 20 万 m²；② 浅水区生态修复示范工程区，位于湖滨带生态修复示范工程区的内侧，距离湖岸超过 80m，水比较浅，一般不超过 1.5～2m，其中生态修复面积为 33.3 万 m²；③ 深水区，水深 4～6m，系建设五里湖风景区时的取土区，基本未进行人工生态修复，不属于本次生态修复示范工程范围。B 区的退鱼塘还湖工程于 2003 年 9 月底完成，后开堤放水，水位与外湖体持平，此时湖水透明度达到 2m，清澈可见底，一直保持到 2004 年 5 月份。B 区与南面航道间相隔开的大堤一直保持到示范工程实施完毕才拆除,示范工程实施期间,大堤上有缺口与航道水体相连。

2. 工程主要内容

(1)基底修复 包括施工场地整理、基底修复、改造。该区基底有部分为硬土,工程实施开始时系无水状态,对硬质基底实施耙耕松土,面积13.3万 m^2 ,以利种植水生植物和有利于植物的成活、生长。B区西侧渤公岛沿岸水域恢复了宽度超过35m、长度1000m的芦苇、香蒲,由于挺水植物的挡风浪作用,使附近湖面基本无大波浪,可不采取基底防护措施。

(2)防鱼工程 布设拦鱼网,阻止B区南面从大堤缺口处进水时从西五里湖带进对水生植物影响较大的杂食性鱼类。

(3)建立围隔 示范区与西五里湖的其他水域有蠡堤(原来的鱼池大堤)隔开,所以该水域为天然土堤大围隔,其中留有放水的口门。同时在天然土堤大围隔内建设内部用于试验的小围隔,试验围隔建在退渔还湖B区的鸥鹭岛北端,围隔总面积2400 m^2 ,共分6个小围格,钢架结构,围以浸脂腈纶布。

(4)水生植被恢复工程 主要分湖滨带和浅水区两项恢复工程:

1)湖滨带水生植被恢复工程。在满足景观要求前提下,因地制宜地种植挺水植物和景观浮叶植物。主要挺水植物种类包括芦苇、香蒲、荷花等,浮叶植物包括睡莲、荇菜、金银莲花和菱等。采取逐步提高水位的办法改善水体光照条件,通过人工种苗移植和种子库移植的方法恢复沉水植物群落。主要植物种类包括苦草、马来眼子菜、微齿眼子菜、黑藻、大茨藻、狐尾藻、菹草等。植物种植面积共20万 m^2 。同时为控制春季杂食性鱼类和草食性鱼类和完善水生态系统结构,在生态修复后期放养了肉食性鱼类和螺蛳。

2)浅水区水生植被恢复工程。采取人工种植为主、自然恢复为辅的技术方案。先后二次种植,即第一次种植,第二次补种。第一次种植是在灌水后进行,当时水深平均1.8m。2003年10月至2004年6月,在0.334 km^2 种植区内采取抛种法移栽了微齿眼子菜、伊乐藻、马来眼子菜等沉水植物,计湿重236t,另播种菱角种子300kg。由于沉水植物成活率较低,后在2004年7月,在采取降低水位措施后,进行第二次补种,系采取人工下水栽种法,共补种马来眼子菜345t,另菹草石芽1.75t、苦草地下茎0.5t,后又补种伊乐藻6t。

(5)水生动物放养 共放养螺、蚌、蚬及鲢鱼计171t。

(6)B区有调控水位的条件 采用"水位调控法生态修复技术"有利于恢复水生植物。在种植期、生长期根据需求,以及根据整个五里湖是可封闭水域和B区本身可以进行封闭运行的情况,灵活调控湖泊水位,确保B区的生态修复能够有合适的水深。

(二)C区

1. 示范工程的环境特点

C区位于西五里湖东北部、宝界桥西侧,面积10.7万 m^2 ,原是养鱼塘,"退鱼塘还湖"后,基底板实坚硬,且贫瘠,风浪比较大,保留了原来外围的土质大堤,以减小风浪。

2. 示范工程技术措施

C区面积较小,为湖滨带(系退鱼塘还湖区)的生态修复工程。

1)生态修复初期在无水情况下对地表土壤进行平整和复耕,使土壤松化;其次,用部分熟土覆盖5~10cm,使适合沉水植物生长,再放水。

2）种植沉水植物,栽种沉水植物种苗340t,品种以马来眼子菜、狐尾藻、微齿眼子菜、菹草为主,配以苦草、金鱼藻、轮叶黑藻、大茨藻、轮藻等。种植方法:主要采用幼苗移栽和"水生植物种子库引入技术";栽种的马来眼子菜、微齿眼子菜分别占种植植物总量的25%、25%,并配以狐尾藻、菹草、苦草、金鱼藻,分别占恢复植物总量的15%、15%、10%、10%;每m^{2}生物量大于3kg。

3）在距岸40m范围水域内栽种浮叶景观植物睡莲4500株,睡莲品种有3种和3种颜色。种植面积2.7万m^2,覆盖度50%。

4）C区也有调控水位的条件,在植物种植前期,采用"逐步提高水位方法"进行水生植物栽种,待沉水植物成活后,其植株生长达到一定高度时,逐步放入湖水直至C区内水位与外湖区相平。

5）第二年对沉水植物进行强化管理,并补种了较耐寒的伊乐藻、黄丝草、菹草等沉水植物,同时又栽种部分浮叶植物——黄花荇菜,C区内共种植沉水植物456t;然后进行系统稳定化调控,系统内植物覆盖率达到80%以上、处于稳定的沉水植物占优势状态时,拆除外部大堤,用鱼网阻隔,防止鱼类进入工程区内破坏沉水植物。

6）在东部大堤上种植芦苇。在水深不超过0.5m范围内,连片种植芦苇。

(三)D区

1. 工程概况

D区位于西五里湖的东南侧,宝界桥以西,是通往鼋头渚公园的门户,景观要求高。D区为退鱼塘还湖区,与五里湖连成一体,水较深,面积共约6.7万m^2,其中水生植物(含挺水、浮叶、沉水植物)生态修复面积5.8万m^2,陆向辐射带以补植草本植物为主,补植面积500m^2。该区滨湖护岸带主要类型有浆砌石直立岸段、陡岸和较缓岸坡组成。由于该区原为鱼塘和有部分建筑物,人类活动干扰严重,已使湖滨带生态结构遭到严重破坏,生境差。全区水质较差,透明度仅为20～30cm,几乎无沉水植物分布。

2. 工程主要内容

D区为湖滨带的生态修复工程。根据湖滨区现状与使用功能,将美学景观与生态修复协调一致,进行整体的景观与生态修复设计,该区主要采用"陆生植物浮床改善生境修复湖滨带技术"恢复水生植物,以陆生植物浮床作为改善水体理化环境的主要手段。该示范工程由湖滨带基底修复工程、围隔和消浪带工程、陆生植物浮床改善水质工程、湖滨带生态修复工程等部分组成。

(1) 湖滨带基底修复工程　D区从宝界桥转向鼋头渚的道路东侧的基底比较硬,对基底在无水时进行修复基底,创造生态修复条件。根据现场地形、水位和风浪条件,基底修复采用二级平台,外侧坡肩高程分别为3.5m和3.0m左右,恢复了美人蕉、旱伞草等植物。同时,D区有东、西两片临湖草地,东草地波浪作用范围内的基底修复是采用黏土和小块石混填并撒播草种方案,利用黏土的凝聚力和块石的稳定性,构建适合生态修复的基底。作为对比,D区西草地未采取修复措施。

(2) 消浪和围隔工程　消浪带是由泡沫材料制的浮子填充到塑胶布缝制的圆桶中,配以其他材料加固形成的带状设施,能抗7级风力,具有消浪和阻挡漂浮物的作用,设施下端配有钢筋水泥制块的沉重物,每隔一定间距用毛竹桩固定,设施总长度930m。围隔以隔水塑胶布制成,其下方配有沉重物,上方与浮子连接,用毛竹桩固定,以适应水位涨落,并具有较好的隔水效果,设施总长910m。

（3）生态浮床改善水质工程 试验区采用以种植美人蕉、水竹、黑麦草为主的陆生植物的生态浮床技术,以大幅度降低水体中的营养盐浓度和提高水体透明度,改善水体理化环境,为水生生物,尤其是沉水植物的恢复创造一个良好的生境条件。陆生植物浮床区的浮床面积2万m^2,浮床水面覆盖率约34%。工程结束时,直接从工程区内收获总干物质120t以上,去除N、P分别为1.2t和0.45t;水体透明度较实施前提高100cm。

（4）湖滨带生态修复工程 主要按半系列恢复该区湖滨带,局部岸段恢复全系列湖滨带,包括修复500m^2的乔灌草防护带;修复7750m^2的挺水、湿生植物带;修复5万m^2的浮叶、沉水植物带。湿生植物或耐水程度较好的陆生植物主要以景观植物为主,包括鸢尾、美人蕉、水竹等。主要挺水植物种类包括芦苇、香蒲、千屈菜等,浮叶植物包括睡莲、荇菜、金银莲花和菱,沉水植物包括马来眼子菜、苦草、菹草、黑藻等[附图6-3（1）]。该水域在目前水质状况下,恢复沉水植物的最大水深一般应控制在不大于180cm,以后随着透明度的增加,水深适当增加。为控制春季小杂鱼和草食性鱼类对水生植物萌发嫩芽的伤害和完善水生态系统结构,在清鱼不完全的情况下,于2004年11月放养一些肉食性鱼类,品种有鲈鱼、黑鱼、白鱼,以清除杂鱼。

（四）Y区

1. 示范工程简况

Y区位于西五里湖南侧的中间、鼋头渚风景区范围内,有较长的硬质缓坡岸带,地处风浪冲击带,岸线长735m,要求有比较好的景观效果。Y区为先期生态清淤区,距离湖岸5~25m范围内水深为1.6~2.1m,其余水域深度为2.0~2.85m。

2. 示范工程主要技术措施

Y区面积较小,为鼋头渚公园内的湖滨带（生态清淤区）生态修复工程。采用"水生动植物优化组合改善生境生态修复技术"恢复水生植被。包括:重建湖岸带挺水植物发挥净化作用、构建漂浮植物与蚌的组合浮床、利用浮叶植物荇菜及菱形成生物消浪带,建立水中"生态网"形成净化生物膜、调整鱼类结构增加浮游动物。

（1）建立围隔工程 在该区域外围建立大围隔,区域内建立多个试验区小围隔[附图6-3（2）],以排除外来干扰,有利于生态修复和保护。

（2）清除原有的鱼类 并在初期放养肉食性鱼类鲈鱼、鳜鱼、黑鱼等3500尾,作为清除原有滤食性、草食性及底层杂食性鱼类的补充手段,经1~2周,再清除肉食性鱼类。

（3）美化湖滨带景观 在围隔内部的风浪冲刷岸段营造缓坡,对碎石岸段进行基底复土,构建湖滨浅滩;依据景观要求,栽种芦苇、狭叶香蒲、菱草、菖蒲、荷花、鸢尾、美人蕉、水蓼等挺水植物,湖岸带生长的芦苇、狭叶香蒲、莲、鸢尾、美人蕉、菖蒲、水蓼等挺水植物群落面积1.07万m^2,种植各种颜色的美人蕉5100多株,菖蒲22000多株,鸢尾科湿生花卉34500株,为多种生物创造栖息环境,美化湖滨带景观。

（4）放置"生物浮岛" 在工程区内放置"生物浮岛"（430m^2）,削减风浪,吸收水体营养盐,抑制藻类生长,为附生生物创造栖息环境。

(5)种植挺水和沉水植物 在挺水植物外缘种植浮叶植物,包括:黄花荇菜、金银莲花、睡莲、菱,并配种适宜浅水生长的沉水植物,如:苦草、轮叶黑藻、金鱼藻、伊乐藻;在敞水区种植马来眼子菜、狐尾藻、菹草、微齿眼子菜等(附图 6-3),后又适时进行补种。沉水植物群落面积 1.57 万 m^2,种植睡莲 5800 多株,荇菜、金银莲花及菱等浮叶植物面积 2.36 万 m^2。其中菱在水深为 2.70m 左右区域生长茂盛,并起到了较好的消浪作用。睡莲主要分布于 1.75m 水深范围内,最大分布水深为 2.25m。沉水植物在水深方面的分布范围一般为透明度的 2.66 倍以内。

(6)设置"生物网膜" 在与湖岸带平行,分别距离岸边 60m、100m 左右,设置 2 道约 700m 长的"生物网膜",材料为聚乙烯网布,从水面至湖底垂直放置,使在水中大量生长附着生物,形成生物膜,也可削减波浪,减少沉积物再悬浮。

(7)养殖水生动物 在生态修复中期放养白鲢 5t,以及放养背角无齿蚌 8t、河蚬 8t、中国圆田螺 10t、萝卜螺 2t 等大型底栖动物,摄食碎屑、藻类,澄清水体,维护和增加生物多样性,发挥生态系统的自我调节作用,维持生态系统稳定。

(五)S 区

1. 示范工程概况

S 区位于西五里湖西南侧、鼋头渚公园后门,为生态清淤区,示范工程区面积 6.7 万 m^2,建立生态系统重建与系统稳定化示范工程。环保疏浚结束后,建设围隔工程和实施基底修复、水生植被种植、水生动物放养等一系列工程措施。

2. 示范工程技术措施

S 区面积较小,为鼋头渚公园内的湖滨带(生态清淤区)生态修复工程。S 区采用"群落时空调控法生态修复技术"恢复水生植被,利用植物群落季节演替调控、群落空间调控和鱼类控藻措施相结合,根据季节的水质变化,利用沉水植物菹草、马来眼子菜、狐尾藻的季节生长规律以及浮叶植物菱的空间分布,结合鲢鱼控藻的作用,改善水体理化环境,实现生态系统重建。

(1)基底修复 在围隔工程实施前,对该区域的基底进行了修复,主要在无水状态下对周边砂石和石质基底进行了整理和覆土修复。为后来的水生植物种植打下了良好的基础。

(2)围隔建设 建造了长 600m、面积 2400m^2 的用 NN150 聚脂浸胶帆布材料制成的围隔,使水域形成封闭水体。

(3)水生植被重建 从 2004 年根据不同品种特性种植或移栽各种植物,其中,挺水植物有菖蒲、香蒲,三棱草、千屈菜、芦苇、鸢尾、花叶水生美人蕉、荷等,计 26650 株,种植面积 4820m^2;浮叶植物有睡莲、荇菜、金银莲花、菱等,计 8480 株,又菱角种子 0.2t,种植面积 6670m^2;沉水植物有马来眼子菜、微齿眼子草、伊乐藻、黑藻、苦草、红线草等,计湿重 117t,又红线草种子 50 公斤和苦草种子 50 公斤,种植面积共 5.3 万 m^2。

(4)水生动物放养 共放养螺、蚌、蚬 33t,白鲢 100 万尾。

(5)安装充氧机 安装两台曝气充氧机进行曝气充氧。

(6)人工水草改善水质 于 7 月在湖中水深 2.9m 处,布置了面积为 1300m^2 的人工水草,所在水域的透明度有明显提高,从 40cm 提高至 80cm。

四、示范工程实施总体效果

(一)水生植物覆盖率

2005 年 9 月各工程区水生植物覆盖率为 25% ~88.7%(表 6 – 17),水生植物包括挺水植物、沉水植物和浮叶植物。

由于岸带挺水植物改善水质的作用及种子库的功能,通过人工种植与自然扩增,使水生植物很快恢复,到 2005 年示范试验结束时,1km^2 示范区内水生植物平均覆盖率达到 74.1%,西五里湖水生植物整体覆盖率达 25.8% ~30.0%。

表 6 – 17　各工程区水生植物覆盖率统计表

指标	B 区 浅水区	B 区 湖滨带	C 区	D 区	Y 区	S 区
水生植物 覆盖率(%)	68.8	85.9	25.0	86.2	88.7	85.5

(二)生物多样性指数

西五里湖生物多样性指数计算了大型水生植物的生物多样性,计算按植物种类与面积相结合的方式,把五里湖生态系统作为一个整体进行计算,根据 Shannon – Weaver 的物种多样性指数计算,得到西五里湖高等水生植物生物多样性指数 H 值为 1.7。同时也提高了水生态系统稳定性。其中 Y 区内水生植物种类从 0 上升至 15 科、22 属、32 种。

(三) 示范区水质改善效果

(1)水环境改善　生态修复使西五里湖 2005 年水环境质量较 2002 年有很大改善。2005 年生态修复区,NH_3-N 已达到Ⅱ~Ⅳ类,平均Ⅲ类,较东五里湖好 2 ~4 类,其中 B 区最好,达到Ⅱ类;TP 已全部达到Ⅲ~Ⅳ类,平均Ⅳ类,较东五里湖好 1 ~2 类,其中最好的为 B 区、D 区,达到Ⅲ类;COD_{Mn}、BOD_5 都已全部达到Ⅲ~Ⅳ类;TN 虽仍在Ⅴ~劣Ⅴ类之间,但浓度已较东五里湖降低 60% ~75%,其中 B 区最好,也已经达到Ⅴ类,接近Ⅳ类。2005 年西五里湖生态修复区营养状况已有以前的重富营养降低为中 ~富营养。

(2)水质改善　水质改善效果最好的是实施退渔还湖的 B 区,NH_3-N 已达到Ⅱ类、TP 已达到Ⅲ类、TN 达到Ⅴ类,其他各项指标均等于或好于Ⅲ类,原因是该区域清淤彻底、堵住河道入湖口、种水生植物、建设高喷泉等因素,使五里湖水又恢复到 20 世纪 50、60 年代的清澈。其中退渔还湖时,进行彻底清淤后,使底质对磷有较好的吸附性能,所以退渔还湖后的一段时间,水质清澈见底,透明度达到 2m,但半年后,底质吸附饱和,达到动态平衡状态,透明度有所降低。

(3)水质改善比较　2005 年各生态修复工程示范区的水质均值与东五里湖进行比较,

NH_3-N、TN、TP 分别下降 80.13%、61.1%、43.64%，比较西五里湖生态修复区以外部分，分别下降 40.58%、23.67%、22.5%（表 6 – 18）。也说明生态修复示范区由于人工生态修复，生物多样性的增加、植被覆盖度的提高和水质的变好，对其周围水域具有比较大的扩展作用和很有影响力，促进其周围水域的自然生态修复，同时也增加净化水体的能力，水质得到改善。所以西五里湖（不含生态修复区）的 $1.87km^2$ 水域的 NH_3-N、TN、TP 也较东五里湖有较大幅度的改善。

表 6 – 18　2005 年生态修复区与东西五里湖主要水质均值比较表　　　单位：(mg/L)

项目	东五里湖	西五里湖（不含生态修复区）	B 区	C 区	D 区	Y 区	S 区	西五里湖生态修复区均值	生态修复区较西五里湖改善（%）	生态修复区较东五里湖改善（%）
NH_3-N	3.11	1.04	0.44	1.10	0.51	0.52	0.52	0.618	40.58	80.13
TN	6.20	3.16	1.58	3.17	2.28	2.65	2.38	2.412	23.67	61.10
TP	0.11	0.08	0.05	0.08	0.05	0.07	0.06	0.062	22.50	43.64

（四）示范工程区生态与景观效果

实施生态修复示范工程后，改变了昔日西五里湖几乎无挺水植物与沉水植物的状况，今日的西五里湖生长有芦苇、香蒲等挺水植物，生长有睡莲、荇菜、金银莲花等浮叶植物，生长有马来眼子菜、狐尾藻、菹草、黑藻、苦草等沉水植物，整体西五里湖水生植被覆盖率达到 25.8%～30%，工程区内水生植被覆盖率已达 70% 以上。示范工程区进行水生态修复后，水生植物明显增多，生物多样性提高，景观效果增强（附图 6 – 4）。生态修复后的五里湖给人的视觉效果十分舒畅，五里湖又重现绿水青山、碧波浩瀚，旖旎风光，已经成为市民和游客休闲、游乐、观景的好去处，拉动五里湖周边地块升值。

西五里湖的生态修复示范工程在 2005 年结束后，由于有专门的管理机构蠡湖管理办公室，有资金，管理得好，所以生态修复继续发挥净化水体的作用，水生态系统得到进一步改善，水生态系统正在发挥自我调控能力，向水生态系统良性循环逐步前进，到 2008 年的上半年，TN 也已经达到Ⅳ～Ⅴ类，其他指标也继续有好转表现。

第八节　梅梁湖小湾里水源地生态修复示范工程

一、工程概况

国家科技部"十五"重大科技专项"水污染控制技术与治理工程"的"太湖水污染控制与水体修复技术及工程示范"项目，在梅梁湖实施的是"太湖水源地水质改善技术"，承担单位系无锡市太湖湖泊治理有限责任公司，合作单位为有关大学和科研机构（以下依据中科院南地所秦伯强教授团队资料）。该项目位于梅梁湖小湾里水源地取水口（取水能力 60 万 m^3/d）

周围。地处梅梁湖东部的中间、鼋头渚风景区以南、三山的东南方。示范工程受梅梁湖西侧武进港和直湖港两条入湖河道的污水影响很大,严重影响水域的水质。梅梁湖是太湖中水质恶化较快的湖区,20 世纪 70 年代水质为Ⅱ~Ⅲ类,80 年代水质为Ⅲ~Ⅳ类,90 年代为 V~劣于 V 类,90 年代末至 2003 年该示范工程开始实施时,水污染进一步加重,水质为劣于 V 类,主要污染指标是 TN、TP,均为劣于 V 类,营养状况为重富,经常发生以蓝藻为主的藻类爆发,所以对水源地的安全供水构成严重威胁。该水域湖面广阔、风浪较大,影响示范工程的实施。

该示范工程系是采用生态修复和控藻措施,以达到控制藻类爆发和改善小湾里水源地水质,保证安全供水的目的。生态修复包括恢复水生植被、修复湖滨湿地,控藻包括鱼控藻、贝控藻、絮凝除藻和机械除藻,并进行分区试验。为有效地进行生态修复,采用了有消浪、挡污作用的消浪、围隔工程。示范工程生态修复面积为 $7km^2$,实施时间为 2003~2005 年,其中第一年主要为基础工程建设时间,第二、三年为实施生态修复时间(附图 6 - 5)。

二、基础工程

(一)消浪工程

(1)工程目的 ① 消浪减能,保护 $7km^2$ 生态修复区及其内部各个试验区的工程的安全;② 改善生态修复区内透明度等生境条件和水动力学条件;③ 减少湖底沉积物悬浮,减少因风浪扰动底泥导致 N、P 的释放。

(2)工程布置 梅梁湖一年四季风场主导风向包含东南、南、西南、西、西北风,且风速较大,风浪较大,因此在主生态修复区外围安排可抵御强风浪袭击的混凝土桩构件消浪带,在生态修复区内再以竹排消浪。由于该工程的水泥桩、竹排的消浪作用大大降低了风浪对沉积物的扰动,悬浮物浓度显著降低,水体透明度明显提高。

(二)围隔工程

围隔工程由混凝土消浪排桩内侧和外侧的二圈组成。围隔内圈距混凝土排桩距离 10m,围隔为一包含小湾里水厂取水口的半椭圆弧,总长度为 3442m。在北端留有一进水通道。除进水通道外,所有围隔全部为由湖面到湖底不透水的围隔墙,围隔墙用不透水的围隔布制作。围隔外圈总长度 6450m,与湖岸距离大部分为 2km,并在围隔南部留有进水口。

围隔工程的作用如下:

(1)减少试验区外污染负荷(含藻类)进入试验区 工程外水体除在外圈围隔口门可进入工程,其他地方不能进入围隔。围隔既能导流,又能阻挡武进港和直湖港两条入湖河道的污水和阻挡南部水域的藻类进入,降低外源进入围隔内的污染负荷量,减轻污水和藻类"水华"对示范工程区的侵扰,为水生植被恢复创造适宜的环境。

(2)维持工程内水体相对稳定性 围隔工程使得工程内水体相对稳定,通过各种措施,使工程内水质较好的水体在各种风场作用下一般不会通过外圈口门离开实验区,维持实验工程水体的相对稳定,有利于提高实验区水质。

（3）增加水体进入取水口的路径长度提高净化能力　有了合理布置的围隔后,引导水体向一定方向流动,从外围隔南部的进水口进入,沿内外围隔的通道,北上再由内围隔的北进水口进强净化区,再进入小湾里水厂取水口区域。

（4）挡风削浪改善生境条件　围隔具有一定挡风削浪的能力,减少底泥悬浮和提高透明度,一定程度改善生态修复区的生境条件。

（5）提供物理吸附面降低水体悬浮物含量　单位面积围隔可吸附水体悬浮物 $88.76\% \sim 90.32 g/m^2$（干重）,这样外圈围隔内侧及内围隔内外侧数万 km^2 的面积,可吸附数 t 悬浮物。

（6）为底栖生物和附着生物提供生存空间　围隔材料不但可吸附水体中悬浮物,还可为水体中附着生物生长提供附着的基面。这些附着生物及附着悬浮物中含大量有机物,是底栖生物螺的良好食物。螺具有吸盘,可刮食附着在围隔上各个水层的物质,将水体中物质转化为生物资源。另一方面,当湖底缺氧时,底栖生物螺可以围隔布为依托爬至溶解氧含量较高的水层,维持其正常生长繁殖。同时也为能够在围隔材料上生长的附着生物提供了良好的生存空间。

三、除藻与控藻工程

示范工程中的除藻与控藻工程,包括鱼控藻、贝控藻、机械除藻、絮凝除藻四种。前三者是正常情况下常规使用生物技术,后一者是应急使用技术,在蓝藻“水华”突发情况下使用。

（一）鱼控藻

应用滤食性鱼类鲢鳙鱼直接摄食藻类,从而达到降低水体藻类生物量的目的。

鲢鳙鱼是东亚特有的滤食性鱼类,其自然分布范围较广,且人工繁殖技术很成熟。鲢鳙鱼具有个体大、生长快、对浮游藻类的摄食量大、易于收获以及可广泛食用等特点。因此,鲢鳙鱼能够用于富营养化大型水体适当规模放养来控制藻类“水华”,根据围网水体的大小投放相应数量的鲢鳙鱼,实施工程在进入试验区的进水口设置围网进行试验养殖,围网面积约 $1km^2$。鱼控藻与机械除藻、黏土絮凝等技术配套使用。

鱼控藻试验区共投放 3.278 万 kg 鲢鳙鱼种,经过一年的生长,总产出 28 万 kg,在围网内的 200 万 m^2 水体中每日可清除藻类约 4500kg,降低了蓝藻“水华”爆发的程度及其微囊藻毒素污染。同时因水体藻类下降减轻了自来水厂对水的处理费用,减轻了饮用水污染对人们建康所带来的直接或潜在的危害。鱼控藻是一种生物控制技术,可作为受损的开放式湖泊生态系统重建的技术之一,具有一定的控藻效果。但要结合其他技术配套使用,如机械除藻、絮凝除藻以及水生植被恢复与重建等,形成以生物调控为主的直接型控藻集成技术。

（二）贝控藻

贝控藻是在试验区的围隔内悬挂养殖和在水底养殖贝类动物,养殖密度根据贝类的特性和除污能力、水体富营养状况和藻类密度来确定,贝类采用适应性强的本地品种蚌、蚬、螺为主,试验区共放养蚌 36t,蚬 36t,螺 31t。以蚌、蚬为主体的贝类对太湖水体净化效果较好,同时对湖水中叶绿素 a 具有明显降低效果。在 1000m³ 的水体内经过 3~4 个月的合理密度试验养殖,可以降低水体中叶绿素 a 含量 33%。

(三)絮凝控藻

絮凝控藻主要是黏土除藻或改性黏土除藻。黏土除藻的核心就是利用絮凝的原理将浮于水面的藻类"水华"凝聚,使藻与黏土共同沉入水底,从而达到清除藻类"水华"的目的。所用黏土可以是黏土矿物,也可以是当地土壤和沉积物。在黏土除藻基础上,还可与沉水植物恢复技术以及沉积物中固磷技术结合。试验于 2005 年 7 月在围隔内的 400m² 水体中进行,黏土凝聚除藻效果良好。黏土凝聚除藻,经过改性处理的沉积物再泛起时释放的溶解性磷仅为未经过固磷处理的对照沉积物的 1/10,磷的去除率可达 80% 以上,有效抑制磷的再次释放。同时黏土除藻后可以改善水底生态环境,有利于沉水植物的生长。

(四)机械除藻

利用风力使蓝藻富集在顺风向的湖湾底部或人工挡藻网的凹处,利用船载吸藻设备或陆地吸藻设备在一定距离的水域内吸取富集堆积的藻类,并用泵将富藻水泵入重力斜筛,将藻水分离或过滤脱水,形成藻浆,然后进行藻浆处理,藻类"水华"收获率不低于 70%,最后进行蓝藻的无害化处置和资源化综合利用。

主要技术实施方案见图 6-7。

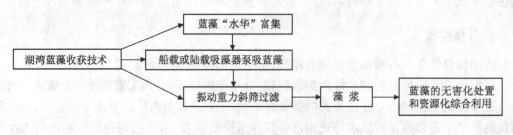

图 6-7 机械除藻实施方案

四、水生植物恢复与生态系统重建

示范工程中的水生植物恢复与生态系统重建主要技术包括 3 部分:①环境改善技术:仿生消浪技术;②生态系统构建技术、漂浮植物浮床技术、附着生物生态网技术、浮叶植物群落构建技术、沉水植物群落构建技术等;③生态系统优化技术:底栖动物与鱼类群落调控技术、大型水生高等植物群落优化技术等。

(一)漂浮植物恢复与水质净化技术

为了进一步解决工程示范区沉水植物恢复中所遇到的透明度低、底泥薄、风浪大的困难,在消浪、除藻等工程的基础上,在工程示范区先行种植一定规模的漂浮植物,发挥漂浮植物群落在生态修复中的"先锋作用"。

1. 浮床植物筛选

综合选择净化水质时间长、改善水质效果好、抗浪效果好、易于维护等特点的植物。试验选择主导品种喜旱莲子菜(俗名水花生),具有良好抗风浪性与耐寒性,在太湖地区每年可有 9 至 10 个月的时间能发挥净化水质作用。

为了探索竹排上适宜种植的植物品种,除了种植大量喜旱莲子菜,还比较种植了杨柳、竹子、芦苇、小麦、水芹、羔羊毛草、蕹菜(俗称空心菜)等;采取一定措施后,高羊毛草、蕹菜、喜旱莲子菜均可良好生长,构建冬季以高羊毛草为主的低温植物群落,夏季以蕹菜、喜旱莲子菜为主的喜温植物群落。

2. 漂浮植物固定

利用特制网袋构成的漂浮植物浮床、以及消浪竹排作为载体,能很好地降低漂浮植物个体之间的根茎叶相对运动、相互摩擦,减少对植物的损害。

为改造生境,在湖泊风浪区利用延长数 km 的竹排为载体,也能降低漂浮植物个体、根茎之间的相对运动,大大地减少相互间的摩擦损耗,从而使正常存活、良好生长。通过种植喜旱莲子菜覆盖裸露的竹排,不仅美观,同时可延长竹排的使用寿命,进一步提高竹排的消浪效果,改善水体透明度等,发挥众多良性生态效应。

3. 效果分析

喜旱莲子菜浮床在一定范围内具有消浪作用,同时喜旱莲子菜浮床等漂浮植物的存在能够降低水体悬浮物含量 12% ~ 14% ,改善水体透明度,为健康水生态系统的重建创造良好条件。在春夏季节的 30d 内,可将该圈定区域富营养化的劣 V 类水质改善为 III 类水质。试验区内经过 3 个多月的种植,平均每 d 每 m^2 可以去除 TN 0.13 ~ 0.44 g、TP 0.014 ~ 0.05g。漂浮植物改善水质的机理:① 主要使水体悬浮物吸附和沉积到其根茎的表面或湖底,提高透明度;② 植物的生长期从水体吸收营养盐等降低水体营养盐含量;③ 能够在一定程度上减小风浪,有利于悬浮物沉淀,提高透明度。

(二)浮叶植物群落构建

浮叶植物是湖泊水生植被的重要组成部分,由于根固定于湖底,而叶子漂浮于水面,兼有沉水植物和漂浮植物的特性。浮叶植物可以固定沉积物,降低风浪对沉积物的扰动,减小沉积物再悬浮速率,为许多其他水生生物提供生境,提高湖泊生态系统的生物多样性,提高生态系统的自净能力和稳定性。同时由于叶浮于水面,光合作用不受水体透明度的影响,容易在浑浊的浅水型湖泊中生长。

(1)种类选择　浮叶植物品种应有一定的抗风浪能力,能在淤泥较少和硬质的湖底扎根生长,主要考虑太湖现有地方种类,选定菱和荇菜两个为试验品种。

(2)种植方法　菱角主要采取种子播撒法和种子定植法,荇菜采取的是扦插法。

(3)效果分析　① 浮叶植物生长状况。覆盖率达 90% 以上,单位面积(m^2)菱生物量可超过 3kg。单株菱叶最大覆盖面积可达 $1.5 ~ 2m^2$,生物量可达 3.4kg,其干物质量为 7.6% 。② 浮叶植物对沉积物再悬浮的抑制作用。沉积物的再悬浮主要是由湖水运动引起,而试验区内沉积物平均再悬浮速率为区外的 33.2% ,说明菱对沉积物的再悬浮有良好抑制效应。③ 氮、磷去除效果。荇菜和菱对 TN 的去除率为 45% ~ 46% ,对 TP 的去除率为

43%～46%。④ 浮叶植物收获后将 N、P 输出。2004 年 A 区收割菱(植物体)480t,从水体中带出氮 12.99t 和磷 1.532t。

(三) 沉水植物群落构建技术

(1) 种类选择　根据梅梁湖示范区环境条件和太湖植物区系特点,选择马来眼子菜、苦草、微齿眼子菜、狐尾藻、金鱼藻、菹草等。

(2) 种植技术　采取的技术主要有:种子、营养体繁殖法,如苦草的种子和块茎,菹草的芽孢等;扦插法;沉重法等。

(3) 群落构建技术　水生高等植物群落构建主要依据生态位、群落演替等理论和示范区的环境条件,对群落的空间和时间格局进行设计和优化。冬、春季主要有菹草、伊乐藻等,夏、秋季有轮叶黑藻、菱、荇菜、苦草、马来眼子菜和蓖齿眼子菜等,其中马来眼子菜、苦草和蓖齿眼子菜全年都有一定的生物量,以夏、秋季生物量较高。

(4) 示范区实施　2004 年到 2005 年在示范区累计种植沉水植物:马来眼子菜 495.1t,种植面积为 326.8 万 m^2;微齿眼子菜 324t,种植面积为 66.55 万 m^2;狐尾藻 54.6t,种植面积为 32.1 万 m^2;伊乐藻 22t,种植面积为 17.9 万 m^2;金鱼藻 4t,种植面积为 3000m^2;菹草芽孢 2t,种植面积 30 万 m^2。

(5) 效果分析　① 轮叶黑藻、马来眼子菜和苦草的氮、磷去除效果。试验中,3 种沉水植物对 TN、TP 都有较高的去除率,TN 的去除率为 75.6%～86.6%,TP 的去除率为 81.3%～90.8%。其中苦草对磷的去除率最高,马来眼子菜对 TN 的去除率最高。② 伊乐藻对氮、磷的去除效果。伊乐藻的去除率平均为 TN 74.3%,TP 80.2%。沉水植物伊乐藻其去除营养物质机理是通过根部吸收底质中的氮、磷,通过植物体吸收水中的氮、磷,营养物质被植物直接吸收后用以合成植物自身的结构组成物质,伊乐藻在一定生境条件下具有比漂浮植物更强的富集氮、磷的能力。

(四) 湖滨带水生高等植物恢复与生态系统构建

1. 技术特点

1) 在湖泊运用融合丁字坝和水下拦沙埂(即潜坝)技术,减缓了湖滨带的侵蚀,为水生植被恢复创造了条件。

2) 水下拦沙埂技术改善了湖滨带生境,为高等植物从湖滨带向水体繁衍,进行生态恢复提供了一条新的途径。

3) 通过在水厂附近构筑长有植物的水下拦沙埂工程,捕获富营养化湖泊水体中的藻类,并在岸边进行消化降解,从而减少进入水厂的藻类,改善水源地水质。

2. 工程概况

技术示范工程于梅梁湾小湾里生态修复示范区的湖滨带进行。工程示范区总面积 45550m^2。

3. 工程效果

(1) 湖滨带颗粒物沉积　水下拦沙埂工程能够抵御太湖地区的大风引起的湖流的冲击。种植在拦沙埂上的芦苇等植物成活较好,并且向周边区域自然繁衍蔓延拓展。通过拦沙埂改变了湖流的流场环境,在拦沙埂区域形成沉积区,颗粒物和泥沙等在此沉积,为其他水生高等植物生长创造了条件。构筑拦沙埂的植被区较无植被的裸露区,其泥沙沉积量明显增大。随着泥沙颗粒物及藻类残体的沉降,其中所携带的氮、磷、有机碳等也随之沉积下来。

（2）湖滨带生物多样性改善　　工程竣工一年后,岸边区的生物多样性明显增加,蘸草属、苔草属、蓼属和莲子草属等水生高等植物在拦沙埂区域自然繁衍。竹排上长有水花生等漂浮植物,底栖生物如螺蛳在拦沙埂大量繁殖,白鹭、灰鹭等鸟类大量栖息于拦沙埂周围。

（3）湖滨带的藻类捕获功能和除氮　　在试验的湾区存在的天然沙埂结构和人工构筑的拦沙埂群结构可以有效的捕获藻类,以及和芦苇等植被形成的减慢水流和提高水力糙度的功能,使得藻类和悬浮物等易进难出,大量被截留。在岸边芦苇区由于芦苇的遮阳和微生物的作用,藻类迅速发生降解。在湖滨带聚集藻类的范围比较大时,同时应采用效率比较高的机械除藻、捞藻,并对藻类进行无害化处置和资源化综合利用。

（五）附着生物恢复与水质净化

2004、2005 年先后布设生态网共计 13 万 m^2。生态网技术进一步削减了示范区的风浪,附着生物生物量大大增加,沉积物再悬浮速率显著降低,提高了水质净化效果及生物多样性和生态系统的自净能力。

五、生态修复示范区改善水环境的总体效果

（一）水生生物收获减少水体营养盐

水生高等植物不仅本身具有多方面的生态功能,提高水体的自净能力,同时籍以吸收水中营养盐形成较大的生物量,通过水生高等植物的收获使湖泊营养盐实现向水体外的输出。2004 年浮叶植物收获去除 N、P 分别为 12.99t 和 1.532t,2005 年分别为 4.78t 和 0.56t。漂浮植物收获从水体带走的 TN、TP 分别为 490kg、55.5kg。部分鱼类的捕获也带出一定量的营养盐。

（二）生态网附着生物对污染物的直接固定效应

在实验区的不同区域中,布设了大量的网片。在这些鱼网上有大量的悬浮物、有机物、附着生物,固定、净化了水体中大量的悬浮物质及氮、磷等。实验区中实际布设 13 万 m^2 生态网,每年去除 SS 191.46t、TN 6.42t 和 TP 2.52t。

（三）生态系统修复的其他环境效应

生物多样性增加,高等水生植物、底栖动物、附着生物等明显增加,有效提高了生态系统的自净能力,并最终将促进良性生态系统的形成。

(四)改善水质

试验示范区水质在生态修复实施后的 2005 年较实施前的 2003 年有明显改善,改善幅度为 35.9% ~ 69.6% ,其中总氮 39.83%、总磷 36.44%、氨氮 69.64%、COD 48.89%、BOD₅ 35.90%、透明度 43.07%、叶绿素 a 54.52%(表 6 - 19)。示范区水质与对照点比较都有不同程度改善,改善幅度较大的为氨氮 58%、总氮 48%、总磷 24%,有所改善的指标为高锰酸盐指数、透明度(表 6 - 20)。其中,总氮的改善幅度虽很大,但仍为劣于 V 类,主要是有效试验时间段比较短,并且水体中的总氮含量很多、底泥的释放量大和外界进入量大。

表 6 - 19　梅梁湖小湾里水源地生态修复示范区试验前后水质对比表

项　　目	总氮(TN)		总磷(TP)		氨氮(NH₃-N)		化学需氧量(COD)	
	2003	2005	2003	2005	2003	2005	2003	2005
年平均(mg/L)	3.55	2.14	0.20	0.13	1.38	0.42	30.9	15.8
改善幅度(%)	39.72		35.0		69.57		48.87	

续表 6 - 19

项　　目	5 日生化需氧量(BOD₅)		透明度		叶绿素 a	
	2003	2005	2003	2005	2003	2005
年平均(mg/L)	4.55	2.92	33.20	47.5	0.07	0.03
改善幅度(%)	35.82		43.07		57.14	

表 6 - 20　2005 年梅梁湖水源地生态修复区水厂取水口与对照点水质对比表　单位:[mg/L、(类)]

监测时段	测点编号	梅梁湖湾对照点平均	小湾里水厂取水口	监测值改善幅度(%)
2005 年1 ~ 12 月	透明度(cm)	33	34	3.0
	高锰酸盐指数	5.2(Ⅲ)	4.9(Ⅲ)	5.8
	氨氮	2.27(劣于Ⅴ)	0.95(Ⅲ)	58.1
	总磷	0.158(Ⅴ)	0.12(Ⅴ)	24.1
	总氮	5.47(劣于Ⅴ)	2.87(劣于Ⅴ)	47.5
2005 年7 ~ 12 月	透明度(cm)	28	46	64.3
	高锰酸盐指数	4.5(Ⅲ)	3.7(Ⅱ)	17.8
	氨氮	1.52(Ⅴ)	0.42(Ⅱ)	72.4
	总磷	0.161(Ⅴ)	0.125(Ⅴ)	22.4
	总氮	4.28(劣于Ⅴ)	2.14(劣于Ⅴ)	50.0

第九节　湖泊其他生态修复试验

无锡地区为治理太湖蓝藻还进行了,包括五里湖蠡园长廊南生态修复试验、梅梁湖马山桃花埠生态修复试验、梅梁湖吴塘门生态修复试验、贡湖太湖新城生态修复试验和梅梁湖十八湾生态修复试验等,都已经取得了丰富的科学研究数据和明显改善水质、生态的效果。为无锡地区今后全面实施湖泊生态修复提供更多更好更全面的经验教训。

一、五里湖蠡园公园长廊南生态修复试验

该生态修复试验水域位于蠡园长廊以南,湖心亭以东,湖滨饭店以西,水域面积2800m²,一般水深1.0~2.0m。生态修复试验的目的是继续改善蠡园公园旁五里湖水质,改善风景旅游水环境。2008年上半年,五里湖基本阻止了外源的进入,水质已经在整体上得到比较好的改善,已经由2003年的大幅度劣于V类改善到V类。该试验区域外的水质也已经达到V类,其中,TN为Ⅳ类、TP为V类,视觉效果也比较好,仅看到水面上有漂浮的少量蓝藻。该区域在试验前,除东北侧原有少量芦苇,试验区其余水域基本见不到沉水植物,由于没有沉水植物,所以经风浪扰动,淤泥容易上浮,透明度仅为0.35m。

(一) 试验情况

该试验区的试验时间为2008年4月起,计划至2009年。该试验由中国淡水渔业中心的退休高级工程师刘其哲负责进行的自费试验。该试验针对2005年结束的西五里湖进行的1km²的生态修复试验的继续和深入。该试验包括围隔和种植水生植物二部分。

(1) **建设二道围隔**　五里湖生态修复试验的基本必要条件是挡风浪,在试验区南部以竹桩夹竹篱笆的形式组成挡风浪围隔;在挡风浪围隔内侧以竹桩和化纤布组成基本不透水围隔,以阻挡蓝藻进入和阻挡可能的外部污水进入。该试验区围隔设施较简易。

(2) **种植水生植物**　主要种植沉水植物,以轮叶黑藻为主,其他为伊乐藻、金鱼藻、马来眼子菜、聚草等;水面上自然生长有满天星等漂浮植物;保留试验区北侧原有的挺水植物芦苇。

(二) 初步实验效果

2008年8月19日由太湖流域水环境监测中心对试验区内、外水域的监测结果为:TN已经由Ⅳ类改善为Ⅲ类,降低了21.1%;TP由V类改善为Ⅳ类,降低了53.3%;COD_Mn降低了40%;藻类数量、藻类生物量均减少了95.2%(表6-21)。水体的透明度已经达到1~1.5m。

植物覆盖率达到75%以上。主要是轮叶黑藻基本布满水体,长势良好,有1m多高,水面上有满天星。因为轮叶黑藻已经成为优势种,所以其他沉水植物生长不茂盛;期间可见自然生活的很多小鱼,主要是当地品种川条鱼。

表6-21　五里湖蠡园长廊南生态修复试验区内外水质对比表

项　目 （区域）	采样时间 （年-月-日）	COD$_{Mn}$ （mg/L）	TN （mg/L）	TP （mg/L）	蓝藻数量 （万个/L）	蓝藻生物量 （mg/L）
试验区内	2008-8-19	3.91	0.9	0.091	80	0.424
试验区外	2008-8-19	6.52	1.14	0.195	1676	8.88
改善幅度（%）		40.0	21.1	53.3	95.2	95.2

（三）评价

该生态修复试验系在五里湖的水环境得到初步改善后进行的试验：① 该试验区 TN 能够在 4 个月内从Ⅳ类改善为Ⅲ类，为五里湖水环境的继续改善提供参考，为今后太湖水质的全面改善，特别是主要污染指标 TN 的有效降低提供参考；② 改善湖泊水环境不仅要注意改善营养盐指标 TN、TP，也要注意提高透明度，透明度提高了才能种好沉水植物，才能进一步改善水环境和降低营养盐指标；③ 改善湖泊水环境的最终目标不仅仅是改善水质，而且要使该区域的水生态系统进入良性循环；④ 该生态修复试验，仅 4 个月，效果比较好，今后只要加强管理，效果会更好。

该试验还有一个启发，水生态修复试验可以国家、集体和个人三结合，水生态修复试验不仅可由国家、地区政府拨款立项进行，且可在有关部门的统一安排下由个人、单位自筹资金进行，以发挥每一个人、每一个群体的积极性和智慧，可进一步积累经验和提高水生态修复的效果。也可考虑先由个人、单位自筹资金，垫资进行水生态修复试验，达到一定要求、水平后，政府给予一定比例的或全部的资金补助或拨款。

二、贡湖大溪港口生态修复试验

该试验区在贡湖北部水域的大溪港口，东西长 270m，南北宽 210m，面积 56700m²。系江苏省科技厅的太湖水污染治理项目。目的是通过试验，研究湖泊生态清淤和生态修复对底泥污染物质释放率的影响。有中国科学院南京地理与湖泊研究所承担，项目主持人系范成新教授。试验时间为 2007 年底至 2008 年底。

（一）试验情况

试验区现场工作为二个部分，包括清淤和生态修复。在 2007 年底~2008 年 3 月对试验区内严重污染的底泥实施了清淤，清淤深度 0.3~0.4m；清淤后在试验区实施生态修复。试验区域外侧，原来有一条潜坝，正常水位时该潜坝淹没在水下 20cm，试验区利用此有利条件，把该潜坝作为试验区阻挡风浪的设施，减小风浪对试验区的威胁，使生态修复有比较平静的水面，基本满足对风浪的要求。试验区内主要种植黑藻、马来眼子菜，经过半年的生长，黑藻、马来眼子菜生长良好，有效固定了底泥。并且在试验区域内设有对比区。

（二）试验结论

试验的内业是监测底泥污染物质释放率，对清淤后实施生态修复区域、未进行生态修复区域和未清淤区域 3 类进行底泥释放率的测定。测定的结果,底泥释放系数从小到大依次为清淤后进行生态修复区域 [N, - 1.03mg/(m² · d)]、清淤后未进行生态修复区域 [N,61.2mg/(m² · d)]、未清淤区域 [N,257.5mg/(m² · d)]。

三、梅梁湖马山桃花埠微生态修复试验

该试验在梅梁湖西侧的马山桃花埠,是个天然湖湾,试验区面积 10000m²。目的是通过微生态修复试验,研究水生动物、植物对湖泊水质和藻类生长的影响。由徐州师范大学和无锡市农林局承担。试验时间为 2007 年 8 月底至 2007 年 12 月。

(一) 试验情况

试验区现场工作为四步:第一步用堆石坝与土坝相结合的隔离坝将试验区和梅梁湖分割,使试验区基本不受梅梁湖风浪大的影响,其间留有一个缺口,可供船只进出,缺口有活动围隔控制,使梅梁湖的蓝藻不能够进入,以免干扰试验的进行,同时在试验区内外进行藻类富集试验;第二步种植、投放水生植物。种植水生植物是为抑制藻类生长,投放水生植物,包括植物残体是为平衡微生态系统,对微生态系统进行调节;第三步养殖浮游动物及鱼类,由于试验区内有大量的植物及其残体,浮游动物生长迅速;摄食浮游动物的鱼类也生长迅速;第四步捕捞浮游动物及鱼类,转移营养物质上岸。

(二) 试验结论

该试验利用向水体提供有机碳源,建立相对平衡的微生态系统,利用水生菌群抑制藻类原位生长,达到抑制藻类、利用营养物质和改善水质的效果:① 试验区抑制藻类生长的效果十分明显;② 试验区内外藻类富集效果良好,便于打捞藻类,提高打捞藻类效果;③ 试验区内透明度提高,由 30cm 提高到 60cm 以上,并开始出现自然生长的沉水植物;④ 较对比区的 TP 下降 25%,硝态氮下降 25%。

四、梅梁湖十八湾生态修复试验示范

种植水葫芦能有效吸取水体中 N、P 等营养元素,这是为众人所知的科学道理,关键是控制性种植,不随风和水流一起漂流,使水葫芦不泛滥成灾,以及到冬天是否能够及时收获水葫芦,不让其自生自灭,使水葫芦中的 N、P 能移出水面,并进行资源化利用。近几年,无锡市每年进行规模种植水葫芦试验,效果良好。2007 年种植 7.8km²,2008 年种植 8.0km²,其中单个水域连片种植规模最大的一处就是在梅梁湖西北岸十八湾处。

(一) 试验情况

梅梁湖十八湾种植水葫芦项目系由无锡市农林局主管,与沃帮公司合作实施。2008 年 4 月开始实施此项目。该项目分为二部分:一是围网固定水葫芦种植范围,可以阻挡削减风浪,避免水葫芦随风和水流漂流,泛滥成灾,以及避免水葫芦植物体被打碎,妨害生长和水葫

芦碎片污染水体。围网系利用海洋围网,把水葫芦圈定在围网内种植,其间有桩固定,围网可随水位升降;二是水葫芦种植,分5个小区圈定种植,4月底放养,至11~12月收获,种植范围为3.2km²,其中有25%的水域为工作通道、航道(漂浮植物覆盖率为75%)。实际种植水葫芦面积为2.4km²。水葫芦长势良好。此项目采用开敞式种植,即水葫芦种植区与湖水全部连通。

水葫芦系采用机械收获,机械的收获速度为300t/h。收获产品送往肥料加工厂,作为有机肥的主要原料,生产的有机肥是用污水处理厂的污泥与水葫芦混合发酵而制成。实验所需资金,采用省、市分别补贴的办法解决。

(二) 试验效果

试验效果:① 漂浮植物水葫芦覆盖率达到75%。② 大量吸除 N、P,估计每 hm² 产水葫芦 450t,实际种植水葫芦面积 2.4km²,共可产 10.8 万 t 鲜植物体,含水率93%计,可获取干物质7560t,以含 N 1.65%、P 0.31%计,共从水体中去除 N 124.7t,P 23.4t。有效降低了水体中 N、P 含量。③ 使水体的水质有所改善,TP 削减比例较多,达到20%~40%,TN 削减比例较少,仅5%~20%。其原因是试验区系开放式水体,湖水随风浪大量进入试验区,高浓度的 TN(劣于Ⅴ类)也随之大量进入,且 7~9 月的藻类也随风浪大量进入,以及底泥释放 N,所以水葫芦虽大量吸除了 TN,但水体 TN 的削减幅度不大;而 TP 在水体中浓度相对不高(Ⅳ-Ⅴ类),随风浪进入的湖水、藻类和 TP 也比较少,底泥虽也有一定释放,但水葫芦吸除 TP 的数量大幅度大于进入量,所以改善 TP 的效果较好。④ 使试验区藻类的密度大幅度减低。

第十节　湖泊生态修复试验示范的经验教训

生态修复是最终改善湖泊水环境、水生态的必然途径,是一个不可超越的阶段。生态修复成功和发挥其最佳效益的先决条件是控制外源,也必须削减内源,包括削减底泥的污染释放和清除藻类。总结太湖及其湖湾 1991~2005 年前述 4 次 6 处及其他多次生态修复的经验教训:

(一) 对富营养化及藻类爆发和水功能区达标应有综合性认识

对于湖泊改善富营养化、消除藻类爆发和水(环境)功能区达标,是湖泊治理目标的 3 个主要方面,应充分发挥湖泊生态修复在此 3 者中的作用。注意以下 5 点:

(1) 关于氮磷比学说　氮磷比学说是研究蓝藻的发生、爆发控制因子的一种学说,一般认为湖泊富营养化引起藻类爆发的关键因子是 TP。世界多位生物学家提出了多种 N/P 比(重量比):从 7(其原子比 16),到 10、29 和 40 均有。根据现有太湖 2005 年及以前 10 多年富营养化的资料分析,太湖湖心的 TN、TP 比值一般在 19~25 之间,梅梁湖的比值一般在 20~40 之间,说明目前太湖及其湖湾仍处于富营养化阶段,处于藻类爆发的高峰期,其中梅梁湖尤甚,贡湖次之。

(2) 根据太湖多年水质监测数据分析　当 TP 小于 0.025mg/L(Ⅱ类)时(如 1990 年以

前),太湖一般不易发生藻类爆发。最近 10 年太湖湖心的 TP 一般在 0.047 ~ 0.10mg/L 之间,比 0.025mg/L 大 1.0 ~ 3 倍;梅梁湖的 TP 一般在 0.103 ~ 0.218mg/L 之间,比 0.025mg/L 大 3 ~ 7.5 倍;在太湖及其湖湾,使 TP 小于等于 0.025mg/L,尚需一定时日,表明太湖及其湖湾削减 TP 任务的艰巨性和长期性。

（3）三项目标任务的有机结合　应把改善湖泊富营养化、消除藻类爆发和水（环境）功能区达标这三者有机的结合在一起。根据江苏省和无锡市制订的有关太湖水（环境）功能区的目标,其水质要求比较高,2010 年太湖湖体水质目标是 Ⅱ 类,即 TP、TN 均应达到 Ⅱ 类,梅梁湖是 Ⅲ 类[6,7]。而太湖及其湖湾中,TP、TN 以外的其他指标一般均能够达到水（环境）功能的水质要求,超标的主要是 TP、TN 两项,说明治理太湖及其湖湾的水污染和水（环境）功能达标的关键因素是 TP、TN,需大力控制和大幅度削减 TP、TN。根据国务院 2008 年《太湖流域水环境综合治理总体方案》,2012 年太湖水质目标总体为 Ⅴ 类,无锡水域的具体目标为 COD_{Mn} Ⅲ 类、NH_3-N Ⅱ 类、TP Ⅳ 类、TN Ⅴ 类,主要饮用水水源地水质基本达到 Ⅲ 类;2020 年太湖水质目标为 Ⅳ 类,无锡水域具体目标为 COD_{Mn} Ⅱ 类、NH_3-N Ⅱ 类、TP Ⅲ 类、TN Ⅳ 类,主要饮用水水源地水质达到 Ⅲ 类。《太湖流域水环境综合治理总体方案》已调整了太湖水质目标,即便如此要按《地表水环境质量标准 GB3838 - 2002》全面稳定达到水质目标,仍要经过艰巨努力才能达到。需要采取综合性的水污染治理的工程技术措施和保障措施,全面削减太湖及其湖湾的 TP、TN,全面减轻湖泊富营养化程度,才能使太湖及其湖湾的水质达到规定标准。全面实施生态修复措施则是在治理太湖及其湖湾的水污染取得初步成效、水质初步变清后,实施的净化水体、减轻湖泊富营养化、消除藻类爆发和水（环境）功能区达标这三项目标任务的主要措施之一和必须经历的阶段。

（二）正确认识控污和水生态修复在治理太湖水污染中的作用

人们在长期开发利用太湖,20 世纪 80 年代以来太湖的污染状况和特点及其以后的治理中,已经认识到,要治理好太湖水污染,控制污染和水生态修复二个均是必不可少的措施,二者相互影响,必须密切配合,发挥其最佳作用。

控制污染,是控制和大幅度削减外源入湖污染负荷和内源进入水体污染负荷,这是根本性措施,也是水生态修复的前提和基础条件,只有控制外源和内源污染达到一定程度的情况下,改善太湖生境,有利于以水生植物为主的生物技术的顺利介入和生态系统的修复,发挥其净化水体和改善水生态的良好作用。水生态修复则是太湖水污染防治的中、后期必须经历的、不可逾越的一个阶段,水生态修复能最终增强水体自净能力和生物多样性,使太湖水真正变清,使水生态系统逐步转入良性循环。

水生态修复须在控制污染达到一定程度后,才能全面实施。此前仅能进行水生态修复的试验示范,以及种植耐污染的芦苇等挺水植物或大面积种植耐污染的水葫芦,或采用生态浮床技术,待削减湖水中 N、P 到一定程度后,再种植沉水植物和其他有关水生植物。先试验示范,后适度推进,步步为营,稳扎稳打,再全面推广,水生态修复的试验示范阶段,应采用科学合理的技术和方法,不断总结经验教训,并使人工修复与自然修复合理结合,最后完成太湖大面积的以开放式种植水生植物为主的生态修复,使太湖水生态系统进入良性循环,也才能真正治好太湖水污染。

(三)太湖流域现状生态修复去除 TP 相对容易去除 TN 较难

无锡地区,在 1990 年太湖藻类大爆发后,至 2005 年共进行了 4 次 6 处规模比较大或比较重要的湖泊生态修复试验示范,消除水污染、改善水质均很有成效。也证明了在污染较严重的太湖水域中(TN 劣于Ⅴ类或大幅度劣于Ⅴ类)进行生态修复试验,TP 是相对较容易去除,而在试验中,去除 TN 的数量很大,但往往达不到期望的水质目标值。如前述西五里湖生态修复 B 区是西五里湖的全部生态修复区域中,改善水质效果最好的区域,TN 已改善到 1.58mg/L(Ⅴ类),较东五里湖同期削减 61.1%,仍然达不到水功能区的水质目标Ⅳ类;TP 已改善到Ⅲ类,较东五里湖同期削减 43.64%,就已经优于水功能区水质目标Ⅳ类。再如前述东五里湖湖滨饭店南面生态修复试验工程,覆盖率 45% 时,TP 达到 0.09mg/L(Ⅳ类),而 TN 仅达到 1.95mg/L(Ⅴ类)。其他如 2003~2005 年的梅梁湖小湾里水源地生态修复示范工程,1999、2000 年的梅梁湖马山水厂水源地生态修复实验工程,1994、1995 年的东五里湖中桥水厂水源地生态修复实验工程都存在此类现象。

(1)原因　① 由于 TN 在水体中的绝对数量很大,水体中 TN 的含量一般要较地面水Ⅲ类标准高 2~5 倍,虽然种植水生植物后,去除 TN 的数量较去除 TP 的数量大 3~5 倍,但水生植物吸收 TN 的能力是有一定限度的,所以水体中剩余的 TN 数量还很大;② 外界 TN 进入水体的来源广、类型多和数量大,并且有许多是不可控的,包括生活、生产污染,降雨降尘和地面径流污染等外源,以及底泥二次释放和藻类爆发;③ 因为种植水生植物、生态修复的试验示范时间均不长,水生植物吸收 TN 的能力还没有发挥到最佳程度;④ 种植水生植物的密度不够或不合适,群落结构不尽合理,使水生植物吸收 TN 的效果没有发挥到最佳效果[26]。

(2)解决办法　根据其原因确定解决办法如下:① 采用综合性措施控制水体污染,包括全面控制外源和清除内源,降低水体中 TN 含量。② 贵在坚持,长效管理,使水生植物长势良好,增强水生植物消除污染物、TN 的能力。③ 调整种植水生植物的密度和群落结构,前述五里湖湖滨饭店南边的生态修复说明:种植植物的覆盖率达到 15%~30% 时,TN 能够得到大量削减,但水质仍只能够在劣Ⅴ类的范围内,植物的覆盖率达到 45% 时,TN 可达到 1.95mg/L(Ⅴ类),若进一步适当扩大覆盖率和延长生态修复时间,估计水质还可在一定幅度内有所改善。本节前述 2008 年五里湖蠡园公园长廊南 3 个月的生态修复试验使 TN 从Ⅳ类改善到Ⅲ类,则可说明只要采取措施恰当,生态修复使 TN 从Ⅳ类改善到Ⅲ类或从Ⅴ类改善到Ⅳ类就相对比较容易,因为此时水体中存在的和底泥释放的 N 相对较少,以水生植物为主的生物完全可以在一定范围内削减水体 N,达到净化水体的要求。所以,当五里湖外源完全截住、调整种植水生植物的密度和群落结构、适当控制进入生态修复区的水量,加强管理,特别是加强长效管理,完全可以使五里湖达到Ⅳ类,甚至更好,并使水生态系统初步进入良性循环。当然,太湖及其他湖湾的面积比五里湖大得多,以类似的原理和适当的方法,坚持不懈的努力,最终也可达到治理太湖水环境的目标。

(四)正确认识种植漂浮植物的作用和风险

种植某些漂浮植物,如水葫芦(即凤眼莲)、水花生(即喜旱莲子菜)等,其生长繁殖能力特别强,有较快改善水质的能力,且比较适宜在污染严重的水体种植,吸收 TN、TP 比较快。这在梅园水厂取水口周围种植水葫芦试验、西五里湖生态修复示范区试验、梅梁湖小湾里水源地生态修复示范区种植水花生试验等都说明了这一点。只应抓住加强管理、控制性种植、及时清除残体、综合利用、资金补助等关键问题,种植水葫芦工作就能很好开展。

(1)植物的残体来源 漂浮植物的残体若处置不当,其残体腐败可严重污染水体导致水质变坏。生态修复区以植物为主的残体包括:① 植物正常生长期新陈代谢中产生、脱落的根系、枝叶及其附着物等进入水体、沉入水底,成为淤泥的一部分;② 到秋天,生长能力减弱,残体增多,到冬天,漂浮水面植物大多死亡,其残体绝大部分沉入水底;③ 有些生态修复区内储有较高密度藻类,主要原因是生态修复区外高密度的藻类,虽经阻隔、网拦,仍有一定量藻类进入试验区,以及试验区自身繁殖一定量的藻类,试验区内藻类由于缺少光照,大量死亡而沉于湖底。

(2)生态修复区漂浮植物残体危害 ① 残体直接污染水体;② 沉入水底的残体和淤泥,向水体释放污染物,形成对上覆水体的二次污染。前述梅园水厂取水口周围种植漂浮植物试验最能够说明这一点,进行生态修复的 5 年中,该区域产生了大量的淤积,每年淤积 10～20cm,5 年总淤积量有 50～100cm,淤积量中包括大量植物的根茎叶和植株残体及其附着物和藻类,在试验的 5 年中,前 3 年改善水质的作用明显,但呈递减趋势,第 4 年种植水面植物水域内的水质已得不到改善,第 5 年甚至出现了相当大的负效应,试验区内该年夏天的水质反而比试验区外差,该年夏天试验区内由于底泥大量释放污染物,并在厌氧状态下发生强烈反应,造成水体严重二次污染,使整个水体的水质很差,大部分指标都劣于Ⅴ类,不得不撤除全部工程设施,终止该项目试验。究其根本原因是漂浮植物未及时收割,残体没及时清理。

(3)风险的避免或减少办法 ① 漂浮植物种植应圈定范围,以避免其散失泛滥成灾。② 及时捞(取)走多余的漂浮植物及残体(生态浮床植物也如此),特别是在秋、冬季须把死亡的残体全部捞(取)走,不让其自生自灭,使水葫芦中的 N、P 能移出水体。东五里湖湖滨饭店南边生态浮床种植试验、西五里湖生态修复试验示范、宜兴大浦农业农村污染控制区中的有关试验中均如此做,效果就比较好。③ 种植漂浮植物和生态浮床植物的水域,若其种植密度很大,其水底没有长出沉水植物的区域,视植物残体的多少,每 2～3 年应清淤一次,把污染严重的淤泥及淤泥中的植物残体、死的或活的藻类全部清除掉。同样,五里湖、梅梁湖生态修复种植漂浮植物和运用浮床技术的水域,在水底未生长出沉水植物的区域,每 2～3 年均应进行一次清淤,才能避免或大量减少其二次污染。但在水底已经生长比较好的沉水植物,因可以固定底泥,则不必清淤。④ 研发和应用水葫芦的高效脱水、收获和大规模资源化综合利用设备和技术,如生产肥料、沼气和沼气发电等,使水葫芦作为生物资源得到充分利用,使种植水葫芦工作能顺利进行。⑤ 在制订相应的种植技术措施的同时,要制订管理技术和相应的配套技术措施,必要时需进行漂浮植物、生态浮床、菱与沉水植物的轮流种植。⑥ 有一定的资金补助,把捞(取)植物残体、清淤和轮流种植水生植物的全部费用均要计算入投资中,才能保障上述措施实施,避免或减少风险。如梅梁湖十八湾生态修复试验示范区种植水葫芦由上级补助就很好解决了上述问题。

（五）生态修复区内部和外部的水环境相互影响

相当部分水域建设相对封闭的生态修复区的目的是使该水域较水域外部能够提前改善水环境,并且能够提前达到水功能区目标,从中取得经验。建设相对封闭的生态修复区的策略是:先改善修复区内水质,再将其改善水质的影响扩大到一定范围;改善外部水环境,更有利于提高改善内部水环境的幅度。相对封闭的生态修复区内部和外部的水环境相互影响,具体表现在二个方面:① 若生态修复区外部水域环境不好,修复区内部净化水体的效果就差一些,较难以达到改善水环境的预期目标。② 外部水环境有所改善,修复区内部净化水体的效果就会更好,较易达到改善水环境的预期目标。修复区内部改善水环境程度的高低取决于:① 取决于内部用于生态修复的生物、植物种类和密度,以及修复技术和管理等因素,在不同的生境条件、修复技术、时间段和管理情况下,其改善水环境程度是不同的;② 决定于外部水环境改善的程度,外部水环境有所改善,可使修复区内水环境的改善达到更高的程度。若水域为全封闭的生态修复区,则基本上不受外部水环境的影响。另一方面是修复区内水环境的改善,可起到在一定范围内改善外部水域水环境的作用。主要是水生态系统具有自我修复能力的缘由,当修复区域由于人工修复使其内部水环境改善到一定程度时,随着时间的推移和良好的管理,水生态系统自我调控、自然修复能力得到一定幅度提高,逐步起到在一定范围内改善其外部水环境的效果。也包括二类:一是在同一个修复控制区内(包括人工生态修复水域和非人工生态修复水域两部分),进行人工生态修复的水域在改善水环境取得一定效果后可影响其他非人工生态修复水域,使其得到一定改善;二是指封闭或基本封闭的生态修复水域取得改善水环境一定效果,并减弱水域的封闭性后,可逐步影响其水域外部水环境、水生态。如五里湖水域的生态修复:西五里湖在 2003 ~ 2005 年实施了国家重大科技专项 $1km^2$ 的生态修复建设,以及由于以前多次生态修复经验的积累,使西五里湖 $1km^2$ 生态修复区的水环境、水生态得到较好改善,由多项水质指标劣于Ⅴ类(其中 TN 大幅度劣于Ⅴ类),改善到 2005 年 TPⅣ类、TN 接近Ⅴ类(削减 51%),NH_3-N、BOD_5、COD_{Mn} 和其他指标均达到Ⅲ ~ Ⅳ类或更好,以后水质进一步得到改善,TN 也达到Ⅳ ~ Ⅴ类。随着时间的推移和良好的管理,水生态系统自我调控、自然修复能力得到大幅度提高,也随着原封闭水域围隔的逐步拆除,起到逐步改善西五里湖其他 $2km^2$ 水域(未进行人工生态修复)水环境的效果,继而使东、西五里湖全部水域水环境也得到逐步改善,2008 年五里湖全部水域 TP、TN、NH_3-N 均已经全部达到Ⅳ ~ Ⅴ类,估计再经过数年努力,进一步加强生态修复和长效管理,五里湖全部水域水质均达到Ⅳ类或更好,水生态系统可初步进入良性循环。

（六）生态修复需经一定时间段才能发挥最佳效果

进行人工生态修复的水域,要经过一段时间才能发挥改善水环境、水生态的最佳效果,因进行人工生态修复,水生物将在合适的生境条件下正常生长、繁殖,经过一定的生长发育时间,才能进入水生态系统的最佳效果时间段。其中,水生态系统退化较轻和面积不很大的水域,这一段时间一般需要 3 ~ 5 年,才能初步使生态系统得到恢复。五里湖,虽原来污染严重,但面积适中,自 2003 ~ 2008 年经历 6 年的生态修复,使修复区生态系统得到初步恢复,还需数年才能使水生态系统进入良性循环。而水生态系统退化严重和面积较大的水域,如梅梁湖、竺山湖、贡湖,这一段时间将更长,才能使水生态系统稳定发展和逐步转向良性循环。其原因:一是需要用一定时间来控制外源污染;二是生态修复区需要一定时间才能把水体内的污染负荷(含淤泥释放和藻类污染)削减到一定程度;三是面积较大的水域,进行生态修复,需逐步推进、扩大生态修复试验面积,逐步增加生态修复对水环境、水生态的影响力,所以需要比较长的时间。当然,在相对封闭的污染水域内进行较高密度的以漂浮植物或生态浮床的生态修复,则在1~2年内,甚至数月内即能使水质得到较好改善,但此水域此时尚未能形成以挺水、沉水和浮叶植物组成的合理群落结构前,不能认为此水域在短期内较好改善水质,就是进入生态系统良性循环,还需经若干年的生态修复才能使水域真正进入生态系统良性循环。

(七)有效削减湖泊风浪才能正常进行生态修复

水面比较广阔的水域、湖泊,若需进行生态修复,防风消浪是确保试验的保障性关键工程,如没有采取削减风浪的有效措施,水生植物就不能很好生长,遇到大风浪,生态修复区就可能全部覆没。如梅梁湖小湾里水源地7km² 生态修复试验示范区开始时遇到大风浪袭击后,对围隔等设施损坏巨大,相当程度破坏了示范工程和降低改善水环境的试验效果,后改进了削减风浪的技术措施,取得了削减风浪的良好效果,才使试验顺利进行下去。又如西五里湖生态修复区、原梅园水厂取水口等生态修复区均有此类教训。所以,要建设太湖及其湖湾中的人工生态修复区均要建设牢固的保护体系,有效削减风浪(具体见本章第一节四、水生态修复技术)。在风景区,则防护体系要与景观要求协调一致。

(八)太湖必须进行较大规模的生态修复

太湖因其水面大,只有在使用综合治理污染的措施控制外源后,实施较大规模的生态修复才能起到有效降低太湖富营养程度、直至消除富营养化的作用,才能使太湖水真正变清。要全面总结以往多次生态修复的经验教训,提出规范性生态修复技术、工艺。太湖现今有2340km²,仅有几十平方公里的生态修复面积是尚不能有效减轻、消除太湖的富营养化,必须进行相当规模的生态修复。如无锡太湖水域生态修复面积应逐步扩大到上百 km²,才能有效减少水体中N P浓度,并且有效固定底泥,减少底泥的二次释放。

(九)生态修复和除藻

生态修复对清除藻类既有矛盾之处,又有有利之处。一方面,生态修复和清除藻类有矛盾:① 藻类过多的开敞式水域,水生态修复则很困难,就是生长良好的沉水植物也有可能要死亡,甚至生命力很强的芦苇的生长也受到一定影响;② 要清除芦苇丛中的大量藻类是非常困难,机械清除无法进行,人工清除很麻烦且效率极低。另一方面,生态修复有一定的克藻抑藻作用:① 有利于降低 TN、TP,减轻富营养化程度,遮阳降温和有利于抑制藻类的繁殖速度;② 一定量的藻类进入芦苇丛中,藻类能被阻挡,被芦苇逐步消化掉(若进入芦苇丛的藻类过多,则芦苇无法消化掉全部藻类,并且妨害芦苇的生长)。而水葫芦种植区则能够大幅度削减藻类数量,藻类则一般不会对水葫芦的生长产生不利影响。所以应该使这矛盾的二者统一,密切结合,采取切实有效的措施:① 在太湖及其湖湾的西北岸、北岸和西岸水域建设生态修复区时,其夏、秋天与太湖的主导风向对应,应在修复区外建设兼有挡藻、挡风浪的围隔、设施,挡藻后使藻类基本不进入生态修复区,有利于植物生长;② 挡藻围隔建成合适的平面和立体的形式,使其具有富集藻类的功能,把顺风吹来的藻类均富集于围隔的凹处,有利于吸藻除藻船清除藻类作业;③ 在生态修复区内部生成的藻类,在水生植物尚未良好生长时,应利用物理、化学、生化等方法、技术予以清除。以后修复区内长出良好的水生植物,与藻类竞争吸取 N、P 后,可比较有效抑制藻类生长,特别是太湖以后进行较大规模的生态修复后,利用生物竞争,在一定程度内有效抑制太湖藻类生长和爆发。更好的方法是在基本封闭的水域内采用清除藻类和种植水生植物一条龙技术,在清除藻类后使生态修复区在较短内就能长出良好的水生植物群落。应先试点,再逐步推广。

(十) 生态修复必须科学论证和严谨计划

有些生态修复试验示范在其过程中,缺乏科学论证,未统一考虑生态修复的长远计划。表现在:① 只考虑了生态修复改善近期水质的功能,未考虑整个水生态系统修复和建设,也未制定严谨的长期水生态系统修复计划;② 只考虑了春、夏季,水葫芦、水花生等漂浮植物的生长和净化水质效果,未考虑秋、冬季收获植物或捞去植物残体;③ 对水生植物种植的密度需进一步加强试验研究,若种植密度过小,水生态修复改善水质的效果不理想,若漂浮植物、种植密度过大,影响光照,影响沉水植物的生长;④ 沉水、浮叶、挺水与漂浮等水生植物的搭配种植,以及与生态浮床的配套运用未进行严谨计划。

生态修复统一长远的计划应包括对污染源的控制、生态系统的总体设计、生态修复关键技术的决策、植物种植面积和群落、种植结构和配置、种植密度和品种、种植和收获时间,以及管理和植物收获后的资源化利用等。在水位适中和污染严重的水域,一般在种植漂浮植物或使用生态浮床技术时,应考虑经一年或数年种植,待该水域水质基本变好后,再种植沉水植物。在流域平原区,一般最终将形成沉水植物为主的群落结构。如五里湖湖滨饭店南边的生态修复说明,在水上种植陆生植物的覆盖率30%以上时,通过一个生育周期的处理,能将富营养化程度较高、劣于Ⅴ类的水体净化至Ⅳ～Ⅴ类水,但由于植物覆盖率的不同,其产生的效果也不同,所以应该科学合理规划。在漂浮植物、生态浮床下面种植沉水植物,需在水体初步变清后,以漂浮植物(生态浮床)与沉水植物进行间隔种植,经数年种植,逐步过渡到以沉水植物为主,漂浮植物(生态浮床)为辅,此时间段,可1年,也可能3～5年,根据水体变清的实际情况而定。生态修复时应设计多层次的水生植物结构,包括漂浮植物、浮叶植物、挺水植物、沉水植物,以及浮床技术等,在水面、水面以上、水体中、水底的多层次植物结构,使其发挥最佳的改善水环境、水生态效果:包括植物在水体中通过根茎叶及其附着物吸磷除氮削减污染物;植物在水底通过根茎及其附着物吸收磷、氮和污染物,减少底泥向水体释放磷、氮等污染物,固定底泥,减少底泥的再悬浮;植物在水面及水面以上部分通过光合作用使植物良好生长,增加吸收磷、氮,遮挡太阳和降温,抑制藻类生长,加速藻类死亡,最后使水生态系统得到真正的修复,并转入全面良性循环。

(十一) 关键是加强管理和建立保障措施

梅梁湖和五里湖的多次生态修复试验的经验证明了,建立一套保障措施,有资金、加强

管理,有机构、人员,则生态修复一般的效果均比较好。如五里湖,从 2003～2005 年实施
1km² 生态修复以后,由于有蠡湖管理办公室(蠡湖管理处)专门的机构进行长效管理和有
充足的资金,加强管理,扩大生态修复范围,使 1km² 生态修复区的水质不断好转。反之,梅
梁湖和五里湖的多次生态修复试验的经验也说明缺乏资金保障和长效管理,生态修复区作
用和效果就要减弱,甚至失败。如前述梅园水厂取水口周围种植漂游植物水葫芦和养鱼等,
消除水污染和除藻的试验,试验期 5 年,前 3 年有效果,第4～5 年正负作用相抵,无效果,基
本失败。究其原因,除技术上有待深化外,主要是缺乏资金及管理问题,以及生物残体污染
和引起的底泥二次污染。又如中桥水厂五里湖取水口旁种植漂浮植物和养殖水生动物试
验,东五里湖湖滨饭店南边种植生态浮床试验,马山水厂取水口周围种植漂浮水面植物水葫
芦和进行除藻试验等项目,试验期效果均良好,但均因缺乏资金而停止。上述试验均说明要
加强管理,建立保障措施,主要是要做好以下几点:① 保证资金投入,生态修复应作为公益
性事业,由政府为主导进行长期投入;② 建立一个合适的管理机构和一套合理的管理制度;
③ 有一套相应的配套的法规,以前的法规中缺乏生态修复这一篇及其具体规定;④ 要做好
科学全面可行的生态修复规划,分阶段实施,并在实施中完善规划;⑤ 明确目标、明确责任
和建立可操作的考核制度;⑥ 建立一支富有责任性与技术水平的队伍和与其配套的设备、
设施。

第七章 河道综合整治和水生态系统修复

第一节 区域河网生态系统

河网区河流生态系统指河流水体的生态系统,属流水动态的系统,它包括陆地河岸生态系统、水生态系统、河流廊道、相关河滩湿地、沼泽及湖荡生态系统在内的复合生态系统。河流由源头径流形成区、湿地、河道湖荡、干流和支流构成一完整的河流河网水系,同时它又是一动态有机整体,由河床、水流及其中各种生物和环境要素构成有机的开放的生命系统,其生机和活力表现为:河流水循环,将水与诸环境要素有机联系在一起,进行物质循环和能量交换;河流流水动态与水生物、岸边生物等融为有机整体后形成的的活的生命体征;河流演变具固有的自然规律和特征;河流不断的生命活动在动态变化之中,包括受人工干预后的适应性自稳性调整;河流对外界干预的响应,并在调整过程中,以其生机和动力的各种节律或形态变化予以表达和反映。

无锡市除西部宜溧山区(丘陵)782km² 外,其余 83.2% 均属江南低洼平原河网区。区域共有规模河道 5993 条,总长 6998km,水面积 207km²,蓄水量 4.3 亿 m³,河网间湖荡 41处,水面积 93.46km²。

一、河网区河流生态系统的构成

河网区河流生态系统一般分为河床生态系统和河岸生态系统。广义的河岸生态系统还包括河岸一定影响距离的生物区。河床生态系统包含河网水系自身、河网间湖荡,其中包括水生物及其生境。

(一) 河床生态系统[27、28、90]

由河床内水生生物及其生境条件构成,河床内水生生物由生产者、消费者和分解者组成。

(1) 河床内水生生物生产者组成 由浮游生物、大型水生植物共同组成河道中的初级生产者,它们是河流生态系统最基本与最原始的生产力构成。植物、具有光合作用的生物,将光能通过叶绿素吸收、转化、合成作用,为水生态系统提供物质和能量。河床浮游生物主要是藻类,目前总的变化趋势是种群数不断减少,部分优势种,如蓝藻数量增加。河道水生植物主要包括挺水植物、浮叶植物、漂浮植物和沉水植物。由于人为活动和水污染,河岸尚可见挺水植物芦苇等,沉水植物受严重水污染大部分衰败死亡,个别漂浮植物异常发展,水葫芦、水花生、浮萍在有些中小河道成为生物灾害,阻塞河道和妨碍人工控制建筑物的安全调控。

（2）河床内水生生物消费者组成　消费者主要包括浮游动物、大型无脊椎动物、鱼类等,是河流水生生物群落的重要组成部分。浮游动物由原生动物、轮虫、枝角类和桡角类等组成。浮游动物一方面消化细菌、浮游植物等初级生产者,又是鱼类高营养级动物的食料,在生态系统物质循环中起中枢和调控作用。由于河流水质污染,浮游动物以小型原生动物和轮虫类为多。底栖动物主要包括水生寡毛类、软体动物、水生昆虫及其幼虫。底栖动物活动区域相对固定,生命周期较长,对环境反应敏感。它们以滤食和刮食水体中浮游生物和有机碎屑、有机物为主。发生水污染后,软体动物种属减少,耐污染寡毛类及摇蚊幼虫种属为主导地位。鱼类对水生态系统的平衡有非常重要的作用,是水生态系统食物链结构的主导和控制者。由于水污染,鱼类种属急剧减少,捕捞量逐年减少,洄游鱼类由于水工建筑物的阻断和护岸工程的影响已基本匿迹。水污染严重的河道,鱼类几乎绝迹。

（3）河床内水生生物分解者组成　分解者为异养生物,又称还原者,主要指细菌、微生物及原生动物等。它是水生态系统中实现环境与生物间物质循环的重要基础。

（4）河流的生境条件　即具体的生物个体与群体生活地区的生态环境、物质代谢的材料等,包括气象、水文、地质、地貌、水质、河床基质等是生物的环境—生命支持系统。在河流水生态系统中,水是生态群落生命的载体,又是生物体的物质构成,也是系统能量流动和物质循环的介质,所以河流中水的流速、流量、水位、水深、水温、水质、水文周期、河流形态和土壤等都是水域生态系统特殊的不可替代的重要生境因子。平原低洼河网区河流大多呈狭槽型双向流,流向不定,水流滞缓,非汛期支流河道水体几乎停滞,形成太湖流域特定自然地理环境下的河流生境特点。

（二）河岸带生态系统[85]

区域河岸是水域与陆域的交替带,水陆界面的能流和物质循环的中枢、过渡带。河岸带生态系统是由河岸的地形、地貌、基质和结构特性的非生物部分以及其上的植被、动物(包括两栖动物),微生物、细菌等构成的三维立体动态的复杂结构。河岸带的生物及非生物的过滤、渗透、吸收、滞留、沉积等机械、化学和生物过程,对河流生态系统的质量状态和动态过程予以作用和影响。既是河流生态的第一屏障,也是河流生态系统的具体组成,在河流生态修复和建设中居重要地位。

广义的河岸生态系统还包括河岸两侧一定距离水文影响带的生物区。影响带生态系统以受水文及水分(包括地下水不同埋深)作用形成的条带状区域,它以陆生生态系的植物、动物及微生物等组成的复杂结构为主体。这一区域受人类经济社会活动影响大,属生态脆弱地带,生态退化较为严重。河岸影响带既是河流水生态维护的外环线,也是系统的外形边界,更是河岸生态景观的所在区域,在人类高强度的胁迫下,易于生态失衡,所以是河岸生态带保护的重点区。

（三）河网间湖荡(湿地)的水生态及其生境条件

这是平原密集河网区特有的生态系统。无锡区域内有河网间湖泊、湖荡(湿地)41处,水面积93.46km², 仅较大的湖就有涠湖、三汕(湖泊名称,系东汕、西汕和团汕三者总称），还有众多面积 1~5km² 的湖荡。河流湖荡似串珠形水力联结，如"引江济太"的清水通道望虞河上较大的就有鹅真荡、嘉菱荡等。在河湖交汇带，河湖水动力学条件发生很大变化，从入湖的动到静，出湖的静到动，交汇区水生生物也呈多样性变化，构建了复杂的湖河湿地系统，受水文、地形、水质，河湖基质等条件影响，河湖变化的动态多样性造就了生态多样性。是平原河网中个性明显的生态区域。

二、区域平原河网水系水生态特征[88、95、97]

无锡地区平原河网水域水面积占总面积的 26.68%，湖荡主要分布在高程为 4~5m 以下的低洼地区，主要有太湖、涡湖、东氿、西氿和团氿。众多湖泊和湖荡有防洪、供水、灌溉、航运、旅游、养殖等多种功能。河网区河道密度大，河湖交会并形成网络，平原区河网规模河道密度为 2.1km/km²，构成江南水乡景色和区域宝贵的水资源，其特点是：

（1）河网密布 流向不定   水量充沛，网络交织，湖荡洼地星罗密布，江河湖相互贯通，因而具有较大的调蓄容量。由于地形低洼、高差小，河流底坡平缓或等于 0，大部分河水是双向流动，流速缓慢，平时水流在河道内荡漾，水流有缓涨缓落的变化特征。只有在汛期，流速才能达到 0.2~0.5m/s。

（2）东高西低 泄洪多向   由于地势西高东南低，中间洼，水系的水流向中间低洼地汇聚，然后向东缓泄，区域排水不畅，易洪涝。泄洪主要方向为：经江南运河向南泄入太湖；向东汇入 4 大干流（张家港、锡北运河、伯渎港、九里河）和流入望虞河；北排长江；横亘中央的江南运河历来就是自然泄流的主要通道。

（3）浅水河流 污染严重   区域内，河流大部以中小型为主的浅水河流、水深 1~2m。平原区有 1/3 为低洼的圩区，圩区内河道在平时河水基本不流动。水动力环境条件差，水质污染严重，自净能力差，河流水质大部分为 V 类或劣于 V 类。

（4）河流系统 生态多变   经长时期人类活动的改造、疏通和建设，改变了河流系统，目前河道大部分为人工开挖，不仅引起河道本身的变化，也引起河道生态系统的巨大变化，区域内的河流系统已是人工河道生态系统为主。

（5）北与长江 水系连通   区域北滨长江、水流受长江影响，旱时可引水入境，洪涝可以泄洪，是具独特天赋的水利条件。江南运河横亘中间，与区域内诸河流水系相连，兼排水、供水，航运之利，对无锡市经济社会发展起重要作用。

（6）河湖串联 生态复杂   区域河流湖荡串联，湖荡既是上游河流的尾，又是下游河流的源，呈动-静-动，线-面-线动态和形态的特征，沿河湖湿地遍布，形成多元水生态系统结构的串联，即河流生态系统、湖荡生态系统和湿地生态系统的组合。不同类型的生态系统，由于其结构功能形态、水动力及环境条件的不同，其物质循环和能量输移各具特点，导致河网系统生态结构复杂，生态多样性好，而不同于一般河流生态系统。

（7）社经变迁 因水兴盛   河流的自然资源及功能是社会经济发展的基础。由干流、支流、湖荡、湿地、河口组成的河流系统，是一个包括水体、植物、动物、土地等复杂的、动态的、相对开放的生态系统。它是区域生态系统的血脉网络。河网自古到今的作用，类似公路网、通讯网一样，对区域经济社会的发展具有举足轻重的地位。纵观区域和流域发展史，可谓因水而兴,因水而富庶,因水而美。对城镇化率已达69%的太湖流域来讲,"水是城市的历史,是生机,是形象,是财富,也是象征——是文明素质,文化底蕴的象征"。区域内江、河、湖、荡、浜、港发达水系支撑了社会经济发展,历史文明的沉淀,形成江南水乡景观和独特的水生态经济体系和文化历史体系。

(8)河网造化 文明结晶　区域河网水系是特定地理环境的自然造化和促进人类文明史的结晶,与历史同在,与历史俱进,塑造了区域独特的形象和品格。河网水系是水资源、水生态的载体,也是水安全、水环境、水景观、水文化的组成要素,又是水域生态系统物质循环与能量流传输的介质,具有多种综合服务功能,支撑经济社会发展,并与环境、经济、社会、生态、文化相适应。

(9)河网生态 立体复杂　河流组成的河网形态多样性是流域生态系统稳定健康的基础。无锡区域河川径流从宜溧山地形成,经平原区流入太湖或长江,由于自然地理条件、地形、地貌、地质、水文、水质等不同,河流形态多变,构建形成了不同的生境条件,在河流不同位置的特定环境下,栖息和繁衍着由生产者、消费者和分解者组建的有序的生物群落(动物、植物、微生物和细菌),各种生物与生物,生物与环境之间相互依存,相互制约,相互作用,形成一复杂的结构空间立体的多样性的具有较强的承载力和抗干扰能力的生态系统,它决定了河流水生态环境的动态质量和系统特征,所以河流的生态修复不是一个线性的平面的问题,而是具时空概念的立体的复杂的动态的生态结构。

(10)河网生态 协调平衡　河网生态系统是自然演变和自我调控的。这也是水生态系统的一个共同特征,无论是河网生态系统还是湖泊生态系统。水生态系统在生物种群间,生物与环境条件之间都有一数量和物质,以及能量间的协调与平衡关系。河流生态系统的稳定状态是一个相对的概念,并处于一个动态的变化之中。越是结构复杂的生态系统,其抗干扰能力和自我调控能力越强。但是其适应外界抗干扰能力的变化有一个量变到质变的过程,例如河流受到污染也有一个时间的变化和数量累积的过程,一旦超越其承受能力,且持续压力而不能得到缓释,生态系统就会发生质变,即水生态系统的退化。这也反过来说明为什么生态修复是需要经过一个较长时间才能显现其明显效果的缘由。

(11)河网生态 自稳修复　河网生态系统的自稳性和自我修复。生态系统拥有一定的网络和框架结构,以应对外来的干扰,在系统自我调控范围内,生态系统具有一定的自我修复和返回结构平衡的自主能力,这种能力是生物、环境在长期变化和进化过程中形成的。生态系统的自稳性特点,使河流生态系统有相当的自我修复能力,只要去除和缓解外来干扰的压力,水生态系统有一定的自我回归动态平衡的能力,这也是河流生态修复时,解除干扰外力是前提的原因,如严重污染河流的水生态修复,必须先行治理污染源,阻断外源污染的注入生态修复才有可能性,生态修复在总体上应以自我修复为主,人工修复介入为辅。就是水污染严重,生态退化严重的河流,开始以人工修复为主,以后河流生态系统进行自我调控,并且要过渡到自我修复为主。

(12)静态河床 动态水体　区域为河流、湖荡、湿地共寓一体的综合系统,河床是基底静态物理框架,而水是长流不息处于动态运动之中。水域陆域(湿地)交互,水深、水质、河湖形态不一,水中生物系统组织也各具特征,这一综合的水生态多样性和水环境条件多元性系统,无论是食物链结构、基质条件、水文水动力学条件都很复杂,自然水系特征为建立稳定水生态系统创造了良好的物质循环、能量流动、河湖物种流动的稳态结构基础,也为生态修复创造了良好的生态环境条件和可能性,顺应静态河床系统特性,做足动态水体文章。

三、河流生态系统的主要生态服务功能[90、94]

河流生态系统功能与水生态环境是有机统一体的不同方面,是人与水,水与自然和谐目标的有机统一。河流的水生态环境是指影响人类社会生存和发展的,以水为核心的各种天然的和经过人工改造的自然因素所形成的有机统一体,包括地表水、地下水,以及毗邻的土地、森林、草地、野生动植物,自然古迹、人文遗迹、城乡聚落、水工程等。河流生态系统主要功能表现为自身功能和服务功能二个方面,并且这二个方面是紧密相连不可分的。其中自身功能指河流的物理形态、生物种群和结构,水质对河流物种迁移的演变、能量流动和物质循环等功能。依据河流生态系统的组成、结构形态特点和生态过程,特别在人类合理干预下,河流呈现综合的自然的社会的生态的和人文的综合服务功能,主要功能为:

(1)水资源功能 无锡区域河网水系蓄水4.3亿 m^3,是保证社会经济发展和生活的最重要的物质基础;动态调蓄水量更大,为工农业生产和人类生活供水,也是农业灌溉的水源。作为供水功能,由于区域经济社会发展,人民生活水平提高和自来水的普及,以及水污染使平原河网区河道对城市的供水功能逐步萎缩,而由太湖、长江和水库供水。

(2)防洪排涝及滞蓄洪功能 无锡市地形两头高中间低,易生洪涝灾害,河流可直接行洪、排涝槽蓄滞洪。河网区骨干河道,北连长江,南抵太湖,中有江南运河,由密集河道组成的河网系统和各种水工程系统共同构建了区域洪涝水宣泄系统,保障了区域内经济社会发展和人民生命财产安全。河流的槽蓄水、湖荡、沿河湖天然湿地和人工湿地可滞蓄洪涝水、缓解区域洪涝和干旱灾害。

(3)水循环和物质循环输送功能 河床水体拥有物质运动和载体功能,既参与流域的水土、水与生物、水气循环,也形成区域内独特的水循环,对河流水文形势、生态特征、河口产生影响和作用。水体在河道中的流动,动能和势能失寓一体,其流态、流速、流量、水质、水文周期、水位变化等都构成了河流生态系统中重要的生态动力学功能。

(4)河流的生态及环境功能 河流是流动的相对开放的生态系统,河流河床相对湖泊来讲为廊道形式,水体流动、有一定曝气掺氧能力,沿流程变化大,其廊道型生物链结构呈动态特征,从初级生产者到高级消费者的有序结构。河流与周围陆域关系密切,在滨河带水域和陆域交错带,它是二种不同生境的交汇区,生物种群从水生到水陆交替的湿生再过渡到陆生,适合于多种生物生长,生物多样性好,也是多种生物的基因库。河床、河岸中沉水植物、浮叶植物、挺水植物和湿生植物、陆生植物依不同水深及距河床水面和地下侵润线影响距离呈层带状分布。因此河滨带既是生物多样性好、生物生产量高的区域,也是生态环境敏感带,易受人类经济活动的影响。此外,河流也是各类物质(固体的、生物的、化学的)的载体和介质,有一定的纳污能力和自净作用,但此能力有一定限度,因此,对于每一不同功能的河流都有水质控制目标要求和允许纳污能力的法定要求。

(5)航运和养殖功能 江南水乡诸多河流,自古以来人们充分用其行舟楫之利,承担货物运输和交通航运之利,不仅在当初铁路公路不发达时如此,即在现今,由于船运运输量大、廉价,仍不失为重要运输方式延续至今,故依河道规模、水深及城镇分布,航道不断疏浚整治给区域经济发展提供廉价、便捷运力。特别是江南运河近期扩建改造后,已成为区域主要运输通道。河流的水体也具有水产养殖的功能,提供大量水产品满足市场供应,是江南水乡水产品之源而独具特色。近年来由于河流水质污染,河道水产养殖和渔业生产受到很大影响,产业萎缩,产量下滑,质量变差,所以目前主要依靠鱼塘养殖水产。

(6) 文化景观功能　众多河流构成的河网形成独具景观和文化特点的江南水乡景色。河流是具有生命的不断变迁的事物,自古以来人们依水而居,随水而耕,以水浇田,为满足人口增长、经济发展和防洪保安之需,有史以来人们改造自然、兴修水利、开凿疏浚航道,水留下了大量历史的沉淀和笔墨,如传说中周太王长子泰伯开凿的泰伯渎,吴国伍子胥开的胥溪,越国大夫范蠡开的蠡渎等。由于人们亲水近水天性,河流小桥流水景观,水映翠月之美,始终伴随着社会发展不断延续,太湖美,美就美在太湖水的千古绝唱,享誉海内外。可谓区域水历史即为社会发展史。城市河道景观和生态美成为城建发展的热点。

四、区域河网生态系统的退化[94、90]

区域河网生态系统的退化主要是受人类经济社会活动的影响,水污染、城镇化率提高、水工程负效应、湿地减少等因素

(一) 污水排放对河流水资源功能和生态功能的影响

因社会经济发展、城镇化率提高、人口增长和生活水平的提高,污水排放量自 20 世纪 80 年代以来逐年增加,河流作为第一屏障和主通道,首当其冲受到危害,造成水质恶化,生态系统退化,富营养化严重,甚至出现黑臭,特别是城镇河道、古运河和江南运河的城区段。

(1) 污水入河道量呈增长趋势　从 20 世纪 80 年代以来,污水排放量呈持续增长趋势,流域工业废水排放年增长 2% ~3%,生活污水排放增长 3% ~5%。其中无锡市 2005 年水体现状纳污量,COD 为 19. 10 万 t、NH_3-N 1. 81 万 t、TN 2. 42 万 t、TP 0. 18 万 t,远远超过了河网水系允许纳污能力。全流域主要经由河道入太湖污染物量总体呈持续增长趋势(表 7 -1)。

表 7 -1　太湖流域河流入湖污染物量变化表　　　　　　　　　单位:(t/a)

污染物 年代	COD	TN	TP
1987 ~ 1988	145420	28106	1989
1994	131033	37984	2480
2000	202361	42141	2520

(2) 主要污染物贡献来源结构　从上世纪 80 年代以前,流域、区域表现为 TN 增加为主,这与当时的区域农业发展密切相关;而 80 ~90 年代则以 TP 和 Chla 的显著增加为特征,明显受流域内工业和城市发展及人民生活质量提高的影响。流域主要污染物贡献来源结构:COD 主要来源于农田径流、生活污水和工业排放等;TN 主要来源于农田径流、生活污水

和畜禽养殖排放等;TP 主要为城镇生活污水排放、农田及畜禽养殖排放等。据 2000 年度太湖流域污染物入水体量分析,COD 38.50% 来自农业面源输入(其中含种植业、养殖业,下同),工业 29.71%,生活污染占 16.84%;TN 64.2% 来自农业面源,生活污染占 21.47%;TP 34.84% 来自生活污水,农业面源占 56.04%。

(3)区域水功能区达标率低　受经济社会的高速发展和人口增加的双重胁迫,水资源保护和水污染防治的相对滞后,经济发展和水生态环境呈异向发展,河网水环境质量变差,河道自净能力严重退化,水体已受到严重污染,使合格的水资源量迅速减少,无锡成为典型的水质型缺水城市,水污染已在相当程度上制约了区域经济社会发展和人民生活质量提高。平原河网水质均为V类或劣于V类,尤其是圩区的河道水质污染十分严重,污染类型为有机污染为主,主要污染指标为 NH_3-N 和 TN。长江干流基本为Ⅲ类,宜溧山区河道为Ⅱ~Ⅳ类,望虞河基本为Ⅲ~Ⅳ类,江南运河无锡段均为劣于V类。2000~2005 年河道水功能区达标率仅为 15%~25%。

(二)城市化发展对河流水生态系统的负面作用

城市是人类生产、生活和文明成果的集中体现和结晶。流域经济社会的高速发展,人口增加和生活水平的提高,城镇化进程不断加快。太湖流域经济发展,不是国外那种资金、技术、人口向城镇集中,而是以城市为发展核心,技术、人才向乡镇的转移,它的聚合集中即成为乡镇城市化的必然和动力过程,乡镇企业和文化带动区域内城乡一体化进程已是不可避免的时代发展趋势。21 世纪流域经济社会将进入一崭新的跨越式发展的新时期,经济发展仍将保持年增长 10% 左右,城镇化进程加快,城镇人口年增长率 3%~4%。以上海为龙头,辐射全流域的长江三角洲经济区域发展继续呈强劲势头,显现跨越式和大区域整体推进式发展态势。城市是以人为主体的陆生生态系统,它是自然生态系统经规模性改造加社会和经济二个系统的融合构成的复合生态系统,该系统的形成和发展过程必然会对水资源、水安全、水环境、水生态、水景观提出更为紧迫的社会需求,并对区域河网生态系统产生巨大影响。无锡市经济社会发展和城镇化发展是长三角发展的缩影,2005 年常住人口城市化率为 67%,依发展规划 2020 年、2030 年城镇化率分别达到 77% 和 85%,建城区面积不断扩大。区域河网系统将面临经济发展和人口增长双重持续压力和影响,生活污水排放量逐年增加。

(1)建城区面积扩大点面源污染汇入河道　社区和道路,工矿企业等社会基础设施建设,将大量地面改造为不透水地面,下垫面条件发生巨大变化,必将影响水文径流条件,导致降雨径流汇流速度加快和径流量加大,同时大量点面源污染汇入河道速度加快,导致城市防洪压力加大和初期降雨造成地面径流污染的问题。

(2)城建侵占水面使区域水面率降低　城市建设填埋河道、侵占水面,导致区域水面率下降,特别是近郊作为河网毛细血管的乡镇村级河道。中小河流长度减少,河道束窄,开敞的河流变为箱涵。违章搭建,侵占水面时有发生,造成水系网络缺损。

(3)社会发展和生活方式改变使河网水系受到影响　自来水的推广普及,人们脱离了对河流水体的依赖,并淡化了对河水的依附;卫生条件改善和抽水马桶普及,生活水平提高,污水和固体废弃物增多,由于建设配套滞后和管理等原因,河道成排污纳污沟,固体垃圾的堆放场;大量洗衣粉和洗涤剂的使用加重了河道水体的磷污染;城镇绿地建设,由于设计、施工或管理不善而引起的水土流失也是河流污染的致因。城郊农业生产方式改变,罱河泥肥田的优良耕作传统方式丢失,河床淤积物淤浅河道;农药化肥大量施用,又增加了入水污染负荷量;道路建设和交通条件改善,一般河流不再是城乡间交通基础设施,人们的淡忘和不能善待曾经给予行舟楫之利和生命之源的河流,使乡村河道水网萎缩。

（三）水工程对河网生态系统的胁迫[88]

水工程对经济社会发展,社会进步有巨大的推动作用,区域的水利发展史即为社会发展史,江南水乡水利建设是历代政务管理的首要大事。大量水工程满足了防洪、供水、灌溉、航运、渔业需求。科学合理的水工程建设从一定意义上讲也是重要的环境生态工程,可调控河川径流,防止水旱灾害对城乡生态的冲击,供水确保人类社会发展,灌溉维系了江南水乡的生态环境和繁荣。流域、区域的水工程兴利除害、满足和促进了社会进步和经济发展,但水利工程也对生态环境产生了一定的负面影响。

(1) 河流渠网化改变基本形态　河流的渠网化,改变了自然河流的基本形态特征和生态功能及生境条件的多样性。自然蜿蜒曲折、弯道浅滩、河湖相连的河流基本形态被改为直线或折线,不少毛细血管状的乡村河道被填埋、水面率减少。

(2) 河道断面几何单一化　河道自然复杂的断面形态变化被统一改造为几何规则化的梯形、矩形断面、河床基底微地形均一化,尤其是城区河道成为狭窄廊道或河沟,水的景观作用受损益。

(3) 河床边坡护岸刚性阻断　河床特别是边坡的刚性混凝土或浆砌石护坡,阻断了水—土联系,地表水和地下水的自然联结,生物多样性生境条件破坏,生物(扎根的水生植物、底栖生物、微生物)消失或大量减少、丧失生物降解和自净能力。

(4) 河流截弯取直生态发生变化　破坏历经千万年自然规律演变的河床动力学塑造的地貌形态,使河漫滩、湿地、水位变幅区、水体漫浸区等面积大幅度减少,河流与周边自然环境条件相互作用、物质交换等通道被阻,亦称河道的生态绝缘化。

(5) 护岸和圩区河流生态动力恶化　无锡地区圩区占平原面积近1/3,阻断了河网水系网络结构的水力联系,受圩区护岸和闸坝控制,河流水动力条件变差,河流自然流态受制约,水流几乎全为人工控制状态,圩区内平时河水基本不流动,水体自净能力小,环境容量小,导致水死而污,汛时水流不畅,加大防洪压力和成本。这也是流域内水污染防治中的关键难点。从防治水污染分析,汛期暴雨初期圩区的大量污水,随抽水机排入主干河流,形成汛期初期水污染骤然加重。

(6) 河网区水工建筑物的影响　平原河网区大量控制性水工程建设,加上管理调度存在不当,在一定程度上,阻塞了水流,导致水流不畅。工程建筑物阻断洄游鱼类通道,流域内洄游性鱼类几乎消失。

(7) 河道的生物多样性减少　河道形态断面变化导致河滨带植被和河流水生生物减少,生境条件变劣,生物多样性减少,水—陆交错带水力联系阻断和水体中的生物链破坏,水生态稳定性变差,水域生态弹性和野生动植物栖息地丧失,美学及旅游价值损坏。水是生态系统的动脉中的血液,它本身固有自然的物质循环和能流特征,由于水工程建设干涉和改变,使河道水生态功能发生不利变化,所以,不仅要关注河流的自然资源功能,还应关注河流的生态功能和水环境功能,需认真重新审视传统的水利工作理念。

（四）河流和水网区湿地的围垦养殖对河流生态系统的影响

在以往的河流水网整治中,人为将自然曲线型河流改为直线或折线型河流和规则的断面,并以刚性不透水材料护砌,将水与大气、土壤、陆域、生物构建的有机整体分割开,将河流与湿地分离。河流湿地、滩地被开垦利用或改为建设用地,水被禁锢在一狭窄的廊道里;分布在河网区众多的湖荡湿地被围垦开发或养殖,使河网区串珠状湖荡和自然湿地面积大量减少,水净化能力大大削弱。

（五）河网区河道水生态退化严重

20 世纪至 21 世纪初,区域河网水系水生态状况堪忧,河道水环境容量消耗殆尽,生境条件受到严重损害,相当河流中鱼虾难觅,水生动植物种群数量下降,农村河岸尚可见芦苇等挺水植物零星分布,城镇河道水生植物基本衰败,生物多样性下降。河流也已达富营养或重富营养,部分河道水花生、水葫芦疯长覆盖河面,特别是中小河流。耐污染类漂浮植物充斥河道,有些河道在汛期只见水在涨不见水在流动,严重影响防洪、景观和人民生活环境。由于水污染和水工程建设的阻断,河流中洄游性鱼类已匿迹。

总之,由于流域、区域河网、河道水生态系统严重退化,严重损害其自身功能及其服务功能,所以很有必要全面整治河道,调整优化河网,消除水体污染,修复水体、护岸和有关陆域的水生态,恢复全部生态功能。

第二节　区域河道整治和调整优化水系

无锡地区是流域人口密度大、经济社会发展最快的地区之一,人力、财力,物力资源较充沛,又具优良的区位优势和丰富的水土资源、社会人文资源,应充分利用这些有利条件,抓住机遇,对区域水系进行科学改造,以适应现代化和可持续发展的需要。

一、经济社会发展与区域河道整治

在国务院领导和关心下,太湖防洪十一项工程的实施,形成了现在全流域防洪、排涝、农田灌溉和内河航运等体系。修建了环湖大堤,提高了太湖的防洪保安和水资源调配能力,望虞河、太浦河的开通及南排、北排工程,开辟扩大了入江、入海的排洪通道,结合城区改造,形成新的水网系统,这些工程在流域和区域经济社会发展中发挥了一定的作用,但仍与发达的现代工业化和信息化及社会文明之间产生的新问题不尽适应,要求区域河道整治和调整优化区域水系。

（1）防洪减灾范围和标准发生变化　按照区位经济和资源基础的优势条件,新世纪区域经济仍将保持高速增长态势,实现整体跨越式发展,面对目前和未来区域发展形势,保护人民生命财产安全和为经济社会可持续发展提供安全保证,防洪减灾仍是重要任务。区域河网水系,特别是骨干河道首先必须承担泄洪排涝任务,但随着工业化和城镇化进程发展,当代防洪减灾要求和防洪泄涝发生巨大变化,过去城乡界限基本清楚,防洪任务主要是保护城市、重要集镇和交通干线安全,城乡防洪标准有较大差别,现今及将来城镇化发展加速,城乡界限逐渐消失,防洪标准普遍要求提高,防洪任务从过去保重点城镇向保面演变,乡村向城镇化发展,乡镇工业发展迅速,使不少乡镇也成为淹不起、涝不得的地方。城镇化及道路建设,不透水地面和路面大量增加,使下垫条件变化、降雨入渗减少、地表产流特征变化、汇流加速,对防洪保安提出区域河道整治和调整优化水系要求。

（2）农业结构重大调整　从过去农村水系以发展灌溉确保粮食生产为主,向为第二、三产业服务与发展灌溉确保粮食生产相结合的现代农业转变,尽快进行区域河道整治和调整河网水系的服务功能,以适应新的发展变化了的水形势。

（3）区域土地利用格局变化对河流河网产生影响　稻田种植面积减少,作为稻田这个滞蓄洪主要作用因子的变化,对河川产流汇流和径流形成产生影响。圩区面积扩大,圩区防洪排涝能力提高,遇涝即排,广大圩区蓄洪滞涝能力在区域上作用不断减小,导至暴雨径流陡涨缓落,公共行洪区面积减少,使原有河道泄水能力不能满足增大的防洪压力要求。城镇建设和工矿基础设施用地增加,下垫面条件改变,对河流及河网水位、流量和水文条件产生很大影响。

（4）城乡供水量剧增与河道水质污染矛盾突出　区域河网不仅要满足城镇生产、生活用水,而且环境（生态）用水需求也提到议事日程,特别是平原河网区;河道综合整治要与水资源保护,水质净化和改善要求结合;在强化治理污染源的同时,为解决河网区特别是骨干河道、重点湖区和城区河道水质,采用以水治水,引清释污,调活水体,增加水环境容量,缓解区域水环境退化状况,河网水系整合要将改善水质列入工程目标之中。

（5）整治河道优化水系服务功能　城乡人民生活水平不断提高,对生活居住休闲的环境质量要求也不断提高,现在城乡生态环境,特别是水环境状况与物质生活水平极不相适应。水资源量的多少和质的优劣,极大地影响人类的自然生存环境及生产、生活。经济社会发展,对资源——环境——生态提出更高要求,倡导以人为本的健康河流的新的治水理念,通过河道整治和调整优化水系工程,改善河道水生态、水景观服务功能。

二、区域河道整治方向和内容

（一）区域河道综合整治的总体思路

区域河道综合整治与生态修复的总体思路是:坚持科学发展观,以生态水利科技为先导,以健康河网水生态系统重建和区域骨干河道框架构建为核心,以先进科技成果组装和消化吸收国内外成功实践经验为基础,以区域（流域）为单元构建骨干河道控制性工程和河网脉络,重点攻克和研发、推广河道水污染控制和水生态修复的关键技术,河道生态修复与景观生态建设相结合,建设多自然型生态结构、合理稳态的河网水系,达到"水清、岸绿、流动、景美"目标,体现以人为本、贴近自然,人与水、人与自然和谐,促进区域经济可持续发展,水资源可持续利用。

(二)河道整治存在的主要问题

为适应经济社会发展,人类对河网、河道进行了不断的整治,但由于以往人类对自然规律的认识不足,在整治过程中存在一些问题:① 由于城镇化发展,使河道汇洪压力不断加大,因而采用了硬化河坡,个别甚至采用硬化河底的方法,以提高输排水能力,影响了河中动植物和微生物的生长,阻断了河流生物链;② 由于硬化,阻断地表水和地下水的水力联系,影响了自然界原有的水循环系统;③ 仅考虑河道本身的整治、疏挖、通畅,未考虑河道与湖泊、湿地、低地、绿地等连通起来,以增加其调蓄能力以及生物的生存能力和多样性,使生态系统处于分割、孤立的状态;④ 河道整治仅考虑传统的行洪、排涝、水资源供给,未考虑水生态和景观建设,为狭义的水工程概念,忽略了河道生命活力和人与社会发展的需求;⑤ 缺乏区域(流域)河道的概念性总体规划和骨干河道建设的控制性计划,未形成区域水网系统网络结构,制约了水动力条件的恢复;⑥ 注重了水安全、水资源,但水生态、水环境保护工作滞后。在经济社会发展和人口增加胁迫下,导致了河流水质污染、水生态退化。

(三)河道整治的方向

整治的方向包括:① 河道整治、改善水环境的内涵包括:保持河道适当的流量、流速、水深和多样性的河床地貌;净化水质和水生态系统的保护与修复;水资源和功能的有效利用,包括供水、旅游、航运等;有利于生态安全,包括防洪排涝、调水等。要注意人们对景观、环境的舒适感的要求和效果,满足市民休闲、娱乐健身的要求和旅游的需要;要注意改善人文效果,保护、继承和开发水文化;② 河道整治与生态城市建设相结合。滨河生态系统是城市生态系统的重要子系统。河道整治应包括对河道水体、滨水带、水陆生态系统的建设与恢复,协调好人与滨水区域自然环境的关系,改善水质,恢复河清水澈的秀美风光;③ 坚持标本兼治,长效管理。目前水环境恶劣的主要原因是工业及生活污水污染,因此控源截污是首要和必须的环节,应加快污水管网和污水处理设施的建设。为确保污水不入河,污水收集管网到达的区域,一律要封闭全部污水入河排污口(不含污水厂),并且控制农业、地面径流等面源污染。在经过一系列工程措施后,建立长效管理机制,加强对排污的监管与控制、保持河岸及水面的清洁、维护河道附属工程及休闲、景观设施等;④ 要加强管理性措施的运用。并应充分利用河流水系的水文特点,进行水的动态调度。增加水量、稀释水体、净化水体,以提高水环境容量和水环境承载能力。

(四)河道综合整治技术准则

整治技术准则包括:① 尊重自然与支撑现代经济社会发展相结合。现有水系系统是自然演变和多年人工改造而形成的,反映了无锡地区历史和经济社会发展进程,在整治河道中尽可能多的保留其自然形态,也是保护了地区水历史水文化内涵的延续;② 统筹综合考虑各方因素。协调河网与城市、乡镇和农村的多方面联系,包括道路、交通航运、生态和旅游、景观绿化、用地布局、防洪排涝和生态调水等,统筹考虑这些因素,使整治后的河道发挥其最大效益;③ 按河道不同水功能区要求整治河道;④ 不缩小河网的水面积率;⑤ 与城市改造、城镇建设和房地产开发紧密结合;⑥ 与农村城市化和农业结构的调整紧密结合;⑦ 与清淤、整顿或封闭排污口、建设生态护岸、两岸景观绿化相结合。

(五)区域河道整治重点和主要内容

以建设区域河流的健康水生态系统为目标,构建区域骨干河道框架和中小河流(断头浜)治理为重点,以此带动河网区其他河道的全面综合整治。河道综合整治包括河网和河道整治两部分。

第一部分区域河网综合整治:① 进行区域河网水系调整优化和整治骨干河道框架建设,调整区域河网骨干河道平面布局和完善配套。全市计划整治和优化骨干河道、主要河道32 条,主要是整治锡澄片六纵七横骨干河道、宜兴平原骨干河道和其他主要河道;② 骨干河道框架间河网的整治和建设,调整骨干河道框架间河网平面布局和完善配套建设。

依据国务院批准的"太湖水污染综合治理总体方案"要求,实施望虞河两岸的走马塘工程;抓紧新沟河工程前期论证和设计,争取尽早动工;支持新孟河前期论证和方案比选。无锡地区同时做好上述流域性工程与本地区的工程、水情和水环境的协调。

第二部分是河道的综合整治:① 调整河道自身结构,改善河流的水文地理条件,调整河道横向和纵向、平面和立体构造,包括调整和整治底宽、底高程、底坡、边坡、堤(岸)高程等河道各要素,并保持或创造河流地貌的多样性;② 封闭全部排污口(不含污水厂排污口和冷却水排放口);③ 生态清淤;④ 河道水域生态修复,保护河流生物多样性和良好的群落结构,并充分注意到改善生物栖息地、产卵场的质量环境;⑤ 生态护岸建设,注意到护岸材料和形态的多样性;⑥ 滨水区陆域建设,保护和创建水与绿的连续性,水绿相间、水绿相连、构建水绿网络。做到整治好一条河道,改善好一条河道水生态和水环境,形成一条风景带。上述第二部分河道的综合整治中,①～③系以往狭义的河道综合整治概念的内容,④～⑥是现代水利中新增的河道综合整治的生态内容。

(六)加强河道管理

实施区域河道整治的同时,必须加强河道管理,把加强河道管理纳入河道整治的规划之中。只有加强河道管理,才能保护河道的自身功能及其对经济社会的服务功能。人工生态修复的河道,更应科学合理的管理,确保河道内生物很好的成活、生长,发挥良好的生态效益和改善水质、环境效益。加强河道管理;需要完善河道管理机构和创新管理机制;完善河道管理法规;严格执法;建立河道管理责任制,确定管理目标和内容,落实责任单位、责任人,配备一定人员、管理设备,拨付资金。

区域内河道管理普遍实施了河长制,即每一条主要、骨干河道,或以此主要、骨干河道为主的一片河网,有一人担任"河长",领导若干单位、人员,根据确定的目标和内容对此实行有效管理。为此,中共无锡市委以锡委发(2008)55 号文:中共无锡市委、无锡市人民政府关于全面建立"河(湖、库、荡、氿)长制"全面加强河(湖、库、荡、氿)综合整治和管理的决定。包括:建立机构,加强领导;明确河长,落实责任;摸清现状,科学规划;明确目标,分级负责;突出重点,统筹推进;强化管理,严格执法;协调互动,区域联动;监测监控,跟踪督查;严格考核,责任追究;社会发动,全面参与;完善机制,长效管理。根据河道管理的重要程度,分别由各级责任人担任"河长",其中特别重要的骨干河道,依次有市、市(县)或区局领导担任"河长"。江苏省推广了无锡河长制的经验,省内 15 条入太湖河道均实行了双河长制,即省、市二级各由一个单位担任"河长"单位,实行联合管理和监督。

三、建设锡澄片六纵七横骨干河道框架

在流域大尺度上思考构建区域河湖、城乡一体化水系网络,将湖西宜溧片,无锡城区防洪控制圈及锡澄片的骨干河道统筹规划,组建为一个区域性河道系统,纵横有序布置,引得进排得出。亦即将流域或区域作为一复合生态系统,将河流生态系统、湖泊生态系统和陆域生态系统融为一体。将长江—河网—太湖视为一个完整的水系,疏通、调整、优化骨干河道网,充分利用北濒长江、南及太湖的有利自然地理区位优势,实施引清调度,以水治水,让水流动起来,促使河道及河网水质条件不断改善,从而达到基础生境改善,为生物治理技术介入创造有利条件。

区域需要调整、优化的河网水系主要是锡澄片,其主要内容是建设六纵七横骨干河道框架,在满足流域河网功能的前提下,改善区域河网自身功能和服务功能,使锡澄片骨干河道四通八达,满足汛期泄洪排涝、平时引水排水、航运、生态调水和环境建设要求。

(一) 锡澄片骨干河道框架区域的概况

锡澄片六纵七横骨干河道框架范围(简称本范围),为无锡市区的京杭运河以北部分和江阴市(不含长江)全部:河道纵横交叉,是河道密集程度很高的平原低洼河网区,圩区多、广而重叠,水污染严重;共有规模河道 3181 条,总长 3271km,平均水面积 95km²、水容积 2.1亿 m³;经济社会发达,人民生活富裕,GDP 占无锡市的 70%(表 7 - 2)。

表 7 - 2 无锡市锡澄片河道分区域汇总表

序号	区域	河道性质	非圩区河道				圩区河道				合计			
			总条数(条)	总长(km)	总水面积(km²)	总蓄水量(万m³)	总条数(条)	总长(km)	总水面积(km²)	总蓄水量(万m³)	总条数(条)	总长(km)	总水面积(km²)	总蓄水量(万m³)
1	新沟河西		90	112.5	0.9	450	20	50.22	0.4	200	110	162.7	1.3	650
2	新沟河线路	规划	1	30.0	2.1	854					1	30.0	2.1	854
3	新沟河线路—锡澄运河之间	小计	184	257.9	6.4	1118	361	414.9	2.5	553	545	672.8	8.9	1671
4	锡澄运河	原有	1	37.5	1.7	525					1	37.5	1.7	525
5	锡澄运河—白屈港之间	小计	217	210.3	5.4	1202	121	137.7	1.7	362	338	348.0	7.1	1564
6	白屈港	原有	1	44.6	2.2	660					1	44.6	2.2	660

续表

序号	区域	河道性质	非圩区河道				圩区河道				合　计			
			总条数(条)	总长(km)	总水面积(km²)	总蓄水量(万m³)	总条数(条)	总长(km)	总水面积(km²)	总蓄水量(万m³)	总条数(条)	总长(km)	总水面积(km²)	总蓄水量(万m³)
7	白屈港—张家港线路之间	小计	914	806	13.4	2212	80	96.3	6.6	141	994	902.3	20.0	2353
8	张家港线路	规划	1	54.0	3.2	1080					1	54.0	3.2	1080
9	张家港线路—望虞河之间	小计	869	736.9	36.8	7829	319	213.5	4.5	578	1188	950.4	41.3	8407
	以上合计		2278	2289.7	72.1	15930	901	912.6	15.7	1834	3179	3202.3	87.8	17764
10	望虞河	原有	1	27.5	3.6	2146					1	27.5	3.6	2146
11	江南运河	原有	1	41.0	3.5	1279					1	41.0	3.5	1279
	总　计		2280	2358.2	79.2	19355	901	912.6	15.7	1834	3181	3270.8	94.9	21189

（二）本区域水质现状

2004 年本范围进行常年监测的 9 条主要河道,监测 6 项水质指标,其中 1 条总评为 Ⅳ类,其余 8 条总评均为劣于 Ⅴ 类。劣于 Ⅴ 类的指标主要为 NH_3-N(超标 8 条),一般为 2.5 ~ 10.5mg/L,其次为 TP 和 DO(均为 3 条)、BOD_5(2 条)、COD_{Mn}(1 条)(表 7 - 3)。

表 7 - 3　锡澄骨干河道 2004 年水质及规划水质表

河　道	总评(类)	DO(类)	NH_3-N(mg/L)	COD_{Mn}(mg/L)	Fn(mg/L)	BOD_5(mg/L)	TP(mg/L)	规划水质(年)	
								2010	2020
新沟河								Ⅲ	Ⅲ
新夏港	劣Ⅴ	Ⅲ	劣Ⅴ	Ⅳ	Ⅰ	Ⅲ	Ⅴ	Ⅴ	Ⅳ
锡澄运河	劣Ⅴ	Ⅳ	劣Ⅴ	Ⅴ	Ⅲ	Ⅴ	劣Ⅴ	Ⅳ~Ⅴ	Ⅳ
白屈港	Ⅳ	Ⅱ	Ⅳ	Ⅲ	Ⅰ	Ⅱ	Ⅲ	Ⅲ	Ⅲ
张家港	劣Ⅴ	劣Ⅴ	劣Ⅴ	Ⅳ	Ⅴ	Ⅳ	Ⅳ	Ⅳ	Ⅳ
望虞河	劣Ⅴ		劣Ⅴ	Ⅲ	Ⅲ	Ⅳ	Ⅲ	Ⅲ	Ⅲ
江南运河	劣Ⅴ	Ⅳ	劣Ⅴ	Ⅳ	Ⅳ	Ⅴ	Ⅳ	Ⅳ	Ⅳ
伯渎港	劣Ⅴ	劣Ⅴ	劣Ⅴ	劣Ⅴ	Ⅲ	劣Ⅴ	劣Ⅴ	Ⅳ	Ⅲ
九里河	劣Ⅴ	Ⅲ	劣Ⅴ	Ⅳ	Ⅳ	Ⅳ	Ⅳ	Ⅳ	Ⅲ
锡北运河	劣Ⅴ	劣Ⅴ	劣Ⅴ	Ⅴ	Ⅳ	劣Ⅴ	劣Ⅴ	Ⅳ	Ⅲ
青祝河								Ⅴ	Ⅳ
冯泾河								Ⅳ	Ⅳ
西横河应天河								Ⅴ	Ⅳ

注:望虞河系非调水期间水质。

（三）主要污染原因

本范围主要污染原因是污染源多，入水污染负荷大。包括内外源污染严重，生活、工业、农业、航行、其他非点源污染；处理污水能力不足；淤泥二次污染；大部分河道断面不够、流水不畅，年换水次数较少，自净能力差。

（四）建设骨干河道框架的目的和作用

建设骨干河道框架的目的是满足防洪保安、改善水环境和水生态以及航行的要求，满足经济社会发展对水的要求。其主要作用：建设骨干河道框架可以做到静态河床、动态水体，恢复河流动力学基础，形成畅通有序的能流运动和物质循环输移运动体系（水体的、生物的、物质的）；增加排涝河道、扩大排涝能力，构建防洪排涝抗旱、安全水供给保障系统和水生态稳态调控系统；适时足量调引长江清水，改善水动力过程，让水活起来，增加环境容量，并且按一定的路径进入锡澄片河网改善其水质，尽快达到水功能区目标；配合其他防治水污染综合措施，有利于改善太湖水环境；将增加新沟河线路和走马塘—七干河线路等排涝、调水河道，同时可改善航行条件。

（五）水功能及水质目标

（1）水功能　本范围骨干河道中，白屈港和新沟河为清水通道，伯渎港、九里河、锡北运河为进入清水通道望虞河的支流，也应符合清水通道的要求，其余骨干河道为景观娱乐用水、工业用水、农业用水、渔业用水；锡澄片其他河道规划水功能为景观娱乐用水、工业用水、农业用水、渔业用水。

（2）水质目标　骨干河道，2010年Ⅴ～Ⅲ类，2020年Ⅳ～Ⅲ类；其他非圩区河道，2010年Ⅴ～Ⅳ类，2020年Ⅳ～Ⅲ类；圩区河道，2010年接近Ⅴ类，2020年Ⅴ～Ⅳ类。

（六）骨干河道框架建设的主要内容

1. 建设六纵七横骨干河道组成的河道框架

纵向河道是连接长江和江南运河，横向河道是连接相邻纵向河道。

（1）六条纵向骨干河道　自西向东依次为：① 新沟河直湖港线路（新沟河—舜河—漕河—五牧河—经京杭运河—直湖港—梅梁湖）；② 新夏港河（已建成）；③ 锡澄运河（基本建成）；④ 白屈港线路（白屈港—无锡环城古运河—京杭运河，该线路已基本建成）；⑤ 张家港走马塘线路（张家港—长泾浜—东青河—锡北运河—走马塘—唐庄河—沈渎港—京杭运河）；⑥ 望虞河（已建成）。其中，新沟河线路是太湖流域水环境综合治理总体方案中规划的锡澄片西部的主要排涝河道和调水入梅梁湖的清水通道，同时有利于改善常州部分区域的河道功能，该线路河道全长97km，将建设江边枢纽、运河枢纽、入太湖枢纽和口门控制工程等，总投资80多亿元（含常州部分）。张家港（七干河）走马塘线路是锡澄片东部的主要排涝河道、航行河道和排水通道，河道均需新、扩建，其中走马塘向上分二支：其一是走马塘向东至七干河进长江，系为新建主排水通道，同时有利于改善苏州部分区域的河道功能。走马塘、七干河排水河道工程，南自京杭运河起北至长江，全长66.26km，工程需建设江边枢纽、张家港枢纽、沈渎港节制闸各一座,新建跨河桥梁 37 座,拆建跨河桥梁 19 座,需新建设控制口门 49 个。其中无锡市境内从京杭运河至锡北运河全长 26.7km,底宽 20m,边坡 1:2.5,流量 50m³/s,走马塘工程总投资 29.4 亿元;其二是走马塘向北至张家港,作为常规河道;其余河道在现有河道基础上进行整修和部分进行加深加宽或改道重建。

（2）七条横向骨干河道　自南向北依次为:① 京杭运河;② 伯渎港线路(耕渎河—古运河—伯渎港);③ 九里河线路(梁溪河北端—新兴塘—九里河);④ 锡北运河线路(张塘河—北白塘—锡北运河);⑤ 青祝河线路(横港河—界河—锡澄运河—青祝河—祝塘河—张家港);⑥ 冯泾河线路(黄昌河—冯泾河—长寿河);⑦ 西横河应天河线路(西横河—璜塘河—应天河—华塘河)。其中,京杭运河已建成,其余 6 条原河道进行整修和部分扩建、改造(表 7-4、附图 7-1)。

表 7-4　锡澄片骨干河道线路项目表

序号	名称	范围	长度（km）	输水能力（m³/s）	泵站设计流量（m³/s）	功能	备注
1	新沟河直湖港线路	北起长江,自新沟河—舜河—漕河—五牧河—过京杭运河—直湖港—到梅梁湖	47	北 180 南 150	双向 180	防洪排涝、通航 2000t 级船队、清水通道	规划扩建、拓竣
2	新夏港河	新夏港河(长江—黄昌河)	9	45	单排 45	主要防洪排涝、通航河道,一般排水通道	已成
3	锡澄运河	锡澄运河(长江—京杭运河)	38	160	双向 160	主要防洪排涝、通航河道和排水通道	
4	白屈港线路	北起长江,自白屈港—无锡环城古运河—至京杭运河	45	100	双向 100	主要防洪排涝、通航河道和清水通道	河道泵站已成
5	张家港走马塘线路	张家港(无锡部分)—长泾浜—东青河—锡北运河—走马塘—唐庄河—沈渎港—至京杭运河	59	100	双向 100	防洪排涝、通航 1000t 级船队、排水通道	规划扩建
6	望虞河	望虞河(无锡部分)	27	500	双向 180	主要防洪排涝、通航河道和清水通道	已成,需扩建
7	京杭运河	京杭运河(无锡部分)	41	150		主要防洪排涝、通航河道和排水通道	Ⅳ级改Ⅲ级
8	伯渎港线路	西起京杭运河,自耕渎河—古运河—伯渎港—到望虞河	28			防洪排涝和引排水连接河道,一般通航河道	需扩建
9	九里河线路	自梁溪河北端—新兴塘—九里河—宛山荡—陆家荡—到望虞河	26	50		防洪排涝和引排水连接河道,一般通航河道	需扩建
10	锡北运河线路	西起锡澄运河,自张塘河—北白塘—锡北运河,到常熟边界	33	50		防洪排涝和引排水连接河道,一般通航河道	需扩建
11	青祝河线路	横港河—界河—锡澄运河—青祝河—祝塘河—张家港(无锡部分)	41	50		防洪排涝和引排水连接河道,一般通航河道	需扩建
12	冯泾河线路	黄昌河—冯泾河—长寿河—到应天河	26	50		防洪排涝和引排水连接河道,一般通航河道	需扩建
13	西横河应天河线路	西横河—璜塘河—应天河—华塘河	52	50		防洪排涝和引排水连接河道,一般通航河道	需扩建
	合计		472				

2. 建设骨干河道框架控制工程系统

望虞河、白屈港线路、新沟河直湖港线路为清水通道,按清水通道的要求建设控制工程系统,应能控制河网中水流的流量、流速、流向,系统包括纵向骨干河道在长江口的双向泵站、河道交叉处的控制工程(如倒虹吸等)和船闸、节制闸,以及辅助工程等(其中,锡澄运河和新夏港河间不建控制工程)。

3. 建设一般河道及相关的控制和辅助工程设施

锡澄片六纵七横骨干河道框架间共组成有 27 块小型河网区,每块小型河网区基本均被包围在纵横骨干河道间,均应合理妥善规划,综合整治其内部的全部河道,包括调整河道布局,建设相关和必要的控制水闸、泵站、倒虹吸;调整圩堤、桥梁、涵洞等辅助工程、设施。

4. 其他措施

建设骨干河道及其控制工程的同时,要做好清淤、封闭排污口、建设生态护岸和滨水区陆域生态景观工程建设工作。同时在建设水工程时,要加强工程管理,提高工程运行效率,以及采取减收或免收船舶过闸费等措施,把水工程对航行的影响降低到最低程度。

(七)宜兴骨干河道的整治

宜兴市骨干河道整治主要是适当开宽河道,使与防洪排涝和航行相适应。主要是扩建改建和整治骨干河道有:开挖整治芜申运河,扩建锡溧漕运河,扩建锡文线和宜张线等。宜兴的骨干河道按照前述原则整治。宜兴市一般河道,包括乡镇和农村的河道也要分阶段整治,使其满足现代化城市、乡镇和社会主义新农村建设的要求,符合防洪排涝、生态调水改善水环境、航行和供水的需要,并发挥其景观作用。

四、区域其他河道整治概况

根据骨干河道框架以建设和治理小河浜、断头浜为重点,带动全面整治其他河道的河道整治总体思路,在建设锡澄片六纵七横骨干河道框架,调整优化河网水系,大力整治小河浜、断头浜。

(一)近年河道整治概况

无锡市十三届人大常委会第八次会议通过了城区河道整治工作目标,城区河道在 2010 年内整治完毕。无锡市区整治河道规划中,计划整治河道 658 条,其中整治断头浜 88 条。江阴、宜兴也正在制订全面整治河道规划。其中,自 2004~2006 年,无锡城区第一轮整治河道已完成 113 条,已经投入资金 10 多亿元,其中仅梁溪河就投入资金 5.5 亿元。凡是整治过的河道,其护岸、水面和滨水区陆域的面貌均焕然一新,能够满足自身功能和服务功能。特别是城区的几十条断头浜如沁园浜、殷家河、江张浜、杨岸河整治工程等受到河两岸居民的高度赞扬。另一批整治的数十条河道也已开工或即将开工。按计划在 2010 年城区河道基本整治完成。

（二）整治河道采取的措施

（1）整治河道实行五结合　与防洪工程相结合；与生态调水工程相结合；与两岸城市道路工程相结合；与沿河房产开发相结合；与沿河污水管道铺设和封闭排污口相结合。

（2）整治河道实行五同时　① 整治河道与清淤同时进行。整治河道时，进行高质量的清淤，其中断头浜和非航道的清淤宜采用筑坝抽干水后再清淤的方法。② 整治河道与护岸建设同时进行。整治河道的同时，即完成生态护岸建设，通航河道同时满足航行要求。③ 整治河道与滨河景观绿化建设同时进行。并结合保护和传承历史文化遗产，拆除无保护价值的旧建筑，建设与城市形象相协调的品味不同的景观河道。④ 整治河道与封闭、整顿排污口同时进行。其一，污水收集管网到达的区域，生活、工业污水入河排污口全部封闭，全部接入污水收集管网；其二，污水收集管网暂未到达的区域，整顿、合并排污口，每条河浜只保留一个排污口，其余多个排污口全部封闭，同时作好接入污水收集管网的准备，一旦污水收集管网铺设到达，该排污口就封闭，接入污水收集管网。近几年，市区结合小河浜整治，已经封闭生活、工业污水入河排污口 1500 多个。⑤ 整治河道与长效管理同时进行。整治河道同时，建立河道长效管理制度，特别是建立河长制，做到四落实，即落实管理单位、责任人、管理制度和管理经费。

（三）整治污染严重的小河浜

全部小河浜，特别是断头浜均要整治。全面规划，分期分片实施，重点是整治污染严重的城镇小河浜。在整治中，与封闭全部小河浜的生活、工业和其他排污口相结合，污水接入污水收集管网，或采用雨污合流溢流系统收集和处理污水，或进行再生水回用和进入污水简易处理设施；逐条河道清除污染严重的大量淤泥；尽量接通断头河浜；有碍市政建设的小河浜，改成截面积合适的大型箱型涵洞；建设生态河浜，生态修复和人工增氧净化水体；与建设生态护岸和景观绿化带相结合，使成为人们休闲健身娱乐的好去处。整治小河浜效果见附图 7 - 2。

第三节　河流生态系统修复[85,95,97]

水生态系统是自然生态系统的重要组成部分。河道是水的主要载体，水也是生态系统各要素的命脉，更是维系自然生态系统最基本的生境条件。水工程建设对天然河流的人工干预和改造给人类带来了巨大利益，但也不可避免的对生态环境造成损益。随着科学技术进步，人们物质文化生活水平和生态理念的提高，人们在继续关注河流资源功能的同时，更加关注河流的生境、生态功能及其对人与自然关系的生态服务功能，开始有意识的反思和着手对受损河流自然环境和生境重新进行修复和建设。

一、河道生态修复的必要性

（一）河流的生态修复是经济社会高度发展的必然要求

河流不仅是自然资源，更是重要的生态环境要素，也是经济社会环境构成之一。区域经济的高速发展,水和水生态系统是重要的基础支撑和保障,一个持续发展的社会,需资源、环境、生态的基础支撑,其不仅表现在经济发展的可持续性,而且应包括水资源、水生态环境的可持续性。在区域经济发展到现阶段,人水关系已由片面追求对河流资源使用功能的开发利用向尊重自然、尊重河流价值、体现人水和谐的本体价值转变,这也是人与自然和谐社会发展的必然结果。

(二)河流的生态修复和建设是水利工程建设发展的新阶段

随着经济社会发展,生产力水平提高,在科学发展观的指导下,对水利建设的内容和水资源开发利用与管理,赋予了崭新的内涵,从理念和实践上要求实现根本转型,即从传统水利向资源水利、现代水利和生态水利、民生水利转变。在遵从河流自然客观规律的前提下,有意识将人水和谐理念,贯穿于水利建设全过程,达到支撑经济发展,人与自然和谐,实现河流的健康可持续发展目标,而不以牺牲子孙后代的发展条件为代价来求得眼前的发展。所以说,河道水生态修复和建设是对水利工程规划、设计、建设的进一步补充、优化和升华,也是对水工程、水资源保护工作有力推动,更是促进防洪保安、强化水资源优化配置和管理、满足社会生态改善和环境优化的需要,是现代水利工作内涵的外延和拓展。无锡地区人均GDP值也已达到和超过国际公认的优化环境生态治理和防护的能力值。

(三)河道生态修复是现代社会人与水自然和谐共处的迫切要求

进入21世纪,流域、区域经济社会将进入持续稳定发展的新时期,应强化河道水网的总体构建,改善河流综合条件,提高防洪保安,抗御洪涝风险的能力;改善水动力条件和水文状况,提高水资源保障程度;把水资源保护和水污染防治提到支撑经济社会可持续发展的高度;建设生态河道,恢复利用河流自净能力,阻断污染对水体的侵害;保护和恢复河流的自然多样性特征,恢复和重建河道水生态系统;尽可能保持河流自然特性,营造优美水边环境,提供丰富的自然的亲水空间,增强现代河道水系统与风景旅游生态城市建设适应性;对河流的开发治理考虑河道生态的可持续性,以支撑区域经济的可持续发展。河流生态修复和建设是对前期不合理开发和利用的补偿,也是持续利用河流的保障,促使河流生态系统的稳定和良性发展。所以,河道生态修复是现代社会,以人为本,回归自然,人与水自然和谐共处的迫切要求。

二、河道生态修复目标和内涵

(一)河流生态修复目标

在遵循恢复河流自然营造力和河流生态的前提下,以安全性、可靠性、经济性、自然性为基础,运用工程和生物等综合科学技术集成与创新,修复或重建受损、退化的河流生态系统,努力恢复河流的自然状态、生态功能,拓展水资源生态综合服务功能,以满足资源、环境的可持续发展,促进河流生态系统自我修复能力,建立多层次多元化稳定生态结构和良性循环,建设健康河流,支撑区域经济可持续发展和水资源永续利用。

（二）河流生态系统修复和建设内涵

河流生态系统修复除了包括前述调整优化河网水系和整治河道各水利要素,确保防洪排涝、生态调水外,还包括如下内容:

1. 建立科学的水资源保护体系

河道生态修复的前提和基础是依据水功能区划和河道允许纳污能力,阻断并强化治理入河湖污染,以外源污染控制为前提。水污染是当前河湖生态系统损坏的主要矛盾,在历经多年艰苦实效的治理后,污染发展得到初步控制,污染物入河流的结构也发生变化,但农业污染和生活、工业污染同样仍然是水污染的主要矛盾方面。以河流水功能区划为准则,严格实施入水污染负荷总量控制,加强各类污染的治理和监督管理。建立水资源保护和水污染防治体系。其中河岸湿地和河口湿地保护与建设,排污口控制、封闭和管理,适宜生态流量和水位保障的运行调控,河流生物生态多样性建设与保护,以及岸边带环境建设是重点。

2. 建立集工程、环境、生态为一体的综合生态水利工程体系

河道的生态修复是在确保防洪安全的前提下,以满足资源、生态环境的可持续发展和多目标功能开发利用为目的,体现以人为本,人水和谐的生态水利工程。即在对人类科学合理开发河流的基础上,以贴近自然和原生态为主导目标,注重河流生态的自主要求,运用工程、生物和生态的技术和方法,修复河流地貌形态特征和连续性;修复河床断面的多样性和生态边缘区的共生性;修复河岸带生物结构与群落,恢复湿地生境,强化岸边水环境综合修复与建设。

3. 恢复重建和修复河流生态边缘区的湿地生态系统

河流水域和湿地是水生态环境中关键性的组成元素,河湖岸带本身就是湿地的组成部分之一,其修复和重建包括:在滨河岸带一定宽度的生态边缘区,划定区域,封育保护,以当地物种为主的物种引入;种群调控,群落结构优化配置与组建等湿地恢复和重建技术。由于此类湿地其特殊的地理、水文性质和独特的功能,是自然条件下最理想的水生态环境维持空间和水资源再生空间。河流湿地保护、治理和修复,其实质是在更开放的地域和空间,利用自然条件和地形地势,以水治水,保护生态多样性生境条件和组建生态类型多元化。通过调节生态过程和水文特征来提高河流湿地抵御人类不合理干预的能力和提高自我恢复力,使河流水生态功能正常运转和水资源得到持续利用。河道生态修复中,湿地植被和植被的缓冲带功能及护坡效应的恢复和重建是重要的生态修复工程项目内容,尽可能恢复和重建退化的河岸生态系统,保护和提高生物多样性是河流生态系统修复的重要科技内涵。区域内规划湿地16处,详见第八章第一节。

4. 建立强化社会文明的政策法规管理体系和公众参与

日益加重的水环境问题和生态退化的严峻事实,科技的进步和现代社会文明需求,迫使人们达成一种共识,为维护和改善人类赖以生存的水生态环境条件应统一采取协调行动。即强化法制和政策管理与公众参与。以法制管理规范人们改造、开发利用江河的行动,以市场化、社会化运作体系调控江河生态修复的实施,以科学发展观统筹指导生态修复的科技内涵,以公众参与提高河流生态修复的自觉意识以及监督行为。

5. 河道生态修复的六个改善和三个保护

无锡地区河道生态修复和建设,首先要控制和治理污染源,这是基础和前提,把污染物争取在陆域基本治理好、控制住,阻断或减少入水量。在生态修复中,注重河道污染控制与湖泊污染控制相结合,以河道污染控制为基础,治湖先治河,河道污染控制治理好,可大大减轻对诸如五里湖、竺山湖、梅梁湖的生态胁迫。河道污染控制要因地制宜,按城市河道、郊区河道、乡镇河道和农村河道分类治理,不搞一刀切,分类规划设计,充分利用自然生态的自我修复和稳定能力,适度开展景观建设,河流景观建设要依附自然,尽量减少人工强干预和硬雕重凿痕迹。应认识到自然生态系统的自稳性,是自然的精华,是任何人工生态系统无法比拟的。河道污染控制和生态修复与建设是综合生态工程,建设流域、区域健康河流系统,使之与环境、社会、经济特征相适应。能支撑经济发展和社会文明繁荣的河流系统,应做到"六改善三保护"。六改善:① 改善水质;② 改善区域河网区骨干河流的水文状况;③ 改善圩区河道水文地理条件;④ 改善河流生态条件;⑤ 改善河流水边环境(空间环境、生物环境、水环境);⑥ 改善河流地貌特征多样性,即形态的婉蜒性、河流纵、横向的连续性,断面及断面形态基质材料的多样性。三个保护:① 河流生物多样性保护;② 河岸及河口的湿地保护;③ 物种基因及生物栖息地保护。

三、河流生态修复的特点和性质

(一) 河道生态修复是水工程优化管理的延伸

河流的退化已被公认为全球性生态环境问题,受到国内外社会的共同关注,随着环保意识,生态观念的增强,社会对修复严重受损河流生态系统要求越来越迫切。河流生态系统是区域生态系统的组成。现今人类在水利方面对河流的研究和开发利用已达相当高的水平,但对河流生态系统及系统的生物学特性和其结构复杂性缺乏足够认识和深入的理解。水工程侧重于防洪排涝、供水、灌溉、航运等方面的直接的有形的效益,忽视或未能认识到河流水域生态系统给我们带来的利益,对于河道整治往往是顺直河道、加大河道断面、疏挖河床、硬化河床、防渗抗冲和加高护岸等,以提高抗洪排涝能力和灌溉供水保证率及畅通航行。随着科技进步、经济社会发展对资源、环境科技内涵和需求的深化、扩展和延伸,面对日益严重的河流水污染和水生态退化,河道生态修复和建设提到议事日程。在确保防洪保安、满足资源环境、生态的可持续发展和多功能开发的前提下,以修复和重建河流生态系统及改善景观为目的,通过改变传统水利理念和工程设计,将生态学原理和生态动力学理论纳入水工程的规划设计中,通过对河流护岸工程的生态设计和调控,运用生态系统自我修复能力和人工辅助相结合的技术手段,使受损的河流生态系统(陆域河岸生态系统、河流廊道水生态系统、湖荡湿地生态系统)恢复到干扰前的自然或贴近自然的状态及其相应景观格局。修复河流生态系统的结构与生态服务功能并逐步形成流动水体、良好水质、生物多样、景观协调和高效稳态的系统,体现人与水,人与自然和谐的水工程。河道生态修复和重建属水生态工程范畴,是对水工程规划、设计、建设的进一步优化和补充,也是促进防洪保安、水资源优化管理,满足社会生态和环境优化的需要;现代水利管理工作内涵的深化和外延的拓展、水利科技的延伸。

（二）河道生态建设与修复是水利建设发展到现代水利的重要体现

自新中国建立以来我国水利建设取得了巨大发展,从温饱型的农村水利,发展到城乡一体化的现代水利。河流的整治开发给经济带来了繁荣和发展的同时,也对河流的生态环境带来了某些负面影响。随着经济社会发展、科技进步,全社会环境意识的提高和资源水利新治水思路的形成,广大水利工作者在对河道综合整治工作反思的基础上认识到,为实现资源、环境可持续发展,对河流的开发治理,必须考虑到河道生态特征、生态系统的可持续性,协调人与河流、人与自然水环境的关系,以科学发展观和可持续理论为指导,尊重河道生态系统的自然特征,在满足抗洪排涝保安基础上,适度开发利用,辅以必要科学的人工干预和改造措施,维护河流生态系统的可持续性和健康状况。所以河道生态修复和建设是水利建设发展步入一个崭新理念和新台阶的必然结果,河道生态修复和建设工程不仅是对前期不尽合理开发河流的补偿,也是现代水利对河网河道整治中,工程规划、设计、施工中应采用生态的理念、方法、技术的基本要求,并纳入流域生态系统的可持续性开发利用的基本规程,支撑经济、社会、环境、生态的协调发展,体现发展、和谐基本理念。

（三）尊重自然的再生及自我修复能力

利用河流生态系统自我调控和自我修复能力,实现生态自我修复。区域河流生态系统呈现为水体流动、动力条件活跃、水深较浅、光辐射穿透作用较强、河床水底涵氧性好,以及动床混掺能量大,少有分层现象,物质循环和能量流动较为活跃,系统的生产力和能量利用率较高,抗外界干扰的适应力强,生态系统自稳性好,是一个相对开放且生命力旺盛的系统。河道生态修复中,必须遵守和依赖于河流生态系统自然固有的特点和基本规律,满足生态河流的自主要求,人工的适度介入,科学适当的注入必要的物质和能量,充分利用河流生态系统的更殖再生能力。因此生态修复和重建需对河道生态系统的结构和功能,以及影响的物理、化学、生化过程,生态特征和生态环境有充分认识和研究分析。停止不适当的外部干扰和阻止水污染是前提,河道生态系统的自我修复能力和再生的维护和恢复是根本。犹如人体一样,疾病的预防和治理,并非全依赖于对症的滋补品和药物,提高人的自身机体的免疫能力和增强体质是人体健康的基础。

（四）体现以人为本人与自然的和谐

在发展前提下,河道生态修复和建设力求简洁、自然,水流顺畅、水质改善,景观舒适,生物结构合理和功能完善。从每条具体河道实际出发,因地制宜,处理好流域(区域)与局部,长远与当前,安全与景观,人的主观能动与尊重自然规律的关系。河道生态修复有共性的特点要求,基本生态原则和技术、方法,但不存在某一固定模式,如生态河道建设不否定刚性硬质护面,必要的水利工程园林化等。现代水利中以人为本人水和谐是在发展基础上的和谐,经济社会和环境协调发展是硬道理。在尊重自然规律的前提下,加以人为的适当科学的干预和强化措施,给受损的河流生态系统以新的生命活力,力求恢复河流健康水生态系统。因此,以人为本和人与自然和谐是河道生态修复的主线。

（五）河道生态修复是河流可持续发展的生态工程技术

河道生态修复是以工程、环境、生态相结合解决河网区河流可持续发展的工程技术。河流是生态要素，河道是生态环境的重要载体、物质循环和能量流运动的主渠道和场所，所以说河道生态修复是水生态问题，也是水系统的问题，河道水污染防治、生态修复与重建是河流生态系统受到人类不合理干预而受损的背景下，以工程、环境、生态相结合来解决河流的修复和整合工程。因此，河网区河道水生态修复必须以生态的理念、方法和技术来实施，以生物集成技术为核心，恢复和维系生物多样性，增强在外来胁迫下，河流生态系统的抗逆性和自稳性。

（六）河道生态修复和稳态水生态系统建设是长治久安工程

在经济社会高速发展，人口增长和人民生活质量提高、不断渐进式需求下，河道水污染防治、水质改善和生态修复是紧迫、长期、艰苦的工作。国内外实践和理论研究都表明，一个受损害的河流，其治理修复至稳态生态系统的建立都不可避免的要面临一较长时间的修复、演化和稳态建立的过程。以生物技术为主的生态修复是治本之策，但各种植物镶嵌优化组合的生态修复系统其生长、结构协调、发展至稳态化都需要时间和相应的历程，应尊重客观自然规律，长治久安，不搞急功近利，避免水工程建设中的盲目性和投资的随意性。

（七）河道生态修复工程构成复杂

河道生态修复工程主要由水边河岸环境、空间环境、水体中生物环境、水环境、河床基质及生境条件构成。河岸生态工程，它关注恢复和重建陆域和水域的生物多样性，其中创造和建设河流生境条件是关键，以生境的多样化，创建生物群落多样性。河流生态修复是集工程、基质、生物、以及多要素立体空间结构组合的复杂生态系统。因此，必须做好生态本底调查和特征分析，重视规划，确定适宜目标，科学论证，因地制宜做好设计、施工、维护、管理。在无锡市特定条件下，必须：① 污染源控制和治理是河道生态修复标本兼治是前提；② 进行河网河道整治，恢复水流动力学条件是关键；③ 陆域和水域生态修复是根本；④ 河道地貌形态与河道断面及基质修复和改造是核心；⑤ 建设河道稳态生态系统是目的，满足经济社会发展对河道水系资源、环境、生态的要求。

（八）河道生态修复和建设的环境景观要求

河道生态修复与建设，以生态理念为准绳，准确认识河流水生态系统的内在价值，懂得珍爱、尊重和崇尚自然的生态道德，为子孙留下一方净土好水。只有对河流及水生态系统有了全面认识，才能真正珍爱哺育人类生灵的河流的价值，其中包括我们现阶段尚未感知的，但对自然生态可持续发展影响较大的自然、环境、景观生态价值。

随着经济社会发展、科技进步，作为物质、精神文明载体的城镇建设日益扩大，而河流作为城镇的脉络和连续空间，河流的综合整治不仅是防洪除涝的保安工程，供水、灌溉的保障工程，更是能满足人们景观环境需求，亲水、近水、休闲、娱乐、健身和美化的凝聚力工程。规划设计中将河道综合建设工程理念提升到更高的生态和景观的服务平台，使河道生态建设工程具有 4 个效益的融合：① 防洪保安减灾的安全效益；② 维系、修复河流水生态系统的生态效益；③ 提升人们物质、精神、文化、美学、历史观水准的景观效益；④ 服务于人们健康的以人为本的休憩效益。真正体现河流与地域、人文、环境的和谐与协调，让河流真正回归到公众身边，创建安全、舒适、水清、岸绿、流畅的滨水环境和空间。

四、河道生态修复的总体要求

随着科学发展观认识的深入和可持续发展意识增强，河道生态修复受到水利、城建、环保、农林等部门的强烈关注，河道生态修复是去除或减缓人类不合理的干扰，采用生态工程技术和管理调控，使河道生态系统恢复到近似自然或半自然——人工状态，且能自我维持动态平衡的结构与功能。

依据区域不同环境条件，详细调查、分析河流生态系统退化的诱因及机理，科学拟定修复目标、原则，运用工程、生物和生态的技术与方法，恢复河流生态系统的结构与服务功能，实现可持续开发利用和系统的动态平衡与稳定。其治理的总体要求是：

（一）河流生态系统修复与重建要以水系为单元

以水系为单元实施河道生态修复和建设，统一编制河流生态修复和建设规划，构建骨干河流为主体的修复框架体系和结构，从流域或区域和工程层面上予以概化及归类，在总体思路上要有所突破，治理体系以先进治理技术的科技集成、生态工程为主体，立足流域、注重区域、典型示范，有计划有步骤，本着先易后难，突出重点按水系治理，同时结合河道清淤协同实施。其基本依据为：

（1）流域河湖生态系统总体概念及构成　是一完整的、自成体系的物质交换和能量流动的自然地理基础，水是能流和物质循环的介质，河道是水生态体系的载体及构成。各种形式的水在流域地理框架内通过河道、渠网、湖库、地下水含水系统，各种水工程等，形成一完整的复杂的水生态系统，改变任一要素都会引起整个系统的变化。因此，必须以流域（区域）的系统的基本理念来实施河流水污染控制，水质改善和生态修复。无锡市依流域水资源分区，分属湖西及湖区（太湖区）和武阳区（武澄锡虞区），有山地、丘陵、平原及湖泊，由于地理区位、地形地貌、土地系统不同，不同区域的河流与沿河地带各具明显特点，由多种生态因子构成的生境，形成了多样化并各具个性特点的河流生态系统。修复工程可依附于流域（区域）框架，在新的流域总体生态概念规划指导下，较好地适应流域的变化和要求，考虑承受流域及区域内相邻河流的影响和作用，关注其相关效应。以更宽广的视觉背景和思考，着手自身河道修复工程的设计和布局。

（2）流域（区域）水生态系统总体框架设计创新　本区域水生态系统主要由平原河网生态系统、湖泊生态系统和山地丘陵（宜溧山地）系统构成，3 个子系统各具个性特点，又共寓于统一的流域生态系统之中。因此，首先要构筑流域（区域）水污染防治、水质改善和生态修复的总的框架体系、结构，污染源控制和治理的规划；河湖生态修复与建设框架系统；健康河湖构建概念规划和设计规范（规定）及评估指标体系等。从流域（区域）和工程治理层面上予以概化和归类，规划设计和治理体系应注重因地制宜、自主创新和集成创新。

328

（3）流域（区域）河流生态系统信息评估和生态潜力分析 河道水生态修复和建设是一十分复杂的系统问题,应科学严谨的分析、评估,确定河流生态系统的特征,特别是水生态自我修复能力等。目前,不少关键技术尚未从机理上完全解决,处于理论研究和工程实践探索阶段,工程上往往采用多目标、多参数综合评价分析,或依相似性类比法,或依已有成功工程实例。因此,修复工程前,环境、生态、社会、资源、自然地理,河流水系特征（物理、化学、生物）信息等采集和解析是至关重要的,此外还包括美学、文化和历史沉淀、水系演变和风土人情等诸多社会人文信息分析掌握。好的信息系统的建立与科学严谨分析是河道生态修复工程从实际出发,因地制宜,凸现个性综合设计理念的基础。河道生态修复效益和评估必须立足流域（区域）全局,不能从局部、一条河进行独立分析,往往局部单项性工程,从个案分析是合理的,但从流域层面综合考虑上下游和临近区域或诸多工程集合体影响来看,不一定是合理。所以从治理效果看,在流域（区域）总体规划框架下,以水系的有序分级治理较为稳妥。

（二）保护河道生态系统完整性、系统性和结构

（1）注重河流水生态系统完整性的保护 人类社会文明通常是在良好水生态系统的周边发展起来的,江南水乡之富庶,人们逐水而居,随水而耕,河流水在流,河中有生物,因此在河道水生态修复中,除改善水动力条件,复氧、稀释、扩散、自净能力外,以维持水生物群落多样性及生物技术为主的生态修复是治本之策。河流的生境条件与生物群落是统一的,保护河流形态、断面、河床基质及形态的多元性,维持和创造生境条件的多样性是河流生物多样性的基础,也可为受损水体提供物质基础。人工生态修复仅是一种补偿,保护和建设完整的体系和系统结构是根本,人工生态系统其结构和稳定性远不如自然生态系统,这也说明保护和维系良好河道生态的重要性所在。

（2）注重河流生态系统结构的系统性 系统性是河道生态系统结构的体系组成特性,生物群落与其生境协调的重要特征,各类生物及环境相互制约、互为依存、相互影响,形成一完整的食物链结构,并与生境条件耦合具有自我调节和自我维持修复的功能,有在一定范围内适应水生态系统变化的相对稳定性。一条相对稳定的河道生态系统是由生物丰富多样性的、食物链结构复杂多元化的物质循环、能量流和物种流畅通的系统组成的,其结构层次错落有序,系统整体性稳定性好。在河流生态修复和重建中须确保河流生态系统的结构系统性和状态稳定性。

（3）维系和修复河道生态系统的自然结构和功能 河流生态的结构和功能是相辅相成的统一整体,重建河道水生态的自然或类自然结构,恢复河流的近似自然功能,建立系统的食物链,营养链及物流、能流的有序的空间结构,是河流生态修复的关键。水生生物如浮游生物、漂浮植物、浮叶植物、沉水植物、挺水植物和鱼类、底栖动物,以及着生生物和微生物、细菌等组合有序的空间结构,形成河道水生态系统的食物链（网）,食物链复杂则生物多样性丰富,自我调控和自我修复功能强,系统相对稳定性好。因此、在河道生态系统修复设计中,应十分关注生物群落的结构和功能协调完整性,协调也包括生境条件的适应性。

（三）确立适宜的河流生态系统修复的目标

（1）科学明晰恰如其分的修复目标　　规划设计目标是河道水生态修复的核心，是建设和管理的依据，目标要与现代化经济社会相适应，做到科学合理、切合实际、充分体现水利的特点和水生态的特点，并具有可行性、科学性和持续发展性。河道水生态修复是新生事物，流域内自然生态和河流水环境特点不一，无统一规范。要勇于创新，积极探索，寻求适合本流域本区域生态修复的模式和技术。"水清，岸绿，流畅、景美"是基本目标要求，其确定原则是：符合经济社会发展需求，尊重历史、传统与现代并存，恢复生物多样性，回归贴近自然，改善水质，适当扩大水面，以人为本，构筑人水交流平台，改善生态环境，与城乡协调的合理景观配置。目标可分总目标和阶段性目标，因地制宜多元化是根本。

（2）目标的科学性和可行性　　工程规划设计要充分考虑科技、财力、社会、民众需求，历史演变和现状，在科学严谨的基础上对河道进行生态修复，关注规划设计目标的可达性分析及其环境影响。现今流域、区域河网区的河道均受到不同程度的污染，甚至严重污染，所以在设计上尽量采用人工修复和自然修复结合的方法，保证修复工程长期稳定运行。大中型河道生态修复要有可行性论证，包括：① 恢复目标中，达到未被破坏前的近似状态的确定。可采用相似比拟法，参考本地或邻近地区未受重大干扰河道的生态结构与功能，再结合本地具体环境条件予以规划设计。科学严谨论证是关键，是近似自然状态而不是机械的复原。② 修复工程项目参数决择的科学性是确保可行性的基础，如水文条件改善，水质改善目标，景观设计等。有不少参数，目前正处于探索和研究之中，科学的评估和决策十分关键。目标措施定位科学严谨，如湿地建设以原生态概念为主；河道景观建设不能处处是公园或搞成艺术小品的堆砌，城市河道、郊区河道、农村河道应有不同标准。应尊重社会需求，遵循自然和景观协调、因地制宜、本乡本土、不贪大求洋、经济可行和简捷明快的主导原则；原生态自然风韵应该推崇。③ 将生态修复工程纳入城市建设和水利建设工程的规划。列入河岸加固整治、水土保持、城市景观生态及市容建设等计划项目中。将河道工程列入流域、区域的中长期水利工程规划和建设规划中，统一规划、设计、建设、管理。充分利用各项政策，解决经费筹措困难和长效管理运行。④ 注重修复工程中的生态可行性论证、生态补偿机制和风险评估。

（3）目标的长远性和影响分析　　自然生态环境永远处在相对平衡态中发展、演化，在河道生态修复中要对项目长远的作用和影响作出判断分析和评估，藉此修改和完善规划设计。以生物技术为主体的修复工程，生物生长直至稳定需要较长的时空过程；工程管理对生态系统复杂的食物链结构影响、对外界干扰和生态承载力的限定、功能影响和变化也需历经时间考证。要克服以往工作惯性，不能简单认为河岸绿化种植物就是生态修复。对规划设计的科学性，经济技术的合理性，生态结构的复合性进行预测核定，需经系统运行的长效性等监测和评估，尊重实践是检验规划设计好坏的标准。

（四）应充分发挥河道生态系统的自我调控和维持能力

（1）自我调控修复功能是水生态系统结构的重要特征　　自我调控包括二个方面，一是同种生物种群间，不同种生物种群间在数量、结构上的协调关系；二是生物群落与生境之间是一种物质能量的供需关系,也有相互适应和协调。水生态系统自我调控能力是水体自我修复的表现特征之一,即在外界干扰或胁迫下,通过系统的自我修复,使系统达到相对稳定。应当指出水生态系统的自我调控和自我修复能力都是相对的,适应性也是有限的,亦即水生态系统对抗外界干扰有一定承载力。河道生态修复中,要充分利用系统的这一重要特征。

（2）河道生态修复工程要贴近自然生态　要求修复后能有较长期的自我稳定,而维护运行费用最小。人工建设的生态系统尚属非稳定态势,要长期的人力、物力的维持和呵护。因此河道修复工程设计成贴近自然的自我修复调节能力强的系统,有助于生态的完整性,降低修复和将来的运行成本,并使系统能尽快更好地适应外界干扰和胁迫。目前区域内河道修复,对自我协调和修复能力设计考虑尚不足,过多设计了人为强制性元素,系统运行维护压力较大。

（五）河道生态修复必须要确保防洪保安和加强管理

生态修复必须要确保防洪保安,在无锡市经济发达、城镇密布、人口聚集之地尤为重要,是淹不得涝不起的区域。河道生态修复中,应以防洪保安为前提,十分关注河道纵横形态改造、生物技术融入、陆域湿地及防护带建设,并且注意下垫面条件变化等对地面径流的产流汇流,以及河道过水能力的影响,谨慎防洪排涝能力校核。也要注意稳定河床河势,改善水文条件,包括加强河道的综合管理、疏通河道、改造断头浜、拆除河道上违章搭建和不合理养殖,同时应把生态管护列入监管内容,这也是现代水利管理内涵要求。

（六）水动力条件和水质改善是河道生态修复重建的关键

通过一定的物理、生物、生态工程,使河流生态系统的水质状况和水动力条件恢复到近似自然状态或未受强烈干扰前的状态。生态水利工程是由人工设计,确定目标,并在生态层次上进行的,应密切关注改善水动力条件和综合措施对河道生态影响的多变性和风险性。改善河道水动力条件(流速、流量、水位变化及其时空关系),变死水为活水,让水体流动起来,恢复生机和活力。在生态修复设计时要注意水动力条件的复核,特别是以柔性护岸为主的河道。

（七）政府引导和科技集成

河道生态修复工程是社会公益性事业,政府部门要做好规划和政策导向。建立良好的投融资体系,扩宽融资渠道。特别在城市、乡镇,可充分发挥市场机制作用,通过房地产开发、土地运作、生态公园、湿地建设、生态旅游观光、河道景观带等工程项目,实行政府搭台、市场化运作机制,吸收社会、企业和民间资金的融入,实施多元化的河道生态修复市场化运作,加快城区河道生态修复和建设步伐。现今国内外已建成一批规模型河道生态修复工程,注意借鉴国内外成功经验,引进消化新技术加速我国河流水生态修复整体水平。注意将行之有效技术科技集成运用,注重自主创新和集成后的再创新,加强自主研发工作,提高自主创新能力,研制适合于我国,本地区实情的工程技术方案和措施,实施规模性工程性示范,促进科技成果的转化、应用和建设。

（八）强化动态监测和管理建立完善工程评估体系

（1）河道生态修复应加强动态监测与管理　河道生态修复是一复杂的系统工程,它必须依据大量科学数据调查、分析来制定修复方案;生态修复是科技工程界尚未从机理和实践上完全解决的科技难点,对已有工程实施动态监测,为项目工程调整提供支撑,这往往是人们所忽视的,应予加强;特别是以生物技术为主的生态工程,较长期的跟踪监测十分关键和重要,既可获取参数,为后评估提供基本依据,也可总结经验,破解河道生态修复关键技术(评估指标体系、参数和主要设计参数)和理论实践。这一关键工作亟待加强,严肃纠正重建轻管、忽视监测总结这一类普遍存在的现象。

（2）河道生态修复应建立工程评估体系和原则标准　目前国内外尚无一定量化办法,尚属起步和技术探索,河流生态修复基本处于水质改善和景观建设阶段。目前评估主要包括:① 物理—化学参数监测评价,主要以防治水污染和水源地保护,污水处理、达标排放、排污口监管及总量控制的水质指标为主要准则;② 水文—地貌参数监测评价,除水文参数监测、水动力等常规指标外,还包括生态需水量(适宜生态控制水位)和水文周期及引调水控制和风险等,地貌学特征指尽可能恢复河流纵横断面连续性,水—陆、地表及地下水连续性,河床地貌和基质多样性,生态河床及护岸等;③ 生物及栖息地参数,以水生动植物种群结构、数量、生产力等监测及稳定性、完整性和系统性评估为主;④ 河流健康参数的拟定,监测和评估方法,指标体系建立等。

（九）多学科多部门协力和科技集成

河道生态修复涉及到生态学、水文学、生物学、地貌学,以及工程规划和技术、社会和经济、景观生态学、信息和历史等众多学科。修复工程必须藉助现有各学科的基础和应用基础理论,工程技术界实践的基础,政府社会管理体系和法律、法规,将相关学科的理论原理、思路和技术融合集成,在实践中凝炼升华发展新的河流生态修复理论和技术,促进生态修复水平提高。

（十）河道生态修复是紧迫长期而艰巨的工作

国内外实践和理论研究表明,一个受污染损害严重的河流,其治理都要面临漫长的修复过程。以生物技术为主的生态工程,其生境改善与生物工程措施结合,各种植物与生物优化组合的生态修复,其多元化多层次稳态化都需要相当时间和历程,应尊重客观自然规律,长治久安。同时一个人工生态系统的建设到与生境条件协调过程是需人们不断呵护和修正完善的。河道生态修复其目标的多样性,涉及水域、陆域的广泛性,水污染治理和水资源保护的长期性和系统性,以及影响河道生态修复效果因子的不确定性的制约和影响,河道修复过程需不断加强研究、监测和评估分析,并对已实施工程不断予以完善和修正,修复工程应采用滚动式动态管理方法,不断实践、总结和修正,逐步接近似自然稳定状态。所以河道生态修复是紧迫、长期而艰巨的工作。

五、河道生态修复与重建技术[27、95、97]

河道是线型廊道式的开放水生态系统,曲折多变的河道形态,多变的河床断面,河岸的自然植被,水中各类水生物,构成一丰富、复杂但变化有序的三维系统。其恢复和重建技术可概括为:控源减污、河流生境恢复、生物恢复和生态系统结构与功能恢复,直至生态系统进入良性循环。

(一)河道污染源控制

入河污染源治理是河流生态修复的前提和基础。污染负荷入河量大大超过河道环境容量是导致无锡地区河道水质恶化和生态退化根本原因。因此本地区河道生态修复的关键第一步是消除、阻断入河污染及改善相关因素。

(1)污染源控制和治理是根本　水污染是河道生态系统健康的最大威胁。无锡市河道水质除山区和长江沿岸以外几乎全部为Ⅴ类或劣于Ⅴ类。水体污染呈现结构性、复合性的特点,污染源类型众多,量大面广,污染源呈聚集性又相对分散,河网区河道是各类污染首当其冲的第一受胁迫对象,通俗话讲是第一道防线。因此,陆域污染源控制和治理是河流水生态修复和水质改善的基础和前提。必须在陆域把污染控制和治理好,阻断污染源,创造一定生境条件,从末端治理向源头治理和全过程控制污染相结合转变,把污染源治理在陆域上就地解决,看得见、抓得住,技术条件可控,治理成本低,见效快,应最大限度减少污染物入河量。

(2)去除和减缓对河流水生态系统的胁迫　如湿地围垦,湖荡水面积减少,任意填埋河道,农村固体废弃物河床堆放及生活、工业污水任意排放,河道断面统一化硬质护面建设,河滩侵占和缩窄河道断面,不合理的河道控制建筑物,河道排污口的违法设置等。经认真调查研究,将造成河流生态退化的致因,去除掉或减少影响,这是河流生态修复的关键性治理内容和前期工作。

(3)建立河网稳态生态系统　这是逐步渐进的艰苦长期的治理过程:不能够急功近利,把一个生态过程视作化学反应;不能跨越阶段、特别是污染源治理和控制阶段,国外水污染治理历经百年之辛,直至近十年才提出自然型河道等生态修复观念。从严格意义上讲,我们河道的生态建设,目前解决的是水污染治理、水质改善和部分景观建设,仅是河道生态建设的初级阶段。但不解决污染源治理,河道生态修复难以进行,生态修复的效果也不会好。

(二)河道生境恢复

河道生态的重建技术,其目的为提高河道生境的稳定性,为河流生态系统恢复创造条件。在生态学中,具体的生物群体生存区内的生态环境称为生境,包括气象、地貌、地质、水文、水质等,它们是生物体的环境,也是生物生命的支持系统。河流生境恢复包括:

(1)河道形态修复　对天然河道尽可能保持原有宽度和自然径流状况,对人工河道形态在有条件的河流,尽量营造贴近自然的流径和流态及不同流速的分布,恢复河道的连续性,纵向起伏性,改变单一河床坡降;采用物理工程法,构建深沟、浅滩、丁坝、拟造紊流复氧掺氧;降低滩地高程,修改堤线等。在无锡市河网现有自然状况和工程条件下,重点是河道清淤、河流岸坡修复、沟通河网水系和断头浜,以创建水动力条件和改善水质。为加快水质改善和生态修复进程,实施区域锡澄片的六纵七横骨干河道和城市防洪圈的有序调水,增加水量、提高河道流速和改善水环境,为生物措施介入创造必要生境条件,保护好区域内的41处湖荡和河岸湿地,发挥河湖串珠式和纵向结构形态的多样性,动静结合,创造多种河流形态,形成稳定的河流结构系统。

（2）河道横向断面生态修复　刚性护面的适应性改造,因地制宜抉择刚性、柔性护面设计,恢复河床断面基质多样性、多孔性、透水性,再现水—土侧向、垂直向水力联系,强化水边环境建设。河床断面形式和生态护岸设计应因地制宜,采用复式断面,谨防拆除硬质护面简单替换绿化,危及护岸安全,同时解决河流断面均一化的基本问题。着力改造原有河道护坡和护岸结构,建设生态型护岸。其中河道形态及断面修复受现状、土地利用影响,应予注意。改造护岸时,要进行抗滑稳定复核计算,确保工程安全。

（3）河流生境恢复内容　主要包括:河床基底恢复、水文条件、水动力状况、水质和土壤条件的恢复等。基底修复技术主要为物理基底改造技术、生态清淤、生态堤岸和水土流失控制技术等。

（三）河道生态修复和功能修复

河道生态修复中的生物修复与建设,主要包括物种选育和培植技术、物种引入技术、物种保护技术、群落结构优化配置与组建技术、种群行为控制与重建技术、种群扩增及调控技术等。其中,先锋(先导)物种引入,应特别注重当地优势种的介入。物种选择,群落结构优化配置与组建(如陆域的林草型结构优化配置)是重点。河岸带立地条件改善是基础,包括坡面工程技术(刚柔因地制宜建设),土壤基质恢复技术和河岸水土流失控制技术。河岸湿地和河网区串珠分布的湖荡湿地是河流生态修复的节点地带,具有廊道缓冲带和植被、基因保护功能,是河流生态修复重要内容和着力点。修复工程坚持因地制宜,适地适景适类与周围环境协调,包括水体上、中、下层各种水生植物种植和浮床技术的合理搭配,动物、植物的优化配置,以及陆域的林、灌、草结合等。河流生态修复应符合生态河流的自主要求,不盲目人为干预修复,河岸生态系统结构与功能修复的关键是生态修复能否成功和贴近自然状态。需加强调查研究和样点对照比拟,探索适合河流自身个性的生态系统结构与功能修复实用技术。

（四）河道水生植物的修复及恢复

水生植物的修复是河道水生态系统修复的必不可少的主要内容。

（1）河道水生植物修复的基本条件　本地区大部分河道水污染严重,应在基本满足以下条件后,才能全面进行河道水生植物的修复、恢复工作:① 河道水体初步变清;② 封闭全部入河排污口;③ 河道岸线基本治理完成;④ 河道完成生态清淤。若不能够满足条件,不要急于全面进行以种植植物为主的人工水生态修复,或可以先行种植耐污染的水葫芦和浮床植物,以进一步削减污染负荷,直至满足条件,再进行全面生态修复。

（2）因地制宜种植植物　用于水生态修复的挺水、浮叶、沉水、漂浮 4 大类水生植物和生态浮床合理搭配,灵活应用生物、植物镶嵌技术,并且根据河道特点选择主导植物、前导植物(或称先锋植物)种类、品种,尽量采用本地乡土植物,尤其是先锋植物种,其适应性强,优势明显,抗逆性强,与生境和其他植物兼容性好。人们熟悉认识其本性,易于掌握运用现有技术和呵护。对外来物种要经安全论证评估后谨慎引进,但需要严格防止外来种侵害。

(3) 优先采用自然修复方法　实施河道结构和功能恢复多元化。自然修复是指消除或减缓人为不适当的胁迫,利用生态系统的自我更殖再生功能和自我调控能力,恢复河流到原来近似自然的结构和功能。自然修复法的实质是利用和发挥原生态力进行自我修复工程,所以也称自我修复。也即根据河流生态特征和受损不十分严重的状况,以及经济社会发展和民众需求,河流水文水力学条件和功能区划,去除干扰因素,适度改善外部条件,采用时间治疗创伤。水生态可进行自我修复的河道,尽量利用自然修复方法,虽然需一定时间的自我修复历程,但一旦自行恢复形成相对稳定的系统更贴近自然,更易趋于稳定。如水污染比较轻的河道,原则上都应尽量采用释除压力后的自然修复方法,效果好、容易管理。但水污染、生态受损较重的河流应采取人工强化、自然修复结合的办法,人工修复是指人类参与介入,采用工程或非工程措施,修复河道和水生态结构,恢复河道生态系统功能,也可以人工修复开始,逐步恢复河流生态系统自我调控功能,最后过渡到自我修复阶段,构建全系列体系。

(4) 注意滨水区建设控制污染　在进行河道水生植物的修复、恢复工作,完成水体植物的种植时,一般应同时完成生态护岸的建设和河道滨水区陆域植物的种植。

(5) 充分考虑水生动物的恢复　其中适当施放鱼类和贝类动物。其中贝壳类底栖动物,一般人工进行引种后,让其自行繁衍更殖。

(6) 有条件的可建设相对封闭水域　河道只有在适合的水域才能建设相对封闭水域,有二类:其一是断头浜(仅有一个方向与外河相通的河浜),可进行封闭,可设置各类适宜的围隔,如土质坝或硬质坝,平时高于水面,汛期低于水面或可以溢流,如无锡五里湖周围10多条断头浜的入湖处均建有混凝土溢流坝,更可以用水泵调控断头浜内水位,有利于改善水境和实施水生态修复;其二是河网间的小湖荡,比较河道的水面要宽广得多,可相对封闭。

(7) 根据不同河道类型种植及修复　① 平原圩区内河道和非通航的圩区外河道,水污染严重和水生态退化严重的水域,在水污染得到初步控制后,以人工种植挺水植物、沉水植物为主,间种浮叶植物,改善其生境条件,发挥河道自我生态修复作用。若种植水生植物前,水体水质改善未达到一定要求时,可以先行种植耐污染的漂浮植物,运用生态浮床技术,待水质改善达到一定要求后,再种植其他植物。若水污染和水生态退化不严重的水域可以自我生态修复为主,并辅之以人工修复。② 平原河网区的通航河道,因水深较浅,船泊航行容易扰动底泥和水体中悬浮物含量大、透明度小,使沉水植物不易扎根、生长,所以一般不宜种植沉水植物,只有在有一定宽度或有浅滩的河道,比较适宜在河边种植挺水植物。③ 平原城镇河道种植水生植物时,必须考虑风景、景观,并且与城镇形象相协调。④ 非平原河道,如宜溧山区河道和山区进入平原的河道过渡段,其水流速度相对比较大,水质比较好,要保护河道不受水污染、保护河道水生态,河道能够进行自我生态修复,必要时可以给予一定的人工辅助修复。

综上所述,河道生态修复是一复杂系统工程,对水利工程规划设计者来讲是水利发展过程中提出的新课题、新技术,要加强学习国内外生态修复理论和经验,敢于勇于实践,并从中汲取成功经验,予以升华提高。一般来讲通行经验和方法是:① 消除自然和人为不合理干扰;② 尽可能采用工程和生物技术相结合的科技集成方法;③ 阻断或控制外来污染物,削减底泥污染,改善水质;④ 利用引调水方式或洪水资源调度控制,利用水文过程和河流廊道特征,改善水质和生境条件;⑤ 改造河床及河岸地形地貌,稳定河床和水势,保护河岸湿地和湖荡湿地,两岸建立防护屏障和缓冲带;⑥ 大中型河流的河滨带,划定过度(保护)带,予以防护性修复或绿化。减少人类在河道两岸不合理的经济社会活动,减轻人类活动对河流压力,优化土地利用结构和开发方式,提高河岸自我维持能力;⑦加强河流水位流量调控,在河岸带生物技术恢复初期,有一良好生物生长的水文环境和恢复过程;⑧ 有条件的不通航河道,可建立相对完整的河道生物群落系统,辅以人工生态浮床和土地处理技术,生物膜法技术及人工湿地等人工修复措施,尽可能提高河流生态修复的进程和恢复效果。

第四节　河道生态护岸

生态护岸是河道生态系统中极为重要的组成部分之一。河岸广义上一般是指河水—陆地交界处的两边,直至河水影响消失为止的地带,包括靠近河边植物群落及土壤等。河岸是水陆交错带,是陆域生态系统和水域生态系统的过渡地带,是一个完整的生态系统,它不仅包括植物还包括动物及微生物,而且系统内部和与相邻系统间均发生着能量和物质交换,具有很强的动态性。河岸作为水陆交错带,既有环境资源价值,又有生态功能的地带,维系和支持着较高水平的物种多样性,种群密度和生物生产率。生态护岸在生态系统中是物质循环和能流运动的纽带,易受人类各种生产和生活活动影响的众多矛盾的交汇地带,也是生态脆弱区域。

护岸工程是人们长期与自然界洪涝灾害作斗争的产物,它主要考虑的是河道的行洪、排涝、蓄水、航运等基本功能。硬质型护岸是目前典型的传统护岸工程,其护岸结构都比较简单且坡面比较光滑、坚硬。传统的护岸工程,一般指我国 20 世纪 60 年代开始大量发展的硬质型不透水材料衬砌的护岸工程,常见的主要有浆砌石护岸、现浇或预制混凝土护岸及土工模块混凝土护岸等护岸形式。其在一定时期内对稳定河道、防洪排涝、防止水土流失等方面发挥了巨大作用,但由于采用全封闭式结构、不透水材料、硬质光滑的表面,破坏了河岸带的生态系统结构,使河岸带许多生态功能丧失,从而给生态环境带来了许多不利的影响(以下依据无锡市太湖湖泊治理有限责任公司的研究报告和资料)。

一、生态护岸的历史及现状

(一)国内生态护岸工程技术研究

早在公元前 28 世纪,我国在渠道整治工程中就使用柳枝、竹子等编织成的篮子装上石块来稳固河岸和渠道。明代的刘天和总结了历代植柳固堤的经验,创始了包括"卧柳"、"低柳"、"编柳"、"深柳"、"漫柳"、"高柳"等的"植柳六法",成为生物抗洪、水土保持、改善生态环境、营造优美景观的生态护岸有效途径。利用生物草皮护砌河岸,提高抗冲防渗能力;河岸种树植草、护堤绿化历史悠久。

近代我国在河道生态工程技术领域起步较晚,近些年才开始河道生态工程技术的研究与实践,目前还处于探索和发展阶段,主要是借鉴发达国家的理论和经验,研究水利工程对河道生态系统的影响,对受损河道利用生态工程技术和生态材料进行修复。董哲仁等系统地分析了河流形态多样性与生物群落多样性的关系,水利工程对河流生态系统的胁迫,总结了河流治理生态工程学的发展沿革与趋势,结合生态学原理,提出了"生态水工学"的概念,指出"生态水利工程学作为水利工程学的一个新的分支,是研究水利工程在满足人类社会需求的同时,兼顾水域生态系统健康性需求的原理与技术方法的工程学"[27、28]。生态型河道的生态工程技术在我国实际工程中得到了广泛运用。

(二)目前我国护岸工程建设存在的问题

50 多年来,我国在江河湖泊中修建了大量的水工程,包括护岸工程。但目前的河道、湖泊护岸水利工程往往只为满足排涝、防洪、灌溉、航运的需要,而忽略了水与周边环境的关系。护岸工程大多采用硬质型护岸的形式,河湖堤岸被简单地人工化、直线化和硬质化,造成了河湖水域的自然特征逐渐消失、岸边湿地退化、水系污染加重、生态环境恶化、美丽的自然景观消失等重大问题的发生,对水体自身、周围气候、城市景观、人类精神等方面产生了较大负面影响。

(1)对水体自身的影响 首先,硬质型护岸所采用的浆砌石、混凝土等形式的坡面一般设计光滑,糙率小,使鱼类、两栖类等与人类生存息息相关的动物,以及微生物失去了或大幅度减少了栖息、繁衍和避难的场所,各种水生植物也失去了或减少生存的空间。从而整个水域生态系统的结构被破坏,原有的平衡关系被打破,水体的自净能力削弱。其次,硬质型护岸的坡面上几乎无法生长植被,这样就使陆地与水体之间失去了一道天然屏障,增加了地面径流污染进入水体的可能性,加重水体污染负荷。此外,硬质型护岸的衬砌方式使地表与地下形成了不透水层,减少了地表水对地下水的及时补充,阻断了地表水和地下水的水力联系。

(2)对周围气候环境的影响 护岸上的植物群落具有涵蓄水分、净化空气的作用,可在植物覆盖区域内形成小气候,改善周边的生态环境。护坡的土壤中还存在着大量的微生物,它们可提高土壤的孔隙率。丰水期,水可以向堤岸中渗透储存;枯水期,储水反渗进入河中或蒸发,充分起到调节周围小气候的作用。而硬质型护坡则是把水、河道与植物分离,隔断了护坡土体与其上的水气交换和循环,也阻断了河道与植物之间的水气循环。

(3)对城市景观环境的影响 人类自古傍水筑城,以享行舟之利和取水之便。因此河流沿岸往往是城市的发祥地,积累了不同历史时期、不同地域特色的城市水文化景观。水景观是城市景观不可缺少的一部分,各种类型的古老建筑、特色街区和水环境景观共同构成了城市河岸独特的城市景观带。然而,硬质型的浆砌石和混凝土护岸固然也是一种景观,但它使河流景观明显附上了人工单调、生硬、固化的烙印,丧失了自然色彩。

(4)对人类生活的影响 随着生活水平的不断提高,人们追求自然、渴望回归自然的愿望不断增强。水曾是孕育人类文明的摇篮,人类自古就临水而居,靠水而生。但当前硬质型护岸给人们带来的是灰色调的、没有一丝活性的感觉,使人们生活失去了亲水、近水和释放工作、生活和学习压力的好去处。

二、生态护岸构建原理

(一)生态护岸的内涵与功能

(1)生态护岸内涵　生态护岸简单表述为:通过使用植物、土木工程、非生命植物材料或其结合,减轻护岸坡面及坡脚的不稳定性和侵蚀,同时实现多种生物的共生与繁殖。生态护岸工程不仅包括传统护岸工程所强调的结构稳定等水力学内涵,还包括生态健康、生态安全、景观协调等生态学内涵。在保证结构稳定和满足行洪要求的基础上,生态护岸是一个与周围环境相互协调、协同发展,保证社会、经济可持续发展,维持生物动态平衡的开放性生态系统。

(2)生态护岸主要功能　河流护岸工程由枯水位以下的护脚工程、枯水位以上的护坡工程、堤顶防护工程构成。护岸工程中坡底结合部和水位波动区工程是设计建设的重点和技术难点。护岸与周围生态环境系统保持一致性,同时又受周围系统的变化,在一定的范围内作适应性变化,其功能处于动态的相对平衡状态。生态护岸主要功能为:① 维护河岸线稳定和形态特征,防护水流及波浪对河岸的冲蚀、淘刷;② 维持河道正常过水断面和流速、流量;③ 创建生境多样性,保持生物多样性,建立生物栖息地,基因库和生物多样性;④ 发挥过滤器和屏障的缓冲带作用,控制、减少沉积物和污染物入河,净化水质;⑤ 维系自然生态的连续性,建立和改善水生态系统的自我修复能力;⑥ 提供资源、美学、休闲、景观、经济等功能;⑦ 提高和保障河流服务功能。

(二)生态护岸的特征

生态护岸在水陆生态系统之间跨越了一道桥梁,对两者间的物流、能流、生物流发挥着廊道、过滤器和天然屏障的功能。在治理水污染、控制水土流失、加固堤岸、增加动植物种类、提高生态系统生产力、调节微气候和美化环境等方面都有着巨大的作用。生态护岸带既具有生态学特性,又具有力学、社会经济特性,其特征主要体现在以下几方面:

(1)结构稳定性　生态护岸在结构上必须是稳定的安全的,首先无论护岸采用何种结构或材料,必须能够抵御一定程度的洪涝,经受一定速度水流的侵蚀,通航河道能够抵御船行波的冲击;生态护岸所种植的护坡植物,如垂柳、水杨、芦苇、菖蒲等,都具有发达的根系和茂密的枝叶,能有效固结坡面土壤,减缓降雨淋蚀、减轻风浪淘蚀,增强堤坝防渗、抗蚀性能;生态护岸所采用其他的自然材料(石材、木材等)和人工加工产品或合成材料(石笼、生态混凝土等)也具有加固堤坝、增强堤坝安全性和稳定性的作用。

(2)生态健康性　由生态护岸构成的河岸带生态系统自身是健康的,即系统内部的物质、能量流动始终处于稳定的动态平衡状态。河岸带生态健康性主要是从系统内部机能而言。生态护岸从整个水陆交错带的生态结构入手,充分应用生态工程学的基本原理,力求修复退化了的水域生态系统,使其达到具有生物多样性的健康状态。如石材堆积护岸、石笼护岸等的坡脚护底大都具有较高的孔隙率,可以为鱼虾等水生动物和两栖类动物提供栖息、繁衍的场所。相当部分生态护岸的坡面上都种植护坡植物,该类植物基本上都是经过精心挑选,既能直接从水中吸收污染物质,其舒展而庞大的根系还能为微生物提供附着的介质,有利于水质净化。同时也是水生动物、鸟类、昆虫等觅食、繁衍、嬉戏的好场所。从而使退化的水域再现昔日碧波荡漾、青草幽幽的健康的水域生态系统。护岸带呈现生物多样性,各种生物种群间形成复杂的食物链,使护岸带处于动态平衡状态,在时间上能够维持其可持续性。

(3)生态安全性 护岸带自身是安全的,同时对外也是安全的。生态安全性是对系统外部环境来讲的,由生态护岸构成的河岸带不是孤立的,而是不断地与周围生态系统进行着物质、能量交换。河岸带在与其他生态系统作用时,难免会受到外界干扰和胁迫,如:水质环境恶化、陆地污染以及外来物种入侵等都会影响河岸带的生态安全。护岸带具有在一定范围内抵御这些干扰和胁迫的抵抗力,自身系统在一定程度上是安全的。同时,它对其他生态系统也不会构成干扰、胁迫和破坏。

(4)景观适宜性 生态护岸带的景观环境是适宜的,它能为人们提供与水和谐共处的景观过渡平台,为人们提供休闲娱乐的高效、安全、健康、舒适、优美的生态景观环境。它具有较强的经济价值、社会价值、生态价值和美学价值。与水文化背景融为一体的坡岸景观设计,碧波荡漾、绿草茵茵构成一幅完美的山水画卷,吸引人们的视线,使人们在工作、学习之余有了一个休闲娱乐的好去处。

(三)生态护岸建设目标和思路

1. 河流生态护岸建设总体目标

总体目标是运用生物技术为主的工程与非工程措施,改善河流生境条件,逐步修复河岸带生态系统的结构和功能,使河岸生态达到自我维持和良性循环。生态护岸建设要做到:① 以人为本,人水和谐;② 近似自然,因地制宜;③ 技术经济,科学合理;④ 民众认可,公众参与。建立适合本区域条件和贴近自然的河道护岸形态和结构,满足河流多功能开发利用与河流水生态系统保护和协调,并维持其可持续性和适宜性。提高河流断面形态的多样性;护岸材料的透水性、多孔性、生态性,恢复河流的自然地貌特征,提供丰富多样的高质量的生物栖息地和生物群落多样性。

2. 河流生态护岸建设的主要思路

在明确生态护岸建设目标后,应注意以下几点:

(1)河流生态护岸建设不存在统一模式和格局 生态护岸是健康的动态河流构筑的基础设施,由于每条河、每个河段都有其个性特点,由于地形地貌、水文地质、植物及水生动植物、土地利用程度、人类活动强度、周围自然地理特征、人文历史和自然(人文)景观的差异,自然河道水生态系统和以人为主导的经济社会系统是发展的、动态的,在时间上和空间上、发展演变方向和速率上常具有不确定性和多变性,所以生态护岸不存在统一模式和格局的建设标准,只有基本原则和评估准则是可以确定的,这是每一位规划设计者和相关领导应明晰认识到的。

(2)河道生态护岸修复和建设是现代河道生态工学的内涵 护岸工程以往主要是防止

水流和波浪、船形波对岸坡基土的冲蚀和淘刷,注重加固稳定河岸和防止河岸水土流失、陆地降雨径流侵蚀。随着生态水利概念的深入、社会经济发展,河岸是河流自然生态系统的基本构成之一的理念逐渐被工程技术和管理层人们接受认同,河岸是河流水流环境向陆域环境的过渡区,护岸型式选择、结构设计和建材选择在考虑防洪保安功能时,还应考虑环境、经济、生态、景观因素及工程有效性,除基本自然服务功能外,还应具有生物栖息地,提高物种生存和生物多样性功能。河道综合整治应从单一工程安全目标向生态型护岸多目标多功能转变。

(3) 生态护岸保障河流横向水陆生态系统的连续性　自然河流水域和陆域是有机连续统一体,护岸区域即为水域和陆域之间的过渡地带,即水域、湿地(滩地和水位涨落区)、陆地,这种连续性保证了水陆生态系统的连续性,形成复杂有机的种属结构,食物链及相互协调关系,特定生命周期的生态循环以及相互影响、制约的环节。河流横向连续性形成不同自然的生境条件,创造了特殊的流水型生物多样性特征。

(4) 生态护坡重现河流垂向水文循环和生态联系　河流在自然状况下,河流中的地表水与地下水是相互转化的,特别在无锡地区,河流与包气带联为一个水的垂直运动通道,进行物质和能量的交换,地下潜水即为河流旱季的基流。自然河水渗入地下土壤后形式以河床为中心向两侧的地下水浸润线,埋深由浅到深,形成不同植被群落,并呈明显平行于河道两侧的条带状分布。目前本地区由于水质污染严重导致浅层地下污染而失去供水功能,地下水超采形成大面积漏斗区、地面沉降、植被退化、硬质护岸阻断了地表水和浅层地下水的联系通路。生态护岸建设可以恢复和重现河流垂向水文循环和生态关系。

(5) 生态护岸建设要纠正以往的误区　① 河道综合整治就是"先瘦身,立规矩",包括标准断面和护岸标准化、束窄河流,为求"美观、整洁"和节约土地,滩地、河弯、河流纵向变化都立规矩,纳入全人工的观念控制性设计之中。如 20 世纪 60 ~ 70 年代河道(渠道)防渗抗冲衬砌年代的设计理念和 90 年代以后的节约土地理念。从水利发展来看,克服水利设计工作的惯性是提升和构筑河道生态修复和生态护岸建设规划设计平台的关键之一。天然河流是多变的形态各异的,正因为如此,才有丰富的生境、生物多样化、栖息地和不同的种群结构。② 生态护岸等同于河岸种植植物,或将河道生态护岸简单近似化为在河床两侧实施改善水质、治理污染的工程。河岸生物修复工程对水污染河流是重要和必须的,但仅是河流生态修复全过程中的部分内容。③ 规划设计河道生态护岸,两岸即大搞景观小品、楼台亭阁、池塘和曲径庭院。应针对不同类型河道而异,城镇社区河道强化景观建设,并与城市或社区景观规划并轨。但农村河道还应以贴近自然为宜,全面硬质化的衬砌一则技术经济不尽合理,二则现今人们更加渴望返朴自然,近似自然生态的河流环境更令人留恋往返,心旷神怡。

(6) 河床水动力参数校核及断面设计关系协调　河道生态护岸中的生物物质系河流生态动力系统的基本要素之一。植物在河床表面(基底及两侧护面)形成一柔性的阻水覆盖层,它一方面构成了水中生物的生境,同时增加了河床的糙率,改变了河床水流的动力学条件和能量交换关系。植物的阻滞,使河流断面水位升高,过水能力降低,河床流速分布和过水流量的改变。因此,在圩区外河流生态护岸设计中,要对生态修复河道动力学条件变化后,断面过水能力和控制水位予以校核或设计。

(四) 生态护岸构建原则

(1) **水文及水动力学原则** 要根据河流不同的水文及水动力学特征来设计生态护岸工程。要满足防洪、排涝、供水要求,确保航运水位、水深,满足过水能力、过水断面、糙率等河流水力学条件。如山区型河流由于坡面比较陡峻、径流系数大、汇流时间短,因而洪水暴涨暴落,流量变幅大,其水位变化也很大。设计时要充分考虑上述诸因素,选择一些稳定性好、适于在坡度较大河段使用的材料如生态混凝土等来构建生态护岸,这样既能保证岸坡的稳定性和安全性,又能美化环境;而对于平原型河流,由于它流经平原地区、坡度平缓、土壤疏松、径流系数小、汇流时间长,因而流量变幅不大、洪枯流量比降较小、水位变幅不大、水流平均流速也小,特别是非通航河道适宜采用一些天然材料,如植物、堆石或干砌石,少数特殊要求的也可用木材等来构建生态护岸工程。

(2) **结构稳定性和安全性原则** 岸坡的稳定性设计需要对水力参数和土工技术参数进行评估,找出引起不稳定的主要因素,然后根据实际情况选用生态护岸形式,以保证岸坡的稳定性和安全性。通常存在以下几种不稳定因素:① 由于坡面逐渐被冲刷而引起的不稳定性;② 由于坡面表土层滑动引起的不稳定性;③ 由于坡面深层滑动引起的不稳定性,即整体的不稳定性;④ 由于坡脚受到风浪淘蚀引起的不稳定性;⑤ 由于坡脚底部坍塌引起的不稳定性。护岸就地取材,并采用抗冲抗滑和仿自然型多元断面结构,确保安全稳定耐久;⑥ 大中型河道岸坡稳定应进行校核计算。

(3) **护砌材料合理性原则** 因地制宜,刚性与柔性科学合理抉择;生物性护岸建设应坚持以当地物种为主,适当谨慎引进性状优良品种,注重物种类型结构配置合理;增加护岸衬砌物的孔隙率和透气性,尽量选用透水或半透水材料,如采用多孔混凝土、无砂混凝土、干砌体等,构筑多元复合性生态护岸,建成立体框架,有利于微生物生长和为生物着床,鱼类等水生物栖息和产卵创造良好生境条件,同时提高水体净化能力。

(4) **控源减污原则** 建设生态护岸应充分考虑发挥护岸本身及护岸上的植物、生物以及土壤等有关因素对控制、减少地面径流污染,削减农业面源污染入河的作用。同时生态护岸在环境容量大幅度超载的区域不应设置排污口(不含污水厂),已经存在的排污口要逐步封闭,污水进污水厂处理或进行其他方式的处置。

(5) **自然生态性原则** 生态护岸与传统型护岸最大的区别就在于生态护岸将生态学理论纳入护岸设计当中。首先,生态护岸工程设计的基础是生态系统的合理运行,而生物种群是生态系统的核心,生物的生存与繁衍不可避免地受到当地自然环境条件的制约。因此,在设计生态护岸工程时要因地制宜,充分考虑当地的素材,使生态护岸与当地的自然条件相协调。其次,生态护岸的构建也要注意保存与增加生物的多样性和食物链网的复杂性,积极为水生物、两栖动物创造栖息、繁衍环境。这既有利于保护水生态环境,又有利于提高河流的自净能力。无航行要求的河道护岸,尽量采用原生态的自然植被护岸。

(6) **生态整体性原则** 根据工程实际和控污净化水质要求,陆域与水域整体设计半系列或全系列;护面整体结构应包含护岸微生态系统的生态设计;柔性护岸建设中,严格把握生物措施布局与绿化关系,要与护岸的绿化美化密切结合。

(7) **文化景观性原则** 水景观是城市、乡村景观的重要组成部分,沿河的视觉对人们精神状态有重要影响。因此,对护岸的景观要求不容忽视。在设计生态护岸时,以人为本,全面考虑本地历史文化,考虑景观、休闲、近水、亲水要求,符合不同人群的休闲和观赏要求,以自然、生活、空间、历史和文化为线索,将生态护岸与当地的景观文化融为一体,为人们营造一个舒适、优美的休闲娱乐场所。要与美好的现代化城市形象和社会主义新农村布局相协调,城市强化景观设计,农村以自然生态型为主,构建简捷、明快、流畅风格和自然风貌。

（8）亲水性原则　传统护岸形式在人与水之间用浆砌石、混凝土材料架起了一道隔墙,使人们靠水而居却无法与之亲近。而生态护岸设计则以人为本,将人们"亲水、近水、入水"的愿望纳入考虑之中。为人类设计一个植被葱郁的生态化、人性化的水陆交错带,使人便于与水和水中生物亲近,从而创造出水、生物、人在一个边缘生态环境中相融共生的美好场景。

（五）生态护岸设计的生态学理论依据

生态护岸工程的设计,涉及的理论主要是系统论、工程学和生态学的基本理论。其中,涉及的生态学原理主要包括以下诸种原理,这些原理的核心是整体性、协调性,是护岸工程生态设计的关键和依据。

（1）物种共生原理　自然界中任何一种生物都不能离开其他生物而单独生存和繁衍,这种关系是自然界生物之间长期进化的结果,包括互惠共生和竞争抗生两大类,亦称为"相生相克"关系。在功能正常的生态系统,这种关系构成了生态系统的自我调节和负反馈机制。生态学的这一原理,是进行生态护岸工程设计的基本理论依据之一。

（2）生态位原理　生态位是指某一生物在生态系统中的地位和作用。实际上它是指"生态系统中各种生态因子都具有明显的变化梯度,这种变化梯度中能被某种生物占据利用或适应的部分称之为生态位"。在生态护岸工程设计中,合理运用生态位原理,通过各种生物之间的巧妙配合,可以构成一个具有多种群的稳定而高效的河岸带生态系统。

（3）物种多样性原理　生物多样性可以促进系统的稳定性,即生态系统中生物多样性越高,生态系统就越是稳定,系统能否稳定是衡量一个生态护岸工程是否成功的重要指标。生态护岸工程设计应在结构形式、材料性质等方面的选择中考虑利于多样生物的栖息生存。

（4）物种耐性原理　一种生物的生存、生长和繁衍需要适宜的环境因子,环境因子在量上不足或过量都会使该生物不能生存或生长、繁殖受到限制,以致被排挤而消退。换言之,每种生物都有一个生态需求上的最大量和最小量,两者之间的幅度,就是该种生物的耐性限度。根据生态学的这个原理,在生态护岸设计中可通过对其环境的适当满足来提高适应能力,实现整个设计的最优化。

（5）景观生态学原理　景观生态学以整个景观为对象,着重研究某一景观内自然资源和环境的协调性。基本内容包括:景观结构与功能、生物多样性、物种流动、养分再分布、能量流动、景观变化与稳定性等。景观生态学原理在生态护岸设计中的意义,在于考虑具体堤岸廊道设计方案时,要有区域尺度的概念,有意识地把工程本身与整个区域布局的合理相结合。景观生态中,既有宏观、概念性的把握,又有工程自行的精细环境、景观的设计。

（6）限制因子原理　一种生物得以生存和繁衍必须有其所需要的基本物种和生境条件,当某种物种或条件的可利用量或环境适宜程度在"特定状态"下不能满足所需的临界最低值时,它们便成为这种生物在该特定条件下的限制因子。在生态护岸工程中注意限制因子原理的重要性在于：一是若能正确运用生态因子规律，可建立系统的反馈调节，使某些不希望出现的生态现象得到抑制；二是消除控制限制因子的作用，因为限制因子的限制作用是有条件的，是相对的。由于因子之间存在着相互作用，某些因子的不足可以由其他因子来补充或部分地代替，也就是说，因子的限制作用可以通过提高或改变其他因子的强度而增强或削弱。

（7）生态因子综合性原理　自然界中众多生态因子会对生物产生重要影响，它们也都有自己的特殊作用，诸生态因子共寓一统一的生态系统之中，环境中每个因子的变化都能引起其他因子作用强度甚至作用性质的改变。因此，在生态护岸设计中，要充分注意生态因子对生物的综合作用，尤其是主要（关键）因子的动态变化对其他因子的影响。

（六）生态护岸修复与建设

生态护岸的修复和建设要统一考虑护岸的安全性、耐久性、坚固性、实用性、观赏性、亲水性、自然性和生物多样性。单一的折线型直立式河道护岸不能够满足生态护岸的要求。

1. 规划设计基本要素

设计基本要求：① 安全稳定的结构要素；② 流量、流速等水利学要素；③ 护砌材料合理性要素，包括：强度、保土、透水性、孔隙率、透气性，表面附着力，尽量利用当地材料；④ 自然生态要素，包括：生境多样性、生物栖息地、基因库和生物多样性；⑤ 生态整体性要素；⑥ 河湖岸纵横断面设计与基底要素，仿自然河湖型，不强求均一化断面和整齐性，结构多样性，横断面多元化布局，不应统一采用简单直线形式，保持仿自然性是仿生态设计的重要因素之一；⑦ 历史文化与景观要素，包括：景观、美化、休闲、亲水性和历史遗迹、水文化，并与城市、农村的形象、风貌相协调；⑧ 整治护岸与封闭排污口相结合，考虑江南污染源多量大的因素，与全面整治排污口、一次性或分阶段封闭排污口密切相结合；⑨ 土地资源要素，与土地资源情况相协调；⑩ 管理运行，规划设计目标定位明确，工程布局应为今后管理、运行、维护创造方便条件。

2. 生态型护岸基本技术要求

护岸基本要求：① 岸坡稳定，正常泄流，引排自如；② 材料自然，本地为主；③ 工程安全，科学合理；④ 多孔透水，立体结构；⑤ 形态多样，拦截污染；⑥ 工程景观，简捷明快；⑦ 生态功能，自然稳定；⑧ 栖息种群，空间多样；⑨ 技术集成，经济可行。由于各河流特定的自然地理环境，水文水生态条件不同，各具个性特点，河道生态护岸没有也不可能有统一模式可循，因地制宜，掌握基本技术要求，谨慎规划，精心设计，在实践中不断总结，反馈调整，探求适合本地区生态，环境，河流特点的护岸建设之路。

3. 生态护岸建设的关键节点

护岸建设关键点：① 控制、削减污染，包括生活工业污水、地面径流污染和农业面源污染。② 生物技术介入中的生物种群和结构选择，优先利用当地种，谨慎论证评估引入必要的外地种，种群结构要科学合理，系统中各类生物镶嵌组合，硬软质材料搭配，先锋种与稳定种的合理配置，构建稳定生态结构。③ 栖息地建设和改善、护岸工程结构设计和材料，既利于护岸结构稳定，多孔透水，创造良好多样生境，改善和提高栖息地适宜性条件与多样化。④ 护岸工程结构与边坡稳定，特别是生物技术介入后，应考虑植物对工程结构安全与边坡稳定的各种影响，需修正断面设计和对水动力条件校核，确保工程安全的关键。⑤ 护岸材料选择,除常规混凝土、块卵石外,土工合成材料应用较为广泛,对护岸材料的基本技术要求是:基本强度、保土、透水性及防堵淤特性;材料适合于植物扎根和生长(一定的孔隙率、透气性,表面附着力);尽量利用当地材料、生物材料,就地取材,不产生或少产生污染废弃物等。⑥ 护岸形式与土地资源,各种不同形式或形状的护岸要占用面积不等的土地资源,特别在目前处于房地产开发热时期,流域内的土地资源十分紧张,如城市和乡镇附近每 hm² 地的价值有数千万至上亿元不等。在设计护岸的形状,如直立式或斜坡式、斜坡的陡缓程度等均应成为设计中十分关注的因素。所以,设计时必须兼顾护岸的生态性、自然性和透水性,以及与土地资源利用的协调性。

4. 生态护岸建设工作基本内容

河流生态护岸建设、修复工作的基本内容为:① 调查河道护岸现状和稳定性及其有关资料,制订建设生态护岸规划;② 去除不合理干扰和入河污染物,改善河岸带及其影响区的资源利用方式,调整水、生境、生物关系,使处于协调状态;③ 恢复河流水动力条件,水体流畅,能蓄能引能排;④ 强化污染治理,阻断污染途径,减少入水污染负荷,改善水环境;⑤ 河岸护建材料多样性,型式结构多元化;⑥ 生物种群多样性和良好群落结构;⑦ 合理扩展河岸带和水陆过渡带宽度;⑧ 河流断面型式结构多样化,并注入必要的景观和美学内涵;⑨ 满足防洪保安、调水排水和水资源合理开发利用的要求;⑩ 协调水绿网络化结构并与社会需求和周围自然环境相适应,做到"水清、流畅、景美"。

三、生态护岸主要类型

护岸有多种分类方式,以护岸材料分:① 刚性硬质护岸,包括现浇、土工布袋和多孔(无砂)混凝土及浆砌体(块石、卵石、料石、预制体);② 半刚性的有石材护岸,干砌体或抛石,以及石笼护岸等;③ 植物护岸,包括土质种植、土工网垫和土工格栅回土种植;④ 木材护岸,包括木桩回填土斜坡式、阶梯式木桩回填土式等;⑤ 其他类型:以护岸形状分:直立式、斜坡式、缓坡式、阶梯式、混凝土净化槽型等,更多的是复合型护岸。以功能分:防洪排涝型(满足防洪排涝、调水排水、航行要求)、生物型(选用以植物为主的护岸材料)、亲水型(满足市民亲近水的要求)、景观型(以景观功能为主,满足市民游客观赏要求)等。根据护岸的功能和结构要求选择配置相应材料。

判别生态护岸标准没有绝对界限,只要能满足多种生物(植物、动物和微生物)的共生与繁殖要求即行,如刚性硬质护岸也可通过增加混凝土(浆砌体)的透气性和孔隙率,或直接制成多孔(无砂)混凝土(浆砌体)来提高其生态性能、程度。生态护岸的材料、形状和功能可以是单一的,但更多的是综合性的。如可根据护岸的多种功能要求,对护岸的不同部位,护坡、护脚和护顶分别建成不同的结构、形状、护砌材质的组合型生态护岸。护岸及其结构的生态化,应用新技术和新材料为护坡、结构建设和改造提供了广泛良好前景。护岸的种类繁多,主要的有下面几类(部分生态护岸见附图 7-3)。

(一)植物型护岸

岸坡上的植物能够保护护岸,能够减少地面径流污染,其所形成的绿色走廊还能改善周围的生态环境,为人类营造一个美丽、安全、舒适的活动空间。

1. 草皮护坡

草是生态型护岸工程技术中最常用的材料,或是直接在土坡上种植,或是以其为主体,兼用土工织物加固。适用于圩区和不通航的河道。虽然草实际上只用在正常水位之上的坡面保护,但其改善生态环境、防止水土流失的功能却得到人们的普遍认识:① 草坪可增加坡面覆盖度,通过其茎叶可拦蓄地表径流和减少地面径流、延缓地面径流汇入江河时间、减少地面径流污染;② 坡面草坪可通过其强大的、错综复杂的根系固定坡面土壤,减少降水对坡面的侵蚀,防止水土流失;③ 大面积草坪植物还可涵养水分,起到调节小气候、改善周围生态环境的作用。

草皮护岸包括:① 自然草皮护岸;②网垫植被复合型护坡;③框架覆土复合型护坡;④土工格栅固土种植护岸;⑤ 水泥生态种植基材料护岸。

护坡植物种植方式包括:① 人工种植或移植法。人工种植或移植是将草种或草皮人工种植或移植在护岸的坡面上。但这种方法在高陡坡面上施工难度大、工期长,在施工过程中容易造成表土下滑,草种移位,影响护坡草的均匀度。其最大的优点是工程造价低。② 水力喷射播种法。水力喷射播种法是以水为载体,将经过技术处理的植物种子和黏合剂、保水剂、复合肥、土壤亲合改良剂等植物生长的辅助材料按一定比例混合后,再利用喷播机喷洒到坡面上。植物种子在辅助材料的养护条件下,迅速发芽生长,形成生态植被绿化。这种种植技术能克服土壤环境差、气候条件恶劣等不利因素,在较短的时间内构建出护坡植被。③ 草皮卷移植法。利用一种特制的塑料网——植被网,在育苗基地预先培育草苗,当草生长到一定高度和密度且草根与植被网已经纠结在一起形成草皮卷后,再移植到堤坝的坡面上,即形成植物护坡层。此法综合了土工网和植物护坡的优点,又防止了草苗在未长成前被水流冲走。通过网和草形成一个防护整体,并通过植物的生长活动达到根系加筋、茎叶防冲蚀的目的。在防止坡面雨水冲蚀和风浪淘蚀方面,具有更强、更好的防护作用,适宜冲蚀严重的坡段护坡使用。

2. 柳树护岸

柳树(含其他根系非常发达而耐水的树木)因具有耐水强,并可通过截枝进行繁殖的优点,所以成为生态型护岸结构中使用最多的天然材料之一。一般适用于农村、土地资源比较富裕和柳树材料比较丰富的平原区域。包括柳树杆护岸、柳排(梢捆)护岸、柳梢篱笆护岸、石笼柳杆复合护岸等。

3. 水生植物的复合型护岸

随着人类生态意识的不断增长,水生植物在护岸构建中的应用也变得越来越广泛。以芦苇、香蒲、灯心草、蓑衣草等为代表的水生植物或湿生植物,可通过其根、茎、叶对水流的消能作用和对岸坡的保护作用使其沿岸边水线形成一个保护性的岸边带,促进泥沙的沉淀,从而减少水流中的挟沙量,其中缓坡型芦苇护岸可以抵御比较大的风浪侵袭,这在国内有许多成功的经验。水生植物还可直接吸收水体中的有机物和氮等营养物质,以满足自身的生长需要,即在保护岸坡的基础上又能防止水体的有机污染和富营养化。并为其他水生生物提供栖息的场所,有利于水体得到进一步的净化。单独用水生植物做护岸材料只能承受较轻微的水流侵蚀,只适用流速较小的缓流水体。因此,一般采用的是水生植物与其他护岸材料,如石笼、短木桩排、块石、编织袋和生态混凝土材料等配合使用的复合型护岸结构,以达到更好的护岸效果。

(二)木料护岸

木材护岸是采用各种间伐木材和其他一些已死木材或各种废弃木材为主要护岸材料的。木材可根据需要制成各种形状,一般是与石材搭配,以增强岸坡的稳定性。此外,木材粗糙表面可附着大量的微生物,起到净化水质的作用。但此类护岸要耗费大量木材,一般应使用废弃木材,尽量少用正品木材。水下部分木材事先经防腐处理则能够维持10余年或更长时间不烂,而木材在水位上下波动的范围内容易造成腐烂,在设计时应考虑方便、及时更换。此类护岸一般用于农村或部分有自然景观要求的地方。

1. 栅栏护岸

栅栏护岸是先在坡脚处打入木桩,加固坡脚;然后在木桩横向上拦上木材或已扎成捆的木质材料(如荆棘柴捆等),做成栅状围栏,围栏可根据景观要求做成各种形状;围栏后堆积石料或回填土料,栅栏与石料或回填土料的搭配进一步加固了坡脚,也为微生物、水生植物和动物提供了生存环境。围栏以上的坡面可植草坪植物并配上木质的台阶,实现稳定性、安全性、生态性、景观性与亲水性的和谐统一。

2. 木栅栏砾石笼生态护岸

针对流域、区域河网区中对河道挡土功能要求高、土地资源比较紧张的地区或两岸紧靠房屋的河段,可采用木栅栏砾石笼生态护岸,以避免钢筋混凝土护岸的不足。木栅栏砾石笼生态护岸可以在稳固河岸、节省用地的同时,创造出适宜于水生生物生长的栖息环境。

(三)石材护岸

石材是大自然中存在最多的天然硬质材料。岩石的相对密度范围为2000~3000kg/m³。在护岸保护中具有成本低廉、来源广泛、抗冲刷能力强、经久耐用的特点。此外,其粗糙的表面还可为微生物提供附着场所,石与石之间也可成为水生植物、鱼儿和微生物等水生物的生存空间。

1. 石护岸

石护岸一般有4种:① 堆积石护岸;② 干砌石护岸;③ 干砌石与堆积石结合护岸;④ 干砌石与浆砌石结合护岸等。

2. 石基混合护岸

一般有二种:其一是用于低水位护岸,主要是从生态角度考虑,以恢复水陆交错带的生物多样性为目的,坡底用天然石材垒砌,既可为水生生物提供栖息场所,又可加固护岸;坡面采用木桩和各种框架加固,并覆有植被网,种植护坡草皮。该类护坡具有稳定性好、耐洪水冲刷、景观性强的特点。其二是用于比较高水位、对护岸强度要求高的护岸,坡底也是采用天然石材或切割石材垒砌,以保证护坡的稳定性和安全性。上部用框架和木桩护面,框架内嵌有砾石或卵石,利用利用砾石或卵石间的缝隙种植护坡植物。坡面上部一般种植景观草皮,融合亲水性、景观性、净水功能为一体的生态型护岸结构。

3. 石笼护岸

石笼护岸是用镀锌、喷塑铁丝网笼或竹笼装碎石或大块石头，垒成台阶状护岸或做成砌体的挡土墙。其表面可覆盖土层，种植植物。石笼护岸比较适合于流速大的河道断面或具航道功能河岸，具有抗冲刷能力强、整体性好、应用比较灵活、能随地基变形而变化的特点。

（四）综合型生态护岸

上述的植物型护岸、木材护岸和石材护岸等护岸类型，但以往长期使用的自然材料或其他材料的护岸中，也不全是单一材料型护岸，相当多也是综合（复合）型的，以下是数十年来常用的或采用的综合（复合）型护岸。

1. 亲水景观型护岸

护岸系具有景观、旅游、观赏和亲水、休闲、健身的综合型功能的综合型护岸，系从人的视觉角度出发，迎合人们"亲水、近水、入水"的心理，将人的审美观、视觉享受与护岸设计融为一体的护岸结构。它充分利用水边区域空间，结合各类人群的喜好，突出了景观的连续性与地域性，设计时多采用缓坡或台阶式、台阶和平台结合式，使用材料也多以天然或造景材料，如木、石、植物和自然材料等为主，有时也使用一些人工材料做为辅助材料，进一步体现生态型护岸的景观性并专门设有休闲娱乐的场地，以便让人们与水、植物、动物充分接触，护岸景观与城市、乡村景观特色相结合、协调。

2. 坡面构造潜流湿地护岸

坡面构造潜流湿地系统在坡顶设置截水横沟，岸坡上叠堆复合基质滤床（基质为砾石、蛭石、泥炭、粉煤等），至坡顶横沟处放置渗滤坝，横沟与渗滤坝之间铺设多孔弹性材料制成的可再生滤垫，同时在坡脚铺设多孔水泥板，沿岸坡水中或水位变幅部分种植挺水植物带和沉水植物带。面源污染物质流向河道时，以潜流的形式依次由横沟、滤垫、渗滤坝、滤床、多孔水泥板向河道内渗流。在此过程中，填料基质和水生植物将发挥净化作用，截留进入河道水体的污染物质。坡面构造表面流湿地系统则以表面流的形式，主要通过水生植物及其根系系统截留面源污染物质。

3. 滨水带生态混凝土净化槽护岸

该护岸通过沿河流滨水带设置生态混凝土槽（以下简称槽），将挺水植物限制在槽内生长，形成河流滨水带水生植物湿地净化系统。首先在坡脚打桩，之上铺土工布，土工布上有碎石垫层，垫层上设置槽，在槽内回填土壤、砂石等填料，种植植物。河流滨水带净化槽能够起到挡土作用，保护河岸稳定，防止河岸侵蚀和水土流失，同时具有良好的净化水体污染的性能。生态混凝土本身具有大量的连通孔，容易附着大量的微生物，土壤、砂石等填料和植物根系表面也生长大量微生物并形成生物膜，当污水进入河道滨水带时，径流中的 SS（固体悬浮物）被槽内填料及植物根系阻挡截留，有机质通过生物膜的吸附及同化、异化作用而得以清除；植物根系对氧的传递释放，使其周围微环境中依次出现好氧、缺氧和厌氧现象及交替环境，从而保证了污水中的氮、磷不仅能被植物及微生物作为营养成份直接吸收，而且还可以通过硝化、反硝化作用及微生物对磷的降解作用从径流中去除，达到截留净化污染物的效果；通过对填料进行定期更换和收割植物，最终把污染物从河道系统中彻底清除掉。槽内种植挺水植物,限制植物在槽内生长,不会蔓延侵占河道,影响河道的正常行洪和航运功能。种植的芦苇、茭草或菖蒲等挺水植物,形成绿色植物景观。

4. 景观型多级阶梯式人工湿地护坡

该护岸是以无砂混凝土的桩板或槽为主要构件,在岸坡上逐级设置而成的护岸形式。通过在桩板与岸坡之夹格或无砂混凝土内填充土壤、砂或砾石、净水填料等物质,并从低到高依次种植挺水植物和灌木,从而形成岸边多级人工湿地系统。该系统能够稳定河道岸坡,同时具有良好的透水性,降雨径流进入河道边坡后,以下渗和溢流的方式,经过系统的逐级处理后进入河道。卵砾石、粗砂和土壤等填料和植物根系表面生长了大量微生物并形成生物膜,当降雨径流中的 SS 被填料、土壤及植物根系阻挡截留,有机污染物质通过生物膜的吸附及同化、异化作用而得以清除;植物根系对氧的传递释放,使其周围微环境中依次出现好氧、缺氧和厌氧现象及交替环境,从而保证了径流水中的氮、磷能被植物及微生物作为营养成分直接吸收,且还可通过消化、反消化作用及微生物对磷的过量积累作用从径流中去除,达到截留污染物进入河道的效果,对河道水体也具一定净化效果。每年需收割植物,即把植物从河道移出,同时将系统中吸收的污染物清除掉。种植的茭草、芦苇和灌木等植物,也美化了河道岸坡,呈现出层层绿色景观。

5. 石笼生态挡墙(生态网箱护岸)

为前述石笼挡墙的改进,即运用一种经特殊处理后既具有一定强度,又具有不生锈、防静电、耐腐蚀功能的涂膜钢丝,经机械编织形成蜂巢格网箱笼后,充填石料用于公路、堤岸、山坡等水土易流失地区的防护。其特点:适应流速大的河流,抗冲刷能力强,整体性好,适应地基变形能力强,满足生态型护坡要求及不同的地基条件,施工简便,运输方便,具有独特的生态功能,笼内石头缝隙间的淤泥有利于植物生长,具有良好的渗透性。石笼内也可装碎石、种植土、肥料及草籽等,可为水生植物、动物与微生物提供生存的空间;石笼生态净水复合护岸,是集石笼的稳定性、净水填料的净水性、水生植物的保护性和净水性、护坡草皮的景观性与亲水性为一体的新型护岸结构。在无锡庵桥河、高山巷浜河道整治工程中已有应用。

6. 植物多孔混凝土护岸

材料为多孔混凝土块,可干砌或浆砌,可平铺或叠放,植物可以在混凝土块中生长。其特点为具有极强的透气性,可填充有机土壤,植物根须的盘根错节以及植物生长的繁茂,可以在加固堤岸的同时,把河岸改造成绿色自然景观,抗冲刷的同时还有利于生物栖息。

7. 生态土工袋护坡

系用强度较大且寿命较长的小型土工布口袋,内装有一定重量和一定肥力的土壤、砂石等物质,可防冲、上下左右前后有一定压力、锚固力和阻滑力,所组成的护坡,其表面可种植物。

8. 与清淤结合的生态土工袋护坡

即生态清淤时直接把大量含水淤泥充入土工袋,后经一段时间的压滤,使淤泥脱水、干化,并且使其成为护坡的一部分,也可二层或多层重叠放置;具有很强防冲抗侵蚀的作用,土工袋的表面也可种植草、树等植物。

第五节　河道滨水区景观绿化带建设和生态修复实例

一、河道滨水区景观绿化带建设

河道滨水区景观绿化带（以下简称河滨带）建设是河道综合整治中一项重要内容，应与河道综合整治其他内容：调整优化水系、河道生态修复、生态护岸，以及封闭排污口和清淤密切、有机结合，更好发挥河道在水污染治理、环境、人居、景观和经济社会中的作用，并与之相协调。河滨带一般应包括人们视觉所能够感觉到的河道水面景观、生态护岸和河滨带陆域的景观绿化3部分。

（一）河滨带的作用

河滨带的作用：① 河滨带有过滤和拦截初期降雨形成地面径流污染的作用；② 有利于改善水生态系统基础环境的作用。在需进行规模水生态修复的滨水区域，应考虑与此相适宜的护岸形式、坡度、结构等；③ 景观作用。在城市、村镇人口集居地和风景旅游区的滨水区按不同功能需求设计不同的景观；④ 改善人居环境的作用。在城市、村镇人口集居地的滨水区设计时考虑到市民的舒适度，包括人的视觉、嗅觉和触觉，同时考虑布置市民休闲、娱乐、健身等活动场所；⑤ 提升城镇形象的作用。在城镇附近的滨水区域要与城镇功能、形象相协调；⑥ 防洪作用。所以生态修复、护岸建设、植被布置均应与防洪相结合；⑦ 防护作用。在农田附近的滨水区域应具有生态防护作用。

（二）滨水区景观绿化带设计技术和要求

河滨带建设，在城市、乡镇，要与现代化的生态城镇形象相协调，与旅游风景建设相结合，并且满足人居生态环境的要求；在农村，以自然生态为主，以绿化为主，适当结合景观要求。

1. 设计技术

设计技术：① 城镇河滨带的设计应立体布局；② 城镇河滨带功能多样化，如：环水公园、水上舞台、卵石步道、季节树木、四季花卉、休闲广场、健身设施、林荫小径、露天茶座、临水长廊、木栈道、游艇码头、嬉水乐园、灯光喷泉、亲水岸线、涉水台阶等；③ 在一定的河道长度中，要有个主题突出的亮点，切忌单调划一；④ 允许高潮位或高水位和小洪水淹没某些岸边设施；⑤ 舍弃河道断面为简单的矩形或梯形的陈旧作法，结合景观化设计，构建多样化断面形式；⑥ 河岸边坡有陡有缓，能缓则缓；堤线距水面有宽有窄，能宽则宽；⑦ 农村河滨带的设计，则主要考虑与自然风貌相协调，倡导自然生态，以本地品种绿化为主，考虑到流域、区域的农村也是经济社会比较发达的地区，在以种树植草为主的基础上，期间适当点缀一些景观，包括景观树木、草地和景观建筑、构筑、设施。

2. 河滨带建设须坚持宏观与微观相结合

宏观上把握绿化的整体效果。建设一定宽度的绿化带，充分发挥环境效益和生态效益。

如对在无锡历史上有重要地位的古运河、伯渎港等河流要予突出历史文化重点;在居民密集、位置重要的风景旅游重点区域,给予精雕细刻,建成风格各异的各类具有独特风格的园林、游园绿带景观。微观上要在树种的选择上,注重乡土树种和外来观赏树种的结合,从保护自然和保护物种多样性的角度,充分考虑生物学特征和生态学规律,并以绿为纽带把风格各异的风景点、游园联结起来,注意层次、结构,建设完整的滨河带状公园。

3. 河滨带建设与现代城市和人居环境相适应

城镇以景观为主,景观绿化并重;无锡农村经济社会发达、村镇密集,以建设绿化带和生态防护带为主,村民集居区应兼顾景观,绿化带和生态防护带应树草结合。城镇景观绿化带要逐条河设计不同品味。景观绿化带要同时搞好水土保持、削减地面径流。

4. 河滨带建设应结合控源调水生态修复和清淤

河滨带的设计不仅要满足景观要求,同时要与控制污染源、清淤、调水、生态修复、建设护岸等措施相协调,使景观河流有良好的水质和环境,建成景观绿化与生态修复、湿地保护为一体的生态区域;搞好社区环境建设,如建设良好的人造水景、景观,满足市民现代生活的需要。在严重水污染而生态受损严重的河道,可先行实施生态护岸、护岸和陆域的景观绿化及水面的景观建设,待满足一定的水质、生境条件后再全面进行河道水体的生态修复。

(三)抓好主要景观河道河滨带的建设

近年来国内对河道整治的方式方法也进行了一些探索,在城镇和居民集中居住区的景观河道、河滨带的建设中,景观护岸、休闲广场等形式得到了一定程度的应用,但在工程应用中日益暴露出简单化、雷同化的倾向。无锡作为具有独特水文化的旅游城市,必须充分挖掘水在无锡历史文化形成过程中的地位,如梁溪河、古运河、伯渎港等,在河流整治中将景观绿化建设与灿烂的水文化、悠久历史充分结合,既体现河流自然生态的美感,又彰显河流的独特文化内涵和底蕴。要尊重河道岸线的自然形态,在规划设计中要运用河弯、曲折、浅滩、瀑布、深潭、沼泽等手段,必要时应打破"两堤一河"的传统模式,让雨洪从过去的直接入河,变为在土地上分散储存,并经土壤入渗、过滤而清除径流污染。利用河岸线曲折多变,充分显现其自然属性和景观作用,切忌统一建设单调划一的直线或折线型的不透水硬质护岸。

每一个城市、城市副中心、市(县)区政府所在地、城镇组团、主要风景旅游区、中心镇都要建设一至数条景观河道和与之配套的景观绿化带。主要景观绿化河道有:江南运河、古运河、环城运河、梁溪河、锡澄运河、白屈港、伯渎港、长广溪、曹王泾、北兴塘、锡北运河、走马塘、九里河、直湖港、东横河、西横河,以及宜兴的分洪河、团氿和东氿间的6条河、入太湖河道、其他城镇周围主要河道等。

(四)河滨带主要类型及河流

1. 主要分类

(1)城镇类和农村类　城镇和农村的经济社会都比较发达,人口也比较密集,但经济社会的发展程度和人口的密集度均是前者高于后者。城镇的景观要求高,须与现代化的城镇形象相协调,以景观为主,结合绿化;农村主要按原生态绿化要求建设,辅之于景观。

(2)历史水文化类　此类主要在具有历史、水文化遗址、遗迹的河道、河段区域建设,充分反映出历史上有名河道的原来面貌和历代丰富的水文化风貌的河道,让人们回忆、记忆、追思,如古水闸、坝、桥梁,碑、廊道、亭等。如无锡就有:伯渎街、古运河、转水河亮坝上等临水古街,黄埠墩、西水墩、仙蠡墩等古水墩,众多的治水碑记,泰伯庙、西水仙庙、南水仙庙、张元庵、徐堰王庙等祀水寺庙,周泰伯、吴王夫差、春申君黄歇、东汉张勃、唐末五代钱镠、北宋单鄂、北宋焦千之、明代周忱、明代刘五炜、清代嵇曾筠、清代嵇璜、清末民初胡雨人等历史治水人物,无锡还有三千多年治水发展史的传说如"显应坝事件"、"张渤开通犊山口"、"单将军筑堰"、"石塘倒流水"、"迎龙桥的故事"、"新开河的传说"、"亮坝和转水河"、"慧溪湾传说"等[29]。

(3)**人居旅游类**　此类主要在城镇、居民集居区和风景旅游区,系为改善人居、旅游环境服务,可以改善人们对滨水区的感觉效果;是居民休闲、娱乐和健身的好去处,临河人家开窗望去只见碧绿的河水、郁郁葱葱的林木、秀丽的风景,心旷神怡;良好的滨河带风景和绿化可给游客留下美好的回忆。

(4)**航道类**　此类主要是航行繁忙的航道两岸,如京杭大运河。需分别根据城镇和农村、历史和水文化、人居和旅游类河滨带的要求建设,但其共同点是:既要满足水深、河宽、水位等航行功能的要求,使人们感觉到航行繁忙的经济繁荣的景象,又要控制、抑制航行过程中产生的噪音,主要措施是在河道两岸种植结构型各异的多道高大乔木和密集的灌木,分散、减弱和基本消除噪音,并在林木丛中建设合适的景观工程。

2. **古运河滨水区为中心城区滨河和古运河水文化类型**

该区域在无锡老城区四周,全部为平原,防洪问题已经解决(可防御200年一遇洪水),但排涝问题还有待进一步解决,护岸大多是直立(斜立)式,滨水自然区域范围较小。2007年底已建成城市防洪控制圈,古运河是圈内的可封闭水域之一部分,水质逐步在变清,水位可控制。

该滨河区运用"景观轴线、生态廊道、现代文明、水乡古韵"的理念,创造地方特色、传统文化和现代文明都市相结合的整体形象,创建尺度适宜、环境优美、亲切自然的公共空间和步行系统,创建主体化、主题化的城市、绿地相结合的绿化系统。全长11km的环城古运河,建设3带8片30个节点,以突出"彰显古代和突出现代"、古今结合的水文化精神。滨河区主要建成公共活动滨水区,建设诸多的市民休闲娱乐健身活动场所和公园,如在江尖大桥下两侧滨水的半岛上的江尖公园已建设完成,是个高风格的亲水公园;古运河北部火车站附近河段的亲水、亮化、休闲河滨带已经建成。该区域还将建南尖公园等数个小公园,并且已经开设古运河旅游和夜游。

古运河区域的滨水宽度控制,不作统一规定,根据中心城区原有建筑物、道路、相邻河道等情况逐段设计规划,每段滨河区规划均与该段的城市功能、风貌、水文化和名胜古迹相适应。计划在2~3年内全面完成,并且正在筹备开设古运河旅游项目。

3. **梁溪河滨水区为居民住宅区滨河类型**

梁溪河是连通太湖和江南运河的河道,并有多条河道与五里湖相通,梁溪河两端均已建有控制水闸,是可封闭水域,且有梅梁湖泵站可调节水位高低,防洪问题已经解决,在调水时水质和太湖一样好,两岸均为平地。

2007年起梁溪河就停止了机动船舶的航行,为把梁溪河建设成为宁静美丽和富有诗意的居民休闲健身娱乐活动的河滨带创造良好条件。梁溪河从东到西的两岸均是新建的或在建的多层、小高层和高层住宅群。其滨水区域的功能就是市民公共活动场所和旅游风景功能,计划具有旅游船只夜航功能。两岸滨水区主要是建设供人们休闲娱乐健身的活动场所,配以大量的景观、绿化、小道、各式桥梁和小公园,如仙蠡墩遗址公园、蠡溪公园等,梁溪河已完成全河段8km河滨带的建设。滨水区的宽度根据河道弯曲、宽窄、叉河、原有建筑情况确定,一般宽度在5~50m之间,滨水区是与房产开发同时完成规划、建设。滨水护岸大多建成生态护岸,如堆石斜坡岸,自然草护坡等,在原有直立式挡墙的地方尽量降低挡墙高度,亲近河水,并建设亲水廊道和临河曲径。

4. 江南运河滨水区为滨水航道类型

江南运河是主航道,成千上万船舶日夜航行,两岸基本均是平原,只有城市西侧锡山和惠山屹立在运河西岸。运河水污染较严重,噪音较大,两岸现状基本均是直立式挡墙,防洪问题已解决。以后河滨带建设的一个重要任务是在确保防洪、排水安全的前提下,适度改建直立式刚性护岸,增加其空隙率、透水性、亲水性和生态性

运河两岸有公园、住宅群、商务区、工业区、农业区。航道模式主要分为以下二类。

(1)主城区滨水航道类型 在吴桥—下甸桥段,属城市中心区,滨水区建设与城市功能和形象相协调,体现"都市景观、景观轴线、生态廊道、滨水风情"的理念,继承文化传统,成为有吸引力的观光带和旅游场所,并与两侧的道路和绿化相协调,以景观为主,植被以多道布置的乔木为主,乔灌结合,树草结合,滨水区宽20~50m,以有利于削减船舶噪音。建设长度13.3km,规划总面积9.48km^2。

(2)非主城区滨水航道类型 主城区以外的运河地段目前主要为农业区,以后随着城市化的进程均将进入城区,为工业区、开发区、商务区、住宅区覆盖,而农业区越来越少。该部分的滨河区域一般同主城区:道路、绿化等,但景观程度可减小,在住宅区附近建休闲娱乐活动场所。

5. 长江滨水区为滨江类型

长江是国家航道,江阴段长江大堤的防洪标准很高,水质好,但混浊程度较高。有多条河道入江,入江河道两岸的堤称谓港堤,江堤和港堤组成了防御长江洪水的屏障。

江阴段滨江区,除城区部分河段旁有山丘以外,其余均为滨江开发区,其岸线基本已得到充分开发利用。有3类:

(1)山丘滨江类型 以建设山地公园为主,如黄山公园、鹅鼻子公园等,登山望水,宏伟壮观,山—公园—长江大桥—江水组成一幅完美的山水图卷。

(2)城区滨江类型 巧妙组合江堤、港堤和滨江道路,滨水区景观功能以休闲、娱乐、亲近江水为主,配以绿化,与城市功能和形象适应。

(3)开发区滨江类型 城区以外地段,均将建成开发区。滨水区域与开发区的功能和形象相协调。利用江堤和港堤建设相应的道路运输系统和码头装卸系统,并配之以相应的景观和绿化。

6. 伯渎港滨水区为历史文化类型

伯渎港为无锡市区东南部的一条历史名河,长度24.1km。其中有9km在无锡城市防洪控制圈内,两岸已建有护岸。根据记载伯渎港系由古代名人商周时期的泰伯领导,为发展农业耕作和航行开挖而成,其滨水区多历史遗迹和具有浓重的水文化氛围。伯渎港水污染

较重,现在正在大力控制污染、封闭排污口,确保伯渎港有良好的水环境,同时根据其历史文化渊源建设滨水景区,除一般的景观绿化要求之外,更注重历史遗迹保护、开发,并注重水文化氛围的建设。已经完成 1/3 的河滨带建设工程,准备在 3~5 年内全部完成,并且建设为历史、水文化旅游地。

7. 长广溪滨水区为湿地公园类型

长广溪全长 11km,为国家级城市湿地公园,其滨水区建设为湿地公园模式。除按河滨带一般的景观绿化要求之外,同时按湿地、公园的要求统一建设,按开放式公园供游人游览、观赏、品味的要求,注重自然湿地建设和生态系统生物多样性的安排、布置,展现湿地系统利用雨水池蓄积雨水,利用生态护岸、土壤过滤等控制和削减地面径流污染的建设布局。采用水生植物净化水体的布置,以及对湿地及其功能、生物多样性的展览和展示。已经建成湿地公园试验段及长广溪国家级城市湿地公园展示馆,再经过 2~3 年建设可全部完成湿地公园建设。

二、宜兴林庄港朱渎港河道水体修复技术与示范工程

宜兴林庄港朱渎港河道水体修复是在大浦建立农业农村河网面源控制示范区的一部分,承担单位系无锡市太湖湖泊治理有限责任公司,合作单位为有关大学和科研机构(以下依据中科院土壤所杨林章研究员团队的资料)。林庄港、朱渎港是宜兴大浦范围内的两条主要河道,两条河道均属于太湖西部河网区的入湖河道。

(一)大浦区域河网沟渠生态修复系列植物

大浦区域有水生植物 34 科 57 属 75 种。其中沉水植物 18 种,浮叶植物 11 种,漂浮植物 8 种,挺水植物和湿生植物 38 种。包括芦苇、菰、菱草、微齿眼子菜、马来眼子菜、苦草、黑藻、菹草、荇菜、菱、水盾草、牛筋草、稗草、苘麻、地锦、葎草、酸模叶蓼、狗尾草、藜、浮萍、孔雀稗、水花生、水葫芦、紫萍、高秆莎草、水龙、红蓼、醴肠、苏丹草、苘麻、灰灰菜、节节草等。其中芦苇、菰、微齿眼子菜、马来眼子菜、苦草、黑藻、菹草、荇菜和菱等为优势种。

大浦河网沟渠生态修复系列植物主要选择浮叶植物水龙,挺水植物芦苇、菱草、慈姑,湿生灌木箕柳,沉水植物菹草、马来眼子菜、苦草、金鱼藻。其中水龙生态功能较强,一般情况下水龙的净光合速率高于水花生,在与蓝藻共栖环境下,黄花水龙能够通过与蓝藻竞争光照及吸收 N、P 等营养元素而达到抑制蓝藻生长的效果。

(二)林庄港河道水质强化净化与生态修复示范工程

示范工程总体布局如附图 7-4、图 7-1。示范工程主要包括河道生态清淤工程、卵砾石生态河床、木栅栏石笼生态护岸、半干砌石护岸、自然草皮护坡、坡面潜流构造湿地护坡、滨水带生态混凝土净化槽护岸(图 7-2),水生植物群落重建、仿生植物强化净化、堤岸绿化等工程。

其中坡面潜流构造湿地护坡系统,由 4 部分构成:堤岸、集水沟、生态床和主河床。自堤岸到主河道的植被带分别是:堤岸乔灌草植被带、灌草植被带、挺水植被带、浮叶植物及沉水植被带(图 7-3)。其中堤岸乔灌草带主要种植柳树、杜鹃、栀子花、狼尾草、结缕草等;灌草

带主要物种有箕柳、酸模叶蓼、稗草、红蓼、狗尾草等,位于集水沟两侧及床体上半部;挺水植被带主要物种有芦苇、茭白等物种,位于床体下半部;浮叶根生及沉水植被带主要物种有水龙、浮萍、苦草、金鱼藻等,位于床体边缘及主河床。

图7-1 林庄港修复前后景观

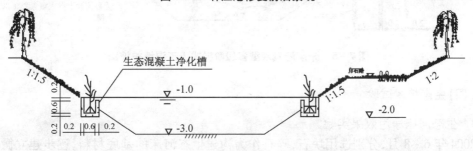

图7-2 滨水带生态混凝土净化槽护岸

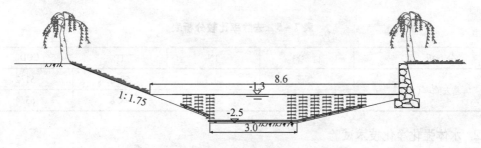

图7-3 生物填料在河道内布置剖面图

（三）朱渎港河道水质强化净化与生态修复示范工程

朱渎港位于宜兴市大浦镇，西联溪西河，东入太湖，工程区河道总长2029m，平均河宽28m，沿河道南岸有水泥小路。整个工程区河道两岸为自然边坡，基本无驳岸。示范工程包括清淤工程、景观型（图7-4）多级阶梯式人工湿地护坡（共设三级无砂混凝土槽，图7-5）。

图7-4　朱渎港生态修复前后景观

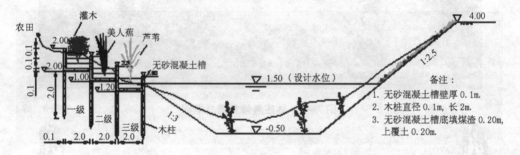

图7-5　朱渎港景观型多级阶梯式人工湿地护坡图

（四）生态技术试验

1. 生态河床净污效果实验

2004年6~8月，分别选用块石、碎石作为构建生态河床的基底材料，逐步建立微生态系统，水质净化效果良好（表7-5）。

表7-5　去除率比较分析表

分 析 项	材 料	TN	TP	COD$_{Mn}$
总去除率(%)	块石	28.1	50.8	51.2
	碎石	36.3	98.8	65.4

2. 水体强化净化技术试验

（1）仿生植物对河流水体的净化作用　在块石河床模型中添加仿生植物填料丝，增大河床微生物的挂膜面积，并引入天然河湖水体微生物种的驯化，增加仿生植物的块石河床模型的净化能力,该技术净化能力比纯块石的河床模型强。

(2)生物栅强化净化技术　利用4种弹性生物载体对河水进行复合处理,生物栅对于氨氮的去除率为25%~45%,总氮的去除率为15%~25%,磷酸盐的去除率为10%左右,COD_{Mn}的去除率为12%~25%。

(五)示范工程效果

选取河段Ⅰ、Ⅱ、Ⅲ、Ⅳ、Ⅴ共五段典型河段作为试验河段进行示范(表7-6)。示范工程河段运行对COD_{Mn}、TN和TP的去除率效果明显。其中,木栅栏石笼生态护岸河段(河段Ⅰ)对COD_{Mn}、TN和TP的去除率分别为3.0%~9.4%、13.4%~26.5%和13.2%~15.4%;仿生植物强化净化河段(河段Ⅱ)分别为9.2%、27.8%和14.9%;卵砾石生态河床河段(河段Ⅲ)分别为7.4%~18.2%、11.8%~16.7%和11.1%~27.9%;坡面潜流构造湿地系统河段(河段Ⅳ)分别为14.0%~14.6%、15.8%~17.7%和20.7%~26.5%;生态混凝土槽护岸河段(河段Ⅴ)分别为10.4%~15.2%、10.25%和11.3%。示范工程建设后,整个河道更加美观整洁,河道水面开阔,河岸稳固自然,水体清洁透明。

表7-6　试验河段典型特征表

研究河段	河长(m)	河宽(m)	典型特征			
			河床形式	护岸形式	水生植物	底质条件
河段Ⅰ	200	7	矩形非对称自然基底	木栅栏石笼/砌石	菹草	泥土+菹草
河段Ⅱ	60	8	梯形非对称仿生植物	自然草皮/砌石		泥土+仿生植物
河段Ⅲ	200	8	梯形对称卵砾石	自然草皮	金鱼藻　菱草	卵砾石+金鱼藻
河段Ⅳ	200	10	梯形非对称自然基底	构造湿地系统	芦苇　菱草　水龙　浮萍　苦草　金鱼藻	泥土
河段Ⅴ	200	12	复式非对称自然基底	生态混凝土净化槽	芦苇　菱草	黏土

第八章　建设湿地保护区和水利风景区

第一节　湿地保护区[21]

一、湿地作用和保护区

(一) 湿地概念

湿地是一种多类型、多层次的复杂生态系统。根据《湿地公约》,湿地的定义为:"湿地系统指天然或人工的,永久或暂时性的沼泽地,泥炭地或水域,蓄有静止或流动、淡水或咸水水体,包括低潮时水深浅于6m的海水区"。一般太湖流域的湿地,广义地讲,系指流域内全部的河流、湖泊(湖荡)、水库(塘坝)、沟渠,人工或自然水池,以及水田、鱼塘、滩地等;狭义的湿地一般系指陆域系统和水域系统间过渡的特殊系统,湿地具有与陆域生态系统和水域生态系统不尽相同的结构和功能。湿地生态系统为大气系统、陆域系统和水域系统的界面,呈系统脆弱性、功能多样性和结构复杂性等特征,在流域系统的物质循环输移和能量运动中具有重要的地位,并支撑着独具特色的物种多样性和较高的生产力。

(二) 湿地作用

湿地系统的作用主要是生态作用。其价值主要表现为直接利用价值和间接利用价值:湿地的直接利用价值表现为不仅具有提供水资源、水产品、航运以及湿地自然景观的休闲和旅游等直接经济效益,同时还具有调蓄纳洪;湿地的间接利用价值包括保护生物和遗传多样性,保存野生动植物物种,维持湿地生物多样性,维持淡水资源、减缓江河径流、拦蓄雨洪、固定二氧化碳、调节区域气候、文化遗产、景观价值、教育与科研价值等方面。湿地是太湖流域生态系统的核心类型之一。实践证明湿地在水资源量的调节和水质的保护上具有重要基础和关键作用,并与水体一起构成了完整的水资源生态系统。

1. 调节洪水

湿地制约和影响区内的水文条件,上游天目山和宜溧山区的水源形成区湿地,具有分配和均化河川径流作用,涵养调蓄径流。平原区河网湖泊湿地可拦截洪水径流,利用湿地的调蓄"库容"蓄积暴雨,减少洪水灾害。密布的河流可以改变产水系数,调节径流模数;平原区水稻田和鱼塘在调蓄外来洪水和蓄积当地暴雨径流、削减洪峰起着巨大的调节作用。

2. 提供生活用水

太湖流域的苏州、无锡、嘉兴等滨湖城市均以太湖及河道为饮用水水源。如2006年无锡市的生活用水3.2亿m³,10座日取水量5万m³以上水厂均从湖泊和河网或水库内取水,日供水能力达288万 m^3。随着经济社会发展,城镇化率和人民生活质量的提高,对安全健康水的需求也愈来愈高,城镇和农村生活用水量仍将呈逐渐增长趋势,供水服务功能不断加大。

3. 净化水质

（1）沉积净化水质　区域中湿地地势低洼平坦、植物阻滞、水流流速降低,有助于污染物随同泥沙颗粒沉积、储积于底泥中,使水体变清。湿地中的河湖沉积物可以反映河湖的类型及演变,河湖污染状况和特征。河湖沉积是污染物在湖底的储积。从流域宏观层面上看,入湖河流携带的营养物质经在太湖内自净、沉降、稀释,出太湖的水体水质大部分时间一般都达到Ⅳ类或接近Ⅳ类。湿地沉积过程可分为物理沉积、化学或生化沉积、生物沉积。湿地的平缓地形和植物阻滞,促使营养盐随泥沙沉降。湿地化学及生化沉积主要是水流在河网湖荡静态条件下,进入水体的污染物相互作用,导致可溶性盐沉淀。生物沉积指水生植物死亡腐败后的产物,在湖底腐烂分解、堆积。

（2）水生植物净化水质　湿地植被是有较高的生产力,能大量吸收同化氮、磷等营养物质,降低水体营养水平,同时生产出具有经济价值的生物产品。通过收获、利用可将大量的营养物质带出水体,形成污染物质输出水体的主要通道之一。以东太湖为例,水生植物年生长率 110×10^4 t,吸收水体和底泥中的氮3916t、磷496t,分别相当于东太湖氮、磷外源负荷量的58%和95%,通过水草收割,将大量营养物质带出水体。东太湖较强的生态自净功能和较高的生态系统稳定性及较高的生物多样性,使保持了好于太湖西部的水质。

（3）微生物净化水质　生长在植物间、水体和底泥的微生物,也增强了湿地的净化水质作用。同时湿地在遏制农药化肥进入水体和削减氮磷污染上可发挥重要屏障、前置库、沉淀池的作用,特别是降解、吸附有机污染,吸收有毒有害物质。

4. 构成湿地水生态景观

湿地是区内生物多样性丰富和生产力较高的生态系统。湿地生物丰富多样的构成又是生态景观的重要组成部分,形成了独特江南水乡风韵和水文化、水经济。湿地是区域的特殊的生态景观和生物资源库,也是经济社会可持续发展的资源基础和基因库,不仅保存野生动植物种,还有调节区域气候的生态作用。

（三）湿地类型和保护区

1. 湿地类型

太湖流域湿地主要类型包括:太湖环湖湿地,河口湿地,湖泊湿地,自然或人工河流湿地,湖荡湿地,浅山区湿地,以及水库、塘坝、鱼池、池塘、稻田、沟渠等湿地,还有少量的沼泽湿地。

流域处于较优越的自然地理地带,资源丰富,所以流域湿地类型多。据林业和中科院地理所等部门最新的湿地调查资料,太湖流域生物资源丰富。主要动物种类有:浮游动物79种,底栖动物59种,鱼类106种,两栖类共9种,爬行类25种(其中属国家一级重点保护的17种,省级重点保护的10种),兽类36种(其中属国家二级重点保护的5种,省级重点保护的7种),鸟类有173种(其中属国家一级重点保护的1种,属国家二级重点保护的6种,省级重点保护的6种)。有水生植物34科,57属,75种,其中沉水植物18种,浮叶植物11种,漂浮植物8种,挺水和湿生植物38种。底栖动物59种,其中:腔肠动物门1种,环节动物门

8 种,软体动物门 23 种、节肢动物门 27 种。

2. 河湖湿地的退化

长期以来,由于对湿地与水资源、水生态系统保护意识的滞后,治理污染和湿地退化的力度不够,管理体制不合理,湿地保护一直未能得到应有的重视,随着人口的持续增长与经济的快速发展,湿地破坏、退化较为严重,突出表现在各类主要湿地面积逐步减少(其中仅有水库塘坝湿地有所增加)、湿地生态系统污染严重、湿地生物多样性受到严重威胁,使湿地生态系统处于持续的退化之中。

(1) 湿地大面积减少　太湖流域 1950~1985 年间由于围湖造田、垦殖,湖体萎缩,平均每年减少湖泊面积为 14.69km²,围湖活动涉及到 239 个湖泊,其中消失或基本消失湖泊 165 个。据统计,近几十年,太湖流域已被围垦约 529km²,围湖主要发生在湖西区、阳澄湖区、太湖区和杭嘉湖区,共减少容积 8 亿 m³。其中围垦以太湖为主,影响防洪,加大洪水危胁。如太湖中东山岛、马迹山岛的围垦,东山岛变成今东山半岛,马迹山岛成为现今马山区(后为度假区、马山镇)。湖泊围垦大大减少了湖区面积,致使调蓄能力降低,不仅加速了天然湿地的消失,更严重的对湿地水环境和区域生态产生负面影响。无锡地区湿地面积总体也呈不断减少趋势。据调查,太湖(无锡部分)在 50 年代河湖水体中水生植物生长良好的面积有 200 余 km²,且生物多样性丰富、品种繁多,生物群落结构合理。20 世纪 50 年代以后,由于较大规模的围湖造田、鱼塘工程,至 2005 年水生植物生长较好水域的面积仅剩不足 20km²,减少 180km²,系由水污染和其他人为不合理的干予因素导至湿地萎缩和湿地面积减少所至。太湖中水生植物和其他水生物均大量减少;随着城市建设的发展,河道、池塘被随意填埋,河道湿地面积不断减少;随着经济社会的发展和乡村城市化的进程不断加快,相当多的水稻田用作建设用地,水稻田湿地面积减少,无锡地区由 20 世纪 50 年代的 2260km² 减少到现在的 1200km²。

(2) 湿地污染加重生物多样性受损　区域内人口密度高,城镇化率高,产污排污集中,许多天然湿地已成为工农业污水、生活污水的承泄区和生活垃圾的堆弃处。河网水质污染严重,几乎全为 V 类或劣于 V 类。北部湖湾如梅梁湖、五里湖、竺山湖均为劣 V 类水,其中竺山湖水质 20 世纪 90 年代以来急剧下降,水生植物从地毯状分布到如今已几乎荡然无存。贡湖和湖心区水质为 IV~V 类。湖体已呈富营养化程度,蓝藻“水华”每年发生,湿地植物退化。湿地污染,导致水文功能受损,湿地生物多样性衰退,物种丧失,水产品数量减少和质量下降,生活环境及旅游景观变坏,水污染已成为湿地退化的主要原因。

3. 湿地保护区

流域、区域的河湖均是湿地,由于水污染导致湿地的生态功能退化,为此对局部退化的要局部修复,严重退化的要修复、重建。全部湿地要保护,要有效保护湿地的生物多样性,发挥其调节洪水、供水、净化水质和水生态景观的功能。其中水源地、风景区和对治理水污染有重要作用的和面积比较大的湿地或湿地的某一区域要建立保护区,使湿地退化的趋势得到控制、湿地功能得到恢复,并且逐步进入良性循环。

根据无锡地区具体的水文地理和经济社会条件,湿地保护区可分为 5 类:① 太湖沿岸湿地保护区;② 河流入湖河口湿地保护区;③ 水源地湿地保护区;④ 河网间湖荡湿地保护区;⑤ 河道湿地保护区。把规模较大的生态修复区都建设成为湿地保护区。

4. 建立统一管理机构

湿地保护区,流域、区域尚未建立有明确的管理体制和管理机构,所以流域、区域要建立职责明确、管理有效的管理体制、管理机构,对湿地、湿地保护区进行统一规划、建设,采用一整套工程技术措施和配备一定人员,每块湿地保护区责任到单位、到人,达到在整体上改善生态群落结构和多样性,并大幅度提高其水体自净能力和发挥其全部功能的目的。

5. 湿地保护区的要求

湿地保护区应划定范围,包括已经建成的湿地保护区和准备建设的湿地保护区;建设湿地保护区应在总结成功经验后逐步推广扩大,并提高管理水平和生态修复效果;先实施水源地湿地保护区和重点风景区的湿地保护区,以后分阶段推广;将湿地建设和景观、科普教育、物种多样性保护有机结合。

二、建设十六块湿地保护区

无锡市根据河湖水面积、水域位置和功能、水域目前和将来的重要性、风景旅游的要求、市民生活水平的提高和观赏要求,以及生态城市、乡镇的建设和经济社会的发展要求等因素,计划建设16块湿地保护区(见图8-1)。

1. 五里湖湿地保护区

五里湖(蠡湖)湿地保护区范围为五里湖犊山大坝以东全部水域(含可控制的入湖河段),控制面积7.7km²,其中西五里湖2.9km²,2005年已完成西五里湖人工生态修复区1km²,改善水质和水生态效果很好,生物多样性得到恢复,由于西五里湖水生态系统自我修复能力的发挥,其他近2km²的水质、水生态也得到很好改善。东五里湖再规划建设人工生态修复区2km²,主要在湖岸100~200m范围内种植水生植物,靠近岸边种植挺水植物芦苇、香蒲等,其余区域主要种植沮草等沉水植物和睡莲、菱等浮叶植物,其中湖岸水域的挺水植物带已经基本形成。在合适的环境下,经人工修复和历经多年的湖泊自我修复,不断增加水生植物覆盖度,有效发挥净化水体的作用,确保五里湖水质在各类水污染防治措施的共同作用下全面达到Ⅳ类,生态系统逐步进入良性循环,成为名副其实的无锡城市景观湖泊。

2. 梅梁湖湿地保护区(4个区域)

(1)小湾里水源地保护区　小湾里是梅梁湖东岸水域中的水源地保护区,要对已经进行生态修复的7km²水源地保护区,加强管理,实施长效管理,并总结经验,提高其净化水体的能力,发挥改善水环境的更大作用。

(2)直湖港武进港河道入湖口湿地保护区　位置在直湖港、武进港河道进入梅梁湖的入口处。该保护区结合入湖河道前置库工程规划生态修复面积4km²,作为直湖港、武进港河道入湖时的沉淀池、前置库,大量削减河水中的污染物,有利于改善梅梁湖的水质。

(3)三山以北湿地保护区　位置在梅梁湖三山以北,范围包括三山至渔港乡之间的大部水域,是一个浅水区域。该保护区规划生态修复面积4km²,充分发挥水生物净化水体的作用,同时充分发挥这一区域的景观作用。

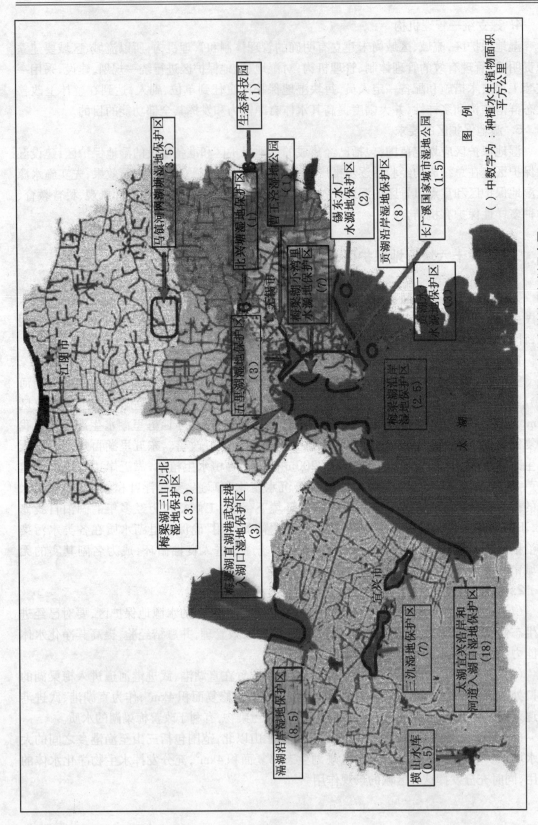

图 8-1　无锡市 16 块主要湿地保护区和水生态科技园规划示意图

（4）沿岸湿地保护区 保护区在梅梁湖东、西部二岸。计划建设湿地保护区,梅梁湖东岸长4km,西岸6km,水面宽200～300m,生态修复面积共2.5km²。该湿地保护区建成后能够有效的削减风浪,减少湖底淤积物的悬浮,增加水体自我净化能力,控制和部分削减随东南风吹来的藻类。有风景要求的区域种植景观植物。

3. 贡湖湿地保护区(3个区域)

（1）南泉水厂水源地保护区 位置在贡湖西部南泉水厂取水口的周围,该保护区的作用主要是保护贡湖水厂取水口,使该水域的水质满足饮用水水源地的水质要求。该保护区水域计划生态修复面积1.5～2km²。

（2）锡东水厂水源地保护区 位置在贡湖东部锡东水厂取水口的周围,该保护区的作用主要是保护锡东水厂取水口,使该水域的水质满足饮用水水源地的水质要求。该保护区面积0.5～1km²。在保护区周围建设一圈围隔,留有进水口,以大幅度削减风浪,减少淤泥悬浮,改善水质,确保保护区内水质达标。

（3）贡湖沿岸湿地保护区 保护区在贡湖北部沿岸,20世纪50年代有茂盛的水生植物带宽度500～1000m,现存挺水植物芦苇和浮叶植物菱等组成的水生植物带宽度为50～100m,说明经过改造是可以适当的恢复一定宽度的水生植物带的。计划建设湿地保护区的长度为23km,宽度为300～500m,生态修复面积8km²。该湿地保护区建成后能够有效的削减风浪,减少湖底淤积物的悬浮,增加水体自我净化能力,控制和削减随东南风吹来的藻类,保护无锡主要的水源地。

4. 太湖西部宜兴沿岸和河道入湖口湿地保护区

保护区在太湖西部的宜兴沿岸,20世纪中叶有茂盛的水生植物带,宽度一般在1000～2000m,后由于建设太湖大堤等人为因素,湿地已经变为陆地,现存水生植物带宽度为50～100m,主要为芦苇等挺水植物,该区域是应适当的恢复一定宽度的水生植物带。计划建设湿地保护区的长度为43km,宽度为250～400m,其中包括16条河道入湖口,生态修复面积共22km²。该湿地保护区建成后能够有效的削减风浪,减少湖底淤积物的悬浮,增加水体自我净化能力,有效削减16条河道入河污染物,控制和削减随东风吹来的藻类,有效保护太湖。有风景要求的区域种植景观植物。

5. 三氿湿地保护区

该湿地保护区的控制范围为宜兴市西氿、团氿、东氿(湖泊名,统称三氿)的全部水面积,共21.38km²,其中团氿为宜兴的城市景观湖泊。三氿均为浅水型湖泊,原来该区域水生植物茂盛,后由于水污染严重,水生植物的生长环境开始变差,水生态系统受损。现在建设该湿地保护区的目的是恢复三氿良好的水生态系统,满足风景旅游、景观要求。该区域计划生态修复区域为7km²。三氿湿地保护区的建设,前提是治理、阻挡陆域污染源的入湖,大幅度削减入湖污染负荷。在有风景要求的区域种植景观植物。使成为良好的宜兴城市景观湖泊。目前环团氿景观带和城市公园已建成。

6. 滆湖沿岸湿地保护区

滆湖位置在宜兴北部,为宜兴与常州共有,为浅水型湖泊。该保护区无锡的控制范围45.5km²,原来该区域水生植物茂盛,后由于水污染严重,水生植物的生长环境变差,但目前该区域还有大量的水生植物群落,主要是芦苇群落。建设该湿地保护区的目的是恢复滆湖良好的水生态系统,生态修复面积(含原有的)8.5km²,沿湖岸17km,宽300～600m,以改善水生植物的生长环境。该保护区建设的前提是陆域污染源治理,特别是环湖5km及入湖河道上溯10～20km的点源与面源的治理、控制。

7. 横山水库水源地保护区

在宜兴南部山区,保护区包括水库全部水面11.75km²,上游河流及其周围区域,上游全部控制面积为154.8km²。采用多种形式的生态修复技术(具体见第十章第四节)。

8. 长广溪国家城市湿地公园

为国家批准的城市湿地公园,在五里湖以南,贡湖以北,控制总面积23km²,长广溪长10km,宽50～300m,人工生态修复水域及滩地面积为2km²,其余为河道两侧的陆地生态修复。其目标为控制区域内的地面径流污染,改善长广溪水质到Ⅱ～Ⅲ类,建成城市湿地公园,供人们游览,进行生物多样性和热爱自然的教育,已经完成试验段建设,分阶段实施,2～3年完工(具体见本章第二节)。

9. 曹王泾湿地公园

曹王泾位置在五里湖以东,是一条连接五里湖与江南运河的河道,全长6.35km,宽50～200m。五里湖周围和曹王泾两岸,在城市总体规划中为城市湿地公园,作为市民的休闲、娱乐、健身活动区域。湿地公园控制面积为4km²,包括河道与其两岸的陆域部分,水域面积为1.5km²,其中人工生态修复水面积为1km²。

10. 北兴塘湿地保护区

位于市区的北部,惠山区和锡山区范围内,包括北兴塘河流及其周围的湖荡,控制面积5km²,水面积2km²。北兴塘河长10.1km。北兴塘湿地保护区作为惠山区和锡山区市民的休闲、娱乐、健身活动区域。保护区计划生态修复水面积1km²。

11. 马镇河网湖荡湿地保护区

马镇河网湖荡湿地保护区,位于江阴市南部的马镇(现改名为霞客镇)周围,控制面积50km²,包括马镇周围河道及湖荡,其范围北起青祝河,东至祝塘河,南和西南至界河(其中不含高地)。其间有璜塘河、苏桥浜、曙旦河浜等河道,及五房白荡、百丈白荡等湖荡,其水面积4km²。保护区计划生态修复水面积3.5km²。湿地保护区的基本构思要求与徐霞客旅游区的规划相协调,同时成为当地市民的休闲、娱乐、健身活动区域。

三、水生态科技园[8]

计划建设的无锡市水生态科技园,位于锡山区东部,合计面积4km²,该园区包括宛山荡(湖泊)的一部分及其北部的河网和农田等。水生态科技园立足于中国的历史和风土人情环境共生的社会模型设施,集环境保护、科学实验、教育文化和产业、居住、休闲、娱乐于一体的新型开发模式,通过重新构筑自然和人的关系,建设新型的土地与历史文化相协调的设施。水生态科技园应作为循环自立型环境共生综合城镇的模型设施。水生态科技园主要进行河网湖荡的生态修复、农业农村污染控制、雨水利用、雨水的拦截过滤减污、再生水回用等试验示范,并与春秋古都文化与水乡文化相结合。水生态科技园包括水生态示范区、生态农业区、生态休闲区、生态科研区、生态旅游居住区、生态自然林区5个区域。现正在筹备建设中。

四、为河湖生态修复和湿地保护立法

以往生态修复和湿地保护方面的法律法规比较少,特别是流域、区域地方性法规更少,满足不了生态修复、湿地保护、保护区和生态景观建设、管理的需要,所以要制订生态修复、湿地保护和保护区建设和管理的法规。根据区域情况,建立有林业(农林)主管部门统一领导,有水行政、环境保护和其他有关部门协助、分级分部门管理、责任到单位、落实到人的管理体制。对每一块生态修复区、湿地保护区、生态景观区的建设管理、长效运作管理和监督管理要做到责任单位、管理目标、责任人员、管理职责、管理制度和管理经费"六落实"。

第二节　无锡市长广溪国家城市湿地公园工程

无锡市长广溪国家城市湿地公园是建设部 2005 年批准设立了 9 处国家城市湿地公园之一。建设部要求,坚持"重在保护、生态优先、合理利用、良性发展"的方针,严格执行建设部《国家城市湿地公园管理办法》,建立健全保护管理机构,划定保护范围,编制保护规划,设立界碑、标牌,划定绿线,搞好资源监测,建立地方保护法规,严格保护管理。并要切实加强领导,搞好国家城市湿地公园的保护、利用和管理工作,切实维护好湿地生态系统的特性、基本功能和生态平衡,保持和最大限度地发挥湿地的生态系统的效益,保护湿地生物多样性,促进湿地资源的可持续利用,实现城市的可持续发展和人与自然的和谐共存。

一、长广溪湿地

(一)自然环境

长广溪位于无锡市的东南部、锡南片的西部,西依军嶂山、雪浪山,南傍太湖的贡湖湾,北傍五里湖(蠡湖),东边与建设中的无锡太湖新城相邻,处在城一水一山的中间地带,是城市与山、湖等自然体的过渡空间。长广溪全长 11km,宽度 15~40m,多年平均水位 3.06m,历年最高水位 4.88m(1991-7-2),枯水期水位 1.3~1.7m。长广溪水系是平原河网区,有多条小河道流入其中,河道内水流通过几个控制水闸进行调控,因此,河道内主要维持从贡湖到五里湖(由南往北的流向)的水流,暴雨期间,为了降低五里湖水位和减轻市中心的洪水,闸门将控制水流方向为由北往南的流向。

公园规划区:① 地质地貌:以堆积平原为主,局部分布有零星的残丘,地势平坦,地面高程 3~5m;② 土壤:湿地公园范围内土壤主要为潮土、水稻土、黄棕壤等,土壤肥力水平较高;③ 植物资源:地带性植被为亚热带常绿、落叶阔叶混交林;④ 现有湿地植被类型:沼泽和浅水植物 2 个型组,森林沼泽型、草丛沼泽型、漂浮植物型、浮叶植物型、沉水植物型 5 个植物类型,23 个群系组,29 个群系;⑤ 动物资源:常见野生鸟类主要有白鹭、池鹭、牛背鹭、树麻雀、金腰燕等,公园规划区水域底栖生物较为丰富;⑥ 湿地类型:属淡水河流湿地,主要

有河流、滩涂及池塘、沟渠等人工湿地。

20 世纪 50 年代以前,长广溪基本呈现原生自然状态,呈现典型的环太湖地区湿地生态系统和湿地景观,五里湖与贡湖通过长广溪进行水体交换,具有江南水乡中"水乡泽国"、"水鸟天堂"的湿地自然风貌。现在的长广溪,仍然保存有典型的淡水河流湿地景观,为全面恢复长广溪湿地生态系统提供了良好的基础。

长广溪湿地丰富的水体空间、野趣横生的植物、鸟类、鱼类都充满大自然的韵味,使人心静神宁,这体现了人类在长期演化过程中形成的与生俱来的欣赏自然享受。

(二) 水污染与水生态退化

20 世纪 80 年代以来,长广溪小流域地表构筑物增加、人口密度增大、工业化进程加快,导致长广溪水污染严重、水生态系统退化、生态功能降低和湿地自然景观遭到一定程度破坏。长广溪的现状水质为劣于 V 类,主要污染指标为 NH_3-N、TN,其次为 TP。

水污染原因:① 主要是大量生活、工业污水和农业、地表径流污染负荷进入长广溪及其支流;② 河道附近居民生活污水直接排入河内;③ 大量的生活和工业固体污染物被直接倒入河内;④ 过去的采石行为导致的河内产生大量沉淀物;⑤ 大部分的船民生活在船上并占用了部分河道,船舶污水和固体废物倒入河内污染水体;⑥ 河底淤泥的二次污染;⑦ 河道内的通航导致河底的沉淀物的重复悬浮,使水质混浊,妨碍水生植物和湿生植物的生长,且使一些河岸不稳定;⑧ 河道内缺少滨水植被,有大面积的河岸塌落,自然河堤失稳影响防洪功能。

水生态系统退化的原因:① 长广溪及其支流的水污染严重,很大程度上影响了水生植物和其他水生物的生长;② 大量围圈河道水面造田或造鱼塘,减少水面积;③ 人为过量收割水草。这些因素导致水生态系统退化。

二、规划的长广溪国家城市湿地公园概况

(一) 范围和功能

长广溪国家城市湿地公园位于无锡市锡南片的西部,湿地公园是集水生态保护与修复、示范、科普教育、旅游观光、休闲娱乐健身多功能于一体。湿地公园的建设将合理地发掘当地的优势自然资源,科学地优化、整合和提升无锡市的旅游产业。锡南片按市政府总体规划将建设成为有 50 万人口的太湖新城。湿地公园范围包括 11km 长的长广溪河道及其沿岸。全部规划土地面积为 23.79km²。

无锡市将长广溪水污染治理及其管理系统作为整个"城市湿地公园"的中心。湿地公园总体规划将结合一些娱乐设施、公共教育、解说中心和旅游景点等重要因素来重新整治河道。这些娱乐休闲设施不仅增加了体现太湖新城内重要的环境和社会特征价值的项目,同时培养和提升湿地重要性的公众意识,并促进湿地和水资源的保护工作。

长广溪在恢复与重建环太湖地区典型淡水湖泊、河流湿地生态系统和湿地景观基础上,突出湿地资源优势,强调湿地保护与湿地观光休闲,体现江南水乡文化,塑造无锡"城市绿

色客厅"和城市绿色自然美,把长广溪打造成国家级生态主题公园,湿地生态恢复与重建的国家级示范工程,成为我国湿地保护与合理利用的典型或模式,实现"人、城市、文化"的和谐统一。

(二) 总体目标

长广溪湿地公园的建设主要是为了改善并提高长广溪和五里湖水系统的水质,最终使河道系统与五里湖系统进入水生态良性循环和建设美丽的湿地景观,同时满足旅游观光、休闲娱乐、健身运动、科普教育的要求,满足无锡市和太湖新城经济社会长期可持续发展的要求。

(三) 分类目标

1) 改善水环境,近期使长广溪水质达到Ⅲ~Ⅳ类,最终达到Ⅱ~Ⅲ类。大量减少生活、工业、农业和其他非点源污染物进入河网;通过较低的维修费和非结构技术削减污染物,并增强河道和湖系统内的水体自净能力,改善水环境,同时有利于五里湖水质达到Ⅲ~Ⅳ类。

2) 建立各种不同类型的可持续发展的河道水生态系统。

3) 保护、修复和恢复陆生与水体生物栖息地。

4) 发展水生态保护和修复的科普公共教育设施、基地。

5) 建设一整套旅游观光、休闲娱乐、健身运动设施,满足太湖新城乃至无锡市的需求。

6) 建立一整套的水量、水质、水生物的监测设施。

7) 湿地公园建造成为重要的旅游胜地。为无锡市和蠡湖新城及太湖新城吸引更多的游客和进一步改善投资环境作出贡献。湿地公园将成为无锡市的标志性项目,湿地公园结合园林景观设计,达到美学上的连贯性和自然连接。

三、湿地公园布局

长广溪城市湿地公园水环境改进系统主要是建立一个综合性的池塘、湿地和其他非结构水质改善设施等组成的系统。这样一方面改善长广溪水环境,同时,另一方面就可以在水排入五里湖前先进行过滤、净化,有利于达到改善五里湖水环境的整体目标。同时建设配套的旅游观光、休闲娱乐、健身活动、科普教育设施和生态改善设施。

(1) 在长广溪东侧建设一条较宽的河道　以提高市区泄洪能力,同时适当扩建长广溪,使拥有更大的横截面和更自然的河漫滩以疏缓丰水期水流,长广溪设计的最高水位为4.2m。

(2) 建设河道两侧岸边的80hm² 的湿地系统　建设一连串湿地系统目的是为了通过湿地过滤系统长期提供长广溪干净的基本水流;同时河道的浅水区和滩地等自然区域将有助于增强河道的生物多样性,缓冲区保护河道免受邻近开发区导致的潜在影响,并确保河道和湿地系统能长期可持续安全运行。在河道的非中心水域种植沉水植物,在浅水区种植挺水植物、浮叶植物,在滩地、漫滩区域种植湿生植物,在河道、支流及其两侧养殖适宜的水生动物、两栖动物和底栖动物。

(3) 在贡湖边建设一个抽水泵站　泵站流量每秒3~5m³/s,也可适当扩大流量,抽引贡湖水到湿地系统,从贡湖供水到长广溪河道和支流及其两侧河岸的湿地系统,以维持基流,并确保湿地内的植物带能正常生长,同时解决五里湖补水换水的需求。

(4) 整个湿地过滤系统建设19块单独湿地　作为长广溪河道及支流的排水区的水质改善设施。这些湿地公园内湿地的设计不仅在视觉上美观,使生物更加多样性,且具有教育意义。小块湿地一般有3种设施:① 地表径流式,即敞开式水池,里有漂浮植物、浮叶植物群或其他水物群;② 地下径流式,即污水流经地下层的颗粒中介,植物种植在砾石过滤池中。这个系统的优点是可以控制、处理污水以及控制气味;③ 垂直径流式,即由水泵将污水送到湿地,污水由于重力作用注入地下砂砾层的过滤系统。加强污水过滤功能,能更有效地去除杂质。以上3个系统都适用于长广溪国家城市湿地公园。但在长广溪湿地处理污水的工艺优先采用的是"地表径流",其次是其他两种湿地。小块湿地污水处理量为 $11 \sim 25 m^3/d$,并根据和不同的情况确定各个不同的水力停留时间。植物的类型包括灌木、芦苇和香蒲等。一般情况,根系繁茂的湿地植物每天每 m^2 可增加 $2 \sim 6g$ 氧气。

(5) 将雨水收集和排放到雨水管理设施　整个湿地公园建设20多个相应规模的雨水收集水池和相应的配套管理设施。

(6) 在河道上建设控制工程　在进入长广溪的支流河道上或入贡湖河道上建设控制系统。主要是节制闸和船闸,作用是控制湿地公园外的河道污水进入长广溪和控制长广溪水的流向。除了已经建成的长广溪闸、板桥闸、吴塘门套闸、壬子港套闸、新港闸、黄泥田港闸等,还要在长广溪东侧的支流河道上建设横港闸等。

(7) 生态改善设施　建设各种不同的植物带,设计一系列独特的群落交错区以保护和留存自然存在的天然植物群和栖息地;保护和修复栖息地,主要是鱼类、两栖动物、鸟类和野生动植物栖息地的保护、修复和创建,栖息地的修复和创建主要以植物群落设计而不是以物种为向导,旨在创造一个多样和可持续性生态景观环境。

(8) 旅游解说中心　解说中心提供湿地公园存在的意义和功能,湿地系统对于改善水质的效率所作的贡献等。

(9) 路径网络系统　徒步小径为湿地公园两边的植物带和开发区提供了连接的纽带,同时连接湿地公园内的主要景点。

(10) 解说服务设施　如告示牌和观察区将提供湿地公园和湿地公园内的物种和栖息地的功能和重要性等信息,吸引更多的人来参观湿地公园内的主要景观,提供有关湿地内设施、净水的重要性和栖息在湿地公园内的物种等信息,有助于开展科普教育和发展旅游,为游客和市民来参观湿地提供一系列服务。

(11) 休闲娱乐健身设施　建设配套的休闲、娱乐、健身设施,使游客、市民有一个良好的环境,包括休息的凳子、亭子、遮阳挡雨设施,活动、健身场地、设施,娱乐和饮食的场地、设施等。

(12) 检测站设施　建立监测和改善湿地系统内的水质。这些设施有助于将湿地公园定位为一个活生生的图书馆,为无锡市的中小学和大学提供学习工具。

以上各类系统、设施一方面是为了长广溪和蠡湖的水环境改善,另一方面是为了实现湿地公园的整体目标,使其成为太湖新城内的社会、娱乐和环境中心。

四、湿地公园水环境水生态改善系统

（一）湿地公园内部系统

长广溪和五里湖的水环境水生态改善系统，由5部分组成，它可使长广溪和五里湖河湖系统能达到水质良好和水生态系统改善的目标。

1）在流入长广溪河道前，水池、湿地和雨水管理设施系统将对锡南片、太湖新城区域排放的污染物、污水进行预处理。

2）有一系列的用于水处理的湿地系统，使水流经湿地时，得到过滤和净化。

3）河水的控制与调水系统。将保持河道基本流量和一定的水位，确保湿地公园外被污染的河水不进入长广溪，利用水泵系统从贡湖将小流量的水输入湿地进行过滤，构建清水造流机制。通过这样的系统，长期为河道系统提供清洁的基本水源，维持湿地内植被的生长。目前长广溪河道的水流方向不定，水流方向依赖于五里湖和贡湖水位调节驱动。湿地公园将维持非汛期河道的水流主导方向为从南到北。

4）为了避免太湖新城区和未来发展区潜在的洪水泛滥影响，将设计一条更宽更自然的河道来转移洪水水流。

5）控制生活、工业污染系统。加快城市化进程，原有的自然村庄将并入居民新村集中居住，大部分工业企业将搬迁进工业园区，只保留少部分的入水污染负荷很少或不产生入水污染负荷的企业，届时将大大减少生活、工业污染对水质产生的影响。同时存在于湿地公园的少量生活、工业产生的污水全部接入污水收集管道，进入湿地公园外的污水厂处理，其产生的固体污染物全部集中收集外运、无害化处置和进行资源化利用。

（二）湿地公园内的污水处理系统和水生态改善系统

一系列的污水处理技术将用于长广溪城市湿地公园的基础设施系统，这里污水主要是指地面径流污水、少量的生活污水、少量的养殖污水。雨水处理系统和改善水生态系统的建成是湿地公园的中心点。采取以下积极的最佳污染处理设施方案：

（1）雨水池系统　把在设计降雨量范围以内的雨水全部蓄积在雨水池系统内，并根据各类不同情况进行分别处理。

（2）湿地系统　是湿地公园内水生态系统的主要部分，可以直接、间接蓄积、拦截、过滤地面径流的污染。湿地是非常有效的水质净化器，尤其适用于长广溪，因为南方地区植物生长的季节性较长，有利于提高去除污染物质的效率。

（3）雨水池与湿地混合系统　是上述两个系统的混合系统。

（4）过滤系统　这里是指地面以下的土壤对污水、雨水的过滤系统。包括由砂砾和其他过滤物质组成的水平过滤系统和垂直过滤系统，以及二者的连接系统。

长广溪城市湿地公园中，大量采用前3个系统；而后1个过滤系统采用得比较少。其原因是：主要是地下水水位离地面非常的近，限制了实施渗透方案的可能性。

长广溪非点源污染控制措施主要利用湿地、雨水和地面水收集池塘进行。其中人工湿

地单元,由一系列水池组成,每个水池都有一个特定的土壤中介器和植物群体,污水也可由水泵输送,通过这些植物群体进行过滤。

一般情况下,湿地和雨水池通常可以去掉70%进入设施的污染物质,使地面污水和雨水在排入湿地公园河道前能得到控制和处理。雨水池和表面水收集系统是通过分离方法把悬浮固体物质和附在悬浮固体物上的合成污染物(如磷)去掉。湿地是通过沉淀、过滤、吸附、吸收、生物净化等方法来去除污染物质,其中生物净化水体主要是通过植物将水中的和沉淀后的营养物质吸取作为其生长的营养来源,然后经植物过滤、吸收以达到去除营养物质的作用。

(三) 湿地公园外部系统

(1) 建设太湖新城的城镇集中污水处理系统　建设有足量处理能力的和高标准的污水厂,及其配套的污水收集管网,把太湖新城,包括湿地公园内的全部生活、工业污水都引进污水厂进行集中处理,并提高污水厂尾水排放标准达到一级 A,并对污水处理厂排放的尾水继续进行深度处理或再生水回用。

(2) 建设太湖新城其他非点源污染的处理系统　主要有农业污染、地面径流污染、航行污染的处理,其中包括增加地面水和雨水的处理和管理设施。

(3) 建设五里湖周围污染综合控制系统　控制湖周围生活、工业、农业污染不入湖,封闭全部入湖排污口,实行生态清淤、生态修复、生态调水。湖周围河道系统,包括全部入湖河道的两侧均增加地面水和雨水的处理和管理设施,确保水质达到Ⅳ类。若防洪时或长广溪水从北到南流动时,也能确保长广溪水不受污染。

五、雨水蓄水池

雨水指的是因降雨引起的地面上积聚的水,包括来自不透水的道路、场地和屋顶的径流及其他地面的径流。当区域内的土地使用方式从农村变成城市时,雨水产生地面径流的流量、流速、水量和水质都将相应地变化,主要是太湖新城的建设减少了土地潜在渗透过滤功能和降雨期间土壤水分蒸发功能,大量硬质铺地增加了地面径流系数,增加了流入河系统的雨水量,增加了高流量频率和洪峰流量。具体来说:① 地面雨水径流量将增加,这是因为大部分区域将变成不渗水,如道路、屋顶和停车场;② 地面雨水流速将增加,这是因为雨水将在更光滑的表面而不是在土地植被上流动;③ 随着雨水的水流速度变快,河流被侵蚀的可能性也相应地提高了;④ 雨水形成地面径流的悬浮固体物质和金属的含量增加,道路上车辆排气所留下的灰尘和重金属将被雨水冲洗走并排入河内。

(1) 建雨水蓄水池的作用　建设雨水管理设施是一项重要措施,并与日后的太湖新城的发展应密切配合。雨水蓄水池是雨水管理设施的主要部分,是湿地公园中最主要的设施之一,还有一些辅助设施。雨水蓄水池能有效改善水质、减少对土地和护岸的侵蚀及有效进行流量控制。此外,雨水蓄水池也同时具有景观功能,并提供娱乐休闲设施。

(2) 建雨水蓄水池的功能目的　为了确保雨水径流的沉淀分解和吸收污染物质,一般在降雨结束后的2~3天内慢慢将水排放。在这2~3天期间内,污染物在排放到河流前就在雨水管理设施内进行处理,并且能够基本处理完毕。

（3）雨水蓄水池由两部分组成 "永久池塘"和"延伸存储池"。永久池塘对水质处理起着非常重要的作用,在暴雨期间,永久池塘削减了支流的负载。暴雨期间从池塘中的排放将会被削减。延伸存储池指的是一个主动式存储,可在暴雨期间和之后较短的一段时间使用,随后就较快地排放出去。主动式存储和延伸滞留在降雨期间要根据径流量的大小来决定。

（4）按建雨水蓄水池的位置分类 雨水蓄水池根据其位置,一般可分为地面和屋顶两类。主要采用地面雨水蓄水池,其是在地面上开挖一定容量的水池和配置一定的设施,包括进出水渠道或管道、种植水生物和其他必要的设施;屋顶雨水蓄水池是建在屋顶或其他构筑物的上部,屋顶雨水蓄水池一般可与屋顶绿化相结合,可用于浇灌、冲洗等。

（5）按降雨量多少规划设计雨水蓄水池 雨水蓄水池的大小要根据降雨量、降雨强度、排水区域范围、要求的保护水平和地面渗透性等因素来决定。在长广溪规划区域,土地使用规划中不渗透面积的平均百分比为70%,一般年份,当降雨量25mm时,规划区内雨水蓄水池的大小应该根据提供每 hm^2 排水面积 $130m^3$ 水池存储量来计算。当降雨量 $40\sim50mm$ 时,地面径流系数取 0.6,规划区域内的雨水蓄水池的大小将根据每 hm^2 排水面积 $300m^3$ 水池存储量来计算。典型的雨水蓄水池横截面呈梯形状,雨水蓄水池的积水深度一般为1.5m,也可根据区域实际情况加深一些。

六、投资与实施

（1）投资概要 长广溪国家城市湿地公园估算总投资为11亿元,其中种植水生植物和陆域植物投资8亿元。

（2）实施计划 一次规划,分期完成。计划到2010～2012年完成全部工程,在制订好总体规划后,根据具体情况制订分期实施计划,并在实施过程中,不断完善和适当改进。

（3）工程已实施情况 2006年开始实施长广溪国家城市湿地公园试验段工程,至今已完成新长广溪大桥至五里湖之间的长广溪河道300m长度范围及其两侧范围内湿地公园有关工程的建设,建设项目有河道湿地、两岸的生态岸护和滨水区、雨水管理池、地面径流及其控制设施、地面径流污染横向和垂向过滤系统、湿地公园陈列馆,以及重建古石塘桥廊桥等,其中两岸生态滨水区包括植树种草绿化、亭子、码头、水上木栈桥、游园小道、河道清淤等。

七、预期效果

1）长广溪湿地公园全面建成后,长广溪的水质可以达到Ⅱ～Ⅲ类,流域水生态系统可以转入良性循环。一般湿地需要3～5年或更长一些的时间植被群才能长成并稳定,湿地系统功能才能逐步发挥和取得预期的功能目标。根据已经建成的一段长广溪湿地的效果分析,一是长广溪湿地周围的点源完全得到控制,二是长广溪湿地建设了良好的生态系统和雨水池,可以全面控制降雨形成的地面径流,雨水经雨水池过滤排出,可达到Ⅲ类。再经河道内以植物为主的水生态系统的净化水体的作用,水质可估计进一步改善到Ⅱ～Ⅲ类。

2）长广溪湿地公园同时建设成为水生态科普教育基地。现长广溪湿地公园的科普展示馆一期工程已经建成。

3）长广溪湿地公园可成为无锡市,特别是锡南片太湖新城、五里湖周围及五里湖北面蠡湖新城居民休闲娱乐健身活动中心区域,其中,由于生态环境良好,空气中负离子增加,非常有利于市民的身体健康。

4）长广溪湿地公园可成为无锡市一个新的风景旅游观光的重要风景点。

5）有利于锡南片太湖新城、五里湖北面蠡湖新城房地产的增值。现在长广溪湿地公园已建成的一段周围的地块已经成为房地产开发的热点地区,房价连年增值。

6）有利于进一步改善投资环境。

7）有利于五里湖水质进一步改善。

8）有利于太湖新城、蠡湖新城,乃至无锡市的经济社会的可持续发展。

第三节　水利风景区

无锡地处长江三角洲,北临长江,南濒太湖,京杭运河横亘其中,水网密集,呈典型江南水乡风貌,美妙多彩的自然风光,深厚的水文化淀积,可谓无锡因水而美,因水而富庶,水是无锡的灵魂,水是无锡的特色,无锡充满温情和水。自古以来,无锡以水、水工程、水文化和江南人的品质深度融汇一体,形成闻名中外的旅游名城。特别是近年来,无锡市政府组织有关部门,诚邀中外专家精心谋划,为打造人水和谐的滨水生态城市,为无锡市水生态系统保护和修复提供科学依据及富寓创意的规划设计,投入巨资加强生态和景区建设,通过技术的、行政的、法律的、经济等措施,治理水污染,遏制并修复水生态退化,提高水资源的承载能力和水环境容量,恢复山青、水秀、天蓝的城市生态环境,为社会经济的可持续发展提供保障。无锡市以水为基础,依托生态水利工程和水生态修复,建成或在建了不少景区项目,如长广溪湿地公园,五里湖生态修复与综合治理工程,梁溪河综合整治与景观建设,蠡湖新城建设工程,犊山闸水利枢纽等。宜兴横山水库被水利部列为水资源保护试点工程,并于2006年被命名为国家水利风景区。梅梁湖2007年被水利部命名为国家水利风景区。无锡市水生态系统保护和修复被水利部列为示范项目。无锡市依托水和水工程建设水利风景区做了大量的工作,建成了闻名内外的旅游景区和项目,取得了丰富的经验,积淀和创新的丰硕成果。

水是重要的环境、经济、生态要素,是实现可持续发展的重要物质基础。在河湖生态修复工程中,充分利用水域（水体）及其相关的景观资源,依托已建和在建水工程建设形成的水利风景资源和水利风景区,供观光旅游。河湖生态修复应当看作生态水利工程的组成部分,满足经济社会发展和人类的需求,与此同时,建设集观光、游览、休闲、科普教育于一体的综合水利风景区,以满足经济社会发展和人们物质与精神文明的需求,实现人与自然、资源与生态环境的和谐。水利风景区维护工程安全、涵养水源、保护生态、改善人居环境、拉动区域经济发展等方面都有极其重要的功能和作用。在河湖生态修复和建设生态工程的同时,做好水利风景区建设,是加强水生态环境建设,有效保护水资源,促进人与自然和谐相处的重要措施,是落实科学发展观,实现人与水和谐,构建社会主义和谐社会的需要,也是现代水利、可持续发展水利的重要组成部分。

一、水利风景资源和水利风景区

(一) 水利风景资源

指以水工程为依托的水域(水体)为主体的及相关的集自然和人文景观之美,吸引人们,为旅游开发利用,在保护的前提下,能实现环境优化组合,物质良性循环,经济、社会、生态环境协调发展,具有较高观光、欣赏活动的各种事物和因素,称为水利风景资源。水利风景资源和其他资源一样,是一种客观存在,是水利风景区建设和发展的物质(物质的和非物质)基础,具有激发人们旅游动机的吸引性,这也是水利风景资源的最大特点和与其他事物的区别和分界。水利风景资源能为建设和发展水利风景区所用,能产生经济(收益性、公益性)效益、社会效益、生态效益,这些效益有的是现实的,有的是潜在的,近期的或长期的,并随着经济社会发展,人们认识的不断深化,社会生产力和人民生活水平、质量的不断提高,水利风景资源的范畴兼容性增大,内涵不断扩大和深化,所以说,水利风景资源的概念是动态的可发展的。水利风景资源概念是依据水资源属性和管理而提出的新生事物。

水利风景资源不同于传统的旅游资源,作为水利风景区基础的水利风景资源既传承和具备常规景区资源的共性,更显现自身个性特性,突出表现为:在客体属性上,一切具有自然和生态美的水域(水体)及其相关的自然景观,经科学合理规划和适度开发,能产生综合效益的自然生态系统和天人合一的人文生态系统(以水工程为主要依托)。

(1) 在生态环境保护上　生态环境保护为主线,贯穿于水利风景区规划、开发、利用、管理全过程,以生态为先,保护水资源永续利用、水工程和民众安全为宗旨,实施科学有序、适度开发利用。

(2) 在效益功能上　考虑经济、社会、生态环境效益横向协调发展和三大效益时间纵向上的可持续发展。

(3) 在吸引功能上　更强调回归大自然、亲近和爱护水资源、水工程、水历史和文化,增长知识,接受先进文化和科技教育,兼顾不同年龄文化层次、不同驱动目的社会需求,更注入水资源、水环境保护内涵予游客。

(二) 水利风景区及功能

依据《水利风景区评价标准》(SL300—2004)中术语定义,水利风景区是以水域(水体)或水利工程(如水库、灌区、河道、堤防、泵站、排灌站、水利枢纽、河湖治理和生态建设、水土保持综合治理等)为依托,具有一定规模和质量的风景资源,在保证水利工程功能(如防汛、灌溉、供水、发电、防止水土流失、生态环境安全等)正常发挥前提下,配置以必要的基础设施和适当的人文景观,可供开展观光、娱乐、休闲、度假或科学、文化、教育活动的区域。定义中把握的关键词是:水域(水体)为资源基础,水利工程为主体;一定的规模和质量;确保水工程安全和功能(含水生态环境安全和功能)为前提;配置必备设施(景观化和娱乐性处理与建设)为条件;可开展旅游观光活动（对民众的吸引性、适宜的开发利用条件与环境）。水利风景区以水域（水体）或水工程为依托，经综合整治和开发、建设、形成的水资源生态系统多目标多功能开发和保护的区域，具有生态功能、景观功能、科普教育功能、休闲娱乐与观赏功能、综合服务功能。

（三）水利风景区的特点

水利风景区建设和开发是我国水利行业崛起的新兴领域，是随着经济社会发展和经济结构调整，人民生活水平提高和物质、精神文明需求；是现代资源水利事业的构成，水资源生态管理轴心的外延，也是对现今水利资源内涵的深化；更是整合水资源、水工程、周围自然环境生态而发展形成的崭新的可供开展观光旅游的景区类型，它既有一般风景区的共性含义，更具现代水利和水资源管理内涵拓展的鲜明特点。

1. 水域（水体）的基础性与水利工程的主体性

水利风景区是以水域（水体）为景区资源的基础，是自然资源、工程设施共寓一体融合而成，动静态相辅相佐，物质和非物质，生命和非生命耦合的综合体，并以水利工程设施为依托主体而形成的集工程、自然、景观、生态环境、文化历史、科学技术为一体的可开展观光、娱乐、科教的区域为显著特点。

2. 自然性与亲水性

水利风景区是自然和水工程的完美结合，它以一定规模和质量的自然风景和优美、和谐自然环境为基础，以宏伟壮观的水工程为依托，在亲和自然、热恋自然的取向中，体现人类对自然和水的怜爱、依附的本能及天性，在亲水嬉水近水中，展现水工程、水文化景观和水科技的生命力和亲和力之内涵。

3. 保护性与安全性

水利风景区建设以生态型、保护性开发为前提，它涵盖自然景观和自然生态系统的保护以及天人合一的文化理念的保护。水利风景区建设和开发体现了生态环境意识，珍视大自然赋予人类的精神和物质财富、价值，使保护自然资源和水生态环境成为公民的自觉行为。水利风景区以水工程为依托，确保水利设施、水工程安全运行，旅游观光民众的安全为第一要务，与此同时，新理念的安全更包含景区生态环境安全，确保生态系统的自然更殖再生能力，维系水资源生态系统的稳态和健康。

4. 科学性与文化历史性

水利工程是国家经济实力、社会经济发展水平、科学技术、工程建筑、美学和景观生态学等组合的综合体，水利风景区以较高的科技文化含量，高品位性，恢宏气势和靓丽的自然景观融合反映了时代气息，丰富的水文化，悠久的治水史，深厚的民俗民风沉淀，使人们受到现代科技的熏陶和爱国主义、历史唯物主义教育。

5. 普及性与参与性

水利风景区依托众多类型水域（水体）和水利工程创造丰富多彩的水活动，如游泳、舟楫、垂钓、赛艇龙舟、水上休闲观光、水球等亲水嬉水近水活动，参与性强、普及性好、吸引力大，适于多种年龄层次，乐为人们接受和参与，利于人们融入水的自然、情趣，享受自然的水，感悟大自然，从而更加珍爱水资源，提高保护水资源的自觉性。

6. 类型的多样性

水利风景区依托不同水域(水体)和不同类型的水工程形成不同类型的景区,诸如水库型、湿地型、自然河湖型等等,民众休闲观光可选择空间大,项目类型多,景区内涵充实丰富,有较大发展潜力和前景。

7. 不可移植性

自然水生态系统中,水域(水体)及其相关的事物、景观组合和功能都是独有的,所以水利风景资源不可复制,更不可能移植。

二、河湖生态修复与水利风景区建设

(一)生态修复与景区规划

河湖生态修复与水利风景资源适度开发,水利风景区建设是生态水利工程的重要组成。河湖生态修复是对开发产生负面影响的弥补和损益的修复,主动改善和保护水资源生态环境,是对水利风景资源的修复和维护。保护良好的生态环境和自然特色,是保护和发展水利风景资源及其价值的重要基础,也是水利风景区建设的资源支撑。因此,生态修复和水利风景区建设互有共性依据,互为不同工作,又相互兼容,相互促进和互补。

水利风景区规划是水利风景区建设和管理的核心、依据。科学合理,符合现代社会发展要求和现代水利理念的规划,以人水和谐为目标,结合当地自然特点和水文化研究的成果与实践,统筹工程和景区建设,坚持高起点、高标准,做美水文章,做到:建一个工程,塑造一个水利景观;疏浚一条河道,形成一道绿色长廊;整治一块土地,造就一个诱人景点。以科学的规划促进和保证水利风景区建设开发的科学性、可行性和持续发展性。水利风景区规划涉及水域(水体)、水工程、自然环境、水资源生态环境、地理环境、人文社会因素和历史遗迹、景观生态、科学技术、社会学、人文及心理学、管理学等,有其特定的内涵和基本要求。切实改变水资源管理的固有理念,开拓进取,实现六个转变:

(1)在治水理念上　改变治水工程人水相争的矛盾性、对立性思维向实现人与水、人与自然和谐发展的统一性、包容性与相互依存性转变。

(2)治水思路上　从重点实施高标准防洪、灌溉、供水、发电等的水工程建设(突出水的因素),向既包括水资源的综合开发、合理利用、安全保护、科学管理及优化配置(人的作用)和开创优良的包括人类在内的多样性生物群落生存的自然和人工环境,实现人与自然和谐发展,创造优美的人类生存与社会发展的环境转变。

(3)基础性目标上　从工程水利的兴利除害,改善生产条件和保障安全,向恢复和维系良好水资源生态系统,以水资源的可持续利用,促进和支持经济社会全面进步与自然生态复合系统协调互动的可持续发展为基础性目标转变。

(4)学科范畴和价值上　从传统的水利工程学和技术支持社会经济发展价值,向生态水利工程,即以水工学为基础,融合生态工程理论,尊重水资源和河湖基本生态特征及规律,以水资源的可持续利用支持经济社会发展价值、维系生命和非生命价值、生态与景观价值、环境价值和水文化价值的转变。

（5）物质循环与能流关系上　从经典的物理学的水物质循环和物理能量流动力学,向物理、化学、生物与生态(人是生态主导因子之一)广义生态环境的物质循环和能量流动力学(物质的、非物质的、生命的、非生命的)转变,纳入以人为本、生态系统、可持续发展理念。

（6）工程技术着眼点上　从水利工程突出将工程结构稳定和水资源最大程度利用,向生态系统工程稳定性、生态健康性和安定性、景观适宜性、形态文化性和亲水和谐性转变,强调安全、景观、生态、自然、和谐。

（二）景区规划原则

水利风景区是以水利工程把水体所载自然之美凝聚在特定的空间,结合相关的自然和人文景观,塑造出优美的亲水休闲环境,将水工程融入自然综合体,并产生吸引性为最大特色。水利风景区建设既是落实科学发展观的具体体现,社会发展阶段的必然要求,也是水利自身发展阶段的客观需要,社会人本能的需求。因此,水利风景区规划原则应包括:① 以人为本、突出保护、协调发展原则;② 因地制宜,综合规划原则;③ 突出重点,有序开发原则;④ 环境效益、社会效益和经济效益相统一性原则;⑤共同发展和可持续发展原则。要以开放和海纳百川的姿态和空间,吸收其他行业及社会力量共同参与,发挥利用其他行业和社会各界的资源优势、资金优势和管理优势,达到共赢目的。

第四节　梅梁湖和横山水库水利风景区

一、梅梁湖水利风景区

（一）景区概况

被誉为太湖明珠的无锡,有着3000多年的悠久历史,是一个依水而筑、枕水而居、凭水繁荣的城市。无锡梅梁湖水利风景区就座落在这得天独厚的太湖之滨、蠡湖之畔,已成为一道集水文化、吴文化为一体的亮丽风景线。梅梁湖水利风景区已于2007年9月4日由水利部批准为"国家水利风景区"。

1. 地理位置及范围

无锡梅梁湖水利风景区(以下简称景区)位于长江三角洲的无锡市区西南10km处的太湖边,北邻京杭大运河,南邻烟波浩森、天地连接、气势磅礴的太湖,座落在风景秀丽的太湖之滨国家AAAA级的鼋头渚、蠡园公园和梅园之间,紧临中外闻名的旅游胜地AAAA级灵山胜境。景区内以水利工程为依托的四周美景紧密相容,包融交汇,风光旖旎,美不胜收,重现蠡湖山水之美,让人流连忘返。地理位置正处在沪、宁线的中间,东距历史名城苏州60km、国际大都市上海128km、西离六朝古都南京183km、南距历史古城杭州230km、北靠"中国第一,世界第四"的特大跨径钢悬索桥江阴长江大桥41km,京沪铁路、无锡机场紧靠身旁,同时沪、宁国际机场环绕周边,交通十分便利优越。景区管理范围从渤公岛生态公园至马山的闾江口,中间与著名的十八湾风景区相连,交通十分便利,沿太湖航线航行12km、沿环太湖公路行驶 13km,管理面积为 70.51 万 m^2。

无锡有着悠久的历史,是吴文化的发源地。灵动的太湖给无锡增添了幽雅,更给梅梁湖水利风景区增添了活力。后汉张渤治水,开凿犊山门、浦岭门,沟通蠡湖、太湖。两千多年前范蠡携西施隐居蠡湖畔,教民养鱼、制陶、纺织,凭水生财,影响深远,世称"养鱼种竹万万年,范蠡西施散富钱"。如此优美的传说故事已深深的融入水利风景区中。

2. 水利工程概况

水是生命之源,水是开启文明的钥匙,无锡水利人在不断探索、务实进取,以求人水和谐,建造了一批批宏伟壮观的水工程。景区内犊山防洪枢纽工程、直湖港水利枢纽工程、梅梁湖泵站枢纽工程相继于 1991～2004 年建成运行,为大型水利枢纽工程。工程建成以来,发挥了防洪、排涝、通航、水环境改善及水资源保护等重要作用,为无锡市经济社会的可持续发展作出了很大贡献。

犊山防洪枢纽工程是太湖流域综合治理十大骨干工程之一的环太湖大堤重要口门控制工程,是无锡市境内河流通太湖的大型控制工程,闸门在结构设计上采用了无支臂弧形下卧式钢闸门,采用电轴同步卷扬机启闭,这种结构的使用在当时属全国首创;直湖港水利枢纽工程是环太湖大堤防洪控制工程的重要组成部分,也是武澄锡引排骨干工程之一;梅梁湖泵站枢纽工程是无锡水环境综合治理的一项骨干工程,为无锡的水环境改善发挥了重要作用,系无锡市在调整治水思路所作的一项伟业工程和品牌工程,每年吸引来自全国各地众多的专家、学者参观访问。

（二）景区资源

神奇壮美的太湖景观、气势宏伟的枢纽工程,以及良好的生态,丰富的自然景观和人文景观资源,使景区成为融观光游览、休闲度假、户外拓展运动为一体的著名的水利风景区。

（1）水文景观　景区位于京杭运河以南,梁溪河的南侧,是城市和太湖间的过渡水域,景区内水面积 23.6 万 m^2。景区内风景河道、湖泊等水秀山明、风光旖旎,风景组合最佳处,极具观赏价值。景区与太湖亲昵为邻,是一种得"水"独厚的幸福。太湖,中国第三大淡水湖,湖岸线长 405km。三万六千顷太湖水波光粼粼,包容着 51 个岛屿,点缀着 72 座山峰。

（2）地文景观　景区拥有太湖最美的风景,鼋头渚和太湖仙岛。太湖仙岛位于鼋头渚西南 2.6km 湖中的"三山"之上,形如神龟,俗称"乌龟山"。据考古学家发现,景区内有生活在约万年前的纳马象的骨骼化石,并且发现有生活在五、六千年前的人类遗址。20 世纪 70 年代初,无锡人在马山围湖造田,露出的湖底发现有汉代古井和陶器。太湖其他水域底部也曾发现古代建筑、丘墓、水井遗址。据此推断,这里原是一低洼沼泽地区,太湖的形成约在两至三千年之间。

（3）天象景观　雪景、雨景、雾景季季有景,朝晖、晚霞、云海天天放情。这里,四时有景,享有"画圣"之称的东晋画家顾恺之有《四时诗》证之:"春水满四泽,夏云多奇峰,秋月扬明辉,冬岭秀孤松"。真是"湖上青山山里湖,天然一幅辋川图",真乃人间仙境。

（4）生物景观　景区内绿化面积 33.21 万 m^2,种植有香樟树、雪松、桂花树、樱花树、垂丝海棠等珍贵树木 1800 多棵,还有兰公竹林、夹竹桃、风化月季、葱兰、杨柳、三叶草、法国冬青、女贞、地龙柏等。随处可见绿成荫,柳成行,月月有花,香飘四季。区内水域盛产闻名遐迩的太湖三白:白虾、白鱼、银鱼。天上有白鹭、灰鹭、野天鹅、鸥鸟等珍稀鸟类。地上有野兔、野鸡、野鸭、松鼠等。芦苇荡、花草丛便是它们栖息之地,这里是花的海洋,动物的天堂,处处鸟语花香。

(5) 工程景观 景区依水而筑,借水创业,凭水繁荣。空中鸟瞰,景区内工程宏伟壮观,风光秀美,有犊山防洪枢纽工程、直湖港水利枢纽工程、梅梁湖泵站枢纽工程,有节制闸 8 座(总控制流量 $Q = 720m^3/s$)、船闸 2 座(500 吨级)、泵站 1 座(5 台机组、总提水能力 $Q = 50m^3/s$、装机容量 1775kW),为大型水利枢纽工程。景区内水工程与周围美景紧密相容,包融交汇,工程在美景中,美景中藏工程。为与周围优美的自然环境与色调相协调,闸门结构采用无支臂弧形下卧式钢闸门,闸门开启后不见门。工程建筑上部采用了古典园林式结构,与周围的风景协调而相应成趣,充分体现了现代水利工程建筑的艺术魅力,也继承了本地区的悠久历史文化,散发出它独特水文化的韵味,构成了一道新颖风景线。站在建筑物顶端,放眼望去,连成长龙的船只在景区、水利枢纽、梅梁湖间川流,一派繁忙景象。梅梁湖泵站调水水流的涌动,给宁静的景区增添些许热闹和动感。

(6) 文化景观 景区内有丰富的文化景观。张渤治水、范蠡与西施的美丽传说,已深深的融入梅梁湖水利风景区中。张渤是汉武帝的大臣,在民间故事中,他是一位疏浚蠡湖和凿通犊山口的治水英雄,在无锡古运河畔,在雪浪山的南麓都建有“张元庵”、“大帝殿”,当地的老百姓每年在农历的二月初八供奉张大帝,香火不断。现代人为纪念张渤,在景区内建设渤公岛,现命名为水文化生态公园。渤公含秋、西施庄、渔父岛、蠡湖中央公园、水居苑、亲水长堤、醉石卧波、鹭岛飞鸥、蠡堤、鹿峰流霞、飞泉帆影、杨公祠等景点遍布景区内外。太湖石、四角菱等景区特产惹人喜爱。现代化的蠡湖展示馆真实的展现了水与水文化发展、演变的漫长历程,新增一分对风景区的美好印象,倍加一分长期理水、人水共进的责任。

(7) 风景资源组合 “仁者乐山、智者乐水”,景区山水紧凑,人文丰富,浓缩了无锡山水太湖的精华,集水利工程和自然风光及人文景观于一体,人与自然和谐发展,相互烘托,近看碧水蓝天,远观翠峰如簇,形成一道独特的水利旅游风景线,是理想的旅游、休闲度假胜地。

(8) 本地特色资源 无锡有着悠久的历史,灵动的太湖给无锡增添了幽雅。惠山泥人、二泉映月等演绎着一段又一段历史;土特产小笼包、无锡排骨、油面筋、水蜜桃、四角菱、莼菜等和独特的饮食风俗极具吸引力,是品尝太湖“三白”、旅游观光、休闲度假的好去处。更有名人,民族音乐家华彦钧(阿炳)创作的世界二胡名曲《二泉映月》广为流传,他的故居和墓地广为人们瞻仰;中国民族工业实业家荣德生,景区旁的“宝界双虹”(新老二座宝界桥)和梅园是对他的纪念;著名历史学家、诗人赵翼;为纪念杨维宁(1674~1736)的杨公祠、杨氏墓园;晚清著名思想家和杰出外交家薛福成;现代著名学者、作家钱钟书;著名电机博士、戏剧家、诗人顾毓琇。还有,闻名于世的无锡惠山泥人,行销国内外,建立了惠山泥人博物馆;有 150 多年历史的非物质文化遗产锡剧广为流行于江苏、上海、浙江、安徽等地,它那甜美、动人的曲调,正是明山秀水长期孕育、滋润的结果。

(三)区位和交通优势

景区地理位置优越,四周有“太湖第一胜境”鼋头渚公园、堪称世界第一的铜铸灵山大佛、蠡园、梅园、天下第二泉、享有盛名的影视基地三国城、水浒城、唐城等。无锡市对水利风景资源保护十分重视,21世纪初,市政府委托美国泛亚易道公司编制了《五里湖地区概念规划(蠡湖)》,对我市的太湖风景区重新进行规划,着力塑造卓越的湖滨城市,进一步促进了梅梁湖水利风景区的建设。目前,梅梁湖水利风景区以无锡建设蠡湖旅游大开发的纲要及规划为背景,以"生态规划"为建设理念,实施多项重点工程保护水资源、改善水环境,使水利工程与自然生态有机融合,让水利风景资源得到有效保护和永续利用。景区优美怡人的生态环境,提供了舒适的人居环境,为游客拓展了旅游休闲空间,促进了无锡旅游业的发展,对吸引投资、加快城市建设起到很好的推动作用。

景区的区外和区内交通均很便利。景区距离市中心仅10km,多路公交车可到达。区内交通便利、布局合理。蜿蜒数km的景区,一条由13种藤本植物"搭"建被专家称为国内最长的渤公岛藤本植物观赏长廊贯穿于渤公岛与犊山大坝之间,直达鼋头渚公园,从大堤的两边可看到犊山防洪枢纽和梅梁湖泵站枢纽,园林式工程建筑、赏心悦目的绿化带,让人置身于一个大花园中。景区有景点指示牌,只要步行就可到达各观赏景点。湖中鸥鹭岛咫尺相隔,不远处是蠡湖高喷、飞泉帆影、卧石碎波等景点,园中香菱湾、荷花港、芦苇荡和松竹梅"三友小筑"又荡漾着原始清新之风,从曲径通幽的林间小道一转可达掬月榭、邀月轩、观水亭、琴音桥和承露台等景点。还有停车场、游船码头,以及良好的服务设施。

二、宜兴市横山水库水利风景区

宜兴市横山水库水利风景区于2006年8月16日由水利部批准为"国家水利风景区"。

(一)水库景区概况

横山水库水利风景区(下称水库景区)位于江苏宜兴市西南宜溧太华山区,北纬31°07′~31°37′,东径119°31′~120°03′,水库北依横山村,南靠太华镇,库周属宜溧山脉太华低山丘陵区。距城镇及太湖西岸约18km,地理位置正处沪、杭、宁的后花园。水库景区所在地上游三面环山,属太华山区丘陵地带,地形由南向北倾斜,南部丘陵山势和缓低矮,上游山高岭陡,最高海拔500多m。水库景区位于太湖流域南溪河支流屺溪河的上游。水库来水面积154.8km²,其中有53%的来水面积位于宜兴市的太华镇,有39%的来水面积位于溧阳市的横涧镇。水库上游来水面积内有百余条纵横交错的涧水呈扇形汇入库区。

(二)水库景区旅游资源和区位优势

水库景区资源总体上分自然景观资源和人文景观资源。其中自然景观资源可分为:山地景观类、水域景观类、生物景观类;人文景观资源又分为:工程建筑类、副业农园类、休闲康乐类、美食购物类。

(1)风景资源丰富种类繁多　水库景区自然资源得天独厚,物产丰富。拥有山地面积333hm²,其中毛竹66hm²,杉木66hm²,松杂树132hm²,茶园33hm²,板栗17hm²,苗圃7hm²,其他果木树7hm²,以及7337hm²的苗木示范园。水库现有养鱼面积667hm²,年产各类鲜活成鱼150t,尤其是味道鲜美可口、营养丰富的横山鱼头,在沪宁沿线及苏锡常地区享有很高的声誉。再加上现有宏伟的水利工程、优美的供水环境等,可以说,横山水库以其在区域环境中的水资源和良好生态环境优势,正在成长为一个新兴的旅游度假热点。

(2) 景区划分及景点分布有规律　资源分布具有一定的规律性,有利于线路组合。宜兴市横山水库风景区功能分区总体规划分库区及其上游、库区下游两大块,简称为雁湖区和湿地区。其中:上游雁湖区规划为"一点一线、贯穿十片区";下游神龙溪湿地区规划为"2轴、6片"。宜兴市横山水库风景区旅游以雁湖区和湿地区二大功能分区的景点和沿途风光为主,兼观现有的观光坝体及水利工程景观等水利设施。其中雁湖区规划的一点即湖中小岛,名"白鹭洲",也称"神龟岛"。一线即环湖线,全长约 12.2km 。10 片区,即:雁湖、凤岭叠翠生态竹林观赏区、梯级生物净化工程区、长山松竹自然景观培育区、生态蛇岛观赏体验区、天水湾野趣垂钓园区、茶栗农业文化研习区、湖端湿地生态保护区、天水湾天水大世界、雁湖美景别墅区。下游神龙溪湿地区分为 2 轴、6 片。6 片分别为神龙溪沼泽湿地公园、龙珠湖水上度假村、盛道农业茶园、神山溪谷植物景观公园、景观房地产项目园、天水湾国际商务度假中心区。游览线路,形成条条道路通库区的良好的交通方式。内部游览线路为:① 雁湖区采用 3 种交通方式:分别为环湖陆上游览线、环湖水上游览线和环湖山林漫步游览线;② 下游神龙溪湿地区采用园区独有的龙形路网。

(3) 区位优势　横山水库位于江苏省宜兴市西南太华山区,距城镇及太湖西岸约18km,地理位置正处沪、杭、宁的后花园,长三角各大城市距库区均在 50~200km 左右,毗邻新长铁路、宁杭和锡宜高速公路,从沪、杭、宁三大国际机场到达库区约 2 个 h,道路交通条件十分便利优越。与国内外享有盛名的宜兴旅游景点善卷洞相距 10km ,太极洞 15km ,灵谷洞、张公洞 25km ,西邻天目湖旅游景区,南邻天下四绝之一的太极洞,大坝最东端为新建的大觉寺。可以说兼得无锡、宜兴和长三角基本客源市场和区域外机会客源市场之优势。横山水库同时还位处环太湖风景旅游圈西部的"自然生态、陶瓷文化旅游区",在宜兴境内地处西南部绿色植被茂盛的丘陵地带,是城市的"上风、上水"之宝地,与安徽南部山区紧密相连,也可以说是长三角、环太湖地区自然生态环境保护最好的区域,同时也是人口密度相对较低的区域,具备了良好的生态休闲度假开发条件。

(4) 交通便利　有十分便利的区外和区内交通条件。横山水库风景因其地理位置正处沪、杭、宁的后花园,道路交通条件优越。景区内部交通线路布局合理,通行便利,一条从西渚方向直达库区坝底的主要景观大道,另一条是贯穿库区下游龙漱园区的东西两端的主干路。还有完善的服务游乐设施。

(三)景区景观资源

(1) 水域景观　每当溢洪闸泄洪时,3 条巨龙汹涌而出,尤为壮观。此外水库上游有100 多条涧,下游溢洪河道建有 1m 深的天然泳池。又水库周边群山怀抱,山峦连绵起伏,风起处,万亩水面,碧波荡漾,水映群山。

(2) 地文景观　横山水库位于茅山东侧大断裂带板震区边缘,库区地形由南向北倾斜,库区上游山高岭陡,最高海拔 500m 以上。水库流域内大部分为安山岩、火成岩及黑灰色石灰岩等。造型山体与石体主要为造型山及象形石。沙石地为沙地及沙滩。库中有岛屿。

(3) 生物景观　25 万 m² 的进口高羊茅草坪,近 10 万株的香樟。另建有 500 亩

（0.33km²）的苗木花卉基地：品种有香樟、桢楠、红楠、华东楠、乐昌含笑、灰毛含笑、金叶含笑、桂南木莲、香港四照花、红叶石楠、榉树、香椿、红叶乌桕、广玉兰、白玉兰、红枫、竹柏、红果冬青、雪松、桂花、云山白兰、花梨木、红豆杉等。上游库区周边均为潮地，水库候鸟有：野鸭、白鹭、野天鹅等。山上除有野兔、野猪、野山羊、松鼠、野鸡及各种鸟类外，毛竹满山，茶果遍坡，四季鸟语花香。

（4）现代水利工程景观　枢纽工程有大坝3座，总长4090m，均为均质土坝；3孔溢洪闸1座，每孔宽4.6m，堰顶高程32m，设计泄流量557m³/s；东、西输水涵洞2座，西侧电站配有装机容量160kW水力发电机组2台；配套溢洪道，块石护砌溢洪河道长1.8km。

（四）景区环境保护

（1）水环境　景区内水体洁净、清澈、无杂物，水质一直保持在Ⅱ类水。上游太华镇的工业污水、生活污水全部达标排放或进污水处理系统处理。人口增长得到控制，农业污染得到良好控制，地面径流得到控制。

（2）水土保护　库区植被很发育，山上生长成片竹林及各种树木，浓郁成荫，山林地占80%以上，可耕地约占10%，景区内水土流失综合治理率达到96%，林草覆盖率达98%以上。

（3）生态环境　横山水库是宜兴市生态水源保护地，森林覆盖率达到98%，水质Ⅱ类，其动植物品种和生物多样性景观在环太湖地区首屈一指，可以说生态旅游资源品位高、种类丰富。

（五）景区规划建设

为融入宜兴旅游的大环境，水库管理处成立了专门的机构负责旅游开发工作，聘请了中国城市规划设计研究院对横山水库的旅游资源进行整合，按照旅游风景区的构成要素进行配置，以自然环境为主，创建一个生态的休闲旅游度假区。尊重原始地形地貌，上游以净化保护，水库水质为主，下游创造特色湿地景观。综合考虑水库景区及宜兴市各旅游景点的特点，基于水库的自然资源和未来的发展前景，采用领先定位的形象策略，以生态、健康与时尚作为生态休闲度假区的设计理念。采取措施，从而使宜兴市横山水库风景区进一步做大、做强、做优、做美，更具水利旅游特色。规划分3期实施，总投资约2.9亿元。

宜兴市横山水库风景区经过几年来的建设已初具规模，具备了一定的接待能力，现以拥有标准配置的客房60套，景区内建有餐饮、娱乐等设施，是休闲度假、会议接待、参观实习的理想场所。

总之，横山水库风景区工程宏伟，环境优美，交通便利，水土资源丰富，开发前景广阔，经济效益可观。随着水库生态休闲度假旅游风景区的逐步建设到位，水库景区将会越来越兴旺发达。随着横山水库水利风景区的建成，不仅可以在苏南湖西地区又增加一处水利特色旅游的景点，而且可以促进水管单位工程效益、社会效益、生态效益、经济效益同步提高，为全市经济社会的持续快速发展作出较大的贡献。

第九章　生态调水增加环境容量

太湖流域及流域内各区域的污染负荷大幅度超过水体环境承载能力,是太湖水污染总体呈持续上升趋势的根本原因,所以在全流域及各区域齐心协力治理各类外源污染、实施污染总量控制和削减内源的同时,由于仍不能够满足各水平年入水污染负荷与水环境容量相平衡的要求时,必须采用以生态调水形式为主的增加环境容量措施,以达到有效改善水环境、水功能区达标和水生态系统进入良性循环的目的。

第一节　生态调水[8]

生态调水即是在确保防洪安全的前提下,利用水工程合理适量调引水质较好的水,并控制水的流量、流速和方向,使其进入某一指定水域,扩散、混合,以达到在一定程度上增加受水区域的环境容量和改善其水质,以及改善水资源供需的目的。无锡市需调进水的受水区域主要是锡澄片河网、太湖及梅梁湖、五里湖、贡湖、竺山湖等湖湾。持续调水,在无锡地区这样的低洼河网平原区是改善水环境必要而且重要的措施之一。

区域调引水属生态工程,在确保防洪除涝保安全的前提下,"实施以水治水,生态为本"的理念,利用现有水工程,或增建一定的河道和水控制建筑物及其配套建筑物、设施;有序调控,科学合理的调引一定流量水质较好的河湖水;选择合理引调水线路,以达到在一定程度上改善受水区河湖的水质、水动力条件、水位条件和进行水量补充,满足保护水资源、防治水污染、水生态系统保护和修复的基本要求。调水不是应急的权宜之计,从长远看让水体有序流动,既是还原水的大自然特点,也是改善水动力、水环境之根本。

一、调水的必要性

(一)调水与相关规划的一致性

中央领导充分肯定了太湖流域实施的"引江济太"调水工程,可以达到"以动制静、以清释污、以丰补枯、改善水质"的作用。《太湖流域水环境综合治理总体方案》也指出"引江济太"对增加流域水资源供给、加速水体循环、提高流域水环境容量(纳污能力)具有重要作用。在总结现有经验基础上,遵循"先治污,后调水"的原则,适当扩大"引江济太"规模。

(二)调水可增加环境容量使与规划纳污量平衡

根据无锡市各水平年的经济社会条件,在全面控制外源后,仍达不到 2010 年、2020 年入水污染负荷应削减量的情况下,必须在比较长的时间段内实施调水增加环境容量,才能使规划水平年的规划纳污量与环境容量达到平衡,达到水功能区的水质目标。目前,外污染源未得到全面控制,调水作为应急措施更为重要和必要,能比较快捷地初步消除河道黑臭,在一定程度上可以明显改善水质。

（三）以往的调水实践证明可以改善河湖水环境

2002 年开始实施的"引江济太",通过望虞河从长江引水,增加了河网、太湖水量,促进水体流动,改善了水质。五年来共调引长江水 102 亿 m³,其中入太湖 45 亿 m³,入河网 57 亿 m³。特别是 2007 年 6 月望虞河的"引江济太"与梅梁湖泵站的联合调水运行,在应对因藻类爆发和"湖泛"造成的无锡供水危机中发挥了重要作用,是"5·29"无锡太湖供水危机的主要应急措施之一。

无锡的北塘联圩和江阴市区持续调水,使水质得到改善也说明了这一点,其中无锡市区的北塘联圩 2003 年 4 月 15～26 日的调水,从锡澄运河调进氨氮值为 6～7mg/L 的河水,调水 11 天后使内塘河、刘潭河和民丰河等 8 条河道的氨氮均值从 26.3mg/L 下降到 12.89mg/L,削减 51%,河水的黑臭程度大为降低。以后北塘联圩在逐步控制污染源、削减污染负荷的同时,年年坚持持续调水,每年调水 5000～7000 万 m³,2007 年调水 6606 万 m³,北塘联圩内部河道水质也得到进一步改善,主要河道消除了黑臭。2007 年无锡市城市防洪控制圈从望虞河调水进入后,水质也进一步改善。

二、调水改善水环境的作用

（一）调水的作用和意义

调水的作用是多方面的。2004 年无锡市水利局主持编写完成的《无锡市水资源保护和水污染防治规划》中明确提出了调水主要作用是增加环境容量和改善水环境;2006 年 3 月完成的《无锡市水生态系统保护和修复规划》中提出了"合理路径调水"的概念;2007 年 8 月完成的《无锡市水资源综合规划》中提出了在合理路径调水的基础上可以阻止或消解藻类在取水口附近聚集,遏止和消除藻类爆发和规模"湖泛"对水源地的危害。

（1）直接增加环境容量　由于大规模调进含污染物浓度比较低的好水,所以调水可以直接增加河湖水量和补充水资源,增加容纳污染物质的容量,即增加了环境容量。

（2）引清释污增强自净能力　引清水入河湖,变死水、静水为活水、流动的水,增大流速,使水的对流率和紊动扩散系数增加,提高水体复氧和掺氧能力,使水体溶解氧浓度提高,提高水体微生物活力,加快有机物的分解和氮素反应,降低污染危害,使水生生物活性提高,生物新陈代谢作用增强,提高水体自净系数,所以调水可降低受水区水体中污染物浓度,增强水体自我净化能力。

（3）带走稀释的污染物　由于大量调进水质较好的水,与原有污染比较重的水体混合,降低污染物浓度,调水水流按合理路径流动排出,即带走稀释的污染物,也可增加环境容量,同时又可降低下游水体 N、P、NH_3-N 等的浓度。

（4）缩短治理污染周期　重污染河湖区,在强化外源治理前提下,引清释污、改善水质见效较快,可缩短污染治理周期,缓解水质型缺水矛盾,为生态修复创造适宜的水环境条件。

（5）消除供水危机应急和常规措施　调水可缓解突发性污染事故对环境的不利影响,是水安全应急预案的重要对策之一。特别是在太湖的藻类爆发期和"湖泛"期,通过合理路径的调水,可使藻类不在取水口附近大量聚集,引清释污和增强自净能力,并配合其他治理水污染措施,可大幅度减轻或消除藻类爆发和"湖泛"对取水口的影响、危害。也可作为常规预防措施防止藻类爆发和"湖泛"对取水口的危害。

(6)改善河湖水动力条件 调水可调节河湖水位,让水动起来,改善河湖水动力条件,为河湖生态修复创造必要的生境条件,逐步恢复河湖水体的自然流态,并可在一定程度改善水质,满足水资源的供水和生态功能。

(7)恢复水体景观功能和资源功能 经过适当时间和适当数量的调水,可在一定程度上恢复水体景观功能,满足旅游和市民对景观的要求。

(二)流域区域调水工程性质

(1)属于生态工程范畴 是硬软措施相结合的多目标技术系统,其直接效益是水量和水动力条件的物理性指标改善,间接效益为多目标的水质、水生态、水环境指标改善。

(2)近期应急手段与长期治本措施 近期是应急方法和水体污染控制与治理的必要手段;长期为恢复河湖水系近自然状态,构筑流域或区域水系框架和动力条件的治本措施之一。

三、调水改善水环境和水生态的关键技术

1. 调水水源的选择

选择调水水源区是判别、决策调水工程的先决条件。选择调水水源区,包括水量、水质、水生态及水动力的时空变化和数量、质量动态要素是判别、决策调水工程的先决条件。论证调水工程的可行性和可能性,调水水源区调水后的环境影响评估与合理性分析,确保调水水源区是质优量足和环境不利影响最小的稳定水源。

2. 科学合理的调水途径

在河网区科学合理的调水途径是需予严谨论证抉择的关键之一。无锡市调水的总体要求是引水路径短,沿途干扰少(途间污染进入少,对途径区污染影响小),新增工程量小,不利的环境影响在允许受纳范围,不影响途径区水资源供给和防洪保安;太湖的调水应有利于控制藻类爆发,大幅度减少或消除藻类爆发和大规模"湖泛"对取水口的影响、危害。

3. 生态调水统筹核心原则

调度程序和方法是生态调水统筹抉择的关键。其核心原则:

(1)防洪安全保障原则 调水工程必须服从流域或区域防洪安全,以确保防洪安全为先,充分考虑洪水、涝水的风险。

(2)水资源安全供给保障原则 调水工程必须满足调水的水源区、受水区和调水途径沿线水资源的安全健康供水。

(3)水生态安全保障原则 调水工程不应阻断或影响鱼类繁殖、洄游和栖息地安全,或者把影响程度控制在可接受的最小范围内;防止外来生物物种随引水的入侵;不造成区域水文状况剧变,而影响生物生境条件。

(4)调入水质安全保障原则 特别是敏感性污染物的注入,导致水生态系统的劣变;有利于污染物的扩散,有利于藻类的分散而不在取水口附近富集等。

4. 受水区的水量水质水生态水动力的时空变化和数量

调水应依据不同经济社会和环境需求,确保受水区水资源量的需求和改善要求,改善受水区水动力条件,提高水体的自我更新恢复能力;生态水位调控和生态需水量以及相应的调水流量、水量应进行严谨科学论证;受水区需求与区域或流域水平衡及水协调,受水区的生态安全,风险防范;受水区环境影响评估等都是技术措施实施中应充分论证、评估并经调水试验验证的。

5. 调水季节和历时选择

调水应符合国民经济发展对水资源、水环境的基本需求抉择,太湖藻类爆发期和"湖泛"发生期特别应注意实施合理路径的调水,并应与防汛排涝相协调;应尽量采用自引方式,以降低运行成本。调水历时,依目标、目的、区域、时期,以及水文、水动力、引水条件、引水路线、调水方式、水质稳定期水质要求,工程调度运行能力等综合分析或采用水动力,水质模型计算初步拟定试验、示范方案,并经多方案反复比选后,正式确定调水历时。

6. 工程调度经济及技术切实可行

① 调水工程的设计规模,工程调度和调度原则,试验示范方案的拟定应具有科学合理性,技术经济切实可行性。② 调水工程的运行成本和环境损益的生态补偿应实行政府补贴和由获利者补偿相结合的原则。③ 由于调水效益评估和计算是一复杂的生态、社会、经济效益的综合评估,目前还无统一模式。调水还涉及水资源产权配置和资源管辖问题,因此调水工程效益分析不仅有技术经济因素,还有社会、资源权属,配置要素(环境影响和损益的评估也类似,如水环境容量权益与配置,水功能区允许纳污能力权属、配置等),应采用市场化公平、公正原则和公众参与原则。

7. 区域协调加强统一管理

流域或区域的协商、协调机制和调度体制,明晰各方职责,加强统一管理。生态调水涉及水资源和水环境可持续利用的诸多要素,包括政治、经济、技术、法律、体制等,建立统一高效、权威的水调度体系是流域或区域水资源和水环境管理体制改革的重要内容。生态调水工程的管理体制应:

(1) 流域(区域)统一调度和管理 流域是水资源和水环境保护的自然地理基础,各水资源生态要素通过流域一体化的河湖系统和水工程运动变化,因此必须以流域(区域)系统的基本理念来实施调水工作的管理。

(2) 一体化原则 为优化调水工程,合理配置水资源、水环境容量,应对水体、市场要素,以及一切人为干预实施全方位、全过程的统一管理。

(3) 现代水权(水资源,水环境)原则 逐步实现水权的公平获得和水权的有偿转让,充分体现水权公平。

(4) 水管理的权变性原则 依据辖区内不同水资源、水环境状况采用不同管理方法。遇突发性污染事故,实施应急预案时,从国家利益出发,采用严格的甚至带有强制性、权威性的水量、水质控制性调度管理,先解决突发事故,再经济补偿。

(5) 协调与妥协原则 水管理中,以资源、环境利用和保护效率与效果最高为目的,实现共赢,即为协调机制,在水(资源、环境)市场调节机制尚不完善情况下,以社会及各地区间公共利益最大化为原则,是合理必要的妥协。

(6) 公平民主原则 调水前、过程中及调水常效运行都不仅有政府、行政、技术人员参加,而且应有广泛的公众参与,使水(资源、环境)管理更为科学合理,技术切实可行,效果惠及民众,体现和谐社会的组织管理原则。

8. 调水环境影响评估及风险分析和对策

水环境安全保障原则,充分考虑污水遭遇,污水转移和污水滞留风险,降水与防洪风险,遵循环境风险和影响最小原则,以确保本地区和附近环境安全。

四、区域调水总体技术方案

调水工程,一是充分利用现有水工程,二是新建、改建、扩建一些必要的水工程,使调水能够全面顺利的进行。

(一) 目前实施的调水路径方案

1. 从长江调水入锡澄片河网和太湖方案

(1) 通过水闸工程调引长江水入江阴城区和锡澄片河网 充分利用江阴长江边上现有的水闸工程、河道和泵站工程,调长江水进入江阴城区和锡澄片河网。水闸、河道包括白屈港闸、新夏港闸、新沟河闸、定波闸、黄田港闸、张家港闸、望虞河闸等 15 个水闸及其相关的河道,设计引水流量为 $1061m^3/s$;无锡境内的泵站包括白屈港泵站、定波闸泵站和黄山港泵站等,抽引调水流量为 $118m^3/s$。近几年,每年自流调水或抽引调水合计 10~18 亿 m^3,比较有效的改善了江阴城区和锡澄片河网的水质、水环境。

(2) 通过流域河流望虞河调长江水入太湖 引调水目的:改善望虞河及其两侧支流(河段)水质;改善贡湖及太湖水质;缓解湖体富营养化发展趋势;增加供水量;提高经太浦河向上海水资源供给保障能力;改善调水路径沿途水环境和水动力条件。该调水工程自2001 年起试验运行至今,监测及效果资料表明,引水增加了望虞河、太湖的较清洁水量,促使河湖水体交换及循环,增加水体稀释自净能力,一定程度上缓解调入区湖泊富营养化趋势,提高区域水体质量,改善区域生态。

2. 调太湖(梅梁湖、贡湖)水入城区和江南运河路径方案

充分利用已建成的梅梁湖泵站及一系列配套水工程调太湖水进入梅梁湖、五里湖、梁溪河、江南运河和无锡城市防洪控制圈河网。调水目的:改善梅梁湖、梁溪河、江南运河、城区河道、五里湖水质。另外,可调贡湖水进锡南片,再进江南运河。

3. 圩区调水方案

充分利用圩区的泵站及其配套的水工程调圩区外较好的河水进入圩区内河网。目前,各个圩区均利用排涝泵站及其配套的水工程,在非汛期持续调进圩区外部相对较好的水进圩区,使圩区的静水流动起来和增加环境容量,有效改善圩区水环境。

(二) 具体调水线路

调水线路(途径)选择要考虑调水途中不受或少受污染、有益于其他相关水域改善水环境,并要有利于航行或把对航行的负效应减到最小。若调入水域为湖泊,还要考虑调进水体与原有水体充分混合。主要调水途径:一是调长江水入锡澄片河网和太湖;二是调太湖水入湖湾和河网。

具体调水线路方案：

1）长江（常熟水利枢纽）→ 望虞河 → 望虞河西岸河网。调控的水工程主要包括常熟水利枢纽和望虞河东岸沿程闸门、望亭水利枢纽。与此同时，可以通过新沟河、新夏港、锡澄运河、白屈港、张家港等通江河道的沿江口门配合调度，尽量通过自排自引，引排结合方式，改善武锡澄虞的河网区水质和水环境。

2）长江（常熟水利枢纽）→ 望虞河 → 望亭水利枢纽 → 贡湖 → 大太湖。调控的水工程主要包括常熟水利枢纽和望虞河东岸沿程闸门、望亭水利枢纽。

3）长江（常熟水利枢纽）→ 望虞河 → 望亭水利枢纽 → 贡湖 → 大太湖 → 太浦闸 → 太浦河下游地区。线路下游的调控水工程为太浦闸。

4）太湖 → 梅梁湖（梅梁湖泵站）→ 梁溪河（五里湖）→ 江南运河（城市防洪控制圈、武澄锡虞河网）。调控水工程为梅梁湖泵站、梅梁湖及五里湖的闸门、江南运河倒虹吸及城市防洪控制圈水闸。

5）近期实施的典型调水线路方案为2）+4）的组合运行方案，其途径为：望虞河（常熟水利枢纽）引长江水→ 望亭水利枢纽 → 贡湖 → 大太湖 → 梅梁湖（梅梁湖泵站）→ 梁溪河（五里湖）→ 江南运河（无锡城区河网）。该组合运行方案可以依次改善武澄锡虞河网、贡湖、大太湖、梅梁湖、梁溪河、江南运河（无锡城区河网）的水质和水环境（表9-1、附图9-1）。

表9-1　无锡市主要河道湖泊泵站调水线路表

线路名称	线　路	水源	规模（m³/s）	受益范围	主要排水方向	备　注
望虞河调水.1	长江—望虞河—贡湖	长江	180	贡湖、太湖	太湖下游	已运行
.2	长江—望虞河—锡东河网	长江		锡东河网、无锡城区控制圈	江南运河	已运行。规划排水增加七干河
新沟河调水.1	长江—新沟河—直湖港—梅梁湖	长江	80~100	梅梁湖、太湖	太湖下游	待建
.2	长江—新沟河—直湖港	长江	50~80	锡澄片河网、直湖港片河网	江南运河、直湖港两侧河道	待建
白屈港调水	长江—白屈港—无锡城区控制圈	长江	100	锡澄片河网、无锡城区控制圈	江南运河	待完善
梅梁湖调水.1	太湖—梅梁湖—梁溪河（五里湖）—江南运河（无锡城区控制圈）	太湖、梅梁湖	50	梅梁湖、梁溪河（五里湖）、江南运河（无锡城区控制圈）	江南运河	已运行。规划排水增加七干河
.2	太湖—梅梁湖—五里湖—锡南片	太湖、梅梁湖	30~50	太湖、五里湖、锡南片河网	江南运河	尚未运行
贡湖调水.1	贡湖—长广溪—五里湖—无锡城区控制圈	贡湖	20~30	五里湖、无锡城区控制圈	江南运河	待建
.2	贡湖—长广溪（其他河道）—锡南片	贡湖	20~30	锡南片	江南运河	待建
新孟河调水	长江—新孟河—滆湖—竺山湖—太湖	长江	100	常州、宜兴北部、竺山湖	太湖下游	待建
圩区调水	圩外河道—圩内河道—圩外河道	圩外河道	大小不等	该圩区	下游圩外河道	已运行

（三）规划新增调水路径方案

1. 长江调水方案

（1）新沟河调水方案　调水路径：长江→新沟河→直湖港→梅梁湖→太湖。该方案系为改善太湖水环境，应对太湖突发性水污染事件，而实施的新沟河延伸拓浚工程。工程主要包括长江口新沟河枢纽、江南运河倒虹吸（水立交）、直湖港水闸、新沟河调水线路两侧相关水闸。工程北起长江，利用现有河道拓浚至石堰分成东、西两支：东支利用漕河、五牧河；西支利用三山港，分别通过水立交穿京杭运河后，与直湖港、武进港相接，再拓浚至太湖。其中东支即为无锡的新沟河调水工程，向太湖送水，同时妥善安排西岸地区排水出路，西支为常州的调水工程。新沟河延伸拓浚工程也为太湖排涝工程。

（2）新孟河调水方案　调水路径：长江→新孟河→滆湖→竺山湖→太湖。调控的水工程主要包括长江口新孟河枢纽、江南运河倒虹吸（水立交）、新孟河调水线路两侧水闸。工程规划线路（暂定）北起长江，沿着现有河道拓浚至京杭运河，立交穿京杭运河，平地开河至北干河，利用湟里河、北干河入滆湖，接太滆运河入太湖（附图9-1）。

2. 贡湖调水方案

贡湖—锡南片调水方案。调水路径：贡湖（多个泵站）→锡南片多条河道。

贡湖—五里湖调水方案。调水路径：贡湖（泵站）→长广溪→五里湖。也可经五里湖再进入无锡城区控制圈。

（四）为调水新建配套工程

为完善现有的调水途径方案和与新规划的调水途径方案配套，需要新建、改建、扩建一些必要的调水工程：① 建设锡澄片六纵七横骨干河道及其配套的控制工程，包括六纵七横骨干河道疏浚拓宽，以及水闸、泵站、其他交叉水工程和辅助工程；② 贡湖边新建长广溪等泵站及其配套的水闸工程和河道，抽调贡湖水进入锡南片和通过长广溪进入五里湖、梁溪河、城市防洪控制圈；③ 实施望虞河西岸控制工程，在西岸入望虞河支流上设置控制，避免西岸支河水质对望虞河引水走廊的影响，减少望虞河水量从西岸流失，同时提高望虞河泄洪能力；④ 建设97km新沟河延伸拓浚工程和新孟河延伸拓浚工程二条调水通道及其配套工程。

（五）调水应持续进行

在不妨碍防洪排涝前提下，应进行常年持续适量调水。因为无锡调水主要目的是通过调水增加环境容量、改善水环境。所以在近期调水必须持续进行，调取适当数量的水，增加的环境容量达到一定值后，才能使改善水环境达到一定效果。枯水季节或枯水年份结合补水进行调水；汛期要结合防洪排涝进行水调度，把水质较好的洪水作为调水水源。

（六）调水方法

在不妨碍防洪排涝前提下，封闭水域或相当于封闭水域采用大流量集中调水与小流量维持性调水相结合的常年持续调水方法，即在每次调水开始时的数天，采用大流量集中调水的方法,尽快改善调入水域的水质,其后,根据具体情况,采用适当的小流量维持性调水,使调入水域能够保持较好的水质;在经过谨慎论证后,锡澄片、太湖、梅梁湖等大水域采用大流量常年持续适量调水方法。

（七）调水水源

水源水质应较好或相对较好,水质一般应较受水水域好一类或更多。无锡主要调水水源:一是长江,可作为大幅度改善锡澄片河网和梅梁湖、贡湖和竺山湖的水质的水源;二是太湖、贡湖,太湖湖体可作为调入梅梁湖和锡澄片河网的水源,贡湖可作为调入五里湖、锡南片河网的水源;三是圩区外相对比较好的水,可作为调入圩区内的水源;四是若水源地水质变差或恶化,则应停止调水。

（八）调水种类和统一调度

调水包括水少时补水和水污染严重时换水、改善水环境两类。根据有无动力可分为泵引调水和自流调水二类。泵引和自流调水应妥善结合,并尽量采用自流调水,以节约能源和费用。如调引长江水,应尽量利用长江高潮位时自流调水,低潮位时泵引调水。长江向太湖调水主要为泵引。

调水的方法和路径很多,要统一规划,统一建设,统一管理,统一制定调水计划,统一调引各水源之水,统一向各需水区域输水,达到较好地改善水环境的效果,并尽量节省管理和运行费用。

（九）调水的次数和水量

根据水源水质、调进水域水质、水功能目标和实现水功能目标的时间要求来确定调水的次数和水量。据测算,根据调水必要性和可能性,为改善无锡市湖泊和河网水环境,2010年和2020年(平水年计)需分别直接调进环境用水(不含重复利用调水量)30～35亿 m^3、35～40亿 m^3。

（十）锡澄片主要排水方向

近期排水主要以自然流向京杭运河(即江南运河)为主。

中远期,锡澄片的骨干河道建成后,部分时段排水时可增加长江排水,向长江排水的主要河道为走马塘—七干河(具体见第七章二节)、张家港、锡澄运河、新夏港,可以是自排或抽排。

（十一）圩区调水与非圩区主要河道调水同步进行

圩区引水:自流调引圩区外河道水质相对较好的清水进圩区。圩区排水:向骨干河道的下游方向利用泵站抽排(上下游以当时流水方向为准),圩区引排水方式一般为先排后引、边引边排,局部也可先引后排。为保证圩区调水顺利进行,老泵站进水口前应增设自动打捞垃圾设施,新泵站在建设时一并装置进水口前自动打捞垃圾设施。

（十二）适当提高湖泊水位

目前太湖防洪能力大大加强，太湖原定的 3.50m 的警戒水位偏低，应适当提高太湖警戒水位，防洪后期适当地把太湖洪水作为宝贵的水资源多积存一点，需予以科学谨慎论证。

五、调水工程环境影响评价和风险分析及其对策

（一）开展调水工程环境影响评价

依据环评导则，正确抉择环境敏感参数，综合分析正、负面环境效应，提出环境影响评估报告和环境保护对策措施。这是调水工程不可缺失的重要程序。开展调水工程环境影响评价，找出环境敏感因子及影响区域，拟定削减环境影响对策和应急预案。

（二）开展调水工程风险分析及其对策研究

特别是流域性、区域性涉及面较大的生态调水，一定要开展调水工程风险分析，其重点是：

（1）引水与洪涝（长江、太湖高水位期）耦合风险　引水与洪涝水相遇，主要指台风形成的洪涝和梅雨涝水。分析计算不同频率重现期对武锡澄虞区河网水位增幅与不同调水方案下引水导致河网区水位升高的叠加耦合，并以防洪规划规定的防洪水位要求，分析计算可能出现洪涝风险的河道、区域风险大小，确定风险最小方案，结合短期、中期气象预报，提出应急对策，释解风险，减小洪涝压力。

（2）调水引起西部污水滞留风险和影响分析　调引水可能导致西部（主要指武锡澄虞区以西，望虞河西岸，江南运河入本区的上游段）河网区污水的滞留和污染物的转移的风险。风险分析，以不引水现状工况条件河网水体的流向、污染状况特性为基础，依据不同调水方案，论证：① 调水改善水质的效果，范围和水质改善程度；② 调水引起污染水滞留的时间和河段；③ 不同调水方案污染水体水质状况，污染容量变化；④ 在调水不同工况下，污水迁移影响长度及范围；⑤ 受长江高潮位顶托，沿江口门不能自排情况下，污水滞留风险。在综合上述论证基础上，谨慎确定较优效果方案，并提出切实可行的对策措施，在确保调水改善武锡澄虞区水质和水环境的前提下，使污水滞留影响风险最小。

（3）引调水影响污染转移风险分析　调引水工程对区内污水滞留、转移的风险分析，重点是梅梁湖、五里湖和贡湖。五里湖因五里湖节制闸及环湖口门已封闭，呈独立可控湖泊，遇不利污染水状况时，可全封闭控制。梅梁湖为太湖北部的湖湾，调水风险分析除考虑梅梁湖泵站抽水流量、抽水历时，望虞河调水流量及入贡湖湾水质，直湖港、武进港排污水量、水质及调控方式外，湖泊作为特殊区域水体，还应分析风力（风速、风向、风频、历时）对湖泊水动力和水质的影响及作用，因风速、风向是污染物滞留和转移的动力因子，据上述分析，结合工程条件，拟定不同引调水方案（包括梅梁湖泵站运行工况和对直湖港、武进港控制调度），设计不同调水效果评估值（依据国家水质标准、富营养化评价标准），综合分析调水改善水质的作用、范围大小和程度、污水滞留影响作用大小范围和程

度,拟定相应对策措施,包括水污染控制和治理、水环境综合治理、水生态修复与建设措施。调引水对贡湖的风险主要在于:望虞河实施"引江济太"时的初期,原来望虞河水质比较差的河水有可能直接进入贡湖,江南运河调水时水质较差的运河水经锡南片的河道进入贡湖,太湖藻类在风力和调水水流的共同作用下,影响贡湖藻类的分布等。应根据不同的气象条件和调水工程条件,拟定不同引调水方案。当以后建设新沟河、新孟河调水通道时,同时应做好环境影响分析,特别是调水的水流与风力相互作用下对蓝藻集聚、湖体水质和水环境等的影响分析。

(4)调水对周围地区水环境影响　引调水,特别是引调水初期必然会对周围地区河湖水文、水质状况产生不可避免的影响和风险,必须充分论证。主要是对太湖水位、水质、富营养化的影响。一般来讲,区域引调水工程仅是对局部湖体产生影响,加之水体有进有出,总体上能保持湖体相对平稳的水位。引清释污,改善湖体水动力条件,增加环境容量,对太湖影响应该说是利大于弊。

(5)调水对长江及出流河网区污染的风险分析　沿长江口门向长江排水初期,在长江径流和潮流(往复流)作用下,是否会造成长江江边污染带(在潮流作用上朔或下行),是否会影响上下游引水口水质安全,应分析。调水时作为流域排水通道的主要河流走马塘—七干河,以及锡澄运河和张家港,对邻近区域的水质与水环境影响应予关注,是环境变化敏感区域。其风险评估为水位、流量、水质和运行时间,邻近区河网水质及水文特性,外源污染特性变化的作用和影响等。分析利弊,制定相应对策措施,将调水初期的不利影响减到最小,使实施的长期调水达到双赢或多赢目的。其中还有生态补偿问题值得深入研究。

(6)区域引清调度对江南运河水环境影响　区域调水对江南运河影响,包括对运河上游常州段污水顶托、混掺作用和对运河下游苏州段(调水后泄流水主要通道之一)的影响。风险分析主要敏感参数为:水位、流量、水质及影响时间。经过 2007 年的梅梁湖泵站的调水实践,说明对下游苏州段,在调水初期几天有一定负面影响,但在长期调水时,有明显改善其 NH_3-N、TN 等水质指标的作用(见本章第三节)。

(7)长江调水主要是泥砂和 TP 及 TN 的风险　长江水较太湖及河网有较高的含砂量,目前因为调长江水每年平均有 100 多万 t 泥砂沉积在河网、太湖中;TP、TN 的风险主要是指有时长江中 TP、TN 的含量较高,对湖泊的水质有一定的影响,而对河道水质的影响较小。特别是 TP,因 GB3838-2002 的地表水环境质量标准中,湖泊 TP 的标准远远高于河道,如Ⅲ类水,河道为 0.2mg/L,湖泊为 0.05mg/L,河道为湖泊的 4 倍。即大部分时间在河道中合格的 TP,在湖泊中一般都不合格。消除或减少风险的措施:主要在调水线路经过的河网或湖泊(湖荡)的适当位置建立规模合适的沉砂池或沉砂区域,使大部分泥砂沉积在限定的沉砂池或区域内,并且对其进行定期清淤;其次是定期清除其他受水河道中的泥砂和受水湖泊的河道入湖口的泥砂,其中清除沉砂池中的泥砂的周期要较短。

利用调水河流望虞河沿途的湖荡,建设湿地处理系统和河道的生态修复,在引调水途中多种强化净化措施综合运用,把颗粒态的 P 沉淀下来,降解一部分富营养物质,使入太湖水质好于长江引入水质。引调水线路上的污染治理和阻截是关键,确保引水河道是清水通道。

(8)评估引水的生态影响　外来物种入侵、当地生物种群、生物栖息地、繁殖场、区域生物多样性及水生态系统结构等,建立预警体系。

(9)"引江济太"的总体评价　目前,"引江济太"工程已试验运行7年,其效果已明确得出有利于水环境改善的结论,可进入长效运行。梅梁湖泵站和仙蠡桥立交工程已相继建成,已经全面开展正常调水运行,也已明确得出有利于水环境改善的结论。新沟河、新孟河的调水线路及其相关河道和工程应尽早实施和投入运行。

第二节　调水试验和调水方案

　　无锡市为论证调水的可行性和合理性,请河海大学、水利部上海勘测设计研究院、中国水利水电科学研究院、南京水利科学研究院、太湖流域管理局、江苏省水利厅等单独或合作进行了多次长江、太湖及河网的数学模型调水试验。

一、无锡城市防洪控制圈调水试验和调水方案

(一)控制圈概况

　　无锡市城市防洪控制圈(下称控制圈)面积140km²,是无锡市城市中心区,也是重要经济区。

1. 水质和环境容量

(1)现状水质　控制圈内的水功能区2005年水质均为劣于V类,主要超标污染物为NH_3-N,而2010年水功能区的水质目标一般均为Ⅳ~Ⅴ类,所以功能区的污染超标幅度均比较大。

(2)现状污染负荷　COD 17515t、NH_3-N 748t。

(3)允许纳污能力　以平水年计,2010年:COD 2909t、NH_3-N 176t;2020年:COD 1975t、NH_3-N 99t。

(4)污染物应削减率　控制圈在现状基础上,全部要达到水功能区的目标,污染物应削减率2010年COD、NH_3-N分别为83.4%、76.5%;2020年应削减率分别为88.7%、86.8%。

2. 调水的必要性和可行性

(1)调水的必要性　根据控制圈污染负荷大和允许纳污能力小的现状,要达到水功能区的目标,2010年污染物的应削减幅度很大,根据无锡市的控制污染能力,据测算控制圈内污染物的最大削减幅度可以达到40%左右,另外40%左右的污染负荷只有靠增加环境容量来解决,目前增加环境容量的最有效办法就是调水,待水环境得到初步改善,继而进行较大规模的生态修复,也可在一定幅度内提高水体自净能力和增加环境容量。同时控制圈的相当部分河道黑臭,影响市民的生活环境,影响无锡的城市形象,调水可以有效解决此类问题。

(2)调水的可行性　控制圈调水主要依靠泵站抽引水质较好的水源进入控制圈。控制圈的主要泵站和主要控制工程在2007年已经完成,使调水进入控制圈的水流可以按照计划的路径进入有关河道,已经具备调水的基础工程条件。

3. 调水作用

引清调水是解决城镇河道水污染的重要技术措施。通过调水,引清释污,稀释污染物浓

度和增加一定的净化水体能力,达到增加环境容量的预期目标,使与规划水平年的规划纳污量与环境容量达到平衡,有利于水功能区达标,有利于达到控制圈改善水环境改善的目的。同时在治理污染的基础上,通过调水可改善水环境,消除河道的黑臭现象,有利于改善市民的生活环境,改善城市形象,使水环境与现代化的无锡城市面貌相协调。用通俗的话来讲调水水源的水质比受水区的水质好,调水又无重大风险,则调水是有意义有作用的。

(二)调水数学模型[30]

控制圈调水数学模型试验前后做过 3 次,试验系采用河网一维数学模型试验、计算,以最后一次梅梁湖—梁溪河—控制圈调水线路的模型试验为例。

太湖流域河网概化河道为 1349 条,断面 4017 个,节点 996 个,控制建筑物 156 个,控制圈为其中的一部分。

(三)调水数学模型试验结论[30]

1. 调水流量、数量

调水流量,集中调水时 30 ~ 50m³/s,维持性调水时 10 ~ 15m³/s;全年调水 8 ~ 11 个月,年换水 20 ~ 30 次(以区域内河道常水位时的槽蓄水量为计算基础);年调进总水量 4 ~ 6 亿 m³。

2. 调水改善水质效果

通过调水,控制圈内主要河道水质一般能够在 5 ~ 7 天内达到稳定,完全消除黑臭,主要指标 NH_3-N,均能够达到Ⅲ ~ Ⅳ类;受调水影响的小河道的水质 NH_3-N 一般能够改善到Ⅴ类或接近Ⅴ类。若同时控制污染源,调水效果会更好。

(1)现状污染源,梅梁湖泵站抽水 40m³/s 进入控制圈　控制工程可调度水流方向和水量大小,对改善控制圈内河道水质效果明显,伯渎港、九里河和其他非圩区主要河道的氨氮平均浓度至少均可改善 1.8mg/L(减少 40.6%);若调贡湖水,伯渎港、九里河和其他非圩区主要河道的氨氮平均浓度至少均可改善 2.26mg/L(减少 51%)。

(2)外源和内源得到逐步控制,改善河道水质的效果会更好　若污染负荷削减 70%,调贡湖水 30m³/s 通过京杭运河(江南运河)立交进控制圈,伯渎港、九里河和其他非圩区主要河道的氨氮平均浓度至少均可减少 3.0mg/L(减少 67.7%),大部分达到Ⅳ类水标准,少部分接近Ⅳ类水标准。调长江水直接进控制圈,其改善水质的效果会更好。

(四)调水的路径

1. 进入控制圈的路径

调水路径有多条,已经建成的主要有以下两条:① 望虞河线路,即以长江为水源,其路径为长江—望虞河泵站—望虞河—九里河或伯渎港—从控制圈东边进入控制圈;② 梅梁湖线路,即以太湖湖体为水源,其路径为太湖湖体—梅梁湖—梅梁湖泵站—梁溪河—仙蠡桥水利枢纽倒虹吸(穿过江南运河)—从控制圈南边进入控制圈。另外还有待建的两条:① 白屈港线路,即以长江为水源,其路径为长江—白屈港泵站—白屈港—锡北运河倒虹吸(穿过锡北运河)—严埭港水利枢纽—从控制圈北边进入控制圈。② 贡湖线路,即以太湖湖体为水源,其路径为太湖湖体—贡湖—贡湖泵站—长广溪等河道—五里湖—梁溪河和马蠡港—仙蠡桥水利枢纽倒虹吸(穿过江南运河)—从控制圈南边进入控制圈。

2. 控制圈内的路径

控制圈四周共有 8 个水利枢纽,当调水的水流由控制圈周边的其中一个或二个水利枢纽进入控制圈后,再经控制圈内有关主要河道,根据需要分别从其他 5～6 个水利枢纽排出,完成其引清释污、消除河水黑臭、增加环境容量,达到改善水环境的目的。

3. 排水路径

目前一般情况下的排水路径为自然流向江南运河,即进入控制圈的水流在完成其增加环境容量和改善水环境的功能后,由控制圈周边的其中一个或数个水利枢纽的控制水闸排出后,通过控制圈周围的河网,汇集到江南运河(京杭运河),自然流向其下游;特殊情况,如汛期水位比较高时,则可启动泵站使其向北排入长江。2010 年后,锡澄片的骨干河道全部建成开通后,一般情况除江南运河排水外,部分时段配合以长江排水(主要排水河道为走马塘—七干河,向东北排人长江),可以是自排或抽排。

（五）调水的实施

主要是使用泵站动力调水,其次是当太湖水位高于内河时,可以自流调水,但此类情况的几率很小。以调水的流量大小来分:采用大流量集中调水与小流量维持性调水相结合的方法。以控制圈是否封闭来分:主要采用关闭控制水闸,使控制圈成为基本封闭水域,再进行调水,使进入控制圈的水流按一定方向流动,使此种情况基本在非汛期。具体情况如下:

1. 非汛期控制圈关闭时调水

（1）现状　主要通过两条线路调水。

1）采用望虞河线路调水:当实施望虞河调水时,开启控制圈西边的江尖水利枢纽泵站向外排水,使望虞河调引的长江水经九里河、伯渎港水利枢纽进入控制圈,改善沿程河道水质,或同时开启控制圈其他一个或几个水利枢纽泵站向外排水,改善有关沿程河道水质。开始调水 3～5 天,采用集中调水,流量 40～50m³/s,以后采用 15～30m³/s 的维持性流量进行调水,保持控制圈内有比较好的水质。

2）通过梅梁湖线路调水:开启梅梁湖泵站,使太湖水经由梁溪河及仙蠡桥水利枢纽倒虹吸(穿过江南运河)进入控制圈,并使控制圈水位抬高 10～30cm,再开启控制圈周边有关水闸,让水自流排出,改善沿程河道水质。开始调水 3～5 天,采用集中调水,流量 30～40m³/s,以后采用 15～20m³/s 的维持性流量进行调水,保持控制圈内有比较好的水质。

以上两条调水线路,根据具体情况配合使用,其中梅梁湖线路在蓝藻爆发时一般不宜调水,若需调水,应采取有效拦截、控制蓝藻的措施。

（2）2010 年后　继续采用上述两条线路调水,另外增加以下两条线路调水。

1）白屈港清水通道建成,通过白屈港线路调长江水经白屈港进控制圈,控制圈内的调度基本同望虞河线路调水。

2）贡湖泵站群建成,通过贡湖线路抽贡湖水经长广溪、其他河道进控制圈,控制圈内的调度同梅梁湖线路调水。

届时长江、梅梁湖、贡湖等 3 个水源的 4 条调水线路组合使用,互相调节,发挥长处,克服短处,使调水在各个时段和各种不同情况下尽可能发挥最佳效果,把各种负效应减到最小。

2. 汛期调水

汛期调水与防洪排涝相协调,汛期高水位的河网水质一般较平时相对较好,当水位超过警戒水位时,且控制圈外水位不是很高时,此时控制圈各控制工程已关闭,可以开启控制圈内有关泵站,把控制圈内水抽到圈外,使梅梁湖、五里湖水自流进圈,或望虞河在其调水时自流进圈。若控制圈外水位很高时,控制圈内泵站均以排涝为主,不再调水入控制圈。

3. 圩区与非圩区同步调水

控制圈内 31 个圩区调水与非圩区主要河道调水同步进行。

(1) 引水　自流引进控制圈内主要非圩区河道相对较好的清水进圩区。

(2) 排水　靠近控制圈边界的圩区向控制圈外抽排,不靠近控制圈边界的圩区向控制圈内骨干河道的下游方向抽排水,如北塘联圩可由高桥、瓦屑坝、新西、三里桥泵站向锡澄运河、京杭运河排水,由其他水闸进水。为保证圩区调水顺利进行,泵站进水口前增设自动打捞垃圾设施。

(3) 北塘联圩调水　北塘联圩位于控制圈的西部,是控制圈的主要大圩区,在 1977 年建成,总面积 14.8km²,外围护岸长度为 19.85km,圩内有河道 10 余条。圩区地势低洼,三面环水,地面高程(吴淞高程,下同)平均不足 3.7m,其中 3.6m 以下的占 60%,特低地区只有 2.8m。联圩内有 200 多家工矿企业和部分农田,常住人口 20 余万,工农业总产值近 110 亿元。北塘联圩的水利工程主要有三里桥、顾桥、一号桥、太堡墩、百子桥、新西、瓦屑坝、高桥闸站共 8 座,有水闸 13 座,排涝机泵 28 台,排涝总流量 56m³/s,配套总动力 2880kW,圩内河水位保持在吴淞 3.25m 以下,保证防汛安全。据统计,近两年来北塘联圩年关闸排涝达 320 天以上。北塘联圩正常调水的顺序为:2007 年,控制圈已经建成,北塘联圩可由瓦屑坝、新西、高桥、三里桥泵站中的一个或多个泵站向锡澄运河、京杭运河排水,由顾桥、一号桥、太堡墩水闸中的一个或多个水闸开闸向圩区引进较为干净的控制圈内非圩区河道之水。汛期,调水与防洪排涝相协调和相结合,确保圩区防洪安全,并可以把涝水作为调水水源的一部分。其他圩区调水,参照北塘联圩的情况进行调水。

(六) 实际调水效果分析

2007 年从 7 月至 12 月,控制圈实施了望虞河线路的调水方案,由于控制圈四周的全部控制工程在 2007 年刚建成,该阶段系试运行阶段,控制圈的 6 个泵站仅启动了 2 个泵站调水。主要是启动了江尖泵站调水,单机运行 3596h,调水、换水 2.6 亿 m³;启动了利民桥泵站调水,单机运行 2624h,调水、换水 1.4 亿 m³,共调水量 4.0 亿 m³。控制圈进行监测的北兴塘、伯渎港、古运河、九里河、南兴塘、严埭港等 6 条主要河道的 10 个监测断面的水质得到大幅度改善,其代表性水污染指标 NH_3-N 已经从大幅度劣于 V 类的 3.0~13.5mg/L,90% 监测断面的水质改善到Ⅳ类、V 类或接近 V 类(小于 3.0mg/L)。如经过 2 个月调水后的 9 月份,6 条主要河道 10 个监测断面的 NH_3-N 月平均值为 1.35~3.0mg/L,全部断面的月平均值为 2.35mg/L(表 9-2)。

表 9 – 2　无锡市城市防洪控制圈 2007 年 9 月 NH_3-N 监测断面统计表

断面浓度(mg/L)	Ⅳ类	Ⅴ类	≥2.0、≤2.5	≥2.5、≤3.0	≥3.0	合　计
断面数(个)	1	2	3	3	1	10
比　例(%)	10	20	30	30	10	100

　　上述调水说明,望虞河线路调水改善水环境的效果比较好,其中控制圈东部改善水环境的效果好于西部,主要河道均消除了黑臭,有相当部分水功能区断面已经达标。也说明控制圈中污染源控制和全力削减入水污染负荷的工作正在全面开展,取得了阶段性成果。另外由于控制圈的控制工程 2007 年刚完成,有些区域尚不能进行调水,故某些河道改善水环境的效果还不理想。控制圈的水质虽有所改善,但水污染还比较严重,所以外源还必须进一步严格控制,使外源的削减率达到 70% 以上,并且把控制污染源工作和调水增加水环境容量两者密切配合,双管齐下,才能全面彻底改善控制圈水环境和使水功能区全面达标。

二、五里湖调水试验和调水方案

(一)五里湖概况

1. 水环境承载能力

　　五里湖为无锡市城市湖泊,水环境要求高,其水域面积能够实行封闭控制的为 7.6km^2,水深 2m;2010 年、2020 年水功能区水质目标分别为Ⅳ类、Ⅲ类。近几年五里湖加大了水污染治理的力度,水环境有比较大的改善,其中 TN、TP 污染也得到比较多的削减,但总体上没有得到根本改善,2005 年水质全湖评价仍为劣于Ⅴ类,主要超标污染物为 TN、TP,营养状况为富营养。五里湖水污染仍然比较严重的原因是其纳污量大幅度超过其水环境承载能力。如 2005 年,现状纳污量 TN 超过其 2010 年承载能力 2.87 倍,TP 超过 0.37 倍。透明度仅 30 ~ 40cm。

2. 调水的必要性和可行性

　　(1)调水的必要性　根据五里湖水污染严重,TN 超标幅度大和允许纳污能力小的现状,要达到水功能区的目标,2010 年污染物的应削减幅度很大,根据五里湖周围削减污染的可能性,估计生活、工业、农业污染绝大部分均可以得到削减,但底泥的二次污染和地面径流污染,虽采取了很多措施,可以削减比较大的部分,还有相当多的污染负荷无法削减,而且由于水环境达不到全面实行生态修复的要求,所以只有靠调水增加环境容量、改善水环境,才能继而进行全面生态修复,进一步提高水体自净能力,更好改善水环境,才能全面达到水功能区水质目标。五里湖是城市景观湖泊,应通过调水和与其他治理污染措施相结合,才能使其尽快达到水环境、水生态的要求。

　　(2)调水的可行性　五里湖调水主要依靠泵站抽引水质较好的水源入湖。可行性之一,五里湖周围全部 11 条入湖河道均已在 2006 年建闸控制,当 11 个控制水闸全部关闭时,五里湖就成为全封闭水域,可阻止全部外河污水入湖,并且使调水进入五里湖的水流可以按照计划的路径进入有关湖面;五里湖调水的主要泵站梅梁湖泵站、其他输水设备基本已建成。所以已经具备调水的基本基础条件。可行性之二,所调水源应是较好的水,能满足增加环境容量的要求。同时应全方位治理污染。

3. 调水作用

引清调水是解决五里湖水污染、富营养化的重要技术措施。通过调水,引清释污,稀释污染物浓度和增加一定的净化水体能力,达到增加环境容量和改善水环境的预期目标,同时使五里湖能够按计划进行全面生态修复,确保水功能区达标。同时在治理污染的基础上,通过调水可改善水环境,消除湖泊水污染严重现象,有利于改善湖周围市民的生活环境,改善湖两岸的城市景观形象,使水环境与现代化的无锡城市面貌相协调。

(二)湖泊调水数学模型[31]

五里湖调水数学模型试验前后做过 3 次,最后一次试验系采用平面二维宽浅型湖泊数学模型试验、计算。

数学模型,概化网格,太湖 1000m × 1000m 正方形,共 7216 个,小湖湾加密,梅梁湖 200m × 200m,共 3100 个,五里湖 70m × 70m,共 1136 个。环太湖河道概化为 24 条,环五里湖河道概化为 10 条。

(三)调水数学模型试验结论[31]

1. 调水流量及数量

五里湖调水量,五里湖本身一年需调水 1.5 ~ 3 亿 m^3,但考虑到五里湖周围河道常年需要调水改善水环境,所以五里湖共需要年调水 2 ~ 4 亿 m^3。调水总体实行一次性大流量集中调水与小流量维持性调水相结合的调水方法;调水开始时为大流量集中调水,流量为 20 ~ 30 m^3/s,平时为小流量维持性调水,目前为 10 ~ 15 m^3/s,数年后流量为 5 ~ 10 m^3/s;全年累计换水 10 次左右(以五里湖常水位时的槽蓄水量为计算基础),其中夏天多换一点。

2. 调水路径和改善水质效果

通过调水,五里湖一般能够在 7 天内达到稳定,降低污染物浓度,使 TN、TP 能达到 Ⅳ ~ Ⅴ 类。再通过生态修复,增加水体自净能力,能够确保五里湖在 2010 年达到 Ⅳ 类水。

(1)现状　启动梅梁湖泵站调水,流量 50 m^3/s,向城市中心区调水,梅梁湖泵站调水运行约 30 ~ 50 天后,梅梁湖水质总体上好于五里湖水质,梅梁湖泵站可以向五里湖调水(藻类爆发期除外),调水流量 20 ~ 30 m^3/s,再持续调水 7 ~ 10 天,五里湖水质基本达到稳定,TP、TN(平均值,下同)分别可改善到 0.135mg/L、2.1mg/L,可分别改善 22.41%、66.78%。根据五里湖周围河道排水、污染等的不同情况,调水达到稳定时间的长短略有差异。五里湖停止调水恢复到原状水质的时间为 7 ~ 10 天。

(2)2012 年　五里湖周围外源基本全部得到控制,长广溪贡湖调水线路建成,通过启动 1 个或多个贡湖泵站抽引贡湖水经长广溪等河道进入五里湖。贡湖有关泵站调水流量 10 ~ 20 m^3/s 计,在调水近 10 天的时间后,五里湖水质达到稳定,TP、TN 浓度分别改善到 0.082mg/L(达到Ⅳ类)、1.77mg/L(达到Ⅴ类),分别改善了 52.87%、72.04%。把贡湖泵站调水和梅梁湖泵站调水有机结合起来,取长补短。2012 年以后,由于调水水源的水质会更好,所以调水效果会更好,TP、TN 可达到Ⅳ类水标准。

三、梅梁湖调水试验

(一)梅梁湖概况

1. 水环境承载能力

梅梁湖为无锡市的饮用水水源地保护区,水域面积 124.5km²,水深 2m 左右;2010 年、2020 年江苏省水(环境)功能区水质目标均为Ⅲ类,《太湖流域水环境综合治理方案》中梅梁湖水质目标 2012 年、2020 年的目标分别为Ⅴ、Ⅳ类(其中水源地为Ⅲ类);近几年梅梁湖加大了水污染治理的力度,水环境有所改善,现状水质全湖评价仍为劣于Ⅴ类,主要超标污染物为 TN、TP,营养状况为富营养,自 1990 年以来几乎年年发生藻类爆发和常拌有规模"湖泛"发生。梅梁湖水污染比较严重的原因主要是入湖河道把大量污染物带进湖中,以及底泥和藻类的污染,梅梁湖的纳污量大幅度超过其水环境承载能力。如 2005 年,现状纳污量 TN 超过其 2010 年承载能力 3.71 倍,TP 超过 1.06 倍。透明度仅 30～40cm。

2. 调水的必要性和可行性

(1)调水的必要性 根据梅梁湖水污染严重,TN 超标幅度大和允许纳污能力小的现状,要达到水功能区的目标,2010 年污染物的应削减幅度很大,根据梅梁湖周围削减污染的可能性,估计入湖河道的生活、工业、农业污染部分均可得到削减,但还有相当部分的外源污染和底泥的二次污染及地面径流污染得不到削减,而且由于水环境达不到生态修复的要求,使梅梁湖无法开展大规模的生态修复,仅能实施小范围封闭式示范研究。所以只有靠调水增加环境容量,水环境进一步有所改善,继而才能进行全面生态修复,进一步提高水体自净能力,更好改善水环境,达到水功能区水质目标。

(2)调水的可行性 梅梁湖调水主要依靠泵站抽引水质较好的水源入湖。可行性:① 梅梁湖周围的直湖港、武进港、梁溪河等 3 条主要入湖河道均已建闸控制,可阻止大部分入湖河道污水入湖;② 梅梁湖调水的主要基础工程梅梁湖泵站(50m³/s)已建成,具备调水的基本基础条件;③ 所调水源是太湖水和其他比较好的水,可基本满足增加环境容量的要求;④ 2012 年左右调长江水进梅梁湖的方案正在进入立项程序。

3. 调水作用

引清调水是解决梅梁湖水污染、富营养化的重要技术措施。通过调水,引清释污,稀释污染物浓度和增加一定的净化水体能力,达到增加环境容量和改善水环境的预期目标,使梅梁湖能够按计划进行全面生态修复,确保水功能区达标。同时可使梅梁湖景区的水环境、水景观得到较好改善。

(二)梅梁湖调水数学模型

梅梁湖调水数学模型基本与五里湖湖泊调水数学模型相似。

(三)调水数学模型试验结论[31]

梅梁湖进行了 2 次数学模型试验,结论相仿,最后一次的模型试验结论如下。

1. 调水流量及数量

梅梁湖调水量,一年需调水 5~10 亿 m³。调水总体实行大流量调水的方法。调水流量为 50~100m³/s,全年累计换水 2~4 次(以梅梁湖常水位时的槽蓄水量为计算基础)。

2. 调水路径

(1)现状　通过梅梁湖泵站把太湖水调进梅梁湖,流量 50m³/s,常年持续调水,并通过梁溪河进入江南运河或市区河网,最终均由江南运河排出或排入长江。使梅梁湖水接近太湖水质,TN 达到接近 2.3mg/L。

(2)2012 年　2012 年前后新沟河清水通道基本建成,可以增加新沟河调水,通过长江边的新沟河泵站抽引长江水经新沟河—直湖港清水通道进入直湖港,流量 100m³/s,常年持续调水,并且与防洪排涝相协调。

(3)二个调水方案适当结合　2012 年后,根据梅梁湖的水污染、蓝藻爆发、水位和长江的水位、水质等情况,把上述二个调水方案适当结合起来,与防洪相协调,采用大流量连续调水,调水有效流量 100m³/s,梅梁湖年增加换水次数 4 次,年换水总量 10 亿 m³,使梅梁湖水质显著改善。

3. 调水数学模型试验效果分析

(1)目前　两种情况分析如下。

1)情况一:在现状的污染情况下(武进港、直湖港控制水闸在平时关闸,汛期大雨时开闸),启动梅梁湖泵站调水,流量 50m³/s,调水 90 天后达到稳定,三项指标 COD_{Mn}、TP、TN 浓度分别可改善 11.98%、29.27%、22.40%;三项指标(年平均值,下同)分别达到 4.48mg/L、0.116mg/L、2.07mg/L。

其中,调水进行 30 天时,这一阶段改善水质效果最好,指标 COD_{Mn}、TP、TN 浓度分别改善了 13.20%、21.34%、17.82%;调水进行 60 天时,随着调水时间的增长,单位时间内调水改善梅梁湖水质效果降低,第二个 30 天内相应的 3 项水质指标改善的增加率分别为 3.38%、3.05%、1.27%;调水进行 90 天时,水质完全达到稳定,第三个 30 天内相应的 3 项水质指标改善的增加率很低,仅分别为 0.94%、0.61%、0.15%。

停止梅梁湖泵站调水,历时 90 天后水质恢复到调水以前的状况,同样停止调水后 30 天内水质恢复到原状的速度最快。

2)情况二:武进港、直湖港控制污染,减少入湖污染负荷 30%,其他条件同目前。启动梅梁湖泵站调水,流量 50m³/s,调水 90 天后达到稳定。COD_{Mn}、TP、TN 浓度分别可改善 22.59%、34.76%、29.96%,分别达到 3.94mg/L、0.107mg/L、1.87mg/L。若进一步削减武进港、直湖港入湖的污染负荷比例,调水改善水质的效果会更好。

(2)2012 年　采用新沟河清水通道调引长江水进入梅梁湖。调水流量 100m³/s,调水时间以 90 天计算,当调水进行到 90 天时,梅梁湖 3 项水质指标 COD_{Mn}、TP、TN 浓度分别可达到 3.23mg/L、0.102mg/L、1.58mg/L,3 项水质指标分别可改善 36.23%、37.8%、40.83%。

4. 梅梁湖泵站调水实际效果

梅梁湖泵站在 2007 年 6 月至 12 月的调水实际效果良好,从大幅度劣于Ⅴ类改善到Ⅳ~Ⅴ类。其中 TN 从 6.11mg/L(劣于Ⅴ类)改善到 1.42mg/L(Ⅳ类),好于数学模型试验的效果(具体见本章第三节)。

四、锡澄片六纵七横骨干河道调水方案

(一) 正在建设中的锡澄片六纵七横骨干河道

(1) 六条纵向骨干河道　自西向东依次为:新沟河直湖港线路;新夏港河(已建成);锡澄运河(基本建成);白屈港线路;张家港走马塘线路;望虞河(已建成)。

(2) 七条横向骨干河道　自南向北依次为:江南运河;伯渎港线路;九里河线路;锡北运河线路;青祝河线路;冯泾河线路;西横河应天河线路。其中,江南运河已建成,其余六条原河道在原河道基础上进行整修和部分扩建、改造。

(二) 骨干河道框架的调水运行方案

调水,一是长江高潮位时自流引江水,向江阴市、锡山区、惠山区河道调水;二是利用江边泵站抽调长江水,则上述调水受益区的范围可扩大至无锡城区,调水的速度可加快。排水方向目前主要是京杭运河自然排水;骨干河道框架的控制工程系统全部建成后,可结合采用部分纵向河道引水和部分纵向河道排水相结合的方法,形成纵向引排有序的循环。

(1) 现状　目前,已建成望虞河及其抽水泵站、望虞河东侧全部控制工程、望虞河西侧部分控制工程(尚有锡北运河和东横河未控制),已建成白屈港及其抽水泵站,白屈港穿过锡北运河的倒虹吸、白屈港西侧控制工程尚未建设。目前,非汛期主要是在长江高潮位时自流引江水,结合利用白屈港泵站和望虞河泵站抽引长江水,调进的长江水以自然流态进入锡澄片河网,可改善局部河网的水环境。排水方向主要是京杭运河自然排水,部分是向望虞河方向排放。其中,江阴市城区的调水工程已经全部完成,可以在其城区的调水范围内独立自行调引长江水,利用沿江水闸自流引长江水和利用定波闸泵站($Q = 10\text{m}^3/\text{s}$)和黄山港泵站($Q = 8\text{m}^3/\text{s}$)抽引江水,排水方向主要是下游长江,部分是向望虞河方向排放。

(2) 2012 年后　建成两条清水通道如下。

1) 建成新沟河线路清水通道:非汛期,一方面,利用长江高潮位自流引水;另一方面利用新沟河清水通道、白屈港清水通道和望虞河清水通道联合抽引长江水,使江水进入各清水通道西侧或东侧的河网、河道。主要排水方向是京杭运河自然排水,并控制运河水位在一定高程以内,若京杭运河水位较高时,白屈港以西河网的水可由新夏港河和锡澄运河在长江低潮位时自流排入长江。

2) 建成白屈港清水通道:非汛期:一方面,利用长江高潮位自流引水;另一方面,利用白屈港泵站和望虞河泵站抽引长江水经白屈港清水通道和望虞河清水通道,使长江水进入白屈港清水通道两侧河网,或进入南部的无锡城区大包围。主要排水方向是京杭运河自然排水。

(3) 2020 年　全部骨干河道框架及其控制工程系统计划在 2020 年建成。非汛期,一方面,利用长江高潮位自流引水,结合利用新沟河、白屈港、望虞河清水通道联合抽引长江水进河网;另一方面,通过控制骨干河道框架的有关控制工程,使长江水通过清水通道进入锡

澄片河网,使河网水域水质都得到有效改善。主要排水方向是京杭运河自然排水,若运河水位过较高时,白屈港以西河网利用新夏港河和锡澄运河在长江低潮位时自流或开启泵站排水入长江,白屈港以东河网结合走马塘—七干河线路在长江低潮位时自排或泵排入长江。其中,张家港和锡澄运河在长江边的双向泵站一般也用于锡澄片的排水,在特殊情况下用于锡澄片的应急补水或调水。汛期调水,汛期调水与防洪排涝相协调,并利用部分洪水涝水资源作为调水水源。

(三)调水次数和数量

在确保防洪的前提下,锡澄片河网每年应调水 8 ~ 10 次(以区域内河道常水位时的槽蓄水量为计算基础),调水水量 15 ~ 20 亿 m^3。调水的方法:大流量集中调水与小流量维持性调水相结合的持续调水方法。每次调水总流量大小和调水时间具体视有关河网水位、污染情况和改善水环境的要求而定。

(四)骨干河道框架区域的其他水污染防治措施

调水可使河水基本变清,但要达到水功能区水质目标仍必须采取控制外源、内源和生态修复等措施:① 全面控制生活污染源和工业污染源;② 扩建和新建 37 个城镇污水厂,使其2020 年污水总处理能力达到 161 万 t/d,建设完善的配套管网,提高污水厂排放标准达到一级 A,并且继续对污水厂尾水进行深度处理,或进行再生水回用;③ 封闭全部的城镇生活排污口、农村集中居住居民生活排污口、工业排污口;④ 建设农业农村污染控制区 800km²;⑤控制机动船舶污染;⑥控制其他非点源的污染;⑦ 持续进行高质量清淤;⑧ 建设和扩大河网间湖荡湿地保护区,包括五房白荡、白丈白荡、张塘河、北白塘、杨婆圩、宛山荡、陆家荡、白米荡、南青荡、白荡圩等生态修复区、湿地保护区;⑨ 实施退渔还河湖;⑩ 整治骨干河道框架间的全部中小河道,整治、建设生态护岸,建设滨河景观绿化带。

(五)统一调度管理

由水行政主管部门统一规划、管理锡澄片骨干河道的建设和统一进行调水的调度和运行管理,逐步实现调水的自动化监控和运行。

(六)锡澄片骨干河道框架改善水环境效果简评

2012 年,在基本控制工业、生活、种植业、养殖业、航运业等外污染源的情况下,河道全面进行第二轮清淤后,通过利用长江高潮位自流调水、利用白屈港清水通道和望虞河清水通道持续调水,使锡澄片骨干河道框架区域,在较大范围内的水质能得到较有效的改善,使河水基本消除黑臭,使河网全年平均水质类别较目前提高 1 ~ 2 类,一般达到Ⅳ类 ~ Ⅴ类或接近Ⅴ类。

2013 ~ 2020 年,在全面控制工业、生活、种植业、养殖业、航运业等外污染源的情况下,河道进行第三轮全面清淤,实施全面生态修复,利用长江高潮位自流调水,利用白屈港清水通道、望虞河清水通道、新沟河清水通道调引长江水,使调进的长江水基本按计划流动,很好改善河网内水环境,全面消除河水黑臭,使河水变清,锡澄片骨干河道框架年均水质达到

Ⅲ～Ⅳ类,其他河道水质达到Ⅳ类～Ⅴ类。

五、2002～2003 年望虞河调水试验实例[32]

由于太湖流域经济社会的快速发展和太湖水污染治理工作的重要性,从流域优质水资源量供给、流域河网和湖泊水体流动的变化、流域河网水质改善和太湖水生态恢复等方面,望虞河调水试验引起太湖流域、水利部及全国有关专家的广泛关注,引水效果得到流域内全社会的认可。在水利部的领导下,通过太湖流域管理局(以下简称太湖局)和流域内江苏、浙江、上海两省一市水利(水务)部门的共同努力,太湖流域"引江济太调水试验工程"(以下简称"引江济太"),自 2002 年 1 月 30 日正式实施,为期两年。此调水试验系长江—望虞河—太湖调水数模试验的验证。"引江济太"的实施,有效地改善了枯水期太湖流域的生活、生产和生态用水条件,不仅在太湖水污染治理工作中起到了重要作用,也为太湖流域经济社会可持续发展提供了水资源的保证。

(一)水量要素变化分析

"引江济太"是指通过望虞河调引长江水进入太湖。调水方式是泵引和结合利用长江高潮位自引,其中调水进入太湖的水量大多要依靠泵引。"引江济太"有效增加了流域优质水资源量的供给。"引江济太"实施两年来,通过望虞河共调引长江水 42.2 亿 m^3,其中入太湖 20.0 亿 m^3,通过太浦闸向下游增加供水 32.2 亿 m^3,使平枯水期流域河湖蓄水量增加,增加了太湖的水资源量供给,改善了流域水量供给不足的现状。

2003 年,太湖流域发生了 50 年一遇的高温和干旱,太湖水位低于同期平均水位 0.40m。2003 年引水使太湖水位 8 月以来干旱高温条件下长期维持在 3.30m 的适宜水位,下游河网水位大部分时间保持在 3.00～3.30m,抬高约 0.30～0.40m,2003 年直接受望虞河和太浦河供水影响的河网面积约 1.36～1.81 万 km^2,太湖水位抬高约 0.50m。太湖水位的维持使太湖下游的供用水条件明显改善。2003 年通过太浦闸向太湖下游以及黄浦江供水达到 23.2 亿 m^3(表 9-3)。此外,干旱最严重的杭嘉湖地区,通过环太湖 34 个口门以平均每天近 100m^3/s 的流量从太湖取水,较引水前增加一倍多。据统计,8～12 月东导流共计引水 9.45 亿 m^3,为历年之最,是多年平均的 5.6 倍。引入的太湖水沿东苕溪导流最远可上溯至上游瓶窑附近,沿途近 60km,并通过东导流沿途水闸向杭嘉湖平原供水,提高了通航水位,满足了生产、生活用水水量的需求。

表 9-3 "引江济太"引水及入太湖、出太湖量表　　　单位:(亿 m^3)

时　间	引江水量	入太湖水量	太浦闸增供水量
2002 年	18.0	7.9	9.0
2003 年	24.2	12.1	23.2
合　计	42.2	20.0	32.2

注:主要入湖时段,2002 年为 1～4 月,2003 年为 8～10 月。

(二)水动力要素变化分析

"引江济太"加快了太湖和河网水体流动。"引江济太"增加的水质较好的长江水进入流域河网和太湖,不仅增供了流域河网和太湖所需水量,而且加快了河网和太湖水体流速,加快了太湖东部水体的置换周期。"引江济太"两年来,望虞河、太湖、太浦河与下游河网的水位差控制在 0.20～0.30m,河网中主要河流的流速由调水前的 0.0～0.1m/s 增加到 0.2～0.3m/s,太湖流域受益地区河网水体基本置换一遍。河网流速加快和太湖水体置换周期的缩短等水动力条件变化,增加了水体的自净能力,加之优质水量的增加,有效增加了流域河网和太湖的水环境承载能力。

(三)水质要素变化分析

"引江济太"不同程度地降低了太湖和河网水质指标。2003 年 7 月底,太湖梅梁湖和贡湖湾在引水前发生大面积蓝藻,在实施流域水资源应急调水一周后,贡湖大面积"水华"现象基本消失,位于贡湖湾的无锡南泉水厂和苏州金墅湾水厂取水口水质主要水质指标浓度分别改善 1～3 个类别。太湖富营养化指标 TP 和有机污染指标 COD_{Mn} 浓度的全湖年平均值已分别从 2000 年的 0.10mg/L、5.28mg/L 改善为 2003 年的 0.069mg/L、4.30mg/L,分别下降 31%、19%(表 9-4)。太湖满足饮用水水源地水质的水体面积增加了 15%,富营养化面积下降了 13%,太湖水质得到逐步改善。

表 9-4　太湖主要水质指标浓度年均值对比

项　　目		2000 年	2002 年	下降率(%)	2003 年	下降率(%)
COD_{Mn}	(mg/L)	5.28	4.19	21	4.30	19
TP	(mg/L)	0.1	0.064	36	0.069	31

调水期间,望虞河干流全程水质总体维持在Ⅲ类水标准,与引江济太前的 2000 年相比,望虞河干流水质总体改善 1 至 3 个类别。太浦河干流水质在原有基础上有所改善,保证了太湖向流域下游及黄浦江水源地供水水质。

在连续高温干旱的 2003 年汛期,上海市黄浦江取水口水质基本符合水源地水质要求,其中引江济太前长期导致黄浦江黑臭的氨氮指标,其浓度改善到Ⅰ～Ⅱ类水标准。

2003 年 8 月初,上海市黄浦江上游发生 85t 燃油泄漏的重大油污染事故,为配合上海市的污染事故的处理,太湖局在江苏、浙江的支持下,紧急实施太浦河和太浦河泵站应急调度,成功地将油污阻止在距取水口上游 2km 处,有效保护了上海市黄浦江上游饮用水水源地的供水安全。

2003 年大旱之年的杭嘉湖地区,因河网水量及时得到太湖出水的补充,水质明显改善,其中Ⅲ类水体增加 9.9%,Ⅴ类水体减少 12.4%,劣于Ⅴ类水体减少 17.3%。取水口水质也基本符合Ⅲ类水标准,保证了杭嘉湖地区在河道取水的自来水厂的取水和供水安全。

由于"引江济太",提高了太湖和河网水位、增加了水流流速、降低了水质浓度,改善并维持了流域河网和太湖良好的水生态环境,太湖受引水直接影响的水域沉水植物明显增加。

(四)经济社会环境效益明显

"引江济太"不仅增加了流域供水量,缓解了流域旱情,提高了流域水环境承载能力,改善了水质,使流域河网和太湖水生态要素向有利于水生态环境良性循环的方向变化,而且满足了流域航运、电力、渔业、旅游等行业的需要。据统计,2003 年"引江济太"的受益范围近 2 万 km^2,占平原面积的 2/3,受益人口约 3000 万,初步估算减少直接经济损失 10 多亿元。"引江济太"明显增加了经济、社会环境效益。

第三节　2007 年流域与区域联合生态调水实践

2007 年流域与区域联合生态调水实践,即是望虞河"引江济太"和梅梁湖泵站联合调水(简称联合调水),此调水系由应急调水开始,继而成为常规调水。

一、2007 年联合应急调水过程

2007 年 5 月,以蓝藻为主的藻类(简称藻类)爆发后,在 5 月 6 日就启动了望虞河"引江济太"调水机制,无锡 5 月底 6 月初的供水危机发生后,进一步加大了应急调水流量,望虞河的"引江济太"调水流量从不足 $100m^3/s$,增加到 $240m^3/s$,6 月份的调水流量保持在 $185 \sim 244m^3/s$ 之间,"引江济太"一直持续到年底,长江水源源不断调入贡湖、太湖,2007 年"引江济太"共调引长江水 24 亿 m^3,其中入贡湖 14 亿 m^3。同时从 5 月 30 日启动了梅梁湖泵站调水,调水流量保持在 $40 \sim 54m^3/s$ 之间,至 2007 年底梅梁湖泵站共调水 8 亿 m^3。望虞河的"引江济太"和梅梁湖泵站调水的联合运行,形成长江—望虞河—贡湖—太湖—梅梁湖—梁溪河—江南运河的合理路径的水流流动(附图 9 – 2),应急调水有效改善了贡湖南泉水厂取水口附近水源地的水质,改善了梅梁湖和江南运河的水质。5 月 30 日至 8 月 31 日的调水过程进行了水质监测,每日监测 1 次,由江苏无锡水文水资源勘测局监测,以下分析均根据此次监测取得的系列资料进行。

二、调水改善贡湖南泉水厂取水口水质效果[33]

联合调水能够有效改善南泉水厂取水口附近水源地水质,主要表现在:① 使水源地水质大为好转;② 消除水体臭味;③ 在其他措施配合下,消除藻类在取水口附近大量聚集。

1. 调水改善水环境的作用

(1)水质变好　大量比较好的"引江济太"引进的长江水稀释南泉水厂取水口附近湖水,增加环境容量,使湖水原有的臭味减少直至消除,水质变好。

(2)改善水质　流动的水具有一定的增氧作用,减轻水源地污染和底泥中的厌氧反应,减少臭气的生成,增加水体的自净能力,改善水质。

(3)消除供水危机　有序流动的水带走水厂取水口附近的藻类和不使藻类在取水口附近大量聚集,也就避免了藻类在取水口附近的大量死亡和沉入水底,防止再次在取水口附近发生藻类大量聚集、引起爆发和生成"湖泛"。

2. 调水改善南泉水厂取水口的水质

通过联合调水改善南泉水厂取水口附近水质的具体效果如下。

（1）以 NH_3-N 评价 南泉水厂水源，5 月 31 日 NH_3-N 达到最大值 11mg/L（劣于Ⅴ类），湖水恶臭、水体呈酱褐色，溶解氧下降到接近 0；6 月 1 日水质开始好转，NH_3-N 降低到 3.66mg/L（劣于Ⅴ类）；以后指标呈下降趋势，6 月 2～4 日达到Ⅴ类或接近Ⅴ类，6 月 5 日达到Ⅳ类（1.08mg/L），6 月 6 日降低到 0.71mg/L（Ⅲ类），符合饮用水水源Ⅲ类标准；6 月 9 日完全好转，NH_3-N 降低到 0.38mg/L（Ⅱ类），以后至 8 月下旬一直稳定在Ⅱ～Ⅲ类的范围，符合饮用水水源Ⅲ类标准。

（2）以 TN 评价 5 月 31 日 TN 达到最大值 13mg/L（劣于Ⅴ类），6 月 3 日开始好转，为 5.72mg/L，较最大时降低了一半以上，6 月 7 日又较 6 月 3 日降低了一半以上，为 2.84mg/L，6 月 13 日得到基本好转，达到 1.82mg/L（Ⅴ类），6 月下旬开始及以后的旬平均值一般均为 Ⅴ类，至 8 月下旬，最大值均在Ⅴ类范围内。

（3）以 TP 评价 5 月 31 日 TP 达到最大值 0.491mg/L（劣于Ⅴ类），6 月 2 日开始好转，为 0.152mg/L（Ⅴ类），较最大时降低了 2/3，6 月 13 日又较 6 月 3 日降低了一半以上，为 0.063mg/L（Ⅳ类），6 月中旬及以后，旬平均值均在Ⅳ～Ⅴ类，且 6 月下旬及以后至 8 月下旬的最大值均为Ⅴ类。

（4）评价结论 根据上述评价，贡湖南泉水厂取水口，由于藻类大爆发和底泥释放引起大规模"湖泛"，造成贡湖水污染极为严重和引起湖水发臭，在持续实施望虞河的"引江济太"和梅梁湖泵站的联合调水运行情况下，经 6 天运行，6 月 5 日 NH_3-N 达到Ⅳ类，TP 达到Ⅴ类，TN 也大幅度下降，有良好的改善水质的效果。6 月 9 日起至 8 月，NH_3-N 一直保持Ⅱ类，6 月下旬起至 8 月，TP 旬均值保持在Ⅳ～Ⅴ类和最大值保持在Ⅴ类范围内，TN 的旬均值保持在Ⅴ类。同时也说明：① 调水改善 NH_3-N 的效果好和改善速度快；② 调水改善 TN、TP 的效果比较好和改善速度较慢，其原因主要是长江水中的 TN、TP 也较高（表 9－5）。

表 9－5 南泉水厂取水口水质表（2007－5－30～8－31）

项 目 日 期	NH_3-N				T N				T P			
	均值 (mg/L)	均值 类别	最大值 类别	最小值 类别	均值 (mg/L)	均值 类别	最大值 类别	最小值 类别	均值 (mg/L)	均值 类别	最大值 类别	最小值 类别
5－30	8.6	劣Ⅴ			12.2	劣Ⅴ			0.462	劣Ⅴ		
5－31	11.0	劣Ⅴ			13.0	劣Ⅴ			0.491	劣Ⅴ		
6－1	3.66	劣Ⅴ			8.35	劣Ⅴ			0.274	劣Ⅴ		
6－2	1.84	Ⅴ			10.4	劣Ⅴ			0.152	Ⅴ		
6－3	2.25	劣Ⅴ			5.72	劣Ⅴ			0.186	Ⅴ		
6－4	2.12	劣Ⅴ			4.77	劣Ⅴ			0.208	劣Ⅴ		
6－5	1.08	Ⅳ			3.29	劣Ⅴ			0.112	Ⅴ		
6－6～10	0.64	Ⅲ	Ⅳ	Ⅱ	2.89	劣Ⅴ	劣Ⅴ	劣Ⅴ	0.122	Ⅴ	Ⅴ	Ⅳ

续表

项 目 日 期	NH₃-N 均值 (mg/L)	均值 类别	最大值 类别	最小值 类别	TN 均值 (mg/L)	均值 类别	最大值 类别	最小值 类别	TP 均值 (mg/L)	均值 类别	最大值 类别	最小值 类别
6月中旬	0.50	Ⅱ	Ⅲ	Ⅱ	2.21	劣Ⅴ	劣Ⅴ	Ⅳ	0.148	Ⅴ	劣Ⅴ	Ⅳ
6月下旬	0.33	Ⅱ	Ⅲ	Ⅱ	1.73	Ⅴ	劣Ⅴ	Ⅳ	0.114	Ⅴ	Ⅴ	Ⅳ
7月上旬	0.44	Ⅱ	Ⅲ	Ⅱ	1.72	Ⅴ	劣Ⅴ	Ⅳ	0.098	Ⅳ	Ⅴ	Ⅳ
7月中旬	0.38	Ⅱ	Ⅲ	Ⅱ	1.82	Ⅴ	劣Ⅴ	Ⅳ	0.100	Ⅳ	Ⅴ	Ⅳ
7月下旬	0.31	Ⅱ	Ⅱ	Ⅱ	1.90	Ⅴ	劣Ⅴ	Ⅳ	0.104	Ⅳ	Ⅴ	Ⅳ
8月上旬	0.31	Ⅱ	Ⅱ	Ⅱ	1.70	Ⅴ	劣Ⅴ	Ⅳ	0.099	Ⅳ	Ⅴ	Ⅳ
8月中旬	0.53	Ⅲ	Ⅲ	Ⅱ	1.94	Ⅴ	劣Ⅴ	Ⅳ	0.105	Ⅴ	Ⅴ	Ⅳ
8月下旬	0.28	Ⅱ	Ⅱ	Ⅱ	1.75	Ⅴ	Ⅴ	Ⅳ	0.101	Ⅴ	Ⅴ	Ⅳ

三、梅梁湖泵站调水改善水质的总体效果分析[33]

梅梁湖泵站位于五里湖犊山枢纽工程处,设计流量50m³/s,于2004年10月建成,其建设目的是实现一泵联三湖一河网,实施水系联动概念。其中三湖为太湖、梅梁湖、五里湖,一河网为内河河网。即通过每年抽引5亿多m³的梅梁湖水,发挥其作用:① 使太湖大水体有序向梅梁湖流动,改善梅梁湖水;② 把梅梁湖水引入江南运河和无锡城区河网,并且改善其水质;③ 把改善后的梅梁湖水引入五里湖,改善其水质。梅梁湖泵站从2007年5、6月份开始时的应急调水,以后转变为常规的持续调水,除了汛期内河高水位减少调水流量以外,其余时间均实施大流量调水,起到了前述①、②作用的明显效果。

(一)梅梁湖泵站调水过程

2007年5月28~29日,贡湖南泉水厂取水口附近水域发生蓝藻大爆发、大规模"湖泛"、湖水发臭,并引发无锡市自来水供水危机,为改善南泉水厂取水口附近水域水质,启动了梅梁湖泵站和望虞河的"引江济太"联合运行调水机制,使形成长江—望虞河—贡湖—太湖—梅梁湖—梁溪河—江南运河的合理路径调水。在5月29日晚上21h启动了梅梁湖泵站调水,调水流量10m³/s,泵站调水流量逐渐加大到6月2日的45m³/s,6月份一直保持在40~54m³/s之间,此后泵站一直持续运行,至2007年底泵站共调水8亿m³。梅梁湖泵站本次调水系把太湖湖体之水引入梅梁湖,经梁溪河,最后入江南运河。

(二)调水改善水质效果

联合运行应急调水有效改善南泉水厂取水口附近水源地水质,梅梁湖泵站调水同时有效改善梅梁湖、梁溪河、江南运河的水质,主要表现在,使有关水体的NH₃-N大为改善,TN、TP和其他指标均有一定程度的改善,使梁溪河水体基本变清,透明度有所增加,消除河水黑臭,使江南运河的感观和水质也有所改善。具体改善效果如下:

1. 梅梁湖三山南测点的 NH_3-N、TN、TP 评价

（1）NH_3-N 评价　5 月 31 日达到最大值 3.04mg/L（劣于 V 类），湖水有臭味；6 月 1 日水质即开始好转，NH_3-N 降低到 1.38mg/L（Ⅳ类），6 月 3 日降低到 0.73mg/L（Ⅲ类）；6 月 11 日降低到 0.10mg/L（Ⅱ类）。经 13 天调水运行，从劣于 V 类改善到Ⅱ类，以后至有监测资料的 8 月底一般均保持在Ⅱ类。

（2）TN 评价　5 月 30 日达到最大值 6.11mg/L（劣于 V 类），6 月 3 日开始好转，为 3.51mg/L，较最大时降低近一半，6 月 16 日为 1.88mg/L（V 类），6 月 26 日 1.42mg/L（Ⅳ类），经 28 天运行从劣于 V 类改善到Ⅳ类，以后至 8 月下旬的旬平均值和最大值均保持在Ⅳ~ V 类范围内。

（3）TP 评价　6 月 1 日达到最大值 0.422mg/L（劣于 V 类），6 月 3 日开始好转，为 0.173mg/L（V 类），较最大时降低了一半多，5 天时间就由劣于 V 类改善到 V 类，以后至 8 月底的旬平均值及最大值均为 V 类范围内，个别时间达到Ⅳ类。

2. 梁溪河鸿桥监测断面的 NH_3-N 评价

以下河道断面仅分析主要指标 NH_3-N。

5 月 30 日 NH_3-N 达到最大值 8.87mg/L（劣于 V 类），河水黑色有臭味；6 月 2 日水质即开始好转，降低到 2.96mg/L（劣于 V 类），6 月 7 日降低到 1.83mg/L（V 类）；6 月 11 日降低到 1.31mg/L（Ⅳ类）。经过 13 天调水运行，从劣于 V 类改善到Ⅳ类，以后至有监测资料的 8 月底一般均保持在Ⅳ~ V 类，仅个别时间超过 2mg/L。

3. 江南运河 NH_3-N 评价

江南运河用于对调水改善水环境作用，进行对比的共有 3 个断面：① 金城桥断面，位于江南运河无锡段的中下游；② 五七大桥断面，位于江南运河无锡段下游，临近苏州市界，在金城桥断面下游方向；③ 梁溪大桥断面，位于江南运河无锡段中游，在金城桥断面上游方向。梅梁湖泵站调水方向，从泵站经梁溪河，在梁溪大桥断面下游 300m 处进入江南运河，经金城桥、五七大桥断面，后进入苏州境内。

（1）金城桥监测断面　6 月 1 日 NH_3-N 达到最大值 5.73mg/L（劣于 V 类），河水黑色有臭味；6 月 15 日达到 1.77mg/L（V 类）；8 月 13 日降低到 1.32mg/L（Ⅳ类）。经过 45 天调水运行，从劣于 V 类改善到Ⅳ类，削减率 77%，以后至 8 月底一般保持在Ⅳ类。

（2）五七大桥监测断面　在调水 33 天的 7 月 1 日，NH_3-N 改善到 2.61mg/L，较最大时 6 月 2 日的 4.56mg/L（劣于 V 类）削减 42.8%，以后一般均接近 V 类（2.5~3.0mg/L）。

（3）梁溪大桥监测断面　因其在调水线路的上游，调水基本对其不起改善水质的作用。NH_3-N 一般均在 2.8~4.5mg/L。

（三）调水效果速率及其原因分析

根据上述评价，梅梁湖泵站调水，能够有效改善梅梁湖、梁溪河、江南运河的水质。

（1）梅梁湖　调水改善 NH_3-N 较快，且最终改善效果很好，可以保持在Ⅱ类；TN 也有比较好的改善效果，可改善到Ⅳ~ V 类，但改善速度比较慢，经 28 天才从劣于 V 类改善到Ⅳ类；TP 改善比较快，5 天时间就由劣于 V 类改善到 V 类，但改善最终效果不理想，一般只能保持在 V 类。

（2）梁溪河　调水改善 NH_3-N 快，且改善效果很好，经过 13 天运行，从劣于Ⅴ类改善到Ⅳ类。但要达到水功能区的Ⅲ类水目标，还必须同时彻底控制梁溪河两岸的污染和进入梁溪河 20 余条小河道的污染，实实在在高质量地做好清淤工作和全面彻底地做好封闭梁溪河和进入梁溪河的入河支流排污口工作。

（3）江南运河　金城桥断面调水改善 NH_3-N 较快，经 45 天调水，从劣于Ⅴ类改善到Ⅳ类。改善效果较好，以后旬平均水质一般保持在Ⅳ类，基本达到水功能区目标要求。该断面尚有部分时段不能达到水功能区目标Ⅳ类，其主要原因是：上游来水污染多，航行污染多，进入江南运河的支流污染多，大规模的污水集中处理厂尾水排放的污染多，所以金城桥断面要全时段达到Ⅳ类，在实行调水的同时，还必须全面控制上述几类污染。金城桥下游的五七大桥断面，调水改善 NH_3-N 比较慢，且效果比较差，其原因与金城桥断面的原因相同，其中污水厂大量尾水排入江南运河的原因更显得重要，所以还须严格控制污水厂尾水，做好污水厂尾水的继续深度处理、再生水回用工作。

四、2007 年联合调水对改善太湖水质总体效果分析

2007 年 5 月 30 日开始的望虞河"引江济太"和梅梁湖泵站调水的联合运行，形成长江—望虞河—贡湖—太湖—梅梁湖—梁溪河—江南运河的合理路径的水流流动，由开始时的应急调水变成以后的持续常规调水，总体上有效改善了贡湖、梅梁湖和江南运河的水质。但由于调水水流经过水域的地理环境和形状、外源入水污染负荷、内源污染释放率等因素的差异，所以在调水不同的时间段、不同的水域、不同水质指标改善的效果不尽相同。

（一）调水全路径的入水污染负荷变化

（1）长江水进入望虞河　由于其两岸污染经排污口直接或间接排入，或由于对其支流控制水闸的控制和管理不到位或由于某种自然原因，使部分污染进入望虞河。以下情况污染可能进入望虞河：①望虞河刚开始调水，其水位比较低，东西二侧河网的水位比较高，污染有可能进入；②望虞河调水的流量减少的时段，其水位开始下降，东西二侧河网水位的下降速度滞后于望虞河，污染有可能进入，特别是望虞河停止调水后的数天，二侧河网进入望虞河的污染比较多；③下雨较大时，二侧河网的圩区需向外排水，抬高河网水位，污染要进入望虞河；④其他情况造成河网水位高于望虞河时，污染有可能进入望虞河；⑤排污口直接排入或污染物直接抛入望虞河。另外，望虞河水体中泥砂的沉淀和水体流动等因素，使其具有一定的自净能力。但总体上 TP 污染是基本持平。所以控制和改善长江和"引江济太"干流的污染，是提高"引江济太"改善太湖水质效果的关键。

（2）从望虞河口进入贡湖（锡东水厂和南泉水厂取水口）　由于水从河流廊道进入大湖体，水流速度突然大幅度变缓，使河水中的悬浮物在入湖河口大量沉淀，占入湖的河水中较大部分的附着于水体悬浮物的 TN、TP 和其他污染物也随之沉入水底，虽然也有底泥污染物的二次释放以及藻类漂入等因素存在，但总的是使污染浓度降低，水质变好。

（3）从贡湖经太湖湖体进入梅梁湖后　由于水体流动而增加了自净能力和悬浮物的继续沉淀使水质变好，但也由于底泥污染物的二次释放、藻类的漂入而降低了水质变好的程度，但总体上仍然使梅梁湖南部（三山南）水质进一步变好，而进入三山以北（原梅园水厂取水口）后，比较多的外污染负荷（主要是入湖河道）进入，使水质又开始变差。

（二）各项指标改善效果分析

以 2007 年 8 月的改善水质效果分析，NH_3-N 改善效果最好，TN、TP 次之。NH_3-N，贡湖的 Ⅳ ~ 劣于 Ⅴ 类和梅梁湖的劣于 Ⅴ 类均改善到 Ⅱ 类；TP，贡湖的 Ⅴ ~ 劣于 Ⅴ 类和梅梁湖的劣于 Ⅴ 类均改善到 Ⅴ 类，个别时间段改善到 Ⅳ 类；TN，贡湖、梅梁湖均为劣于 Ⅴ 类改善到 Ⅴ 类，个别时间段改善到 Ⅳ 类（表 9 - 6）。

（三）水质改善的时间分析

改善贡湖水质是在联合调水开始的 10 天内最为明显，改善梅梁湖水质是在联合调水开始以后的 15 ~ 30 天内比较明显；但 NH_3-N、TN、TP 改善的速度不尽相同，改善 NH_3-N 的速率较快，改善 TN、TP 速率较慢，一般在调水 1 个月后全路径才能基本达到稳定。

（四）水域改善水质的效果分析

改善 NH_3-N、TN 的最终效果：梅梁湖最好，且南部水域好于北部，贡湖的改善效果次之；改善 TP 的效果：贡湖较好，梅梁湖次之，且南部水域好于北部。

表 9 - 6　2007 年 8 月 1 ~ 31 日"引江济太"和梅梁湖泵站
调水联合运行沿途水质月均值　　　　单位：（mg/L）

项　目	监测点（断面）	DO	TP	NH_3-N	TN
0	长江望虞河口以上	6.112	0.096	0.250	1.790
1	望虞河与江南运河立交	4.939	0.110	0.593	1.945
2	贡湖锡东水厂取水口	5.577	0.103	0.456	1.853
3	贡湖南泉水厂取水口	5.706	0.101	0.369	1.793
4	梅梁湖三山南	6.916	0.146	0.220	1.672
5	梅梁湖三山	7.077	0.146	0.218	1.616
6	梅梁湖原梅园水厂取水口	5.623	0.171	0.394	1.846
7	梁溪河鸿桥	4.435	0.236	0.530	1.983
8	梁溪河蠡桥	4.158	0.256	0.626	2.028
9	江南运河金城桥	3.977	0.306	1.682	3.254
10	江南运河五七大桥	3.726	0.352	2.529	4.284
11	江南运河梁溪大桥	3.858	0.345	2.814	4.510

五、"引江济太"的经验教训和启示

"引江济太"是实现流域水资源科学调度、优化配置,加强流域水资源管理和保护的重要手段,在增加流域水量、水环境容量,改善流域水质和水环境等方面已发挥和将进一步发挥重要作用,是水污染防治、水资源保护,减轻或消除太湖藻类大爆发和"湖泛"对贡湖和梅梁湖水源地危害的重要措施之一。

目前太湖流域随着经济快速发展,存在着排污量增加的趋势,太湖水污染治理在各方努力下取得了较大的阶段性成效,但太湖水污染治理仍然任重而道远。"引江济太"应转入日常化管理,但其不仅涉及到管理体制、运行机制问题,且存在长江水质和引水主干道水质受到沿岸污染的影响,水资源保护监督管理工作尚不能满足"引江济太"要求。

(一)调水是一项长期的措施

太湖流域调水不是权宜之计,无论是近期,还是远期,均需要适量调水。其原因是:① 调水是防治太湖发生蓝藻爆发和规模"湖泛"等突发性水污染事件及其影响水源地安全供水的有效应急措施,而此类突发性水污染事件在太湖也将在一个比较长的阶段内存在,因此调水也应是长期的;② 流域纳污量大幅度超过环境容量,而削减入水污染负荷使其等于或小于环境容量是一项长期工作,而调水在增加环境容量方面是最有效的办法,所以调水是一个较长过程;③ 流域内的用水量,由于经济社会发展 ,也必然呈现逐步增加的趋势,所以必须给太湖不断适量补充水资源量。总之,通过调水改善太湖水动力,增加水资源的调配和确保供给是服务于流域经济社会持续发展的一项长期工作。

(二)加强长江和引水干流的水污染防治的监督管理工作

(1)引水长江　目前长江沿途带也受到污染,特别是TN、TP,超出长江水功能区要求的Ⅱ类水质的幅度比较大,所以长江沿途各区域均应按照国家有关法规,同心协力严格控制入江污染,加强对长江及其沿途区域各水功能区水质的监测、监督管理,加强重要排污口的监测、监督管理,确保长江的水质能够逐步好转。

(2)引水干流　目前"引江济太"主干道望虞河及其重要支流也受到比较严重污染,根据各区域水功能区水质目标要求,建设望虞河两岸控制工程,尽快控制和加快治理"引江济太"主干道两侧及其重要支流的污染,建立有关部门共同组成的联合监督检查机制、信息共享机制。加强沿途各水功能区水质的监测、监督管理,加强影响其水功能区水质的重要排污口监测、监督管理,进一步全方位治理、控制点源和面源污染。近期,望虞河西岸控制工作已提到议事日程。

(三)必须进一步提高"引江济太"改善太湖水质的效果

在实施"引江济太"的过程中,受到临近陆域和支流的污染,影响了"引江济太"改善太湖水环境的效果。要提高"引江济太"改善太湖水质的效果,取决于多种因素,其中一个重要因素是应使"引江济太"水源水质得到进一步净化。其原因:一是目前长江沿岸有较多污染排入长江,江水中的 TN、TP 含量较高。二是长江泥砂、悬浮物含量大幅度高于太湖。三是目前"引江济太"沿线还有一定量的污染负荷进入望虞河,包括:① 入望虞河的两岸支流未建闸控制污染;② 部分入望虞河的支流虽已建闸控污,但管理不严或不到位;③ 入望虞河的支流建闸控污处距离望虞河还有一定距离,该河段的污染源继续向望虞河排放污染物;④ 长江的调水水源区及其上游的一定距离以内或"引江济太"主河道有可能发生突发性水污染事件。

为能进一步提高"引江济太"改善太湖水质的效果,一方面需采取措施改善"引江济太"水源水质,主要措施是长江流域统一行动,采取各种有效措施,控制长江沿途各区域的外源污染。另一方面需改善"引江济太"干流水质。改善"引江济太"干流水质的措施包括:

(1) 全面控制"引江济太"干流和支流两岸污染　目前"引江济太"的主通道望虞河东岸支流已经建闸控制其污染入望虞河,但西岸尚有数条污染重的支流未建闸控制,有较多的污染物进入望虞河。为解决此问题:① 江苏省"引江济太"的有关区域统一行动,采取各种有效措施,控制"引江济太"沿途各区域的外源污染,特别是要整顿、控制,直至封闭全部直接或间接进入望虞河的排污口,以后在建设新沟河和新孟河"引江济太"清水通道时,同时要控制污染,封闭全部直接或间接进入的排污口;② 是要对西岸数条未建闸控制的支流,建闸控制其污染进入望虞河;③ 在望虞河西北岸加快建设走马塘—七干河排水通道,将武澄锡虞片的污水直接入排水通道,大幅度减少望虞河西北岸的污染物进入望虞河。

(2) 在输水系统中利用沿途湖荡设置一定规模的沉淀池(沉砂池)　使长江水中含量比较高的泥砂、悬浮物在进入太湖和内河前能得到大幅度降低,大幅度减少进入太湖和内河的泥砂、悬浮物及其附着的 TN、TP 和其他污染物质。同时使泥砂、悬浮物在规定区域内得到比较集中的沉淀,方便进行清淤。目前望虞河的沉淀池主要是利用嘉菱塘、鹅真荡、漕湖等天然湖泊或湖荡,以后在建设新沟河、新孟河"引江济太"清水通道时,也应利用其沿途经过的有关天然湖泊和湖荡设置沉淀池或沉淀区域。

(3) 在"引江济太"沿途开展生态修复和湿地保护工作　增加自我净化水体的能力,当前应保护好望虞河调水通道沿途湖荡,如嘉陵荡,鹅震荡、漕湖等湿地。并改善其生态环境,进一步恢复湿地的生态功能,以及合理发挥湖荡沉砂池的功能,并适时进行清淤,增加和恢复对水体的净化能力。同样以后对新建的新沟河、新孟河调水沿途湖荡湿地也应加强保护和进行必要的生态修复。生态修复区要以天然湖泊或湖荡为主,其次为河道和沉淀池;生态修复种植的水生植物要以便于管理、容易生长,且要搭配种植;沉淀池和生态修复二者在有些区域应合理结合,在天然湖泊和湖荡中,调水主水流经过的水域,设置一定宽度的泥砂沉淀区域,其余水域可规划为生态修复区,其四周岸坡或浅水区域均应进行生态修复;今后建设新沟河和新孟河引江清水通道时,应充分考虑沉淀池和生态修复及其二者的结合。

(四) 合理确定长江及河网和太湖水位的调控方案

将地区水位与太湖水位有机结合起来,合理利用河网中水体的水量、水位、水质梯度,形成长江—太湖—河网的水位梯级差,从而形成流域河网和区域河网水体的有序流动,通过进一步优化太湖水位调度,在兼顾太湖流域防洪风险的前提条件下,可适当提高太湖水位,同时通过流域和区域调度,使太湖形成有进有出的有序流动状态,不仅保持太湖水体的流动性,同时通过人工手段或自然流态,保持长江和太湖的水位差、长江和河网间的水位差,提高长江向太湖及其周围河网供水能力和增加水体环境容量的能力。

(五) 选择合理的调水途径

调水应具有合理的途径,其调水改善太湖水质的效果好和改善水质的速度快。为应对2007年5月太湖藻类爆发及5月底6月初的无锡供水危机而采用的望虞河"引江济太"和梅梁湖泵站的联合调水运行机制,形成了长江—望虞河—贡湖—太湖—梅梁湖—梁溪河—江南运河的合理路径的水流流动,实践证明是在目前情况下应急调水有效改善贡湖水源地水质的最合理和有效的调水途径。所以在太湖藻类的最可能爆发期间必须实施望虞河的"引江济太"和梅梁湖泵站调水的联合运行。

(六) "引江济太"的水质和调水时间

目前长江水质在一定范围内波动,如2007年氨氮在 $0.1 \sim 1.0 \text{mg/L}$ 之间,TN在 $1.4 \sim 2.8 \text{mg/L}$,TP在 $0.07 \sim 0.17 \text{mg/L}$。总的来说长江的水质好于太湖,但好于太湖的程度不尽相同,特别是TN、TP好于太湖的幅度不大,且水田灌溉的退水时期要差一些。而降低TN、TP又是控制太湖富营养化和藻类爆发的主要因子,所以"引江济太"应充分考虑长江的TN、TP和泥砂在入太湖时对太湖的影响。为此:① 要加强"引江济太"长江水源的监测,若长江望虞河口水质在某一时段不好或不适合调进太湖,或长江的调水水源区及其上游的一定距离以内,以及"引江济太"主河道发生突发性水污染事件时,应停止"引江济太"进太湖的调水活动;② 采取相关措施尽快改善"引江济太"水源水质;③ 尽快建设新沟河和新孟河引江清水通道,形成多路径的"引江济太",调水时可根据水源水质和其他因素进行路径选择,更可保证改善太湖水质的效果。

"引江济太"总的来说要常年持续进行。在调查研究的基础上,根据具体情况制订一个切实可行的多路径"引江济太"时间安排表。制订"引江济太"的具体实施计划有很多不确定因素,但以下几点是可以确定的:① 太湖藻类大爆发并影响贡湖水源地供水时,或发生大规模"湖泛"及影响到供水时,目前应持续实施望虞河"引江济太"(长江发生突发性水污染事件时除外),用较大的流量向太湖调水,且目前应与梅梁湖泵站调水联合运行;② 在太湖低水位时,如太湖水位低于吴淞高程 $2.80 \sim 3.00 \text{m}$ 时,原则应向太湖调水,同样河网低水位时,原则应向河网调水;③ 太湖的水质比较差时,应实施"引江济太"主河道向太湖调水;④ 太湖临近长江一侧的河网区域的水质比较差时,应实施通过"引江济太"主河道或其他通江河道向流域河网调水;⑤ 长江的调水水源区及其上游的一定距离以内或"引江济太"主河道发生突发性水污染事件时,凡是严重影响调水改善水质效果的,根据测算影响程度和影响范围的大小,确定停止全部或局部的调水活动;⑥ 长江调水水源区的TN、TP稍高,经过"引江济太"主河道及其相关的沉淀池和生态修复区的净化水质作用,以及进入太湖的泥砂沉积后,一般均有改善太湖TN、TP的作用。若入湖时TN、TP较高,则"引江济太"不宜入太湖,但仍可向河网调水;⑦ 在调水状态时,若可能下大雨,根据预报的雨量等级、总雨量和每天降雨量和降雨强度等因素,确定停止调水时间,同时考虑是否要转入排涝状态。

(七)"引江济太"应有适宜的流量和水量

"引江济太"应根据具体情况科学确定适宜的流量。影响流量的主要因素:① 太湖发生藻类大爆发、大规模"湖泛",或发生其他的突发性水污染事件,并危及贡湖水源地供水,则需要大流量调水;② 太湖低水位和水质比较差,则根据其程度和要求改善的速度来确定多路径调水总流量;③ 内河河网的低水位和水质比较差,则根据其程度和要求改善的速度,以及根据河道的允许通过能力和通过速度来确定。

"引江济太"应根据具体情况科学确定适宜的总水量。确定"引江济太"总水量的主要因素:① 根据需增加环境容量,为满足污染负荷总量控制的要求,某区域在一定的时间段内和一定的降水频率时,测算使进入水体的污染负荷与水体的允许纳污能力(水环境容量)能够达到平衡,并根据太湖流域平原河网区域需要增加的水环境容量,来计算确定需要的调水量,一般应根据 COD、TN、TP 分别进行计算,如无锡地区近期在平水年,为满足增加 COD 环境容量(含河网区和太湖水域的无锡部分)的要求,长江的年调水估算量一般应达到 30 ~ 35 亿 m^3(不含长江调水后的重复利用水量);② 根据年可用水资源量、全社会的需水量(含生活、工业、农业、环境需水量),确定需调取长江水量;③ 根据是否发生藻类大爆发、大规模"湖泛"或其他的突发性水污染事件,确定在某一阶段是否需增加生态调水总量;④ 根据水生态系统修复和保护的需水量来确定合理的调水量和调水流量,以调水时的水质指标浓度高低情况控制和决定减少调水量或暂停调水。

(八)适时清淤

"引江济太",从长江向太湖和流域河网区域大量调水,也就随之带进大量泥砂或悬浮物,其中大部分沉积于"引江济太"途经的主河道及其相关的湖泊、湖荡和调进水的河网区,相当部分沉积于太湖及其湖湾,主要是入湖河口。如 2007 年通过望虞河"引江济太"和江阴的通江河道引水,包括泵引和自流引水,共引长江水 42 亿 m^3,其中进入太湖 14 亿 m^3。长江下游的泥砂和悬浮物含量一般为 0.2 ~ 0.6kg/m^3,现以大通站多年平均含沙量 0.486kg/m^3 计,2007 年沉积在无锡河网、太湖、苏州河网的泥砂或悬浮物量就有 204 万 t。"引江济太"主河道、主要调水通道、湖泊内的大量沉积物,必然逐步抬高河底或湖底高程,影响调水、影响行洪排涝、影响航行,所以经过一定时间段的"引江济太",必须对调水主通道和入太湖河口进行适时清淤。2007 年下半年 ~ 2008 年上半年已结合控制贡湖藻类爆发,在望虞河入贡湖河口一带水域进行了清淤,清淤面积 10.9km²,清淤量 282 万 m^3。调水主通道、湖荡内设置的沉淀区域也要适时清淤。实施清淤的具体时间,需经过对沉积区的沉积厚度进行定期监测,以及对调水、行洪排涝、航行的影响程度进行评估,再行确定。若在新"引江济太"主河道临近长江处设置有专门沉淀池,则需经常进行适时清淤,清除的泥砂可直接泵排放入长江下游,或结合建设淤泥脱水处理系统,进行淤泥综合利用。

(九)建设多路径"引江济太"和制定长期调度方案

建设多路径"引江济太"非常必要,主要理由如下:① 望虞河"引江济太"可解决贡湖东半部及太湖东部水域的水环境改善问题,但对贡湖西半部及太湖西部水域(含梅梁湖,竺山湖水域)改善水环境的作用极小。② 长江望虞河口水源在局部时间段有可能 N、P 超标,需停止调水。所以,仅有望虞河一条"引江济太"通道不够,须增加"引江济太"新通道,如新沟河,新孟河。使形成多路径的"引江济太",能同时改善梅梁湖、竺山湖、太湖西部的水环境,以能合理调度多路径"引江济太",更好发挥其总体上改善河网和太湖及其湖湾水环境的作用。③ 望虞河口长江段或望虞河有可能发生各类突发性水污染事件或紧急事件,可能停止调水。所以须多路径"引江济太",再增加新沟河、新孟河"引江济太"非常必要。同时须制定科学长期的"引江济太"调度方案,"引江济太"是一项长期工作,以后线路有望虞河、新沟河、新孟河 3 条,且"引江济太"既有改善饮水作用,也有防洪泄流作用,另外排水河道也将建设走马塘—七干河线路,形成多条路径的引排水线路,在不同时间段内各自发挥其作用,且应相互密切配合,就须制定一个合理科学长期的"引江济太"调度方案,使调引水和排水过程、路径更合理,改善水环境效果更好,运行成本更低,经济社会效益更好。

(十)建设调水动态监测网络

调水从长江经望虞河沿途至受水区太湖,其水质应及时监测。要建设动态监测网络,包括长江水源、望虞河全程、入湖河口、太湖中有关水域。监测项目,应包括常规项目:TN、TP、NH_3-N、BOD_5、COD_{Mn} 等。非常规项目:泥沙含量和沉淀率、叶绿素 a、可溶性 P,底泥释放率等。要适当提高监测频次,常规项目监测应采用自动化监控,为调水的时间选择、实发性水污染事件的防治和预警、调水水量和调水效果的分析提供科学依据。同样以后新建的引江济太清水通道也要设置监测网络。

(十一)建设调水预警系统和编制应急方案

在建设调水动态监测网络的基础上,建设强降雨、高污染水质、高水位或超低水位和突发性水污染事件等有关调水的预警系统,以确定需调水量、可调水量、可调水时间段等。同时编制有关应急方案:包括水源区、调水骨干河道、太湖水域发生突发性污染事件,强降雨洪水形成高水位滞留,或干旱造成超低水位等方面的应急方案。以使调水能为沿程各类突发性事件和流域、区域紧急事件的应急处置提供良好服务。

(十二)重视"引江济太"有关问题及其对策的研究

目前"引江济太"工作已取得改善太湖及其河网水环境的较好效果,但应该说"引江济太"还仅属于试验摸索阶段,有许多问题需研究解决,且今后"引江济太"工作将进一步扩大范围,增加"引江济太"的路径,从目前的望虞河一条,再增加新沟河、新孟河二条,届时需对更多问题进行研究。包括:研究探索适宜的河网和太湖换水周期;降低运行成本,发挥最佳引水效益,最大可能地改善太湖水质和水生态环境;进行"引江济太"泥沙淤积规律及适时清淤的研究,确保淤积对调水、行洪排涝、航行的影响控制在一定限度以内,同时减少淤泥的二次释放;通过对"引江济太"途中(从水源到太湖)TN、TP 的变化过程,TN、TP 与泥沙、悬浮物的作用和淤积的关系等方面的研究,确定调水的启动时间、运行时间段长度、调水流量和总量、调水水源，为多路径调水方案的制订提供基础资料和科学依据；对多路径调水的水源、路径、运行时间、流量，以及多路径调水的相互配合进行研究，制订最佳的多路径"引江济太"调水方案，最大限度削减或避免调水引起的风险，有效促进和全面改善太湖及其湖湾和河网的水环境。研究望虞河、新沟河、新孟河、走马塘联合运行方案及其对太湖和河网区水文、水动力影响。

第十章 水源地保护与建设

第一节 无锡主要饮用水水源地概况

无锡市饮用水以集中式供水为主,主要以太湖、长江、水库等地表水作为水源,部分为其他湖泊和河道。其中,宜兴市原有众多的乡镇小自来水厂,以水厂附近的河道、湖荡为水源,现已大部分由横山水库统一供应原水;江阴市、惠山区、锡山区的饮用水源,原先有相当部分以深层地下水为水源,2000 年前后共有 1100 口深层地下水开采井,现已封闭了大部分开采井,基本停止开采深层地下水,改由地面自来水厂集中供水,仅保留 18 口深层地下水开采井作为饮用水源。

一、主要饮用水水源地取水能力现状和规划

主要饮用水水源地,包括取水能力 15 万 m³/d 以上的长江水源地和 5 万 m³/d 以上的湖泊、水库、一般河道水源地,现状总取水能力为 288 万 m³/d,规划设计总取水能力为 500 万 m³/d。

2006 年,无锡市现有的和规划的主要饮用水水源地共有 10 个。日取水能力 15 万 m³ 以上的长江水源地 3 个:江阴小湾、江阴萧山、江阴利港;5 万 m³ 以上的湖泊、水库、一般河道水源地 7 个 :梅梁湖小湾里、贡湖南泉和锡东水源地、宜兴市横山水库和分洪河水源地、西氿、滆湖。其中长江取水的市区锡北水厂在 2008 年已经完成(表 10 - 1、图 10 - 1)。

表 10 - 1 2006 年无锡市现有和规划的主要饮用水水源地分布表   单位:(万 m³/d)

	水源名称	取水水域	水厂名称	现状取水能力	设计规模	说　明
1	小湾里	梅梁湖	小湾里原水厂	60	60	小湾里原水厂供应中桥、梅园水厂用,梅园水厂为 1954 年无锡建设的第一个水厂
2	南泉	贡湖	南泉水厂	100	100	
3	华庄	贡湖	锡东水厂	30	50	
4	江阴利港	长江	锡北水厂、江阴利港水厂	0	100	其中,市区 80、江阴市 20
5	江阴小湾	长江	江阴市自来水厂	30	30	
6	江阴萧山	长江	江阴苏南区域水厂	40	100	
7	横山水库	横山水库	宜兴市自来水公司	15	20	
8	丁蜀镇	分洪河	宜兴市恒源自来水(集团)有限公司	8	15	
9	西氿	西氿	西氿水厂	5	15	
10	滆湖	滆湖	滆湖水厂	0	10	
	合　计			288	500	

图 10 −1　无锡市主要饮用水水源地示意图

二、水源地水质现状总体评价

目前,太湖无锡水域的水污染恶化的趋势已得到初步遏制,水源地的水污染在一般情况下已初步得到控制,但水污染仍很严重。太湖水源地年均水质(不含 TN、TP)均达到Ⅱ ~ Ⅲ类,若包括 TN、TP 评价,则不达标,其中 TN Ⅴ ~ 劣于Ⅴ类,TP Ⅳ ~ Ⅴ类;横山水库和长江均达到Ⅱ ~ Ⅲ类;其他均达到Ⅲ类。太湖水源地发生突发性水污染(藻类大爆发、大规模"湖泛"及其他污染等)事件的可能性将在比较长的时段内存在。

三、供水和水源地存在主要问题

(1)水厂建设与供水单位分割不统一　水厂按行政区进行建设,供水按行政区划分割,未能形成区域性合理布局和规模性统一供水格局,设施未能充分利用。

(2)地表水污染增加净化工艺　由于地表水污染,部分水厂的取水口被水污染赶着跑或被迫取用水质较差的水,为了保证所需水质,增加了深度处理设施和专门的净化工艺,提高了制水成本。

(3)长江水源岸边污染存在水质变差问题　主要水源长江由于岸边形成污染带,所以有时候水源地差于Ⅲ类。长江的上、中、下游全程沿岸均向江中排放大量污水。所以,若不采取有效措施全力控制向长江排污的问题,长江水质存在变差的可能。

(4)太湖污染加重影响供水质量　其中,梅梁湖水质常年劣于Ⅴ类,几乎年年夏季藻类大爆发和常拌有大规模"湖泛"发生,很可能严重影响供水。所以原先中桥水厂在五里湖的取水口和梅园水厂取水口(在梅梁湖、五里湖交界处),由于水污染严重,均已经关闭。贡湖水质常年为Ⅴ类,2007年5~6月的贡湖藻类爆发和引发"湖泛"而造成的无锡供水危机也说明了太湖水污染的严重性和持久性,需认真对待。

(5)突发性低水位水源取水口无法取水　如2004年7月3日16时,由于"蒲公英"号台风的影响,强劲的西北风使梅梁湖水位由3.20m下降到1.71m,而且使湖水混浊度大幅上升,小湾里取水口无法取水,完全停产4个h,到第二天水位才完全恢复正常,浊度在2天后才恢复正常。

(6)乡镇农村自来水厂供水无保证　分散建设的乡镇或农村小型自来水厂,制水成本高,效益低,管网漏失严重,供水水质无保证,管理水平低,近几年此类状况正在得到有效改变。

(7)加强水厂管理保证供水安全　水厂管理体制不规范,造成水价、水管理不统一,影响供水安全。

综上所述,区域水质型缺水及太湖富营养化已经严重影响供水安全,需采取流域合作治理污染和多水源多路径联网供水等措施解决上述问题。

四、水源地供水的突发性污染事件

太湖主要饮用水水源地2006年的供水能力为190万m^3/d,占全无锡市的66%,占无锡市区的98%,所以太湖水源地对无锡市特别重要。但是太湖水源地时常有突发性污染事件发生,主要是蓝藻爆发和大规模"湖泛"两类。以蓝藻为主的藻类爆发(简称藻类爆发)和大规模"湖泛"主要由于太湖严重的水污染造成。

1990年起太湖藻类爆发、大规模"湖泛"等危及无锡水源地安全供水的事件有记录的有6起。其中,梅梁湖5起,贡湖1起。

1)1990年7月,梅梁湖藻类大爆发,一定程度内引起"湖泛",梅园水厂减产70%,影响15万居民25天的用水,使117家工厂停产,当时的直接经济损失1.3亿元。

2)1994年7月初,梅梁湖产生严重"湖泛"和藻类爆发,导致中桥新水厂和梅园水厂自来水发臭,影响全市近百万市民生活。

3)1995年7月上旬,梅梁湖三山以北污水大量进入,引起大规模"湖泛",其间也存在藻类爆发,DO接近于零,TN 8.48mg/L,TP 0.285mg/L,N、P比为30,整个湖水发臭,梅园水厂5~8日停产4天,影响30万市民生活和生产。

4)1998年8月,梅梁湖发生大规模"湖泛"、藻类大爆发,严重影响小湾里取水口和梅园水厂取水口水质,造成8月初梅园水厂停产5天,影响了数十万市民的生活和生产。

5)2003年8月,梅梁湖发生藻类大爆发,严重影响小湾里水源安全和中桥水厂净水生产。

6)2007年5月底至6月初,贡湖发生藻类大爆发,并引起大规模"湖泛",形成"黑水团",据有关部门监测,当时NH_3-N最大值达到12.4mg/L,严重影响南泉水厂供水,造成无锡5·29供水危机,影响无锡市区70%人口200多万人的饮用水,损失严重,为国内外媒体广泛关注。具体见本章第三节。

五、1995 年 7 月梅梁湖突发性水污染事件的调查[34]

1995 年 7 月 5 日 20 时,无锡市南门水位达到 4.10m(已超出警戒水位 0.51m),因排洪需要,市区污水经过梁溪河、犊山闸进入梅梁湖,梅梁湖水质受到严重污染,溶解氧为零,负责向城区供水的无锡主要水厂——梅园水厂已于 5 日 11 时被迫停止向城市供水。由水利部太湖流域管理局牵头,会同无锡市水利局、江苏省无锡水文水资源勘测处、中国水产科学研究院的领导和专家,于 7 月 6 日对这次梅梁湖突发性水污染事件进行了全面的调查。

(一)调查范围及监测网点的设置

1. 调查范围

为了对梅梁湖水质受污的成因有个初步的了解,本次调查的范围包括无锡市区泄洪的主要河道梁溪河,常州及邻近地区进入梅梁湖的主要河道直湖港、武进港,以及整个梅梁湖。

2. 监测网点

(1)水文流态断面　蠡桥、犊山闸和闾江口 3 个断面。

(2)水质监测点　共布置蠡桥、犊山闸、梅园水厂取水口等 7 个水质采样点。监测项目为高锰酸盐指数(COD_{Mn})、氨氮(NH_3-N)、亚硝酸盐氮(NO_2-N)、总氮(TN)、总磷(TP)、溶解氧(DO)、水温、气温与 pH 值等;对蠡桥、梅园水厂取水口、中桥水厂小湾里取水口与拖山加测阴离子合成洗涤剂(烷基苯磺酸);对梁溪河、直湖港与梅梁湖中的 15 个点进行了溶解氧(DO)、水温、气温与 pH 值的现场测定,以了解水质的沿程变化;增设闻嗅项目,以鉴定水臭的原因。

(3)藻类生物量监测点　仅对梅园水厂与中桥水厂小湾里取水口二个点进行藻类生物量的测定。

(二)水文情势

据调查,7 月 6 日 8 时无锡市南门、蠡桥、犊山闸水位流量见表 10 - 2。

表 10 - 2　1995 年 7 月 6 日 8 时无锡市南门、蠡桥、犊山闸水位流量表

南门水位 (m)	蠡桥水位 (m)	犊山闸水位 (m)	仙蠡桥流量 (m³/s)	犊山闸流量 (m³/s)
4.17	4.14	4.13	0	0

上述数据表明 7 月 6 日调查时,梅梁湖与梁溪河内的水位基本处于同一水平,流量基本为零,即梅梁湖与梁溪河在调查时间内基本无水量交换。

从水文水资源勘测处的水文记录资料看,梁溪河在城区泄洪期内已挟带部分城市污水进入梅梁湖,主要入湖水量的时间为 6 月 21～26 日与 7 月 2～3 日两个时段;而在 6 月 28 日～7 月 1 日与 7 月 4～5 日期间,梅梁湖的水量则是流向梁溪河。由此可见,梅梁湖与梁

溪河之间在这半个月的梅雨期内,水量交换是频繁的,据初步分析,通过梁溪河流入梅梁湖的水量主要发生在6月21~24日之间,而在6月25日~7月7日其间通过梁溪河流出的水量略大于流入湖区的水量。

(三)水质监测及其分析

1. 溶解氧(DO)

溶解氧(DO)是判别水体受有机污染的程度和受城市污水污染的重要指标:① 梁溪河至梅园水厂取水口沿程,包括蠡桥、青祁桥、鸿桥大渲口、犊山口与梅园水厂取水口,均在0.3~0.5mg/L之间,均为劣于Ⅴ类水体。② 闾江口与闾江口外湖水分别为2.2、2.7mg/L,同为Ⅴ类水。可见直湖港经过闾江口向梅梁湖排入了部分污水。③ 三山、拖山、贡湖分别为7.8、8.4、7.8mg/L,均优于Ⅱ类水标准。分析认为城市污水及有机污染当时对其影响较小。④ 中桥水厂小湾里取水口:防护栏外西侧10m为4.5mg/L,防护栏外南侧20m处为3.8mg/L,防护栏外北侧20m为2.0mg/L,防护栏内100m取水口处为2.0mg/L;自来水厂自测的集水井为1.9mg/L。表明小湾里取水口受有机污染和城市污水影响比较大。

2. 高锰酸盐指数三氮总氮与总磷的分析与评价

经过对7个点的水质化验,并采用GB3838–88的标准进行单项指标评价的结果见表10–3。

表10–3　1995年7月6日梅梁湖突发性水污染事件水质监测表

编号	测　点	COD_Mn (类)	NO_2-N (类)	NH_3-N (类)	NO_3-N (类)	TN (mg/L、类)	TP (mg/L、类)	TN/TP 比值
1	蠡桥	Ⅴ	Ⅰ	劣于Ⅴ	Ⅰ	7.13(劣于Ⅴ)	0.315(劣于Ⅴ)	22.6
2	犊山闸	Ⅴ	Ⅲ	Ⅴ	Ⅰ	7.57(劣于Ⅴ)	0.249(劣于Ⅴ)	30.4
3	梅园水厂取水口	劣于Ⅴ	Ⅰ	Ⅴ	Ⅰ	8.48(劣于Ⅴ)	0.285(劣于Ⅴ)	29.8
4	闾江桥	Ⅳ	Ⅳ	Ⅴ	Ⅰ	6.43(劣于Ⅴ)	0.140(Ⅴ)	45.9
5	拖山	Ⅱ	Ⅰ	Ⅱ	Ⅰ	3.84(劣于Ⅴ)	0.029(Ⅲ)	132.4
6	贡湖小竹山	Ⅲ	Ⅱ	Ⅱ	Ⅰ	5.89(劣于Ⅴ)	0.038(Ⅲ)	155
7	小湾里取水口	Ⅳ	Ⅰ	Ⅳ	Ⅰ	6.66(劣于Ⅴ)	0.10(Ⅳ)	66.6

从表10–3中可以初步判别:城市污水对蠡桥的影响最大,氨氮与总磷最高,高锰酸盐指数与总氮亦较高,有机氮对其亦有一定影响;而梅园水厂的高锰酸盐指数与总氮最高,有机氮含量较大,总氮与氨氮量亦较高,因此可以初步判定,梅园水厂取水口处的水体除受城市污水的一定影响外,主要还受水生物的污染,即藻类的污染。中桥水厂小湾里取水口的高锰酸盐指数与氨氮均为Ⅳ类水,总磷亦较低,而总氮却较高,达6.66mg/L(劣于Ⅴ类),有机氮含量较高,所以可以初步判别该处采样时,水质主要受水生物即藻类的污染所致。

3. 阴离子合成洗涤剂(即烷基苯磺酸)评价

由表 10-4 可以看出,本次监测时,虽蠡桥与梅园水厂取水口已受城市污水的影响,但水质均达 I 类,表示影响程度并不大;拖山与中桥水厂小湾里取水口均未检测出,则表示采样时的水质未受城市污水的影响或影响很小。

表 10-4　1995 年 7 月 6 日梅梁湖突发性水污染事件阴离子合成洗涤剂评价表

编　号	测点名称	阴离子合成洗涤剂(类)
1	蠡桥	I
3	梅园水厂取水口	I
5	拖山	未检出
7	中桥水厂小湾里取水口	未检出

(四)藻类生物量

梅园水厂取水口的蓝绿藻生物量 23mg/L,藻类数量为 867 万个/L(系当时的设备监测),其中蓝藻占 73.6%,绿藻占 9.3%;中桥水厂小湾里取水口的蓝绿藻生物量为 27mg/L,每升水中藻类含量为 918 万个,其中蓝藻占 62.8%,绿藻占 18.6%。蓝绿藻生物量是较高的,而且小湾里取水口的生物量比梅园水厂还高。

本次调查除采样化验外,还专门设置现场闻嗅项目,经鉴别梁溪河蠡桥的水嗅具有污水味和蓝绿藻两种臭味,从青祁桥、鸿桥至大渲口、犊山闸,蓝绿藻臭味逐渐加重,梅园水厂取水口臭味最重,有"水华"的奇臭味,蓝绿藻的死亡残体在分解过程中消耗大量氧气,导致水体严重缺氧,污染底泥进行厌氧反应,产生大量氨气和硫化氢类等臭气。中桥水厂小湾里取水口护栏内的水体亦有相同的臭味,但程度要轻得多。

(五)结论和对策

(1)结论:1995 年 7 月梅梁湖突发性水污染事件,是由于梁溪河向梅梁湖排入大量高浓度的污水,以及由于藻类爆发、死亡,沉入水底,造成三山以北水域严重缺氧,湖底淤泥在厌氧状况下产生生化反应,形成湖水发臭,而造成突发性水污染事件,迫使梅园水厂停产。

(2)对策:为保护梅梁湖水源地,应全力控制外源入湖,做好关闸挡污工作,不让河道污水入湖;做好生态清淤工作,清除严重污染底泥;做好清除蓝藻的工作。

第二节　无锡太湖水源地保护和健康安全供水

一、无锡太湖主要饮用水水源地现状

(一)主要饮用水水源地

日取水能力 5 万 m³ 以上的水源地 3 个:梅梁湖(太湖西北部的湖湾)小湾里、贡湖南泉水厂和锡东水厂,2006年日供水能力合计190万 m^3。根据江苏省和无锡市水(环境)功能区规定的水源地水质目标,贡湖、梅梁湖水源地2010、2020年均为Ⅲ类〔《地表水环境质量标准》(GB3838 – 2002)〕。

(二)主要饮用水水源地现状水质

总体评价,比较好的是贡湖,其次是梅梁湖。虽然太湖总体上水污染和富营养化呈缓慢持续增长的趋势,但太湖北部及其湖湾贡湖、梅梁湖水污染的发展趋势,根据监测资料分析,应该说自2003年以后污染发展的趋势基本已得到遏制(具体见第二章表2 – 37),但太湖无锡水源地现状水质与功能区水质目标的差距相当大:主要是TN超标,Ⅴ～劣于Ⅴ类;TP超标,Ⅳ～Ⅴ类;NH_3-N,Ⅲ～Ⅳ类;COD_{Mn},基本Ⅲ类;DO、pH、BOD_5和其他有毒有害、重金属等一般均合格(Ⅲ类或好于Ⅲ类)。

二、主要饮用水水源地保护目标

无锡的3个太湖主要饮用水水源地2007年占市区供水总能力96%,太湖水源地的保护对市区的安全供水特别重要。根据无锡和太湖的污染源多和污染负荷大的具体情况设置目标。

水源地保护目标:根据2008年国务院《太湖流域水环境综合治理总体方案》太湖水质总体目标(不含太湖东部)是2012年为Ⅴ类(其中,TN 2.0mg/L、Ⅴ类,TP 0.07mg/L、Ⅳ类)、2020年为Ⅳ类(其中,TN 1.2mg/L、Ⅳ类,TP 0.05mg/L 、Ⅲ类)。其中取水口水源地2012年基本为Ⅲ类,2020年为Ⅲ类。并要求太湖无锡水源地2012年要减轻贡湖、梅梁湖的富营养化程度和减少藻类爆发机率、减轻藻类爆发程度,减小"湖泛"规模和程度,确保若发生藻类爆发和大规模"湖泛"不危及水源地供水安全和取水口附近不出现"黑水团",确保安全供水。2020年营养状况转为轻度富营养化,基本消除贡湖、梅梁湖大规模藻类爆发和规模"湖泛",全面确保水源地安全供水。

三、建设无锡太湖保护区和贡湖梅梁湖水源保护区

只有保护好太湖全部水域,才能最终保护好贡湖、梅梁湖水源地,流域、区域的水资源保护是密不可分的。太湖全部水域整体是保护区,根据《江苏省太湖水污染防治条例》规定,太湖流域划分为一级、二级、三级保护区:① 太湖湖体、沿湖岸5km区域、入湖河道上溯10km以及沿岸两侧各1km范围为一级保护区;② 主要入湖河道上溯50km以及沿岸两侧各1km范围为二级保护区;③ 其余为三级保护区。

根据无锡河网密度很大的具体情况,太湖流域一级保护区无锡的范围为:太湖无锡水域,面积677 km^2;陆域范围为锡南片、直湖港片和马山的全部区域,滨湖区江南运河西南剩余区域、宜兴武宜运河(含向南延伸线)以东至太湖的全部区域,宜兴山区部分河道上溯10km及沿岸两侧各1km区域,面积约810 km^2。太湖流域二级保护区范围主要为:太湖流域一级保护区以外的平原区域和宜兴山区部分河道上溯50km及沿岸两侧各1km区域,面积

约 2500km² 。根据无锡市人大常委会 2008 年 7 月作出的《关于将全市域建成无锡太湖保护区的决定》,太湖一、二级保护区要建成绿色功能区,重点区域建成生态旅游区。

根据《无锡市饮用水水源保护办法》,对贡湖、梅梁湖饮用水水源实施一级保护区、二级保护区和准保护区的 3 级保护,保护标准高于、严于太湖流域一级保护区的保护标准,以达到水源地保护目标。

四、无锡太湖区域水源地保护措施和安全供水[35]

(一) 强化法制建设和建立责任制

严格执行《江苏省太湖水污染防治条例》,对太湖流域(无锡部分)实施一级、二级、三级保护区的 3 级保护;严格执行《无锡市饮用水水源保护办法》,对贡湖、梅梁湖饮用水水源实施一级、二级和准保护区的 3 级保护,依法管理水源,严格执法,确保饮用水安全供水。

饮用水水源保护坚持环保优先、综合治理、确保安全的原则。实行统一规划、防治结合、属地管理、分级负责。饮用水水源保护区所在地的市(县)、区人民政府为水源保护的责任单位,环境保护行政主管部门对饮用水水源污染防治实施统一监督管理,水行政主管部门负责饮用水水源水资源的统一监督管理,供水、农林、规划、国土资源、交通、卫生、公安、旅游等行政主管部门建立责任制,按照各自职责协同做好饮用水水源保护工作。提高群众参与程度和参与能力,监督、劝阻和举报污染饮用水水源的行为,对保护饮用水水源作出显著成绩的单位和个人给予表彰和奖励。

(二) 防治太湖及其湖湾藻类爆发和大规模"湖泛"

主要是大幅削减生活、工业、农业污水入湖;关闸挡污阻止河道污水入湖;生态清淤,清除污染底泥;生态修复,种植水生植物,以及阻挡、削减风浪,控制大水面水产养殖污染;阻挡、富集和科学打捞、清除藻类,遏制藻类生长和清除藻类;合理路径调水,增加环境容量,消除藻类在水源地大量聚集、爆发、死亡和沉入水底;控制藻类爆发和减少、减轻"湖泛",消除藻类爆发和大规模"湖泛"对水源地安全供水的影响,确保安全供水(具体见第五章第七节)。

(三) 控制入湖河道污染,减少氮磷入湖

无锡市要全面做好太湖中上游入太湖(含湖湾)河道两岸的控制污染工作,大幅度降低太湖 N、P 浓度,减轻富营养化程度。控制太湖污染的有关重点区域,主要是太湖西部和西北部无锡市宜兴的 18 条入湖河道,常州的入湖河道武进港、太滆运河及其上游河道,无锡市区(京杭运河西南侧区域)的入湖河道。严格控制太湖流域控污重点区域河道及其两侧区域的污染,包括控制生活、工业、农业和其他非点源污染,建设足量的高标准的污水处理系统,封闭河道两侧全部排污口(不含污水厂),节水减排,废弃物无害化处置和资源化综合利用。

（四）建设水源生态保护区

建设水源地取水口周围生态保护区（简称水源生态保护区），作为取水口的核心保护区。贡湖南泉水厂、锡东水厂取水口分别建设 $1.5 \sim 2km^2$、$0.5 \sim 1km^2$ 的水源生态保护区，梅梁湖小湾里取水口建设 $7km^2$ 的水源生态保护区。保护区外围设置保护性围隔、栅栏，形成保护圈。保护区内实施：① 高标准的生态修复工程；② 物理、生物措施挡风削浪工程，减少底泥悬浮，提高透明度，并有利于水生植物生长；③ 底泥固定工程，改善基底条件，减少底泥悬浮；④ 在保护区外围设置藻类的富集、收集和阻挡工程，大幅度减少藻类进入保护区；⑤ 使水源地水质尽快全面达到水功能区水质标准，减少以藻类大爆发为主的突发性水污染事件发生的可能。使水源生态保护区水质优于周围水域水质。

（五）实施湖泊生态清淤

主要清除取水口和河道入湖口淤泥，取水口周围每 3 年清淤一次，河道入湖口每 $8 \sim 10$ 年清淤一次。如 2007 年由于藻类爆发引发规模"湖泛"，造成无锡"5 - 29"供水危机，为此在南泉水厂、锡东水厂取水口周围 $10km^2$ 水域进行清淤，该水域底泥不深，一般仅 $20 \sim 40cm$，底泥中 N、P 含量比梅梁湖均值略低，而有机质比梅梁湖高 $0.5 \sim 1$ 倍。清淤量为 282 万 m^3，已于 2007 年下半年 $\sim$ 2008 年上半年完成，平均清淤深 26 cm，清除 20 世纪 70 年代后淤积的污染底泥。

（六）实施合理路径持续调水

在保证太湖和河网汛期安全的前提下，望虞河持续调引长江水入贡湖。在每年的 $4 \sim 10$ 月，必须同时启动梅梁湖泵站抽水，使形成长江—望虞河—贡湖—太湖—梅梁湖—梁溪河—江南运河的合理路径的水流流动，在增加环境容量的同时，分散、带走藻类，使外太湖的藻类一般不可能在贡湖、梅梁湖的取水口附近大量富集、死亡、沉淀。

（七）实施湖泊规模性生态修复

建设沿岸湿地保护区。贡湖沿岸尽快进行湖滨带生态修复，建设 $6 \sim 8km^2$ 湿地保护区，长度 24km，宽度 $250 \sim 350m$，以挺水植物、沉水植物、浮叶植物、漂浮植物合理配置种植，同时起到防风浪保护贡湖大堤的作用。梅梁湖也在其沿岸和河道入湖河口建设 $10.5km^2$ 湿地保护区。

（八）控制水源陆域保护区污染

根据《无锡市饮用水水源保护办法》，对贡湖、梅梁湖饮用水水源实施一级、二级和准保护区的 3 级保护。其中保护区水域按水域保护措施实施，陆域则按陆域保护措施实施，3 级保护区的陆域主要是锡南片，即五里湖、曹王泾、江南运河（止于望虞河）以南范围，也即是正在建设中的太湖新城。所以，依法管理好锡南片，严格执法，对确保贡湖、梅梁湖饮用水安全供水非常重要。

（1）提高锡南片城市化率和建设工业园区　加快太湖新城建设进度，自然村居民集中居住,污水进行集中处理;全部企业调整结构、搬迁进入工业园区,污水进行分类处理;全部取缔所有直接向太湖排污的船舶和经营场所,该任务已经完成。

(2)封闭全部排污口和建设污水处理厂　逐步封闭全部生活、工业、畜禽养殖污水入湖排污口、入湖河道二侧排污口(不含污水厂)。封闭排污口后,污水主要进入污水处理厂、企业搬迁、中水回用,或进入简易处理系统、前置库处理,或企业关闭、搬迁,固体废弃物进行资源化综合利用。10 万 m^3/d 的太湖新城污水处理厂已经建设完成,污水排放已经达到一级A 标准,新建的住宅区污水和工业园区污水均接入污水厂处理。对污水厂尾水要继续进行深度处理。

(3)沿贡湖 14 条和梅梁湖 1 条入湖河道实施关闸控污　确保不下大暴雨时河水不入湖,下大暴雨时初期雨水不入湖。

(4)控制种植污染及推进退垦还湖还林还湿地工作　控制种植农业污染,建设生态农业、生态园场,主要发展林果、苗圃、花卉等;在锡南片靠近贡湖的适宜区域,建成以种植挺水植物为主的生态修复区、湿地或退田还湖滩,充分发挥其净化水体功能。做好其余区域的退耕还林、绿化工作,控制地面径流污染;做好锡南片西部山区的水土保持工作。

(5)严格控制养殖污染　沿湖 1km 内取消规模畜禽养殖场,其他禁止新建规模畜禽养殖场和对原有规模畜禽养殖场进行全面整治,养殖场全部建设成为生态养殖场,养殖废弃物进行资源化综合利用,污水进前置库或污水厂处理,以及中水回用。

(6)控制曹王泾及江南运河污水入锡南片　在与曹王泾、江南运河连通的河道上建控制工程,当江南运河、曹王泾有污水进入锡南片时,关闭曹王泾、江南运河上的挡污控制闸。

(7)调水　近期,在贡湖边建设长广溪、大溪港、小溪港、张桥港等 6～8 座中小型泵站,总抽水能力 20～30m^3/s,抽较好的贡湖水入锡南片,增加环境容量,年调水量 2～2.5亿 m^3,从江南运河和曹王泾排出;若太湖水位高于内河水位,开启贡湖和梅梁湖边上的14 条入湖河道的水闸,贡湖和梅梁湖水自流进锡南片(此类机率很小),从京杭运河和曹王泾排出;汛期的调水与防洪排涝相协调。其中 5m^3/s 的小溪港泵站已经建成,正在发挥作用。

(8)生态修复　河水初步变清后,在河道中生境适宜的水域内,进行生态修复,人工修复与自然修复相结合,提高水体的净化能力;开展湖滨带综合治理,建设大量湿地,其中在规划的行政中心南侧及周围计划建设 1km^2 的城市湿地公园;继续建设国家级长广溪城市湿地公园,使长广溪湿地内水质达到Ⅲ类,同时建设曹王泾湿地公园。

(9)河道持续清淤　削减底泥二次污染,结合封闭排污口。

(10)整治河道及建设生态景观绿化带　整治全部河道,全面优化水系,建设生态护岸和景观绿化带,以符合太湖新城防洪排涝和改善水环境水生态的要求,减少城镇地面径流污染;整治河道时,增加向江南运河排水能力和适当提高内河护岸高程,提高防洪能力,以尽量在降雨时减少向贡湖排水;同时把贡湖滨水区域建设成为无锡的主要风景旅游区之一,建设高品位的沿湖景观绿化、风景旅游区。

(九)市区建设足够的供水能力

目前,无锡市区每日 190 万 m^3 的供水能力,设计供水能力 210 万 t/d,一般情况下已经能够满足 2010、2020 年的供水要求。但为预防藻类爆发和"湖泛"等突发性水污染事件,确保在一处主要水源地受到严重水污染时,能利用其他水源地供水,其一是增加长江第二水源(江阴利港水源地)每日 80 万 m^3 的供水能力,长江的水质比太湖好;其二是扩大锡东水厂水源地日供水能力 20 万 m^3,达到 50 万 m^3,锡东水厂水源地在望虞河引长江水的条件下,水质完全可保证,使市区总供水能力达到每日 290 万 m^3;其三是建立区域联网供水,加强动态监督和调度。

(十)建设水质和藻类监测和预警系统

建设太湖和贡湖、梅梁湖的水质和藻类自动化监测系统和藻类爆发、"湖泛"发生预警系统。目前水质和藻类监测系统已经建立,藻类爆发、"湖泛"发生预警系统也正在建立之中。要进一步完善,逐步过渡到自动化监测;已经完成取水口水域藻类爆发和大规模"湖泛"的应急预案。

(十一)实行多水源双向联网供水

为确保主要供水水源安全,实行多水源联网供水。联网供水可以是单向联网供水(联网后只能向一个方向供水),可以是双向联网供水(联网后正向和反向均能供水)。在设计联网供水时,应是双向联网供水,如 2007 年 5 月 28 日～6 月 2 日发生贡湖藻类大爆发引起大规模"湖泛",以至严重影响到贡湖南泉水厂的取水安全和发生供水危机,若此时有双向联网供水的管网,则可以从锡东水厂供应部分好水给南泉水厂的部分用水户,则可减少受臭自来水影响的用水户,但由于当初设计的是单向联网供水,仅能从南泉水厂向锡东水厂供水。联网供水可以是原水联网或自来水联网,也可以是部分原水和部分自来水联网。目前无锡市区的双向联网供水可采用:① 实现以太湖为水源的中桥水厂、锡东水厂、南泉水厂的双向联网供水;② 实现太湖和长江水源双向联网供水。确保水源地在发生突发性藻类爆发和"湖泛"及其他水污染事件时,能基本正常供水,缩短突发性事故的危害时间和危害程度。投资 35 亿元,向市区每日供水 80 万 m^3 的长江供水工程,已于 2008 年完成,并实施正常供水,使实现太湖和长江双水源联网供水具备了必须的基础条件。同时在此基础上,应实施无锡市区和江阴市的双向联网供水,继而逐步实现苏州、无锡和常州 3 市的双向联网供水;③实施地表水和地下水联网。联网供水的另一个含义是地表水和地下水联网,在非常时期应急供水,在水源地发生突发事故停水时紧急启用备用地下水井,开采部分地下水应急,补充供水。

(十二)提高自来水质量和合理布设自来水管网

(1)提高自来水质量　① 提高制水质量。随着科技进步和人民生活水平提高,水厂应不断改进制水工艺,提高制水质量;加快自来水厂深度处理工艺改造,以有效去除藻类和异味为重点;确保水厂设备正常运转;尽心尽责定时定项目全面检测水源水质,根据原水的水质情况及时调整制水工艺;并充分利用供水能力(包括原水取水能力和制水能力)比较大的优势,当原水遭受一定污染的时候,在制水流程中,适当延长为消除污染而进行的沉淀、反应过程时间,以确保自来水水质达标。自来水厂按照国家规定自来水标准和水源标准制造合格的自来水,满足市民对自来水水量和水质的需求。② 保证自来水输送质量。确保自来水在输送途中不受污染。对使用二种水源的用户加强管理,在二种水源转换时注意安全操作;对进行二次供水的供水区域,应经常检修二次供水设备,使其保持正常运转,并应配备应急供水系统;对使用屋顶水箱供水的,进行每年定期的水箱清洗和消毒,确保水箱不受污染。③ 适当扩大清水储量。适当扩大各自来水厂和加压站蓄水池的清水储量,缩短、减轻一般的突发性停水、断水事故和突发性水污染事件对自来水供水的影响。

（2）合理布设自来水管网　优化完善供水管网体系,逐步实现城区、城市副中心区的多层环状管网供水,逐步实现无锡市区、四区八园和镇区环状管网供水,重要供水区域逐步实现供水管道双管供水,逐步改造老旧管道,减少或消除水管爆裂、建筑施工挖断水管等突发性停水事故的影响范围和影响程度,缩短影响时间。

（3）加强管网的管理维护　① 自来水管暴露地面部分和室外水表做好冬天的防冻工作,避免水管、水表冻裂,造成断水。② 加强自来水管的巡查。用先进的仪器、设备检查水管渗漏,及时发现渗漏、渗漏的苗头或影响自来水正常供水的故障,并及时予以修理、处置或采取预防措施。③ 建立原有中小口径供水管道定期更新制。当原有中小口径供水管道达到一定年限时,应及时更换,更换时要选有良好材质的管道。④ 建立供水事故群众报告制度。发动群众,爱护自来水供水设施,发现自来水管网、消火栓及其他自来水设施有渗漏现象和遭受破坏,及时报告,以减少水量损失、提高供水水压、减少停水时间。根据报告后减少损失程度的多少,给报告者予一定奖励,以资鼓励。⑤ 建立一支反应速度快、技术高超的抢修队伍,配备足够的抢修人员和现代化抢修设备,应对突发性管网断水事故。

五、主要饮用水水源地突发性水污染事件防治对策

（一）近期有发生突发性水污染事件的可能

1990~2006 年,太湖藻类几乎年年爆发,其中梅梁湖藻类爆发时有记录的藻类细胞个数超过 1 亿个/L 的就有 1990、1996、1998、2000、2001、2002、2003、2004 年等 8 年,其中最大值曾达到 13 亿个/L 藻类细胞。藻类的来源:一是本水域自己产生;二更主要的是东南风或南风把太湖大水体产生的藻类大量吹进贡湖、梅梁湖。由于太湖水污染治理需一个比较长的周期才能完全见效,近期太湖藻类爆发、大规模"湖泛"的再次发生是完全可能的。

（二）通用防治措施

如前所述,采用综合性水污染防治措施,经过不懈努力,使水源地水质全面达到水功能区标准,减少、直至全部消除藻类大爆发和大规模"湖泛"等突发性水污染事件发生的可能。

（三）制订应急预案

制订、完善和落实应对以藻类大爆发和大规模"湖泛"为主的突发性污染事故或其他

事故造成的供水危机的应急预案:包括建立事故预测预警系统,成立领导小组,制订行政指挥协调,人员和物资保障,供水和技术应急预案,建立处理事件的联防机制和管理机制等。

(四)应急措施基本类型

当太湖藻类大爆发和大规模"湖泛"发生,并且危及水源地安全供水时,根据制订的应急预案和突发性水污染事件的级别,采取相应的应急措施,减轻危害程度、缩短危害时间和减小损失,保证正常供水。

(1)水源方面应急措施　停止被严重污染水源地取水用于制造饮用水;迅速采取江、湖、河联动的合理路径的调水和人工降雨措施;设置围隔,建立封闭圈,阻止藻类进入水源取水区,并捞藻除藻;强化水质监测,进行藻类爆发的监测和预报、预警;待水质恢复正常后再开始取水。

(2)制水方面应急措施　进行原水预处理和结合自来水深度处理,包括改进自来水制水工艺、改变投药配方,延长药品的有效作用时间等。

(3)供水方面应急措施　首先启动双向联网供水机制,充分利用联网供水,统一调度原水供应自来水厂和统一调度自来水供应用水户,确保突发性水污染事件影响范围内基本正常供水,或尽量减小水污染事件影响供水范围和影响供水程度。其次,若局部区域双向联网供水机制一时不能及时见效时:农村立即采用浅井、深井供应地下水 + 净水(纯净水、矿泉水)的供水措施;城镇采用自来水低标准供水 + 净水的供水措施。其中净水作为饮用水,其他作为一般生活用水。

六、太湖水源地保护效果与预测

(一)贡湖水源地

(1)2008年太湖新城规划已经完成　① 正在按照规划实施,生活、工业污水进污水厂处理,入贡湖河道二侧的外源得到初步控制,同时加强入湖河道关闸控污,使江南运河污水、望虞河调水初期和大暴雨初期的地面径流均不入贡湖或大幅度减少入湖量,使河道入湖污染物大量减少;② 入湖河口实施高质量的生态清淤,减少底泥释放污染物和越冬藻类细胞;③ 持续实施望虞河清水通道调水,增加环境容量,同时分散、带走藻类,使外太湖的藻类不易在贡湖的取水口附近大量富集、死亡、沉淀;④ 正在部分水域实施生态修复、湿地保护工程,使湖泊生态系统有所修复,水体自净能力有所提高;⑤ 实施藻类打捞和阻挡工程,天天打捞藻类,清除集聚的藻类,阻止藻类向水源地集中。由于上述措施,使贡湖水质已得到一定程度的改善,即由总评劣于Ⅴ类改善到Ⅴ类,亦即由2000~2006年的7年均值NH_3-N为Ⅳ类、TP为Ⅴ类、TN劣于Ⅴ类改善到2007年下半年和2008年的NH_3-N为Ⅲ类、TP为Ⅳ~Ⅴ类、TN为Ⅴ类,其中南泉水厂、锡东水厂水源地由于水源地生态保护区域的建设,水体自净能力提高,好于贡湖水域平均水质;可控制减轻藻类爆发和大规模"湖泛"对南泉水厂、锡东水厂取水口的危害,确保水厂安全供水。

（2）2012 年太湖新城建设将已具一定规模　① 污水处理系统得到进一步完善,入贡湖河道二侧的外源得到完全控制,入湖河道继续加强关闸控污,大幅度减少污染负荷入湖;② 望虞河清水通道调水继续进行,增加环境容量;③ 继续实施藻类打捞、清除和阻挡工程,提高藻类打捞机械化水平和打捞效率;④ 完成相当部分沿湖岸水域的生态修复、湿地保护工程,使湖泊生态得到初步修复,水体自净能力提高。由此贡湖水质,已可改善到 Ⅳ ~ Ⅴ 类。其中南泉水厂、锡东水厂水源地由于水源地生态保护区域的进一步建设和加强管理,水体自净能力进一步提高,水质可改善到 Ⅲ ~ Ⅳ 类;在一定程度上控制藻类爆发和大规模"湖泛"发生的同时,也可使藻类爆发和"湖泛"不对南泉水厂、锡东水厂取水口形成危害,确保安全供水。全湖富营养化程度有较大幅度降低、湖区生态系统退化的趋势得到遏制,湖泊生态系统得到初步改善。

（3）2020 年太湖新城建设全部完成　① 污水处理系统更为完善,入湖河道关闸控污提高到更高水平,河道入湖污染物进一步减少;② 继续实施望虞河清水通道调水,且长江水质得到良好改善,增加贡湖环境容量;③ 更有效实施蓝藻打捞和清除工程,已可完全控制藻类爆发和规模"湖泛"的发生,已不再会危害水源地安全;④ 生态修复、湿地保护工程全部完成,生态修复区和湿地净化水体的能力大幅度提高;⑤ 全湖水质可达到 Ⅲ ~ Ⅳ 类,其中贡湖水厂、锡东水厂水源地由于水源地生态保护区的作用,水厂水源地可以全面达到 Ⅲ 类;⑥ 全湖基本解决富营养化问题、湖泊生态系统进入初步良性循环。

（二）梅梁湖水源地

（1）2008 年入梅梁湖河道直湖港武进港二侧的外源初步得到控制　① 加强入湖河道关闸控污,使污水少入湖;② 梅梁湖部分区域实施高质量的生态清淤,减少底泥释放污染物;③ 持续实施梅梁湖泵站调水,增加环境容量,同时分散、带走藻类,使藻类一般不能在取水口附近大量富集、死亡、沉淀;④ 正在部分水域实施生态修复、湿地保护工程,使湖泊生态系统有所修复,水体自净能力有所提高;⑤ 实施藻类打捞、清除和阻挡工程,天天打捞藻类,清除集聚的藻类,阻挡藻类向水源地集中。由此梅梁湖湖水质总评已由大幅度劣于 Ⅴ 类改善到 Ⅴ 类,亦即由 2000 ~ 2006 年的 7 年均值 $NH_3\text{-}N$ 为 Ⅳ 类、TP 为 Ⅴ 类、TN 为劣于 Ⅴ 类,改善到 2007 年下半年和 2008 年的 $NH_3\text{-}N$ 为 Ⅲ 类、TP 为 Ⅳ ~ Ⅴ 类、TN 为 Ⅴ 类。其中小湾里原水厂水源地由于水源地生态保护区域的建设,水体自净能力提高,好于梅梁湖水域平均水质。水域生态多样性、富营养化程度、湖泊生态系统有所改善。

（2）2012 年后入梅梁湖河道二侧的外源得到基本控制　① 进一步实施入湖河道关闸控污,大幅度减少污染负荷入湖;② 生态清淤工程基本完成,减少底泥释放和规模"湖泛"的发生的可能,减少和清除底泥中越冬藻类细胞;③ 新沟河清水通道基本建成,可以实施持续调水,增加环境容量,改善水环境;④ 继续实施蓝藻打捞、清除和阻挡工程,提高蓝藻打捞机械化水平和打捞效率;⑤ 完成相当部分沿湖岸水域的生态修复、湿地保护工程,水体自净能力提高。由此梅梁湖水质,已经可改善到 Ⅳ ~ Ⅴ 类。其中小湾里原水厂水源地由于水源地生态保护区域的进一步建设和加强管理,水体自净能力进一步提高,水质可改善到 Ⅳ 类,在一定程度上控制藻类爆发和大规模"湖泛"发生。全湖富营养化程度、生态系统得到初步改善。

（3）2020年后全面控制入湖河道两侧污染　①污水处理系统更为完善,入湖河道关闸控污提高到更高水平,河道入湖污染物进一步减少;②生态清淤工程全部完成,大幅度减少底泥释放和消除规模"湖泛"发生,大幅度减少和清除底泥中越冬藻类细胞;③继续实施新沟河清水通道调水,且长江水质得到良好改善,增加梅梁湖环境容量;④更有效实施蓝藻打捞和清除工程,已可完全控制蓝藻的爆发和规模"湖泛"的发生,完全不会危害水源地安全;⑤生态修复、湿地保护工程全部完成,净化水体能力大幅度提高;⑥梅梁湖和水厂水源地均可以全面达到Ⅲ类;⑦全湖基本解决富营养化问题、湖泊生态系统初步进入良性循环。

第三节　2007年无锡太湖供水危机处理实例

2007年5月28日~6月1日,太湖北部湖湾贡湖的南泉水厂（日取水能力100万 m^3/d）水源地发生以蓝藻为主的藻类大爆发（简称藻类爆发）和引起大规模"湖泛"的水污染事件,造成无锡供水危机,使自来水产生臭味,影响无锡市区70%以上居民、200万人的生活用水和相当多企业的用水。

一、太湖蓝藻爆发对无锡市区的影响过程

2007年5月28日贡湖的南泉水厂水源地水质开始发臭,日常用于判别臭味的主要水质指标 NH_3-N,经有关部门监测最大达到12.4mg/L（劣于Ⅴ类）,南泉水厂水源发臭、水体呈灰褐色,溶解氧下降到接近0,造成自来水有臭味,导致自来水厂无法正常处理,引发了一场供水危机。5月29日市区由南泉水厂供应自来水的用户全部发现自来水有一股特殊的臭味,无法饮用,也不能用于洗涤（无锡贡湖5月29日自来水供水危机事件,简称"5-29供水危机"）。南泉水厂水源地水质,6月1日开始好转,6月6日基本转好,6月9日完全好转, NH_3-N达到Ⅱ类,以后一直稳定在Ⅱ~Ⅲ类的范围;南泉自来水厂的水质6月9日起恢复正常,但由于残存于自来水管中臭味的影响,到6月15日自来水管中臭味全部消除,自来水全面恢复正常供水。本节以下的水源地水质监测数据,均为无锡市水文水资源勘测局监测,有说明者除外（表10-5）。

二、太湖藻类爆发原因

自20世纪90年代以来,太湖进入富营养化阶段,TN、TP的浓度及其比值均达到藻类爆发的营养条件,所以太湖从1990年起几乎是年年发生藻类爆发。进入21世纪,虽然太湖北部及其湖湾TN、TP的发展速度得到初步遏制,且2003年以后有所降低,但远未削减到使藻类不爆发的程度,加之2007年特殊的气候、水文条件,使提前爆发,藻类在南泉水厂取水口附近集聚、死亡、沉淀,引发大规模"湖泛",造成无锡5-29供水危机。

表 10 - 5　贡湖南泉水厂取水口水质日表(2007 - 5 - 30 ~ 6 - 30)

时间(月 - 日)	pH	DO	COD$_{Mn}$	TP	NH$_3$-N	TN
5 - 30	6.9	0	18.5	0.462	8.6	12.2
5 - 31	7	0.3	21.7	0.491	11.0	13.0
6 - 1	7.2	5	7.6	0.274	3.66	8.35
6 - 2	7	5.7	6.2	0.152	1.84	10.4
6 - 3	6.8	4.8	7.3	0.186	2.25	5.72
6 - 4	7.1	7.7	7	0.208	2.12	4.77
6 - 5	7.4	6.4	4.7	0.112	1.08	3.29
6 - 6	7.3	7.7	3.9	0.093	0.71	3.1
6 - 7	7.36	7.4	4.2	0.106	0.34	2.84
6 - 8	7.49	9.8	7.8	0.162	1.37	2.55
6 - 9	7.5	7.6	9.2	0.106	0.38	3.05
6 - 10	7.1	7.4	4.2	0.145	0.4	2.92
6 - 11	7.6	6.4	4.4	0.192	0.48	2.99
6 - 12	8.1	6.3	6	0.198	0.54	2.87
6 - 13	7.7	6.9	4.1	0.063	0.25	1.82
6 - 14	7.7	8	6.7	0.1	0.18	1.47
6 - 15	7.3	6.6	4.7	0.062	0.42	1.61
6 - 16	7.5	4.8	5.7	0.089	0.57	2.32
6 - 17	7.4	6.8	5.5	0.152	0.86	1.93
6 - 18	7.8	6.8	6.1	0.208	0.92	2.56
6 - 19	7.8	7.3	4.8	0.178	0.41	2.51
6 - 20	8.3	7.3	3.3	0.237	0.32	2
6 - 21	7.8	6.6	4.4	0.098	0.27	2.18
6 - 22	7.3	13.5	5.6	0.087	0.2	1.71
6 - 23	7.5	7.4	3.5	0.127	0.52	1.95
6 - 24	7.1	7.6	4.3	0.11	0.96	1.71
6 - 25	7.4	7	6.1	0.115	0.18	1.57
6 - 26	7	6	6.7	0.145	0.32	2.01
6 - 27	7.6	6.4	6.4	0.105	0.15	1.49
6 - 28	7.6	6.9	4.9	0.115	0.18	1.36
6 - 29	7.3	5.9	4	0.115	0.31	1.57
6 - 30	7.3	7.4	3.8	0.118	0.17	1.74

(一) 藻类爆发的时间和规模

根据卫星监测[36]和实地调查,表明2007年5月太湖北部水域就发生以蓝藻为主的藻类大爆发:2007年5月2日,太湖西部水域和望虞河口水域藻类的叶绿素 a 含量已经超过100μg/L,竺山湖叶绿素 a 已经达到234μg/L。以后,在藻类爆发的藻类堆积区,监测到的最大叶绿素 a 的浓度达到978μg/L。另根据卫星遥感监测显示,太湖西部在3月底就出现规模性藻类爆发,面积25km²,随着气温的升高和干旱无雨,4月、5月藻类爆发的规模不断扩大,5月27日面积达到412km²,藻类爆发的主要水域在太湖北部湖湾的梅梁湖、竺山湖和贡湖,以及太湖的西部水域,5月28日起影响无锡南泉水厂的贡湖取水口,5月29日起全面影响无锡市区的自来水供应。

(二)太湖严重的富营养化是无锡发生供水危机的基础条件

根据太湖多年的监测资料,说明太湖严重的富营养化是无锡发生供水危机的基础条件。具体见第二章第四节表2-37。

全太湖营养状况平均为中富:TP,一般在Ⅳ~Ⅴ类,最大值发生在1994~1996年和2000年,0.130~0.140mg/L(Ⅴ类),2001~2005年均小于1.0mg/L(Ⅳ类);TN,1991、1994年小于2.0mg/L(Ⅴ类),2000年后全部超过2.0mg/L(劣于Ⅴ类),2003年达到最大值3.57mg/L,其后有所降低;叶绿素a一般在0.01~0.043mg/L之间,最大值发生在1990年0.043mg/L。

梅梁湖(太湖西北部的湖湾)营养状况为重富:TP,自1993年起一直为Ⅴ类,1995年达到0.24mg/L(劣于Ⅴ类),2004年以后有所降低,接近Ⅳ类(1.03mg/L);TN,一般均超过2.0mg/L(劣于Ⅴ类),其中最大值发生在1996、1997年,达到5.8~5.9mg/L(劣于Ⅴ类),其后有所下降,一般低于5.0mg/L。

贡湖,富营养化程度较太湖湖心为重,但较梅梁湖为轻:TP,在Ⅳ~Ⅴ类;TN,一般在Ⅴ~劣于Ⅴ类;为中富营养状况。

自20世纪90年代起太湖富营养化程度越来越严重,其中2003年以后太湖无锡水域的水污染发展虽然得到初步遏制,但营养状态仍处于中~富或重富程度,太湖无锡水域富营养化程度一直处于藻类高发区域的范围之内,所以1990年以后太湖北部及其湖湾几乎年年发生藻类大爆发,其中严重影响市区供水的有6次。其中2007年以前梅梁湖藻类大爆发有5次严重影响供水安全:1990年7月、1994年7月初、1995年7月初、1998年8月、2003年8月,严重影响小湾里水厂或梅园水厂的供水安全;2007年5月~6月,贡湖、梅梁湖的藻类大爆发,严重影响贡湖南泉水厂和梅梁湖小湾里的供水安全,影响范围最大,影响时间最长。其中,梅梁湖小湾里原水厂早在5月中旬就已停产。2007年供水危机说明,投入大量资金改善太湖水质已取得一定成效,但太湖北部和梅梁湖、贡湖水环境尚未得到根本改善,消除太湖富营养化、藻类爆发和规模"湖泛"任重道远。

(三)2007年特殊的气候水文条件使太湖蓝藻提早爆发

2007年1~5月,气温偏高、日照偏多、干旱少雨、水位偏低、风向偏南、风力偏小等综合因素是促使太湖蓝藻提早大规模爆发的原因。

(1)气温偏高 2007年冬季是无锡有史以来最暖的一个冬天,是50年来第一个没有降雪的冬天,平均气温为6.8℃,比常年同期偏高2.5℃,是1955年以来最高的。春季(3~5月)气温仍然偏高,平均气温为17℃,比常年同期偏高2.6℃。导致无锡在2007年5月11日就提前1个月入夏,比历史上入夏最早的1982年还提前了6天。

(2)日照偏多 2007年1~5月,日照时间为775.5h,比常年同期偏多48.1h,其中5月时间为 205.3h,比常年同期偏多 22.2h。

(3) 降水偏少　2007 年 1~5 月,降水总量只有常年同期的 76%,其中 5 月仅为 41.8mm,只有常年同期的 4 成,雨量和雨日均为历史同期最少。

(4) 风力偏小(偏南风向)　2007 年 1~5 月的偏南风明显多于往年,如 2 月应以北风为主导风向,而今年以南风为主导风向,3~5 月主导风向南风的频率均较常年同期为高,风向的转换时间较往年提前 1 个月。并且风力偏小。

总之,2007 年 1~5 月,由于气温偏高,导致太湖水温明显高于往年,底泥中藻类复苏的比例较往年高,复苏的时间较往年早,使处于底泥中休眠状态的藻类提前进入复苏期。4~5月良好的光照条件和湖中充足的 N、P 营养使藻类快速繁殖,比较小的风力使藻类较容易浮于水面上,4 月底即形成了太湖藻类大爆发。特别是 5 月 25~27 日的最高气温分别高达 30.1℃、31.1℃、34.2℃,给藻类提前大爆发创造了极为有利的条件。

(四) 特定的自然条件使藻类在贡湖南泉水厂水源地附近聚集

(1) 由于特定的气象条件　2007 年 3 月底至 5 月中下旬,以东南风和南风为主导风向,把太湖以蓝藻为主的藻类大量吹向梅梁湖、竺山湖和贡湖,以及太湖的西部水域,使藻类同时在这些水域大量聚集,日复一日逐渐加大了藻类爆发的规模。同时东南风和南风在与贡湖的水流共同作用下,使大量藻类集聚在贡湖南泉水厂取水口附近。5 月 6 日,水源地叶绿素 a 含量达到:梅梁湖小湾里水厂 259μg/L,南泉水厂 139μg/L,锡东水厂 53μg/L,太湖西北部湖湾全部超过 40μg/L 的蓝藻爆发临界值。5 月中旬,梅梁湖、贡湖等湖湾的藻类进一步聚集,分布范围扩大、程度加重。藻类爆发,先危及梅梁湖小湾里水源地(设计日取水能力 60 万 m³/d),早在贡湖水厂水源地发生水污染事件以前就已停止取水、停产,后至 5 月 28日又危及贡湖的南泉水厂水源地,主要污染指标氨氮(NH₃-N)比平时高 20 多倍,溶解氧接近于 0。

(2) 由于 5 月 25~27 日的气温很高　集聚在贡湖南泉水厂取水口(取水口距贡湖北岸 240m)附近密集的藻类群体在大量快速繁殖的同时,数天内大量死亡并下沉,死亡的藻类迅速发酵、发臭,同时耗尽水中氧气,湖底在缺氧状态下,死亡藻类的残体和原已被严重污染的淤泥混合在一起(据该事件后测定,该处底泥 TN、TP 含量一般,而有机质含量比较高,特别是表层平均值达到 5.07%,最大超过 10%)发生强烈的厌氧生化反应,形成大规模"湖泛",即产生和散发出数种类型混合的臭气,同时使水体中 NH₃-N 值大幅度升高和比较长时间的保持在 8mg/L 以上,根据无锡多年多次藻类爆发和引起大规模"湖泛"的情况分析,在如此高浓度 NH₃-N 的状态下,一般藻类和高等植物、鱼类和其他水生动物均已不能存活,甚至藻类会全部死亡("湖泛"中产生的有毒有害气体主要是硫化氢类,其次为 NH₃,但一般水质监测机构常规监测时仅对 NH₃-N 进行监测),这样又进一步加剧了此水域的污染程度和散发出更浓的臭味,人们此时所见到的就只有在取水口东北形成 3~5km² 大面积的酱褐色水团(俗称黑水团),黑水团能在一定范围内移动,黑水团中或其附近水域严重发臭的湖水超过了南泉水厂的正常处理能力,即产生了臭自来水,造成了 2007 年 5 月 28 日~6 月 1 日的无锡供水危机。

（五）湖水中臭味的来源和成因的初步分析

这次贡湖南泉水厂水源地附近发生臭水的情况，应该说其初期的臭味是底泥中有机质在厌氧及有氧状态下反应产生硫醚类、氨气臭味和藻类死亡的腥臭味的混合体，异常难闻。此类情况当时在梅梁湖北部的中犊山周围水域也同时存在，几乎与南泉水厂取水口水源地同时发生，情况也差不多，届时仅能见一片酱褐色水域，几乎不见藻类。藻类大爆发并大批死亡集中沉入水底，与重污染的湖底淤泥共同作用，形成"湖泛"。1990年以来，梅梁湖几乎年年发生藻类爆发，只是发生的时间、地点和规模以及持续时间的长短略有差异，而且一般常拌随发生规模性"湖泛"，也并非是每次藻类爆发均拌有规模型"湖泛"发生，但因此类事件没有影响到自来水厂取水口和没有造成自来水发臭的，市民已经习以为常。而且这次藻类爆发前，梅梁湖和贡湖的富营养程度未达到历史最大值，就是藻类爆发时的藻类密度离历史最大值尚有相当一段距离。所以，这次供水危机给太湖敲响了警钟，给治理太湖污染提供了一个契机和加快治污进程的转机，使根治太湖水污染进入了实质性阶段。

（六）供水危机原因主要有3种观点

供水危机原因尚无定论，国内发生危机原因之争，归纳起来有3个观点：① 太湖蓝藻大爆发，形成"黑水团"，造成供水危机，系当时报纸上的观点；② 2008年1月11日，美国《科学》杂志《来信》栏目刊登的中国科学院生态环境研究中心环境水质学国家重点实验室的杨敏等几位研究员的一篇文章，称经其对无锡供水危机期间取回的水样进行分析，腥臭味来自于硫醚类物质，硫醚类物质是有机体在厌氧环境中腐败的产物，硫醚类物质以以二甲基三硫为主。以二甲基三硫为主的高浓度的有机体排放到水体中后，很快会消耗溶解在水体中的氧气，从而形成局部的厌氧环境。在厌氧条件下，许多细菌可以将有机体中含硫的蛋氨酸以及半胱氨酸——生物体内一种必要的与代谢有关的物质，转化为二甲基三硫等硫醚类物质，此类物质有恶臭的气味，通常是沼泽味或鱼腥味，但其并非主要是藻类的代谢物，所以与太湖蓝藻爆发无关[37]；③ 太湖藻类大爆发，藻类大量死亡下沉，耗尽水中氧气，死亡藻类和淤泥在厌氧状态下产生大规模"湖泛"，形成淡酱色臭水团[20]。

三、中央、省领导高度关心供水危机事件

党中央、国务院对无锡市供水危机和流域水污染治理高度重视。温家宝总理2007年6月1日作出重要批示："太湖水污染治理工作开展多年，但未能从根本上解决问题。这起事件给我们敲响了警钟，必须引起高度重视。认真调查分析水污染的原因，在已有工作的基础上，加大综合治理力度，研究提出具体的治理方案和措施"。国务院副总理曾培炎同志就太湖生态灾害及引发的供水危机作出指示，要求无锡市委、市政府切实关心民生大事，处理好当前各项工作，特别是要提高警惕，高度关注高温季节蓝藻爆发情况，防止反复，要下决心进一步加大太湖治理力度，严格控制太湖流域的污染物排放，坚决淘汰关闭超标排污企业。

2007年6月11日，在无锡召开国务院太湖水污染防治座谈会。中共中央政治局常委、国务院总理温家宝作出了重要批示，中共中央政治局委员、国务院副总理曾培炎出席会议，

并作了重要指示。

6月29日至30日,中共中央政治局常委、国务院总理温家宝在江苏省委书记李源潮、省长梁保华等陪同下,专程来到无锡考察太湖水污染防治工作。他冒着炎热,实地察看太湖水质,走访企业了解污染物减排情况,深入社区倾听群众对水环境整治工作的意见,与大家共商搞好太湖治理的对策措施。

6月30日温家宝总理在无锡主持召开了太湖、巢湖、滇池污染治理工作座谈会,温家宝总理明确指出:"要把治理'三湖'作为国家生态环境建设的标志性工程,摆在更加突出、更加紧迫、更加重要的位置,坚持高标准、严要求,采取更有力、更坚决的措施,预防'三湖'再次发生污染事件,坚持不懈地把'三湖'整治好",并提出了治理"三湖"的指导方针:认真落实科学发展观,实行"远近结合、标本兼治、分类指导、因地制宜、科学规划、综合治理、加强领导、狠抓落实"。

江苏省领导也高度重视太湖蓝藻爆发和无锡供水危机事件,时任省委书记李源潮、省长梁保华,及副省长赵克志、黄莉新、仇和等有关领导多次来无锡视察、现场办公和督查,并作重要指示。6月2日在无锡召开了"江苏省太湖流域水污染防治暨蓝藻治理工作会议",提出了3点要求:认真调查分析污染原因;积极采取应急应对措施,尽快让人民群众用上安全洁净的水;制定根本性污染防治措施,确保太湖水质达标。7月7日江苏省委、省政府在无锡召开太湖水污染治理工作会议,李源潮书记提出了"三最"要求:一是实行最严格的环保标准,二是采取最严厉的整治手段,三是建立最严密的监控体系。其他有关方面的领导也纷纷来锡视察、指导工作,兄弟地区也大力支持。

四、无锡市积极应对供水危机和保护太湖水源地

供水危机事件发生后,无锡市委、市人大、市政府和市政协4套班子都高度重视供水危机、治理太湖和保护太湖水源地,采取了一系列应对藻类爆发和供水危机的应急措施,采取了一系列治理太湖和保护太湖水源地的措施。

(一)全力处置供水危机减轻损失

2007年5月底6月初发生太湖蓝藻爆发和供水危机的突发性水污染事件后,无锡市高度重视,省委常委、市委书记杨卫泽指示市相关部门采取积极措施,尽快改善水质。出访英国的市长毛小平连夜打电话,对截污、调水、市场供应作出具体部署。市政府在5月29日连夜召开紧急会议,商讨应对供水危机的应急措施:① 要求市自来水总公司全力以赴,不计成本采取技术措施强化处理,使自来水出厂水质除臭味指标外达到国家《生活饮用水卫生标准》(GB5749−85);② 水质监测相关部门要加大监测力度,24h值班,发现异常情况立即报告;③ 商贸部门要组织好净水采购,力保市场供应。为应对供水危机,采取了一系列应急措施,包括采用改善水源地水质、自来水深度处理和保障饮用水安全供给等3方面的措施。

(1) 改善水源地水质方面　首先采取应急调水措施,采用望虞河的"引江济太"和梅梁湖泵站调水的联合运行,形成了长江—望虞河—贡湖—太湖—梅梁湖—梁溪河—江南运河的合理路径的调水水流,加快改善贡湖南泉水厂取水口附近水源地的水质,从5月31日的

NH_3-N 值大于 11mg/L 降低到 6 月 6 日的 0.71mg/L(Ⅲ类),符合饮用水水源Ⅲ类标准,6 月 9 日完全好转,降低到 0.38mg/L(Ⅱ类),以后至 8 月下旬 NH_3-N 一直稳定在Ⅱ~Ⅲ类的范围,符合或优于饮用水水源Ⅲ类标准。其次采用了人工降雨、人工捞藻等措施,有利于改善贡湖水厂水源地水质,其中人工降雨由无锡市气象和科技部门负责实施,在 6 月上旬根据天气的云量和云状等情况在太湖上空实施了 2 次人工降雨作业,增加了降雨量 25mm,通过降雨降低了气温和增加了水中氧含量有利于改善水质;人工捞藻,先由无锡市农林局牵头,以后由市水利局牵头,组织蓝藻爆发水域所在地的有关部门和单位人工打捞蓝藻,高密度的蓝藻基本做到日产日清,在 2007 年 6~11 月的 6 个月里,共人工打捞蓝藻(含水率 98.5%~99.5% 的富藻水)19 万 m^3,有效的清除了大量蓝藻和 TN、TP,为消除此次供水危机和防止供水危机复发起了一定作用。

(2)自来水深度处理方面　市自来水公司全力以赴,不计成本强化水处理。5 月 31 日,建设部派出了以清华大学教授张晓健为首的水净化处理专家组来无锡指导水处理工作,6 月 1 日,建设部又增派城市建设司张悦副司长赴无锡领导指挥专家组工作。为此,专家组调整和优化水处理的强化处理措施,在自来水公司采用常规的沉淀、过滤、消毒工艺的基础上,采用新的应急处理配方和处理顺序:将原来在取水口的原水厂同时投放粉末活性碳和氧化剂高锰酸钾,改为在取水口的原水厂和净水厂内分别适量投入强氧化剂高锰酸钾和粉末活性碳,充分分解原水中的臭味物质,加大自来水处理深度和力度,使自来水逐步达到标准,然后通过粉末活性碳吸附剩余臭味物质和残留的高锰酸钾分解物;经过专家组和无锡市自来水公司的共同努力,自来水质量自 6 月 1 日后得到不断改善,6 月 6 日起水源地 NH_3-N 改善到Ⅲ类,水厂制造自来水的各项指标和嗅味也均合格,但由于在自来水输水管道和水箱中残留有臭味,数天后居民从自来水管道得到了完全合格的自来水。同时为确保自来水的随时合格,加强了水质监测,分别在原水取水口、净水厂的进水口、沉淀池出水口和滤池出水口 4 个点,每 1 个 h 采样 1 次,随时调整水处理应急配方,以取得最好的水处理效果。专家组指出,这次无锡贡湖水源恶臭事件,具有反复性、不确定性和污染物质的复杂性等特征,需要做好长期准备。

(3)保障自来水供给方面　一主要是采用了纯净水+自来水的供给模式,在 5 月 29 日全面发生供水危机的当天,商贸部门在市政府的统一安排下,全力组织好纯净水(矿泉水)的采购,力保市场供应,并出台了不准纯净水随意涨价的文件,使纯净水(矿泉水)以合理的价格稳定供应,确保了饮用水的安全供给。在发生供水危机期间,实行自来水免费供应,满足卫生用水和其他用水的需求。二是采用纯净水(矿泉水)+地下水或自来水的供给模式,在有可以开采地下水的深井或浅井的地方,利用深井或浅井供水,若深井原已封闭禁采的,则以最快速度报请政府有关部门予以启封开禁,抽取地下水使用,地下水质量好的直接用作饮用水,地下水不宜作饮用水的,替代自来水作为饮用水以外的生活用水和杂用水。

(二)采取"环保优先八大行动"和"6699 行动"

供水危机事件在中央和江苏省的关怀下,无锡市委、市政府尽责尽力,市民同舟共济共同努力下,平稳顺利渡过。同时,为切实贯彻落实科学发展观,积极构建社会主义和谐社会,进一步落实"可持续发展"战略,深入实施"环保优先"方针,大力保护和重建太湖流域生态环境,确保无锡城乡生活生产用水安全,市委和市政府积极开展了治理太湖、保护水源的行动,在 6 月 2 日举行的无锡市委常委会第 23 次会议要求认真落实好中央和省领导重要指示,举全市之力治理好太湖和保护好太湖,会议出台了全面组织实施治理太湖、保护水源的"环保优先八大行动"和"6699 行动"的治理太湖的两大政策。以后多次召开市委、市人大、市政府的重要会议,进一步研究和部署落实"环保优先八大行动"和"6699 行动",江苏省委常委、无锡市委书记杨卫泽和市长毛小平及有关市领导多次视察太湖水源地和督促落实有关措施,确保不再发生严重影响饮用水供水安全的突发性水污染事件和保护好太湖水源。

1."环保优先八大行动"

实施"锡城减废行动";实施"铁腕治污行动";实施"企业自愿协议管理行动";实施"城市生态重建恢复行动";实施"排污权交易行动";实施"环境标志行动";实施"环境治理代理人行动";实施"全民环保行动"。

2."6699 行动"

(1)建立六大工作机制　监测预警机制;调水引流机制;应急处理机制;协调联动机制;公众参与和信息公开机制;考核监督机制。

(2)实施六大应急对策　自来水水质强化处理对策;打捞和阻挡蓝藻对策;调水引流对策;人工增雨对策;地下水补充对策;净水保供对策。

(3)建设九大清源工程　贡湖水源地取水口优化和延伸工程;饮用水源地保护和生态修复工程;水源预处理和自来水深度处理工程;第二水源地建设工程;新沟河拓浚工程;走马塘拓浚工程;应急饮用水源建设工程;太湖清淤工程;太湖生态修复工程。

(4)落实九大治污措施　关闭规模以下化工生产企业;明确和严格入湖排污口封堵、截污和水质功能区断面达标;整治和取缔所有直接向太湖排污的船舶和临湖经营场所;所有乡镇生活污水集中处理和农村生活垃圾集中收集处理;撤除太湖一级保护区内畜禽养殖场、规模以下工业企业、村落和传统种养业;禁止新建排放氮磷污染物的项目和限制氮磷污染物排放总量;全面实施生活污水处理厂尾水脱氮、脱磷处理和工业及生活污水回用;全面实施军嶂山、大小箕山、中犊山、充山、马山工业和生活污水回用;取缔定置渔具、垂钓、游泳行为和禁捕期的捕捞行为。

五、无锡市建立蓝藻长效打捞机制

2007 年 5 月 28 日,在无锡发生供水危机以后,无锡市政府就建立了蓝藻长效打捞机制。做到重要区域浮于水面聚集在一起的的藻类随时打捞,日产日清,降低太湖富营养程度和确保水源地安全。

(一)蓝藻长效打捞的工作原则和五结合

蓝藻打捞工作坚持"属地三包,专业打捞,政府购买,集中处理"的原则。蓝藻打捞工作的五结合为:坚持治理和打捞相结合;政府主导和市场化运作相结合;属地包干和统一行动相结合;突击打捞和平时打捞相结合;应急应对与科学监测预警相结合。属地"三包"为:包组织打捞,以市(县)区为主体进行分工;包收集转运和处理;包水面整洁,确保辖区内湖面无蓝藻规模型聚集,无垃圾等漂浮物,日产日清,确保不因蓝藻"水华"爆发而影响饮用水水源安全。

(二)蓝藻打捞组织指挥体系

无锡市政府成立蓝藻打捞工作协调小组,由市领导任组长,市府秘书长和水利局局长任副组长,协调小组由市发改委、财政局、水利局、农林局、环保局、科技局、市公用事业局、园林局、城管局、外经局、农机局、气象局、市国联集团、蠡湖景区管理处等部门、单位和两市七区政府组成。蓝藻打捞工作协调小组下设办公室于市水利局,办公室主要具体负责布置和协调全市蓝藻打捞工作,检查督促有关市(县)、区有关蓝藻打捞进展,及时向省有关部门和市政府上报蓝藻打捞工作进度和信息,处理蓝藻爆发等突发事件,并在协调小组办公室下设蓝藻打捞工作指挥部。各有关市(县)、区也要成立相应的工作机构,负责辖区内蓝藻打捞工作。

(三)蓝藻打捞的时机和重点

(1)打捞时机 建立和实施水质监测和蓝藻发生、爆发的预警、预报制度,为蓝藻打捞工作提供及时准确的技术支持和信息服务。当发生下述情况之一时立即实施蓝藻打捞:当蓝藻在水面上大面积高密度聚集、爆发时;当蓝藻出现大面积死亡,水面出现腥臭时;当蓝藻集聚在水源地取水口和风景旅游区时。

(2)打捞重点 打捞的重点水域是贡湖、梅梁湖、蠡湖和太湖宜兴沿岸,沿太湖重点区段为:各水厂水源地保护区、风景旅游区和三山至鼋头渚、蠡湖、渔港喇叭口、十八湾、闻江口、千波桥和宜兴太湖沿岸等地。

(四)属地管理和建立蓝藻长期打捞队伍

(1)属地管理 蓝藻打捞由行政区属地包干或部门属地包干。贡湖、梅梁湖蓝藻打捞主要由其所属的滨湖区、新区及其相关乡镇和街道负责,宜兴周围的太湖水域由宜兴及其相关乡镇负责。具体为:① 滨湖区负责梅梁湖马山—闻江口—十八湾—渔港水域,以及大浮地区、影视城水域和贡湖大溪港水域的打捞工作,包干湖岸线长度48km;② 新区负责贡湖的大溪港至沙墩港水域的打捞工作,包干湖岸线长度8km;③ 市园林局负责梅梁湖有关公园周围水域的打捞工作;④ 水利局负责梅梁湖犊山口、大箕山水域打捞工作;⑤ 市市政公用事业局负责贡湖、梅梁湖的水源地打捞工作;⑥ 蠡湖景区管理处负责五里湖水域打捞工作;⑦ 宜兴市负责其太湖水域新港至沙塘港水域蓝藻打捞工作,包干湖岸线长度48km。

(2)建立蓝藻长期打捞队伍 在沿湖地区组建专业和非专业的打捞队伍,日常打捞以专业打捞队为主,非专业打捞队为辅。无锡市共建立45支专业太湖蓝藻打捞队伍,其中市成立1支市级蓝藻专业打捞队,各行政区域组建相应的打捞队伍,市市政公用事业局、市园林局、蠡湖景区管理处都成立专业打捞队。打捞队伍实行五定:定目标、定责职、定人员、定工具和机械设备、定资金。加强蓝藻打捞专业队伍建设,对打捞人员和船舶驾驶员组织专门培训,统一配备救生设施、工作服,统一购买人身意外保险。

（五）采用机械打捞为主和人工打捞相结合的方法

2007年发生供水危机时，蓝藻打捞主要是用简单工具人工打捞。2008年实行以机械打捞为主和人工打捞相结合的打捞方法，在初步研究机械打捞蓝藻技术成功的基础上，购置50余艘有关机械打捞蓝藻的船只和配套设备：包括吸取型蓝藻打捞船、综合型蓝藻打捞船、分离型蓝藻打捞船，以及储藻作业和水面处理作业的配套工作船等。并且在蓝藻打捞实践中，不断总结经验、改进蓝藻打捞技术和设备，学习和引进国内外先进打捞技术，提高蓝藻打捞的效率和提高去除N、P的效果。在专业性打捞船不足的情况下，利用渔船和运输船只进行辅助打捞。做好蓝藻运输车辆、船舶、码头、堆场的准备、使用和管理工作，防止藻类在船舶运输途中跑冒滴漏和泄漏，不造成对太湖的二次污染。

（六）实行长期打捞

其一是在蓝藻高发期实行天天打捞和每天24h打捞，歇人不歇船（设备），不间断作业；其二是作为好长期打捞的准备，把打捞以蓝藻为主的藻类作为清除太湖N、P的有效办法，直至N、P的浓度降到比较低的范围。

（七）藻类脱水减重和无害化处置及资源化利用

脱水处理及资源化利用：① 打捞出的富藻水进行脱水减重，使运输量减少20～40倍，节约运输成本，同时减少藻类的堆放场地和有利于清洁环境；② 对移出水面的藻类全部进行无害化处置，包括资源化综合利用和安全填埋，确保移出水面的藻类不再污染水体；③ 进一步对移出水面的藻类进行资源化综合利用，主要是：生产沼气及利用沼气发电，并生产沼肥等（见第四章第六节）。

六、经验教训

（一）水污染是导致供水危机事件的根本原因

2007年太湖以蓝藻为主要的藻类爆发引发"湖泛"造成供水危机事件，其根本原因是20世纪80年代以来的水污染的累积，是大自然对人类向太湖大量排污的报复。供水危机事件给我们敲响了警钟，太湖多年治理污染，付出了多少艰辛和代价，但未能使太湖污染得到根本改善，警示我们太湖污染形势严峻，以前保护和改善水环境的力度不够，滞后于污染发展的速度，日积月累造成了现今严重污染的局面，加强治理刻不容缓。

（二）良好的应急预案可减轻供水危机

目前太湖藻类几乎年年爆发，以太湖为饮用水水源的环太湖城市饮用水安全形势依然严峻，并且大部分自来水厂净水工艺落后，有些城市供水水源单一，在水源遭受突发性污染时，只能被动应对甚至被迫停水，饮用水安全缺乏保障。所以应对供水危机必须有良好的应急预案，以有效应对严峻的环境挑战和大幅度降低供水危机的严重程度和缩短危机过程。应急预案包括建立统一的突发性水污染事故预测预警系统、编制应对预案、成立处理突发性水污染事件领导小组、建立处理突发性水污染事件的联防机制和管理机制、配备处理突发性水污染事件的人员、适度储存处理突发性水污染事件必要的物品、药品、器材物资和抢救设施等,制订各类突发性水污染事件的原水和净水的应急水处理技术和水源地污染的应急处理技术措施,制订满足市民饮用水需求的供水应急措施。2007 年太湖蓝藻爆发及供水危机事件,无锡市制订了应急预案,比较顺利地处置了该事件。事实证明应急预案制定的完美、安全可行,供水危机可科学合理妥善处置,供水危机的严重程度可有效降低和事件过程可缩短。

(三)流域合力治污消除供水危机

太湖流域有江苏、浙江和上海 3 个省(市)影响太湖水质的主要区域有太湖及其湖湾水域、太湖上中游的入湖河道及其两岸区域、太湖周边区域,其需重点治理水污染的区域涉及35 个县(市、区或镇),1.96 万 km²,需流域协力治理太湖和消除供水危机,共同努力,规划科学、措施得当、坚持不懈、足量投入,虽然在近期不能够马上消除藻类爆发和规模"湖泛",但近期完全可以消除由此产生的供水危机。

(四)消除藻类爆发和规模"湖泛"是长期和艰巨的任务

(1)消除藻类爆发的长期性 ① 太湖流域外污染源多、入水污染负荷量大,入太湖河网地区水质达不到国家标准,水环境污染治理具有艰巨性和长期性,使外源入水污染负荷量达到总量控制的目标需要一个比较长的时间段;② 太湖的富营养化程度严重,N、P 浓度较高,要消除已经存在太湖水体及底泥中的 N、P,也需要一个比较长的时间段;③ 自 1990 年发生太湖藻类第一次爆发以来,经历了近 20 年,藻类的残余细胞能够在冬天于湖底淤泥中顺利过冬,并且已经适应了太湖流域的自然条件,到春天又开始复苏、大量繁殖,而要阻止藻类越冬的这一环节的研究需要一定时间;④ 完全消除藻类爆发还是一个世界性的难题,需要进一步的进行基础研究和可操作性示范,总结经验。

(2)消除规模"湖泛"的长期性 ①"湖泛"的发生机理复杂,有待于进一步研究和认识;②"湖泛"的主要直接治理措施是疏浚重污染的底泥,而太湖底泥数量巨大,清淤的工程量大、时间长、投资大;③"湖泛"的防治还应包括减少污染底泥的生成,需大力控制外源和藻类爆发,也尚需较长时间。所以底泥的污染控制和消除规模"湖泛"是一个比较长的过程。

(五)全面控制太湖中上游的污染是治理太湖的根本措施

控制外源污染是全面治理太湖的根本措施,而控制太湖中、上游的入湖河道及其两岸区域、太湖周边区域的外源污染是其中重点,使进入太湖的污染负荷削减 70% ~80%。太湖中、上游主要包括江苏省的无锡市、常州市和浙江省的湖州市,其次包括江苏省的苏州市、镇江市和南京市的一部分。

控制外源污染包括:① 建设循环经济,调整产业结构,转变经济和社会发展方式,严格控制点源污染,封闭全部排污口(污水厂排污口除外)。② 建设足够的高标准的污水处理系统是当前控制污染的首要工程。污水处理厂全部加装去除总氮总磷的工艺,全面达到一级

A 的处理标准,污水收集管网全部配套,使太湖流域的污水处理厂实际运行负荷率平均由67.3% 提高到80% 以上,并对污水厂尾水继续进行深度处理或进行再生水回用。③ 提高环境准入门槛是控制污染的有效措施。如江苏省制订实施了《江苏省太湖地区城镇污水处理厂及重点工业行业主要污染物排放限值》,该标准严于国家规定的印染、化工等行业污染物排放标准。发展高技术、高效益、低消耗、低污染的"两高两低"产业,严禁新建高污染、高消耗的项目,提高治理点源污染的水平,逐步实现污染物"零"排放。④ 农村环境综合整治是减少面源污染的重要组成部分。根据太湖流域有关方面调查统计,流域来自农村面源的COD、氨氮、总氮、总磷分别占各自总量的45.2%、43.4%、51.3%、67.5%,是太湖流域的重要污染源。要尽快改变农村面源污染治理严重滞后的局面,要大力推进清洁水源、清洁家园、清洁田园、村庄绿化的"三清一绿"工程建设,发展现代优质高效和绿色农业,推进农业科技创新,推广生态农业技术,加快畜禽养殖污染、生活污水和垃圾污染、化肥农药污染、河沟池塘污染治理以取得较好的环境治理效果。

(六)调水是近期控制藻类爆发和"湖泛"危害水源地的必要措施

2007 年太湖藻类爆发及供水危机事件发生后,启动了望虞河的"引江济太"和梅梁湖泵站调水的联合运行应急措施,形成合理路径的调水水流,有效和比较快的改善了贡湖南泉水厂取水口附近水域的水质,充分证明了调水是近期控制藻类爆发和"湖泛"危害水源地的必要的应急措施之一。调水可以增加太湖环境容量,使太湖环境容量与进入太湖污染负荷总量基本保持平衡的有效措施,也是近期太湖藻类爆发后,控制藻类不在水厂取水口附近水域大量聚集、爆发、死亡和沉入其水底的有效办法。调水也是治理太湖污染在比较长的一个时间段内必须坚持实施的一个措施。

(七)生态修复治理太湖水污染

目前入湖外源污染负荷没有得到基本控制时,太湖中应实施一定规模的生态修复,在一定程度内降低太湖 N、P 浓度和遏制藻类生长繁殖。今后,在进入太湖的外源得到基本控制后,但重污染的太湖底泥释放产生的内污染负荷量也很大,应采用较大规模的生态修复措施,以减小风浪、固定底泥,减少底泥中 N、P 的释放,同时可以净化水中 N、P,最终削减 N、P达到能控制太湖藻类爆发的浓度范围以内,才能最终消除太湖藻类爆发。所以太湖的规模生态修复和湿地保护是治理太湖污染,特别是治理太湖污染的中、后期不可愈越的阶段,其作用也是其他措施所不能够替代的。

(八)清除藻类是应对周期性太湖藻类爆发的必要手段

太湖富营养化,N、P 浓度高,是造成每年4～11 月太湖藻类周期性爆发的基础条件,治理尚需一定时日和过程,所以打捞、清除藻类是降低富营养程度和改善太湖水环境的必要手段,也是防治规模"湖泛"的相关措施之一。主要使用机械手段大规模打捞、清除藻类,并在某些重要水域采用相关技术清除藻类,有效减少藻类的密度和数量,大幅度减少藻类在水厂取水口附近集聚的可能和集聚的密度。只要持之以恒打捞、清除藻类,必然能够减少 N、P污染。

（九）加强科研加快示范工程建设支撑太湖治理

太湖水环境综合治理相当复杂和艰巨,治理富营养化困难多难度大,许多工作缺乏经验,需要探索和示范。治理太湖水污染、防治藻类爆发和发生规模"湖泛"及消除其对供水的危害等方面均应加强科学研究,为治理太湖提供科学依据。20 世纪 90 年代起,在太湖流域进行了多次水污染控制和水体修复、农业面源污染控制、水生植被恢复等科技项目的研究和建设了规模示范工程。如江苏省五里湖底泥生态疏浚和生态修复、梅梁湖小湾里生态修复、十八湾环太湖湿地公园生态修复、浙江省安吉县农村综合治理示范工程等,都起到了综合治理太湖的示范和推动作用。同时通过对以往的科研和示范工程进行科学系统的分析、总结,可加快太湖的治理和水环境改善,提高治理的科学性和效率。

（十）加强保障体系建设

太湖流域水环境问题严重,存在边治理、边污染的现象,水污染事件时有发生,严重损害了人民群众的健康和环境权益。要制订科学的治理规划,采取切实可行的综合治理措施,制订一系列保障措施,建立太湖水污染的保障体系。保障体系是实施治理太湖污染全部工程和技术措施的保障,包括组织领导、法制建设、体制和机制创新、增加投入、提高标准和铁腕治污等,以健全的法律法规为太湖的治理保驾护航。

建立统一的太湖流域水污染防治机构和相应的各级机构:① 改善部门分割管理和缺乏相应合作机制的状况,建立相应的全流域协调管理的体制和机制;② 加强资金筹措力度和足量投入,充分发挥市场运作机制;③ 加强法制建设,建立完善流域、区域的水环境保护法律法规体系。尽快解决以下问题:① 有法不依、执法不严的现象尚有存在和较为突出;② 偷排、超标排放等违法行为时有发生;③ 对环境违法处罚力度不够,形成环境"守法成本高,违法成本低"的问题还未得到有效解决;④ 利用经济杠杆节水和减少污水排放的调控手段有待进一步加强;⑤ 进一步推进工业园区和生态园场的规划和建设工作;⑥ 加大循环经济和废弃物资源化综合利用的政策扶持、优惠力度等。

第四节　横山水库水源保护工程[38]

一、水库工程概述

（一）水库位置

宜兴市地处江苏省南端,沪宁杭三角中心。横山水库位于宜兴市西南山区,距宜兴市35km,距溧阳市21km。横山水库流域总面积 154.8km²,跨宜兴市、溧阳市两个行政管理区,其中宜兴市太华镇85.4km²,占55.2%,溧阳市横涧镇69.4km²占44.8%。横山水库流域范围见图 10 - 2。横山水库始建于 1958 年,是一座以防洪、灌溉、供水为主,结合水产养殖、发电和第三产业综合运用的水利枢纽。水库总库容为 1.12 亿 m³,水库功能调整为以防洪、供水为主。

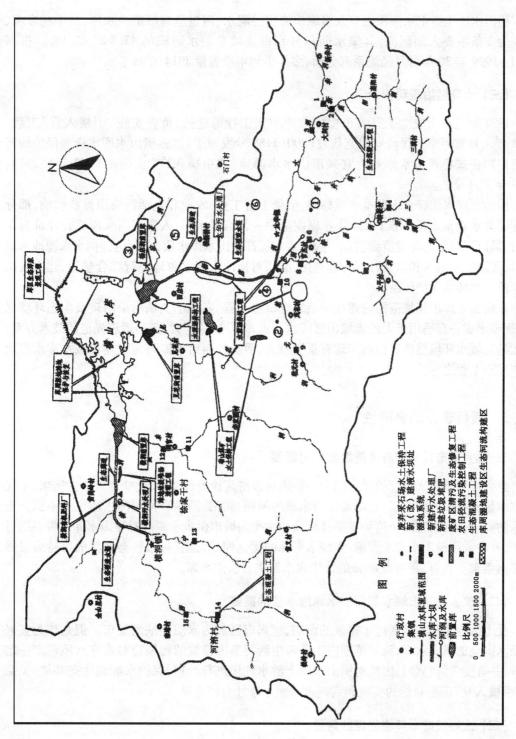

图 10-2　横山水库水源保护工程示意图

（二）水文气象

横山水库上游汇水面积内有众多纵横交错的涧水、河道呈扇形汇入水库,其中杨家涧、横涧为2条主要入湖河流,其集水面积分别占流域总汇水面积的43.3%、25.1%。根据1970~1999年30年各月径流系列分析,多年平均年径流量8914万 m^3。

（三）水环境治理现状

1997年宜兴市成立了宜兴市横山水库引水工程筹建处,负责实施"引横入宜"工程。2001年7月宜兴市人民政府以宜政发(2001)187号发布了《加强横山水库水资源保护的若干规定》,正式将横山水库列为宜兴市供水水源地。"引横入宜"工程于2002年底启动,2003年7月竣工。

横山水库水质符合水源地水质标准,但受上游工业、农业和生活污染源排放影响,部分指标超过水源地水质标准,水体营养程度呈中~富营养水平,入库涧河水质综合评价为Ⅳ类,且局部区域生态环境遭到破坏。为改善和提高横山水库水质,全面达到供水水源地水质要求,实现安全供水和水资源可持续利用,必须对横山水库水源地进行综合整治,建立横山水库流域水环境保护体系。

在横山水库小流域范围内建设示范综合试点工程,实施小流域污染治理及生态环境保护,逐步形成一套适用于太湖流域山区浅水型水库源地保护与污染治理较先进的技术方案,对太湖流域水环境整治目标的实现有重要意义,明确将横山水库列为太湖流域水库水源地保护试点工程之一。

二、项目建设的必要性

（一）宜兴市社会经济可持续发展的需要

宜兴市原有自来水厂的供水能力不能满足经济高速增长、城市化快速发展的需求,不仅供水水量存在较大的缺口,且原来作为水源的河网、湖泊、湖荡和河道的水质也达不到安全供水的要求,因此,宜兴市迫切需要开辟横山水库为城市供水水源。对横山水库水资源进行保护,开发利用横山水库水资源,实现水资源的优化配置,是宜兴市社会经济的可持续发展的必然要求。目前,宜兴市80%的饮用水水源来自横山水库。

（二）改善宜兴市缺水与保护水源地水质的需要

受上游地区和本地区污水排放的影响,宜兴市已成为水质型缺水城市。但是作为宜兴市新水源地的横山水库,流域范围内工业和生活污染源排放的污染物对水库水质带来一定影响,并有变劣的趋势。因此对横山水库上游水环境进行治理,保护水源地生态环境,关系到"引横入宜"工程目标的实现和宜兴市全面小康社会的建设。

（三）太湖流域水环境治理的需要

目前,太湖流域已成为一个水质型缺水的地区,流域80%的河网水体劣于Ⅲ类,太湖

第十章　水源地保护与建设　　443

70% 湖面处于富营养状态。为改变水质型缺水的现状,《太湖流域片水功能区划报告》将流域范围内 7 座大型水库及其上游的河道划为源头保护区,横山水库是其中之一,2020 年水质控制目标为Ⅰ～Ⅱ类。同时《江苏省地表水(环境)功能区划》将横山水库源头至坝址水体划为水源地保护区。因此,加强横山水库水源地保护,实施小流域污染治理积生态环境保护,对太湖水环境整治目标的实现具有重要意义。

(四)水源地保护是一项复杂的系统工程

水源地保护是一项复杂的系统工程,需妥善处理水资源保护与流域经济发展的关系,正确把握流域专业规划与综合规划的关系,协调跨行政区域水资源保护的矛盾,先行试点是十分必要的。通过建立水源地保护示范性的综合试点项目,逐步形成一套适用于太湖流域的山区水库水源地水质保护与污染控制较先进的技术方案,为流域水资源保护特别是水源地保护提供范例,促进水资源合理开发、优化配置和有效保护。

三、工程建设目标和任务

(一)工程建设目标

通过工程建设,横山水库水源地生态环境得到有效保护、水库水质得到明显改善和提高,至 2010 年横山水库水质全面达到《地表水环境质量标准》(GB3838－2002)Ⅱ～Ⅲ类及饮用水源地的各项水质控制指标。

(1)水生态系统保护和修复目标　2010 年消除影响水生态系统的不良因素,使水生态系统进入全面良性循环,2020 年继续保持水生态系统良性循环。

(2)水质目标　2010 年Ⅱ－Ⅲ类,2020 年Ⅱ类。

(3)防治目标　进一步做好横山水库水源的保护工作,使其成为全国大型水库水源保护工作的典范。

(4)景观目标　水库下游建设成为风景旅游度假区。

(二)工程建设任务

针对水源地现状,以水库水质保护为目标,以污染物排放总量控制为指导,以水源地保护区划为依据,以控污→水环境整治→水土保持生态建设为主线,以工程措施和非工程措施相结合为原则,开展水源地试点工程建设。建设任务主要包括水源地保护的工程措施和非工程措施。工程措施包括污染源综合治理工程、水环境整治工程、流域水土保持生态建设工程 3 项。非工程措施包括人口规模控制、工农业产业结构调整、社区环境管理、水源地保护法律法规及政策 4 项。同时通过本试点工程,为太湖流域综合整治及类似的水源地保护工程提供成功经验和技术支持,体现本试点工程的特色。

四、污染物排放总量控制技术方案

(一) 水环境现状

根据水质监测资料,目前横山水库水质基本符合饮用水源地水质要求,但水库营养程度为中~富营养水平,水质指标 TN、TP、石油类、COD_{Mn}、BOD_5、NH_3-N、总铅、挥发酚等在大部分时段为 Ⅱ~Ⅲ类,其中 TN 有时差于Ⅲ类。由于流域内工业、农业和生活污染源污水排放的影响,涧河水质相对较差,仅为地表水Ⅳ类,TN、石油类、总汞,COD、BOD_5、TP、总铅、粪大肠杆菌群等指标在部分时段超过地表水Ⅱ类标准。

(二) 污染物排放量

流域内工业、农业和生活污染源年污染物排放量,COD 415.82t/a、533.76t/a、599.17t/a,各占 26.8%、34.5%、38.7%;TP 分别为 1.50t/a、6.15 t/a、9.14 t/a,各占 8.9%、36.7%、54.4%;TN 分别为 31.35t/a、104.86t/a、61.37t/a,各占 15.9%、53.1%、31.0%。

(三) 水环境纳污能力

经水环境纳污能力计算,在远期水库供水规模 16 万 m^3/d 情况下,水库流域枯水年的 COD、TP、TN 纳污能力分别为 722.52t/a、4.15t/a、40.31t/a。

(四) 污染物排放总量控制目标

根据流域污染物排放总量和水环境纳污能力,污染物 COD、TP、TN 削减量分别为 826.23t/a、12.65t/a、157.27t/a,削减率分别为 53.3%、75.3%、79.6%。

五、水源地保护区划

横山水库水源地保护区划范围为对横山水库起补给作用的整个流域,共计 154.8km^2。根据《饮用水水源保护区污染防治管理规定》,考虑到横山水库流域范围较小,水源地保护区划分为一级保护区和二级保护区。一级保护区范围包括横山水库库区以及杨店涧砺山桥以下及两侧 1km 范围陆域、横涧白络干以下及涧河两侧 1km 范围陆域,其他入库涧河参考上述两条河流划定相应范围。除一级保护区范围以外的流域内其他区域均为二级保护区。

六、工程内容与规模

(一) 工程总体方案

为实现污染物排放总量控制目标,必须对水库流域内全部污染源予以治理。根据流域污染源特点,拟采取工程与非工程措施相结合的方法削减入库污染负荷,即在污染源治理的基础上,进行流域水环境整治和水质强化净化与水土保持生态建设,使涧水水质和水库水质明显好转,流域生态环境明显改善,同时通过加强水源地的保护管理,持续提高流域总体环境质量。工程措施总体方案框图见图 10 – 3。

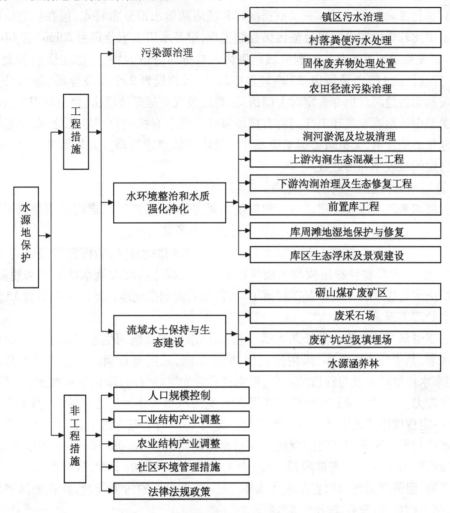

图 10 – 3　水源地保护试点工程总体方案框图

(二)工程措施

1. 水库流域污染源治理工程

(1)工业污染源治理　对污染量较大的油漆化工类 26 家企业马上关停并转。其余油漆化工企业产生的工业污水量较少,以后逐步关停并转,至 2010 年全部关停并转。非油漆化工企业接入镇区污水处理厂,执行一级 A 排放标准,此措施至今已经基本完成。

(2)镇区污水处理工程　在镇区布设管道收集生活污水和工业废水等,并建设污水处理厂进行集中处理。太华镇污水处理厂设计规模为 10000m³/d,横涧镇污水处理厂设计规模为 1700m³/d。在镇区布设污水干管,污水干管总长 16457m。污水处理厂尾水拟提升排至流域外。

(3) 村落粪便污水处理工程 根据居住在农村的家庭户数需改造化粪池约 4785 个和配套排水管。

(4) 农村径流污染控制工程 根据横涧和杨店两镇水田分布特点,拟在横涧镇同官和高家村水田比较集中布设农田径流污染控制工程,服务水田面积分别为 $20hm^2$ 和 $14hm^2$。

(5) 固废处理处置工程 根据流域范围内人口分布分散的特点,拟在横涧和太华镇所属 23 个行政村设 115 个垃圾房,23 座垃圾中转站,每户设置 2 个垃圾容器(桶),分类收集有机垃圾和无机垃圾。由专人定时上门清运,将垃圾统一运至垃圾房,再由环卫人员将垃圾分类运送至中转站。乡镇环卫部门将有机垃圾统一运至有机肥料厂堆肥处理,或运往垃圾发电厂进行燃烧发电,无机垃圾运至流域外垃圾堆埋场填埋处理。太华镇垃圾统一外运至张渚镇已建的垃圾填埋场处置。

2. 流域水环境整治与水质强化净化工程

(1) 河涧淤泥及垃圾清理工程 根据现场调查估算,需清运河道内堆积的淤泥和垃圾等约 18.5 万 m^3,清运出的污物运至流域外垃圾填埋场堆埋处置。

(2) 上游沟涧生态混凝土水处理工程 为进一步削减农村生活面源污染影响,加强沟涧净化能力,采用具有特殊结构与表面特性的生态混凝土提高沟涧水体的除磷脱氮能力。生态混凝土水处理工程一般布置在村落下游,以提高沟涧强化净化效率。共布置 15 座生态混凝土水处理工程。

(3) 下游涧河治理及生态修复工程 包括① 滚水堰及涧河生态修复工程。新建 4 座高台滚水堰,其中杨店涧 2 座,采用橡胶坝,横涧 2 座,采用砌石坝。通过适当提高坝前水位,增加来水停留时间及与种植的湿生、挺水植物等的接触时间,净化来水水质,增强下游涧河的净化能力。同时在坝上游段陆域建设 12m 宽的植物带作为生态屏障,拦截地表径流中的泥沙,一定程度净化地表径流中的污染物。② 下游涧河生态廊道工程。在杨店涧和横涧介于滚水堰与前置库库尾之间的涧河及其沿岸分别建设长 1250m 和 600m 的生态廊道,并通过陆域宽度 14m 植物生态屏障带,以减少人类活动对涧河的干扰,吸收和降解地表径流中的污染物,阻隔面源污染物直接进入水体,减少进入水体的污染负荷,并在涧河滩地种植的湿生、挺水植物等,吸收净化涧河水质。

(4) 前置库工程 在杨店涧、横涧、见花涧入库口各布置一座前置库。前置库拦河堰高程均为 31.6m,杨店涧前置库拦河堰长 836m,横涧前置库拦河堰长 342m,库容分别为 107.83 万 m^3 和 27.48 万 m^3,形成杨店涧前置库生态系统构建面积 104.7 万 m^2,横涧前置库 57.2 万 m^2。见花涧前置库拦河堰利用现有鱼塘堤坝进行加固改造,加固改造坝长 428m,库容 97.91 万 m^3,形成生态系统构建面积 58.80 万 m^2。

(5) 库周滩地面积湿地保护与恢复工程 对栗树芥涧、见花涧、大亩芥涧 3 条涧河入库口的滩地湿地进行保护与恢复,库周湿地建设与恢复工程规模为 26.7 万 m^2,提供水生和两栖生物的栖息地,提高生物多样性。

(6) 库区生态及景观修复工程 为达到明显的改善水库水质效果,兼顾库区景观,在水库大坝的迎水面一侧放置生态浮床 $400m^2$。

3. 流域水土保持与生态建设工程

（1）砺山煤矿废矿区水土保持工程　砺山煤矿废矿区包括第一煤矿废矿区和第二煤矿废矿区,占地约9.5万 m^2 ,大量没有覆植的暴露矿基和边坡造成水土流失严重。矿区裸露边坡治理采用土壤栽植和挂网植草等两种方法进行治理;矿区矿基采用基底修整覆植,设计天然壤土铺填厚度0.30m。

（2）废弃采石场水土保持工程　太华镇目前废弃采石场主要有4处,因过量开采造成边坡陡峭、岩石裸露,地表高低不整,表层土基没有植被覆盖,水土流失较严重。经比较分析,废采石场陡坡植被恢复方案采用植物袋播种技术,废采石场地表采用天然壤土铺填后覆植。

（3）废矿坑垃圾填埋场水土保持与生态修复工程　根据场地地址条件,采用混凝土防渗方案。废矿坑临水库面即南面防渗墙厚0.6m,其他三面防渗墙厚0.4m,混凝土防渗墙深20m。为排泄废矿坑四周的雨水,沿废矿坑周边布置截水沟。表层封场除黏土和覆植壤土层外,增加一层 HDPE 防渗膜,以保证完全阻止地表雨水的进入,并增设排气孔和排气层。

（4）水源涵养林工程　在库周和横涧、杨店涧等主要入库河流两侧实施水源涵养林工程。退耕还林形成水源涵养林、经济林面积280 hm^2 。

（三）非工程措施

1. 人口控制

（1）严格实行计划生育政策　严格按照国家的计划生育政策执行,鼓励一对夫妻只生一个孩子,对超生夫妻除加以重罚以外还必须采取其他有效的行政措施,坚决堵住超生漏洞。

（2）实行人口有序流动　推行人口由村落向集镇流动及流域内村落、集镇人口向流域外城市流动的有序流动的政策导向,减少流域内人口总量,减少生活污染源排放量。考虑苏南地区的城镇化进程,以及宜兴市和溧阳市的发展规划,确定水源地人口为负增长,人口年增长率以 -10‰ 为控制目标,到2010年流域总人口控制在约4万人。

（3）控制暂住人口和流动人口　结合流域产业结构调整和布局调整,加强管理,引导暂住人口和流动人口在流域外围落脚,控制暂住人口和流动人口过量流入,减少对水源地的污染。

2. 工业产业结构调整

（1）太华镇工业产业结构调整　① 鼓励发展绿色产业。以水源地保护为契机,通过产业政策倾斜战略,集中力量培育绿色支柱产业,加快传统产业改造、调整、转移步伐,实现产业结构升级。② 设立工业区。在太华镇行政区内、横山水库流域以外设立配套基础设施齐全的工业区,鼓励流域内污染企业搬迁至工业区,并给予相应的优惠政策,实施工业产业布局的战略调整。③ 区别对待流域内已有企业。4 家大型纺织印染企业污水收集后纳入太华污水处理厂集中处理,并在企业内部进行技术改造,推行清洁生产,降低水耗,减少污染排放总量。由于油漆化工企业是横山水库石油类、总汞等特异污染物的主要来源,应实行关停并转。充分利用现有资源,扶持毛竹深加工企业,开发档次高、附加值高、有市场竞争力的绿色产品,实现以绿色产品加工、制造为主的产业结构。④ 补偿措施。为确保工业产业结构和布局调整的顺利实施,对实施过程中受损失的企业给予适当的经济补偿,补偿形式包括现金补偿、实物补偿、政策优惠等。拟关停并转的油漆化工企业的补偿费用约2300万元。

(2) 横涧镇工业产业结构调整 合理规划产业布局,制定合理的产业政策;加强对无污染企业的扶持力度和倾斜政策,形成以绿色产业为主的工业结构;对现有污染企业的生产和经营规模进行限制,加强政策引导,使污染企业进行产业转移。

3. 农业产业结构调整

(1) 退耕还林措施 为保护横山水库水质,计划对2.8km² 水田进行结构调整,发展经济林和涵养林,今后根据需要还将进一步扩大退耕还林范围。

(2) 推广集水农业技术 建立集水农业示范区,实施农业集水技术,变革耕作方式,提高水肥利用率,减少污染。

(3) 推行化肥农药减量技术 由于目前流域内平均化肥农药施用量已超过适宜施肥量范围,必须予以削减,严格控制农药的使用品种和数量。

(4) 发展绿色农产品生产和加工 改变传统的农业生产模式,通过品种改良,科学、合理施肥用药,生产无公害、价高质优的绿色农产品,提高农业生产产值,增加农民收入,达到控制污染、发展农业的双重目标。

(5) 发展林业 结合小流域治理积极在宜林荒山种植毛竹或经济林、薪炭林,对已有林地进行改造、复壮,既有助于发展当地经济的长远发展,也有利于水源地保护。

(6) 控制养殖业 控制散养畜禽污染,禁止粪尿的直接排入河涧、水库,统一收集后制作有机肥。对于水产养殖业,提倡人放天养或通过科学方法进行养殖,避免鱼塘肥水污染环境。

4. 社区环境管理措施

加强环境保护宣传教育,提高民众环境意识:加强环境卫生宣传教育,改变不良生活习惯;制定社区环境管理条例,提出具体管理措施;建立公众参与机制。

5. 水源地保护法律法规及政策

根据国家和地方有关法律法规,结合横山水库流域跨溧阳市与宜兴市两个行政区的特点,制定针对横山水库水源地保护的法律法规,如《江苏省横山水库水源地保护条例》(试行)及实施办法。在制定水源地保护法规的基础上,对有关政策进行调整,这些政策主要包括:产业结构调整及发展政策、流域人口控制政策、经济补偿与优惠政策等。

6. 保护工程的实施

宜兴市正在全力以赴地实施横山水库的上述综合性的水源保护措施,以确保横山水库作为宜兴市最主要的饮用水供水水源地的健康安全供水。其中,污染源治理、水环境整治和水质强化净化、流域水土保持与生态建设等已经开始实施,人口规模控制、工业结构产业调整和农业结构调整等非工程措施也正在实施之中。到2010年基本完成上述综合性的水源保护措施。

七、工程管理

（一）管理机构

建设由江苏省、无锡市和常州市、宜兴市和溧阳市、太华镇和横涧镇多级政府及有关主管部门主要负责人组成的横山水库水源地保护工程建设管理委员会,负责重大问题的协调、决策与监督,管委会下设横山水库水源地保护工程建设管理处,作为项目法人,具体负责工程措施和管理。横山水库水源地保护工程建设管理处内分设水环境监控、环境保护宣传教育中心等职能部门。管理机构基地拟选择在太华镇。

（二）水环境监控系统及管理

为保障水库安全供水,建立流域水环境在线监控系统,在流域内设置在线水质自动监测站点 7 个,常规水质、底泥监测站点 19 个。其中,应急监测及常规水质、底泥监测工作拟委托当地环境监测站承担。水环境监控中心拟设在横山水库管理处信息中心内。

（三）试点工程专项研究评估及管理

本工程作为水源地保护试点项目,流域机构应加强对项目实施情况的监督管理,组织开展专项监测和研究,加强对工程措施和非工程措施实施效果评价,及时总结技术经验,并组织推广应用。

八、治理效果

横山水库已经完成了上述规划的大部分污染治理、水环境整治、水质净化、水土保持和生态建设工程项目,水库流域成为宜兴市生态水源保护地,森林覆盖率达到 98%,同时进行了卓有成效的人口控制、工业农业结构调整、加强社区环境卫生管理和制订完善了有关法律法规,也加强了管理机构的建设和水环境监测工作,使入水库的污染负荷大量得到削减,水库及其四周的生态环境大为改善,水域和陆域生态系统基本进入良性循环,水库水质全面达到Ⅲ类,基本达到Ⅱ类,水库大坝及其下游已经建设成为风景旅游度假区,横山水库水利风景区于 2006 年 8 月 16 日已由水利部批准为"国家水利风景区",横山水库基本建设成为全国大型水库水源保护工作的典范。

第十一章　改善河湖水环境工程实例

第一节　五里湖综合治理工程

一、五里湖概况

五里湖,又名蠡湖,现面积 8.6km² (包括五里湖大堤、渤公岛以西部分),平均水深 1.8m,蓄水 1720 万 m³。五里湖是太湖西北部的一个湖湾,位于无锡市西南,有 11 条规模不大的河道与外河相通。中间有五里湖大堤与外湖隔开,堤上有闸,关闸后五里湖就和梅梁湖不流通,成为一个相对独立的水域,五里湖是著名风景旅游区。依据无锡市城市发展总体规划,五里湖周围将建设成为无锡市的城市副中心区,湖的北部建设人口 30 万的蠡湖新城,湖的南部建设人口 50 万的太湖新城,包括无锡市行政中心、大学城、科技城、金融贸易区、物流区、生态区等。由于无锡城市南扩,五里湖已是城市内部景观湖泊,在无锡市的地位和作用越来越重要,五里湖周围 28km² 将成为无锡市的行政中心区、观光旅游度假区、市民休闲健身娱乐活动区、居民集中居住区和商务区等。

二、水污染和水质现状

五里湖是太湖中水污染最严重的水域之一,原在湖中取水的中桥水厂取水口也在 20 世纪末关闭。2005 年水质劣于 V 类(不含西五里湖 1km² 生态修复区),严重富营养化,主要超标项目 TN、NH₃-N,其次为 TP(表11 - 1)。

2000 ~ 2003 年间五里湖全部水域的水质为最差阶段。但在 2003 ~ 2005 年间,五里湖实施了污染综合治理,水质有所改善,在此期间,位于西五里湖周边的 1km² 水域实施了生态修复,生态修复区内水污染程度大为减轻。

表 11 - 1　五里湖全湖年平均水质统计表

年　份	总评 (类)	DO (mg/L)	NH₃-N (mg/L)	COD_{Mn} (mg/L)	BOD₅ (mg/L)	TP (mg/L)	TN (mg/L)
2010 年规划	Ⅳ						
2020 年规划	Ⅲ						
2000	劣 V	9.40	2.62	8.73	6.33	0.19	5.86

续表

年　份	总评（类）	DO	NH$_3$-N（mg/L）	COD$_{Mn}$（mg/L）	BOD$_5$（mg/L）	TP（mg/L）	TN（mg/L）
2001	劣V	8.37	3.58	8.10	7.75	0.187	6.42
2002	劣V	7.19	3.33	7.60	7.95	0.18	7.26
2003	劣V	7.14	4.01	6.10	7.55	0.17	7.09
2004	劣V	6.91	3.33	7.0	8.0	0.148	6.33
2005	劣V	6.86	1.94	6.3	5.5	0.137	5.81
2006	劣V	7.13	3.43	6.26	4.4	0.156	5.31
平均值	劣V	7.57	3.18	7.16	6.78	0.17	6.30
平均类别	劣V	I	劣V	IV	V	V	劣V

三、主要污染原因

污染原因：①入湖河道带入大量污染物。主要入湖河道马蠡港、曹王泾、长广溪、侣溪河等，2003年入湖水量共2.5亿m^3，水质均劣于V类，主要超标污染物为TN、NH$_3$-N，其次为TP。入湖河道两岸的工业、生活、种植业、养殖业、非点源污染物由河水带入湖中，以及污染严重的江南运河水经马蠡港进入湖中，入湖污染物为NH$_3$-N 1786t、TN 2582t、TP 87t（表11-2、表11-3）。②自来水厂尾水进入。规模为75万m^3/d的中桥自来水厂的尾水有一大部分进入湖中，带入主要污染物为COD 290t、TN 20t、TP 2t。③淤泥二次污染。由于20世纪70年代以后再无人罱湖泥，湖底淤泥越积越厚，400多万m^{3}淤泥产生大量二次污染。④养鱼污染。湖周围2.67km^{2}鱼塘的污染，湖中4km^{2}围网投饵养鱼污染。⑤航行污染。大量以石油为能源的船只的航行，导致了湖水的石油污染，以及航行扰动底泥，加大底泥释放系数和增加二次污染。⑥藻类和其他生物残体污染。由于以上因素，进入五里湖的污染源多入湖量大，五里湖的污染很严重。

表11-2　2003年入五里湖河道情况表

河　道	入湖水量（亿m^3）	NH$_3$-N（mg/L）	NH$_3$-N（t）	TN（mg/L）	TN（t）	TP（mg/L）	TP（t）	水质总评
马蠡港								
曹王泾	2.4	7.27	1745	10.5	2520	0.356	85.4	劣于V
蠡溪河								
长广溪	0.1	4.14	41.4	6.15	62	0.160	1.6	劣于V
合　计	2.5	—	1786	—	2582	—	87	

表 11-3　五里湖周围区域污染物排放量

污　染　源	污水量 （万 m³/a）	COD （t/a）	TP （t/a）	TN （t/a）
居民生活污水	164.1	529.6	6.6	65.9
餐饮污水	29.7	45.6	1.2	11.9
工业污水	34.1	103.8	0.4	7.9
自来水尾水	556.8	290.5	1.9	20.1
种植业	—	58.1	1.2	11.6
水产养殖	586.1	398.7	3.5	47.5
湖面降水降尘	—	56.8	0.5	8.5
船舶	26.5	7.7	0.3	15.8
合　计	1397.3	1490.8	15.6	189.2

四、五里湖水功能及保护治理目标

1. 水功能
景观娱乐用水,兼有农业用水、工业用水、渔业用水功能。

2. 目标
（1）水质目标　2012 年Ⅳ类,2020 年Ⅲ类。

（2）水生态保护和修复目标　2012 年水生态系统基本转入良性循环,2020 年生态系统完全转入良性循环。

（3）防治目标　彻底治理好五里湖水污染,成为全国小型湖泊（湖湾）水污染治理典范。

（4）景观目标　建设成为无锡城市内部景观湖泊、风景旅游区。

五、水污染治理关键技术措施和实践

2002 年国务院批准了《五里湖综合整治工程》,无锡市从此掀起了综合治理五里湖的高潮,增加投入,加大了治理水污染的力度。这几年,五里湖的综合治理,包括水域治理、周围陆域污染治理和景观建设,市政府共投入 40 亿元左右资金,使五里湖水质有本质明显改善。

（一）控制入湖污染

控制入湖污染的措施：① 2000 年国务院治理太湖的"零点"行动成效显著。控制了入湖的生活污染,搬迁污染企业,调整结构,初步控制了入湖的工业污染;② 封闭了全部入湖排污口及结合河道清淤封闭入湖河道两侧的生活、工业排污口,减轻了水体污染。③ 分散的自然村落改为集中居住,搬迁河道两岸无保护价值的民房,现湖周围 80% 自然村落的居民已经完成搬迁,进入集中居住区,污水统一进污水厂处理;④ 控制种植业和畜禽养殖业污染。随着城市建设快速发展,耕地面积锐减,而且种植业基本实现生态种植,调整种植结构,改传统的粮食种植为大量发展果树、蔬菜、花卉、苗木种植,大力发展生态农业,并且搬迁和关闭规模畜禽养殖场;⑤ 在湖四周埋设污水收集管网,进行截污,现已经基本完成;⑥ 建设小河浜雨污合流—溢流(分流)系统,在河道边或河道内侧布设污水收集管道和提升泵站,把初期雨水、污水合流接入污水管,送进污水厂处理,在暴雨的初期阶段以后,使雨污水溢流(分流)。

(二)生态清淤

2002 年投入 7000 万元,对 20 世纪 70 年代以后生成的污染底泥全部进行了生态清淤,清淤 234 万 m^3,清除了底泥中大量 TP、TN、有机质等污染物。生态清淤后的表层底泥中TP、TN、有机质含量分别比原表层底泥下降了 65.1%、25.2%、24.5%,清淤降低底泥污染物向水体释放速率,又增加水深 40~50cm,扩大了 20%的湖体容量。

(三)退鱼塘还湖扩大湖体容量

2003 年投入 2.5 亿元实施退鱼塘还湖工程,把湖周围 2.2km^2 鱼池在彻底清除池底淤泥后还给五里湖;为此同时搬迁 48 家工业企业,大大减少鱼池污染和工业污染,使五里湖面积扩大。其作用是,增加了容量 400 万 m^3,扩大了相应的湖体容量,大幅度减少了鱼池污染,在水污染防治中起了相当大作用。实践表明西五里湖北部大面积退鱼塘还湖区域的水质,是近几年水质改善效果最好的水域,原因是该区域在退鱼塘还湖区时清除鱼塘底泥彻底、堵住排污口、生态修复、种水草、建设喷泉等因素,该区域初期透明度达到 1~2m,使五里湖水恢复清澈。

(四)湖四周建闸控污成可控封闭型湖泊

由于五里湖四周入湖的大部分河道的水质都很差,入湖河道的水污染程度明显重于湖水。所以,在流入五里湖的环湖河、大渲河、马蠡港、长广溪、板桥河、东新河、庙东浜、细泾浜、曹王泾等 11 条河道上均实行建闸控污,凡受污染的河水入湖时,则关闭水闸,使污染河水不入湖,五里湖形成全封闭水域。同时适当提高湖水位 10~20cm,使五里湖成为水库,由于湖水位高于入湖河道水位,确保所有入湖河道污水均不入湖,同时确保船只入湖时外侧河道污水也不入湖。

(五)实施生态修复

五里湖自 1991~2005 年进行了梅园水厂取水口、中桥水厂取水口、湖滨饭店以南和西五里湖等 4 次效果比较好和比较有影响的生态修复试验、示范,为五里湖最后彻底变清和水生态系统逐步进入良性循环积累了丰富和成功的经验,尤其是 2003~2005 年国家科技部治理太湖水污染重大水专项在西五里湖里实施了"重污染水体底泥环保疏浚与生态重建技术"工程,包括生态清淤和生态修复两部分,项目投入 4500 万元,完成生态修复面积 1km^2。人工种植挺水、沉水、浮叶、漂浮植物和生态浮床植物,五类植物合理搭配种植。同时养殖鱼类和贝壳类动物,如 2007 年给五里湖放鱼种 9 万 kg(每 kg 为 6~20 条鱼),2008 年又放 150

万尾夏花鱼苗(3cm),充分发挥水生物吸氮除磷的作用,使五里湖生物多样性大幅度增加。西五里湖生态修复工程采用了"控制外源和减少内源、生境改善、生态重建、稳态调控"四项措施,改善水质和水生态的效果良好。此后继续加强对生态修复的管理,并且适时清除多余的水面植物及其残体,加之在东五里湖四周湖岸边均种植了芦苇等挺水植物,以及由于水生态系统自我修复的作用,全五里湖的水体正在进一步改善。具体见第六章第三、五、六、七、九节。

(六)全面控制航行污染

五里湖禁止燃油货运船只航行,入湖的旅游船只原则上采用电动船只、无动力船只或绿色能源,船只的全部垃圾和污水不入湖。湖南边原来几家经由五里湖货运的较大工厂已实行搬迁,或货运船经由其他水道进出,所以五里湖仅有少数旅游船舶航行。大量减少航行的石油污染和生活污染,更主要的是大幅度减少了船舶航行时扰动底泥的悬浮物质,减少了底泥释放的二次污染。

(七)清除湖内围网投饵养殖

各部门通力合作,清除湖内 $4km^2$ 的围网投饵养鱼,消除了湖内投饵养殖对水体的污染。同时进行了湖内不投饵养鱼,连续多年投放数十万尾或更多的大规格鲢、鳙鱼苗,并禁渔数年,实行定规格捕捞,以及大量养殖底栖和两栖动物,进行了利用以养鱼为主的水生动物消除污染、藻类的实践。

(八)建泵站调水

在渤公岛建设了流量为 $50m^3/s$ 的梅梁湖泵站,在 2003～2005 年西五里湖实施 $1km^2$ 生态修复时,配合种植水生植物的生境要求,多次开泵调控五里湖水位,使水生植物能够良好生长。当梅梁湖水好于五里湖时,也可调水入五里湖改善水环境。

(九)建设湖滨景观绿化风光带

近几年,在蠡湖新城的湖滨区域投入数亿元巨资,建设湖滨景观绿化风光带,建设了开放式的蠡湖公园、蠡湖中央公园、蠡湖大桥公园、高子水居、渤公岛景点、渔夫岛景点、管社山游乐区和魔天轮游乐区,建设了生态型护岸,湖滨 200～400m 内建设大量的文化、休闲、游乐、建筑、景观设施,花草树木绿地,亭台楼阁雕塑,湖中小桥长堤,公路小道和停车场配套齐全,在湖中建渔父岛、渤公岛、西施岛和鹭岛等生态岛。全湖总长 34.5km 的湖滨带全部建成生态型护岸和生态型滨水区。湖周围 $28km^2$ 的陆域面积均实施地面径流污染控制,种树植草,有效削减、拦截、阻挡、下渗地面径流,大量削减地面径流的入湖污染。

(十)设置专门机构管理

五里湖的各类污染综合治理和生态建设均有专门机构管理,市政府专门成立了蠡湖管理办公室(管理处),并且有专门的资金用于建设和管理,有固定的编制和管理人员,所以五里湖的环境、生态能够得到良好的长效管理和明显的改善效果。

六、综合治理污染改善水环境效果分析

综合除污措施使五里湖水环境有较大改善,并且在进一步的改善之中。这是五里湖采取全面控制污染源、退鱼塘还湖、建闸控污、生态清淤、生态修复、控制航行污染、清除湖内围网养鱼、建设湖滨景观绿化区等综合治理措施后的总体效果。其中:① 全面控制生活、工业和农业污染源和封闭排污口是根本措施,大幅度减少了外源入湖污染负荷;② 湖四周建闸控污,使五里湖建成全封闭水域是关键措施,阻止河道污水入湖,大幅度减少入湖污染负荷;③ 生态清淤,减少了内源污染负荷;④ 退鱼塘还湖减少了鱼塘污染负荷和增加了环境容量;⑤ 控制航行污染减少了石油、生活污染及底泥扰动污染;⑥ 实施生态修复、清除湖内围网养鱼和发展生态养殖提高了水体自净能力;⑦ 建设大面积湖滨景观绿化区控制了地面径流污染。特别是西五里湖 $1km^2$ 生态修复区的建设成功,使西五里湖水质得到明显改善。2005 年水质较 2003 年 NH_3-N、COD_{Mn}、TP 质量提高 1 类,BOD_5 质量提高 2 类,TN 虽仍为劣 V,但浓度降低 51%,西五里湖生态修复区营养状况由以前的重富营养降低为中富营养,使藻类爆发的程度大为减轻,大大提高了人们治理太湖的信心和决心。由于专门管理机构加强管理和继续实施生态修复,水生态系统的自我修复能力,生态修复效果由西五里湖 $1km^2$ 向西五里湖 $3km^2$ 扩展,继续向东五里湖扩展,使全五里湖水质、水环境得到进一步改善。2008 年五里湖水质全面达到 V 类,最难治理的 TN 也改善到了 Ⅳ~V 类。五里湖的植被覆盖率大为提高,生物多样性大幅度增加,水生态系统正在步入良性循环。

经过综合治理后的五里湖给人的视觉效果十分舒畅,五里湖又重现绿水青山、碧波浩瀚,旖旎风光,已经成为市民和游客休闲、游乐、观景的好去处。综合整治五里湖是无锡市治理太湖水污染的成功实践。

七、今后持续深化防治水污染的思路和举措[39]

在目前五里湖水环境得到基本改善的基础上,根据 2002 年国务院批准的《五里湖综合治理方案》和根据 2008 年国务院的《太湖流域水环境综合治理总体方案》,继续落实水环境治理的各项措施,并根据江苏省和无锡市制订的水功能区水质目标,进一步完善有关措施,确保五里湖水质达到Ⅳ类。

(一)继续加强控源截污和关闸控污

至今,湖周围还有 5%~10% 的污染源未截住,主要通过 20 多条入湖小河道(断头浜)进入湖中。所以要继续进行控源截污,加快农村分散房屋的搬迁,集中居住,污水进污水厂处理,完全削减分散的生活污水,封闭入湖河道周围全部入河排污口,全部生活、工业污水进污水处理厂处置。并加强对入湖水闸的控制和管理,最大限度的发挥其控制污染物入湖的作用。

(二)调水

2010~2012 年,采用长广溪线路调取更好的水。在长广溪入贡湖的河口处建贡湖泵

站,抽引贡湖水,通过长广溪湿地公园把Ⅳ~Ⅴ类的贡湖水净化到Ⅱ~Ⅲ类,再调引入五里湖,同时改善湖周围11条入湖河道和20多条断头浜的水质。这一措施有利于五里湖水质达到Ⅳ类,2020年达到Ⅲ类。也可对湖水实行水体净化处理,可缩短五里湖达到Ⅲ类水的时间,以及使五里湖水生态系统提前进入良性循环。

(三)继续实施生态修复建成湿地保护区

在现有生态修复的基础上,继续加强管理,2012年前继续完成东五里湖2km² 生态修复任务:① 主要是种植水生植物;② 水生植物种植范围主要在风景旅游区和湖岸边;③ 水生植物主要种植沉水植物(水草),部分种植水面花卉、水浮萍、睡莲等,岸边补种挺水植物;④ 在不妨害生态修复的同时,于适当的时间在湖中实行不投饵养鱼和养殖底栖、两栖动物。水生态修复采用人工修复和自然修复相结合,增强水体自净能力,全部建成湿地保护区,有效去除总磷总氮,进一步降低富营养程度。

(四)继续全面控制航行污染

全面禁止燃油船只航行,湖内旅游船只全部采用电动船只、无动力船只或绿色能源,船只的全部垃圾和污水不入湖。并且限制船舶航行速度,减少底泥泛起。

(五)继续整治入湖河道和加强生态滨水区管理

继续整治全部入湖小河道,适当拓宽加深,并结合清淤、封闭全部入河排污口,彻底控制外源入河入湖;必要时和有条件的尽量接通断头浜,其接通的形式可以是开明河或有适当截面积的涵洞。加强河道二岸生态护岸和滨湖生态景观绿化区的管理。

五里湖工程规划见附图11-1

八、改善水环境效果预测

通过上述控制外源、削减内源、调水增容、生态修复提高净化水质能力,加强管理和继续投入,全五里湖水质指标2012年TN、TP均可改善到Ⅳ类,水生态系统基本进入良性循环,并提高了透明度;2020年,继续实施上述综合治理水污染措施,并加强各项管理,特别是生态修复、湿地保护区的管理,五里湖水质达到Ⅲ类,全湖透明度达到1.5m以上,清澈见底。五里湖水生态系统完全进入良性循环,建成为美丽的无锡西湖。

第二节　无锡城市防洪控制圈综合治理工程

一、控制圈概况

无锡市城市防洪控制圈(下称控制圈)是低洼河网平原区,面积136km²,其范围:西至锡澄运河,西南至京杭运河,南、东南部至新区,东至东亭大联圩,北至西漳大联圩。2005年总人口 98 万,国内生产总值 305 亿元。

(一)控制圈的水文地理

控制圈的边界大致走向为:西起锡澄运河—向东南顺京杭运河—向东经太湖大道—向南经清扬路—向东经古运河上利农桥—旺庄圩、红星联圩、三春联圩的外围堤线—北张村—伯渎港控制水闸—宋公桥—许巷桥—张富桥—东陈巷—九里河控制闸—钱家桥—厥家桥—东亭大联圩外围堤线—通津桥—东北塘—锡北运河—锡澄运河。控制圈外围防线总长 75.6km,其中堤线长 38.7km。

控制圈内大部分地势低洼,圩区很多,圩区总面积有 91km²,圩区面积占控制圈的 65%,圩区有:北塘联圩、西漳大联圩、东亭大联圩、南片联圩、红星联圩、三春联圩等 32 个圩区。

控制圈内有非圩区河道 68 条,主要有古运河、环城河、伯渎港、九里河、北兴塘、新兴塘、东亭港、旺庄港、火车桥浜、冷渎港、酱园浜、严埭港、寺头港、北梁溪河等,另外还有圩区内部河道 310 条。河道总长 344.1km,水面积 6.02km²,容积 1122.3 万 m³。水面积率 4.3%(表 11 - 4)。

与控制圈外部连接的主要河道有古运河、环城运河、北梁溪河、伯渎港、九里河、北兴塘、严埭港、寺头港等河道,分别与控制圈外的京杭运河、伯渎港、九里河、锡北运河连接,其中北兴塘、严埭港、寺头港几条河道均与锡北运河连接。

表 11 - 4　无锡市防洪控制圈河道汇总表　单位:(条、km、km²、万 m³)

政　区	非圩区河道				圩区河道				合　计			
	条数	总长	总水面积	总蓄水量	条数	总长	总水面积	总蓄水量	条数	总长	总水面积	总蓄水量
城三区	7	28.6	1.33	343.9	151	138.0	1.57	287.1	158	166.6	2.90	631.0
惠山区	1	2.0	0.06	16.8	65	48.4	0.66	94.0	66	50.4	0.72	110.8
锡山区	30	35.6	1.10	206.3	75	36.9	0.65	70.1	105	72.5	1.75	276.4
新　区	30	38.4	0.46	73.2	19	16.2	0.19	30.9	49	54.6	0.65	104.1
合　计	68	104.6	2.95	640.2	310	239.5	3.07	482.1	378	344.1	6.02	1122.3

(二)控制圈抵御洪涝有利调水改善水环境

(1)控制圈的边界控制工程　控制圈的边界工程由堤、高地和水闸、船闸、泵站等水工程组成,控制圈在与外部连接的河道均建水控制工程,当控制圈边界上的控制水闸全部关闭时,控制圈就是一个全封闭的独立水域(附图 11 - 2)。

(2)控制圈边界控制工程的作用　无锡市控制圈是全国大中型平原城市中以控制圈这类封闭水域形式,实施动力抽排消除城市洪水威胁的规模最大的防洪标准最高的控制工程之一,可以抵御日降雨 300mm。控制圈的作用具体是:一方面利用堤坝、水闸和泵站防洪、排涝,以及适当降低控制圈内水位,确保控制圈内人民生命财产的安全。经过 1 个汛期的试运行,控制圈的防洪效果良好。另一方面提供了良好的水工程条件,通过合理调度控制圈边界上的控制水闸、泵站和控制圈外的配套水工程,可以在一定范围内有效控制控制圈内河道的水流方向、速度和流量大小,非常有利于调控水流,经过2008年的调水试运行,改善水环境效果良好。但控制圈内部分区域城市排水系统的排涝能力尚不能够与防洪能力相适应。

(3)控制圈的控制工程建设　控制圈的防洪标准是200年一遇,在入控制圈的各条河道上已建21处水闸、5座船闸和7座泵站,主要控制工程2004年后陆续开工,仙蠡桥、江尖、利民桥、伯渎港、九里河、北兴塘、严埭港、寺头港等8个枢纽工程在2007年已经基本完工(表11-5)。

(4)控制圈的调度运行　汛期遇到洪涝时,关闭控制圈边界线上的全部控制水闸,开启最大流量为415m³/s的泵站,降低控制圈内水位,确保200年一遇的洪水不受灾;平时若控制圈内的水污染较重时,一方面全力控制污染源和削减入水污染负荷,另一方面关闭控制圈边界线上的有关控制水闸,调进外部较好的水,以适当的路径排出圈外,达到改善控制圈内河道水质的目的。

表11-5　无锡市防洪控制圈主要控制工程表

序号	工程名称	工程地点	节制闸 宽度 (m)	船闸 宽度×长度 (m)	泵站 台数×(m³/s)
1	江尖枢纽	古运河北江尖	3孔×25		3×20=60
2	仙蠡桥枢纽	梁溪河北段	北16(南2孔×20)		5×15=75
3	利民桥枢纽	古运河南利民桥	16	12(16)×90	4×15=60
4	伯渎港枢纽	控制圈东伯渎港	6	8×90	3×15=45
5	九里河枢纽	控制圈东九里河	6	8×90	3×15=45
6	北兴塘枢纽	北兴塘	16	16×135	4×15=60
7	严埭港枢纽	西漳联圩严埭港	2孔×24	16×135	5×14=70
8	寺头港闸	西漳联圩寺头港	2孔×12		
9	13座沿线小闸		6		
合　计			22座	5座	7座27台415

二、控制圈内水质

20世纪90年代以来至2005年,控制圈内水污染严重,各条河道水质均劣于V类,主要超标指标为氨氮、溶解氧、化学需氧量,其次为总磷、5日生化需氧量、石油类、高锰酸盐指数等。氨氮严重超标,河道时有黑臭现象发生。如2001~2003年,城区的圩区河道的水污染最为严重,几乎全年黑臭,其中北塘联圩2003年4月15日8条河道实测的水质指标平均值为:氨氮15.8~32.5mg/L,超Ⅲ类标准14.8~31.5倍,8条河道均劣于V类;溶解氧0~1.4,均劣于V类;化学需氧量171~373mg/L,超标倍数为7.6~17.7倍,均劣于V类(表11-6)。期间控制圈中的北塘联圩河道年黑臭天数达到300天以上。

表11-6　无锡市控制圈主要河道水质均值表　　　　单位:(类)

编号	河道名称	时间(年-月-日)	DO	NH₃-N	COD_Mn	BOD₅	TN	TP	总评
1	环城运河	2001-3月	劣V	劣V	V		劣V	劣V	劣V
2	古运河	2003	劣V	劣V	V	劣V	劣V	劣V	劣V
3	伯渎港	2003	劣V	劣V	劣V	劣V	劣V	劣V	劣V
4	九里河	2003	III	劣V	IV	IV	劣V	IV	劣V
5	北兴塘	2001-3	劣V	劣V	劣V		劣V	劣V	劣V
6	北塘联圩8条河道	2003-4-5	劣V	劣V	劣V	劣V			劣V

三、主要污染原因

(1)生活污染　控制圈内居住人口稠密,第三产业发达,上千座公共厕所未接入污水管网,部分居民区雨污未分流,沿河人家向河中排污水和倒垃圾,30%左右住户的洗衣机废水直接排入下水道,2003年进入水体的污水有6300万m³,污染物入水体量COD 9316t、TN 1328t、TP 75t。其中有统计的无锡城区的88家主要饭店、宾馆、学校、医院和其他三产所直接排放入河的生活污水和COD就分别有543万m³、840t。

(2)工业污染　据不完全统计,控制圈及其周围(京杭运河以北的市区部分)为经济发达区域,工厂众多,工业污水排放量很大,2003年其排放入河污水量、COD、NH₃-N分别有17117万m³、14011t、739t(不含污水厂)。其中,排入控制圈水体的工业污水有6306万m³,工业污染负荷COD有3512t(表11-7)。无锡城区166家大中型工厂排放的污水基本都达到工业污水排放标准,且其中有10多家企业在排污口安装了水质自动监测设备,但工业企业排放的污染物总量仍很大,且有夜排日停的现象。控制圈内及其周围估计有中、小工业企业1万余家,其中控制圈内有2000余家,这些中、小工业企业达标排放的不多,特别是农村众多的中、小工业企业大部分无污水处理设施,直接排放入河;有些工厂的污水排入雨水下水道,再进入河道。

表11-7　控制圈及其周围工业污染统计表

区　域	主要工业企业数量(家)	年污水排放量(万m³/a)	年COD排放量(t/a)	年NH₃-N排放量(t/a)	说　明
城三区	166	9345	5098	122	崇安、南长、北塘区
惠山区	82	2281	3429	383	
锡山区	76	1541	2251	64	
新　区	未统计				
小　计	324	13167	10778	569	
其他中小企业	1万余家,其中规模以上企业2000家	3950	3233	170	
合　计		17117	14011	739	

（3）污水处理能力不足和处理标准偏低　污水厂对无锡的水污染防治起很大作用,污水厂每年处理大量生活污水和部分工业污水,使无锡 2003 年的水污染较污染最重的 1991 年有比较大的改善。无锡的污水处理虽在全省处于领先地位,但仍不足:① 污水厂的处理能力、污水收集率和污水处理率偏底。控制圈内生活污水主要进入芦村、城北和东亭 3 个污水处理厂进行处理。由于污水处理能力不足,无锡城区生活污水处理能力为 65%,农村生活污水处理率较低;污水收集管网不配套,表现在主管道不足,支管道配套不全,就是在主管道完成的地方,有些单位和住户的污水也未接入管网。② 污水处理厂处理标准偏底。城镇污水处理厂排放标准有时候可以达到一级 A,但相当多的时间只达到二 ~ 三级,其中,城市污水厂排放标准一般高于村镇污水厂。污水厂排放的污染物量较多,如城北污水处理厂的排放标准是比较高的,但 2002 年仍向控制圈内排放 TN 202t、TP 13.6t、COD 767t。

（4）农业污染　农业污染包括种植业和养殖业污染,具体包括化肥农药污染、规模养殖场污染、鱼池污染、农副产品残留物污染、农田径流污染。该区域有农地 1450 hm²,养牛 3117 头、猪 48911 头、羊 1105 只、鸡鸭禽类 13 万只,鱼池 100hm²,水面养鱼 40 hm²。该区域化肥施用量:氮肥 681t,磷肥 73.8t,农药施用 16.6t,单位面积化肥用量偏大,利用率低,淋溶流失较多。该区域相当数量的规模养殖场的粪尿大多未进行有效处理,而直接或间接排入水体;鱼池都是精养鱼池,污染物排放量也很大;农作物秸秆有部分进入水体。据不完全统计,进入水体的农业污染负荷 COD 有 600 多 t（表 11 - 8、表 11 - 9）。

表 11 - 8　控制圈农田及化肥农药施用情况调查表

政　区	耕地面积		经济作物面积		林地 (hm²)	化肥施用量		农药施用量 (t/a)	备注
	水田 (hm²)	旱地 (hm²)	菜田 (hm²)	果园 (hm²)		氮肥（有效成分折 N 计）(t/a)	磷肥（有效成分折 P 计）(t/a)		
城三区			212.6	4.2	13.3	239	1.3	3	
惠山区	192.0	125.3	146.4	12.3	43.6	187	51	6	
锡山区	253.3	122.0	136.7	7.6	19.3	125	15	4.8	
新　区	200.0	40.0	33.3	13.3	80.0	130	6.5	2.8	
合　计	645.3	287.3	529.0	37.4	156.2	681	73.8	16.6	

表 11 - 9　控制圈养殖业情况调查统计表

规模养殖场名称	禽、牲畜存栏数												水产养殖面积	
	奶牛 (头)	其中规模养殖场		猪 (头)	其中规模养殖场		羊 (只)	其中规模养殖场		鸡鸭禽类 (只)	其中规模养殖场		鱼池 (hm²)	水面养殖 (hm²)
		个数	总头数		个数	总头数		个数	总头数		个数	总头数		
城三区	648	6	521	18900	29	15400				3000			24	
惠山区	969	23	569	12780	53	7780	155	1	60	85000	2	75000	61	39
锡山区	1200	8	254	12031	10	2620	100	2	60	19550	2	7400	16	1
新　区	300	6	272	5200	7	2050	850			25400				
合　计	3117	43	1616	48911	99	27850	1105	3	120	132950	4	82400	101	40

（5）机动船舶污染　机动船舶主要是石油污染、生活污染、噪音污染。控制圈内有 300～400 艘机动船舶，且大多是挂机船，产生大量油污和生活垃圾。以及扰动底泥增加二次污染。

（6）其他非点源污染　控制圈是中心城区，30 余万车辆运行中产生很多废气、废弃物和道路污染物随地面径流一同进入水体；人类活动场地、屋顶的残留物（灰尘和垃圾等）和窨井、下水道的污染物随雨水一起进入河道；降尘降雨的污染；控制圈内非点源污染负荷 COD 每年有一千多 t。

（7）淤泥的二次污染　河道淤泥较多，二次污染较严重。在夏天，淤泥大量释放污染物，散发出臭味和使水体呈黑色，这种现象在夏天和机动船舶扰动的情况下更严重。控制圈内河道淤泥深度有 20～60cm，淤泥总量有 190 余万 m^3，且每年新增加淤泥 23 万 m^3。

（8）河水流动缓慢河道布局不合理　控制圈内圩区占其全部面积的 65%。圩区内的河道在平时几乎不流动，所以自净能力很低，加上控制圈内河道布局不尽合理，影响到污染物的稀释和净化。

（9）污染物总量大　控制圈内年进入水体的现状污染负荷有：COD 17516t、NH_3-N 748t、TN 1853.3t、TP 148.8t。其中污染源 COD 贡献率从大到小依次为：生活、工业、城镇及其他地面非点源、污水厂，其次为淤泥二次释放、禽畜养殖、水产养殖、农田种植业、航运和降雨降尘（表 11 - 10）。控制圈的污染强度 COD 为 125t/km^2，是全市平均值 39.2t/km^2 的 3.19 倍，是全市单位面积污染强度最大的区域。

表 11 - 10　无锡市控制圈水体污染负荷现状表　　　　单位:（t）

项　目	总　氮 (TN)	总　磷 (TP)	化学需氧量 (COD)	氨氮 NH_3-N	说　明
生活源	1328	75	10637		
工业源	未统计	10	3512		
城北污水厂	202	13.8	767		
水产养殖	104	13.3	194		
禽畜养殖	150	32.8	296		
农田	49.7	2.4	149		
城镇及其他地面非点源	11.1	1.2	1327		即其他非点源
降雨降尘	8.5	0.3	97		
淤泥二次释放	未统计	未统计	440		
航运	未统计	未统计	97		
合　计	1853.3	148.8	17516	748	

四、水功能及水质目标

(一)水功能

景观娱乐用水，兼工业用水和农业用水。

（二）主要水质目标

根据江苏省水（环境）功能区规定的水质目标:古运河和环城运河 2010 年和 2020 年均是Ⅳ类;伯渎港、九里河为进入清水通道望虞河的支流,2010 年和 2020 年均分别为Ⅳ类、Ⅲ类;其他非圩区河道 2010 年和 2020 年分别为Ⅴ类、Ⅳ类;北塘联圩内河道 2010 年和 2020 年分别为Ⅴ类、Ⅳ类;其他圩区河道根据具体情况确定 2010 年、2020 年分别为接近Ⅴ类(其中 COD 不大于 50mg/L,NH$_3$-N 不大于 3mg/L)、Ⅳ类(表 11－11)。

（三）水生态系统保护和修复目标

2010 年,全面遏制水生态系统的退化现象,开始实施生态修复,河水中全年有小鱼活动;2020 年,水生态系统开始转入良性循环,河中全年有鱼类游动,沉水植物能良好生长。

（四）景观目标

控制圈今后全部是城区,圈内河道应全部是景观河道。2010 年完成古运河、环城河和伯渎港景观绿化建设,2020 年完成全部河道的景观绿化建设。

表 11－11　无锡市防洪控制圈河道水质目标　　　单位:(类、mg/L)

编号	河道名称	水功能区	2010 目标	其中: NH$_3$-N	其中: COD	2020 目标	其中: NH$_3$-N	其中: COD
1	环城运河	景观娱乐用水区	Ⅳ	1.5	30	Ⅳ	1.5	30
2	古运河	景观娱乐用水区	Ⅳ	1.5	30	Ⅳ	1.5	30
3	伯渎港	水源区	Ⅳ	1.5	30	Ⅲ	1.0	20
4	九里河	水源区	Ⅳ	1.5	30	Ⅲ	1.0	20
5	北兴塘 新兴塘	景观娱乐用水区	Ⅴ	2.0	40	Ⅳ	1.5	30
6	锡北运河	水源区	Ⅳ	1.5	30	Ⅲ	1.0	20
7	其他非圩区河道	景观娱乐和工农业用水区	Ⅴ	2.0	40	Ⅳ	1.5	30
8	北塘联圩	景观娱乐用水区和工农业用水区	Ⅴ	2.0	40	Ⅳ	1.5	30
9	其他圩区河道	景观娱乐和工农业用水区	接近Ⅴ	3.0	50	Ⅳ	1.5	30

五、允许纳污总量和污染物应削减率

（一）年允许纳污量

控制圈在平水年计,2010 年:COD 2909t、NH$_3$-N 176t;2020 年:COD 1975t、NH$_3$-N 99t。

（二）污染物应削减量和削减率

控制圈在 2003 年基础上，全部要达到水功能区的目标，污染物应削减量 2010 年 COD、NH_3-N 分别为 14607t、572t，应削减率分别为 83.4%、76.5%，但根据该区域单位面积污染负荷量很大的实际情况、改善水环境的重要性和良好的经济条件，确定控制圈 2010 年的水功能区的达标率为 80%（高于全市的平均值 65%），所以 COD、NH_3-N 削减量分别为 11248t、457.6t，应削减率分别为 64.2%、61.2%；2020 年应削减量 COD、NH_3-N 分别为 15541t、649t，削减率分别为 88.72%、86.8%（表 11 – 12）。

表 11 – 12　无锡市控制圈允许纳污量和污染物应削减量表

项　目	土地面积（km^2）	现状纳污量（t）	2010 年（100%达到标）			2010 年（80%达到标）		2020 年		
			允许纳污量(t)	应削减量(t)	应削减率(%)	应削减量(t)	应削减率(%)	允许纳污量(t)	应削减量(t)	应削减率(%)
NH_3-N	140	748	176	572	76.5	457.6	61.2	99	649	86.8
COD	140	17516	2909	14607	83.4	11248	64.2	1975	15541	88.72

六、水资源保护与水污染防治的主要措施

（一）控制外源

（1）控制生活污染　全部城市、乡镇的生活污水和农村集中居住居民的生活污水都进入污水厂处理，目前正在加快污水收集管网的配套工程，同时加快农村城市化的进程，城市化率高于全市平均水平，并使农村分散居住居民的生活污水可经简易处理后再排入水体；节约用水；确保雨污管道彻底分流；洗衣机废水要排入生活污水管道；各区都建立或适当扩大专业水面垃圾打捞队伍，每条河道都实行河长制，有专人包干，保证水面清洁；继续禁止使用有磷洗衣粉；生活垃圾已经实现全部无害化处置和垃圾燃烧发电等资源化利用。

（2）全面控制工业污染　全面推行清洁生产和建设循环经济，逐步实现"零"排放；持续强化实施污染源的源头处理，工业污水达标排放执行新的提高了的标准，同时在达标排放的基础上进入城镇污水厂处理或实施再生水回用；做好重污染工业源的搬迁、调整结构、关闭工作，工业项目向开发区、乡镇工业园区搬迁、集中。无锡市城区已经开始全面实施重污染工业企业的搬迁工作，二环路内的重污染企业 100 余家在 2010 年全部搬迁，进入相应的工业园区或开发区。新建企业禁止设置排污口。

（3）建设高标准城镇污水处理系统　包括四部分：① 足量的污水处理能力。预测控制圈内 2010 年、2020 年污水排放量分别为 37.9 万 m^3/d、44.6 万 m^3/d，控制圈内和圈内附近有关的城北、东亭、芦村、新区、梅村、堰桥 6 座污水厂的总污水处理能力从 2005 年每日 25 万 m^3/d 需扩大到 2010 年 58 万 m^3/d，2020 年 80 万 m^3/d 才能满足需求。至目前已达到 49 万 m^3/d，还有 2 年可达到 58 万 m^3/d；② 加快污水收集管网配套建设。现有污水处理厂污

水收集管网 2010 年全部配套,以后新建的污水处理能力与污水收集管网同步配套;③ 提高污水处理厂排放标准,全部达到到一级 A。城北污水厂提高排放标准到一级 A 的"提标改造"已经完成,其他使污水厂的"提标改造"在 2009～2010 年全部完成,使排放污染物的浓度在现状基础上大幅度减少。2010 年全部污水处理厂的排污口均装上水量、水质自动计量装置,严格实施城镇污水处理厂的污染物达标排放;④ 污水处理厂尾水的继续深度处理。污水处理厂尾水继续进行深度处理、再生水回用,其中城北污水厂尾水与湿地联合处理试验已经成功,可以进一步减少污水处理厂污染负荷排放。

（4）封闭全部污水入河排污口　无锡市城区封闭生活、工业排污口(不含污水厂排污口和冷却水排水口)的工作已全面启动,该项工作结合整治河道工作进行,凡是污水收集管网到达的地方排污口全部封闭,凡是污水收集管网尚未到达的地方,全面整顿排污口,一条河浜只留一个排污口,待污水收集管网到达时再接入管网,该河浜其他的排污口全部封闭。目前结合河道综合整治和清淤工程,控制圈城区部分已封闭了 70%～80% 排污口、惠山区和锡山部分区已封闭了 40%～50% 的排污口。

（5）控制农业农村污染　调整农业种植结构,优先发展果树、蔬菜、花卉、苗圃和特种经济作物,建成 1000 hm² 的农业农村污染控制区,并逐步完善配套工程、提高管理水平。包括关闭、搬迁全部规模养殖场;控制鱼池污染,90% 的鱼池填平、改作绿化、房屋开发、风景建设或退渔还湖(水),剩余 10% 的鱼池养殖特种水产和观赏水产。发展生态农业,服务作业建设生态园场,为城市服务,为提高人民生活质量服务。

（6）控制机动船舶的污染　机动船舶全部实行油污分离,生活污染物上岸集中处理、不入河,目前已经基本淘汰了挂机船,改挂机船为座机船,减少油污、噪音污染,禁止挂机船进入圈内;划定限制通航河道,在目前 9.5km 环城河道限制通航的基础上,环城运河、古运河、北梁溪河、伯渎港西段划定为限制通航河道,总长 14km,禁止旅游船以外的机动船舶通航。

（7）控制其他非点源的污染　加快绿化,打造绿色无锡,绿化覆盖率提高到 2010 年的 45%,2020 年的 50%,目前正在大力实施道路、河道二旁和广场、休闲区域的绿化;水土保持,减小地面径流和水土流失,建设道路、广场、草地的城镇地面雨水的生态排水系统;各类建筑工地清洁施工;保持马路和各类室外场地清洁;城镇初期雨水逐步接进污水收集管网,先试点后推广,改造现有污水收集管网的结构和布局,以适应对初期雨水进行处理的需要;路面经常洒水合理洒水;建设以地面蓄水池为主的蓄水设施,充分利用雨水,减少地面径流污染;及时清除下水道和窨井中的垃圾;提高空气质量,减少降雨降尘污染。

（二）持续进行高质量清淤减少二次污染

2005 年已经完成控制圈第一轮河道清淤,计划 2010 年完成第二轮河道清淤任务,以后分阶段进行持续清淤,并注意总结以往清淤的经验,正确确定清淤深度、方法和使用机械,保证施工质量;小河道清淤原则上采用筑堤抽干水彻底清淤的方式;近年来积聚的淤泥均应清除,计划 2005 年至 2020 年共清淤 616 万 m³。在进行清淤过程中,注意探索城区中小河道最佳的清淤技术和方法,以尽量减少回淤量,减少清淤后底泥表层的污染释放系数,提高改善水环境的效果。

（三）持续调引清水

1. 目前非汛期关闭控制圈采用二条线路调水

（1）主要是望虞河调水　当望虞河调引长江水时，开启控制圈东侧有关闸门和水泵，让水进圈。2007年已经实施该方案，调水效果好，但费用较高，一般需进行2次泵站抽水，才能完成调水任务，但其无流进藻类之忧。当望虞河不调水时，开启控制圈北侧有关闸门和水泵，让水进圈，因为北侧江阴市方向来水的质量比较圈内质量好，也可改善圈内水质。

（2）其次是太湖调水　目前通过梅梁湖泵站抽梅梁湖水，经梁溪河，从江南运河倒虹吸进入控制圈，2010～2012年增加抽贡湖水（应建设相应的泵站）经长广溪（或其他河道）和五里湖进控制圈，调水时使圈内水位抬高数十厘米，使圈外河道污水完全不能进入。该方案调水的费用省，只需经泵站一次抽水就能够把太湖水调进控制圈，但梅梁湖有时候藻类可能较多，应建设控藻拦藻设施，阻止藻类流进控制圈。也可以开启控制圈有关泵站，把圈内水抽到圈外，降低圈内水位，使梅梁湖水经过江南运河倒虹吸自流进控制圈。

2. 今后增加调水线路

主要是增加白屈港调水。当白屈港调引长江水时，开启控制圈有关闸门让水进圈。（该调水工程待建）。同时将上述望虞河、太湖、白屈港等3条调水线路合理配置。以望虞河调水为主，太湖调水、白屈港调水辅助。3条线路调水方案根据控制圈内外水位、控制圈水闸是否关闭、调水费用、水源优劣等情况，进行合理配置。

3. 汛期太湖水位高于内河水位时调水

开启仙蠡桥水闸，使太湖水经江南运河倒虹吸自流进入控制圈，但此类机率很小。

4. 汛期调水与防洪排涝相协调

采用大流量调水和小流量维持性调水相结合的调水方法。每年调水3～5亿m³。圈内31个圩区调水与非圩区主要河道调水同步进行。

5. 排水方向

目前，以自然流向京杭运河排水为主。2010年后锡澄片骨干河道建成开通后，部分时段配合以沈渎港—走马塘—七干河—长江排水，自排或抽排。

6. 调水流量

集中调水时30～50m³/s，维持性调水时15～25m³/s，经过一段时间，水环境好转，维持性调水的流量可有所减少。年调进总水量4亿m³，每个阶段根据实际情况确定调水流量。

（四）整治河道护岸和改善滨河环境

（1）高标准统一规划整治河道　计划整治主要河道和一般河道125条，并彻底整治88条断头浜，共220km，2010～2012年全部完成。

（2）加快临河破旧建筑住房的改造　具有文物保护价值的要保护修缮，如具有江南水弄堂水文化特色的要选择古运河和伯渎港等数条河道正在进行保护和修缮，并且规范其污水排放和垃圾放置收集行为，使污水和垃圾不入河；其余的临河破旧建筑和住房要拆除，改造成绿地、景观、小公园，并要切断旧的排污管道和整理排水管道，确保其污水不入河，目前主城区已经完成了60%～70%。

（3）改造整治河道护岸　河道护岸要与无锡防洪保安和现代城市相协调,改变以往统一的直线型直立式刚性防洪墙(驳岸)形式,大力推行安全、美观、亲水、近水、生态型的多样式护岸。根据土地资源紧缺的特点,建设亲水平台、临水廊道、水上木栈道、多孔护岸等,增加生态景观因素。

（4）河道生态修复　目前选择水质有所改善的环城河、古运河、伯渎港等数条河道进行以种植水生植物为主的生态修复试验,以后随着水质的改善,生态修复小河浜的数量要逐步扩大,数年后凡是河道内有条件的部分水域都要进行生态修复,人工生态修复和自然生态修复相结合,使河网建成良性的水生态系统。

（5）抓好主要滨河景观带和绿化带的建设　根据要求和可能确定河道两侧景观绿化带宽度(表11-13)。主要景观带标准、品位要高一点,突出水文化、水科技;建设良好的小区人造水景;滨河景观绿化带、小公园,要做到绿化道路、灯光喷泉、休息设施、亭子楼台、小桥流水、雕塑碑刻、小品花坛、活动场地等相配套,要做到四季常青、红花绿叶交相辉映、春天桃红柳绿、夏天荷花开放、秋天菊花盛开、冬天松柏常青,环境良好,成为市民的休闲、健身、娱乐区域,使市民留恋忘返。城三区主要景观带为环城运河、古运河、北梁溪河、伯渎港,惠山区的寺头港、严埭港,锡山城区、新区的开发区、工业园区的主要河道。其中,具有无锡悠久历史和水文化的古运河的景观带建设已经全面展开,目前已经完成一半,计划在2010年全部完成。

表11-13　河道两侧绿化带宽度

河道类型	绿化带宽度（m）	适用河道
区域性河道和骨干河道	20~30	古运河、环城运河、白屈港(严埭港)、伯渎港、九里河、北兴塘、南兴塘、新兴塘等
重要河道	15~20	东亭港—江溪港—旺庄港、桐桥港—火车桥浜—杨木桥浜、寺头港、严埭港等
区级河道	10~15	转水河、冷渎港、酱园浜等
镇级河道	10	
村级河道	5	

（6）整治河道与建设生态护岸　整治排污口和城市建设相结合,做到整治好一条河道,封闭一条河道排污口,改善好一条河道水质;建设好一条河道生态护岸,绿化美化好一条河道的岸线,使该河道及两岸成为水质良好、环境优美的区域。

（五）建立统一的建设指挥机构和运行管理机构

建立统一和高效协作的建设指挥管理机构,统筹控制圈内水资源保护和水污染防治工程的建设管理。目前,已成立无锡市城市防洪管理处统一管理控制圈内水域的水资源保护工程的运行管理和协助水污染防治工作,确定由无锡市城市建设投资公司统一建设管理城区古运河等主要工程项目。

七、改善水环境效果及预测

自 20 世纪 80 年代河道开始受到比较严重水污染以来至 90 年代末,是控制圈水污染最严重阶段。经多年治理外源和内源的努力,河道水质有所改善。主要河道如古运河和环城运河,在进入 21 世纪,水污染程度较 90 年代有很大程度减轻,2005 年比 1991 年(水污染总体上最重的一年)高锰酸盐指数下降 33%(已由劣于 V 类改善到 V 类),5 日生化需氧量下降 40%,挥发酚下降 98.6%(已由劣于 V 类改善到 IV 类),石油类 2003 年较 1991 年下降 96%(已由劣于 V 类改善到 II 类),氨氮 2005 年较 1994 年下降 52.8%,但其值仍劣于 V 类。总体上,河网水质得到很大改善,但未得到根本改善,全部河道现状水质仍均劣于 V 类。

2005 ~ 2007 年,控制圈的污染得进一步的控制,特别是调整工业、农业和第三产业结构,搬迁、关闭污染企业,建设循环经济,封闭各类排污口,建设高标准的污水厂,使控制圈污染负荷得到进一步削减。控制圈的水控制工程已基本建成,开始调水试运行,长江水或太湖水可通过有关泵站和河道进入控制圈,改善圈内全部非圩区骨干河道水质,圩区河道也可通过持续调进非圩区骨干河道较好的水,基本消除黑臭。2007 年通过望虞河调进水 4.0 亿 m^3,效果良好,主要骨干河道已消除黑臭,主要污染指标 NH_3-N 大幅度降低。如圈内进行监测的北兴塘、伯渎港、古运河、九里河、南兴塘、严埭港等 6 条主要河道 10 个监测断面的 NH_3-N,已从以往大幅度劣于 V 类的 3.0 ~ 13.5mg/L,有 9 个监测断面改善到小于 3.0mg/L,其中 3 个监测断面改善到 IV 类、V 类。古运河、环城河的滨河景观带的建设已完成大部分,成为市民休闲、娱乐、健身的好地方。

预测 2010 年后,生活、工业排污口的封闭工作在城市区域已经基本完成,在农村区域大部分完成;城镇重污染企业的搬迁、调整结构工作已基本完成;部分水域实行禁航,减少扰动底泥和航行污染;规划的城镇污水厂已建成;整治河道工作完成 80%,其间生态护岸、生态滨水区全部建成,地面径流污染大量削减。在外源和内源大量减少的同时,继续通过望虞河持续调进长江、太湖水共 4 ~ 6 亿 m^3,增加环境容量。控制圈内非圩区河道可得到较大改善,骨干河道一般均可以达到 IV 类 ~ V 类,圩区河道大部分可得到较大改善,控制圈水功能区 80% 能够达标,控制圈整体水环境将得到比较好改善。

预测 2020 年后,控制圈内各类外源能够得到彻底控制;排污口全部封闭,圈内仅剩 3 个污水厂排污口,且污水厂尾水进一步深度处理、实施再生水回用;内源能得到进一步控制;护岸、滨河景观绿化带建设全部完成;水体进行全面生态修复,水生态系统步入良性循环,进一步发挥有效的治污作用,增加自净能力;继续实行调水,用于调水的水源水质会得到更好改善。控制圈整体水环境将得到较大的改善,水功能区达标率达到 100%,控制圈将全面建成城市中心的风景优美的宜居区域。

第十二章　地下水资源开发
利用与保护

第一节　地下水资源开发利用及其环境地质问题

一、开发利用地下水现状

（一）开发概况

无锡市地下水的化学成分适宜饮用、干净、取水距离近、水温夏凉冬暖,这些特点使地下水开发利用成为全市水资源开发利用的不可缺少的一个部分。无锡市地下水开采利用历史悠久,在20世纪初已开采深层地下水;20世纪80年代,由于河水受到越来越严重污染,使河水失去大部分工业用水的功能,而地面自来水又供应不到广大农村,此时又值乡镇企业蓬勃发展之时,不得不大量开采地下水以解燃眉之急,深层地下水成为锡澄片乡镇工业和居民生活的主要供水水源。全市在20世纪80年代末至90年代进入深层地下水开采高峰期。

（二）锡澄片深层地下水开采经历的六个阶段

经历的六个阶段为:少量开采、适量开采、大量开采、集中过量开采、计划开采和禁采。20世纪80年代前为少量开采阶段,80年代为适量开采阶段,90年代为大量开采阶段,90年代末和20世纪初为计划开采阶段,2005年起锡澄片基本为禁采阶段,只有特殊井可以开采。1996年是深层地下水开采的顶峰期,共有深井1136眼,年开采量9074万 m^3。此后实施计划开采,使地下水的开采量逐年减少。2000年以后实施封井,大量限制深层地下水开采。2004年深层地下水开采量为685万 m^3,仅为开采高峰期的7.5%;2005年底开采用深井仅剩18眼,2006年年开采量为120万 m^3,仅为开采高峰期的1.3%。

宜兴市的深层地下水资源量较少,开采量也较少。

二、不合理开发利用地下水引起的环境地质问题

过量抽取地下水、城市布局不合理建设是当前产生地面沉降的最主要原因;地面沉降会引发内涝加重、地表水环境恶化、地裂缝等危害;地面沉降的发生具有缓变性、不易察觉性特点,防治也具有一定的难度。

（一）无锡市开发利用地下水存在问题

2000年无锡市没有实行封井禁止开采深层地下水以前,地下水的开发利用存在以下

问题。

（1）优水没有优用　地下水水质良好，但没有实行优水优用。开采的地下水中，80% ～ 90%是用于一般工业用水，且相当部分用于冷却循环用水，用于饮用水的仅占百分之十几，还有部分用于特种行业用水。

（2）"三集中"开采严重　"三集中"即开采地区、开采层位、开采时间集中。开采地下水主要集中在夏天，其中用于降温的相当多；主要集中在一个区域开采的相当多，如乡镇工业很发达并且当时自来水没有到达的玉祁、前洲一带开采井的密度最高；主要集中在第Ⅱ、Ⅲ承压水层开采，而浅层水开采量很小。

（3）地下水大量超采　由于大量开采深层地下水，超过地下水允许开采量，地下水水位连续下降，在禁采以前，地下水水位年下降速率达到2～3m，水位埋深由原始水位2m左右一直下降到60～85m，形成地下水降落漏斗，主要地下水漏斗区面积达500多km²。其中洛社、石塘湾一带承压水头埋深达85m，是地下水降落漏斗中心。无锡西北部的洛社、石塘湾、玉祁、前洲、杨市等乡镇，水位埋深普遍大于80m，水位已低于含水层顶板，处于疏干开采状态，其面积逾100km²。

（二）无锡深层地下水严重超采引发地质环境灾害

深层地下水超采引发地面沉降、地裂缝、房屋开裂、地面塌陷等一系列地质灾害，并导致防洪标准降低、防洪压力加大、桥梁净空减少影响通航、道路破坏、基础设施损毁，造成了很大的经济损失，严重影响经济和社会的正常发展。

1．地下水位下降地面沉降

2000年以前锡澄片深层地下水严重超采，形成地下水水位降落漏斗，由此产生大面积的地面沉降。

（1）地面沉降比较严重区域　面积共有670 km²，主要分布在无锡市区（运河以北）及惠山区玉祁、前洲、洛社、石塘湾、堰桥、杨市、钱桥和锡山区东亭、坊前以及江阴南部的青阳、桐岐、马镇、璜塘、文林、祝塘、河塘、长径等地。因其地势较低，地下水开采强烈，Ⅱ承压水位埋深普遍低于60m，地面沉降严重发生。目前，这些区域累计沉降量普遍大于0.6m，前几年沉降速率一般每年40～120mm。在市国棉五厂、石塘湾、洛社、前洲一带累计沉降量均超过1.4m，其中以洛社为中心的地下水降落漏斗，前几年年均地面沉降8～10cm，区域中心累计地面沉降已超过2.0m。惠山区西部不少地区在地面沉降后，地面高程下降至2m，形成一大面积沉降洼地，成为易涝、易渍的洪灾区。

（2）地面沉降危害中等的地区　面积共206 km²，主要分布在锡澄片东部和东南部的硕放、新安、查桥、张泾、东湖塘、羊尖、港下以及新桥、顾山、北漍、月城、长寿等地。

（3）地面沉降危害轻度的地区　面积共380km²，分布在锡山区长安、八士、安镇、荡口、厚桥、甘露等乡镇。

2．产生地面裂缝

无锡地区地质构造复杂，基岩隆起、凹陷，易发生差异性沉降，当大面积的区域沉降发展到一定程度时，差异性沉降日趋严重，导致产生地面裂缝。从1988年开始，无锡地区先后发生地裂缝10多处，造成民房墙体开裂、损坏、倒塌，经济损失严重。如江阴的原河塘镇因过量开采地下水产生地裂缝,长 500m、影响宽度 40～60m,使该镇新建的幼儿园、税务所、小学、居民新村都造成房屋裂缝、墙体倾斜,房屋都成了危房,不得不全部搬迁。地面不均匀沉降引起大量房屋墙体开裂。如无锡市惠山区钱桥镇的毛村园村,40 户居民有 29 户住房开裂,墙体最大裂缝宽超过 20cm,随时可能倒塌,不得不将该村整体搬迁重建(表 12－1)。

3. 造成地面塌陷

无锡地区分布有较多的隐伏灰岩,岩溶较发育,岩溶水较丰富。在隐伏灰岩地区开采岩溶地下水,若过量开采使岩溶水水位降至灰岩面附近时,则由于地下水的动力作用,使土层形成空洞,空洞发展到一定程度时,产生坍塌,形成地面塌陷,无锡厚桥、嵩山及宜兴芳桥等地已有发生,造成了较大的经济损失。

表 12－1　无锡市锡澄片地裂缝统计表

地裂缝分布	发生时间(年)	伸展方向	规　模(m)
江阴河塘镇区	1994	NE	500 ×(40－60)
钱桥毛村园	1991	EW	450 ×60
洛社贾巷	1997	EW	100 ×20
查桥山南巷	1995	SN	100 ×30
查桥季家弄	1993	NW	200 ×20
查桥邓更巷	1993	近 SN	200 ×50
查桥龙宕头	1992	SN	80 ×20
查桥川桥头	1995	SN	120 ×25
石塘湾西蔡村	1992	EW	—
长泾镇镇区	1997	NE	—
东亭法院附近	1990	NE	100 ×30
张泾镇北光明	1999	NE	100 ×30
胡埭镇变电所	1993	EW	—
堰桥镇北山下	1997	NE	500 ×50
祝塘镇湘南村	1997	NE	—

第二节　地下水资源开发利用规划

地下水资源保护:一是控制地下水开采,不超采,使地面沉降速度逐渐减慢,直至停止沉降;二是控制和减少地下水污染,使污染物不进入地下水储存区;三是利用合格的地表水回灌地下含水层。

一、地下水资源允许开采量

在设计的开采时期内,以合理的技术经济开采方案,在不引起开采条件恶化和环境地质问题的前提下,可从含水层中取出的最大水量称为允许开采量。

(一)浅层地下水允许开采量

此处浅层地下水的允许开采量包括微承压含水层允许开采量和潜水的允许开采量。

1. 微承压含水层允许开采量

确定允许开采量的原则:① 不产生不良环境地质问题为前提;② 核定水位控制目标,以现状水位为基础,水位降深控制在:无锡、江阴地区 5m 左右,宜兴地区 6~10m,即水位不低于微承压含水层顶板;③ 初步确定 2010 年达到水位控制目标。

微承压含水层允许开采量。根据《无锡市水资源综合规划》确定,全市微承压水年允许开采量合计为 4060 万 m^3。

2. 潜水的允许开采量

农村土井的潜水允许开采量,根据以往的开采情况确定为 6000 万 m^3。

3. 浅层地下水允许开采量的保证程度

1)由于浅层水直接接受降水的入渗补给,天然资源量为年 4.8 亿 m^3,远大于微承压水和潜水年允许开采量两者之和的 10060 万 m^3。

2)随着苏锡常地区深层承压水禁采的进一步实施,承压水水头将逐步得到恢复,第 I 承压含水层水位也将有所提高,可开采量将有所增大。

(二)深层地下水的允许开采量

全市深层地下水(含裂隙溶洞水和基岩裂隙水)年允许开采量,为保持和保证锡澄片封井禁采的成果,目前以 2004 年的开采量 600 万 m^3 为基数,待 2020 年后,锡澄片的地面沉降等地质灾害基本消除以后,可适量增加开采量。

(三)全市地下水可开采量

全市地下水允许开采量总计为 10660 万 m^3。允许开采量中 94% 左右为潜水和微承压水。当水位控制在 5m 左右时,微承压水和潜水的年可开采量合计为 10060 万 m^3。其中微承压水为 4060 万 m^3,潜水为 6000 万 m^3(表 12-2)。

表 12-2 无锡地下水资源允许开采量表   单位:(万 m^3)

类　别	市　区	江　阴	宜　兴	合　计
潜水	2000	2000	2000	6000
浅层水、微承压水	890	2640	530	4060
深层地下水	150	150	300	600
裂隙溶洞水和基岩裂隙水				
合　计				10660

二、地下水开发利用规划

地下水开发利用是适度优先开发利用浅层地下水,严格控制开发利用深层地下水。

(一)浅层地下水开发利用规划

1. 浅层地下水开发利用原则

根据江苏省政府有关文件的规定,无锡地区的浅层地下水由潜水和微承压水组成,含水层底板埋深50~60m左右,浅层水主要有大气降水入渗补给,总补给量为4.8亿 m^3/a,降深5m左右时微承压水可开采量为0.41亿 m^3/a,资源比较丰富,但区域差异较大。开发利用浅层水时的原则:① 浅层水有充足的补给源,目前主要消耗于潜水的蒸腾、蒸发,可适度开采,加以利用;② 由于浅层水埋藏浅,含水层厚度薄,补给来源主要是大气降水入渗,补给面广,水平径流缓慢,浅层水的动态特征以垂向运动为主。因而开采井应分散,不宜集中取水;③ 浅层水水质变化较大,大多为良好和较差级别,局部地段为优良或极差级别,因而开发利用浅层水应贯彻优水优用原则,将优质水用于居民饮用水和其他生活用水;④ 浅层含水层中夹有不规则的粉砂薄层或透镜体,开采时若水位下降过快易产生不均匀沉降。因而开采浅层水应控制开采强度。

2. 浅层地下水开发利用方向

地下水开发方向:① 规模较小农村居民生活供水。农村地区由于居住分散,集中供水因管线太长、供水成本高等原因,居民用水多靠地表水,近年来由于河水污染严重,大部分地表水已不能作为供水水源,可开采浅层水作为供水水源;② 工矿企业供水。江阴以西的沿江地区,含水层厚度大,分布集中,沙质含水层系占浅层含水层比高达60%~70%,地下水较丰富,单井涌水量在300 m^3/d 左右,水质较好,可以作为中小型企业小规模工业供水;③ 农业灌溉用水。有二类地区可用于农业灌溉用水:一是孤山残丘周围地势较高,无河道;二是地势低洼,河道虽多,但污染严重地区,地下水宜作灌溉蔬菜、果园的水源。

3. 浅层地下水开采方式与井的布局

(1)浅层地下水开采现状与开采潜力　无锡市目前工业企业和单位的浅层水开采井有337眼,年开采量320万 m^3,农村土井潜水的年开采量为4400万 m^3,合计4720万 m^3。无锡市浅层地下水分布广泛,资源丰富,每年获得的总补给量4.8亿 m^3;当水位控制在5m左右时,微承压水和潜水的年可开采量合计为1.006亿 m^3。目前浅层水的开采量仅占资源量10.1%,占可开采量的47.2%。各乡镇微承压水除无锡查桥、坊前超采外,其余各地都具有一定的开采潜力。各乡镇微承压水开采现状量、可开采量与开采潜力见表12-3。

(2)微承压水三类开采方式及其井布局　① 水文地质条件好的沿江水源地。如江阴西部利港、夏港、申港、石庄、璜土、西石桥一带,含水砂层厚度大,靠近长江,地下水与地表水水力联系密切,能获得长江侧向补给,单井涌水量大,可适当集中开采,建设沿江水源地,供工业及城镇居民生活用水。该地块面积约350 km^2,年可开采量2040万 m^3,目前年开采量44.8万 m^3,具有较大开采潜力,开采井密度控制在每 km^2 为5~8眼;② 水文地质条件中等的相对集中开采地区。如无锡城区、荡口、华庄、新安、后宅、江阴城区、北涸、长泾、河塘等地,含水砂层厚度一般在8~10m,单井出水量较小,可采用分散方式开采,作为居民生活用水、蔬菜等农作物灌溉用水。该地块年可开采量为581万 m^3 ,目前年开采量为66.9万 m^3 ,除长泾以外,其余各地都具有一定的开采潜力,可相对集中开采,开采井的密度控制在每 km^2 为3~5眼;③水文地质条件差的分散零星开采地区。除上述地区以外,其余地区浅层水的水文地质条件较差,含水层以黏性土为主,基本上没有砂层,单井涌水量很小,只够小型或微型水泵抽水的,一般不具备集中开采条件,采用零星、分散的开采方式。

（3）潜水开采方式　以后,随着农村城市化的进程,农村潜水开采量也将随之减少,但潜水广泛分布,潜水仍是农户可利用之水,可在规划指导下采用零星、分散的开采,井深5~10m,一般采用手工取水或半机械取水,在涌水量大一点的地方,可用微型水泵抽水,主要用于一般生活和环境用水,房前屋后浇灌花草树木等。

（二）深层地下水开发利用规划

1. 锡澄片深层地下水的开发利用

锡澄片深层地下水开发利用原则:巩固锡澄区封井禁采成果,把优质地下水留给子孙后代。原地下水重点保护区,保留的深层地下水Ⅱ、Ⅲ层的18眼开采井可继续开采,开采量为年120万 m^3 ,其他一般禁止开采深层地下水;认真贯彻执行《江苏省地下水利用规程》,加强凿井和开采深层地下水的管理,严格执法,禁止私自开凿深井和抽取深层地下水;以后有特殊要求的可根据具体情况少量增加开采井数,特殊要求是指矿泉水、医药、食品和特殊工业及其他用水必须用地下水的情况,但必须是地下水补给量很丰富的地区,且要报省政府批准。

表 12-3　无锡市各地微承压水开采现状与潜力一览表

无锡市各乡镇				江阴市区各乡镇				宜兴市区各乡镇			
区乡镇	可开采量(万 m^3/a)	现状开采量(万 m^3/a)	可开采潜力(万 m^3/a)	区乡镇	可开采量(万 m^3/a)	现状开采量(万 m^3/a)	可开采潜力(万 m^3/a)	区乡镇	可开采量(万 m^3/a)	现状开采量(万 m^3/a)	可开采潜力(万 m^3/a)
无锡城区	60	6.5	53.5	利港	350	20.6	329.4	新建	30	15.8	14.2
玉祁	30	3.0	27.0	夏港	350	5.5	344.5	杨巷	10		10
前洲	30		30	申港	350	8.0	342	官林	35		35
洛社	30	5.0	25	石庄	320		320	分水	35	30.5	4.5
堰桥	30	6.6	33.4	璜土	320	10.7	309.3	扶风	20	0.28	19.72
石塘湾	32		32	西石桥	350		350	洋溪	15	0.58	14.42
西漳	35		35	江阴城	100		100	丰义	35	1.80	33.2
钱桥	30	0.03	29.9	桐岐	10		10	芳庄	20		20
长安	30	0.02	29.9	青阳	22	1.0	21	和桥	35	1.67	33.33
杨市	30		30	璜塘	35	16.0	19	闸口	40	0.94	39.06
东湖塘	40	5.1	44.9	马镇	10		10	万石	35	0.63	34.37
张泾	45	5.5	39.5	华士	20	10.5	9.5	南漕	10	0.87	9.13
港下	40	0.5	39.5	陆桥	35		35	周铁	35	2.47	32.53
羊尖	40		40	长寿	25		25	宜丰	5	0.60	4.4
甘露	40		40	新桥	50	25	25	大朏	15	0.18	14.82

续表

	无锡市区各乡镇				江阴市区各乡镇				宜兴市区各乡镇		
区乡镇	可开采量(万 m³/a)	现状开采量(万 m³/a)	可开采潜力(万 m³/a)	区乡镇	可开采量(万 m³/a)	现状开采量(万 m³/a)	可开采潜力(万 m³/a)	区乡镇	可开采量(万 m³/a)	现状开采量(万 m³/a)	可开采潜力(万 m³/a)
荡口	55	4.2	51.8	文林	20		20	屺亭	10	1.30	8.7
后宅	58		58	北固	65		65	新庄	5	0.30	4.7
坊前	5	9.3	-4.3	长泾	60	54.5	5.5	纽家	25		25
梅村	5	0.65	4.32	顾山	40	9.0	31	泛道	10		10
东北塘	40		40	河塘	68		68	潘家坝	5		5
华庄	55	1.7	54.3	祝塘	25	9.0	16	徐舍	10		10
新安	60		60	月城	20	6.0	14	鲸塘	5		5
安镇	40	9.0	31.0					红塔	5		5
查桥	5	16.5	-11.5					高滕	25		25
藕塘	25	3.8	21.2					南新	35		35
								城区	20	5.40	14.6
合计	890	77.4	834.42	合计	2645	175.8	2469.2	合计	530	63.32	466.68
总合计	① 可开采量:4065;② 现状开采量:316.52;③ 可开采潜力 3770.3										

2. 裂隙溶洞水和砂岩裂隙水的开发利用

开采裂隙溶洞水和砂岩裂隙水的 84 眼开采井可继续开采,开采量为年小于 240 万 m³,今后根据探明的此类地下水资源量,适当调整开采量。

3. 宜兴深层地下水的开发利用

宜兴深层地下水开采已形成以西北部的原新建镇和东北部的分水镇为中心的有一定规模的两个地下水降落漏斗,其埋深分别超过 30m 和 40m,所以这二个超采区域的开采量需适量压缩;其他区域可适量开采。开采总量,深层承压水控制在 300 万 m³/a,浅层水(不含土井)控制在 530 万 m³/a。

第三节　区域地下水污染防治和地质环境保护

地下水污染主要分为无机污染和有机污染。无机污染主要是常规离子和重金属的污染;有机污染的种类繁多,对人类健康的危害大,地下水中有机污染物排在所有污染物的首位。许多有机污染物对人体健康有严重的影响,具有致癌、致畸变、致突变的“三致作用”,且某些有机污染物一旦进入地下水中,大多很难通过自然降解的过程去除,很可能长期存在并发生积累,严重影响人体的健康。

一、影响地下水水质因素

(一)含水层系统的沉积环境

无锡地区在晚第四纪时为长江三角洲的南翼,是一河间地块(或河漫滩)相的沉积环境,江阴的利港、申港、夏港一带等局部地区属三角洲主体的一部分,为河床沉积区。河漫滩经长江汛期和旱期反复的遭水淹和退水,进入长期的沉积和成壤阶段。

1) 古土壤层中广泛分布各类铁矿、软锰矿等结核,在降雨的淋溶作用下,土壤中的铁、锰元素随水流迁移至古河道或支流河道区,这些河道构成了现今浅层地下水的含水层,高价铁、锰在浅层含水层中被还原,所以无锡地区浅层地下水铁锰离子含量较高。

2) 无锡地区晚第四纪经过最近的二个海侵轮回。海水一度入侵至茅山东麓,多次海侵使地层中残留较多的钠、氯离子。

(二)降雨对地下水水质的影响

无锡地区地下水的水平径流缓慢,水力梯度很小,垂向降水入渗和人工开采是浅层地下水交替循环的主要方式。地表水污染是浅层地下水水质受污染的主要原因。降水或地表水体入渗地下,携带地表污染物进入含水层中,造成浅层地下水的污染。但降水对深层地下水的影响极小。

(三)人类活动对浅层地下水水质的影响

人类活动在地表形成的污染物,在降水的淋滤作用下进入含水层,致使浅层地下水的水质遭受污染。

20 世纪 80 年代至 90 年代中期,Ⅰ承压水的开采量迅猛增加,浅层地下水的循环交替作用加强,潜水水位频繁的上下波动使得潜水水位变动带内的盐分逐渐溶滤于浅层地下水中,在不断开采和降雨入渗的交替作用下浅层地下水的水质逐渐好转。

(四)凿井质量影响地下水水质

由于凿井质量不好影响地下水水质,如凿井封闭止水不严、不同含水层水体越层串流等因素,使地面的污水渗入井中或地面的污染物随地面径流渗入井中;水质欠佳的潜水层串流,污染承压水层。

二、浅层地下水有机污染及其防治

(一)浅层地下水有机污染来源

(1)污染的河水　密布的河网与浅层地下水有良好的水力联系。尤其是在枯水季节,浅层地下水水位降低,污染的河水成为浅层地下水的补给源,造成浅层地下水污染。其中船用燃油污染河道后,有可能造成浅层地下水油污染。

(2)管网泄漏　城镇污水厂的污水收集管网和企业、单位的排污管道泄漏,使有机污染物进入浅层地下水。

(3)地面污染　地面污染物随雨水经封闭不严的井壁下渗,污染浅层或深层地下水,或由地面直接渗入地下污染潜水层。

(二)浅层地下水污染防治措施

防治措施:① 全面控制各类地表污染源,改善河道水质;② 严格控制船只的石油污染;

③ 加强城镇污水厂的污水收集管网和企业、单位的排污管道的管理,消除或减少泄漏;④ 提高微承压水井成井质量,确保封闭良好,不渗水;⑤ 加强浅层地下水开采的统筹管理。

三、深层地下水有机污染及其防治

(一) 深层地下水有机污染现状

深层地下水污染的类型与浅层地下水相似,但污染程度较浅层地下水为轻。

(二) 深层地下水有机污染来源

污染来源:① 主要是地面污染。地面污染物随雨水经封闭不严的井壁下渗;② 其次是浅层地下水污染。浅层地下水污染物经封闭不严的井壁下渗;③ 回灌水不合格。深井回灌时使用了不合格的回灌用水;④ 过度超采,引起地下水含水层物质变化引起的污染。

(三) 深层地下水污染防治措施

防治措施:① 全面控制各类外污染源,改善河道水质;② 控制、减轻浅层地下水污染;③ 深井回灌时使用合格的回灌用水;④ 提高深井的成井质量,确保封闭良好,不渗水;⑤ 控制地下水开采量和开采强度。

四、区域地质环境保护

(一) 浅层地质环境保护

环保措施:① 控制水位埋深在10m(降深5m)左右。不超深开采,对局部地区或季节性超深开采应严格控制,防止地面沉降;② 控制并减缓水位下降速度。水位下降速度过快易产生局部不均匀沉降,引起附近民房墙体开裂。浅层水不宜强烈开采,应尽可能保持平稳开采状态;③ 提高开采井的成井质量(包括农户土井)。浅层水虽然埋藏较浅,开采井施工工艺简单,容易成井,但必须要严格防止"漏沙",合理选择过滤器、回填料,严格止水、封填井口,特别是大口径、出水量多的水井更应提高成井质量;④ 做好农村环境卫生工作,清除人畜粪池、垃圾等有机污染源,特别是用浅层水作为分散居住居民生活供水的地区,更应做好卫生工作,划定水井的卫生防护区,在防护区内严禁建厕所、家畜棚圈、堆放垃圾等;⑤ 做好浅层地下水开采动态监测。一是浅层水开采后水位、水质的变化动态,二是地面沉降动态。及时了解水量和水质变化情况、产生的地面沉降量,及时调整开采量,避免超量开采。地面沉降监测可布置在沿江水源地和相对集中开采的地区;⑥ 做好开采井的管理工作。工厂、单位的浅层水开采井和集中水源地开采井要坚持"一井一份取水许可证,一只计量设施,一块编号牌,一份管理档案卡"的"四个一"管理方法,并根据浅层水开采规模,水的用途,采用分类、分批的管理方法以控制开采量和水位。房前屋后居民生活用水、灌溉用水、环境用水井(包括农户土井),采用分片、分村的管理方法,在范围合适的一个区域选择一眼或数眼观测井进行动态监测,从水位变化情况控制取水量。

（二）深层地质环境保护

环保措施：① 无锡市区、江阴市重点保护区深层地下水 2030 年前坚持禁采的原则，有特殊要求和情况要增加开采井数和开采量的，需严格控制，并报省政府批准；② 无锡市区、江阴市加强深层地下水重点保护区的禁采管理和严格执法；③ 无锡市区、江阴市深层地下水非重点保护区和宜兴深层地下水的开采均要加强开采管理和严格执法；④ 深层地下水重点保护区或超采区建立深井回灌制度，并确保使用合格的回灌水。特别是惠山区的玉祁、前洲镇地下水位回升幅度很小，说明该区域的地下水补给量很小，应该进行回灌；⑤ 加强地下水动态监测管理。继续加强地下水动态监测和地面沉降监测工作，及时掌握地下水位、水质变化，切实加强地下水动态管理，同时严格执行地下水开采月报、季报制度，严肃法纪，严禁虚报、瞒报；⑥ 制订或完善有关禁采或限采深层地下水的文件或法规。各级、各部门认真贯彻执行省、市已有的管理规定，并加强有利于完成供水、改水、节水、封井禁采或限采深层地下水的的管理措施或经济激励措施的研究，制订出台有关文件、法规。

第四节　锡澄片封井控制地下水开采实例

一、封井禁采概况

锡澄片包括无锡市区和江阴市二部分。根据江苏省政府办公厅(97)11 号文，无锡市划定江阴市 13 个乡镇、无锡市区 16 个乡镇，共计 29 个乡镇(均为 2002 年区域调整前或并镇前的原乡镇)为地下水重点保护区。在上述地下水重点保护区超采区范围内的深井均于 2001～2003 年的 3 年内封闭完毕。其余非超采区范围内一般深井于 2005 年 10 月封闭完毕。共封闭深井 1082 眼。锡澄片共保留 18 眼特种用途深层地下水开采井，允许开采(表 12 -4、12 -5、12 -6)。

封井禁采要结合区域水资源合理配置和保护总体规划及区域供水安全保障体系要求，对拟禁采封井区依供水风险防范预警要求，一部分井封禁，另一部分井进行维护性管护，该部分井为突发供水安全事故时应急供水保障水源。对此应作出专门规划，并拟定管理办法，划归职能部门加强管理。

（一）地下水重点保护区的范围

地下水重点保护区即是地下水的严重超采区和一般超采区。

根据江苏省政府办公厅(97)11 号文划定：全市地下水重点保护区为：江阴市的璜土、月城、青阳、马镇、璜塘、峭岐、长寿、陆桥、新桥、文林、长泾、顾山、北漍等 13 个乡镇；现无锡市区的东亭、安镇、羊尖、梅村、荡口、甘露、东湖塘、港下、西漳、堰桥、前洲、玉祁、石塘湾、洛社、钱桥、后宅等 16 个乡镇，共计 29 个乡镇(均为 2002 年区域调整前或并镇前的原乡镇)。

（二）重点保护区封井保护地下水资源目标

根据江苏省人大禁采决定规定，全市在上述超采范围内的深井必须于 2003 年底前封闭完毕,禁止开采深层地下水;无锡市区和江阴市的其余非超采区范围内深井于 2005 年底前封闭完毕。宜兴市不在限期封井范围内。

(三) 地下水超采区封井的实施

全部压缩重点保护区的深层地下水开采量,从 2001～2003 年的 3 年内,每年封井数为总井数的 1/3,地下水开采量以 2000 年计划开采量为基数,每年核减 1/3,至 2003 年底,超采区深井全部封闭。

(四) 地下水非超采区封井的实施

从 2001～2005 年的 5 年内,每年封井数为总井数的 1/5,地下水开采量以 2000 年计划开采量为基数,每年核减 1/5,至 2005 年底,非超采区深井基本全部封闭。

表 12－4　锡澄区典型年份深层地下水开采情况表

项　目	1996	1999	2004	2005	2006
全年开采量(万 m³)	9074	5695	497	270	120
年底深井数(眼)	1136	1100	107	18	18

表 12－5　无锡市锡澄区特种行业保留深层地下水开采井名单

序号	企　业	行业产品	超采区	保留深井数(眼)	保留取水量(万 m³)	县 区
1	罗地亚无锡制药有限公司	医药	是	2	8	惠山
2	无锡祁胜生物有限公司	酿酒	是	1	12	惠山
3	无锡市西漳蚕种场	蚕种	是	1	1.5	惠山
4	无锡晶海氨基酸有限公司	医药	是	2	11	锡山
5	无锡兴达泡塑新材料有限公司	化工	是	1	12	锡山
6	无锡赛德生物工程有限公司	酿酒原料	是	1	20	锡山
7	无锡市太湖麦芽厂	酿酒原料	是	1	15	锡山
8	锡山市西凌天然矿泉水有限公司	食品矿泉水	是	1	2	锡山
9	纽迪希亚制药无锡有限公司	医药	非	1	10	新区
10	江苏圣宝罗药业有限公司	医药	非	1	2.5	新区
11	江阴市怡达化工有限公司	化工	非	2	5	江阴
12	江阴江华化工制品有限公司	化工	是	1	6	江阴
13	江阴苏利精细化工有限公司	化工	非	1	2	江阴
14	江阴市小湖水产特种养殖市场	特种水产	是	1	3	江阴
15	江阴市星达生化工程有限公司	酿酒原料	是	1	9.5	江阴
	合　计			18	119.5	

注:其中超采区 13 眼,非超采区 5 眼。

表 12－6　无锡市 2001～2005 年封闭锡澄片深层承压水井汇总表

政区	原有深井数 超采区(眼)	原有深井数 非超采区(眼)	原有深井数 小计(眼)	2001年封井数 超采区(眼)	2001年封井数 非超采区(眼)	2001年封井数 小计(眼)	2001年 开采量万m³	2002年封井数 超采区(眼)	2002年封井数 非超采区(眼)	2002年封井数 小计(眼)	2002年 开采量万m³	2003年封井数 超采区(眼)	2003年封井数 非超采区(眼)	2003年封井数 小计(眼)	2003年 开采量万m³	2004年封井数 超采区(眼)	2004年封井数 非超采区(眼)	2004年封井数 小计(眼)	2004年 开采量万m³	2005年封井数 超采区(眼)	2005年封井数 非超采区(眼)	2005年封井数 小计(眼)	2005年 开采量万m³	5年合计封井数 超采区(眼)	5年合计封井数 非超采区(眼)	5年合计封井数 小计(眼)	特种行业保留井 超采区(眼)	特种行业保留井 非超采区(眼)	特种行业保留井 小计(眼)
无锡城区	79		79	25		25	78	28		28	35	26		26	0									79		79			
江阴市	303	162	465	90	38	128	1996	105	45	150	1392	104	28	132	865	1	23	24	292		25	25		300	159	459	3	3	6
惠山区	237	16	253	58	7	65	1223	62	4	66	810	113	2	115	390		2	2	30		1	1		233	16	249	4		4
锡山区	174	40	214	27	1	28	461	43	12	55	302	98	16	114	189		9	9	82		2	2		168	40	208	6		6
滨湖区	5	24	29	2	10	12	105	2	7	9	30	1	2	3	20		2	2	15		3	3		5	24	29			
新区	40	20	60	9		9	50	15	8	23	85	16	2	18	50		3	3	14		5	5		40	18	58	2	2	2
合计	838	262	1100	211	56	267	3913	255	76	331	2654	358	50	408	1514	1	39	40	433		36	36		825	257	1082	13	5	18

二、封井禁采措施

(一) 组织强有力的禁采管理机构

市、县(市)区、镇3级均建立责任制建立有效的管理机构和加强对封井工作的管理,保证封井任务全面完成。禁采地下水工作技术性强,时间紧,任务艰巨,协调面广,在封井时,加强、充实管理机构的力量,为被封井单位和封井单位提供良好的服务,妥善解决封井禁采的善后事宜,并加强封井的质量检查和监督,确保按时保质保量封井。

(二)加快地面自来水供水步伐

多方集资,投入资金40亿元,建设自来水厂和输水管网,确保大部分区域在封井前接通地面自来水,确保生活和工业生产用水。为了在实施封井规划时,不影响企业的正常运作及居民的正常生活,地面自来水供水工程与封井同步进行,先供水后封井,保证了封井的正常进行。本着"重点解决地下水严重超采区集中供水水源"和"经济、合理、就近"的原则加快地面自来水供水水源和供水管网建设,充分发挥现有自来水厂的供水能力,调整供水范围,优化供水结构,确保地面自来水供水管网在封井时通达所在镇、村及用水企业。

2002年底,地面自来水管网接通了滨湖区、新区、城3区深井所在地;2003年6月底前,接通了锡山区、惠山区地下水超采区15个乡镇和江阴市13个乡镇的深井所在地;2005年6月底,接通了地下水非超采区的锡山区、惠山区13个乡镇28个村和江阴市剩余的全部乡镇、村,确保封井工作的顺利进行和完成。

(三)加大改用地面水和节水力度

对于自来水供水管网在要求的封井期内暂不能通达,封了井又影响生产的企业,大力推广"改水"。这里的"改水"即是指一些对用水的质量要求不太高的工业企业,不再使用地下水,而改用地面水,即对污染的河水进行简单处理,达到一定标准后提供给这些工业企业使用。"改水"的作用:① 解决自来水不能够及时供应的问题;② 降低成本,"改水"的成本低于使用自来水的成本,一般"改水"的成本为每 m^3 0.80~1.50 元,自来水为每 m^3 2.40 元;③ 节约了自来水,可以减少自来水基础设施的投资。并大力推广企业节水,保障企业对水的需求。

(四) 采用强有力的行政措施

采取了计划开采、总量控制、从严审批新井、提高地下水资源费收费标准、加大水政执法力度等措施,保证了江苏省人大和省政府下达给无锡市的封井和地下水限采任务的完成。

三、锡澄片封井直接费用和相关投资

(一) 封井和供水全部费用

封井和供水全部费用为 39 亿元。其中：① 封井费用，封井根据当地具体情况选择封井方法，大部分井直接封堵，其中小部分深井作为观测井和战备用井，以及应对突发性水污染事件的应急开采井。共封闭深井 1082 眼(不含浅井)，平均每眼井封井直接费用为 7000 元，全市封井直接费用为 757 万元。② 建设地面自来水供水系统投资，地面自来水供水系统包括：水源取水和制水工程，新建、扩建了锡东水厂(供水能力 30 万 m^3/d)、江阴区域水厂(15 万 m^3/d)；管网工程，铺设水厂至镇的主管线、镇至村的支管线、村至用水户的管线等，合计投资 35 亿元。③ 其他投资或费用，包括占地补偿费、"改水"费，以及观察井、战备井、应急开采井等的设施、管理和维护费等。

(二) 筹资

多级筹资，各方出资。由市、区和市(县)、镇、村、用水户 5 级各出一部分。原则上水源取水和制水工程、主管线由市、区和市(县)出资，支管线由镇出资，村至用水户管线由村、用水户出资。

四、锡澄区封井禁采的效果

(一) 地下水位明显上升

由于采取了封井和其他一系列措施控制了地下水超量开采，2004 年较 2000 年，在有系统监测数据的 39 个测井数中，占总数 92.31% 的 36 个监测井的地下水水位有所回升，回升的比例为 14.33%，水位平均上升高度为 6.51m；其余占总数 7.69% 的 3 个监测井的地下水水位有所下降，下降高度比例为 12.17%，水位平均下降高度为 3.14m。其中，2004 年较 2000 年最大累计回升：无锡城区为无锡第六棉纺织厂累计回升 5.31m，锡山区为张泾镇的无锡市有机玻璃总厂累计回升 29.40m，惠山区为洛社自来水厂累计回升 20.06m，江阴市为山观镇的江阴市染料化工厂累计回升 20.50m。但无锡市地下水降落漏斗中心的惠山区的玉祁、前洲镇，根据不完全的统计，其地下水水位仍在 82～85m 左右，且回升幅度很小，有些回升幅度趋近于"0"。其原因是该区域的深层地下水补给量极小，所以虽然封井禁止了地下水开采，地下水水位回升仍很慢。其中有 3 个监测井的水位为下降，其原因是该区域的深层地下水超采强度比较小，地下水水位相对于临近区域比较高，虽然封井禁止了地下水开采，但该区域地下水仍要流向临近区域，所以水位下降(表 12－7)。

表 12 – 7　2004 年较 2000 年锡澄片深层地下水位升降统计表

序号	行政区	水 位 上 升			水 位 下 降			合　计		
		测井数（眼）	平均上升高度比例（%）	平均高度（m）	测井数（眼）	平均下降高度比例（%）	平均高度（m）	测井数（眼）	水位上升测井数比例（%）	水位下降测井数比例（%）
1	无锡城区	2	6.98	4.02				2	100.00	0.00
2	江阴市	27	14.19	5.68	1	12.50	2.00	28	96.43	3.57
3	锡山区	5	19.08	10.45	1	23.84	7.27	6	83.33	16.67
4	惠山区	2	11.79	10.37	1	0.18	0.15	3	66.67	33.33
	合　计	36	14.33	6.51	3	12.17	3.14	39	92.31	7.69

（二）地面沉降速度大幅度减缓

自 2001 年开始实施封井禁采后,地面沉降速度大幅度减缓,地面沉降速度仅为封井前的 1/4 ~ 1/10。虽然封井使地下水位明显上升,但由于地面沉降有一个滞后效应,地面沉降仍将持续一段比较长的时间。

（三）封井禁采防止裂缝和塌陷

自 2001 年开始实施封井禁采后,再未新发现地面裂缝和塌陷现象。

总结与展望

无锡地区的水污染由轻至重,再到控制、减轻污染的变化过程是太湖流域污染变化过程的缩影。同样无锡地区水资源保护和水污染防治工作取得的成绩、经验和教训,也是太湖流域共同的财富。流域是全国经济社会最发达的区域之一,太湖是流域经济社会稳定健康发展的基础,治理好污染,保护好太湖,是流域每一个公民和每一个单位、企业、社区的期望和责任。

由于水资源保护和水污染防治认识的提高,从污染水体到治理污染、保护水环境和水生态,流域、无锡地区采取了一系列措施,控制生活、工业点源污染,削减农业和地面径流等面源污染,以及打捞清除蓝藻等,取得一定成效,使各类外源得到初步控制,内源得到一定削减,使江河湖荡的水污染发展速度得到遏制,特别是水污染在总体上较20世纪90年代有所减轻,局部区域如五里湖、江南运河和古运河有比较好的改善。

经历2007年太湖藻类爆发引发大规模"湖泛"造成太湖(无锡)供水危机,取得沉重的教训,给我们敲响了警钟,促进了流域、区域治理太湖水污染,加快了行动步伐。此次供水危机以后,各级政府大幅度加大了治理太湖水污染的力度,全民动员,公众参与,治理污染措施明显加强,治理污染速度明显加快,治理污染效果明显提高,入水污染负荷明显有所削减,太湖藻类爆发程度有所改善。

应该看到,流域、区域虽取得一定的成绩,但水污染形势仍然严峻,富营养化程度仍然十分严重,藻类大爆发和规模"湖泛"由于其基础条件尚存,所以仍然可能发生,并在较长时段内存在,决不能掉以轻心。也应看到水资源保护和水污染防治是一项长期、艰巨的系统工程,该项工作任务繁重、责任重大,历经数十载的努力,才能彻底治理好太湖水污染。我们有信心、也有能力治理好太湖水污染。

今后综合治理太湖水环境的主要任务是:① 全力控制削减外源(生活、工业、农业污染和地面径流等非点源污染),调整工业、农业和第三产业的产业结构,调整和转换生活、消费方式,建设循环经济,节水减排,建设高标准足量的污水厂及其尾水的继续深度处理,全部封闭排污口(不含污水厂),是控制外源的主要措施,是治理太湖水环境的根本和前提;② 实施生态清淤、打捞清除蓝藻是削减内源的关键措施;③ 调水增容,河湖生态修复,整治和优化河网河道是必不可少的措施;④ 保障体系是确保上述工程技术措施有效实施的保证,政府高度重视和全社会参与是具有中国特色的社会主义体制下和保障体系中主要的和首要的因素。充分发挥政府主导作用,调动各行各业、各社区、各农村、各行政事业单位和全体市民的积极性。其中关键是加强组织机构、法规、体制和机制等系列的保障体系建设,各级领导和流域全体民众高度重视此问题,各区域在流域的统一框架下制订适合本区域的水环境综合治理规划,把工程技术措施和保障体系融为一体,按统一尺度实施。

经济在发展,社会在前进,技术在进步,民众的期望值在提高。防治水污染、保护水资源和改善水环境,是放在我们这一代人面前不可推卸的重任。建立"政府引导,地方为主,市场运作,社会参与"的多元化筹资机制,加大投入,加快推进太湖水环境综合治理工作,确保2012、2020年太湖水环境综合治理目标的实现。

主要参考文献资料

[1] 无锡市水利局,江苏省水文水资源勘测局无锡分局．无锡市水资源调查评价,2006.4

[2] 黄漪平,范成新,濮培民．太湖水环境污染及其控制．北京,科学出版社,2001

[3] 太湖水污染防治"九五"计划 2010 年规划,1997.11

[4] 上海师范学院．太湖水环境质量调查．上海师范学院学报(自然科学版)环境保护专辑,1983

[5] 李锦秀,廖文根,徐嵩龄．流域水环境价值核算研究．中国水利学会 2002 年学术年会论文集,2002

[6] 江苏省水利厅,江苏省环保厅．江苏省水(环境)功能区划,2002

[7] 无锡市水利局,无锡市环保局．无锡市水(环境)功能区划,2002

[8] 朱喜主编．无锡市水资源综合规划报告,2006.12

[9] 江南大学,江苏大富豪啤酒有限公司．阮文权等．啤酒废水深度处理关键技术中试研究技术总结报
　　告,2008.11

[10] 朱喜主编．无锡市水循环经济和水环境改善规划报告,2008.1

[11] 王正林,邹浩春,戎文磊等．无锡市梅园水厂排泥水处理工程．中国给排水,2005 年第 3 期

[12] 江南大学,南洋农畜业有限公司．阮文权等．"蓝藻—猪粪混合生产沼气—发电工程"项目技术总结
　　报告,2008.12

[13] 无锡市水利设计研究院．无锡市太湖水环境综合治理节水减排工程可行性研究报告,2008.12

[14] 朱喜,王惠．2007 年 5.29 无锡供水危机原因和防治对策．中国环境科学学会,绿色财富,2008 年 9 月
　　总 15 期

[15] 谢平．论蓝藻水华的发生机制．北京．科学出版社,2007.8

[16] 郑平．环境微生物学．浙江大学出版社

[17] 孙顺才,黄漪平．太湖．北京．海洋出版社,1993

[18] 杨卫泽．警钟与行动．南京．凤凰出版社,2008

[19] 朱喜,张扬文,王惠．无锡市河湖生态清淤的研究与思考．中国环境科学学会."首届河海沿岸生态
　　保护与环境治理、河道清淤交流研讨会"论文集,2008.6

[20] 朱喜．太湖蓝藻大爆发的警示和启发．上海企业,2007 年第 7 期

[21] 朱喜主编．无锡市水生态系统保护和修复规划,2003.3

[22] 无锡市蓝藻防治办公室,朱军,赵龙顺,李康民等．太湖饮用水源保护区蓝藻防治实验工程."93 年
　　国际环境保护与湖泊学研讨会"(1993 年 3 月 27 日~4 月 2 日在无锡江南大学召开)发言材料

[23] 中国科学院南京地理与湖泊研究所．濮培民,颜京松,窦鸿身,胡维平,张圣照,周万平,陈开宁,张玉
　　书等．改善太湖马山水厂水源区水质的物理—生态工程实验研究技术总结,江苏省科委 BS90077 支
　　持项目

[24] 濮培民,胡维平,逢勇等．东五里湖中桥水厂水源地生态修复实验工程．湖泊科学,1997 年,第 9 卷
　　(2)

[25] 陈荷生,宋祥甫,邹国燕等．利用生态浮床技术治理污染水体．中国水利,2005.5

[26] 朱喜,张扬文,王惠．无锡市河湖滨水区生态修复和建设．中国环境科学学会."首届河海沿岸生态
　　保护与环境治理、河道清淤交流研讨会"论文集,2008.6

[27] 董哲仁,孙东亚等．生态水利工程及原理与技术．北京．中国水利水电出版社,2007

[28] 董哲仁．生态水工学探索．北京．中国水利水电出版社,2007

[29] 徐道清．无锡水文化．无锡水利网．2007.2.1

［30］中国水利水电科学研究院,太湖流域管理局,河海大学．引水调控对武澄锡虞区水环境影响研究报告．2006.12

［31］中国水利水电科学研究院,太湖流域管理局．引水调控对梅梁湖及五里湖水环境影响研究报告．2006.12

［32］房玲娣,翟淑华．引江济太调水工程实施后太湖流域水生态环境要素变化分析．水污染与保护．2004.1期

［33］朱喜．2007年望虞河"引江济太"和梅梁湖泵站联合调水效果分析．无锡城市科学研究．2008.2期

［34］太湖流域管理局．1995年7月5日关于梅梁湖突发性水污染事件的调查报告

［35］朱喜．关于无锡水源地保护和安全供水的思考．无锡城市科学研究．2007.5期

［36］周立国,冯学智,王春红等．太湖蓝藻水化的MODIS卫星监测．湖泊科学.2008.20(2)

［37］杨敏等．美国《科学》杂志《来信》栏目．2008.1.11

［38］水利部上海设计研究院,太湖流域管理局,宜兴水利局．太湖流域横山水库水源保护试点工程项目建议书.2003.11

［39］朱喜．继续治理五里湖水污染刻不容缓．无锡城市科学研究．2007.1期

［40］谢平．太湖蓝藻的历史发展与水华灾害．北京．科学出版社．2008

［41］中国科学院南京地理所．太湖综合调查初步报告．北京．科学出版社.1981

［42］吴献文．五里湖1951年湖泊科学调查．水生生物集刊.1962.1期

［43］中国科学院南京地理所．太湖综合调查初步报告．北京．科学出版社,1965

［44 ］许兆明．西太湖水生植物管束植物资源调查报告．太湖水产增产.1981

［45］饶钦止．五里湖1951年湖泊调查．水生生物.1961.1期

［46］李建政,任南琦．污染控制微生物生态学．哈尔滨,哈尔滨工业大学出版社.2005

［47］宫莹,阮晓红等．我国城市地表水环境非点源污染的研究进展．中国给排水2003 ,19卷3期

［48］尹澄清,毛战坡．用生态学技术控制农村面源水污染．应用生态学报.2002,13卷2期

［49］高超,张桃林．太湖地区农田土壤养分动态及其启示．地理科学(21卷).2001

［50］陈荷生,华瑶青．太湖流域非点源污染控制和治理的思考．水资源保护.2004,1期

［51］袁静秀,黄漪平．环太湖入湖河道污染物负荷量的初步研究．海洋与湖沼.1993,24(5)

［52］张永春等．平原河网地区面源污染控制的前置库技术研究．中国水利.2006,17期

［53］高尔坤．加强入河排污口的监督管理,为经济发展提供水资源保护．中国水利.2005,17期

［54］周小宁,姜霞等．太湖梅梁湖湾沉积物磷的垂直分布及环保疏浚深度推算．中国环境科学.2007,27期

［55］薛滨、姚书春等．长江中下游不同类型湖泊沉积物营养盐累积变化过程及其原因分析．第四纪研究.2007,27卷

［56］朱广伟,秦伯强等．太湖近代沉积物中重金属元素的累积．湖泊科学.2005,17卷

［57］秦伯强,胡维平等．太湖沉积物悬浮的动力机制及内源释放的概念性模式．科学通报.2003,48(17)

［58］王栋,孔繁翔等．生态疏浚对太湖五里湖区生态环境影响．湖泊科学.2005,17(3)

［59］陈荷生,张永健．太湖重污染底泥的生态疏浚．水资源研究.2004,25(4)

［60］陈荷生,张永健等．太湖底泥生态疏浚技术的初步研究．水利水电技术.2004,35(11)

［61］陈荷生．太湖湖内污染控制理念和技术．中国水利,2006.9期

［62］秦伯强等．太湖水环境演化过程和机理．北京．科学出版社.2004

［63］蔡启铭等．太湖环境生态研究．北京．气象出版社.1998

［64］范成新,王春霞．长江中下游湖泊环境地球化学与富营养化．北京．科学出版社.2006年

［65］金相灿等．中国湖泊环境(第二册).北京．科学出版社.1995年

［66］中国科学院南京地理与湖泊所．太湖梅梁湖湾2007年蓝藻水华形成及取水口污水团成因分析与应急措施建议．湖泊科学．2007,19期

［67］杨清心．太湖水华成因及控制途径初探．湖泊科学1996,8(1)

［68］金相灿,稻森悠平等．湖泊和湿地水环境——生态修复技术与管理指南．北京．科学出版社,2007

［69］许秋瑾,李欣瑞登．城市中小型湖泊河道生态治理的探讨．环境保护．2001,6期

［70］谷孝鸿,张圣照等．东太湖水生植物群落结构的演变及其沼泽化．生态学报．2005,25卷

［71］刘伟龙,胡维平等．西太湖水生植物时候变化．生态学报．2007,27卷

［72］朱喜,张扬文．梅梁湖水污染现状及防治对策．水资源保护．2002,4期

［73］陈荷生,宋祥甫等．太湖流域水环境综合整治与生态修复．水利水电科技进展．2008,28卷3期

［74］陈南宁,朱伟登．重污染水体中沉水植物的繁殖及移栽技术探讨．水资源保护．2005,6期

［75］李文潮等．五里湖营养化过程中生物及生物环境的演变．湖泊科学．1996,8(增刊)

［76］秦伯强,范成新．大型浅水湖泊内源营养盐释放的概念性模式探讨．中国环境科学．2002,22(2)

［77］太湖流域管理局,中科院南京湖泊地理所．太湖生态环境图集．北京．科学出版社,2000

［78］秦伯强,胡维平等．太湖水环境演化过程与机理．北京．科学出版社.2004.

［79］陈荷生．太湖流域湿地及保护措施．水资源保护．2003,24(9)

［80］陈荷生．太湖的富营养化及N、P污染治理．水文水资源．2001,22(3)

［81］年跃刚,聂志开等．太湖五里湖生态恢复的治理与实践．中国水利,2006,17期.

［82］秦伯强,胡维平等．太湖梅梁湖水源地通过生态修复净化水质的试验．中国水利．2006,17期

［83］刘正文．湖泊生态系统修复与水质改善．中国水利．2006,17期

［84］李文朝．浅水富营养湖泊的生态恢复——五里湖水生植被重建实验．湖泊科学．1996,8期

［85］宋庆辉,杨志峰．对我国城市河流综合治理的思考．水科学进展．2002,5卷3期

［86］黄伟束,李瑞霞等．城市河流水污染综合治理研究．环境科学与技术．2006,29卷10期

［87］季永兴,刘水芹等．城市河道整治中生态型护坡结构探讨．水土保持研究．2001,8卷4期

［88］董哲仁．水利工程对生态系统的胁迫．北京．水利水电技术．2003,7期

［89］汪松年．上海水生态修复调查与研究．上海科学技术出版社.2005

［90］董哲仁．河流治理生态工程学的发展演革与趋势．北京,水利水电技术．2004,1期

［91］傅伯杰．景观生态学原理及应用．北京．科学出版社.2005

［92］孙鹏,王志芳．遵从自然过程的城市河流和滨水区景观设计．城市规划．2000,9期

［93］唐涛,蔡庆华等．河流生态系统健康及其评价．应用生态学报．2002,13卷9期

［94］王东胜,谭红武．人类活动对河流生态系统的影响．科学技术与工程．2000,9期

［95］王徽,李传奇．河流廊道与生态修复．水利水电技术．2003,9期

［96］夏继红,严忠民．生态河岸带研究进展与发展趋势．河海大学学报．2004,32卷3期

［97］倪晋仁,刘元元．论河流生态修复．水利学报．2006,37卷9期

［98］尹澄清．内陆水——陆交错带的生态修复功能及其保护与开发前景．生态学报．1995,15卷3期

［99］陈荷生．面向21世纪的太湖流域水资源统一管理．水利水电科技进展．2000,20(3)

［100］徐乾涛．浅论太湖流域河湖水系的治理改造．中国水利．2005,2期

［101］陈荷生．浅谈太湖流域水资源保护战略．中国水利．2004,16期

［102］卢伯生．无锡生态水利建设的实践与探索．中国水利．2006,17期

［103］史龙新,陈军(无锡市太湖湖泊治理有限公司)．生态护岸,无锡市科技局研究课题总结．2006,6

附图（彩插）

生态沟（1）

生态沟（2）

前置库（3）

农村生活污水简易处理设施（4）

河道生态修复（5）

农田节P节N、径流检测系统（6）

附图4-1 宜兴市大浦示范区农业农村污染控制设施图6幅

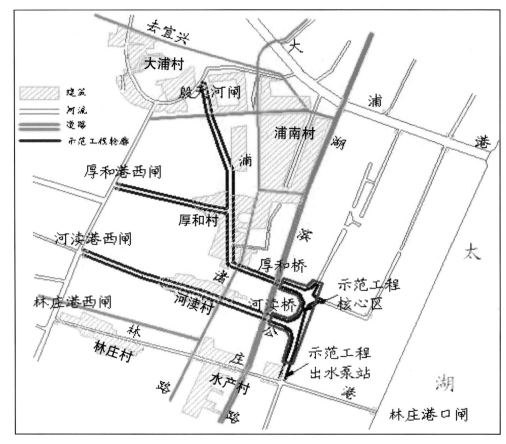

附图4-2 宜兴市大浦前置库示范工程总体布置图

附图4-2(1) 示范工程河道状况图

附图4-2(2) 示范工程前置库区状况

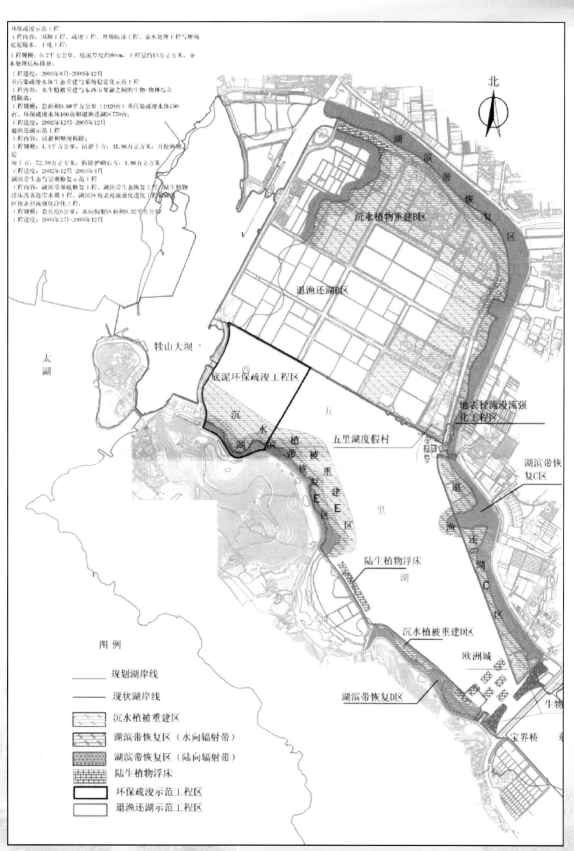

附图6-1 五里湖生态修复示范区图

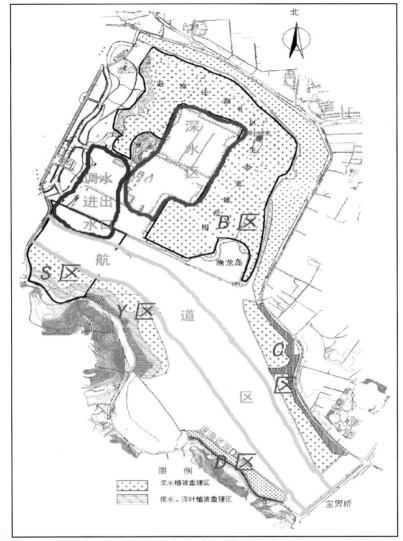

图 例

⋮⋮⋮ 沉水植被重建区

≡≡≡ 挺水、浮叶植被重建区

附图6-2 西五里湖生态修复5个示范区位置图

整治后的小河浜

五里湖美景

陆生植物浮床（美人蕉）（1）

陆生植物浮床（美人蕉）（2）

陆生植物浮床（水竹）（3）

陆生植物浮床（黑麦草）（4）

附图6-3(1) 西五里湖D区生态浮床种植效果图4幅

附图6-3(2) 西五里湖示范工程Y区大型围隔

香蒲（1）

睡莲、马来眼子菜（2）

芦苇（3）

荇菜（4）

荷花（5）

睡莲（6）

附图6-4 西五里湖生态修复图6幅

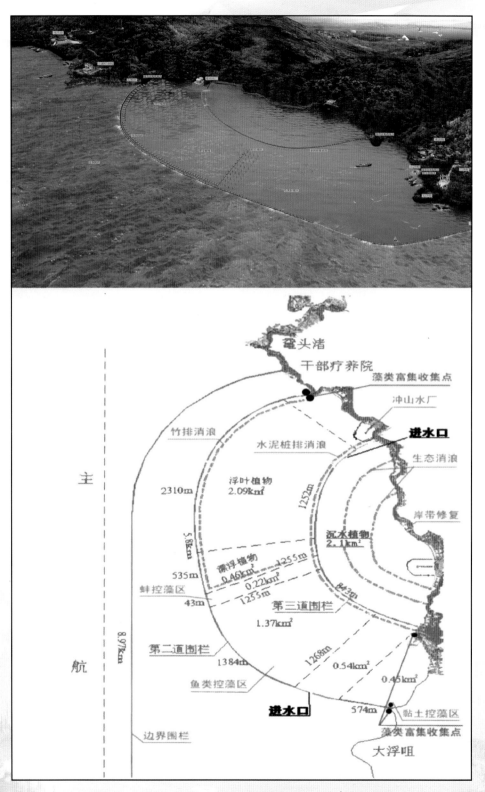

附图6-5 梅梁湖小湾里水源地生态修复工程示范区图

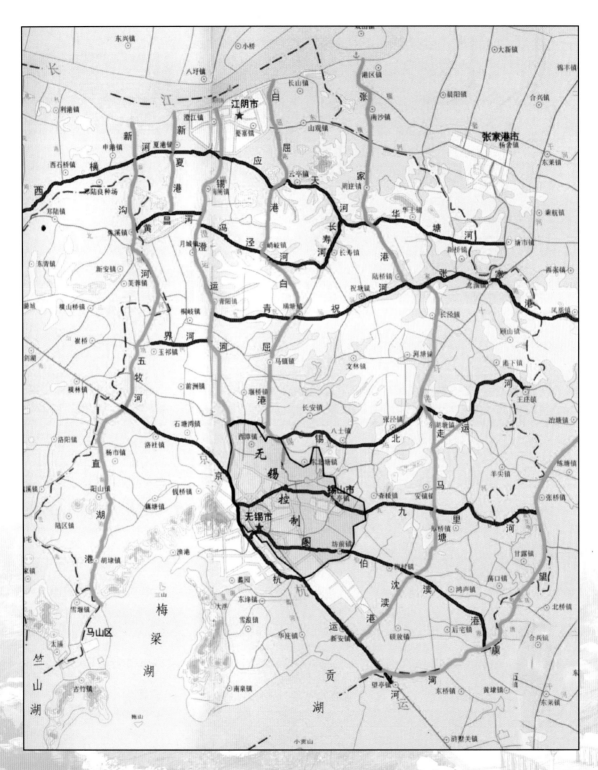

附图7-1 无锡市锡澄片六纵七横骨干河道框架示意图

高山巷浜 (1)

江张浜 (2)

沁园浜 (3)

殷家河 (4)

锡沪路浜 (5)

杨岸河 (6)

附图7-2 无锡市治理城市小河浜效果图6幅

卵石草皮护坡（1）

植被砂砾卵石护坡（2）

多级草皮护坡（3）

木桩干砌石——混凝土压顶直立护岸（4）

凹凸型浆（干）砌石——植被护岸（5）

木框架块石直立护岸（左侧）（6）

附图7-3 生态护岸图6幅

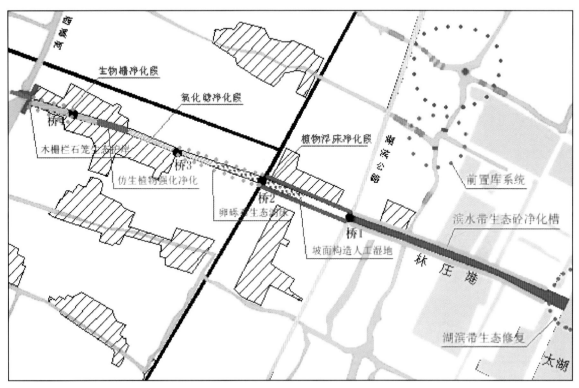

附图7-4 林庄港河道水质强化净化与生态修复示范工程总体布局图

附图7-4(1) 木栅栏石笼生态护岸河段

附图7-4(2) 坡面潜流构造湿地护坡河段

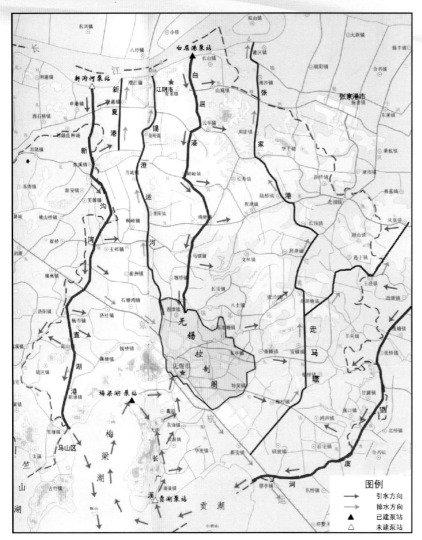

附图9-1（1）无锡市
锡澄片主要调水线路图

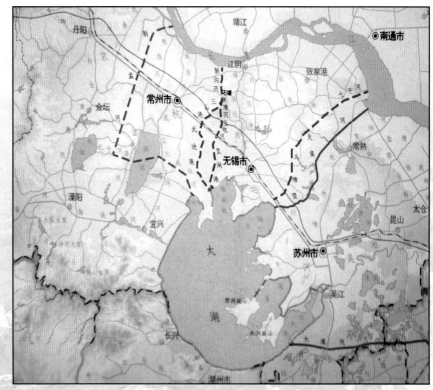

附图9-1（2）武澄锡
虞片主要长江引排水线
路位置示意图

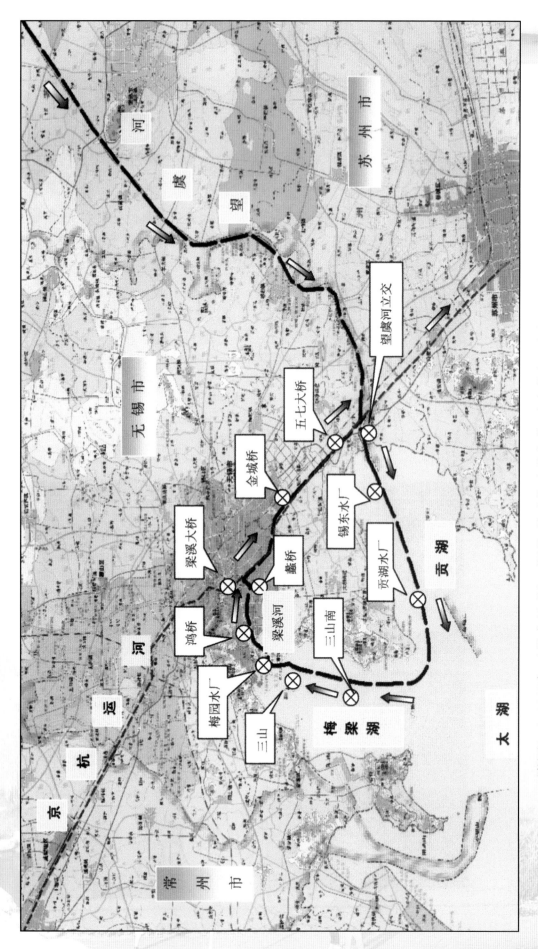

附图9-2 2007年无锡市望虞河"引江济太"和梅梁湖泵站联合运行调水线路和监测位置示意图

狭山枢纽（1）

白屈港枢纽（2）

直湖港枢纽（3）

梅梁湖泵站（4）

附图9-3　无锡市水控制工程图4幅

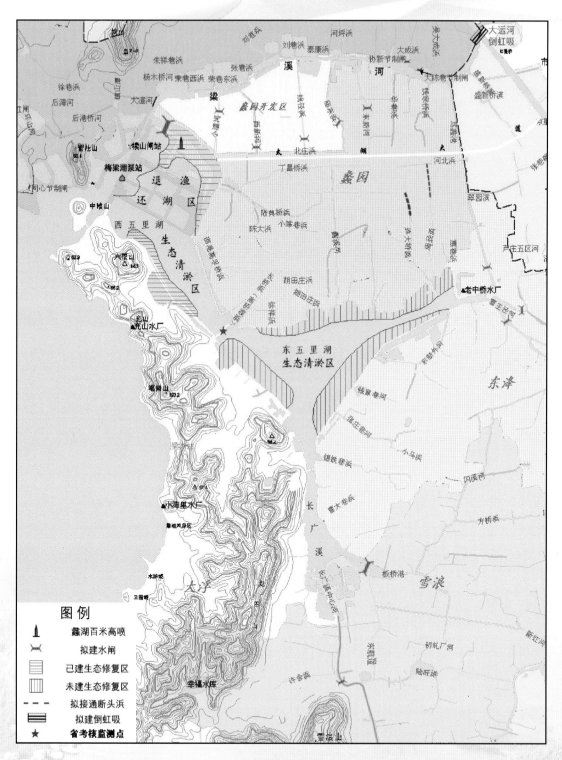

附图11-1 五里湖工程规划示意图

附图11-2　无锡市城市防洪控制圈示意图

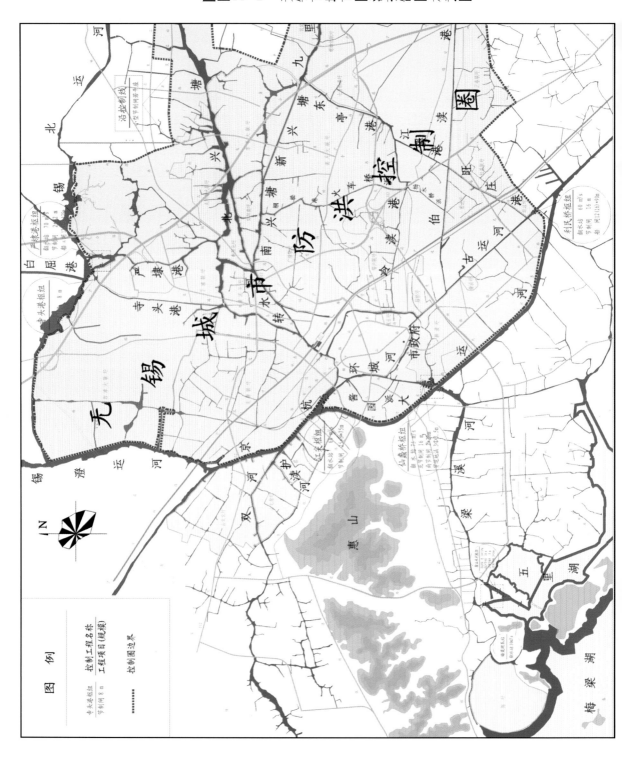